普通高等教育"十一五"国家级规划教材

环境与可持续发展导论
（第三版）

马　光等　编著

科学出版社

北　京

内 容 简 介

本书是一本全面系统论述环境问题及阐明可持续发展观点的教材。

全书共 10 章：第 1 章绪论；第 2 章自然生态环境；第 3 章人口、资源、能源；第 4 章大气环境；第 5 章水环境；第 6 章现代城市环境；第 7 章环境伦理观；第 8 章可持续发展的基本理论与实践；第 9 章环境经济、环境管理及国际合作；第 10 章环境保护的低碳化战略。附录部分列出国际环境公约、国际环境会议、国际环境大事记及国际环保机构。

本书可供高等学校各专业专科、本科及研究生选修采用，也可供各级领导干部及关注环境保护的教学、科技、生产管理等有关人员参阅。

图书在版编目（CIP）数据

环境与可持续发展导论／马光等编著．—3 版．—北京：科学出版社，2014.1

普通高等教育"十一五"国家级规划教材

ISBN 978-7-03-039284-8

Ⅰ. ①环⋯ Ⅱ. ①马⋯ Ⅲ. ①全球环境–环境保护–高等学校–教材②可持续发展–高等学校–教材 Ⅳ. ①X21 ②X22

中国版本图书馆 CIP 数据核字（2013）第 296133 号

责任编辑：文 杨 杨 红／责任校对：刘小梅
责任印制：赵 博／封面设计：陈 敬

科 学 出 版 社 出版
北京东黄城根北街 16 号
邮政编码：100717
http://www.sciencep.com
三河市骏杰印刷有限公司印刷
科学出版社发行 各地新华书店经销

*

2000 年 2 月第 一 版 开本：787×1096 1/16
2006 年 8 月第 二 版 印张：23 1/2 插页：10
2014 年 1 月第 三 版 字数：557 000
2024 年 12 月第十一次印刷

定价：69.00 元
（如有印装质量问题，我社负责调换）

祝贺环境与可持
续发展导论出版

胡家骏

第三版前言

《环境与可持续发展导论》自 2000 年 2 月由科学出版社正式出版以来，已成为我国高等学校环境科学与工程学科及相关学科专业学生普遍采用的公共教材之一。本教材也适用于非环境类专业的学生接受环境意识和可持续发展思想教育的通识教育课程。

本教材第一版 2000 年出版发行，2006 年第二版入选教育部普通高等教育"十一五"国家级规划教材，并被评为 2007 年度国家精品教材。为适应 21 世纪世界环境发展的需要，更新、修改、增加环境问题发展趋势及科学技术发展前沿内容，以全新视角认识环境生态可持续发展的理念，经修编后出版第三版。

本书由马光任主编，吕锡武任副主编。编写分工为：第 1 章马光，第 2 章曾苏，第 3 章王秋颖、陆勇，第 4 章魏家泰，第 5 章吕锡武、朱光灿，第 6 章李先宁、洪峰，第 7 章、第 8 章吴磊，第 9 章宋海亮，第 10 章吕锡武。全书由宋海亮整理，马光、吕锡武统稿。

在第三版编写过程中，东南大学建筑学院胡仁禄教授提供了相应资料及精美图片。东南大学能源与环境学院的研究生孔赟、梁璐、雷晓芬、贾思重、仓宁、高韵辰、李洁、谢静等参与了许多工作。在此，对他们致以诚挚的谢意！

可持续发展是环境保护的核心战略。在此次编写中提出的一些新观点、新论据，请各方面专家提出批评指教，并供读者参考讨论。

编著者

2013 年 6 月于南京

第二版前言

《环境与可持续发展导论》自 2000 年 2 月由科学出版社正式出版以来，是我国高等学校环境科学与工程学科及其他相关学科专业的学生普遍采用的教材之一。本教材也可作为非环境类专业学生接受环境意识和可持续发展思想教育的公共任选课程的教科书。

《环境与可持续发展导论》作为环境教育基础教程教材，经过了东南大学及有关高等学校五年的教学实践。为适应 21 世纪环境形势发展的需要，经全面的修改，第二版增加了新的内容：环境自然伦理观、可持续发展实践、生态工程、水环境生态修复等环境科学与工程科技新成果。

本书由马光主编、吕锡武副主编统改。编写分工：马光，第一章（1.1 ~ 1.4）、第二章、第四章、第五章、第六章（6.1 ~ 6.4）、第八章（8.1 ~ 8.4）、第九章。吕锡武，第六章（6.5，6.6）、第七章。吴磊，第一章（1.5）、第十章。曾苏，第三章、第八章（8.5）。李先宁，第八章（8.6）。全书文献、附录、图片的整理及全书的校对由宋海亮完成。

本书的编写工作得到东南大学环境科学与工程系主任吕锡武和朱光灿的全力支持，并且该系参加过本门课程授课的刘致平、魏家泰、俞燕、王玉敏等教师也提出了宝贵意见和建议。

此外，本书编写过程中得到了东南大学建筑学院胡仁禄教授的大力支持。石安海先生提供了精美的自然生态环境风光图片。

第二版出版之际，我国著名的环境科学与工程界老前辈同济大学胡家骏教授再次为本书题字。

在此，特向以上诸位参与本书第二版工作的同行致以诚挚的谢意！

由于时间仓促，编者水平有限，本书难免存在不当之处，敬请专家、读者批评指正。

编著者

2006 年 3 月于南京

第一版前言

保护人类生存的环境，实施可持续发展战略，已成为 21 世纪国际社会"环境与发展"与"和平与发展"两个同等重要主题的内容之一。社会的进步，文明的发展，教育是关键，可谓"百年大计，教育为本"。中国实施科教兴国战略和可持续发展战略，环境意识教育则是当前高等教育素质教育的重要内容，也是全民保护环境及社会发展的基本任务。

东南大学开展环境教育多年，在全校普遍开设了各类环境课程，不仅培养了环境科学与工程方面的专门技术人才，而且在全校非环境类专业中开设了环境保护与可持续发展的各类公共选修课程。使学生具有一定评估环境质量和在本专业范围内处理和解决环境问题的能力，树立保护环境的道德观和可持续发展的世界观。

为了更广泛地适应各类院校的共同需要，编著者总结了环境科学与工程、社会经济发展等领域教学成果，搜集了 20 世纪 90 年代以来国内外有关资料，编写了《环境与可持续发展导论》一书。

《环境与可持续发展导论》是一本全面论述全球重大环境问题的环境意识教育的素质教育教材，其宗旨在于培养具有环境保护意识和可持续发展意识的高素质人才，使他们在各自领域中像绿色种子一样播撒在祖国大地，成为我国环境保护和实施可持续发展战略的骨干和核心力量。

本书在编写中得到东南大学环境工程系张林生主任的支持及初审，得到我国环境科学与工程界老前辈——同济大学环境学院胡家骏教授的指教与题字，同济大学环境学院季学李教授进行了认真的审阅，特此表示诚挚的谢意！

本书由马光主编，第一、二、四、五、七、八、九、十章由马光编写，第三章由曾苏编写，第六章由马光、吕锡武编写。书中插图大部分由东南大学研究生胡京、何宏、杨冬辉绘制，彩图除注明出处外，均由东南大学建筑系胡仁禄教授提供。

由于时间仓促，编者水平有限，不当之处，敬请专家、读者批评指正。

编著者

1999 年 5 月于东南大学

目　　录

第三版前言

第二版前言

第一版前言

第1章　绪论 ·· 1

　1.1　环境与环境意识 ··· 1

　1.2　自然生态环境 ··· 3

　1.3　环境问题 ··· 7

　1.4　可持续发展 ··· 9

　参考文献 ··· 14

　思考题 ··· 14

第2章　自然生态环境 ·· 15

　2.1　生物物种、种群和群落 ····································· 16

　2.2　生态系统 ··· 21

　2.3　生态系统的功能 ··· 26

　2.4　生态平衡 ··· 34

　2.5　生物圈及其结构 ··· 38

　2.6　生物多样性 ··· 42

　参考文献 ··· 51

　思考题 ··· 51

第3章　人口、资源、能源 ·· 52

　3.1　人口 ··· 53

　3.2　资源 ··· 62

　3.3　能源 ··· 111

　参考文献 ··· 129

　思考题 ··· 130

第4章　大气环境 ·· 131

　4.1　大气环境与污染 ··· 131

　4.2　碳循环破坏与地球气候变化 ································· 136

　4.3　减缓温室效应的控制对策 ··································· 151

　4.4　酸雨的形成与控制 ··· 161

　4.5　地球生态环境的屏障——臭氧层 ····························· 175

参考文献 ……………………………………………………………… 190

思考题 ……………………………………………………………… 190

第5章　水环境 …………………………………………………… 191

5.1　海洋水环境 ……………………………………………… 191

5.2　淡水环境 ………………………………………………… 204

5.3　湿地水环境 ……………………………………………… 216

5.4　水环境生态修复 ………………………………………… 225

5.5　水污染控制与水质安全保障 …………………………… 239

5.6　水环境管理 ……………………………………………… 246

参考文献 ……………………………………………………… 254

思考题 ………………………………………………………… 255

第6章　现代城市环境 …………………………………………… 256

6.1　城市化 …………………………………………………… 256

6.2　城市化对生态环境的影响 ……………………………… 260

6.3　城市生态系统 …………………………………………… 267

6.4　现代城市环境问题 ……………………………………… 273

6.5　城市环境规划 …………………………………………… 276

6.6　城市减灾体系 …………………………………………… 281

6.7　低碳城市 ………………………………………………… 283

参考文献 ……………………………………………………… 287

思考题 ………………………………………………………… 287

第7章　环境伦理观 ……………………………………………… 288

7.1　环境伦理观的由来 ……………………………………… 288

7.2　环境伦理学研究的主要内容 …………………………… 289

7.3　学习和研究环境伦理学意义 …………………………… 290

7.4　环境伦理学的实践 ……………………………………… 291

参考文献 ……………………………………………………… 293

思考题 ………………………………………………………… 293

第8章　可持续发展的基本理论与实践 ………………………… 294

8.1　可持续发展的基本理论 ………………………………… 294

8.2　可持续发展指标体系 …………………………………… 295

8.3　可持续发展的实践 ……………………………………… 303

参考文献 ……………………………………………………… 308

思考题 ………………………………………………………… 309

第9章　环境经济、环境管理及国际合作 ……………………… 310

9.1　环境经济 ………………………………………………… 310

9.2　环境管理 ·· 315

9.3　国际合作 ·· 322

参考文献 ··· 328

第 10 章　环境保护的低碳化战略 ··· 330

10.1　水污染控制的低碳化 ··· 330

10.2　大气污染控制的低碳化 ··· 336

10.3　固体废弃物处理与处置低碳化 ·· 347

参考文献 ··· 353

附录一　国际环境公约 ·· 355

附录二　国际环境会议 ·· 359

附录三　国际环境大事记 ·· 362

附录四　国际环保机构 ·· 366

图版

第1章 绪 论

1.1 环境与环境意识

在社会经济高速发展的今天，环境保护与可持续发展是应协调统一的。因此，在经济发展的同时，应提高公众的环境概念及环境意识水平。

开辟可持续发展新的经济领域和模式，重要的是加快科学技术发展，如开发绿色技术或生态技术及其在各个生产领域的广泛应用，转变经济发展模式和经济增长方式等。

实现宣传战略的转变。在环境宣传教育领域，宣传环境保护方针、政策和管理制度；普及环境科学知识、基础理论，推广防止和治理环境污染、保护生态的技术手段，这是环境意识教育的基础工作。

经过多年的研究和实践，对环境意识问题认识不断完善，并有很大进步。随着各方面环境问题的日趋严重，将影响和阻碍经济的可持续发展。人们提出一个新的视角——加深对"环境意识"的理解，走社会经济可持续发展的道路。

1.1.1 什么是环境意识

20世纪80年代以前人们认为环境意识，仅是人类对赖以生存的生态环境这一特定的客观存在的反应。其核心是指人类对生态环境及相关问题的认识、判断、态度以及行为取向，同时这种认识、判断、态度和行为取向又能动地作用于客观存在的生态环境。

20世纪80年代中期国际上提出了"可持续发展"的概念，世界环境与发展委员会在《我们共同的未来》一书中，从"人的需要"进行定义，世界自然保护联盟、联合国环境规划署和世界野生生物基金会在《保护地球——可持续生存战略》一书中则从"改善人类生活质量"进行定义。目前对原有认识的定义，必须进一步完善。正如学者们提出要追求"3E"，即环境完整（environmental integrity）、经济效益（economic efficiency）、公共秩序（equity）。它的实质是人的问题，是人类的可持续发展，包括三个相互联系的可持续性：生态可持续性、经济可持续性、社会可持续性。

环境意识是人与自然环境关系所反映的社会思想、理论、情感、意志、知觉等观念形态的总和。

1.1.2 环境意识的产生是人类对人与环境关系认识的一次飞跃

以往社会发展主要是经济发展满足人类自身的需要目标，没有环境目标，常以损害和牺牲环境的方式去实现人类的需要。特别是产业革命以来的200多年，人类依靠先进科学技术武装起来的强大生产力，无节制地向自然索取，掠夺式地开发自然资源，损害了地球的基本生态过程，出现了滥伐森林、草场退化、沙漠扩大、土地退化、水土流失、物种灭绝等严重现象；另外，人类不断向环境排放废弃物，超越了自然净化能力，出现了大气污染、水源污染、土地污染、生物污染，以及一系列严重的全球性环境问题，威胁着人类生存，使人们首次认识到，人类在地球上的持续生存有了危险。

1.1.3 浅层（狭义）环境意识和深层（广义）环境意识

人类的环境意识是在世界环境保护运动中产生的。宣告"保护和改善环境是人类社会的目标"，是环境意识产生的标志。近年来人类的环境意识正在经历从浅层到深层发展的过程，其特点是环境意识从它的限制性功能向创造性功能发展，从限制污染行为向无污染的方向发展。我们从下面8个方面说明其特点。

（1）环境保护所关注的问题。浅层环境意识主要关注小范围的环境污染，如一定区域的城市、河流、湖泊、近海、农田的污染，以及大气污染、水土污染、土地和生物污染、噪声污染等。深层环境意识关注大范围的全球环境问题，如全球气候变化、臭氧层破坏、酸雨、生物多样性消失和危险废物的全球范围转移等。

（2）环境问题造成影响的领域。浅层意识关注环境问题的危险性在"小我"和近期影响层次上，关注的是对日常生活的影响，对某地区和国家经济增长的影响。深层次关注的不仅是它的危险性，而且还关注它带来的发展机遇，在"大我"方向关注全球性的经济与社会发展，全人类子孙后代的未来。

（3）污染控制对策。浅层环境意识关注污染的净化处理，因而强调发展环境保护产业，生产和装备净化废物设备，以此控制污染危害；深层次关注的不是净化废物，而是减少或消灭废物。它主张环境保护努力方向不是放在生产过程的末端，而是采用清洁技术来减少废物并提高资源利用率。浅层意识是把生产和保护分为两部分完成；深层环境意识把生产和保护作为统一的过程，由同一生产者完成，在统一的工业循环中实现经济发展和环境保护的结合。

（4）环境价值观。浅层意识是以人类为尺度，承认环境作为资源是人类的生存条件、人类的审美条件等。它是人类实现自己利益的物质基础，因而它对人类是有价值的。以人类的利益为尺度，把自然作为人类实现自己利益的工具和手段，只认识环境的外在价值，停留在人类中心主义的价值观水平上。深层意识，不仅以人类为尺度，而且是以更深的"人类与自然"系统的层次，以人类和自然的和谐发展为目标，不仅承认自然界对人类的利益价值，而且承认自身价值，即它对地球生命或生命保障系统具有的价值、对生命和自然界持续生存的价值。这是自然界的内在价值。

这就是可持续发展概念所表达的，它必须实现有相互联系的三个持续性：生态可持续性，经济可持续性和社会可持续性。这样才会有人类的可持续性和地球生命系统的可持续性。

（5）人类环境行为的特征。浅层意识在向大自然进攻，索取只是限制在生态系统能承受的限度内，以保持大自然的平衡，其特点带有退却和消极适应自然的性质。这是与人类的智慧、创造精神和主动积极的实践相悖的。深层的意识发展，不仅要限制人类行为，即限制传统价值观指导行为，而且要表现人类创造新生活的特征，建立"智慧和知识是好事"的新价值观。

（6）对待环境资源的态度。在传统社会生活中，认为环境质量和自然资源是无限的，是取之不尽用之不竭的；是无价值的，可以无偿使用；是大自然的恩惠，没有枯竭之虑。因此浅层的环境意识，强调环境资源是有限的、有价值的，必须有偿使用，主张限制使用环境资源。然而人口增加，又不断要求提高资源利用率，提高生活质量，因此这种限制不可能做到，必然要加大开发利用率的力度。深层环境意识要求提高资源利用效率、循环使用、减少排放，通过绿色消耗的生活达到节约资源和环境保护的目的。

（7）人口政策。浅层意识认为人口增长过快、人口过多是环境破坏的重要原因之一。深层意识认为不但要控制人口的增长数量，而且更重要的是要提高人口质量、人口素质。

（8）环境科学技术意识。浅层意识按着传统科学模式，把主要注意力集中在发明、制造和使用净化废物的装置上，通过运用工作手段净化废物以达到控制的目的。深层意识强调科学模式转变，这就是科学技术发展的"生态化"，使整个科学技术的发展具有生态保护的方向。第一，科学价值观的变革，由认识、改造的能力发展生态化，寻求人类与自然和谐的发展途径和方法，为人类可持续发展服务。第二，科学观的变革，即从机械论的科学观转变为整体论的科学观。第三，不断完善科学技术成果的应用，使它沿着符合生态保护的方向发展。

环境意识作为一种现代化意识形态是人类思想的先进观念。浅层思考对指导环境保护具有启蒙性的意义。只有由浅层向深层发展，才能给人类未来生活提供先导作用。

1.1.4 环境意识是实践可持续发展战略的基本条件

"可持续发展"是社会发展模式的必然规律。"生态可持续发展"是最基本的，如果没有良好的全球环境，可持续发展就是不可能的。检验可持续性有两个方面：生态系统是生态可持续性；人类系统是人类需要及文化多样化。如果有了可持续发展环境，那么从长远来看发展才将是可持续的。

环境意识通过环境教育来建立，这是一项全民性的任务，不仅受教育的学生应接受教育，而且各层次的政策决策者，尤其是最高决策者都需要接受教育。社会经济的发展使人们对环境意识的认识也向深度和广度发展。环境浅层意识和环境深层意识的内涵是我们必须理解的，为此环境意识就是本章的基本内容。

1.2 自然生态环境

1.2.1 地 球

地球是太阳系的一员，太阳系的行星中，水星、金星、地球、火星为地球型行星，其密度为 $5kg/m^3$，缺乏轻元素（氢、氦等），体积大的木星、土星、天王星、海王星称为木星型行星，其密度为 $1kg/m^3$。

地球型行星在大小、密度（元素组成）上都很相似，但是具备生物生存条件的，目前认为仅有地球。行星的表面温度取决于距太阳的距离、大气的组成及其含量。水星和金星是灼热的世界，即便有水，也不能认为在地球上所能看到的复杂的有机物能稳定地存在；相反，火星温度过低，其环境是否能适合生物生存，也正在探讨。地球型行星的有关性质见表1-1。

表 1-1　地球型行星性质表

行星	半径/km	相对体积（地球＝1）	相对质量（地球＝1）	密度/（kg/m³）	表面温度/K
水星	2440	0.056	0.055	5.43	620
金星	6050	0.857	0.815	5.24	741
地球	6371	1.000	1.000	5.22	290
火星	3397	0.151	0.107	3.93	210～240

资料来源：不破敬一郎，1995

1.2.2　地球的起源

150 亿年前宇宙诞生，50 亿年前太阳系诞生，地球的年龄据地质考证认为距今已有 46 亿年，在太阳系形成时，地球和太阳及其他行星一起几乎同时生成。但是，地球上年代最古老的岩石是格陵兰 Isua 地方的沉积岩，距今约 39 亿年；最古老的矿物是澳大利亚发现的锆石，距今约 43 亿年；具有 46 亿年龄矿石样品，在地球上尚未发现。把太阳系的年龄定为 46 亿年的数值是从陨石考证得来的。

46 亿年前，构成地球的元素在太阳系形成时作为宇宙云存在。可以认为这些元素是太阳系形成以前，经过长时期在银河系内各种星球中合成物质的集合。这些元素合成时期，经计算为 60 亿～80 亿年。如进一步考虑氢和氦，其起源可追溯到原始火球宇宙成因说，这样地球的起源也可以追溯到宇宙的最初形成期。

近年来，澳大利亚和英国地质学家发现了一种生活在 34 亿年前的单细胞有机体化石，并声称这是地球发现有细胞的最古老的化石，预示着火星上可能存在生命。

地球的质量（包括所有小行星）只不过是太阳系总质量的 0.0003%，太阳系几乎全部的质量（99.87%）都集中在太阳上。太阳系质量与太阳质量基本上是相等的，所以可以认为太阳系的元素组成和太阳的元素组成近似相等，而太阳的元素组成是通过太阳光谱的分光分析求得的，误差较大。实际上，许多元素是从陨石的化学分析数值推定的。

从 46 亿年前生成的原始地球的演变过程分析，诞生初期的 7 亿年间是地球历史的"空白时期"，有许多不明确之处待研究。而从月球岩石的研究得知，其间巨大的陨石相继落下。探研最古老的 39 亿年前的地球岩石是沉积岩，这表明当时 43 亿年前"海"已存在。认为"海"是地球诞生后，较早出现在地球上的。在地球的历史中，"海"出现之后，即开始地球大气层的演化。地球形成初期的大气组成和现在截然不同，其氧气含量极低。大气的氧分压上升到现在的大气组成是距今约 21 亿年前的事情。氧气、二氧化碳通过生物作用迅速变化。此时，正好最初的超大陆产生。可以认为，同时地幔对流也从从前的土层对流向全地幔对流变化，之后超大陆相继出现，如在 6 亿年前出现了冈瓦纳大陆，2 亿年前出现泛古大陆。

地球的大气成分与金星、火星不同。地球大气中含有大量的氧气及少量二氧化碳，表1-2 表明地球形成初期大气中并不存在氧气，大量氧气来自生物的光合作用。在有光合作用之前，地球的大气是还原型的，其主要成分为二氧化碳和氮气。海水中溶解了由岩石风化供给的钠、钙、铁等元素。生物生成的氧被海洋吸收，使铁氧化，形成被称为条纹状铁矿层的大规模的堆积物，即现代重要的铁资源。

表 1-2 行星大气的化学组成 体积:%

成分	金星	地球	火星
氩	$19×10^{-6}$	0.93	1.6
氮	3.4	78	2.7
氧	$6.9×10^{-5}$	21	0.13
二氧化碳	96	0.03	95
水蒸气	0.14	0.5	0.02

资料来源：不破敬一郎，1995

20 亿年前，海洋中的还原性物质全部被氧化，从那时起氧在大气中累积起来，在大气中形成臭氧层，起到了保护地面生物，吸收有害的太阳紫外线的作用。

二氧化碳和海水中的钙离子结合，生成碳酸钙（石灰岩）从大气中除去，溶解度相对较大的 Mg^{2+}（镁）残存下来，随着时代推移，光合生物在海洋中出现，光合作用所产生的氧把原始海洋中的 Fe^{2+} 氧化成 Fe^{3+}（铁），生成铁的沉淀物，从而使铁从海洋中去除。经过长时期化学变化过程，生成如同现在的海洋水，这需要十几亿年的时光。从 17 亿年前起，石灰岩存在量急剧增大。以石灰岩、白云岩等碳酸盐形成被固定的二氧化碳量有 $3×10^{20}$ kg，去除量相当于现在大气中二氧化碳总量（$2.7×10^{15}$ kg）的 10^5 倍。地球的大气、水、岩石就是这样进行碳交换的。

1.2.3 地球的内部构造及元素组成

地球具有层状构造。大气层在最外层，地球表面的 70% 被海洋覆盖，地球的固体部分可分为地壳、地幔、地核（图 1-1），地球各构造部分数据见表 1-3。

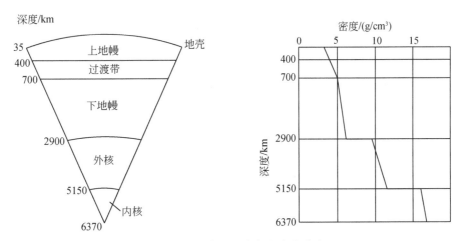

图 1-1 地球断面和内部的密度分布

表 1-3 地球各构造部分数据

项目	厚度/km	体积/10^9km³	密度/(kg/m³)	质量/10^{21}kg	质量/%
大气	—	—	—	0.0053	0.000089
海洋	3.8	173	1.03	1.41	0.024
地壳	17	8	2.8	24	0.4

续表

项目	厚度/km	体积/10^9km^3	密度/(kg/m^3)	质量/10^{21}kg	质量/%
地幔	2883	899	4.5	4016	67.2
地核	3471	175	11	1936	32.4
全地球	6371	1083	5.52	5974	100

资料来源：不破敬一郎，1995

　　地球环境中供给人类及生物生存的除空气及水之外，还有营养物质等，这些物质则来自地壳层（土壤及岩石），它是生命的源泉，它养育了地球上的生物、人类，也形成了地球生物的主要物质结构。地壳的构造和组成依大陆地区和海洋地区不同。大陆地壳与海洋地壳的岩石形成年代不同。由于海洋地壳在大洋中脊产生，以沉入方式再回到地壳，因此不存在古老年代的地壳，见图 1-2。科学家通过对地壳岩石内各元素含量丰度与人体血液中含有的各种元素的分析，发现二者有极其一致的相关性，如图 1-3 所示。

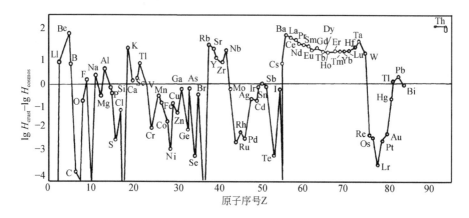

图 1-2　元素的地壳丰度 H_{crust} 和宇宙丰度 H_{cosmos} 之比

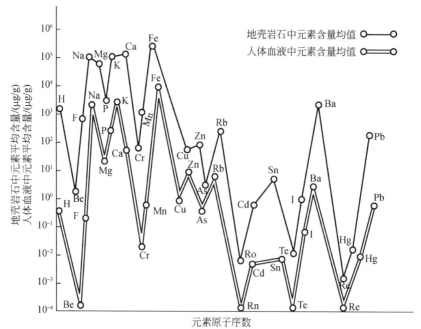

图 1-3　人体血液和地壳中元素丰度的相关性

1.3 环 境 问 题

1.3.1 环境问题的产生

当人类使用火，开始农业耕种，人类对自然施加的影响便开始了。环境问题起源于史前时期，然而，掀起第一次环境浪潮的是在工业革命以后，由于科学发明和科学技术进步使得社会生产力迅速提高，创造了巨大的物质财富。人类干预和现代工业生产与自然环境之间的物质交换以惊人速度发展，社会经济、文化艺术因之空前繁荣。但是由于对自然资源的过度开发利用已使其难以恢复和再生，急剧增加的排向环境的有害、有毒废物导致生态环境不断恶化，使生物生态系统受到严重破坏。

20世纪70年代中期以来殃及全球的温室效应、臭氧层破坏、酸雨、生态环境退化等给人类生存和发展带来空前的威胁，从而推出第二次环境浪潮。长期以来，一味追求经济产值的发展模式，使我们赖以生存的地球以及建立在资源废墟上的文明正在面临危难。当我们拥有主宰地球的能力并用以自毁家园畸形发展时，不堪重负的地球生态环境总是遭受一次次沉重的打击。

1.3.2 环境问题的分类

从引起环境问题的根源来划分，环境问题分为两类：由自然力引起的原生环境问题，称为第一环境问题，主要指地震、洪涝、台风、飓风、海啸、火山爆发等自然灾害问题，是目前人类技术水平和抵御能力薄弱、难以战胜的环境问题。其次是人类活动引起的次生环境问题，也称第二环境问题，它分为环境污染、生态破坏两类。

按环境问题的影响和作用范围来划分，有全球、区域和局部等不同等级。全球环境问题，包括全球气候变化、臭氧层破坏、酸雨危害、有毒有害的废弃物的越境转移和扩散、生物多样性锐减、海洋污染等。

全球环境问题具有综合性、广泛性、复杂性和跨国界特点。保护全球环境是全人类的共同利益和共同责任。全球各国必须携手合作、同舟共济，才能保护全球环境，走可持续发展的道路。这正是联合国环境与发展大会为人类将达成保护地球环境共识的《里约热内卢环境与发展宣言》的宗旨。从1992年在巴西里约热内卢召开联合国环境与发展大会到2012年再次在巴西里约热内卢召开联合国环境与发展大会，达成保护地球环境共识的《里约热内卢环境与发展宣言》的宗旨。这20年间地球环境发生了以下变化。

(1) 人口增长。与1992年相比，地球总人口增加了将近27%（15亿人口），西亚、非洲、南美洲是人口增长最多的区域。

(2) 地球温度上升。据估计，地球温度上升了4℃。北极和俄罗斯一些地区的温度上升尤为明显。历史上地球温度最高的10年出现在1998年以后，如2012年是全球各地温度异常高的时期。

(3) 特大城市增多。人口超过1000万以上的城市称为特大城市。1992年全球只有10座，如今（2012年）已有21座，20年唯一没有变化的是，日本东京依然雄踞全世界人口最多的城市之首，东京都市圈总人口已达 3700 万。

（4）二氧化碳排放增加。1992 年全球二氧化碳排放量达 220 亿 t，而到 2012 年排放量已经达到 300 亿 t。

（5）森林和热带雨林面积减少。1992 年以来全球森林以及热带雨林面积已经减少了约 3 亿 hm^2，相当于阿根廷的国土面积。在拉美和加勒比地区，预计每年有大约 500 万 hm^2 的森林和热带雨林彻底消失，非洲地区每年约减少 400 万 hm^2。

特殊形态的环境问题——战争。战争的后果造成全球各方面毁灭性的破坏。如"核冬天"环境现象，不仅造成地球的生态系统在很长时间内难以恢复的环境问题，还形成了政治、经济、社会问题"全球难民"（environmental refugees）。

1972 年以来地球环境变化表现为：气候异常，风灾、水灾、地震等自然灾害频发，盲目破坏性开发、开采自然资源造成环境破坏、农村荒芜、城市迅速膨胀，使之贫民窟化，新的环境难民大为增加。因此，真正解决办法是必须开展包括全球规模的经济发展和政治稳定在内的国际合作，即世界各国对待地球生态环境问题必须达成一致。

本章环境灾难问题见彩图 1-1，彩图 1-2 及彩图 1-7。

1.3.3　地球环境容量

地球目前已有人口约 70 亿，估计到 2050 年将拥有 90 亿~100 亿人口。地球环境容量能否承载这变化？地球正在承受哪些超过其环境容量的威胁？

（1）生物多样性。极限：每年每 100 万物种当中灭绝数量不能超过 10 种，当前水平：100 种。这是令人不安的威胁。

（2）臭氧减少。极限：不能低于 276 个多布森单位，当前水平是 183 个多布森单位。大气层中的臭氧空洞是因为危害臭氧的化学物质在平流层中不断累积，极地云层的化学组成加剧了这些化学物质的破坏力，进一步导致了臭氧层迅速消失。目前世界各国对危害臭氧层的化学物质采取禁用，但接踵而来的就是全球变暖问题。地表温度升高会导致平流层温度下降。在低温下留在平流层中的物质将在温度上升后在南半球各大洲上空造成新的臭氧空洞。

（3）化学污染。人类创造将近 10 万种对环境有害的物质，有的已得到控制，有的尚未知其毒性和危害后果。

（4）土地使用。极限是用于耕种的非冻土比例不能超过 15%，当前水平为 12%，估计 2050 年达到极限。

（5）氮磷循环。极限是每年固氮量不能超过 3500 万 t，当前已达到 1.21 亿 t，已超过极限。每年倾倒入海的磷量不能超过 1100 万 t，而当前达到 900 万 t，接近极限。现在每年有 8000 万 t 氮是通过人工方法从空气中固定在耕地中（化肥）的，氮不会永远留在土壤中，大部分最终会汇集到河流海洋中去。人类每年固定 1.21 亿 t 氮元素，这已超出大自然可以承受的极限。多余的氮会导致土壤酸化，进而毁灭脆弱的物种，使环境系统达到饱和，丧失循环利用氮和将氮重新释放到空气中的能力。

（6）淡水消耗。极限是每年淡水消耗量不能超过 4000 km^3，当前是 2600 km^3，濒临极限。全世界 1/4 的河流系统至少在一年中有段时间是无法抵达海洋的。人类控制着世界上大多数河流，人们拦水筑坝、引流改道直至水源枯竭。滥用水资源可能造成饮用水短缺、农业灌溉用水匮乏和气候变化。最近 50 年中，中亚地区河流上的水坝已经导致咸海完全干涸，没有咸海对气候的影响,整个地区将变得夏天更热、冬天更冷,全年气候更加干旱。同时人们因河流逐渐干涸,开始越来越多地抽取岩石中的地下水,而其中很多都是雨水无法补充的化石水。亚马孙河热带雨林地区乱砍滥伐,改变了热带美洲的水蒸发率,而这种情况也可能改变包括亚洲季风在内的北半球气候模式。专家们建议将淡水的年消耗量限制在 $4000km^3$,这个量将近可利用淡水资源的 1/3 ,其中不包括位于密林或北极等偏远地区的淡水资源。

(7)气候变化。大气中的二氧化碳浓度不能超过 350ppm[①],工业化前是 280ppm,当前水平是 387ppm,已经超过极限,全球变暖最终可能导致存储在大自然中的温室气体变得不稳定,如存储在土壤或永冻层中的甲烷。科学家研究如果二氧化碳造成地球升温1℃,那么气温实际可能上升大约3℃。那时极地的冰层融化,洪水泛滥,导致全球生态水补充不平衡、环境被破坏。

(8)海洋酸化。气溶胶的浓度变化,目前虽然无法估价,但是也应引起警惕,这是引起全球生态环境变化的原因之一。

海洋酸化的极限以霰石饱和度不能低于 2.75:1 来衡量(大气中的二氧化碳增多,海洋的二氧化碳吸收量会增加,形成的碳酸增加,pH 下降,表层海水中 $CaCO_3$ 的含量也不断降低)。霰石是一种由 $CaCO_3$ 构成的石灰岩,很多海洋生物都是赖其生存,如珊瑚利用霰石制造骨骼,如其饱和度下降,海洋生物的外壳就可能溶解于海水。当海洋生物越来越少,那么海洋吸收二氧化碳的能力就会下降,进而加剧全球变暖。当霰石平均饱和度在 2.75 时,大气中的二氧化碳浓度保持在 430ppm 以下,低于 450ppm 安全极限值。

气溶胶浓度增加可能对气候产生影响,威胁人类健康;硫酸盐能够反射太阳辐射,从而导致全球变冷;烟尘则会吸收辐射,又造成全球变暖。这些都是全球不稳定变化、气候异常的原因。

1.4 可持续发展

1.4.1 发展与环境

人类文明的演进和对人与自然关系及发展模式的思考表明:人类生存繁衍的历史是人类社会同大自然相互作用、共同发展和不断进化的历史。哲学在对"人地关系"的不断思考中得以深化,社会则在这种反思中评价并选择其发展模式以实现人类社会的进化。选择什么样的生存和发展模式以及如何实现它,一直是困扰人类的重大命题。

文明是人类改造世界的物质成果和精神成果的总和,人类进入文明社会不断演替至今,大体经历了采猎文明、农业文明、工业文明和生态文明(后工业文明)。人类破坏其赖以生存的自然环境的历史如同人类文明一样久远,从远古时代采猎开始,"人就从事推翻自然界的平衡以利于自己的活动"。

古代文明由于第一环境变化问题(天灾)及第二环境变化问题(人为的破坏)所造成的毁灭性影响而使其灭绝,如中国西部古代曾是经济发达,文化繁荣及环境优美的地区,如今许多地区成为荒凉的大沙漠,环境变化问题造成这些地区文明消失、民族迁移和灭亡。这

---

① ppm 表示一百万份单位质量的溶液中所含溶质的质量。

些都是人类文明发展进程中可悲的历史教训。世界历史上出现的苏美尔文明、地中海文明和美洲的玛雅文明等衰落史告诉我们：文明的产生和发展是人与环境协调的产物，它依赖于物质生产者同自然环境和自然资源进行的，及其产生这种劳动和产出的过程构成人类文明的"生命支持系统"。文明的延续需要这种系统，并且必须在一个相对稳定的基础上使其持续下去，否则在一定地区的文明就无法延续。但是，从整体上看，农业文明时期，人类对自然的破坏作用尚未达到造成全球环境问题的程度。人类的环境意识依赖于自然。

第二次大转变是由于蒸汽机的出现引起的工业革命文明。这个时代，人们把自然环境同人类社会，把客观世界同主观世界形而上学地分割开来，没有意识到人类同自然环境之间协同发展的客观规律，直到威胁人类生存和发展的环境问题不断地在全球显现，才引起人们的震惊和重视。从 20 世纪中叶以来在处理环境问题的实践中，人们认识到单靠科学技术手段和用工业文明的思维去修补环境是不可能从根本上解决问题的，必须在各个层次上去调控人类的社会行为和改变支配人类社会行为的思想。人类开始认识到环境问题是一个发展问题，是一个社会问题，是涉及社会文明的问题。

人类自然观的大转变。人和自然的关系由朦胧阶段、对立阶段、掠夺阶段到和谐阶段。人类经历了很长时间的摸索和努力，才逐步认识到人类发展必须走可持续发展之路——人类文明新阶段。

1.4.2　可持续发展思想的产生

可持续性的概念源远流长。古代朴素的可持续思想在我国春秋战国时期就有体现，那时已有永续利用自然资源、发展经济、富国强兵的做法。

现代可持续发展理论思想于 20 世纪 80 年代逐步形成，各种思潮反映了发展与环境的认识观。有悲观派以罗马俱乐部为代表的《增长的极限》的世界污染模型（图1-4）。也有乐观派的《没有极限的增长》。无论是哪一种观点都以不同形式告诫人类，要探索一条新的可持续发展道路。

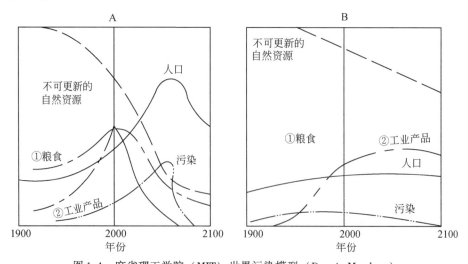

图 1-4　麻省理工学院（MIT）世界污染模型（Dennis Meadows）

A. 电子计算机模拟，倘若按目前情况继续发展时的变化曲线；B. 电子计算机模拟，若能实现"停止增长"的新政策发展时的变化曲线；①按人口平均的粮食；②按人口平均的工业产品量

　　可持续发展道路（sustainable development）的概念来源于生态学，最初应用于林业和渔业，指对于资源的一种管理战略。如何仅将全部资源中合理的一部分加以收获，使得资源不受破坏，而新增加的资源数量足以弥补所收获的数量？经济学家由此提出了可持续产量（由可再生资源的一定最优存量所得）的概念。这是对可持续进行正式分析的开始。很快"可持续"一词被用于农工、开发、生物圈以及不限于考虑一种资源的情况。即可持续发展的概念最初由生态范畴中引申而来，广泛地应用于经济学和社会学，环境与发展问题的历史阶段见表 1-4。

表 1-4　环境与发展问题的历史阶段

内容 ＼ 发展阶段	发展＝经济增长			发展＝经济发展＋工业污染控制	发展＝经济社会发展＋环境保护	环境与发展密不可分（环境是发展自身的要素之一）
	前发展时期	农业革命时期	工业革命时期			
时间跨度	1 万年前	1 万年前～18 世纪初	18 世纪初～20 世纪 50 年代	20 世纪 50 年代末～70 年代（1972 年）	1972～1992 年	1992 年至今
经济水平	融于天然食物链中	农业时代	工业时代	产业急速发展时期	信息时代	信息时代
经济特点	采食捕猎	自给型经济	商品型经济	发达的市场经济	发达的市场经济	协调型经济
生产模式	从手到口	简单技术与工具	资源型模式	资源型模式	资源型模式	技术型模式
对自然的态度	自然拜物主义依赖自然	天定胜人改造自然	人定胜天征服自然	尊重自然	天人合一善待自然	人与自然和谐
系统识别	无结构系统	简单网格结构	复杂功能结构	自然、社会、经济复合系统	多功能复合系统	控制协调结构
能源输入	人力畜力及简单天然动力	不可再生能源为主	不可再生能源为主	不可再生能源为主	逐步转向以可再生能源为主	新能源和可再生能源
环境影响	原始状态的协调	基本协调	不协调（生态不平衡）	极度不协调	寻找出路	可持续发展

　　从根本上说可持续发展包括三个基本概念。
　　需要：发展目标是满足人类需要。
　　限制：社会组织、技术状况对环境能力施加限制，限制因素有人口数、环境、资源即生命支持系统。
　　平等：当今世界，不同地方、不同人群之间的平等。
　　可持续发展的思想实质是体现人类与自然界的共同进化思想，是当代伦理思想效率与公平目标的兼容。

1.4.3　环境与可持续发展概念图解

　　1992 年世界环境与发展大会召开，联合国成立了可持续发展委员会，该委员会制定了联合国可持续发展指标体系。该指标体系由驱动力指标、状态指标和响应指标构成。驱动力指标主要包括就业率、人口净增长率、成人识字率、可安全饮用水率、人口占总人口比率及运输燃料人均消费量等。

可持续发展观强调的是环境与经济的协调发展，追求的是人与自然的和谐，其核心思想是健康发展应建立在生态持续能力、社会公正和人民积极参与自身发展决策的基础上。它所追求的目标是既要使人类的各种需求得到满足，个人得到充分发展，又要保护生态环境，不对后代人的生存和发展构成危害。关注各种经济活动的生态合理性，强调对环境有利的经济活动应予以鼓励。在发展指标上，不单纯用 GDP 作为衡量发展的唯一指标，而是用社会、经济、文化、环境、生活等多项指标来衡量发展。人均实际 GDP（gross domestic product）增长率要考虑自然资源的投入，生态系统投入及环境容量投入的真实价值核算建立世纪的绿色 GDP。可持续发展观较好地考虑长远利益，将局部利益与全局利益有机结合统一，使经济能沿着健康的轨道发展，这就是可持续发展的明智选择。可持续发展总体战略如图 1-5 所示。

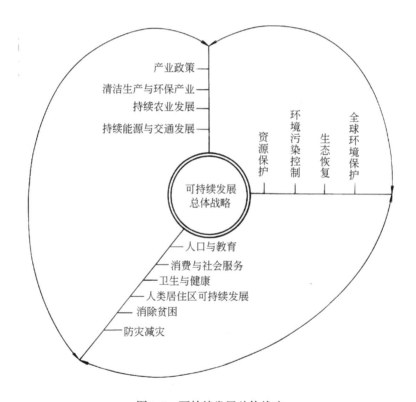

图 1-5　可持续发展总体战略

可持续发展还包括以下五层含义。

（1）可持续发展尤其突出强调的是发展，把消除贫困当做是实现可持续发展的一项不可缺少的条件。

（2）可持续发展认为经济发展与环境保护相互联系，不可分割，并强调把环境保护作为发展过程的一个重要组成部分，作为衡量发展质量、水平、程度的标准之一。

（3）可持续发展还强调国际之间的机会均等，指出当代人享有的正当环境权利，即享有在发展中合理利用资源和拥有清洁、安全、舒适的环境权利，后代人也同样享有这些权利。

（4）可持续发展呼吁人们改变传统的生产方式和消费方式，要求在生产时要尽量少投入多产出，在消费时要尽可能多利用少排放。这样可减少经济发展对资源和能源的依赖，减轻对环境的压力。

（5）可持续发展要求人们必须彻底改变对自然界的传统认识态度：不应把自然界看作仅被人类随意掠夺式的开采、消耗物质的环境，而应把自然看作人类生命的源泉和价值的源泉。

全球环境问题群如图 1-6 所示。本章自然生态环境见彩图 1-3 ~ 彩图 1-6。

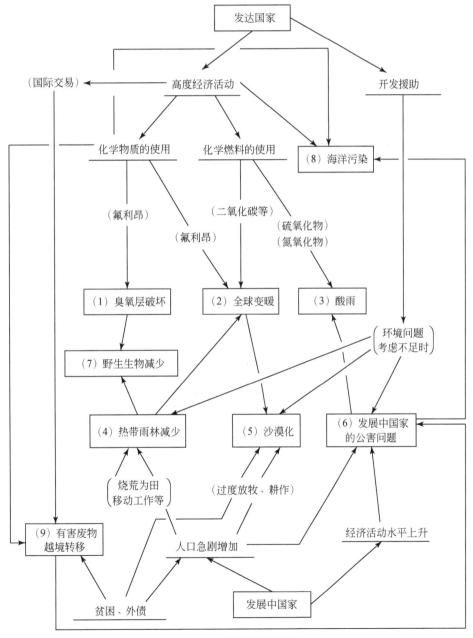

图 1-6　全球环境问题群

可持续发展（sustainable development，SD）包含的内容：生态持续、经济持续、社会持续。

可持续发展（SD）数学表达式：

$$SD = f(X,\ Y,\ Z,\ T,\ L)$$

式中，X 为经济子系统发展水平变量；Y 为社会子系统发展水平变量；Z 为生态子系统发展水平变量；T 为时间变量，表示可持续发展的不同阶段；L 为地区变量，表示可持续发展的不同地区。

参 考 文 献

不破敬一郎 . 1995. 地球环境手册 . 北京：中国环境科学出版社

思 考 题

1. 环境问题的实质是什么？
2. 简述生物与人类生存的基本环境要素。
3. 简述自然生态环境的创造与破坏的辩证关系。

第2章　自然生态环境

20世纪以来，由于人类对自然资源的不合理开发与利用对环境造成的污染与破坏，使生态环境发生了一系列的变化，严重地影响了某些生物的正常生长、发育与繁殖，直接或间接危及人类本身，甚至影响到整个地球生物的生存。因此，在环境保护问题引起人们高度重视的今天，生态学问题也就显得更加突出与重要了。

生态学是研究生物与其环境相互关系的科学。1866年，德国动物学家赫克尔（Haeckel）首次提出了"生态学"（ecology）这个名词，其源于希腊文oikos（意为住所）和logos（意为研究），原意是研究生物住所的科学。直到20世纪初，生态学才逐渐被公认为是一门独立的学科，它是生物学的一个重要分支学科，迄今只有100多年的发展历史。20世纪50年代以后，人们越来越多地认识到生态学对创造和保持人类文明的重要作用，生态学的研究更加广泛和深入，其他学科的成果与方法的引用，如信息论、控制论和系统论的方法与理论，又极大地促进了生态学的发展，使其成为最活跃的生物学研究领域之一。

生态学是一门综合性很强的科学，一般可分为理论生态学和应用生态学。理论生态学中的普通生态学（general ecology）是概括性最强的一门生态学，它阐述生态学的一般原则和原理，通常包括个体生态、种群生态、群落生态和生态系统生态四个研究层次。

（1）理论生态学依据生物类别可分为：动物生态学（animal ecology）；植物生态学（plant ecology）；微生物生态学（microbial ecology）；哺乳动物生态学（mammalian ecology）；鸟类生态学（birds ecology）；鱼类生态学（ecology of fishes）；昆虫生态学（ecology of insects）。

（2）应用生态学包括：污染生态学（pollution ecology）；放射生态学（radiation ecology）；热生态学（thermal ecology）；自然资源生态学（ecology of natural resources）；野生动物管理生态学（wildlife management ecology）；人类生态学（human ecology）；经济生态学（economic ecology）；古生态学（palaeoecology）；城市生态学（urban ecology）。

（3）按传统的方法以生物栖息地划分生态学类型：陆地生态学（terrestrial ecology）；海洋生态学（marine ecology）；河口生态学（estuarine ecology）；森林生态学（forest ecology）；淡水生态学（freshwater ecology）；草原生态学（grassland ecology）；沙漠生态学（desert ecology）；太空生态学（space ecology）。

（4）现代生态学发展促使新的分支学科的诞生：行为生态学（behavioural ecology）；化学生态学（chemical ecology）；数学生态学（mathematical ecology）；物理生态学（physical ecology）；进化生态学（evolutional ecology）。

当前综合性的环境生态学（environmental ecology）体现了生态学涉及生物、环境、自然科学、社会经济以及人文学科等多种学科的综合。

2.1　生物物种、种群和群落

2.1.1　物　　种

地球是一个生机勃勃、丰富多彩的世界，从陆地到水体，从严寒的极地到炎热的赤道，从幽深的海底到清静的高空，到处都有生物的存在。据统计，人们已知的现存生物就有 200 万~870 万种（2011），加上已经灭绝的和尚未发现定名的生物，总数可达 2500 万种之多。

地球上的生物都是从无到有、从少到多、从简单到复杂、从低级到高级逐渐发展而来。各种各样的生物都是地球历史发展的产物，与地球特定历史时期其生存环境密切相关，各种生物之间都有着或远或近的亲缘关系。根据生物之间相同、相异的程度与亲缘关系的远近，可将生物划分为等级不同的若干类群或单位（阶元），其从高级到低级的顺序是

界　　kingdom

　门　　phylum

　　纲　　class

　　　目　　order

　　　　科　　family

　　　　　属　　genus

　　　　　　种　　species

种是生物分类的基本单位。克拉西里尼科夫指出："种的概念可以说是有共同根源的亲近有机体的总和。它们在这个进化发育阶段上有一定的共同形态和生理的特征。并且，它们在不同程度上是被选择分化出来的，能适应一定的环境和外部生存条件。"种就是完全相似个体的总和。在一定条件下，生物的"种"保持自然存在，相对稳定，而在特定条件下，生物的"种"又会产生一定的变异，甚至产生新"种"。种的稳定是相对的，变异是绝对的。因此，生物物种通过与环境的相互作用与适应而得以形成、进化、发展。展现在我们面前的是一个千姿百态的生物世界。

自然界的生物类群包括植物、动物与微生物。1969 年，惠特克（Whittaker）根据细胞类型即真核生物（eucaryote）细胞与原核生物（procaryote）细胞的不同，将所有生物分为五个界。五界分类系统较充分地反映了生物界各类生物的系统发育过程与内在联系，为人们普遍接受。我国学者建议在五界分类系统基础上，将非细胞生物病毒单列为病毒界。1977 年，沃斯（Woese）等根据对代表性细菌类群的 16SrRNA 碱基序列进行广泛比较后提出了三域（domain）的概念：生物界的发育并不是一个由简单的原核生物发育到较完全和较复杂的真核生物的过程，而是明显存在着三个发育不同的基因系统，即古细菌（archaea）、真细菌（bacteria）和真核生物（eukarya）三域。这三个基因系统几乎是同时从至今仍不明确的某一原始祖先起点各自发育而来的。

植物种类目前已鉴定有 30 多万种，包括低等的藻类、低等的陆生植物苔藓、完全适应陆生环境的蕨类植物以及最高进化形态的种子植物。其中，种子植物是现代最繁盛的植物，在植物界占据绝对优势。种子植物最重要的特征是具有种子，其可分为裸子植物与被子植物。前者种子裸露在外，如松树、银杏等；后者种子包裹在果实内，如苹果、水稻等。种子

植物生活适应性强，在地球上分布广泛，它们的发展不仅大大地改变了植物界的面貌，而且使得直接和间接依赖植物为生的动物得以生存与发展，也使我们人类得到粮食和各类生产原料。地球森林的 85% 是由裸子植物组成的，它们不仅提供人们所需的木材、药材等原料，在为动物提供栖息地、调节气候和水土保持等方面，也起着重要作用。

动物种类很多，有原生动物、海绵动物、腔肠动物、扁形动物、线形动物、环节动物、软体动物、节肢动物、棘皮动物和脊索动物等，目前已鉴定的有 200 多万种。它们既包括单细胞的原生动物，如变形虫、草履虫；也包括具有多细胞但结构简单的蚯蚓、昆虫；还包括组织、器官、系统发育较完善的鸟兽等。它们广泛地生活在陆地、河湖和海洋中。

微生物是一般肉眼看不见，需借用显微镜才能看到的一类单细胞或虽为多细胞但结构简单的，甚至没有细胞结构的低等生物，包括细菌、蓝藻（蓝绿细菌）、放线菌、酵母菌、霉菌、立克次氏体、支原体、衣原体及病毒等，约有 10 万多种。微生物广泛存在于土壤、水体和空气中，在生物地球化学循环中起着不可或缺的作用，在污染物降解过程中起着重要作用。极少数微生物会导致人类疾病和动植物病害，见彩图 2-1 ~ 彩图 2-9。

2.1.2　种　　群

1. 种群（population）的概念

在自然界，一个生物个体长期单独生存是没有任何生物学意义的，它或多或少、直接或间接地与别的生物相联系。生物只有形成一个群体才能繁衍发展，群体是个体发展的必然结果。我们把一定时间内占有一定空间的某一生物种的个体的集合群称为种群。例如，一个池塘中的所有鲫鱼就是一个鲫鱼种群；一块田地里的所有水稻，即是一个水稻的种群。种群的基本构成成分是具有相似的形态、生理和生态习性，能相互交配繁殖后代的个体。种群是物种具体的存在单位、繁殖单位和进化单位。

一个物种通常可以包括许多种群，不同种群之间往往存在着明显的地理隔离，长期隔离的结果有可能发展为不同的亚种，甚至产生新的物种。事实上，种群的空间界限和时间界限并不是十分明确的，除非种群栖息地具有清楚的边界，如岛屿、湖泊等。因此，种群的时空界限是由研究者根据研究的需要来划定的。

生活在自然界的种群称为自然种群，如某森林里的梅花鹿种群、野兔种群；在人工条件下或在实验室中饲养或培养的种群称为实验种群，如实验室里饲养的小白鼠种群、家兔种群等。

2. 种群的基本特征

种群虽然是由个体组成，但除了与组成种群的个体具有共同的生物学特征外，还具有个体所不具有的特征，如密度、年龄结构、性别比例、出生率与死亡率、迁入率与迁出率等。这些都说明了种群的整体性和统一性，当我们考察一个种群时，所关心的不是种群中某个生物个体的状况，而是种群如何分布在某一特定空间，这个种群是在发展还是在衰退、消亡，种群为什么会发生这样的变化，它的变化对其他种群和周围环境带来什么影响等。所有种群的变化情况都可以用上述具有统计性质的特征量值来描述。

1）种群的大小（size）、密度（density）与生物量（biomass）

一个种群的个体数目的多少，叫做种群的大小。单位时间或空间内的个体数称为种群密度，如在 1hm² 草地上有 10 只羊。另一种表示种群密度的方法是生物量，生物量是指单位面积或空间内所有个体的鲜物质或生物质的质量，如 1hm² 林地上有马尾松 350t。种群的密度都是随着营养因素、气候条件以及其他生态因素发生变化。一般来说，生物个体越小，单位面积中的个体数量就越多。例如，森林中鼠的数量就比鹿多，而昆虫的数量就比鼠多得多。另外，生物所处的营养级越低，种群的密度就越大。

了解种群密度可以推知种群的动态变化、种群的生物量和生产力、自然环境中的能量流动和物质循环。外界的环境越好，随时间延续，种群密度越大，故种群密度还可以反映种群与环境之间的关系。从应用角度看，密度可决定特定区域的资源可利用性，如林木、草场管理等，也可用于环境监测。

2）年龄结构（age structure）

任何种群都是由不同年龄个体组成的，因此，各个年龄或年龄组个体在整个种群中都占有一定的比例，形成一定的年龄结构。由于不同年龄或年龄组个体的繁殖能力不同，年龄结构对种群数量动态变化具有很大影响。种群的年龄结构常用年龄金字塔图形表示（图 2-1），金字塔底部代表最年轻的年龄组，顶部代表最老的年龄组，宽度代表该年龄组个体数量在整个种群中所占比例：宽度越宽，比例越大；宽度越窄，比例越小。因此，从图形的宽窄就可以知道一个年龄组数量的多少。从整个图形也可以推知一个种群的发展趋势。一个基部宽而顶部狭窄的正金字塔形表示种群中有大量的幼年个体，而老年个体较少，这样的种群出生率大于死亡率，是一个增长的种群。相反，基部狭窄而上部宽的倒金字塔形则表示种群中幼体比例少而老年个体比例大，这样的种群死亡率大于出生率，种群个体数量趋于下降，是衰退的种群。而一个稳定种群，各年龄组分布适中。

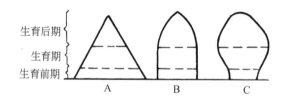

图 2-1　在不同类型种群中年龄结构的比较

A. 增长种群：有许多幼年个体，补充率大于死亡率，种群继续扩大；B. 稳定种群：补充率大致等于死亡率，种群的大小趋于稳定；C. 衰退种群：大多数个体已经过了生殖年龄，种群的大小趋于减小

年龄结构应用于人口学研究中具有重要意义，可以反映人口的发展状况以及由此而产生的一系列社会影响。

3）性别比例（sex ratio）

有性生殖几乎是动植物的一个普遍特性，虽然有些生物主要进行无性生殖，但在它们生活史的某个时期也进行有性生殖，因为只有靠有性过程中基因的重组才能使一个种群保持遗传的多样性。

种群中雄性和雌性个体数目的比例称为性别比例。有的物种性别比例保持在 1∶1，而有的物种则是一种性别数量超过另一种性别的数量。无论何种比例关系，种群在正常环境中总保持相对稳定的性别比例关系，它对保持种群的繁殖力有着重要意义。人类的性别比例对人口的增长及人类社会的发展也有着很大影响。

4）出生率和死亡率（birth rate and death rate）

出生率是指单位时间内生物所产后代个体的平均数；死亡率则是单位时间内生物死亡的

平均数。我们往往可以用出生率和死亡率来描述种群个体数量的增加或减少。

5）迁入率和迁出率（migration rate）

由于环境条件的改变，觅食的需要，动物种群中的个体产生迁移、迁徙的行为，导致一个种群中生物数量的变化。

3. 种群的变动规律

种群的密度是随着时间而变化的，这种变化是各种因素综合作用于种群的结果。这些因素有些是种群本身所固有的，如出生率、死亡率等；有些则是外在的环境因素造成的，如营养因素、气候因素等。生物种群都具有增长的特性，其有两种类型，一种是种群在相当一段时间内无环境条件制约情况下形成的"J"形指数增长；另一种是种群在有环境条件制约情况下形成的"S"形逻辑斯谛（logistic）曲线增长。

1）"J"形曲线（指数方程曲线）

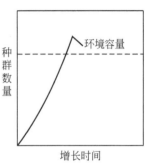

图 2-2　"J"形增长曲线

所有种群都有数量暴发性增长的潜力。马尔萨斯（Thomas Malthus）最早指出，在环境条件良好时，种群的增长是按几何级数增长的，而不是简单的相加。达尔文（Darwin）计算了一对繁殖很慢的象（怀孕期长达 22 个月），仅在 500 年内就可以形成一个包括 1500 万头个体的种群。这种增长方式称为指数增长，如以横坐标表示时间，纵坐标表示种群的个体数，绘成曲线得到类似英文字母"J"的曲线，称为"J"形曲线（图 2-2）。该曲线在开始时增长较慢，随后在较短时间内急剧上升至顶端，当环境条件不能支持该种群继续增长，且环境恶劣导致大量个体死亡时，种群趋于消亡，该曲线就急剧下降，故又称为"暴发—灭绝"曲线。

在自然界，种群这种"J"形曲线增长方式是存在的，海洋的"赤潮"（red tide）往往就是少数微小的海洋浮游生物（如甲藻）在一定环境条件下突然快速繁殖引起的，一个甲藻仅在 25 次时间很短的细胞分裂后，能产生 3300 万个后代，使得一滴海水含 6000 个个体，这样由于其数量大，呼吸及死亡时均要消耗大量的溶解氧，使水体缺氧，又由于浮游生物分泌的毒素，导致大量的其他海洋生物死亡，从而造成生态灾害。

2）"S"形曲线（逻辑斯谛曲线）

实际上，生物种群不可能永远生活在特别适宜的环境中，随着种群密度的增加，对空间、食物和其他生存条件的竞争必然会加剧，进而影响到出生率和死亡率。由于环境变化而导致出生率下降和死亡率上升，这样，种群的增长率就会下降，当出生率和死亡率相等时，种群密度就会稳定在某一水平上，此即为该种群的环境容量。其增长曲线形态呈英文字母"S"形，故称"S"形曲线（图 2-3），又称逻辑斯谛曲线。

3）阻尼振荡曲线

在环境条件没有什么改变的情况下，许多种类生物的种群密度保持在相近的水平上，常常围绕环境容量上下波动，具有相对的稳定性。其波动形态绘成曲线，被称为阻尼振荡曲线（图 2-4）。例如，草场上的田鼠和猫头鹰的关系就是很典型的例子：田鼠多时，猫头鹰的食物多了，其繁殖力提高，其种群个体数量增加。随着猫头鹰数量的增加和田鼠由于被捕食而大量减少，猫头鹰的食物越来越少，部分猫头鹰饿死或飞往他处觅食。这时，田鼠由于天敌减少而又大量繁殖起来，这样又导致猫头鹰数量的增加……如此循环，田鼠与猫头鹰的数量在一个相对稳定的水平上波动。

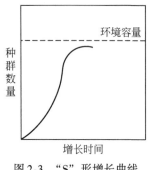

图 2-3 "S"形增长曲线

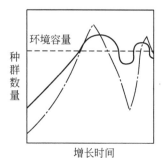

图 2-4 阻尼振荡曲线

生物种群的变动规律不仅使我们认识到种群的发展过程，而且对我们进行农、林、牧、渔业的生产以及对其他生物资源的利用具有指导意义，即在获取最大生物产量的同时不破坏资源，保持其可持续性利用。例如，草原放牧时，家畜对牧草的采食量应不超过牧草地上部分生物量的 25%～50%，否则就会影响牧草的再生机能而致草原退化。

2.1.3 群 落

在地球上几乎没有一种生物是可以不依赖于其他生物而独立生存的。因此，往往是许多生物共同生活在一起，彼此间存在着能相互调节的协调关系，形成一种有规律的组合，这种协调关系是在长期历史发展过程中形成的。生物群落（community）是指一定地理区域内，生活在同一环境条件下的所有生物的集合体，是所有该区域内生物种群的总合，它们彼此相互作用，有规律地组成具有独特组成和功能的结构单元。

生物群落是一种泛指的名词，可以用来表示各种大小生物种群在特定空间的集合。其范围有大有小，有时边界很明显，有时边界又难以截然划分，大的如南美亚马孙河谷的热带雨林，小的如森林中一根倒木、树洞中一点积水。一块农田、一片草地、一口池塘都是一个群落。

1. 群落的基本特征

正如种群的特征是组成种群的个体所不具有的，群落的特征是组成群落的各个种群所不具有的，它是群落对于内部和外部环境适应及群落历史发展的结果。群落的基本特征有以下五方面。

1）群落的外貌

我们常常看到的森林、草原、田园就是特定区域生物群落的表象，是群落长期适应环境的外部表现。群落的外貌随季节的不同也会表现出不同的外貌，被称为季相（seasonal aspect）。例如，温带落叶阔叶林，春夏郁郁葱葱，冬季则枯枝败叶。

2）物种多样性

一个群落总是包含很多种生物。环境条件越优越，群落的结构就越复杂，组成群落的生物种类就越多。热带雨林是"植物王国"，云南西双版纳南部的热带雨林中组成群落的主要高等植物就有 130 多种。然而，北极地带植物种类很少，只有少数几种有花植物和一些地衣、苔藓类植物。

3）物种的相对数量

群落中各种生物的数量是不一样的，各物种之间的比例对群落的大小、结构等方面产生不同的影响。

4）优势现象

当观察一个群落时，会发现并不是组成群落的所有物种对决定群落的性质都起同等重要的作用。可能只有很少的种类能凭借自己的大小、数量和活力对群落产生重大影响，这些种类就称为优势种。优势种具有高度生态适应性，它常在很大程度上决定着群落的内部环境条件，因而对其他种类的生存产生很大影响，如大兴安岭红松林。除优势种外的生物属于从属种，它们对于群落的构成也起一定作用。

5）群落结构

群落中各种生物在一定的时间和空间的分布状况构成群落的结构，其分为水平结构和垂直结构。前者是在群落内部水平方向上，因环境状况的差异而形成的不同生物的分布；后者指生物在空间垂直分布上所产生的成层性分布现象，如在森林群落中，上部空间为乔木层，往下为灌木层、草本层、地被层和地下层。水生生物群落中也有类似的分层现象。

2. 群落的演替

群落不是一成不变的，它是随着时间的变化而变化的动态系统。在群落中，一些物种可以消失，另一些物种取而代之，这样必然导致群落内环境的变化，这种变化反过来又对各种群产生影响，直到群落最后达到某一相对稳定阶段。这种群落随时间变化而发生变化，一种群落被另一种群落代替的过程就称之为群落的演替（succession）。演替最后终止在一个稳定的状态，此时的群落称为顶极群落。

群落演替有两种类型：原生演替（primary succession）和次生演替（secondary succession）。原生演替是指从原初没有生命的地方，一直演替到顶极群落，其包括旱生演替与水生演替（图 2-5）。旱生演替：裸岩—地衣群落—苔藓群落—草本群落—灌木群落—森林群落；水生演替：湖泊（植物群落）—沼泽—草地—森林。

次生演替是指由于火灾、干旱、水灾等自然灾害以及人类不合理的经济活动导致原有群落毁坏后，在此基础上进行的一系列演替。

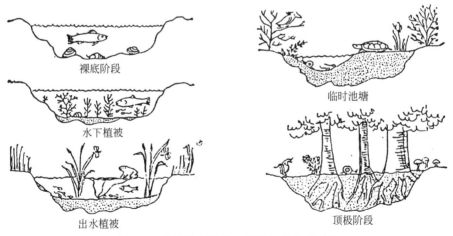

裸底阶段

水下植被

出水植被

临时池塘

顶极阶段

图 2-5　从池塘到森林（顶极）的演替过程

2.2　生态系统

生态系统（ecosystem）这一概念最初由英国植物学家坦斯莱（A. G. Tansley）于 1935

年提出，20 世纪 50 年代得到广泛关注，60 年代以后逐渐成为生态学研究的中心。生态系统是指一定空间范围内，生物群落与其所处的环境所形成的相互作用的统一体，是生态学的基本功能单位。

生态系统的大小可由研究的需要来确定，它可以被划分为若干个子系统，也可以和周围的其他系统组成一个更大的系统来研究。一滴有生命存在的水、一块草地、一片森林、一个城市都是一个生态系统。整个地球就是一个巨大的生态系统。

当前，人类与环境的关系问题（如人口增长、资源的合理开发与利用等）已成为生态学研究的中心课题，而所有这些问题的解决都有赖于生态系统的研究。

2.2.1　生态系统的组成

任何一个生态系统都由生物与非生物环境两大部分组成（图 2-6）。

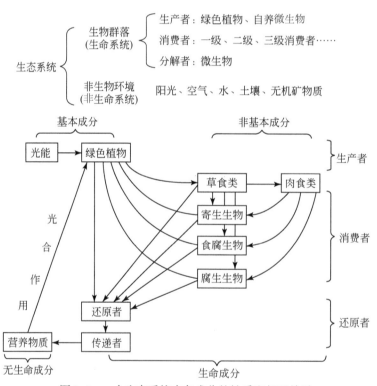

图 2-6　一个生态系统中各成分的性质和相互关系

1. 生物部分

生态系统中的各种生物，按照它们在生态系统中所处的地位及作用的不同，可以分为生产者、消费者和分解者三大类群。

1）生产者

生产者主要是指绿色植物，它们能进行光合作用将太阳能转变为化学能，将无机物转化为有机物，不仅供自身生长发育的需要，也是其他生物类群食物和能源的提供者。还有一些能利用化学能将无机物转化为有机物的自养微生物也是生产者，虽然它们合成的有机物量不大，但它们对自然界的物质循环具有重要意义。

2）消费者

消费者是指直接或间接利用生产者所制造的有机物质为食物和能量来源的生物，主要指动物，也包括某些寄生的菌类等。根据食性的不同可分为一级消费者、二级消费者……。草食动物以植物为食为一级消费者；以草食动物为食的肉食动物为二级消费者；以二级消费者为食的动物为三级消费者……以此类推。消费者虽不是有机物的最初生产者，但在生态系统物质与能量的转化过程中也是一个极为重要的环节。

3）分解者

分解者又称为还原者，它们是具有分解有机物能力的微生物，也包括某些以有机碎屑为食的动物，如白蚁、蚯蚓等。分解者以动植物残体和排泄物中的有机物质为食物和能量来源，把复杂的有机物分解为简单的无机物复归环境，供生产者重新利用。分解者在生态系统中的作用非常重要，倘若没有分解者将死亡的有机体和排泄物分解转化为生产者可利用的营养物质，那么，可供生产者利用的营养元素总有一天会被用尽，而死亡的有机体和废弃物将会堆满整个地球，导致所有生物难以生存。各类生态系统如图 2-7 ～ 图 2-9 所示。

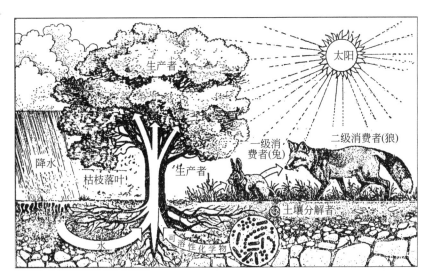

图 2-7　一个简化的陆地生态系统

2. 非生物环境部分

非生物环境是生态系统中除了生物以外的生物赖以生存的所有环境要素的总和，包括阳光、空气、水、土壤、无机矿物质等。

生态系统中生物群落处于核心地位，它代表系统的生产能力、物质和能量流动强度以及外貌景观等，非生物环境既是生命活动的空间条件和资源，又是生物与环境相互作用的结果，它们形成了一个统一的整体。

2.2.2　生态系统的结构

构成生态系统的各组成部分，各种生物的种类、数量和空间配置，在一定时期处于相对稳定的状态，使生态系统能保持一个相对稳定的结构。生态系统的结构可以从形态结构和营养结构两个角度加以研究。

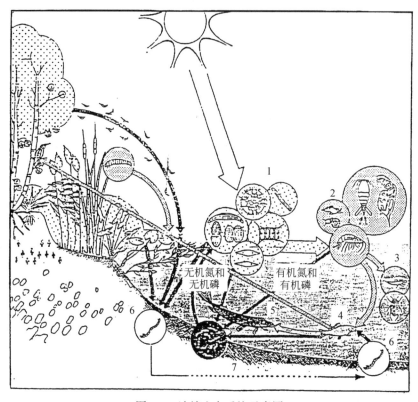

图 2-8　池塘生态系统示意图

1. 浮游植物：舟形藻属、栅藻属、新月藻属、颤藻层；2. 浮游动物：剑水蚤科、大斑节虾、跳蚤类、湖沼生物、浮游生物；3. 水生甲虫（幼虫和成虫）；4. 幼年期的鲤鱼；5. 狗鱼；6. 摇蚊的幼虫；7. 细菌

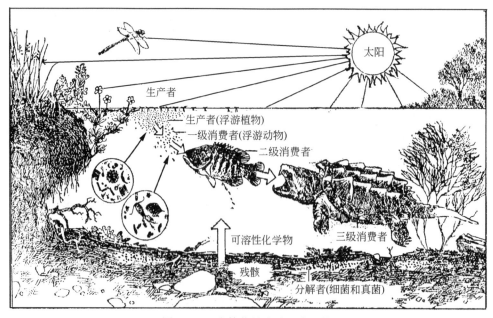

图 2-9　一个简化的池塘生态系统

1. 形态结构（morphological structure）

如同群落结构一样，生态系统中生物的种类、数量及其空间配置（水平分布、垂直分布）的时间变化（发育、季相）以及地形、地貌等环境因素，如山地、平原等构成了生态系统的形态结构。其中，群落中植物的种类、数量及其空间位置是生态系统的骨架，是各个生态系统形态结构的主要标志。

2. 营养结构（trophic structure）

生态系统各组成部分之间建立起来的营养关系构成了生态系统的营养结构。营养结构以食物关系为纽带，把生物和它们的无机环境联系起来，把生产者、消费者和分解者联系起来，使得生态系统中的物质循环与能量流动得以进行。在一个生态系统中，一种生物以另一种生物为食，而那另一种生物又以第三种生物为食……这些生物彼此间通过食物联系起来的关系称为食物链（food chain）。食物链的每一个营养链节称为一个营养级。在生态系统中，食物关系往往很复杂，各种食物链有时相互交错，形成所谓的食物网（图 2-10）。由食物链、食物网所构成的营养结构是生态系统物质循环和能量流动的基础。

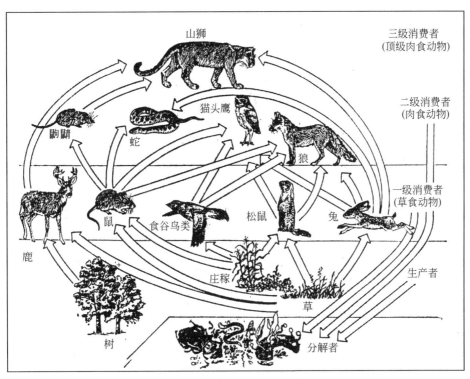

图 2-10　一个简化的陆地食物网

2.2.3　生态系统的类型

地球表面由于气候、土壤、水文、地貌及动植物区系不同，形成了多种多样的生态系统（表 2-1）。根据生态系统的环境性质与形态特征，可将生态系统分为水生生态系统和陆地生态系统两类。水生生态系统分为淡水生态系统和海洋生态系统，前者又可分为静水生态系统与流水生态系统；后者又可分为滨海生态系统与大洋生态系统等。陆地生态系统类型更是多样，有荒漠生态系统、草原生态系统和森林生态系统等。有的生态系统则兼有水生生态系统与陆地生态系统的特性，如岛屿生态系统。

根据生态系统形成的原动力及人类对其影响程度，可将生态系统分为自然生态系统、半自然生态系统和人工生态系统。完全未受到人类的影响与干预，靠系统内生物与环境本身的自我调节能力来维持系统的平衡与稳定的生态系统称为自然生态系统，如极地、冻原、原始森林等生态系统；而按人类需求建立起来的受人类活动强烈干预的生态系统称为人工生态系统，如城市生态系统、农田生态系统等；介于两者之间的生态系统为半自然生态系统，如放牧的草原、养殖河塘、人工林等。

表 2-1　生态系统类型的划分

水生生态系统		陆地生态系统
淡水生态系统	海洋生态系统	
流水（河、溪）{急流 / 缓流	海岸带{岩石岸 / 沙岸	荒漠{热荒漠 / 冷荒漠
	浅海带（大陆架）	冻原
静水（湖、池）{滨岸带 / 表水层 / 深水层	上涌带	极地
	珊瑚礁	高山
	远洋带{远洋表层 / 远洋中层 / 远洋深层 / 远洋底层	草原{湿草原 / 干草原
		稀树干草原（萨王纳）
		温带针叶林
		热带森林{雨林 / 季雨林

这种生态系统见彩图 2-10 ~ 彩图 2-12。

2.3　生态系统的功能

生态系统的主要功能包括生物生产、能量流动、物质循环及信息传递。

2.3.1　生态系统的生物生产

生态系统中的生物不断地同化环境，把环境中的物质能量吸收，转化成新的物质能量形式，从而实现物质和能量的积累，保证生命的延续和增长，这个过称为生物生产。其分为初级生产与次级生产两部分。

1. 初级生产

生物生产过程首先是从绿色植物通过光合作用对太阳能的积累利用开始的，这样的过程称为初级生产。进行光合作用的绿色植物称为初级生产者，它是最基本的能量储存者，尽管绿色植物对光能的利用率还很低（0.2% ~ 0.5%），但被它们聚集的能量仍然是相当可观的。每年地球通过光合作用所生产的有机干物质总量约为 1620 亿 t（其中海洋为 553 亿 t），相当于 $2.874×10^{18}$ kJ 能量（表 2-2）。

表 2-2 地球生态系统的净初级生产量和植物生物量

生态系统	面积/$10^6 km^2$	净初级生产量/$(10^{-3}kg/m^2)$	地球净初级生产量/$(10^{12}kg/a)$	生物量/(kg/m^2)
热带雨林	17	2000	34	44
热带季雨林	7.5	1500	11.3	36
温带常绿林	5	1300	6.4	36
温带落叶林	7	1200	8.4	30
北部森林	12	800	9.5	20
稀树干草原	15	700	10.4	4.0
农田	14	644	9.1	1.1
疏林和灌木林	8	600	4.9	6.8
温带草地	9	500	4.4	1.6
苔原和高山草甸	8	144	1.1	0.67
沙漠灌木	18	71	1.3	0.67
岩石、冰和沙丘	24	3.3	0.09	0.02
沼泽和湿地	2	2500	4.9	15
湖泊和河流	2.5	500	1.3	0.02
总陆地	149	720	107.2	12.3
珊瑚礁	0.6	2000	1.1	2
河口	1.4	1800	2.4	1
上涌带	0.4	500	0.22	0.02
大陆架	26.6	360	9.6	0.01
远洋	332	127	42.0	1
海洋总计	361	153	55.3	0.01
全球总计	510	320	162.5	3.62

资料来源：Whittaker 和 Likens，1971

植物在一定时间内，在一定面积上所合成的有机物质总量称为总初级生产量。由于植物在其生活过程中本身要消耗一部分物质和能量，余下的才用于形成植物体各组织器官，因此，从总初级生产量中减去植物呼吸消耗的部分，才是植物的净初级生产量，这才是生态系统内其他生物可以利用的有机物质的量。不同类型的生态系统的净初级生产量差异很大，陆地生态系统的净初级生产量从热带雨林向温带常绿林、落叶林、北方针叶林以至草原、荒漠依次减少；海洋生态系统的净初级生产量由河口向浅海、远洋逐渐减少。

2. 次级生产

次级生产是指消费者或分解者对初级生产者产生的有机物以及储存在其中的能量进行再生产和再利用的过程。消费者和分解者称为次级生产者。同样，次级生产者在转化初级生产者的过程中，不能把全部的能量都转化为新的次级生产量，而是有很大的一部分要在转化的过程中被损耗掉，只有一小部分被用于自身的储存，而这部分能量又会很快通过食物链转移到下一个营养级，直到损耗殆尽。

2.3.2 生态系统的能量流动

地球上的一切生命活动都包含着能量的利用，这些能量均来自于太阳能。地球可获取的太阳能约占太阳输出总能量的 20 亿分之一。到达地球大气层表面的太阳能是 8.12J/(cm² · min)，其中约 34% 被反射回去，20% 被大气吸收，只有 46% 左右能到达地表，而真正能被绿色植物利用的只占辐射到地面太阳能的 1% 左右。当太阳能进入生态系统时，首先，由植物通过光合作用将光能转化为储存在有机物中的化学能；然后，这些能量就沿着食物链从一个营养级到另一个营养级逐级向前流动，先转移给草食动物，再转移给肉食动物，再从小肉食动物转移到大肉食动物；最后，绿色植物及各级消费者的残体及代谢物被分解者分解，储存于残体和代谢物中的能量最终被消耗释放回环境中。由上述可见，在生态系统中，能量是沿着食物链流动的，形成能量流。总能量流动符合热力学第一定律及第二定律。

　　生态系统中能量流动的特点可以归纳如下：①生态系统中的能量来源于太阳能，对太阳能的利用率只有 1% 左右。②生态系统中的能量流动是单方向的，沿着食物链从营养级的低级向高级流动，具有不可逆性和非循环性。③生态系统中能量沿食物链逐渐减少，能量流越流越细。一般说来，某一营养级只能从其前一营养级处获得其所含能量的 10%，其余约 90% 的能量用于维持呼吸代谢活动而转变为热能耗散到环境中去了。这一现象最早由林德曼（Lindeman）所研究，故这个 10% 的能量利用率又称为林德曼效率。

　　如果将每一营养级的生物量作一矩形图形，将生产者、消费者依次叠置起来，即得到了一个金字塔形图形，称为生态金字塔（图 2-11）。由于受到能量消耗的约束，大多数食物链营养级只能有 3~5 级（图 2-12）。

图 2-11　能量转化的一种金字塔形

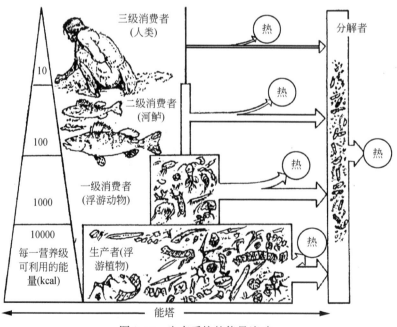

图 2-12　生态系统的能量流动

注：1cal=4.1868J

2.3.3 生态系统的物质循环

生物为了满足机体生长发育、新陈代谢的需要，需不断地从环境中获取营养物质，这些物质进入有机体后经传递、代谢和分解后，又重新回到环境中，这一过程即为物质循环。

自然界中约有 92 种天然元素，其中约有 40 种为生物正常生命活动所必需。生物体中常见的元素约 29 种，而其中 C（碳）、H（氢）、O（氧）、N（氮）、P（磷）、S（硫）是构成生命体的主要元素。这些元素在生态系统中经历着从环境到生物再回到环境的循环往复的过程，这种运动模式称为生物地球化学循环（biogeochemical cycle）。在物质循环过程中，有毒物质也会在能级传递中富集起来（图 2-13）。

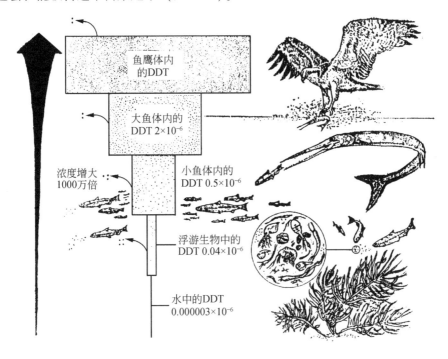

图 2-13 DDT 富集

根据物质循环的范围、线路和周期的不同，可将物质循环分为两类：一类是生态系统内的生物小循环，它是在一定地域内，生物与周围环境之间进行的物质循环，其循环速度快、周期短，主要是通过生物对营养元素的吸收、留存和归还来实现的；另一类循环是生物地球化学大循环，其有范围大、周期长、影响面广的特点。由于一般生态系统与外界都存在着不同程度的物质输入和输出关系，因此，生物小循环是不封闭的，它要受到另一类范围更广的地球化学循环影响。生物小循环与地球化学大循环相互联系、相互制约，小循环寓于大循环中，大循环不能离开小循环，两者相辅相成，构成整个生物地球化学循环（图 2-14）。下面着重讨论对生命具有重要意义的一些主要元素的生物地球化学循环。

1. 水循环

水是最重要的生命物质之一，构成水分子的氢、氧元素是构成生命有机体的主要元素，没有水就没有生命。

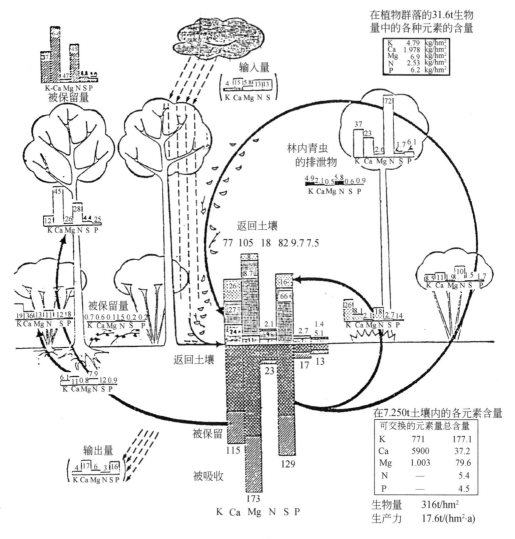

图 2-14　地球化学循环

　　水是生物圈中最丰富的物质，地球上的水约有 14.6 亿 km³，其中海洋约占 97%，陆地淡水占 3%，淡水中 1/3 以固态形式存在，分布在地球两极的冰帽和冰川，其余大部分为地下水，只有不到 1% 的靠近地表的水能被植物根系吸收利用，而云雾、空中气态水仅占总水量的 0.001%。

　　水在生物圈中的循环运动是靠太阳能和重力带动的。海洋、湖泊、河流和地表土壤水分不断蒸发，形成水蒸气进入大气；植物吸收到体内的水分通过叶表面的蒸腾作用进入大气。大气中的水汽遇冷，形成雨、雪、雹等降水重返地球表面，一部分直接落入海洋、湖泊、河流等水域中；一部分落到陆地上，在地表形成径流，流入海洋、湖泊、河流或渗入地下供植物根系吸收。如此往复，这就是水循环。

2. 碳循环

　　碳是构成生命体的主要元素，有机体干物质的 50% 由碳构成。地球上碳的总量约为 2.6×10^{16} t，绝大多数以无机形态存在于岩石圈中，有机态碳只占 0.05%，其中多以化石形态（煤、石油等）埋藏在岩石圈中，约有 32% 以有机残体的形式沉积在土壤和水中，在活的有机体中的碳素只占有机形态碳的4%。大气中CO_2约含碳7000亿t，生物有机体中的碳素主要来源于CO_2。

地球的碳循环（图2-15）的主要形式是从CO_2经生物物质再回到CO_2。大气中的CO_2，每年约有200亿~300亿t被陆地上的绿色植物通过光合作用固定到有机物中，然后通过生物的呼吸、分解作用又被释放回大气中。此外，风化和火山活动以及石灰石的分解，也把某些碳以CO_2或CO_3^{2-}的方式进入大气。工业发展过程中大量化石燃料的利用，也使得固定的有机态碳被氧化成CO_2重返大气层，这一点则使近一百年来大气CO_2浓度有了显著增加，其后果必将对地球生态环境带来重要影响，需要全面、深入地进行研究。

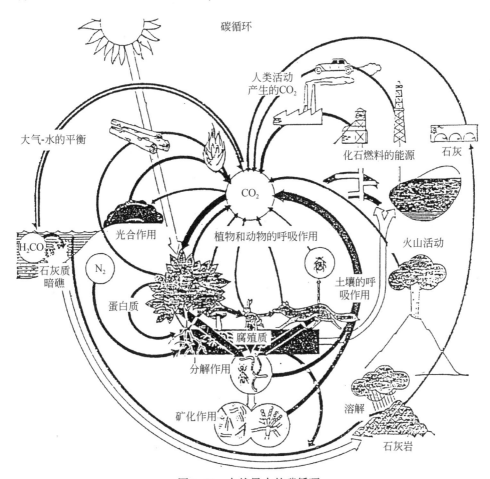

图 2-15　自然界中的碳循环

黑色箭头表示正在运动中的并经常进行循环的碳。白色箭头表示以化石形态
（石灰质沉积层，石油，煤）处于固定状态的碳

3. 氮循环

氮是形成蛋白质、核酸的主要元素。氮存在于生物体、大气和矿物质中。大气中氮占79%，是一种惰性气体，并不能直接被大多数生物利用。大气中氮进入生物体主要是通过固氮作用将氮气转变为无机态氮化物NH_3。固氮作用有生物固氮，即根瘤菌和固氮蓝藻可以固定大气中的氮气，使氮进入有机体；工业固氮，通过工业手段，将大气中的氮气合成氨或铵盐供植物利用；另外，岩浆和雷电都可使氮转化成植物可利用的形态。土壤中的氨经硝化细

菌的硝化作用可转变为亚硝酸盐或硝酸盐被植物吸收，合成各种蛋白质、核酸等有机氮化物。动物直接或间接以植物为食，从中摄取蛋白质等作为自己氮素的来源。动物在新陈代谢过程中将一部分蛋白质分解，以尿素、尿酸、氨的形式排入土壤。植物和动物的尸体在土壤微生物的作用下分解成氨、二氧化碳和水。土壤中的氨形成硝酸盐，这些硝酸盐一部分被植物吸收，一部分通过反硝化细菌反硝化作用形成氮气进入大气，完成了氮循环（图 2-16）。

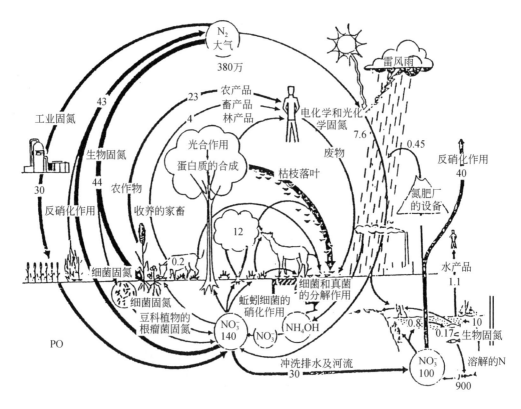

图 2-16　自然界中的氮循环

在整个氮循环中，估计生物固定的氮为 5400 万 t/a，大气固氮量为 760 万 t/a，岩浆固氮量为 20 万 t/a，工业固氮量为 3000 万 t/a，总计为 9810 万 t/a，反硝化作用返回大气中的氮量为 8300 万 t/a，另有 200 万 t/a 的氮沉积。

在氮素循环中出现的氮元素对水体富营养化的影响和亚硝酸盐对人类健康的影响等问题现在越来越受到人们的关注。

4. 磷循环

磷的来源主要是磷酸盐矿、鸟粪层和动物化石。磷酸盐岩通过天然侵蚀或人工开采进入水或土壤，为植物所利用，当植物及其摄食者死亡后，磷又回到土壤，当其呈现溶解状态时，可被淋洗、冲刷带入海洋，被海洋生物利用并最终形成磷酸盐沉入海底，除非地质活动或深海海水上升将沉淀物带到表面，这些磷将被海洋沉积物埋藏；而另一部分磷经海洋食物链中吃鱼的鸟类带回陆地，它们的鸟粪被作为肥料施于土壤中。磷的循环是一个不完全循环（图 2-17）。

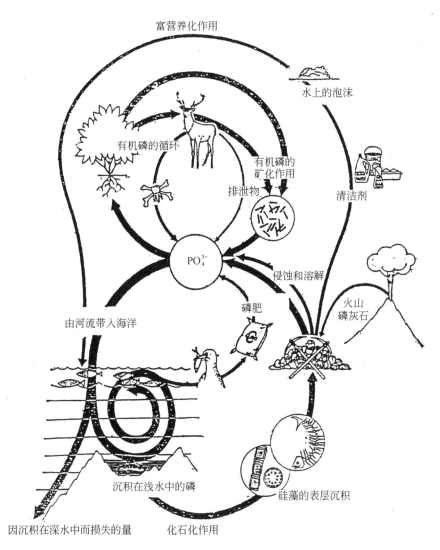

富营养化作用

水上的泡沫

有机磷的循环

有机磷的
矿化作用

清洁剂

排泄物

PO_4^{3-}

侵蚀和溶解

火山
磷灰石

磷肥

由河流带入海洋

沉积在浅水中的磷

硅藻的表层沉积

因沉积在深水中而损失的量　　化石化作用

图 2-17　自然界中的磷循环

2.3.4　生态系统的信息交流

在生态系统的各组成部分之间及各组成部分的内部，存在着广泛的、各种形式的信息交流，这些信息把生态系统联系成为一个统一的整体。生态系统中的信息形式主要有营养信息、化学信息、物理信息和行为信息。

1. 营养信息

通过营养关系，把信息从一个种群传递给另一个种群，或从一个个体传递给另一个个体，即为营养信息。食物链与食物网就是一个信息系统，如前面所提及的猫头鹰与田鼠的数量彼此增长的关系。

2. 化学信息

生物在某些特定条件下，或某个生长发育阶段，分泌出某些特殊的化学物质，这些物质在生物种群或个体之间起着某种信息作用，这就是化学信息，如昆虫分泌性外激素吸引异性个体；猫、狗通过排尿标记自己的活动领域；臭鼬释放臭气抵抗敌害；白蚁传递生殖信息等。

3. 物理信息

生物通过声、光、色、电等向同类或异类传达的信息构成了生态系统的物理信息。通过物理信息可表达安全、警告、恫吓、危险、求偶等多方面信息，如求偶的鸟鸣、兽吼。

4. 行为信息

有些动物可以通过特殊的行为方式向同伴或其他生物发出识别、挑战等信息，这种信息传达方式称为行为信息，如蜜蜂通过舞蹈告诉同伴花源的方向、距离等；人类的哑语也是一种行为信息方式。

2.4　生　态　平　衡

2.4.1　生　态　平　衡

在任何一个生态系统中，能量流动、物质循环与信息的交流总是不断地进行着。在一定时期内，生态系统内的生物种类与数量相对稳定，它们之间及它们与其环境之间的能量流动、物质循环和信息传递也保持稳定，达到高度适应、统一协调的状态，这种平衡状态就叫做生态平衡（ecological equilibrium）。

生态平衡是动态的平衡，而非静止的平衡。生态系统的生态平衡，并不意味着保持自然界的老样子不变。变化是宇宙间一切事物的最根本的属性，生态系统这个自然界复杂的实体，当然也处于不断地变化之中。生态系统中的生物与生物之间、生物与环境之间以及各环境因子之间，不停地进行着物质的循环与能量的流动。系统内部因素和外部因素的变化使得生态系统产生变化与进化。因此，生态平衡不是静止的，甚至会因系统中的某一部分先发生改变，引起不平衡，然后通过系统的自我调节能力使其进入一个新的平衡状态。平衡是暂时的、相对的，不平衡是永久的、绝对的。正是这种从平衡到不平衡又建立新的平衡的反复过程，推动了生态系统整体和各组成部分的发展与进化。

需要指出的是，自然界的生态平衡对人类来说并不总是有利的，这里所讲的生态平衡是指对人类的生存与发展长期有利的平衡，是从人类"利己主义"出发的。例如，自然界的顶级群落是很稳定的生态系统，从该系统来说是达到生态平衡了，但它的净生产量却很低。人类不能依靠这样的系统，而需要建立更高效的农业生态系统来满足对食物和纤维等的需要。与自然系统相比较，农业生态系统是很不稳定的，但它却能给人类提供了大量的农畜产品，它的平衡与稳定需靠人类来维持。

既然生态平衡是对人类来说的，因而它必然是与人类的生产、生活、生存与发展相适应的平衡。人类的农业发展史，从狩猎到刀耕火种，从轮荒到现代化的农业，就是一部不断打破原有平衡、建立新平衡的历史。在人类历史进程中，人类参与部分自然生态系统的改造与更新是必要的，但问题在于，这种参与必须保证对人类的持续发展有利，从这个意义上讲，自然界原有的保持平衡的生态系统也是人类需要的。

2.4.2　生态平衡的基本特征

生态平衡是动态的、发展的，其主要特征如下。

1) 一定时期内生态系统中物质与能量的输入与输出保持相对平衡

任何一个生态系统都是程度不同的开放系统，既有物质和能量的输入，也有物质与能量的输出，物质与能量在生态系统中与其环境间不断进行着开放性流动。对一个平衡的生态系统来说其物质和能量的输入与输出相对平衡，否则，这种平衡将被打破而建立新的平衡。

2) 生态系统内的物质与能量的流动保持合理的比例与速度

生态系统的动态平衡还表现在，经过系统流动的各种物质元素保持着合适的比例，且在生态系统各部分的移动速度保持均衡。能量在系统各部分的分配与流动保持均衡。

3) 生物的种类和数量保持相对稳定

生态系统中各种生物之间，各种群之间保持相对稳定，生产者、消费者、分解者的种类与数量相对稳定，使得生态系统的结构处于稳定状态。

4) 生态系统具有良好的自我调节能力

一个成熟稳定的生态系统是能够不断进行自我调控的，当系统受外界因素影响而导致其结构与功能产生变化时，系统能及时对这种影响作出反应，对其内部进行调控，使其恢复到原有的平衡状态。

2.4.3　生态平衡的失调

当生态系统受到外界因素影响，特别是人为因素的影响，导致其结构与功能受损且超出其耐受限度不能自我修复时，生态系统就会衰退，甚至崩溃，这就是生态平衡的失调。

1. 结构的标志

(1) 组成生态系统的生产者、消费者、分解者的缺损，如大面积毁林开荒，使原来的生产者从系统内消失，各级消费者因得不到食物而迁移或死亡，分解者随水土流失而被冲走，最后导致岩石或母质裸露或沙化，森林生态系统崩溃。

(2) 当外部压力不断作用于生态系统，造成生物种类与数量减少，层次结构产生变化，如草原由于过度放牧使高草群落退化为矮草群落。

(3) 环境中各种非生命成分的变化，如水体污染导致水质恶化，使浮游生物及各级消费者受害。

2. 功能的标志

(1) 生物生产下降。初级生产者的初级生产力下降，如滥伐森林、过度放牧，继而影响消费者的次级生产。

(2) 能量流动受阻。由食物链连接的能量流动受阻，如澳大利亚野兔大量繁殖，毁坏草场，导致畜牧业受到极大损失。

(3) 物质循环中断。这将使得生物的连续生产过程中断，如部分地区长期以秸秆、畜粪作燃料，导致土壤肥力下降，农作物生长不良。

(4) 扰乱信息传递。某些化学物质导致某些昆虫对性外激素的分辨能力的混淆或下降，导致昆虫不育，从而影响到其整条食物链的稳定；城市的灯光也使得大量的趋光性昆虫死亡。

2.4.4　引起生态平衡失调的因素

生态平衡的破坏因素主要为自然因素与人为因素。

1. 自然因素

自然因素主要是指自然界发生的异常变化或自然界本来就存在的对人类和生物的有害因素，如地壳变动、海陆变迁、冰川活动、火山爆发、山崩、海啸、水旱灾害、地震、台风、雷电火灾以及流行病等。这些因素可使生态系统在短时间内遭到破坏甚至毁灭。

例如，在秘鲁海域，每隔 6～7 年就会发生异常的海洋现象，即厄尔尼诺现象，结果使一种来自寒流系的鳀鱼大量死亡，鱼类死亡又会使以鱼为食的海鸟失去食物来源而无法生存。1965 年发生的死鱼事件，就使得 1200 多万只海鸟饿死，又由于海鸟死亡使鸟粪锐减，又引起以鸟粪为肥料的农田因缺肥而减产，为此秘鲁经济大受影响。近年来，厄尔尼诺现象在世界各地引起的气候异常现象，使得干旱和洪灾在不同地区相继发生。

2. 人为因素

由于人类对自然界规律认识不足，对工农业生产发展带来的环境污染和生态破坏等问题缺乏认识，为了眼前利益的生产、生活活动，使得地球生态系统结构与功能产生了很大变化，其生态平衡的失调或将危及人类的未来。

生态平衡与自然界中一般物理和化学的平衡不同，它对外界的干扰或影响极敏感，因此，在人类生活、生产过程中，常常会由于各种原因引起生态平衡的破坏。人为因素引起的生态的破坏主要由人为的物种改变引起。人类有意或无意地使生态系统中某一种生物物种消失或引进某一种生物物种都可能对整个生态系统造成影响。例如，1859 年澳大利亚为了肉用并生产皮毛和娱乐目的引进野兔。由于澳大利亚原来没有兔子，草场肥沃，没有天敌适当限制，致使兔子在短时间内大量繁殖，兔子数量的增长相当惊人。很快，兔子与牛羊争夺牧场，导致田野裸露，土壤无植物保护，受雨水侵蚀，造成生态系统破坏，也使以牛羊为主的澳大利亚牧畜业受很大影响。为此，澳大利亚政府曾鼓励大量捕杀，但仍不见效果。直到1950 年，澳大利亚政府不得不从巴西引进兔子的流行病毒，才使 99.5% 的野兔死亡，控制住了引进野兔引发的生态危机。

此外，19 世纪末，俄国西伯利亚地区因滥猎滥捕鸟类供商业出口羽毛，造成益鸟灭绝，害虫危害造成史无前例的农业灾荒事件和非洲引入南美洲蜂，因逃逸后繁殖形成的杀人蜂事件都说明生态系统中物种的人为改变会造成区域性的生态系统失调。

20 世纪以来，工农业生产的增长，使大量污染物质进入环境，从而改变了生态系统的环境因素，影响整个生态系统，甚至破坏生态平衡。例如，除草剂和杀虫剂的滥用、水体富营养化等因素导致的生态系统失衡。

2.4.5　维持生态平衡的途径

由生态平衡破坏的原因可知，人为因素是破坏地球生态平衡的主因。人类是大自然的主宰，又是生态系统的一员，为了自身的生存与后代永续发展，人类必须充分运用和发挥人类的智慧和文明，去主动调节生态系统的各种关系，调节生态平衡。

1. 对自然资源应该进行综合考察、合理开发

自然资源是人类生产、生活所需物质与能量的来源，是自然环境的重要组成部分。人类的生产、生活活动把人类—资源—环境紧密联系起来，形成一个整体。单纯追求经济收益违反生态平衡规律的人类活动，使人类与自然环境的相互关系尖锐化，加剧了资源的浪费、消耗以至于枯竭，这是人类—资源—环境这一统一体失去平衡的表现。要避免这种危险，就必须把经济发展建立在合理利用自然资源，保护自然环境的基础上。

为实现自然环境的合理开发，首先要对自然资源进行多学科的综合考察研究，在此基础上，确定资源开发的目标，制定符合生态学原则的开发方案，使我们可以最大限度地利用自然资源。

2. 对生态系统进行合理调整

对生态系统的合理调控，应建立在对生态系统进行全面研究、充分掌握其规律的基础上，这样就使得系统更加稳定。澳大利亚在其草原生态系统中引入能消化家畜粪便的蜣螂就是一个成功的例子。20 世纪以来，澳大利亚畜牧业发展很快，随之在牛粪上产卵并繁殖后代的牛蝇也迅速滋生蔓延起来，到 20 世纪 60 年代已十分猖獗，大批牛蝇吸吮牛的血液，危害牛的健康，导致畜产品质量与数量的下降。与此同时，牛群每天排到草地上的大量难以分解的牛粪使牧草黄化枯死，草场退化，严重影响了畜牧业的发展。为解决这一问题，生态学家在对草原生态系统进行充分研究的基础上，从系统外引入一种蜣螂，它能在短时间内将牛粪滚成粪球并埋入地下供其幼虫食用，这样使牛粪上的蝇卵不能孵化为幼虫，间接地消灭了牛蝇。同时，粪球埋入地下还改善了土壤结构，增加了土壤养分，对牧草生长十分有利，促进了畜牧业的发展。

3. 在改造自然、控制自然灾害方面进行综合治理

为了防止自然灾害对人类和生态系统的危害，人类需要有意识地改造自然界，控制自然灾害的发生。例如，我国的长江三峡水库的建设、三北防护林体系的建设等。在进行这些大型生态建设工程时，必须充分研究、论证，谨慎实施，以免对区域甚至全球生态环境产生不利影响。

值得指出的是大规模的水坝建设带来的负面效应。建于公元前 3000 年的约旦爪哇水坝被认为是人类建造的第一座水坝，位于约旦首都安曼东北 100km。水坝用于控制洪水，灌溉耕地，为人畜提供饮用水，后来发展为提供工业用水，改善通航条件和发电。毋庸置疑，水坝给人类带来了巨大利益。但是，随着时间的推移，建筑水坝的外溢成本逐渐彰显，对生态环境的破坏和潜在威胁渐显。现在世界上 60% 的大江大河已被水坝、运河和引水工程所阻断。由于大坝及其附属的水利设施的建设，导致了众多淡水栖息地和物种的丧失。大坝提供的水量大部分被效率很差的灌溉系统浪费了。当前，大坝建设的高潮已从发达国家转向发展中国家，由于发展中国家对水和能源的紧迫需求，生态系统和特有物种及其栖息地受到的威胁就更大。2003 年底统计：中国、土耳其、伊朗和日本等国所拥有在建大坝数量占了世界在建大坝总数量的 67%。

世界自然基金会（WWF）与世界资源研究所共同完成的《险境中的河流—水坝与淡水生态系统的未来》的报告中指出：长江是世界上拥有拟建或在建水坝最多的河流，在全长 6300km 的长江上建成、拟建或在建的水坝有 46 座（主要在其上游金沙江），这严重影响了长江流域的生态系统。大坝在提供水和电力的同时，还对淡水生态系统造成了严重的破坏。该报告还指出，在全世界 21 条严重退化的河流及其流域中，排名第一位的是南美洲的拉普塔河流域，河上有 27 座水坝。排在第三位的是底格里斯河—幼发拉底河流域，26 座大坝中大多数都在土耳其境内。还有特别值得关注的位于中缅境内的怒江—萨尔温江流域规划的数量众多的大坝，以及在中国珠江流域在建的 10 座大坝的负面影响。对于大坝建设频繁的国家，应该有系统的、全流域的全面规划和环境评价，以保护好淡水生物物种的栖息地。

2.5　生物圈及其结构

地球存在着一个特殊圈层——生物圈（Biosphere），即在地球表面，大气圈、岩石圈、土壤圈和水圈之间生物可以生存的空间。生物圈是指地球上所有生态系统的统合整体，是地球的一个外层圈，其范围大约为海平面上下垂直约 10 km。地球目前是整个宇宙中唯一已知的有生物生存的地方。

2.5.1　大　气　圈

地球表面包围着一层厚厚的大气层，其又称为大气圈（atmosphere）。这层大气层分为均质层与非均质层（图 2-18）。

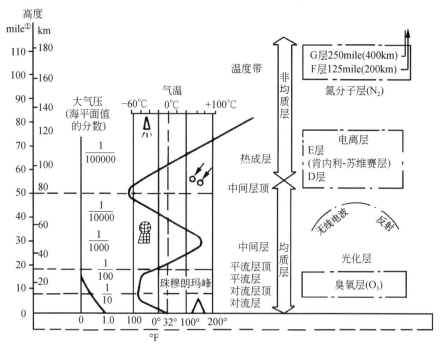

图 2-18　大气层结构

1）均质层（0~90km）

生物生存的大气层空间，此层大气成分为氮气（N_2）78%，氧气（O_2）21%，其他气体为 1%。

---

① 1mile=1609.344m。

均质层分成:

对流层 (0 ~ 12 km), 对流层从地球表面开始向高空伸展, 直至对流层顶。它的高度因纬度而不同, 在低纬度地区为17~18km, 在中纬度的地区高10~12km, 在高纬度地区只有8~9km。其中, 近地层0~1km为人类生活的主要空间。对流层集中了约75%的大气的质量和90%以上的水汽质量。对流层是大气层中湍流最多的一层。

平流层 (10~50km), 亦称同温层, 位于对流层的上方和中间层的下方。其下界在中纬度地区位于距离地表10km处, 在极地则在8km左右, 其上界则约在离地50km的高度。平流层的温度上热下冷, 随着高度的增加, 平流层的气温在起初基本不变, 然后迅速上升。在平流层里大气主要以水平方向流动, 垂直方向上的运动较弱, 因此气流平稳, 基本没有上下对流。此层中约20~30km内有一层薄薄的 (3mm) O_3层。

中间层 (50~85km), 自平流层顶到85km之间的大气层。该层内因臭氧含量低, 同时, 能被氮、氧等直接吸收的太阳短波辐射已经大部分被上层大气所吸收, 所以温度垂直递减率很大, 对流运动强盛。

2) 非均质层

热成层 (85 ~ 800km), 从中间层顶至800 km左右。密度很小, 本层质量仅占大气总质量的0.5%。在270 km高度上, 空气密度约为地面空气的百亿分之一, 在300 km的高度上, 空气密度只及地面密度的千亿分之一, 再向上空气就更稀薄了。

非均质层化学成分明显不同:

分子氮层　　N_2 90 ~ 200 km

原子氧层　　[O] 200 ~ 1100 km

原子氮层　　[N] 700 ~ 2200 km

原子氢层　　[H] 2200 ~ 6000 km

散逸层, 是地球大气层最外层, 热成层之上800 km高度以上的大气层。本层温度很高, 空气粒子运动很快, 又离地心较远, 地球引力作用小, 所以这一层的大气质点经常散逸至星际空间, 故名为散逸层。

地球上的生物及人类主要生活在对流层中的近地层1km以下的空间, 个别生物可达4~5km的空间。大气层中的O_3层虽然仅为3mm厚, 但能吸收太阳紫外线, 起着保护生物及人类的作用, 称之为地球的宇宙服。

2.5.2　水　　圈

水圈 (hydrosphere) 是地球表面和接近地球表面的各种形态的水的总称。它包括海洋、河流、湖泊、沼泽、冰川以及土壤和岩石孔隙中的地下水、岩浆水、聚合水, 生物圈中的体液、细胞内液、生物聚合水化物等。水以气态、液态和固态三种形式存在于空中、地表和地下。这些水不停地运动着和相互联系着, 以水循环的方式共同构成水圈。地球上的总水量约13.8亿 km^3, 其中海洋占97.2%, 覆盖了地球表面积的71%, 仅有不到3%是淡水, 分布在江、河、湖、地下水及冰川。南北极冰川集中了1/3的淡水, 真正能被利用的淡水不到地球上总水量的1%, 水资源的供应成为生物与人类生存的关键因素之一。

2.5.3　岩石圈及土壤圈

地球环境中供给生物及人类生存的物质除空气及水外，还有生物与人类所需要的营养物质，这些物质则来自于地壳。

岩石圈（lithosphere）由地壳和上地幔顶部坚硬岩石组成，厚度为 60 ~ 120km。它不但提供了生物与人类所需的营养物质，还是人类生产活动所需能源和资源的物质基础。土壤圈（pedosphere）是覆盖于地球陆地表面和浅水域底部的土壤所构成的一种连续体或覆盖层，是地球表面系统的组成部分，是生态系统中最为活跃的物质迁移转化界面，是联系无机界和有机界的中心环节。岩石圈和土壤圈这层地层对于地球地壳来说，犹如鸡蛋壳一样薄，但它提供的营养元素，形成了地球生物的主要物质结构。通过对地壳层内各元素含量丰度以及对人体血液中各种元素含量的分析，发现二者有极其一致的相关性，如图 2-19 所示。

大气圈、水圈、岩石圈、土壤圈和生物圈中各组成元素不断地进行着生物地球化学循环。如图 2-20 所示。

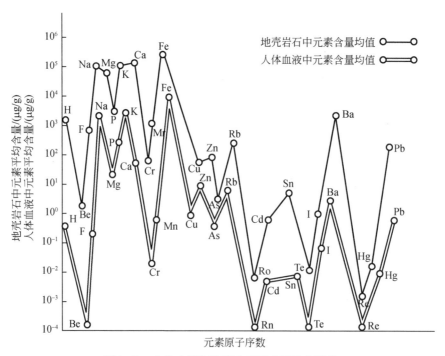

图 2-19　人体血液和地壳中元素丰度的相关性

2.5.4　生　物　圈

地球是生物起源和进化的理想环境。已知的生命现象都离不开液态水。地球与太阳的距离以及地球的自转使地表温度足以维持液态水的存在；地球的引力保证了大部分气态分子不致逃逸到太空去。地球的磁场屏蔽了一部分高能射线，使地表生物免遭伤害。然而这一切只是为生命提供了存在的可能性。

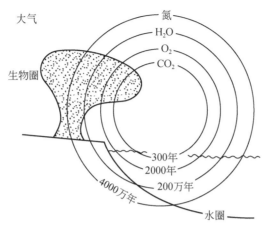

图 2-20　地球的再循环机制

　　我们生存的地球历史据地质考证大约 46 亿年，有人类历史不过 200 万 ~ 300 万年，而有文字记载的历史也只有 6000 多年。在地球形成初期，地球上并没有生物，地球环境只是一个混沌的星体，没有生命。地球表面大气环境中的雾气，只包括 N_2、CO_2、CO 和 H_2O，没有 O_2 和 O_3，属还原性。高能紫外线可以无阻碍地直射地球表面，大气圈内的无机物成分经过数亿年的照射将被还原成为简单的有机物，并形成了最简单的生命前体，即原始生命。这些无机物的非生物体合成了有生命的有机体，在原始的海洋中汇聚起来，在漫长的岁月，形成了最初的地球生命——目前已发现的最古老的生物、最古老的生命化石——原始菌类。大约在 34 亿年前出现了最早的生命——异养厌氧菌，以后不断进化。大约在 27 亿年前左右，蓝绿藻类通过光合作用，由水和二氧化碳合成了有机物，同时产生了氧气。由于游离的氧气产生，进一步促进生命进化，再经过 10 亿 ~ 15 亿年出现了真核细胞和有性繁殖的多核细胞生物。随着氧气的增多，在高空出现了臭氧层，阻止住紫外线对生命的辐射伤害，于是过去只能躲在海水深处才能存活的生物便有可能发展到陆地上来。但生物初到陆地上的时候，遇到的只是岩石和风化的岩石碎屑，大部分高等植物不能赖以生存，只是在低等植物和微生物的长期作用下，才形成了肥沃的土壤。经过几十亿年的进化，才形成今天各种各样的生物物种。在生物与环境相互作用下，才形成了今天大气环境中的各类物质成分。这样的生命生存环境是生物圈及其他生态圈相互影响、相互制约、转化统一的结果。生物圈是一个封闭且能自我调控的系统。

　　生物圈为生物的生存提供了基本条件：营养物质、阳光、空气和水、适宜的温度和一定的生存空间。但是，大部分生物都集中在地表以上 100m 到水下 100m 的大气圈、水圈、岩石圈、土壤圈等圈层的交界处，这里是生物圈的核心。

　　地球从有生命以来，曾形成 2500 万 ~ 5000 万种的生物物种，但由于地球自然环境的变迁（地质、气候）以及人类活动影响和破坏，许多生物物种灭绝或濒临灭绝。几十亿年来，原生环境的灾害是人类目前技术力量无法控制的，但人类活动可以控制和保护那些濒临灭绝的野生动物、植物，同时也保护了与人类息息相关的生存环境。如果没有这些生物的存在，人类的生存繁衍将是难以想象的。20 世纪以来，人类进入高度发展的文明时代。到目前为止，人类仍然是宇宙唯一已知的智慧生物。以人类智慧、科技水平所能了解，目前只有地球这个星球的生态环境才能适于人类生存繁衍，而地球只有一个！

2.5.5　人工生物圈

人类为了探求宇宙空间的奥秘，为寻找人类移居其他星球长期生存的途径，科学家用大规模的"实验室"模拟实验，研究用人工方式重现地球生物圈，以了解对地球环境的影响，获得未来在宇宙基地或月球等星球自行供应食物与空气所需的技术。这方面研究对我们保护地球的生物圈，同时向宇宙扩大人类的生命领域，具有重要的意义。

人为控制生物圈的技术称为"封闭生物圈生命维持系统"（closed ecological life support system，CELSS）。世界上目前有三处 CELSS 的实验设施：美国亚利桑那州的"生物圈 II"、俄罗斯的"BIOS-3"以及日本的"生物圈 J"（封闭式生物圈设施）。1984 年，美国耗资 2 亿美元在美国干燥的亚利桑那州东南部的欧洛可（Oracle）附近建立起"生物圈 II"号，占地 l.25hm^2，建立起一个由钢筋和玻璃组成的建筑群。这里有农场农田、热带雨林、沼泽、草原、河流、湖泊、沙漠以及数千种生物物种，是可供人生存的小生态系统。科学家设想模拟地球环境的实验能提供足够的食物、水和空气（氧气）。自 1991 年 10 月至 1993 年 9 月 26 日，英国、美国、比利时等国男女各 4 位科学家进行了为期两年封闭的自给自足的生存试验。这里不用化肥、农药，全靠自然生态系统内部平衡。生物呼吸排出二氧化碳，植物通过光合作用吸收 CO_2 而释放 O_2，以达到自然平衡。人们的食物也靠自然生成。然而，经过一年多试验，发现圈内空气中氧气含量由 21% 下降到 14%，相当于地球上海拔 5000 m 的高原处的含氧气量，CO_2 和 O_2 难以平衡。这是由于除呼吸中产生 CO_2 外，土壤中的碳与氧气反应也生成 CO_2，此外混凝土中的钙又生成 $CaCO_3$ 导致其中氧气含量下降，CO_2 含量猛增，由 $340×10^{-6}$ 增至 $571×10^{-6}$。同时空气中的 NO（一氧化氮）含量猛增到 $79×10^{-6}$，这个浓度使人体合成维生素 B_{12} 的能力减弱，危害大脑健康。而 CO_2 的增加，造成如圆叶牵牛花迅速增长，盖住了粮食及其他植物，其结果是 1/3 的生物死亡，25 种脊椎动物中 19 种死亡，大多数昆虫死亡，如传粉昆虫死亡。只有杂草牵牛花疯长，蟑螂、蝈蝈、纺织娘、蚂蚁成群。两年中，不得不三次打开封闭的大门，向内输送空气（氧气）以保证试验人员的正常生存。"生物圈 II"实验失败表明，在现有的科学技术条件下，人类还不能完全模拟类似地球的可供人类生存的生态环境。"生物圈 II 号"生态试验以失败告终，但它记录了人类对建立人工生物圈的探索。

2.6　生物多样性

2.6.1　生物多样性

在我们这个星球上，成千上万种生物按照各自的生活方式，生活在海洋、陆地、沙漠、森林等不同的环境中，构成了千姿百态的生物世界。

所谓生物多样性（biological diversity）就是地球上所有的生物体及环境所构成的综合体。联合国环境规划署（United Nations Environment Programme，UNEP）在《生物多样性公约》中指出："生物多样性是指所有来源的形形色色的生物体，这些来源包括陆地、海洋和其他水生生态系统及其构成的生态综合体；包括物种内部、物种之间和生态系统的多样性。

这样的三个层次是互相关联、互相影响的，基因是物种构成的基础，物种是生态系统的组成部分。物种的多样性是生物多样性的表现核心。"

遗传多样性（genetic diversity）是指地球上一定时空范围内所有生物所携带的遗传信息及其种内、种间可遗传变异的多样化。它是物种多样性和其他层次生物多样性的基础和重要来源。自然界中各种物种的群体与个体都拥有丰富的遗传多样性。一个物种的遗传多样性决定或影响着该物种与其他物种之间及其与环境之间相互作用的方式。

物种多样性（species diversity）是指地球上一定时空范围内生物物种的丰富性及其形成、发展、演化、生态分化与适应机制等的多样化。它是生物多样性在物种水平上的各种表现形式。

生态系统多样性（ecosystem diversity）是指一定时空范围内各级各类生态系统类型的丰富性以及生态系统生境类型、生物群落和各种生态过程的多样化。其中，生境多样性主要是生态系统中非生物环境的多样化，它是生物群落多样性乃至整个生物多样性形成的基本条件；生物群落多样性主要指生态系统中生物群落的组成、结构、外貌及其演替的多样化；生态过程多样性是指生态系统各组成要素间，以及各生态系统之间相互作用或相互关系的多样化。

2.6.2　生物多样性的意义

生物多样性除构成人类生态环境外，还是人类赖以生存的各种有生命的自然资源的总汇，是开发并永续利用与未来农业、医学和工业发展密切相关的生命资源的基础。

首先，生物多样性对提供人类生存所需要的食物来源是至关重要的。目前人类所需要营养的70%以上来自小麦、稻米和玉米三个物种，90%的食物来自约20个物种，全世界只有约150余种植物被用以大规模种植，而动物方面只有为数不多的家禽、家畜及鱼类为人类提供必要的蛋白质。面对着人口的增长，通过增加地球上有限的可耕地面积，以求取得有限几种粮食作物的增加来满足这种增长的需要是困难的，必须开发与利用自然界潜在的食物资源。基因的多样性与物种的多样性使我们有了这样的可能，对今后的农、林、牧、渔业的发展具有重要的现实意义。

其次，生物多样性在人类卫生保健事业上起着不可估量的作用。很久以前，人们就开始利用野生的植物作为药品治疗人类疾病，而且一直沿用至医药事业高度发达的今天。在美国，每年的医疗处方中，至少30%的处方包含有来自野生植物的药物。全世界含有野生植物成分的药材及成药价值达400亿美元。中国的传统中医药更是大量地采用各种植物材料用于治疗，取得了极好的治疗效果。随着医学科学的发展，许多生物的药用价值将不断被发现。

生物多样性为人类提供了多种多样的工业原料，如植物提供了木材、纤维、香料、橡胶、松脂、淀粉等；动物则提供了皮、毛、革、羽等材料；而现代工业的基本能源天然气、原油、煤等也都是由植物储存的太阳能转变而来。现代工业需要开发更新更多的生物资源，以提供各种工业原材料和新型能源。

生物多样性对现代科学技术的发展还具有特殊的意义。通过对生物多样性的研究，对基因物种、生态系统及其他方面的研究，我们能够探索生命的起源，促进对生命本质的认识，包括对我们人类自身的更深刻认识；通过研究，可以从其他生物那里学到很多东西，从仿制蝇眼的复式摄影机到潜艇、航空器，无一不是人类仿生的成果体现。

生物多样性的意义还体现在生态系统的环境服务功能方面,如光合作用与有机物的合成、CO_2的固定、维持物质循环、污染物的吸收与降解、保持水土、保护水源等。它还提供非消耗性利用方面的服务,如生态旅游、动物表演或以文学作品、舞台艺术、影视图片为载体的文化享受等。

2.6.3　世界及我国生物多样性状况

自地球出现生命以来,估计共存在过2500万~5000万种生物,它们中的大部分已在地球的自然演进过程中灭绝了,大约有500万~1400万种甚至更多的生物留存至今。现已分类定名的物种有170多万种,其中动物132.2万种,植物40万种(表2-3)。

表2-3　世界生物种类数目分类表

类　别	确定种类		估计种数	
	种数	比例/%	种数	比例/%
哺乳类	4170	0.24	4300	0.09
鸟类	8715	0.50	9000	0.20
爬行类	5115	0.29	6000	0.13
两栖类	3125	0.18	3500	0.08
鱼类	21000	1.21	23000	0.51
无脊椎动物	1300000	74.62	4004000	88.39
维管植物	250000	14.35	280000	6.18
非维管植物	150000	8.01	200000	4.42
合计	1742125	100	4529800	100

资料来源:中国国家"生物多样性"信息交换所资料,2005

由于人类为了自身眼前的利益,对地球资源,特别是对土地、森林资源掠夺性的开采利用,使得这些生物的生存受到威胁。据2000年来的纪录统计,约有110多种兽类和130多种鸟类从地球上消失了,其中1/3是19世纪以前消失的,1/3是19世纪灭绝的,1/3是20世纪下半叶灭绝的。据联合国估计,至2000年地球上已有10%~20%的动植物被消灭,包括2.3万种植物和1000多种脊椎动物。这些年来,物种消亡的速度正在加快,估计每年有6万~9万个物种消亡,相当于大约每10分钟就有一个物种消亡,这样的速度大约是人类开始农耕前物种消亡速度的15万倍。照此下去,到2050年,地球上现有的物种将有一半消失。

我国位于欧亚大陆的东南部,东临太平洋,南距印度洋不远,西面和北面是广阔的大陆。我国疆域辽阔,有960万 km^2 的国土,北起黑龙江漠河,南至南海曾母暗沙,跨越温带、亚热带和热带。全国地势西高东低,地形复杂多样,有高原、山地、广阔的平原,还有草原与荒漠,江河纵横,湖泊星罗,自然景观多样。植被类型齐全,由北向南分布着寒温带针叶林、温带落叶阔叶林、亚热带常绿阔叶林、热带雨林;由东到西为湿润森林区域、半干旱草原区域、干旱草原区域。我国的自然条件,使我国具有相当丰富的生态系统类型。陆生生态系统有森林、灌丛、草原、草甸、荒漠、高山冻原等各种类型,由于不同的气候和土壤条件,又分各种亚类型599种。海洋和淡水生态系统类型也很齐全。以上因素决定了我国的生物多样性高度丰富，无论种类或是数量都在世界上占据重要地位，是全球 12 个“巨大多样性国家”之一，其特点如下。

(1) 物种丰富。我国有脊椎动物 6266 种，约占世界脊椎动物的 14%。我国淡水鱼类近 800 余种，海洋鱼类 1500 余种，占世界 2 万多种鱼类的 1/10。从植物方面看，我国有植物区系 3 万余种，仅次于世界上植物区系最丰富的马来西亚（4.5 万种）和巴西（4 万种），居世界第三位。其中，苔藓植物 106 科 2200 余种，蕨类植物 52 科 2600 余种，分别占世界的 80% 与 21%；木本植物 8000 余种，其中乔木约 2000 余种，全世界裸子植物共 15 科 71 属 750 种，我国就有 10 科 34 属 250 多种，针叶林总种数占世界的 37.8%；被子植物约有 328 科 3123 属 3 万多种，分别占世界科、属、种数的 75%、30% 和 10%。

(2) 特有属、种繁多。在我国脊椎动物中，特有种有 667 种，占 10.6%；在我国高等植物中，特有种多达 17300 种，占中国高等植物总种数的 57% 以上。

(3) 区系起源古老。由于中生代末中国大部分地区已上升为陆地，第四纪冰期又未遭受大陆冰川的影响，许多地区都不同程度保留了白垩纪、距今 6500 万年的古老残遗部分，如松杉类世界现存 7 个科，中国有 6 个科。大熊猫、白鳍豚、扬子鳄和水杉、银杏等都是古老孑遗物种。

(4) 栽培植物、家养动物及其野生亲缘的种质资源非常丰富。中国是世界八大作物起源中心之一，是水稻和大豆的原产地，品种分别达到 5 万个和 2 万个。中国有药用植物 11000 多种，牧草 4215 种，原产中国的重要观赏花卉超过 30 属 2238 种。中国是世界上家养动物品种和类群最丰富的国家，共有 1938 个品种和类群。

我国的经济物种也非常丰富。据初步统计，我国有重要的野生经济植物 3000 余种，纤维类植物 400 余种，淀粉材料植物 150 余种，蛋白质和氨基酸植物 260 余种，油脂类植物 370 余种，芳香油植物 290 余种，用材树种 300 余种。有经济价值的鸟类 330 种，哺乳动物 190 种，鱼类 60 种。另外还有大量具有经济价值的衍生物，包括 700 种野生食用真菌，300 种药用菌等。中国的生物物种见表 2-4 和表 2-5。

表 2-4　中国物种数与世界物种数的比较

分类群	中国物种数	全世界物种数	中国物种占世界/%
哺乳类	581	4170	13.93
鸟　类	1244	9198	13.52
爬行类	376	6300	5.97
两栖类	284	4184	6.79
鱼　类	3864	19056	20.28
淡水藻类	9000	26900	33.46
地　衣	2000	20000	10.00
苔　藓	2200	23000	9.57
蕨　类	2600	12000	21.67
裸子植物	250	850	29.41
被子植物	30000	260000	11.54

资料来源：中国国家“生物多样性”信息交换所资料，2005

表 2-5　中国脊椎动物特有物种

类别		中国已知种数	特有物种数	占总种数的百分数/%
哺乳纲	Mammalia	581	110	18.93
鸟纲	Aves	1244	98	7.88
爬行纲	Reptilia	376	25	6.65
两栖纲	Amphibia	284	30	10.56
鱼纲	Pisces	3862	404	10.46

资料来源：中国国家"生物多样性"信息交换所资料，2005

　　中国自然生态环境形势总体是严峻的，生境退化加剧，物种面临威胁，物种多样性丧失的趋势还没有得到有效的控制，主要表现在：森林覆盖率低（中国森林覆盖率为16.5%，世界平均为26.6%）、天然林遭受砍伐、森林植被退化；草场超载过牧，质量下降，退化、沙化加剧；长江、黄河等大江大河源头生物多样性丰富地区的自然生态环境呈恶化趋势；沿江的重要湖泊、湿地日趋萎缩；北方地区江河断流、湖泊干涸、地下水下降现象严重；全国主要江河湖泊水体受到污染。由于野生物种生境的退化和破坏，加上一些地区滥捕、滥猎和滥采，导致野生动植物数量不断减少。据统计，全国共有濒危或接近濒危的高等植物4000~5000种，占总数的15%~20%，野生植物（如苏铁、珙桐、金花茶、桫椤等）已濒临灭绝。20世纪中国已经灭绝的野生动物有普氏野马、高鼻羚羊。接近和濒临灭绝的有蒙古野驴、野骆驼和普氏原羚等。在《濒危野生动植物国际贸易公约》中列出的640种世界濒危物种，中国有156个物种，约占总数的1/4。因此，保护野生动植物的栖息地和生境，提高自然保护区的建设和管理水平，成为中国生物多样性保护的迫切问题。

　　防治外来入侵物种的威胁和危害，是中国生物多样性保护面临的另一重要问题。据专家初步调查，世界自然保护联盟（World Conservation Union，IUCN）公布的世界上100种最坏的外来入侵物种约有一半入侵了中国。据统计，每年全国因松材线虫、湿地松粉蚧、美国白蛾、松突园蚧等森林害虫入侵危害森林面积达150万 hm^2。豚草、薇甘菊、紫茎泽兰、飞机草、大米草、水葫芦等已在中国部分地区大肆蔓延，造成了生物多样性和农业生产的破坏。特别是沿海滩涂和近海生物栖息地因大米草等入侵物种的影响，海水交换能力和水质下降并引发赤潮，使大片红树林消失。西南部分地区因飞机草和紫茎泽兰群落入侵，造成本地草场和林木的破坏和衰弱，对自然保护区保护对象构成了威胁。据不完全统计，每年外来入侵物种危害造成的经济损失约500多亿元人民币。

　　现代生物技术的发展为人类解决粮食和医药的短缺以及环境等问题带来了福音，但也可能对生物多样性、生态环境和人体健康产生潜在的不利影响。近10年来，中国现代生物技术有了较快的发展，转基因抗虫、抗病毒和品质改良农作物已有47种，如转基因棉花、大豆、马铃薯、烟草、玉米、花生、菠菜、甜椒、小麦等进行了田间试验，其中抗虫棉、抗病毒番茄等6个品种已开始商品化生产。中国转基因动物、微生物的研究也取得了重大进展。我国转基因农作物田间实验和商品化的环境释放面积仅次于美国、加拿大、阿根廷，居世界第4位。随着转基因生物环境释放面积和商品化品种的扩大，对我国生物多样性、生态环境和人体健康构成的潜在威胁和风险将随之增加。尽管中国已制定一些生物安全法规，但还很不完善，还没有形成国家统一监管的机制，对生物安全的基础研究和转基因生物环境释放的监测也很薄弱，生物安全的资金投入与生物安全管理的需要差距很大。

2.6.4　生物多样性保护

人类对生物物种灭绝的影响可追溯到几千年前，但从 19 世纪以来，人类的这种影响急剧增长。如果人们不深刻认识到这个问题的严重性，继续对地球上的某些重要生态系统（如热带雨林）施加影响的话，那么地球上生物的消亡速度就会加快，其后果对人类社会的持续发展而言是灾难性的，保护生物多样性刻不容缓。

生物多样性的保护涉及生态学、遗传学、分类学等生物学科及环境经济学、哲学、社会学、人类学、法律等多学科领域，其所要达到的目标是通过不减少基因与物种多样性，不破坏重要生境和生态系统的方式，保护和利用生物资源，以保证生物多样性和人类社会的可持续发展。全球生物多样性保护进程中具有划时代意义的《生物多样性公约》于 1992 年 6 月在巴西里约热内卢召开的联合国环境与发展大会上提出，并于 1993 年 12 月 29 日生效。该公约是全面探讨生物多样性的第一个全球性协议，也是解决生物多样性问题的重要国际文件，它为可持续利用和生物多样性以及公平地分享遗传资源提供了一个全面的方案。

我国是最早签署和批准公约的国家之一。自从 1993 年公约正式实施以来，我国为保护生物多样性和履行公约，积极认真地开展了一系列卓有成效的工作，有力地促进了国民经济和社会的可持续发展，也为世界保护中国特有的生态系统、物种种质和遗传资源作出了重要贡献。

针对目前我国生物多样性保护的现状，我国保护生物多样性的总目标是保护生物多样性和保证生物资源的永续利用，确保国民经济和社会的可持续发展，实现经济效益、社会效益和环境效益的统一。

保护生物多样性的措施之一是保护自然及半自然的生态系统，即对生物的栖息地进行保护，为此建立自然保护区是保护基因、物种和自然生态系统的有效手段。在保护区内，外界人为的干扰相对较少，绝大多数物种能够得到保护。生物多样性保护的另一条措施是退化土地的改善和生态系统的恢复，通过一系列的技术手段使原有的生态系统中的物种得以复原。当就地保护的目标不能达到时，迁地保护则是需要采取的措施，通过建立动物园、种子库、胚胎库等，使野外受威胁的物种得以保存下来。

保护生物多样性的途径与方法如下。

（1）建立和完善自然保护区网络。将有代表性的自然生态系统和珍稀濒危生物及其生存环境保护起来，这是十分有效的。

（2）对生物多样性有重要意义的野生动植物物种进行保护。根据物种保护的典型性、稀有性、多样性等原则，保护生物多样性中心和国家重点保护动物、植物的分布地，使每一受重点保护的动物、植物能得到有效的保护或迁地保护。我国现已建成世界上最大的作物品种资源库，共保存种类标本 35 万份。为保护我国珍稀濒危动植物，1987 年我国公布了《中国珍稀濒危保护植物名录》，共 389 种植物，其中一级重点保护的 8 种，二级重点保护的 159 种，三级重点保护的 222 种；1988 年国务院公布了经修改的《国家重点保护野生动物名录》，其中一级保护的 96 种，二级保护的 161 种。

（3）采取积极主动的措施，防范外来入侵物种。在国际贸易、科学交流与人员交往过程中，加强动植物检疫工作，拒外来入侵物种于国门之外；对已入侵的外来物种采取重点铲除的方法或限制其进一步蔓延；与此同时，加强科学研究，对危害大的入侵物种，可审慎地引进其天敌。

（4）生物安全性的评估与控制。针对现代生物技术有可能存在的危险与不利影响，应加强技术的风险评估以及生物安全控制能力的建设，做到转基因生物的越境转移管理，建立国家协调机制，签署生物安全议定书。

（5）合理开发与利用生物资源，寻求生物多样性保护与持续利用相协调的途径。在加强保护工作的同时，大力开展野生植物资源的开发利用等技术研究工作，最终使保护工作与利用相结合，从而促进保护工作的进一步开展。

（6）加强国际合作。生物多样性的保护，还需要多方面的国际合作，如跨国界区域的自然保护，迁移动物保护，技术与资金的支持和帮助，人员的交流与培训等。

（7）宣传教育与公众参与。加强生物多样性科学知识的宣传教育，提高各级政府与公众的意识，鼓励参与，推动生物多样性保护工作。

2.6.5　自然保护区

自然保护区是在人为划定的地域范围内，采取特殊保护措施，保护自然环境、自然资源、具有重要意义的风景名胜、历史文化遗迹以及珍稀濒危野生动植物的重要途径和有效手段。《生物多样性公约》对自然保护区的定义为"保护区是指一个划定地理界限，为达到特定保护目标而指定或实行管制和管理的地区"。1994年10月国务院颁发的《中华人民共和国自然保护区条例》对自然保护区的定义：自然保护区是指对有代表性的自然生态系统、珍稀濒危野生动植物物种的天然集中分布、有特殊意义的自然遗迹等保护对象所在的陆地、陆地水体或者海域，经各级人民政府批准，依法划出一定面积予以特殊保护和管理的区域。自1872年美国建立世界上第一个自然保护区以来，自然保护区在世界上已有130多年的发展历史。

自然保护区的基本任务是保护濒危、孑遗、珍稀的生物物种和其他生物的种质与遗传资源，以及这些生物赖以生存的各类型生态系统，维持生态平衡。自然保护区还是科学研究的天然实验室、自然资源合理开发利用的示范区、开发生态旅游的游览区和进行自然保护宣传教育活动的自然博物馆。

根据建立保护区的目的与管理目标，可将自然保护区划分为若干类型，见表2-6和表2-7。

表 2-6　1993 年修订的 IUCN 保护区类型划分表

序号	类型	主要管理目标
1	严格的自然保护区/荒野区	前者用于科学研究，后者用于荒野区保护
2	国家公园	用于生态系统保护和娱乐
3	自然纪念地	用于特殊自然特征的保护
4	生境/物种管理区	通过管理的干预达到保护目的
5	受保护的陆地景观/海洋景观	用于陆地和海洋景观的保护与娱乐
6	受管理的资源保护区	用于自然生态系统的持续利用

资料来源：薛达元，1994

表 2-7 中国自然保护区类型及其划分标准 (GB/T14529—93)

类别	类型	主要保护对象
I. 自然生态系统类	1. 森林生态系统类	主要保护森林植被及其生境所形成的自然生态系统
	2. 草原与草甸生态系统类	主要保护草原植被及其生境所形成的自然生态系统
	3. 荒漠生态系统类	主要保护荒漠生物和非生物环境共同形成的自然生态系统
	4. 内陆湿地和水域生态系统类	主要保护水生和陆栖生物及其生境共同形成的湿地和水域生态系统
	5. 海洋和海岸生态系统类	主要保护海洋、海岸生物及其生境共同形成的海洋和海岸生态系统
II. 野生生物类	6. 野生动物类	主要保护野生动物物种，特别是珍稀濒危动物和重要经济动物种群及其自然生境
	7. 野生植物类	主要保护野生植物物种，特别是珍稀濒危植物和重要经济植物种群及其自然生境
III. 自然遗迹类	8. 地质遗迹类	主要保护特殊地质构造、地质剖面、奇特地质景观、珍稀矿物、奇泉、瀑布、地质灾害遗迹等
	9. 古生物遗迹类	主要保护古人类、古生物化石产地和活动遗迹

世界各国对建立的自然保护区都非常重视，建立了大量的、各种类型的自然保护区，且发展迅速。据世界资源研究所 1987 年报告，全世界共有 3514 个自然保护区，占地面积 4.24 亿 hm²。而现在仅在欧洲，生态保护区网络就已涵盖了 19514 个保护区，总面积约为 52.3 万 km²，占欧盟陆地面积的 11.6% 以上。

我国自 1956 年建立了第一个自然保护区"鼎湖山自然保护区"以来，截至 2010 年底，全国（除港、澳、台地区）共建立各类、各级自然保护区 2588 个，总面积 1.4944 亿 hm²，陆地自然保护区面积约占国土面积的 14.9%。其中国家级自然保护区 319 个，面积 9267.56 万 hm²。目前，全国已初步形成类型比较齐全、布局比较合理、功能比较健全的自然保护区网络。有 21 处自然保护区加入了"世界人与生物圈保护区网络"，21 处自然保护区列入了"国际重要湿地名录"，3 处自然保护区被列为世界自然遗产地。目前，这些自然保护区保护了我国 70% 的陆地生态系统，80% 的野生动物和 60% 的高等植物，使绝大多数国家重点保护的珍稀濒危野生动植物都得到了保护。我国政府还加强了自然保护区的基本建设和管理，使自然保护区的环境、经济、社会效益日益显著，在水土保持、防沙治沙、气候调节、水源涵养、空气净化、生态旅游、环境意识教育等方面都发挥了重要作用。

2.6.6 自然生物栖息地的保护

人类与生物共存的环境生态系统是多种多样的，然而这些生态系统是互相关联的，无论是陆生生态或水生生态都与人类的活动干扰有关。

以青海湖生态为例，青海湖是中国著名的内陆咸水湖，面积为 5400km²，以盛产湟鱼和栖息着近 5 万只水鸟的鸟岛而闻名于世。200 万年前青海湖是古地中海的一部分，与古黄河相通，大约 13 万年前在第四纪造山运动中，青海湖随地壳运动隆起而变成内陆湖。当时湖面比现在高 100 多米，距今 1 万年前气候变干，降水减少，蒸发量大，收支不平衡，湖水水面下降，水质开始咸化。湖水水位从 1908～1961 年下降了 8.8m，陆地已经向湖中延伸 10 多公里。青海湖是中国高原湖区鸟禽集中繁衍生息的重要栖息地，也是地球鸟禽迁徙的中转站。这里生活着 189 种鸟类，41 种兽类，8 种鱼类，5 种两栖爬行动物，其中属于国家一类、二类保护动物的就达 35 种。青海湖 1992 年被列入国际重要湿地名录，1997 年被批准为国家自然保护区。

近年来全球性气候变暖，青藏高原连年干旱，注入青海湖的主要河流水量锐减，以占补给水量 67% 的布哈河为例，以前平均流量为 60m³/s，1998 年河流量只有 1～3m³/s，此时正是湟鱼溯游到上游产卵时期，由于河床干旱、鱼类挤撞，大批鱼被挤死，形成一尺多高的"白色走廊"，惨不忍睹。人类活动频繁，滥垦湖区草场，破坏植被，环青海湖地区草场的牲畜量减少 40%，生态环境日益恶化，沙化和沙漠化面积年年不断扩大。青海湖面临消失的危险，依靠青海湖生态系统栖息的生物也将灭绝。

然而，由于自然环境的变化，人类活动的干扰，这些大自然赐予的无价之宝危在旦夕。

2.6.7　湿地保护

狭义上认为湿地是陆地与水域之间的过渡地带，而广义上人们则把地球上除海洋（水深 6m 以上）外的所有水体都当做湿地。即"湿地系统指天然或人工、长久或暂时之沼泽地、泥炭地或水域地带，带有或静止或流动，或为淡水、半咸水或咸水水体者，包括低潮时水深不超过 6m 的水域（可包括邻接湿地的河湖沿岸、沿海区域以及岛屿）"。湿地是地球上水陆相互作用形成的独特生态系统，是自然界最富生物多样性的生态景观和人类最重要的生存环境之一，在蓄洪防旱、调节气候、控制土壤侵蚀、促淤造陆、降解环境污染等方面起着极其重要的作用。据世界保护监测中心的估测，全球湿地面积约为 570 万 km²。然而，人们并没意识到湿地的重要功能。就世界而言，湿地经历着退化、丧失和恢复的过程。据文献资料，全球约 80% 的湿地资源丧失并退化，美国的湿地丧失了 54%，法国丧失 67%，德国丧失 57%。这些严重影响了湿地区域生态、经济和社会的可持续发展。

我国有 31 类天然湿地和 9 类人工湿地。主要类型有沼泽湿地、湖泊湿地、河流湿地、河口湿地、海岸滩涂、浅海水域、水库、池塘、稻田等天然湿地和人工湿地。中国现有湿地面积 6594 万 hm²（不包括江河、池塘等），占世界湿地的 10%，居亚洲第一位，世界第四位。其中天然湿地约为 2594 万 hm²，包括沼泽约为 1197 万 hm²，天然湖泊约 910 万 hm²，潮间带滩涂约 217 万 hm²，浅海水域 270 万 hm²。人工湿地约 4000 万 hm²，包括水库水面约 200 万 hm²，稻田约 3800 万 hm²。据初步统计，中国湿地植被约有 101 科，其中维管束植物约 94 科。中国湿地的高等植物中属濒危种类的有 100 多种。海岸带湿地生物种类约有 8200 种，其中植物 5000 种，动物 3200 种。内陆湿地高等植物约 1548 种，高等动物 1500 多种，野生动物 724 种，其中水禽类 271 种，两栖类 300 种，爬行类 122 种，兽类 31 种。中国有淡水鱼类 770 多种，其中包括许多洄游鱼类，它们借助湿地系统提供的特殊环境产卵繁殖。湿地的鸟类种类繁多，在亚洲 57 种濒危鸟类中，中国湿地内就有 31 种，占 54%；全世界雁鸭类有 166 种，中国湿地就有 50 种，占 30%；全世界鹤类有 15 种，中国仅记录的就有 9 种。

截至 2002 年年底，在长江等七大流域共建立 535 个湿地类型保护区，面积 1600 万 hm²。使近 40% 的天然湿地以及 33 种国家重点保护动物在保护区范围得到了较好保护。为保护珍稀濒危水禽，中国已将 11 种水禽列为国家一级重点保护野生动物，将 22 种水禽列为国家二级重点保护野生动物。对部分珍稀、濒危物种，除在保护区内就地保护外，还进行了人工繁育工作。已建立了扬子鳄、中华鲟、达氏鲟、白鲟、白鳍豚、大鲵及其他濒危水生野生动物保护区或繁殖中心。安徽省扬子鳄繁育中心的扬子鳄种群已达 8000 多条。在世界淡水豚的研究领域中，中国关于白鳍豚的科学研究工作处于领先地位；扬子鳄、中华鲟、砑脂鱼等物种的人工繁殖已取得成功；大鲵、海龟、山瑞等韧种的人工驯养以及其他相关领域里的一些研究也取得了较大的进展。

此外，我国还在湿地调查、分类、形成演化、生态保护、污染防治、合理开发利用与管理等领域开展了多方面的科学研究，开展全国湿地资源调查，初步掌握了湿地资源状况。对沼泽、湖泊、红树林、珊瑚礁等生态系统进行了长期深入的研究，积累了大量资料；在一些珍稀水鸟的地理分布、种群数量、生态习性、饲养繁殖、致危因素以及保护策略等方面做了大量研究；通过开展鸟类环志工作，对我国鸟类，特别是水鸟的迁徙活动有了深入了解。

2004 年，我国湿地保护的基础工作明显加强。《全国湿地保护工程实施规划》基本完成，在此基础上，9 个相关部门共同编制了《全国湿地保护工程实施规划（2005—2010年）》，计划使我国 50% 的自然湿地得到有效保护。新申报了辽宁省、云南省、西藏自治区和青海省 4 省（区）9 块国际重要湿地，使中国国际重要湿地达 30 块，面积达 346 万 hm^2，全国重点湿地 376 个，总面积 1502.93 万 hm^2（彩图 2-13 ~ 彩图 2-14）。

参 考 文 献

何强，井文涌，王翊亭. 2006. 环境学导论（3 版）. 北京：清华大学出版社

牛翠娟，娄安如，孙儒泳等. 2007. 基础生态学（2 版）. 北京：高等教育出版社

杨持. 2008. 生态学. 北京：高等教育出版社

中国国家环境保护总局. 1998. 中国生物多样性国情研究报告. 北京：中国环境科学出版社

Richard B. Primack, 马克平. 2009. 保护生物学简明教程. 北京：高等教育出版社

思 考 题

1. 生态系统的主要功能是什么？
2. 维持生态系统动态平衡的社会发展意义是什么？
3. 什么是生物的增长曲线，人类应采取何种增长方式？
4. 如何将自然生态系统的基本原理引入人类社会生态及经济生态系统的研究之中？
5. 什么是生物多样性？保持生物多样性有何意义？
6. 自然保护的意义是什么？

第3章 人口、资源、能源

人类在发展过程中消耗了大量的地球资源，并因此产生了一系列的问题。所谓"南北问题"，即出现了可大量利用资源的国家与利用资源困难的国家。向发达国家出口地球资源的发展中国家并不富裕，发达国家与发展中国家在利用地球资源上出现了差异。当今国际经济中产生南北之间的贫富差异，加速了地球资源消耗，这已经成为重大的国际性问题。

资源、能源除直接用于人类生活外，还消耗在资源的运输、制造和利用等过程中，工业化增大了资源与能源的消耗量，在消耗的过程中，还会产生废水、废气和废渣等污染物，造成各种各样的环境问题。随着国际经济规模的进一步发展壮大，加快了对地球资源的掠夺，这种过量的掠夺，使自然平衡遭到破坏，以至于产生了当今的全球环境问题。

如果按这种经济优先发展的情况继续下去，地球环境将进一步恶化。在过去的100年中，从单位人口能源消耗与国民生产总值（GDP）的增长率来看，能源消耗的增长率高于人口增长率，显示了经济的快速发展。在这100年中，发生了各种全球性环境问题。从保护地球环境的观点来看，这种靠过度掠夺地球资源来继续发展经济的做法是行不通的。另外，到2000年世界人口超过60亿，21世纪中期将达到100亿的人口爆炸状况，为了维持更加舒适的生活环境，就需要更大量地消耗资源和能源。随着人口增加，人类为了生存，为了保障粮食供应，森林被开垦为耕地，使环境破坏加剧。人口增长加速了全球环境的恶化，如图3-1所示。

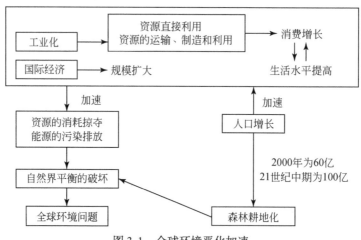

图3-1 全球环境恶化加速

地球在向人类提供有用资源的同时也在不断再生，但地球资源的再生能力是有限的。在这有限的范围内人类的生存才得以延续，但实际上人类的活动已完全超出了这个范围。在资源再生能力的范围之内，使全球环境得以跨世纪地维持下去，这就是可持续发展的观念。为此，要求经济优先与环境保护并重。但实际上，不论哪个国家，在这个问题上都面临难以解决的问题。特别是发展中国家，经济基础尚不牢固，若优先发展经济，则会过量消耗本国资源，促使本国的环境不断恶化。当今，一个国家的经济被全球化的经济所左右，发展中国家很难控制。围绕着全球资源保护、本国经济发展和国际竞争,世界经济结构正在朝着破坏环境的方向发展。

随着生活水平的提高,人均资源、能源使用量越来越大,物质生活也越丰富。但在目前的情况下,人们应在地球资源再生能力的许可范围内,合理地使用、分配资源,不仅使子孙后代能公平地共享地球资源,而且使生活方式朝着保护地球生态环境方向转化,与地球共生存。

资源与环境是人类生存和发展的基本条件。生产力的飞跃发展、社会的文明进步、国家的繁荣富强,都与资源、环境条件息息相关。资源的安全是国家的安全,资源的危机是民族的危机。了解资源、能源、人口现状及其存在的问题和相互关系,寻求建立资源和能源处于自然再生能力范围内的社会系统,提高资源和能源的利用率,才能建立一个可持续发展的社会体系。

3.1　人　　口

人口问题是当前人类可持续发展亟待解决的首要问题之一。早在 1798 年马尔萨斯的《人口论》以及 1972 年罗马俱乐部发表的《增长的极限》报告指出,如果地球上的人口继续以现在的速度增加,能源、资源与粮食供应都难以跟上,势必造成对地球资源的竭力开发,因此极有可能在未来 100 年内破坏地球的自然生态系统。《增长的极限》以世界模型为基础进行模拟研究,从而得出这个悲观的结论,提出遏制经济的无限增长,使经济与人口在世界范围内处于均衡状态,这个观点对以后的人口问题及地球环境问题有很大的影响。

当历史进入 20 世纪下半叶,世界迎来了前所未有的人口急剧增长。不仅人口增长速度达到了历史巅峰水平,而且人口增量超过了人类在 200 多万年历史中积累的人口总量。

3.1.1　人口发展趋势

1650 年地球上大约有 5 亿人口,1804 年增长到 10 亿左右,也就是说人口翻一番用了大约 150 年。此后经过了 123 年,到 1927 年人口达到 20 亿;又经过了 33 年,1960 年人口达到了 30 亿,见表 3-1。随着全球经济的发展和现代科学技术的进步,人口死亡率不断下降,人类预期寿命不断延长,世界人口增长速度加快。每增加 10 亿人口所用的时间越来越短,从 30 亿～40 亿只用了 14 年,从 40 亿～50 亿只用了 13 年,从 50 亿～60 亿以及从 60 亿～70 亿都只用了 12 年。如图 3-2 所示,20 世纪是人类人口增长最快的时期。联合国人口基金会决定把 2011 年 10 月 31 日在加里宁格勒出生的婴儿认定为世界上第 70 亿个居民。世界人口达到 70 亿的这一天,距"60 亿人口日"不过 12 年。

表 3-1　世界人口增长

年份	人口数量/亿	所用时间/年
1650	5	—
1804	10	154
1927	20	123
1960	30	33

续表

年份	人口数量/亿	所用时间/年
1974	40	14
1987	50	13
1999	60	12
2011	70	12
2025	80	14
2050	90	25
2100	100	50

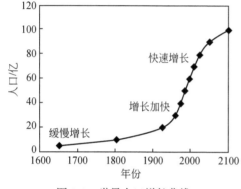

图 3-2　世界人口增长曲线

根据联合国人口基金会发表的《2010 年世界人口状况报告》预测，到 2050 年，人口过亿的国家将增至 17 个，印度将取代中国成为世界人口第一大国。报告显示，到 2050 年世界人口将增至 91.5 亿，比 2010 年增加 22.41 亿。其中非洲地区人口将从现在的 10.33 亿增至 19.85 亿，增幅最大；亚洲地区的人口也将有较大幅度的增长，将从目前的 41.67 亿增至 52.32 亿；而欧洲人口将从目前的 7.33 亿减至 6.91 亿，将是唯一人口减少的洲。报告还提到，目前全世界共有 11 个国家人口过亿，其中中国人口最多，达到 13.54 亿，其次为人口 12.15 亿的印度。其他人口过亿的国家依次为美国、印度尼西亚、巴西、巴基斯坦、孟加拉国、尼日利亚、俄罗斯、日本和墨西哥。报告预测，到 2050 年时，刚果（金）、埃及、埃塞俄比亚、坦桑尼亚这 4 个非洲国家以及亚洲的菲律宾和越南也将人口过亿。届时，印度的人口将增至 16.14 亿，成为世界第一人口大国，中国人口将增至 14.17 亿，退居第二。

目前，世界人口总数约为 70 亿，其中只有不到 1/6 的人生活在较发达地区。几乎所有增加的人口都发生在非洲、亚洲以及拉丁美洲的不发达国家。在那些地区，每个妇女一生仍然生育 4~7 个孩子。21 世纪的早些时候，当工业化国家的生育率稳定在或略低于每个妇女两个孩子时，全球人口的自然增长将几乎都来自发展中国家。

据《2011 年世界人口状况报告》预测，如果目前的生育率不变，21 世纪中期世界人口将突破 90 亿，此后人口增速才会放缓，到 21 世纪末超过 100 亿。庞大的人口规模，在为世界经济的发展提供"人口红利"的同时，也将给地球环境带来沉重的负担。在多数发展中国家，人口基数大、增速快，各国粮食安全、教育、医疗、就业等方面面临很大压力。发展中国家最集中的非洲大陆目前约有 10 亿人口，预计到 2050 年将达到 20 亿。非洲大部分地区的农业缺乏灌溉系统，极易受到旱灾或洪水等自然灾害的侵害，如果人口过快增长将会带来更大的麻烦。

世界创纪录的人口规模"是挑战，是机会，也是行动的召唤"，现在采取的行动将决定我们是拥有健康、可持续和繁荣的未来，还是拥有以不平等、环境恶化和经济衰退为特点的未来。

3.1.2　人口增加对自然环境的压力

人口发展面临的突出问题是人口增长和资源、环境、发展等方面的不平衡，也就是说由于人口的快速增加，超过了自然的再生能力，造成自然资源耗竭和环境的破坏。

自然环境对人口的承载容量是人口增长率、自然资源储量、生活方式、消费类型、科学技术进展和社会经济发展等因素的综合。当人口数量增长时，随之而来的粮食、能源、交通、供水、住宅、文化、教育等一系列需求随之增长。在一定限度内，人口增长并不会降低人类的生活水平或引起环境退化。世界人口一直在持续增长，通过对地球承载容量、人类创造力和生产能力的全面衡量，地球环境是可以为人类提供生活必需品和适宜的生活环境的。

如何准确地估算地球人口承载容量是比较困难的。生态学家曾利用植物总产量的 1% 推断，地球只能供养 80 亿人口。而考虑到地球资源数量及其可被开发利用的程度，估计可供养 100 亿~150 亿人口。其实，地球作为一个极其复杂的生态系统，其人口承载力可谓深不可测，没有人知道最终的答案。人口承载力的大小一方面取决于人类的生活方式，另一方面取决于资源的利用方式，即资源是否得到了集约化、减量化和循环化的开发利用。英国生态学家威廉姆·里兹的研究表明，如果所有人都按照印度今天的人均资源消耗水平，地球可以承载 150 亿人；按照英国的人均资源消耗水平，地球只能承载 25 亿人；而如果按照美国的人均资源消耗水平计算，地球只能承载 15 亿人。

根据世界银行发布的数字，目前全世界有 9.25 亿人处于饥饿中，占全球总人口的 13%。联合国粮食及农业组织的研究表明，到 2050 年为了养活多出来的 20 亿人，粮食产量必须增长 70%。中国的"杂交水稻之父"袁隆平培育出"超级稻"，解决了成千上万人的吃饭问题；美国的"绿色革命之父"诺曼·勃劳格培育出的"超级麦"，使不少人免于饥饿。然而，世界不能靠几个人来拯救。我们不需要担心地球潜在的人口承载力，而是要担心人类这个高等生物是否贪婪无度和胡作非为。正如圣雄甘地所说："地球能满足人类的需要，却满足不了人类的贪婪。"

近年来，一些发展中国家虽然经济增长很快，但大部分人的生活水平并未得到明显的改善。随着人口的增长，农村和城市的环境也遭到破坏，为可持续发展提供物质基础的自然资源的数量和质量都在不断下降，人口增加对自然环境带来了巨大的压力。

1. 对土地资源的压力

土地是人类赖以生存的物质基础，人口急剧增长的直接后果是人均土地资源越来越少。在人类生存所需的食物来源中，耕地上的农作物占 88%，草原和牧区占 10%，海洋占 2%。由于非农用地增加、土地荒漠化、水土流失、土壤污染等原因，使人口增加与土地资源减少之间的矛盾越来越尖锐，人口增加对土地的压力越来越大。据联合国粮食及农业组织统计，目前全球约有 5 亿人口处于超土地承载力的状态。人口过载对生态环境，特别是对农业生态环境的威胁巨大。

中国以占世界 7% 的耕地养活了占世界 22% 的人口，这是一个了不起的成绩，同时也说明中国土地资源承受着巨大的压力。20 世纪末，我国人均耕地下降到 1 亩[①]左右，每公顷土

---

① 　1 亩 ≈ 666.7m²。

地要养活 14 人，人口对耕地的压力相当沉重。在耕地减少的情况下，要解决吃饭问题，必须提高粮食的产量，而提高粮食产量的主要措施之一是大量施用化肥、农药，这又会使土壤受污染、板结、肥力下降，使土地资源遭到破坏。大量新增人口的住房、交通、公共设施等都要占用土地。人口的急剧增长已给土地资源带来了沉重的压力。

2. 对水资源的压力

尽管水是可再生资源，但也有一定的限度。对某一个地区，水循环的自然过程限制了该地区的用水量，这意味着人均用水量是一定的。如果人口增加，相应的用水量就会减少。若要维持生活水准，则需要开采更多的水资源，造成水资源过度利用，水资源缺乏日益严重，甚至导致水荒。人口增长使生活、生产用水急剧增加，人均水资源占有量就急剧减少了。人口增加一倍，人均水资源将相应减少一半。

目前全球至少有 11 亿人无法得到安全饮用水，26 亿人口缺乏基本的医疗卫生条件。在沉重的人口压力面前，经济发展、社会进步与环境保护等人类共同的理想受到了巨大威胁。

3. 对能源的压力

随着人口增加和经济发展，人类对能源的需求量越来越大。据统计，1850～1950 年的 100 年，世界能源消耗年均增长率为 2%。而 20 世纪 60 年代以后，发达国家能源消耗年均增长率为 4%～10%，开始出现能源危机。现在，能源危机已经成为一个世界性的问题，为了满足人口和经济增长对能源的需求，除了矿物燃料，木材、秸秆、粪便等都成了能源，给生态环境带来了巨大的压力。

目前，全球能源以利用矿物燃料为主，人口增长一方面缩短了矿物燃料的耗竭时间，造成能源供应紧张，另一方面释放出大量的 CO_2，引起温室效应和全球气候变化，危害地球生态环境的健康发展。

4. 对森林资源的压力

随着人口增加，人类的需求也不断增加。为了满足衣、食、住、行的要求，人们不断地进行掠夺式开发，如毁林造田、毁林建房、乱砍滥伐等，使森林资源大量减少。1962 年，地球的森林面积为 5500 万 km^2。随着人口的激增，到 1975 年森林面积几乎减少了一半，许多地方的原始森林已经踪迹全无了。

砍伐森林严重破坏了生态平衡，引起水土流失、洪水、土壤侵蚀、土地荒漠化等一系列问题，并导致许多动、植物物种灭绝，破坏了生物多样性，给人类生存发展带来深远的不利影响。遗传性资源和生物多样性的消失所造成的经济和社会影响将是全球性的。

联合国公布的一份研究报告指出，世界人口的持续增长和经济活动的不断扩展给地球生态系统造成了巨大压力。人类活动已给地球上 60% 的草地、森林、农耕地、河流和湖泊带来了消极影响，使地球上 1/5 的珊瑚和 1/3 的红树林遭到破坏，动物和植物多样性迅速降低，1/3 的物种濒临灭绝。

5. 对环境的压力

人口增加和经济发展，使污染物的总量增大。大量工、农业废弃物和生活垃圾排放到环境中，影响了自然环境的纳污量以及对有毒、有害物质的降解能力，使环境污染加剧，严重影响人类的健康。

总之，人口的急剧增加导致对环境的破坏，使人类正面临着从未有过的环境危机。环境污染、全球变暖、臭氧层破坏、生态破坏、资源耗竭等一系列环境问题，无不与人口急剧增长有着千丝万缕的联系。环境破坏带来的灾难将取代核战争的恐怖，成为人类未来面临的最大危险。人口问题涉及"地球村"里的每个成员，不论是发展中国家还是发达国家都需要高度重视，建立符合自己国情的科学的人口发展战略。

3.1.3　世界人口发展的现状与问题

人口问题一直困扰着人类社会，它从来就不只是单纯的"人口"问题。奴隶时代奴隶数量的多少是财富多寡的标志；农业化时代生存繁衍、战争博弈的胜负等主要依靠的也是人口数量；进入工业化时代以后，人口问题成为影响国家兴衰和世界政治格局变迁的最活跃的因素之一。

目前，世界人口总体上保持高速增长，但人口分布和人口结构极不平衡。在不同的国家和地区，人口发展存在着巨大的差异。生活在发达国家的人口不足世界人口的20%；而发展中国家的人口则超过80%。发展中国家普遍面临着温饱、教育、就业等问题；而发达国家，如日本、欧洲的一些国家则普遍面临生育率下降和老龄化问题，随之而来的是生产力下降和高福利生活难以延续，这正是目前导致欧洲债务危机的根本原因之一。总体来说，世界人口问题主要包括以下6方面。

1. 人口区域分布不均衡

世界主要国家人口排名见表3-2。偌大一个地球，人口最稠密的地区主要集中在亚洲、西欧以及非洲个别国家，人口密度超过了每平方公里300人以上，可谓人满为患；而俄罗斯、加拿大、澳大利亚等国人口密度都在每平方公里10人以下。

表3-2　世界主要国家人口排名（2011年）

排名	国家	人口/亿	排名	国家	人口/亿	排名	国家	人口/亿
1	中国	13.48	9	尼日利亚	1.63	17	伊朗	0.75
2	印度	12.42	10	日本	1.27	18	土耳其	0.74
3	美国	3.13	11	墨西哥	1.15	19	泰国	0.695
4	印度尼西亚	2.42	12	菲律宾	0.95	20	刚果	0.68
5	巴西	1.97	13	越南	0.89	21	法国	0.63
6	巴基斯坦	1.77	14	德国	0.82	22	英国	0.624
7	孟加拉国	1.51	15	埃及	0.83	23	意大利	0.61
8	俄罗斯	1.43	16	埃塞俄比亚	0.85	24	缅甸	0.48

资料来源：联合国人口基金会，2011

根据联合国人口基金会的预测（表3-3），到2025年，世界人口将增加到80亿，2050年到达92亿，其中世界新增加人口的大部分来自发展中国家。到2050年，47%的新增人口来自亚洲地区，亚洲人口还将增加11亿；42.6%的新增人口来自非洲，非洲人口将增加近10亿。

表3-3　世界人口的分布与未来发展

类别	2009年		2025年		2050年	
	人口/亿	占世界人口比例/%	人口/亿	占世界人口比例/%	人口/亿	占世界人口比例/%
亚洲	41.2	60.34	47.7	59.57	52.3	57.17
非洲	10.1	14.78	14.0	17.48	20.0	21.84

续表

类别	2009 年		2025 年		2050 年	
	人口/亿	占世界人口比例/%	人口/亿	占世界人口比例/%	人口/亿	占世界人口比例/%
欧洲	7.2	10.72	7.3	9.10	6.9	7.55
拉丁美洲	5.8	8.53	6.7	8.35	7.3	7.97
北美洲	3.5	5.1	4.0	4.96	4.5	4.9
大洋洲	0.35	0.52	0.43	0.53	0.51	0.56
全球总计	68	100	80	100	92	100

资料来源：联合国人口基金会，2011

据联合国人口基金会预计，到 2021 年，印度人口将增加到 14 亿，超过中国成为世界第一人口大国。而 70 亿人口的到来比预计的时间推迟了 5 年，其中最重要的原因就是中国对人口的控制。

2. 城市化水平

城市化是生产力发展的必然结果，是工业化和现代化的标志。从表 3-4 可看出，2010 年世界平均城市化水平为 50%，发达国家和地区为 75%，欠发达地区为 45%，相差 30 个百分点。从统计数字来看，城市化水平最高的是拉美和加勒比地区，达到 79%；城市化水平最低的是撒哈拉以南非洲，只有 37%。

表 3-4　世界人口分布及城市化水平

地　区	2011 年人口/亿	占世界人口比例/%	2010 年城市化水平/%
阿拉伯国家	3.607	5.17	0.56
亚太地区	39.242	56.27	41
撒哈拉以南非洲	8.213	11.78	37
欧洲和中亚	4.737	6.79	65
拉美和加勒比地区	5.914	15.07	79
世界总计	69.74	100	50
发达地区	12.404	17.79	75
欠发达地区	57.337	82.22	45
最不发达地区	8.511	12.2	29

资料来源：联合国人口基金会，2011

世界人口一直以来都是农村人口多于城市人口，随着城市化进程的加快，大量的农村人口涌入城市寻求发展。统计数据显示，世界上城市人口增长最快的地区集中在亚洲和非洲的一些贫困国家。在这些国家，由于过多的人口向大城市、特大城市聚集，导致城市人口迅速膨胀。再加上发展中国家的城市化水平和经济发展水平低，不能保证人口拥挤的城市平稳发展，产生了很多社会、经济发展问题，如就业困难，失业队伍扩大；房屋紧张，居住困难；交通拥挤，车祸频繁；社会治安问题严重，犯罪率高；城市环境质量下降，城市污染严重；城市规模扩大占用大片耕地，破坏了生态平衡。

3. 生活质量

不同国家和地区的生活质量可根据联合国统计的预期寿命和 5 岁以下儿童死亡率来衡

量。从表 3-5 可以看出，目前不同国家和地区的生活质量存在着巨大的差异。从地区来看，北美洲、欧洲等发达国家和地区的人口预期寿命都在 70 岁以上，5 岁以下儿童死亡率在 10‰以下，而非洲的人口预期寿命只有 54 岁，5 岁以下儿童死亡率却高达 136‰。

表 3-5　世界不同地区人口的预期寿命和 5 岁以下儿童死亡率

地　区	预期寿命/年	5 岁以下儿童死亡率/‰
亚洲	69	58
非洲	54	136
欧洲	75	9
拉丁美洲	73	28
北美洲	79	7
大洋洲	76	30
世界平均	68	71

资料来源：联合国人口基金会，2011

　　另外，从各国情况来看（表 3-6），世界上寿命最长的是日本人，已经达到平均年龄 83 岁，而地处非洲的刚果人最低，只有 47 岁，与前者相差 36 岁。5 岁以下儿童死亡率，日本只有 4‰，而刚果（金）为 198‰，相差近 50 倍。这充分反映出发展中国家与发达国家的社会发展水平和生活质量的差距。

表 3-6　24 个人口大国的人口预期寿命和 5 岁以下儿童死亡率

国家	预期寿命/年（男/女）	5 岁以下儿童死亡率/‰（男/女）	国家	预期寿命/年（男/女）	5 岁以下儿童死亡率/‰（男/女）
日本	80/87	5/4	印度尼西亚	68/72	32/27
意大利	79/85	5/4	伊朗	72/75	33/35
法国	78/85	5/4	埃及	73/76	42/39
德国	78/83	5/5	泰国	71/78	13/8
英国	78/82	6/6	俄罗斯	63/75	18/14
美国	76/81	7/8	孟加拉国	69/70	58/56
墨西哥	75/80	22/18	巴基斯坦	65/67	85/94
越南	73/77	27/20	印度	64/68	77/86
中国	72/76	25/35	缅甸	64/68	120/102
菲律宾	66/73	32/21	埃塞俄比亚	58/62	138/124
巴西	71/77	32/35	尼日利亚	52/53	190/184
土耳其	72/77	36/27	刚果（金）	47/51	209/187

资料来源：联合国人口基金会，2011

4. 老龄化

　　世界人口的年龄结构在相当漫长的时期里都没有多大变化。据西方人口学家估计，从原始社会一直到资本主义社会初期，人口的年龄结构大致是：14 岁及以下人口占 36.2% ~ 37.8%，15 ~ 64 岁的人口占 60.9% ~ 58.8%，65 岁以上人口仅占 2.9% ~ 3.4%。到了近代，特别是 18 世纪，欧洲各国的平均人口寿命延长以后，世界人口的年龄结构开始有了较明显地改变。

随着人类寿命延长和生育率下降，在人类总人口中，老年人口的比例不断提高，而其他年龄组的人口比例不断下降，出现了老龄化问题。国际上规定，当一个国家 60 岁及以上老年人口在总人口的比重达到 10%，或 65 岁及以上老年人口在总人口中的比重达到 7%，这样的国家即成为老龄化国家。从表 3-7 可以看出，从世界人口年龄构成来看，目前 60 岁及以上的人口已经占世界总人口的 11%，整个世界已经开始进入老龄化阶段。尽管如此，发展中国家与发达国家的情况不同，发达国家已经是高度老龄化，60 岁及以上人口已经占总人口的 21%，而发展中国家从整体上看还未进入老龄化社会。

表 3-7　世界人口年龄构成（2009 年）　　　　　　　　单位：%

地　区	60 岁及以上人口比例	15 岁以下儿童比例	15~59 岁劳动人口比例
亚洲	10	27	63
非洲	5	40	55
欧洲	22	15	63
拉丁美洲	10	28	62
北美洲	18	20	62
大洋洲	15	24	61
世界平均	11	27	62
发达国家和地区	21	17	62
发展中国家和地区	8	30	62

资料来源：联合国人口基金会，2011

从表 3-8 可看出，从 24 个人口大国的情况来看，日本老龄化程度最严重，已经达到 30%，也就是说日本几乎每 3 个人中就有 1 个 60 岁以上的老人；德国、意大利、法国、英国等发达国家的指标都在 20% 以上；非洲的埃塞俄比亚、尼日利亚、刚果（金）等发展中国家只有 4%~5% 的老年人口。

表 3-8　24 个人口大国的老龄化程度　　　　　　　　单位：%

国家	60 岁及以上人口比例	国家	60 岁及以上人口比例
日本	30	墨西哥	9
德国	26	缅甸	8
意大利	26	菲律宾	7
法国	23	伊朗	7
英国	22	印度	7
美国	18	埃及	7
俄罗斯	18	印度尼西亚	6
中国	12	孟加拉	6
泰国	11	巴基斯坦	6
巴西	10	尼日利亚	5
越南	9	埃塞俄比亚	5
土耳其	9	刚果（金）	4

资料来源：联合国人口基金会，2011

人口老龄化是社会生产力和科学技术发展的必然结果，但是人口过度老龄化会引起一系列的问题，包括以下三方面。

（1）社会经济负担加重。由于老年人越来越多，社会用于老年人口的财政支出日益增加，这样就挤掉一部分本来可用于经济建设和教育的费用，给社会发展带来不利影响。同时，由于老年人收入相对较低，提供积累率不高，会使消费结构变化不大，经济停滞。

（2）劳动生产率低。人口老化必然导致劳动力的老化，影响生产的发展。另外，老化的人口不能适应现代企业和先进科学技术，影响劳动生产率和经济效益的提高，势必减缓经济的发展。

（3）社会问题增多。老年人的生活保障、医疗保健、精神孤独等问题都会形成各种社会问题。根据预测，到 2050 年世界人口中 80 岁及以上的老人将占世界人口的 4.4%，其中发达国家和地区接近 10%，整个世界的老龄化程度将达到 21.8%，这意味着世界人口中不到 5 个人就有 1 个老人，老龄化程度相当严重。事实上，人类根本没有处理如此庞大老年人口的经验，维持这些人的生活和健康将是一项重大挑战。

5. 生育水平和人口增长率

由表 3-9 和表 3-10 可以看出，世界各国生育水平和人口年度增长率存在巨大差异。世界平均水平为 2.5，即平均每个妇女生 2.5 个孩子。从地区来看，非洲为 4.8，欧洲和中亚只有 1.8。

表 3-9　2010～2015 年的生育水平和人口年度增长率

地　区	总生育率/个	年度人口增长率/%
阿拉伯国家	3.1	2.0
亚太地区	2.1	0.9
欧洲和中亚	1.8	0.3
拉美和加勒比地区	2.2	1.1
撒哈拉以南非洲	4.8	2.4
世界总计	2.5	1.1
发达地区	1.7	0.4
欠发达地区	2.6	1.3

表 3-10　2010～2015 年 24 个人口大国的生育水平和人口增长率

国家	总生育率/个	年度人口增长率/%	国家	总生育率/个	年度人口增长率/%
日本	1.4	−0.1	法国	2.0	0.5
德国	1.5	−0.2	土耳其	2.0	1.1
俄罗斯	1.5	−0.1	美国	2.1	0.9
意大利	1.5	0.2	孟加拉国	2.2	1.3
泰国	1.5	0.5	印度尼西亚	2.5	1.0
中国	1.6	0.4	印度	2.5	1.3
伊朗	1.6	1.0	埃及	2.6	1.7
巴西	1.8	0.8	菲律宾	3.1	1.7
越南	1.8	1.0	巴基斯坦	3.2	1.8
墨西哥	1.8	1.1	尼日利亚	5.5	2.5
英国	1.9	0.6	埃塞俄比亚	3.8	2.1
缅甸	1.9	0.8	刚果（金）	5.5	2.6

资料来源：联合国人口基金会，2011

　　人口增长最快的地方集中在印度、非洲、中美洲和中亚等地，特别是在非洲，妇女一生中平均生育六七个孩子。虽然高生育率和大量年轻人口成为这些国家人口增长的主要动力，然而人口数量增大与环境、资源的矛盾更加突出。尽管人们普遍意识到了人口过多所造成的后果，但在发展中国家仍然没能有效地控制人口数量，使经济发展受限。

　　而在日本、德国和俄罗斯等国家，人口进入了负增长时代。无论政府如何鼓励生育，依然不愿意生孩子，使劳动力严重不足。人口数量的减少给发达国家带来了严峻挑战，将影响国家在世界经济、政治中的地位，甚至影响到民族的存亡。法国是世界上最早从成年型进入老年型的国家之一，法国人口从 1800 年的 2744 万发展到今天的 6860 万，只增加了 2.5 倍；而英国人口从 1800 年的 1500 万发展到今天的 2.1 亿，增加了 14 倍。与之对应的是，原本辉煌的法语面临被淘汰的危险，而原本是欧洲一支方言的英语已经成为世界语言。

　　尽管目前很多国家生育率下降，但世界人口总数依然会快速增长。根据预测，到 2050 年，未来世界人口的生育水平才会有较大幅度的下降，而这主要是由于发展中国家和地区生育水平下降的结果。

　　《2011 年世界人口状况报告》指出，在世界 70 亿人口中，10～24 岁的青年人超过了 18 亿。青年人是未来的关键，具有改变世界政治格局和通过创造性和创新能力推动经济增长的潜力。他们对于家庭规模和生育间隔的选择，将决定 2050 年以及以后地球上的人口数，也将决定未来生活贫困和富裕的人数，更决定人们将生活在绿色和健康的星球上，还是生活在被人类毁坏了的世界上。

6. 人口素质

　　社会的发展，根本上是依赖人口素质的提高，世界各国人口素质差别很大。西欧是世界上人口密度最高的地区之一，但西欧又是全球最富裕的地区；印度和非洲一些国家，也是人口密度最高的地区，但却成了最贫穷的地区，关键原因在于人口素质不同。高素质人口可以创造出加倍的财富，如一个科学家所产生的能量胜过千万个普通劳动力；而低素质人口甚至难以创造出满足自己基本生活的财富。

　　随着高素质人口的增加，地球才能容纳下这 70 亿人口。地球要容纳 80 亿，甚至 100 亿人口，需要更多高素质的人口涌现，因此人口发展重在人口素质而不是数量。全球 70 亿人口中的 18 亿年轻人，有 90% 生活在发展中国家。如果发展中国家能在教育、卫生等领域增加投入，提高他们的能力，将会为未来发展带来巨大的"人口红利"。

　　当今世界，人口问题是人类面临的所有问题（如战争、贫困、资源、环境等）的核心。科学家早先的测算结果认为，地球最多能够养活 100 亿～150 亿居民。如果不及时、有效地控制人口增长，人类可持续发展的理想将难以实现。控制人口的过快增长是很多国家、特别是发展中国家的目标。但解决好人口问题，简单地从人口增长模式本身去寻找解决问题的途径和办法是远远不够的，必须把人口问题放在国民经济和社会发展的全局中考虑，正确处理好人口、资源与环境的关系，才能促进人类社会的和谐发展。人类是地球环境的主体，应该也能够为自身的可持续发展找到合理的途径，这需要世界各国共同努力，抛弃差异，在地球资源、环境与人口发展之间找到一个平衡点。

3.2　资　　源

　　当今社会，资源、人口、环境相互关系日益紧密，引发了人们对自然资源的高度关注。

为方便起见，通常将自然资源简称为资源。《辞海》对资源的定义为："指天然存在的自然物（不包括人类加工制造的原材料）并有利用价值的自然物，如土地、矿藏、水利、生物、气候、海洋等资源，是生产的原料来源和布局场所。"联合国环境规划署的定义为："在一定的时间和技术条件下，能够产生经济价值，提高人类当前和未来福利的自然环境因素的总称。"我国学者中较为普遍的资源定义为："人类可以利用的、天然形成的物质和能量，它是人类生存的物质基础、生产资料和劳动对象。"

自然资源有以下四个特性。

（1）有限性。它包含两方面的含义：第一，任何自然资源在数量上是有限的；第二，可替代资源的品种也是有限的。它反映了自然资源的供应数量与人类不断增长的需求之间的矛盾，即自然资源存在稀缺性。资源的有限性要求人类在开发利用自然资源时，必须从长计议，珍惜一切自然资源，注意合理开发利用与保护，不能只顾眼前利益，进行掠夺式开发甚至肆意破坏资源。

（2）区域性。它指的是自然资源在数量或质量上分布的不平衡，存在明显的区域差异，并有其特殊的分布规律，如石油、煤炭、矿产、森林、水资源等地域分布的不平衡。资源的区域性特点要求人类在开发利用资源时应因地制宜，充分考虑区域自然环境和社会经济特点，使自然资源的开发、利用实现经济效益、环境效益和社会效益的统一。

（3）整体性。它指的是自然资源要素之间形成一个整体，彼此存在生态上的联系，所谓触一发而动全身，开发任一种自然资源，都可能引起整个自然资源系统的变化。所以，自然资源的整体性要求对自然资源必须进行综合利用和开发。

（4）多用性。它指的是任何一种自然资源都有多种用途。所以，在开发利用资源时，应物尽其用，综合开发。

由于资源的内容广泛，通常依据资源的不同属性，将其进行分类，如图 3-3 所示。按照自然资源的分布量和被人类利用时间的长短，自然资源可分为无限资源（非耗竭性资源）和有限资源（耗竭性资源）两大类。无限资源是指随着地球的形成而存在的资源，如太阳能、风、空气、降水、气候等；有限资源是指在地球演化过程中的特定阶段内形成的资源，其量和质有限，且分布不均匀。有限资源又分为可再生资源和不可再生资源。可再生资源是指通过自然再生产或人工经营能为人类反复利用的资源，如生物资源、土地资源、气候资源、水资源等；不可再生资源一般在岩石圈表层或其内部，是地球亿万年演化的产物，被使用消耗后，在人类有限的生命时间范围内，是不能再次形成的资源，包括矿物资源和化石燃料。

实际上，自然资源的分类是相对的，任何资源的可再生都是有条件的。水资源尽管属于可再生资源，但由于时空分布的不均衡性，造成局部区域的水资源短缺；植物资源属于可再生资源，但由于大面积的砍伐，使森林面积锐减、生物多样性丧失、物种减少、林地退化、草场消失成沙漠，相应的植物资源将不可再生；耕地是可再生的资源，可以重复利用进行农业生产，若耕地一旦被占用，它将变成不可再生资源。另外，资源的内涵会随社会生产力的提高和科学技术的进步而扩展。例如，随着海水淡化技术的进步，在干旱地区，部分海水和咸湖水有可能成为淡水的来源。

总之，资源是人类社会经济发展的源泉，环境是人类生存和发展的基本条件。为了更好地开发、利用资源，以满足人类发展的需要，合理地利用自然资源和维护环境质量就变得十分必要。

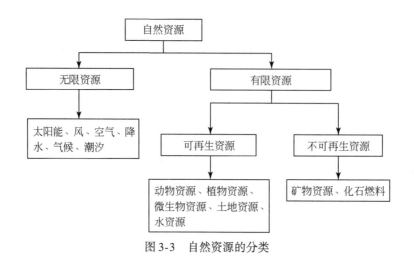

图 3-3　自然资源的分类

3.2.1　淡　水　资　源

水是生命之源。从生命起源和进化而言，地球上之所以存在高度智慧和文明的人类，就是因为地球上存在水和因水而形成的复杂的生态系统。没有水就没有生命，没有水就没有人类。水是不可缺少且无法替代的自然资源。在一定的时空范围内，水资源的总量基本保持不变。"淡水资源是一种有限资源，不仅为维持地球上一切生命所必需，而且对一切经济、社会部门都有生死攸关的重要意义"（《21 世纪议程》第 18 章，1992）。与其他自然资源一样，在人口、资源、环境和可持续发展间关系日益复杂、矛盾冲突不断的当今世界，水资源同样面临适度开发、合理利用、妥善保护和有效管理的问题。

1. 水资源概况

水是自然的，是地球自然环境的一部分；水资源是相对于人类而言的，与人类对水的利用水平，即经济和科学技术水平相关。从广义上说，地球上的水资源是指水圈内水量的总体，包括经人类控制并直接可供灌溉、发电、给水、航运、养殖等用途的地表水和地下水，以及江河、湖泊、井、泉、潮汐、港湾和养殖水域等；狭义上的水资源是指在一定经济技术条件下，人类可以直接利用的淡水。实际上，对于水资源概念的认识，不同的机构并不完全一致。美国地质调查局（United States Geological Survey，USGS）认为水资源是陆面地表水和地下水的总称；《大不列颠百科全书》将水资源定义为自然界一切形态（固态、液态和气态）的水；联合国教科文组织和世界气象组织定义水资源为可以利用或可能被利用的水源，具有足够数量和可用的质量，并能适合某地对水的需求而能长期供应的水源；《中国大百科全书》定义水资源是地球表层可供人类利用的水；《中国资源科学百科全书》将水资源定义为可供人类直接利用，能不断更新的天然淡水，主要指陆地上的地表水和地下水。综合以上定义，水资源可概括定义为在当前和可预期的经济技术条件下，能为人类所利用的地表、地下淡水水体的总量。

不同于其他自然资源，水资源有其独特的性质，主要有以下 4 种性质（孙鸿烈，2000）。

1）循环性和有限性

水循环是指地球上各种形态的水，在太阳辐射、地心引力等作用下，通过蒸发、水汽输送、凝结降水、下渗以及径流等环节，不断地发生相态转换和周而复始运动的过程。从全球整体角度来说，这个循环过程可以设想从海洋的蒸发开始，蒸发的水汽升入空中，并被气流输送至各地。在适当条件下，这些水汽凝结成降水。海面上的降水直接回归海洋，而降落到陆地表面的雨、雪，一部分重新蒸发升入空中，一部分成为地面径流补给江河、湖泊，其他部分渗入岩土层中，转化为土壤中流与地下径流。地面径流、土壤中流和地下径流最后也流入海洋，构成全球性统一的、连续有序的动态大系统。

水体在参与水循环过程中全部水量交替更新一次所需的时间（周期）是不同的。以海洋为例，海水全部更新一次约需要 2500 年；河流平均每 16 天就更新一次；大气水更替的速度还要快，平均循环周期只有 8 天；而位于极地的冰川更替速度极为缓慢，循环周期近万年，见表 3-11（张岳，2000）。

表 3-11　各类水体的更新周期

类别	更新周期	水体	更新周期	水体	更新周期
海洋	2500 年	高山冰川	1600 年	河流	16 天
深层地下水	1400 年	湖泊	17 年	土壤水	1 年
极地冰川	9700 年	沼泽	5 年	大气水	8 天

水体的更替周期反映水循环强度，也反映水资源的可利用率。水体的储水量并非全部都能利用，只有其中积极参与水循环的那部分水量，由于利用后能得到恢复，才能算作可以利用的水资源。这部分水量的多少，主要决定于水体循环更新周期的长短，循环速度越快，周期越短，可开发利用的水量就越大。地表水和地下水不断得到大气降水的补给，开发利用后可以恢复和更新。但各种水体的补给量是不同的、有限的，为了可持续供水，水的利用量不应超过补给量。水循环过程的无限性和补给量的有限性，决定了水资源在一定数量限度内才是取之不尽、用之不竭的。

2）时空分布不均匀性

受气候条件和地理环境因素的影响，作为水资源主要补给来源的大气降水、地表径流和地下径流等都具有随机性和周期性。水资源在时间分布上很不均匀，年内、年际变化都很大，如受季风气候影响，中国 6～9 月的降水量和径流量占全年的 60%～70%，甚至更多。年际间降水和径流量的差异也很大，年径流量最大与最小比值，长江、珠江、松花江为 2～3 倍，黄河为 4～6 倍，淮河、海河为 15～20 倍。水资源分布时间上的差异性使部分地区干旱、洪涝灾害时有发生。

受纬度、海拔等地理环境因素的影响，水资源在地区分布上也很不均匀。随着纬度的增高，降水量明显减少；随着海拔的增加，降水呈递增趋势；离海洋越远，降水越少，如中国存在明显的"南多北少，东多西少"的降水分布特点。由于水资源时空分布的不均匀性，给水资源的合理开发、利用带来很大的困难。为满足各地区的用水要求，常常修建蓄水、引水、提水、水井和跨流域调水工程，对天然水资源进行时空再分配。

3）用途广泛性

水资源既是生活资料又是生产资料，在国计民生中用途广泛，不仅用于农业灌溉、工业生产和城乡生活，而且还用于水力发电、航运、水产养殖、旅游娱乐等。水资源的这种综合效益是其他任何自然资源无法替代的。

4）利、害两重性

水资源具有既可造福于人类，又可危害人类生存的两重性。开发利用水资源的目的是兴利除害，造福人民。如果开发利用不当，也会引起人为灾害，如垮坝事故、水土流失、次生盐渍化、水质污染、地下水枯竭、地面沉降等。所以，开发利用水资源必须重视其两重性的特点，严格按照自然和社会经济规律办事，达到兴利、除害的双重目的。

2. 世界的水资源现状与问题

水资源是世界上分布最广、数量最大的资源，也是世界上开发利用得最多的资源。虽然水覆盖着地球表面 70% 以上的面积，水资源数量巨大，总储量约 13.7 亿 km³，然而包括海水和苦咸水在内的咸水占 97.5%，不能直接被人类利用。淡水的总量仅为 3500 万 km³，占地球总水量的 2.5%，地球水资源构成如图 3-4 所示。这些不足地球总水量 3% 的淡水中，68.9% 分布在南北两极地带及高山高原，以冰川和永久冰盖状态存在，难以被人类利用；30.8% 以地下水形式存在，其中 2/3 深埋于地下深处；能直接取用的湖泊与河流淡水仅占淡水总量的 0.3%，还不到全球水总储量的 1/10000。可见，地球上的淡水资源并不丰富，可供人类直接利用的淡水资源是极为珍贵、十分有限的。

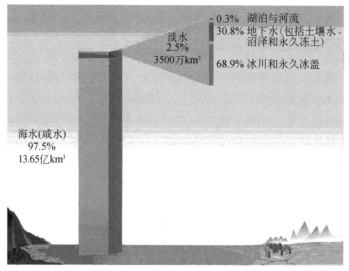

图 3-4　地球水资源构成示意图

淡水资源不仅数量有限，而且分布不均。全球约有 1/3 的陆地少雨干旱，而另一些地区在多雨季节易发生洪涝灾害。由于受气候和地理条件的影响，世界各地的降水和径流相差很大，见表 3-12（UNESCO and WMO，2001）。年降水量以南美洲最多，其降水量和径流量为全球平均值的 2 倍以上；欧洲、亚洲和北美洲与世界平均值水平相接近；非洲虽然降水量与世界平均水平相近，但蒸发量大，径流量很小，是世界上最干旱的地区之一。

表 3-12　世界各大洲水资源分布

名称	面积/万 km²	降水量/（mm/a）	径流量/（mm/a）	径流系数
亚洲	4347.5	742	332	0.45
欧洲	1050.0	789	306	0.39
非洲	3012.0	742	151	0.2

续表

名称	面积/万 km²	降水量/(mm/a)	径流量/(mm/a)	径流系数
北美洲	2420.0	756	339	0.45
南美洲	1780.0	1600	660	0.41
大洋洲	133.5	2700	1560	0.58
南极洲	1398.0	165	165	1.0

从淡水资源分布和人口资源分布对比来看，拥有全世界约 60% 人口的亚洲，只拥有世界水资源的 36%；拥有全世界约 13% 人口的欧洲，只拥有世界水资源的 8%。从淡水资源的国家分布来看，世界淡水资源总量的 50% 集中在 8 个国家，占世界人口约 40% 的 80 个国家水资源短缺。联合国一项研究报告指出：预计到 2025 年，缺水形势将会进一步恶化，缺水人口将达到 28 亿~33 亿。

随着经济的发展和人口增长，城市日渐增多和扩张，对水资源的需求量越来越大。据统计，过去 300 年中人类用水量增加了 35 倍，尤其在近几十年，取水量每年递增 4%~8%，增加幅度最大的主要集中在发展中国家，以亚洲用水量最多，达 3.2 万亿 m³/a，其次为北美洲、欧洲、南美洲等，很多地区和国家水资源的供需矛盾日渐突出。

由于地下水资源丰富、供应稳定、水质良好，近年来，地下水成为各国的主要水源之一。目前全球大约 15 亿人依靠地下水生活，整个亚洲饮用水约 30% 依靠地下水，美国、中国、印度和巴基斯坦开采地下水总量的 50% 以上用于灌溉，法国和英国使用的水约 1/3 以上由蓄水层提供，巴巴多斯、丹麦、荷兰和沙漠国家的供水大部分或全部依赖地下水。20 世纪打井技术发展迅速，很容易快速打出深井，并从中抽出大量的水。这类开发在增加了饮用水和灌溉水供应的同时，也导致了许多地区地下水位迅速降下，有些蓄水层濒临枯竭。美国研究人员借助卫星获得的数据显示，在过去的几年中，世界各地许多地方的地下水位一直在下降，包括一些关键的农业地区，如阿根廷南部、澳大利亚西部和美国西部。在全球干旱和半干旱地区，几乎所有主要蓄水层中的地下水正在快速枯竭。加州的中央谷地占据了全美国灌溉土地的近 1/6。几十年来，随着井越钻越多，水也抽得越来越多，山谷一直在下降。墨西哥城同样也出现了地面沉降现象，并引起越来越多的关注，而补救措施也代价不菲。在人口快速增长的干旱和沙漠地区，如中东，蓄水层已被消耗殆尽。地下水资源的过度开发，往往引起地下水位持续下降、水质恶化、水量减少、地面沉降，造成生态环境不断恶化，地表河川径流量不断减少，不仅影响生产发展，而且严重威胁人类生存。

全球水污染问题也十分突出。在发展中国家，污水、废水基本上不经过处理即排入水体。农业区大量肥料和农药的使用，造成水体氮、磷污染和水体富营养化。垃圾、污水、石油等废弃物中的有毒物质很容易进入地下水和地表水。目前，全球 18% 的人口喝不上安全的饮用水，40% 的人口缺乏基本的卫生设施，大量的死亡和疾病与水有关。水污染不仅损害了人类的健康，而且造成水质型缺水，加剧了水资源的供需矛盾。

水资源短缺还制约着经济的发展。非洲是地球上严重缺水的地区，在世界上缺水的 26 个国家中，有 11 个位于非洲。水资源的匮乏导致粮食生产不能满足需要，严重制约了非洲地区的经济发展。

为了争夺水源，甚至引发国际冲突。据估计，全世界有 200 多条国际河流和湖泊，这些跨界河流的流域面积几乎占全球陆地面积的一半以上，生活在这些流域的人口至少占世界人口的40%。世界上许多重要河流往往由两个或多个国家所有。各国在跨国河流和地下蓄水层开发利用上的矛盾往往十分尖锐，有时甚至引发军事上的对峙，成为国际冲突的导火索。中东地区拥有世界上最丰富的石油资源，但淡水资源奇缺，水贵如油。很多国家的水源来自邻国，从而受制于人。为了争夺水资源，常常会引起冲突。阿拉伯河的主权问题，曾引发了伊朗和伊拉克两国之间长达8年之久的战争；围绕约旦河水的分配问题，约旦人对以色列人的仇恨不断增加；关于尼罗河水的分配问题，埃及、苏丹、埃塞俄比亚等国的争执不断；土耳其庞大的"安拉托里亚"水利综合工程，使下游水量减少90%，引起叙利亚、伊拉克等国的强烈不满；旷日持久的阿以冲突与水有着不可分割的联系；莫桑比克与南非，博茨瓦纳、纳米比亚和安哥拉之间都因共享的河流纷争不断。

　　事实上，联合国预计，如果以目前的水资源利用状态持续下去，到2025年，工业用水将会翻番，将有2/3的人口面临严重缺水的局面。联合国粮食及农业组织预计，以目前的70亿且在不断增长的世界人口数量而论，到2050年，农业生产将需要增加70%。由于农业消耗了大部分人类用水，伴随着气候变化不断改变温度、降水量及降水模式，且难以在地区水平上进行预测，对水资源的需求不仅将因此加大，水资源面临的压力也将加剧。

3. 中国水资源利用现状与问题

　　中国的河川众多，流域面积在100km²以上的河流有50000多条，流域面积10000km²的河流约5800多条，总径流量2600km³，外流河区域占全国土地总面积的65%，内河区域占35%。湖泊面积1km²以上的有2800多个，湖泊面积为75000km²，占全国总面积的0.8%。中国的淡水资源总量为2.8万亿m³，仅次于巴西、俄罗斯和加拿大，居世界第四位，见表3-13（张岳，2000）。尽管中国水资源总量较大，但由于中国人口众多，人均水资源占有量为2185m³，仅为世界人均水资源占有量的1/4，美国人均的1/5，加拿大人均的1/50。中国每亩耕地水资源占有量也只有世界平均值的2/3，属于贫水国。缺水状况在中国普遍存在，而且有不断加剧的趋势。

表3-13　世界各国水资源总量对照表

排序	国家	水资源总量/(万亿 m³/a)	排序	国家	水资源总量/(万亿 m³/a)
1	巴西	6.95	5	印度尼西亚	2.53
2	俄罗斯	4.5	6	美国	2.48
3	加拿大	2.9	7	孟加拉国	2.36
4	中国	2.8	8	印度	2.09

　1）时空分布很不均匀

　　就空间分布来说，中国水资源的分布呈"南多北少"分布，耕地的分布却是南少北多。长江流域及其以南地区，水资源约占全国水资源总量的80%，但耕地面积只有全国的36%左右，人均水资源占有量约为全国平均值的1.6倍；北方的黄、淮、海、辽河流域，水资源只有全国的9.8%，而耕地则占全国的40%，人均水资源占有量约为全国平均值的19%。我国北方的很多城市和地区缺水现象十分严重，联合国可持续发展委员会确定的中国低于500m³严重缺水线的有京、津、冀、晋、鲁、豫、宁等地区。水、土资源配合欠佳的状况，进一步加剧了中国北方地区缺水的程度。

　　从时间分配来看，中国大部分地区冬、春少雨，夏、秋雨量充沛，降水量大都集中在

5～9，占全年雨量的70%以上且多暴雨。这就导致降水的年内、年际分布不均，如黄河和松花江等河流，近70年来曾出现连续11～13年的枯水年和7～9年的丰水年情形，使得水资源的供需矛盾更加突出。

2）供需矛盾日益加剧

水资源的供需矛盾，既受水资源数量、质量、分布规律及其开发条件等自然因素的影响，同时也受各部门对水资源需求的社会经济因素的制约。随着人口的增长和工农业生产的发展，用水量迅速增长，水资源供需矛盾日益加剧。20世纪70年代末期全国总用水量为4700亿m^3，为1949年的4.7倍。其中城市生活用水量增长8倍，而工业用水量增长22倍。北京市20世纪70年代末期城市用水和工业用水量均为1949年的40多倍，河北、河南、山东、安徽等省的城市用水量，到20世纪70年代末期都比1949年增长几十倍，有的甚至超过100倍。水利部预测，到2030年中国人口将达到16亿，届时人均水资源量仅有1750m^3。在充分考虑节水的情况下，预计用水总量为7000亿～8000亿m^3，要求供水能力比现在增长1300亿～2300亿m^3，全国实际可利用水资源量接近合理利用水量上限，水资源开发难度极大，水资源的供需矛盾异常突出。

3）超量开采地下水，引起地下水位持续下降，地下水资源枯竭

中国北方地区由于地下水过度开采，地面沉降现象十分普遍，甚至出现地面塌陷、地裂缝等情况。就拿西安为例，由于过度开采地下水，从20世纪60年代开始，地壳开始下沉，包括钟楼等城市建筑出现裂缝，著名的大雁塔下沉1.3m，并向西北方向倾斜1m，成为中国的"比萨斜塔"。在沿海地区，由于过度开采地下水，造成海水入侵，破坏了地下淡水资源，使得沿海农业用土地盐碱化，一些耕地因此完全丧失了生产能力。目前，我国发生地面沉降灾害的城市超过50个，最严重的是长江三角洲、华北平原和汾渭盆地。由于地面沉降，华北平原地面沉降量超过200mm的范围达到6.4万km^2，占整个华北地区的46%左右。

4）水体污染使水资源短缺问题雪上加霜

目前我国七大水系均受到不同程度的污染，比较严重的是淮河、海河、松花江、辽河、长江中下游以及珠江三角洲等工业比较发达的地区，河流的城市段污染明显。全国1/3的水体不适于鱼类生存，1/4的水体不适于灌溉，90%的城市水域污染严重，50%的城镇水源不符合饮用水标准，40%的水源已不能饮用，南方城市总缺水量的60%～70%是由于水源污染造成的。同时，全国多数城市地下水受到一定程度的点状和面状污染，而且有逐年加重的趋势。根据对我国118个大中城市地下水的调查显示，有115个城市地下水受到了不同程度的污染，其中重度污染约占40%。

水污染正从东部向西部发展，从支流向干流延伸，从城市向农村蔓延，从地表向地下渗透，从区域向流域扩散。日趋严重的水污染不仅降低了水体的使用功能，进一步加剧了水资源短缺的矛盾，而且还严重威胁到人民群众的饮水安全和健康。

总之，由于水资源供需矛盾日益尖锐，产生了许多不利的影响。中国是农业大国，农业用水占全国用水总量的大部分，由于缺水，在中国15亿亩耕地中，尚有8.3亿亩是没有灌溉设施的干旱地，得不到有效灌溉；另有14亿亩的缺水草场。全国每年有3亿亩农田受旱，西北农牧区尚有4000万人口和3000万头牲畜饮水困难。由于缺水而造成的工、农业损失每年递增。另外，缺水严重影响人民群众的生活和工作，有些城市供水不足或经常断水，有的缺水城市不得不采取定时、限量供水，造成人民生活困难。

4. 水资源的可持续利用

水是地球生物赖以生存的物质基础，水资源是维系地球生态环境可持续发展的首要条件。虽然地球表面约71%覆盖的是水，但是淡水资源只占地球总水量的2.5%，而能被人类利用的淡水总量只占地球总水量的十万分之三，占淡水总蓄量的0.34%。所以，地球上可被利用的水并没有想象中的那么多，水资源短缺的问题也越来越严重。如果说将地球的水比作一大桶水的话，那么我们能用的也只有一勺水；如果再让它们继续遭到人类的摧残，早晚有一天，它会消失在茫茫的宇宙中；如果还不珍惜水资源，最后一滴水将是人类的眼泪。

水资源的开发利用，对社会、经济的可持续发展起着越来越重要的作用。现在各国都强调在开发利用水资源时，必须考虑经济、社会和环境三方面的协调统一，即实现水资源的可持续利用。其基本思路是在水资源的开发与利用中，应遵守供饮用的水源和土地生产力得到保护的原则，保护生物多样性不受干扰或生态系统平衡发展的原则，对可更新的淡水资源不可过量开发使用和污染的原则。因此，在水资源的开发利用中，绝对不能损害地球生态系统，必须保证为社会和经济可持续发展合理供应所需的水资源，满足各行各业用水要求并持续供水。此外，不能干扰水在自然界中的循环过程，保证水资源的可持续利用。

然而，由于水资源时空分布的不均匀性，再加上水资源短缺和生态环境恶化的双重压力，要实现水资源的优化配置和可持续发展，必须在空间上协调地区之间的矛盾，在时间上考虑近期和远期利益的冲突，权衡部门之间的关系，纵贯社会、经济、环境、水文等诸多领域。目前，各国水资源可持续利用的途径多种多样，综合来看，可概括为节水、治水、调水、找水四个方面。

1）节水

它是基于技术、经济、社会和环境发展水平，通过法律、管理、技术、政策和教育等手段，改善供水系统、减少需水量、提高用水效率、减少损失与浪费、实现水资源的有效利用。具体措施包括以下5个方面。

（1）减少农业用水，实行科学灌溉，提高水的利用效率。农业是水资源的用水大户，也是水资源的浪费大户。全世界用水的70%为农业灌溉用水，但其利用率很低，浪费严重。在我国"土渠输水、大水漫灌"的农业灌溉方式仍在普遍沿用，灌溉用水的一半在输水过程中就渗漏了，利用率仅为40%左右，不足发达国家水平的一半。因此，改革灌溉方法是提高农业用水效率的最大潜力所在。

以色列国土的2/3都是沙漠，全年7个月无雨，人均水资源不足中东的1/4、世界人均的3%、中国人均的1/8。然而，正是在这块贫瘠缺水的土地上，以色列依靠先进的灌溉方法，科学用水，建立起现代化农业，将荒山改造成森林，沼泽变为良田，沙漠建立起绿洲和温室，令世界惊叹。以色列在20世纪60年代发展起来的滴灌系统，可将水直接送到紧靠作物根部的地方，使蒸发和渗漏水量减少到最小。如今，以色列的灌溉农田都采用了喷、滴灌等现代灌溉技术和自动控制技术，通过电脑控制水、肥、农药滴灌、喷灌系统，使肥、水利用率高达90%，并能有效防止土壤盐碱化和土壤板结。节水农业使世界上最缺水国家之一的以色列成为世界农产品出口大国，其节水农业技术与方法也值得全世界学习和推广。

（2）降低工业用水量，优化工业水系统的运行，提高水资源的循环利用率和综合利用率。就工业生产而言，特别是对一些高消耗水的行业，存在着重复利用和再生利用程度较低、用水工艺落后、用水效率较低等一系列问题。许多国家和城市把节约工业用水作为节水的重点，主要的办法是一水多用，重复利用工业内部已使用过的水。例如，炼油厂单程冷却加工 1t 原油需用水 30t，如采用循环水冷却，用水量降到原来的 1/24。美国制造工业的水重复利用次数，1954 年为 1.8 次，1985 年为 8.63 次，到 2000 年达到 17.08 次，制造工业的需水量比 1978 年减少 45%。

我国炼钢等生产过程的单位耗水量比国外先进水平高几倍甚至几十倍，水的重复利用率不到发达国家的 1/3。煤炭开采中每采 1t 煤要排漏 0.88m³ 水，按某省年采煤 3 亿 t 计算，每年仅因采煤损失地下水资源高达 2.5 亿 m³，并对地下水体地质构造产生极大的破坏。我国工业万元产值用水量为 103m³，是发达国家的 10~20 倍，我国水的重复利用率为 50% 左右，而发达国家为 85% 以上。因此，提高工业用水效率是工业节水的潜力所在。

（3）查漏塞流，推广使用节水器具。我国城镇生活用水浪费严重，一方面供水跑、冒、滴、漏现象普遍，另一方面节水器具和设施少，用水效率较低。据统计，北京市仅一年的洗车耗水量，就相当于一个多昆明湖或 6 个北海的蓄水量。

（4）健全法律法规，制定相关政策，合理开发，减少浪费。水资源属于国家所有，生产和生活用水的开发必须遵守相关"水法"；建立国家水权制度，将水资源的使用权、监督权、综合规划等以法律形式明确起来；对水环境的保护，要形成有效的监督机制、长效防治机制；利用经济杠杆，建立符合市场经济体系的水价市场机制，在科学核定用水量的前提下，坚持分类对待的原则，实行阶梯水价，实现水资源的优化配置，提高水资源的利用率，培养公民节约用水的习惯。

（5）加大宣传，树立全民节水意识。应使人们牢固树立"节约水光荣，浪费水可耻"的信念才能时时处处注意节水。同时提高人们的水忧患意识，使"节约用水，人人有责"不再是一句苍白无力的口号，而是变成人们自觉自愿的行动。建立节水型社会是解决中国水资源短缺问题最根本、最有效的战略举措。

2）治水

治水包括对污水和废水的治理，它不仅治理了污染，又开辟了新的水源，包括以下 4 个方面。

（1）恢复河、湖的水质，增加淡水供应。水资源被污染，使本来可以利用的水变为不能利用的水，实际上等于减少了水资源。目前世界上已有 40% 的河流发生不同程度的污染，且有上升的趋势。恢复河、湖水质的主要经验有治理污染源、在水域附近建设大型污水处理厂、用清洁水稀释、安装大型增氧机等，这些措施都要花费巨额投资并耗时很长。

近年来国外在恢复河、湖水质方面取得了很大的成效，水质开始恢复。例如，英国泰晤士河绝迹百年的鱼群又复出现，特伦特河水系已有 1600km 长的河道恢复为钓鱼区；美国底特律河也有鱼群回游，并在下游养殖鲑鱼获得成功；芝加哥河已恢复成清洁的河流，并将改造成游览区。

（2）开发污水资源，发展中水处理、污水回用技术，提高水资源利用率。城市中部分工业生产和生活产生的优质杂排水经处理、净化后，可以达到一定的水质标准作为非饮用水使用在绿化、卫生用水等方面。用 1m³ 中水，等于少用 1m³ 清洁水，少排出近 1m³ 污水，一举两得，节水达到近 50%。所以，中水已在世界许多缺水城市广泛采用。

新加坡自 20 世纪 70 年代就开始研发污水再生技术，采用反渗透薄膜和超声波科技两项先进技术来净化生活废水加以循环利用。2002 年新生水技术研发成功后，新生水各项指标均优于自来水，清洁度至少比世界卫生组织规定的国际饮用水标准高出 50 倍，但售价比自来水便宜 10% 以上。目前新加坡共建有 4 座新生水厂，日供水量 25 万 m³，占日需水量的

15%。到 2011 年，新加坡新生水供应占日需水量的 30%。

北京市目前可开发的新鲜水源已经很少，可以开发的水源只有污水和汛期雨洪水。北京市每年产生 13 亿 m³ 的污水，这些污水处理后，可以成为另一种水源，用于灌溉、冲洒道路、冲洗厕所，也可以用于工业冷却水等。

（3）进行水资源污染防治，实现水资源综合利用。欧洲各国的治河历程告诉我们：河流整治是一项长期、艰巨、复杂的系统工程，应从防洪、治污、生态恢复等多个方面对河流实施综合整治。

法国塞纳河治理首先从治水下手。在巴黎上游先后兴建了 4 座大型储水湖，调节上游来水，有效地控制了水害。为使塞纳河远离污染，法国政府规定，污水必须经过污水处理厂净化后才准排入河中。如今，密如蛛网的下水道总长度达 2400 多公里，相当于从巴黎至土耳其伊斯坦布尔的距离。同时，治理河流不忽视河岸治理。20 世纪巴黎开始治理河岸道路，用石块砌成的河岸能够经受起常年河水的冲刷，避免泥沙流入堵塞河道，同时在沿河的路面铺上沥青，植上树木。通过治理，塞纳河流域的生态环境大大改观，人们都愿意住在河边与水为伴。

瑞士为了保护莱茵河上游水质，先后颁布了 10 部涉及保护水体的法律法规，严禁直接或间接将有可能导致水体污染的任何物质排放或渗入大江大河。同时对国民的水资源分配、水的使用量，对过度浪费水资源的惩罚等都有明确的法律规定。瑞士总结的经验是，第一，互不转嫁污染源。严格控制河流水质，避免上游污染中游，中游污染下游，下游污染河口，河口再污染海洋的恶性循环；第二，谁污染谁受罚；第三，整个流域被视为完整生态系统，莱茵河流域国家负责护养各自的河段；第四，建立大河流域通报员制度。据悉，莱茵河流域现有通报检测站点数十个，在册通报员上百人。

英国通过立法治理泰晤士河，对直接向泰晤士河排放工业废水和生活污水作了严格的规定。有关当局还重建和延长了伦敦下水道，建设了数百座污水处理厂，形成了完整的城市污水处理系统。目前，泰晤士河沿岸的生活污水首先要集中到污水处理厂，经过沉淀、消毒处理后才能排入泰晤士河。工业废水必须经处理达标后才能排进河里。以前，泰晤士河沿岸的 20 多个发电厂直接将冷却用水排放到河里，使河水温度上升，偏高的水温加速了水中微生物的繁殖和水草生长，加剧了水质恶化。如今，发电厂都采用了冷却循环塔，以避免向泰晤士河排放大量热水。经过 20 多年的艰苦整治，现在的泰晤士河已由一条臭河变成了世界上最洁净的城市水道之一，已有 118 种鱼类和 350 种无脊椎动物重新回到河里繁衍生息，每年还有众多的垂钓者和游船船主在此休闲娱乐。

（4）大力发展绿化，增加森林面积，涵养水源。森林有涵养水源、减少无效蒸发及调节小气候的作用，具有节流意义。林区和林区边缘有可能增加降水量，具有开源意义。

3）调水

利用水资源的时空分布不均性，通过人工修建大型的水利工程，使河流改变流向或以人工运河和大口径管道向缺水地区输送大量水资源，实现水资源在空间上的重新分配。

（1）建造水库大坝。由于河川径流有多变性和不重复性，在年与年、季与季以及地区之间来水都不同，且变化很大。导致时而洪水泛滥，时而干旱断流。修建水库可以将丰水期多余水量储存在库内，补充枯水期的流量不足，不仅可以提高水源供水能力，还可以为防洪、发电、发展水产等多种用途服务。

据统计至 2007 年，全球水库大坝的总库容接近 7 万亿 m³，其中 98% 为大坝库容，全球水库的有效库容约为 4 万亿 m^3，相当于世界河流年流量的 7.3%。水库总面积为 50 万 km^2，相当于地球天然湖面的 1/3。世界前十大已建和在建水库见表 3-14（中国的三峡排在第 22 位）。

表 3-14　世界前十大已建和在建水库

序号	坝名	库容/亿 m^3	国家	建库目的
1	Kariba	1806	津巴布韦/赞比亚	H
2	Bratsk	1690	俄罗斯	HNS
3	High aswan dam	1620	埃及	IHC
4	Akosombo	1500	加纳	H
5	Daniel johnson	1419	加拿大	H
6	Guri	1350	委内瑞拉	H
7	Bennett w. a. c	743	加拿大	H
8	Krasnoyarsk	733	俄罗斯	HN
9	Zeya	684	俄罗斯	HNC
10	Lg deux principal cd-oo	617	加拿大	H

注：H 为发电，I 为灌溉，C 为防洪，S 为供水，N 为航运
资料来源：贾金生等，2009

根据 2008 年全国水利发展统计公报，截至 2007 年底，中国已建成各类水库 86353 座，水库总库容 6924 亿 m^3（未含港、澳、台地区），世界排名第四，占世界总库容的 9.9%，但人均库容则比较落后。

我国水库大坝的建设历史悠久，建于公元前 598 年的安徽省寿县安丰塘水库，坝高 6.5m，库容达 9070 万 m^3，至今已运行 2600 多年。中国建水库大坝的历史虽久，但前期发展较慢，根据 1950 年国际大坝委员会统计资料，全球 5268 座水库大坝中，中国仅有 22 座，包括丰满重力坝等，数量极其有限。改革开放以来，中国的水库大坝建设有了突飞猛进的发展，截至 2008 年，中国已建、在建 30m 以上的大坝共有 5191 座，其中 100m 以上 130 座，见表 3-15。以三峡、二滩和小浪底工程为代表的三座工程，标志着中国大坝建设在建设技术上由追赶世界水平到与世界水平同步。三峡水利枢纽具有防洪、发电、航运等巨大综合利用效益，拦河大坝最大坝高 181m，总装机 2.25 万 MW，于 2009 年竣工验收；二滩水电站是雅砻江干流规划建设的 21 个梯级电站中的第一个水电站，装机容量 3300MW，是中国 20 世纪建成的仅次于三峡工程的大型水电站；小浪底水利枢纽是黄河干流的控制性工程，既可较好地控制黄河洪水，又可利用其淤沙库容拦截泥沙，进行调水调沙，减缓下游河床的淤积抬高。

表 3-15　100m 以上坝数国家排名

国家	100m 以上坝数/个	最大坝高/m	最高坝坝名
中国	130	305	锦屏一级
日本	102	186	Kurobe No IV Dam

国家	100m 以上坝数/个	最大坝高/m	最高坝坝名
美国	80	234	Oroville Dam
西班牙	48	202	Almendra Dam
土耳其	45	247	Deriner Dam
伊朗	37	222	Karum IV Dam
印度	29	261	Tehri Dam
意大利	24	262	Vaiont Dam
瑞士	23	285	Grande Dixence Dam
越南	10	139	Son La Dam
智利	8	155	Ralco Dam

资料来源：贾金生等，2009

修建水库大坝虽然发展很快，但仍面临很多问题：对供水安全、防洪安全、粮食安全和能源安全等与水库大坝之间的关系难以清楚认识；如何维护河流健康、实现水资源的可持续利用支持经济社会的可持续发展；水利枢纽工程在发挥防洪、发电、供水、航运等功能的同时如何维护河流生态，使之保持最佳生态状态；大洪水、大地震以及大坝的长期运行等因素将不断考验大坝的可靠性和安全性。

（2）跨流域调水。为了满足日益增长的需水量，自 20 世纪 50 年代以后，世界各国在建设大坝和水库的同时，制定和建设了从丰水流域向缺水流域调水工程计划。据不完全统计，全球已建、在建或拟建的大型跨流域调水工程有 160 多项，主要分布在 24 个国家。地球上的大江大河，如印度的恒河、埃及的尼罗河、南美洲的亚马孙河、北美洲的密西西比河，都可以找到调水工程的踪影，如巴基斯坦的西水东调工程、澳大利亚的雪山河调水工程，俄罗斯将欧洲北部湖泊、河流的水调往伏尔加河流域。

中国是世界上最早进行调水工程建设的国家之一，早在公元前 256 年，即有著名的都江堰水利工程，至今仍发挥巨大的作用。1949 年后，中国又修建了 20 余座大型跨流域调水工程，如江苏江水北调工程、天津引滦入津、广东东深供水、河北引黄入卫、山东引黄济青、甘肃引大入秦、山西引黄入晋、辽宁引碧入连、吉林引松入长等。为解决北方地区的供水需要，中国进行了庞大复杂的南水北调工程规划，将长江流域分东、中、西三线调水。如图 3-5 所示为南水北调工程路线图，东线从长江下游扬州附近抽水，终点到天津，主要解决江苏北部、山东和河北东部的农业用水，津浦铁路沿线及胶东的城市缺水问题。中线从长江支流汉江干流上的丹江口水库引水，输水到华北平原，主要解决湖北、河南、河北、北京及天津等沿线城市的用水，并兼顾农业和其他用水。西线从长江上游的大渡河、雅砻江和通天河引水，向黄河上游调水，补偿黄河水资源的不足，缓解西北地区干旱缺水的问题。南水北调工程将分期实施，近期开始实施的是东、中线方案，西线方案还在规划中。

这些已建好的调水工程大都取得了良好的经济、社会和环境效益。美国西部素有干旱荒漠之称，由于修建了中央河谷、加利福尼亚调水工程、科罗拉多水道和洛杉矶水道等长距离调水工程，使加利福尼亚州发展成为美国人口最多、灌溉面积最大、粮食产量最高的一个州，洛杉矶市成为美国第三大城市。中国的引滦入津、引黄济青、引碧入连、西安黑河引水和福建北溪引水等城市调水工程，使天津、青岛、大连、西安和厦门等中国重要的工业和旅

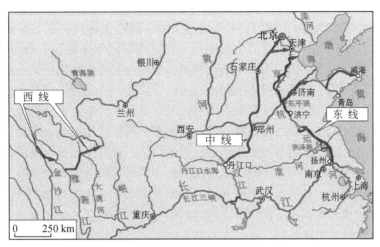

图 3-5　南水北调工程路线图

游城市解决了水资源短缺的问题，基本满足了城市用水和工业用水的需求，为城市的可持续发展提供了重要的物质基础，并有效地抑制了该地区的地面沉降。

远距离调水是解决资源型缺水，实现水资源优化配置的重大举措，是人类改造自然的伟大工程。然而，由于工程耗资巨大、对环境破坏严重，所以，世界各国每提出一个远距离调水计划，都将引起全社会广泛的关注和争论。

（3）地下蓄水。尽管对全球蓄水层中的地下水总量缺乏可靠的统计数据，但地下水的使用在很多地区已经变得不可持续。采用地下蓄水，解决过剩径流储存的技术，较建水库、坝及调水工程更有前途。目前，已有 20 多个国家在积极筹划人工补充地下水。在美国加利福尼亚的地方水利机构每年将 25 亿 m^3 左右的水储存地下，其单位成本平均至少比新建地表水水库低 $35\% \sim 40\%$。美国洛杉矶市为调节供水，原定修建世界上最大的坝，后改用地下水库，调节了经格布里亚河 45% 的洪水，保证了枯水季节用水。荷兰马斯河洪枯水量相差悬殊，取水困难，在实现人工补给地下水后，解决了枯水季节的供水问题，每年增加含水层储量 200 万 $\sim$ 300 万 m^3。印度用地下蓄水作为恒河平原耕地可靠的灌溉水源方案已得到重视。

4）找水

随着科学技术的发展，能被人类所利用的水源不断增多，包括以下 4 个方面。

（1）海水。海水利用主要有三个方面。一是海水代替淡水直接作为工业用水和生活杂用水，包括用作工业冷却用水，用于洗涤、除尘、冲灰、印染等方面，还可直接用作生活杂水，如海水冲厕等；二是海水经淡化后，用作饮用水和工业补水；三是海水综合利用，即提取化工原料。

世界上许多沿海国家，工业用水量的 $40\% \sim 50\%$ 为海水，日本 1967 年工业用水总量 567.7 亿 m^3/a，海水约占 60.81%。美国 1980 年工业海水用量达到 140 亿 m^3。欧洲国家都大量地利用海水作为工业冷却水。我国的大连、青岛、天津、烟台、秦皇岛、上海和威海等沿海城市都已大量地利用海水。

海水淡化即利用海水脱盐生产淡水，实现水资源利用的开源增量技术。它可以增加淡水总量，且不受时空和气候影响，水质好、价格渐趋合理，可以保障沿海居民饮用水和工业锅炉补水等稳定供水。

历史上第一个海水淡化工厂于 1954 年建于美国，现仍在得克萨斯的弗里波特运转。海水淡化技术的大规模应用始于干旱的中东地区，但并不局限于该地区。截至 2006 年，世界上已有 120 多个国家和地区在应用海水淡化技术，全球现有海水淡化厂 1.3 万座，海水淡化日产量约 3775 万 t，其中 80% 用于饮用水。目前，世界上 1 亿多人，即 1/50 的人口靠海水淡化提供饮用水。海水淡化作为淡水资源的替代与增量技术，事实上已经成为世界许多国家解决缺水问题普遍采用的一种战略选择，其有效性和可靠性已经得到越来越广泛的认同。

现在所用的海水淡化方法有海水冻结法、电渗析法、蒸馏法和反渗透法等，都达到了工业规模化生产的水平，并在世界各地广泛应用。应用反渗透膜的反渗透法以其设备简单、易于维护和设备模块化的优点迅速占领市场，逐步取代蒸馏法成为应用最广泛的方法。"向海洋要淡水"已经形成了方兴未艾的产业，成为解决全球水资源危机的重要途径。

由于海水淡化需要大量能量，所以在不富裕的国家经济效益并不高。海水淡化在中东地区很流行，沙特阿拉伯的海水淡化厂占全球海水淡化能力的 24%。淡化海水通过管道送到首都利雅得及其邻近地区。朱拜勒市是沙特最大的海水淡化中心，拥有 40 多个海水淡化厂，供应东部地区淡水需要。沙特阿拉伯还在濒临红海的港口城市吉达港附近修建了一个大型海水淡化厂，在向西部缺水地区供水的同时，还可满足全国 1/3 的电力需要。阿拉伯联合酋长国的杰贝勒阿里海水淡化厂第二期是全球最大的海水淡化厂，每年可产生淡水 3 亿 m^3。

新加坡为缓解水源供应紧张局面，从 1998 年开始实施"向海水要淡水"计划。2005 年新加坡第一座海水淡化厂——新泉海水淡化厂投入使用，每天可生产淡水 13.6 万 m^3，能满足新加坡约 10% 的用水需求量，海水淡化成为非传统供水来源之一。新泉海水淡化厂是目前世界上最大的反渗透膜海水淡化厂，也是世界上最节能的海水淡化厂之一。新加坡政府对外宣布要实现淡水的自给自足，海水淡化水所占的比例要达到 25%。

中国在反渗透法、蒸馏法等主流海水淡化关键技术上均取得重大突破，完成了具有自主知识产权的日产 3000m^3 的低温多效海水淡化工程，以及日产 5000m^3 的反渗透海水淡化工程。截至 2006 年年底，中国日淡化海水能力接近 15 万 t。

在海水淡化技术已成熟的今天，经济性是决定其广泛应用的重要因素。成本和投资费用过高一直被视为是海水淡化难以推广使用的主要问题。随着技术的提高，海水淡化的能耗指标降低了 90% 左右，成本也随之大为降低。如果进一步综合利用，把淡化后的浓盐水用来制盐和提取化学物质等，则其淡化成本还可以进一步降低。目前，有些国家的淡化成本已经降低到和自来水的价格差不多。某些地区的淡化水量达到了国家和城市的供水规模。如果单从经济技术方面分析，海水淡化尤其是苦咸水淡化的单位成本实际上是很有竞争力的。

（2）雨水利用。它是综合考虑雨水径流污染控制、城市防洪以及生态环境的改善等要求，采用人工措施直接对天然降水进行收集、储存并加以利用，建立包括屋面雨水集蓄系统、雨水截污与渗透系统、生态小区雨水利用系统等，将雨水用作喷洒路面、灌溉绿地、蓄水冲厕等城市杂用水的技术手段。

通过建立完整的雨水利用系统，可以有效调节雨水径流的高峰流量，待最大流量下降后，再将雨水慢慢排出，减缓洪涝灾害。雨水冲刷屋顶、路面等硬质铺装后，其污染比较严重，通过坑塘、湿地和绿化通道等沉淀和净化，再排到雨水管网或河流，会起到拦截雨水径流和沉淀悬浮物的作用，减少污染物排放。雨水利用不仅通过保护河流水系的自然形态、增加坑塘湿地等下渗系统，保障地表水和地下水的健康循环和交换，还可以间接地补充城市水资源，净化之后的雨水可以直接补充水资源用于非饮用水，实现雨水资源化。

自 20 世纪 80 年代以来，世界各地悄然掀起了雨水利用的高潮，以供水为目的的雨水集流系统得到了迅速发展，雨水利用也从生活用水向城市用水和农业用水发展，其中以日本和德国成绩突出。日本于 1963 年开始兴建滞洪和储蓄雨水的蓄洪池，许多城市在屋顶修建用雨水浇灌的"空中花园"。1980 年，日本开始推行雨水储留计划。经有关部门对东京附近 20 个主要降雨区的长期观测和调查，平均降水量 69.3mm 的地区，"雨水利用"后其平均出流量由原来的 37.59mm 降低到 5.48mm，流出率由 51.8% 降低到 5.4%（村濑诚和刘延恺，2005）。德国在 20 世纪初期就已经发布了"对未受污染雨水的分散回灌系统的建设和测量"，目前德国在新建小区都要设计雨水利用设施，否则政府将征收雨洪排放设施费和雨水排放费。

我国的雨水利用具有悠久的历史。距今约 4100 年夏朝的后稷便开始推行区田法，明代出现了水窖。20 世纪 50~60 年代，创造出鱼鳞坑、隔坡梯田等就地拦蓄利用技术。但真正意义上的雨水利用是从 20 世纪 80 年代开始的，各地纷纷实施雨水集流利用工程，如甘肃的"121 雨水集流工程"、内蒙古的"112 集雨节水灌溉工程"、陕西的"甘露工程"、宁夏的"窖水蓄流节灌工程"等。总的来说，我国雨水的利用主要集中在解决农业灌溉和农村人畜饮水上，对城市区域雨水利用工作才刚刚起步。第 29 届奥林匹克运动会科学技术委员会发布的书面材料显示，北京主要场馆和设施、奥林匹克森林公园大量应用了雨水收集及回收利用技术，雨水平均利用率可达 85%。这些雨水通过电脑控制的管道进入地下蓄水池，经过过滤净化后，将用于跑道、道路清洗和园林浇灌等 9 个方面。最新发布的北京市"十二五"规划显示，2015 年内北京市将修建 89 个地下蓄水池，重点解决下凹式立交桥排水问题。按照"先入渗、后滞蓄、再排放"的原则，同步建设雨水利用设施，增加滞蓄利用雨水的能力；中心城及新城的居住小区、公共设施区等区域，采取修建蓄水池、透水铺装、下凹式绿地等方式收集利用雨水，收集的雨水经处理后用于灌溉绿地、洗车、喷洒路面等，实现雨水资源的高效利用。

21 世纪大多数国家，不论其发展程度如何，都将面临淡水资源紧缺的问题。雨水作为一种优质的淡水资源，由于收集和利用方便、污染少、处理简单、不消耗或很少消耗能源，已成为解决水资源短缺的重要途径。加强雨水利用，不仅具有生态环境效益和社会效益，还具有潜在的直接或间接经济效益，发展前景十分广阔。

（3）人工降雨。人工降雨也就是向云中播撒一些能形成雨点的"种子"，促成降雨。它是根据不同云层的物理特性，选择合适时机，通过向云中撒播降雨剂（盐粉、干冰或碘化银等），使云滴或冰晶增大到一定程度，降落到地面，形成降水。撒播的方法有飞机在云中撒播、高射炮或火箭将碘化银炮弹射入云中爆炸和地面燃烧碘化银焰剂等。

世界上先后约有 80 个国家和地区开展了人工降雨试验，其中美国、澳大利亚、前苏联和中国等国的试验规模较大。我国一些经常发生干旱的省、区都积极开展了人工降雨技术的研究和应用，目前技术趋于成熟，成为增加降水、缓解干旱的重要手段。1958 年吉林省遭受 60 年未遇的大旱，人工降雨试验获得了成功。1987 年在扑灭大兴安岭特大森林火灾中，人工降雨发挥了重要作用。

人工降雨费用昂贵，但从投入产出比来看还是比较划算的。根据世界公认的统计数据，人工增雨投入产出比普遍都在 1：5 以上，比较高的地区能达到 1：30。无论是缓解电荒或是除旱减灾，人工增雨对经济、社会和生态效益是显而易见的。

（4）南极拖移冰山。因世界上 2/3 的淡水储存在两极的冰川之中，为解决冰川融化导致海平面上升的问题和解决一些地区干旱缺水难题，有人提出了一个非常大胆的想法：将巨大的南极洲冰山拖到非洲，设想用巨大的绳索绑住南极洲一座重 600 万 t 的冰山，然后使用拖船将其拖到非洲，融化成新鲜的饮用水，可以解决非洲的饮用水短缺问题。虽然一些人将这个想法视为"天方夜谭"，但借助 3D 电脑模拟和解密的卫星数据，证明将一座漂浮的淡水冰山拖到非洲是完全可以实现的。然而，由于面临一系列实际障碍和技术难题，这项计划很难实施，这个古怪的想法就这样搁置了。

总之，水资源的开发利用涉及内容很多，包括农业灌溉、工业用水、生活用水、水能、航运、港口运输、淡水养殖、城市建设、旅游，甚至包括防洪、防涝等方方面面。在水资源开发利用中，在很多问题的处理方法上还存在分歧。例如，大流域调水是否会造成严重的生态失调，带来较大的不良后果？大量利用南极冰会不会导致未来全球气候发生重大变化？森林对水资源的作用到底有多大？全球气候变化和冰川进退对未来水资源的影响有多大？人工降雨和海水淡化利用对水资源有何影响等，都是今后有待进一步探索的问题。它们对未来人类合理开发利用水资源具有深远的意义。

3.2.2　海洋资源

海洋是生命的摇篮，占地球表面 70% 以上的海洋是地球生物生存的重要源泉。随着科技和经济的迅速发展，资源消耗巨大，人们开始寻找新的资源来替补。"上天"、"下海"是两种途径。"上天"不仅价格昂贵，而且至今不知哪个星球存在可开发的资源。海洋中蕴藏着巨大的、维持人类可持续发展的物质来源，被人们称为"风雨的故乡"、"食物的宝库"、"航运的通道"、"天然的鱼仓"、"蓝色的煤海"、"盐类的故乡"、"能量的源泉"、"娱乐的胜地"……所以"下海"是保障人类可持续发展的最理想、最现实的出路。但是随着人为活动的加剧，海洋已经遭受日益严重的人为污染，对海洋生态系统构成了极大的威胁。

1. 海洋资源概况

人类社会的发展，离不开对各种资源的开发和利用。在陆地资源逐渐枯竭的今天，人们把目光投向了深海大洋。海洋是富饶而未充分开发的自然资源宝库，海洋资源种类繁多、储量巨大，包括可以被人类利用的物质、能量和空间。按其属性分可为海洋生物资源、海底矿产资源、海水资源、海洋能源和海洋空间资源；按其有无生命分为海洋生物资源和海洋非生物资源；按其能否再生分为海洋可再生资源和海洋不可再生资源。

1）海水资源

海水不仅是宝贵的水资源，而且蕴藏着丰富的化学资源。随着海洋化学的发展，人们逐渐认识了海水，对海水资源的开发利用是解决淡水危机和资源短缺问题的重要措施。

海水淡化是开发新水源、解决沿海地区淡水资源紧缺的重要途径。随着科技进步使生产成本进一步降低，海水淡化的经济合理性更加明显，可以把海水变为淡水直接供人类饮用，海洋有可能成为世界工业用水和生活用水的最大来源。

海水直接利用是以海水直接代替淡水作为工业用水和生活用水等相关技术的总称，包括海水冷却、海水脱硫、海水回注采油、海水冲厕和海水冲灰、洗涤、消防、制冰、印染等。目前中国海水冷却水用量每年不超过 141 亿 m^3，而日本每年约为 3000 亿 m^3，美国每年约为 1000 亿 m^3，差距很大。

海水中含有丰富的海水化学资源，已发现的海水化学物质有80多种，其中包括氯、钠、镁、钾、硫、钙、溴、碳、锶、硼和氟等11种元素，占海水中溶解物质总量的99.8%以上，可提取的化学物质达50多种。海水化学资源综合利用指的是从海水中提取各种化学元素（化学品），现在已逐步向海洋精细化工方向发展。例如，海水制食盐发展很快，盐田面积大幅度增长，所生产的海盐质量不断提高，品种越来越多；镁在海水中的含量仅次于氯和钠居第3位，用制盐的苦卤（$MgCl_2$）可生产各种镁化物，或直接从海水中提取镁盐，镁和镁盐是重要的工业原料，主要用于铝镁合金、照相材料、镁光弹、焰火、制药和钙镁磷肥料等；钾元素在海水中居第六位，海水中提钾主要用来制造钾肥，此外，钾在工业上可用于制造含钾玻璃，制造用作洗涤剂的软皂以及用作净水剂的钾铝矾（明矾）等。

2）矿产资源

海洋中蕴藏着极为丰富的矿产资源。随着世界工业和经济的高速发展，矿产资源消耗量急剧增加，陆地矿产资源在全球范围内日趋短缺、衰竭，人们唯有把海洋作为未来的矿产来源。海底矿产知多少？目前人们已经发现的有以下六大类。

（1）石油、天然气。海洋蕴藏着极其丰富的油气资源。据科学推算，海底石油约有1350亿t，占世界可开采石油储量的45%；世界天然气储量255亿～280亿m^3，海洋储量140亿m^3，海洋天然气占世界可开采量的50%。

世界上海洋油气与陆上油气资源一样，分布极不均衡。波斯湾海域是世界上公认的海底石油储量最丰富的地区，约占总储量的一半左右。委内瑞拉的马拉开波湖海域、北海海域、墨西哥湾海域、亚太和西非等海域分列后几位。中国的南海、东海、南黄海和渤海湾，都先后发现了丰富的海洋油气资源，其中南海油气资源最丰富。初步估计，整个南海的油气储量约占中国总资源量的1/3，属于世界海洋油气主要聚集中心之一。

海上油气资源开发利用有着广阔的前景。但由于在海上寻找和开采石油的条件与在陆地上不同，技术手段要比陆地上的复杂，建设投资高、风险大。因此，当今世界海洋石油开发，绝大多数国家采取国际合作的方式。

（2）煤、铁等固体矿产。世界许多近岸海底已开采煤、铁矿藏。日本海底煤矿开采量占其总产量的30%，智利、英国、加拿大、土耳其也有开采；亚洲一些国家还发现许多海底锡矿，已发现的海底固体矿产有20多种，中国大陆架浅海区广泛分布有铜、煤、硫、磷、石灰石等矿。

（3）海滨砂矿。在滨海的砂层中，因长期经受地壳运动和海水筛分作用，为形成各种金属和非金属矿床创造了有利条件，常蕴藏着大量的稀有金属。因为它们在滨海地带富集成矿，所以称"滨海砂矿"。滨海砂矿中的贵重矿物包括含有发射火箭用的固体燃料钛的金红石；含有火箭、飞机外壳用的铌和反应堆及微电路用的钽的独居石；含有核潜艇和核反应堆用的耐高温和耐腐蚀的锆铁矿、锆英石；某些海区还有黄金、白金和银等。

中国的滨海砂矿主要分布在辽东半岛、山东半岛、福建、广东、海南、广西和台湾，主要有锆石、钛铁矿、独居石、金红石、磷钇矿、锡石砂矿、铁砂矿、石金矿和沙砾等经济价值极高的砂矿，为中国提供宝贵的稀有金属矿资源。

（4）多金属结核矿。海底有大量的金属结核矿，含有锰、铁、镍、钴、铜等几十种元素。在3500～6000m深的洋底储藏的多金属结核约有3万亿t，相当于陆地上储量的40～1000倍，其中锰的产量可供世界用18000年，镍可用25000年。更为有趣的是，人们发现海底锰结核矿石还在不断生长，它绝不会因为人类的开采而在将来消失。据美国科学家估计：太平洋底的锰结核，以每年 1000 万 t 左右的速度不断生长。假如我们每年仅从太平洋底新生长出来的锰结核中提取金属的话，其中铜可供全世界用三年；钴可用四年；镍可以用一年。锰结核这一大洋深处的"宝石"是世界上一种取之不尽、用之不竭的宝贵资源，是人类共同的财富。

然而要从四五千米深的大洋底部采取锰结核也不是一件容易的事。目前只有少数几个发达国家能够办到，中国也已基本具备了开发大洋锰结核的条件，有望实现生产性开采。

（5）热液矿藏。它是海水侵入海底裂缝，受地壳深处热源加热，溶解地壳内的多种金属化合物，再从洋底喷出，呈烟雾状的高温岩浆冷却沉积形成，含有大量金属的硫化物，被形象地称为"黑烟囱"。它主要出现在 2000m 水深的大洋中脊和断裂活动带上，是富含铜、锌、铅、金、银等多种元素的重要矿产资源。

（6）可燃冰。可燃冰是一种被称为天然气水合物的新型矿物，在低温、高压条件下，由碳氢化合物与水分子组成的冰态固体物质。其能量密度高，杂质少，燃烧后几乎无污染，其矿层厚、规模大、分布广、资源丰富。据估计，全球可燃冰的存储量是现有石油天然气储量的两倍，目前日本、俄罗斯、美国均已发现大面积的可燃冰分布区。中国在南海和东海也发现了可燃冰，据测算，仅中国南海的可燃冰资源量就相当于中国目前陆上油气资源总量的 1/2。在世界油气资源日渐枯竭的情况下，可燃冰的发现为人类带来了新的希望，它很可能成为 21 世纪的新能源。

由于人类对两极海域和广大的深海区还调查得很不够，大洋中还有多少海底矿产人们还难以知晓。

3）海洋能源

汹涌澎湃的海洋永远不会停息，真正是拥有用之不竭的动力资源。目前正在研究利用的海洋动力资源有潮汐发电、海浪发电、温差发电、海流发电、海水浓差发电和海水压力差的能量利用等，通称为海洋能源。其中潮汐发电应用较为普遍，并具有较大规模的实用意义。

海水不但可以通过其热能和机械能等给我们电能，从海水中还可提取出像汽油、柴油那样的燃料——铀和重水。铀在海水中的储量十分可观，达 45 亿 t 左右，相当于陆地总储量的 4500 倍，按燃烧发热量计算，至少可供全世界使用 1 万年。

海洋能与其他能源比较，具有资源丰富、不会污染、占地少、可综合利用等优点。它的不足之处是密度小、稳定性差、设备材料及技术要求高、开发利用工艺复杂、成本高等。然而面临化石燃料不可再生和对环境造成严重污染的挑战，海洋可再生能源的开发利用成为人类新能源开发的曙光。

4）生物资源

海洋是生命的摇篮，地球上许多生物就是从海洋中进化发展起来的，至今仍有 80% 的动、植物生活在海洋中。浩瀚的海洋蕴藏着极为丰富的生物资源，许多门类是海洋特有的，它们功能各异，在独特的物理、化学和生态环境中，在微弱的光照条件下形成了极为独特的生物结构、代谢机制，产生了特殊的生物活性物质，在全球生物多样性中占有重要地位。2010 年 10 月 4 日，由全球各国科学家参与，历时 10 年之久的全球"海洋生物普查"项目在英国伦敦发布最终报告，全球海洋生物物种总计约有 100 万种，种类数量大大超出人们的想象。其中 25 万种是人类已知的海洋物种，其他 75 万种海洋物种人类知之甚少，它们大多生活在北冰洋和太平洋等海域，甚至在世界最深 1.1 万 m 的马里亚纳海沟也有生物存在。随着人们对海洋认知的深入，不断有新的海洋生物被发现，所以实际物种数量可能还会增加。海洋生物按其性质不同分为海洋植物、海洋动物和海洋微生物；按其生物习惯又分为浮游生物、游泳动物和底栖生物。多彩的生物门类使海洋呈现出生物多样性，维持了海洋生态系统的稳定。

海洋生物提供给人类丰富的食物资源。地球上生物生产力有 25% 来自海洋，海洋是人类食物蛋白质的主要来源，海洋生物富含易于消化的蛋白质和氨基酸，尤其是赖氨酸含量更比植物性食物高出许多。世界水产品中的 85% 左右产于海洋，以鱼类为主体，占世界海洋水产品总量的 80% 以上。海洋还提供丰富的藻类资源，仅位于近海水域自然生长的海藻，年产量已相当于目前世界年产小麦总量的 15 倍以上。如果把这些藻类加工成食品，就能为人类提供充足的蛋白质、多种维生素以及人体所需的矿物质。海洋中还有丰富的、肉眼看不见的浮游生物，加工成食品足可满足 300 亿人的需要。海洋真是人类未来的粮仓！

海洋生物还提供给人类丰富的海洋药物资源。鲍鱼可平血压，治头晕目花症；海蜇可治妇人劳损、积血带下、小儿风疾丹毒；海马和海龙补肾壮阳、镇静安神、止咳平喘；龟血和龟油治哮喘、气管炎；海藻治疗喉咙疼痛等；海螵蛸是乌贼的内壳，可治疗胃病、消化不良、面部神经疼痛等症；珍珠粉可止血、消炎、解毒、生肌、滋阴养颜；用鳕鱼肝制成的鱼肝油，可治疗维生素 A、D 缺乏症；海蛇毒汁可治疗半身不遂及坐骨神经痛等。另外人们还从海洋生物中提取出了一些治疗白血病、高血压、迅速愈合骨折、天花、肠道溃疡和某些癌症的特效药物。海洋生物将是现今和将来人类所依赖的最主要、最直接的资源。

5）海洋空间资源

世界人口迅速增长，使陆地空间显得越来越拥挤，海洋空间的开发利用引起人们的关注。海洋可利用空间包括海上、海中、海底三个部分。海洋空间按其利用目的可以分为：生产场所，如海上火力发电厂、海水淡化厂、海上石油冶炼厂等；储藏场所，如海上或海底储油库、海底仓库等；交通运输设施，如港口、海上机场、海底管道、海底隧道、海底电缆、跨海桥梁等；居住及娱乐场所，如海上宾馆、海中公园、海底观光站及海上城市等；军事基地，如海底导弹基地、海底潜艇基地、海底兵工厂、水下武器试验场、水下指挥控制中心等。按照这些海洋工程的结构又可以分为两大类：一类是建在海底、露出海面或潜于水中的固定式建筑物；一类是用索链锚泊在海上的漂浮式构筑物。

海洋环境不同于陆地，它的环境和生态条件极其复杂和特殊。人类活动在近海和海洋表面，要抵御多变的海洋气象状况和海水的运动；深海活动要能适应黑暗、高压、低温、缺氧的环境；海水的腐蚀性强，海冰的破坏性大，对工程设备材料和结构有严格的要求。因此，海洋空间资源开发对科学技术和资金投入的依赖性大、技术难度高、风险大。

6）廉价的航运资源

海洋曾经是人类从事交通运输的天然屏障。长期以来，人类一直在努力将海洋屏障变为海上坦途。最初，人们利用人力、风力或洋流作为动力，驾驶木船在近海活动。随着欧洲人到达美洲大陆，世界海洋航运由近海转向远洋。之后，世界大洋重要的航道陆续开辟。20世纪初，开辟了通往南极和北极的航道，巴拿马运河和苏伊士运河相继开通。现在，人类已经能够将船舶驶入世界任何海域。

20 世纪 60 年代，世界石油生产和运输增长，大型油轮得到发展。集装箱船的兴起，带来了海洋货物运输的革命。今天，穿梭在辽阔海洋上的是百万吨级的大型集装箱货轮和巨型油轮。这些船舶不仅拥有无线电导航和全球定位技术等现代化仪器设备，还可以选择最佳航线服务，以节省能源和航时，减少危险。

7）海滨旅游资源

广阔的海洋和风光绮丽的滨海地带令人流连忘返。充分利用大海的自然风光，开发海滨旅游也是人们利用与开发海洋资源的一个重要方面。

墨西哥最东面的海滨城市坎昆（Cancún）原是一个只有200人的偏僻渔村，周围是原始森林和无名海滩。经过几十年的努力，再加上坎昆得天独厚的加勒比海滩、旖旎多姿的热带风光、豪华精致的旅馆建筑，坎昆已发展成世界一流的海滨旅游休闲胜地和国际会议中心，有"加勒比的天堂"之称。还有印度尼西亚的巴厘岛，泰国的普吉岛，马尔代夫的卡尼岛，澳大利亚的黄金海岸、悉尼、墨尔本，意大利的威尼斯，美国的迈阿密、夏威夷等都是世界著名的海滨观光胜地，已成为世界各国游客向往的地方。

中国十分重视海滨风景区的开发和建设，渤海海滨的北戴河、秦皇岛，黄海海滨的大连、烟台、青岛和连云港，东海海滨的普陀山和厦门，南海海滨的深圳、北海和海南等都是重点开发的海滨旅游区，每年都有大批的海内外游客。

总之，海洋为人类的生存提供了极为丰富的宝贵资源，只要我们能合理地开发利用，它将"取之不尽，用之不竭"，成为人类未来重要的资源供应地。

2. 海洋资源利用中的问题

海洋占地球表面积的70%以上，是各种资源的供给源。随着生产力的发展，人类开始大规模地开发海洋资源。但与此同时，人类的活动又将大量的废弃物排入海洋，使海洋成为最大的垃圾场。战争也给海洋带来创伤，导致严重的海洋污染。虽然广阔无垠的海洋似乎也给予人们永远无限的印象，但值得注意的是，近年来在世界各地已经开始出现海洋生物资源枯竭、海洋污染、赤潮等严重问题，关注海洋资源与环境的可持续发展变得日趋必要。海洋资源利用中的问题主要有以下3个方面。

1）海洋生物资源的枯竭

人们曾经认为海洋中的鱼类是取之不尽和用之不竭的，从古至今，海洋生物就是人们食物的重要来源。现在，世界海洋渔业正面临前所未有的困境。曾经在海洋中随处可见的大型食肉鱼类，如鲨鱼、马林鱼、箭鱼和金枪鱼等几乎都难觅踪影，甚至许多重要的海洋鱼类都消失了。1996年，世界自然保护联盟（International Union for Conservation of Nature and Natural Resources，IUCN）的物种生存委员会才开始注意到海洋物种也有着灭绝的危险，而此前的IUCN名录中只包含少数的几种海洋生物物种，如海洋哺乳动物、鸟类和鱼类等。实际上，由于人类海上活动日渐频繁、海洋污染和过度捕捞等行为，海洋生物的灭绝速度比我们想象的要大得多，甚至超过陆地生物。例如，北极斯氏大海牛从1741年被人类发现到1768年灭绝，仅用了短短26年时间。造成海洋生物资源枯竭的原因主要有以下5点。

（1）过度捕捞。海洋捕捞船只急剧增加，捕捞手段日益完善，是造成渔业资源枯竭的主要原因。想想一个偌大的海湾，满海都是渔船，是无法捕到鱼的。除船只多外，随着科技的发展，捕鱼业的手段也更加先进，鱼虾拦在网里，没有能逃脱的。可以说，现代的捕鱼技术能做到让鱼虾"断子绝孙"，使海洋变成"荒漠"。再加上浪费性捕捞和渔获副产品使得许多珍稀海洋生物因误捕而减少，一些不良捕捞方式，如底层拖网、炸鱼、电鱼和毒鱼等也严重破坏了海洋生态系统。

早在海洋生物学家开始调查海洋鱼类资源之前，大规模的工业化捕鱼就已经开始了，事实上海洋鱼类资源的枯竭程度比想象要严重得多。从20世纪50~60年代，各国捕鱼船队便开始在南极附近的海洋、泰国湾和部分大西洋海域捕捞鳕鱼和其他大型海底栖息鱼，捕捞的结果是这些船队所经过之处鱼类近乎绝迹。捕鱼者找到一个新的鱼类资源地并将它破坏殆尽只需要 10～15 年的时间，而使之恢复则需要长得多的时间。鱼类资源减少如此快速，有关政府几乎来不及做出任何反应，而当相关措施开始实施时，往往为时已晚。

另外，数量急剧减少的食肉鱼类位于海洋生态链的顶端，它们在生态环境中的作用非常重要。美国生态学家詹姆斯·柯特奇尔说："大鱼好比森林中的大树一样。如果森林中有 80% 的大树都被砍伐掉了，由此引发的生态问题是显而易见的"。

（2）海边修建拦河大坝和水库，使各种鱼、虾失去了繁衍的场所。许多鱼、虾繁殖季节都要回到淡水中产子，而在这些近海入海口，许多地方为了发展经济修建了大坝。近海水库多与大海相通，属于"两河水"，水库里的水半淡水半咸水。拦河大坝截断了与大海的出水口，水库里的水变成了单一的淡水，而需要海水的各种鱼、虾、贝类也就绝迹了。

（3）生存环境的破坏。因海洋污染、海岸低地和滩涂围垦、海洋及海岸工程和航道疏浚等活动，造成海洋生物的生存环境破坏，甚至彻底丧失，直接影响海洋生物的生存。红树林生存环境的破坏就是典型例子。红树林通常生长在热带和亚热带隐蔽沿海地区，可以提供各式各样的木材和非木材林产品；保护海岸不受风、浪和水流的影响；保护生物多样性；保护珊瑚礁、海草床和航道免遭沉积淤泥的影响；为各种鱼类和贝类提供产卵场所和营养。但沿海地区沉重的人口压力经常导致红树林地区被改作他用，包括基础设施、水产养殖、稻米和盐的生产等。20 世纪 70 年代以后，我国红树林湿地面积剧减 65%，生活在其中的各种生物包括 55 种大型藻类、96 种浮游植物、26 种浮游动物、300 种底栖动物、142 种昆虫、10 种哺乳动物和 7 种爬行动物等，由于栖息地遭受破坏而面临濒危境地，甚至导致种群消失和灭绝。

（4）外来物种入侵。随着海水养殖品种的传播和引入，外来海洋物种数量越来越多，造成本地区海洋生态系统结构失衡、功能退化和生物多样性丧失。另外，海洋外来物种与当地物种杂交或竞争，会影响或改变原生态系统的遗传多样性，甚至使本土种群丧失。

（5）管理力度不够。现在，有了伏季休渔、渔具管制、人工增殖放流等措施，但要想恢复渔业资源还远远不够。在利益的驱使下，人们大肆捕捞甚至违法偷猎，造成物种资源的严重破坏甚至灭绝。

2）海洋污染

海洋污染是由于人类的活动改变了海洋原来的状态，使人类和生物在海洋中各种活动受到不同程度的影响。海洋污染主要发生在靠近大陆的海湾，由于人口和工业密集，大量的废水和固体废物倾入海洋，再加上海岸曲折，造成水流交换不畅，使得海水的温度、pH、含盐量、透明度、生物种类和数量等性状发生改变，对海洋的生态平衡构成危害。由于海水水量巨大，一般的污染在大海中容易通过自净驱散。海洋深层海水至海洋表面循环一周需要数百年，所以如果海洋遭受严重污染，影响海洋机能，产生的潜在危机可能不易被发现。一旦出了问题，可能就非人力所能解决的了。

污染海洋的物质众多，从形态上分有废水、废渣和废气。根据污染物的性质和毒性，以及对海洋环境造成危害的方式，大致可以把污染物分为以下 7 类。

（1）原油污染。海洋的原油污染主要来自三大污染源：一是来自海上油田开发和海底石油采钻，海上油井管道泄漏；二是来自海上巨型油轮事故，原油的大量泄漏；三是人类战争和一些突发性的事故等特殊原因。迄今为止，世界上最大的原油污染海洋事件是海湾战争期间，约 50 万 t 以上原油流入大海。原油污染在海洋表面形成面积广大的油膜，阻止空气中的氧气在海水中溶解，同时石油的分解也消耗水中的溶解氧，造成海水缺氧，对海洋生物带来致命的危害并祸及海鸟和人类。

（2）重金属、非金属和酸、碱污染。污染物包括汞、铜、锌、钴、镉、铬等重金属，砷、硫、磷等非金属以及各种酸和碱。由人类活动而进入海洋的汞每年可达万吨，已大大超过全世界每年生产约 9000t 汞的记录。这是因为煤、石油等在燃烧过程中，会使其中含有的微量汞释放出来，逸散到大气中，最终归入海洋。随着工农业的发展，通过各种途径进入海洋的某些重金属和非金属以及酸碱等，呈逐年增长趋势，加速了对海洋的污染。

（3）放射性核素污染。来自核爆炸、核工业或核舰艇排污释放出来的人工放射性物质，主要是锶-90、铯-137 等半衰期为 30 年左右的同位素。目前进入海洋中的放射性物质总量是相当大的。由于海洋水体庞大，放射性物质在海水中的分布极不均匀。在放射性较强水域，放射性物质将在海洋生物体内富集，最终通过食物链传递给人类。

（4）农药污染。农业上大量使用含有汞、铜、有机氯等成分的农药，以及工业上应用的多氯酸苯等，都具有很强的毒性。污染物进入海洋，经海洋生物体的富集作用，最终将通过食物链进入人体，产生很大的危害性。人类所患的一些新型癌症与此有密切关系。

（5）固体废弃物污染。主要是工业和城市垃圾、船舶废弃物、工程渣土和疏浚物等。据估计，全世界每年产生各类固体废弃物约百亿吨，若 1% 进入海洋，其量也达亿吨。这些固体废弃物严重损害近岸海域的水生资源和破坏沿岸景观。

（6）废热污染。工业排出的热废水造成海洋的热污染。在局部海域，如果有比原正常水温高出 4℃ 以上的热废水常年流入海洋时，入海后能提高局部海区的水温，使水中溶解氧的含量降低，影响生物的新陈代谢，甚至使生物群落发生改变。

（7）有机废液和生活污水污染。工业排出的纤维素、糖醛和油脂等，生活污水中的洗涤剂和食物残渣以及化肥残液等，这些物质进入海洋造成海水的富营养化，能促使某些生物急剧繁殖，大量消耗海水中的氧气，易形成赤潮，继而引起大批鱼虾贝类的死亡。

上述各类污染物质大多是从陆上排入海洋，也有一部分是由海上直接进入或是通过大气输送到海洋。这些污染物质在各个水域分布是极不均匀的，因而造成的不良影响也不完全一样。总体来讲，海洋污染的特点是污染源多、持续性强、扩散范围广、难以控制。海洋污染对海洋生物危害严重，并祸及海鸟和人类。海洋污染已经引起国际社会越来越多的关注。

3）赤潮

赤潮是在特定的环境条件下，海水中某些浮游植物、原生动物或细菌爆发性增殖或高度聚集而引起水体变色的一种有害的海洋生态异常现象。赤潮是一个历史沿用名，它并不一定都是红色。根据引发赤潮的生物种类和数量的不同，海水有时也呈现黄色、绿色、褐色等不同颜色。

赤潮发生后，除海水变色外，海水的 pH 也会升高，黏稠度增加；非赤潮藻类的浮游生物会死亡、衰减；赤潮藻也因爆发性增殖、过度聚集而大量死亡。赤潮不仅使鱼类因鳃塞缺氧窒息死亡，而且生物体内的有毒物质经食物链被贝类富集，使贝类中毒；人类若不慎食用有毒的鱼、虾、贝类，就会引起人体中毒，严重时可导致死亡。赤潮生物死亡后，会释放出大量有害气体和毒素，严重污染海洋环境，使海洋的正常生态系统遭到严重的破坏。

赤潮是一种灾害性的复杂的海洋生态异常现象。人类早就有相关记载，如《旧约·出埃及记》中就有关于赤潮的描述："河里的水都变作血，河也腥臭了，埃及人就不能喝这里的水了。"目前赤潮已成为一种世界性的公害，美国、日本、中国、加拿大、法国、瑞典、挪威、菲律宾、印度、印度尼西亚、马来西亚和韩国等30多个国家和地区赤潮的发生都很频繁。

关于赤潮发生的机理，虽然至今尚无定论，但大多数学者认为赤潮的发生与环境因素密切相关。海水富营养化是赤潮发生的物质基础和首要条件。随着现代生产的迅猛发展，沿海地区人口的增多，大量工、农业废水和生活污水排入海洋，其中相当一部分未经处理就直接排入海洋，导致近海、港湾富营养化程度日趋严重。此时，水域中氮、磷等盐类和铁、锰等微量元素以及有机化合物的含量大大增加，促使赤潮生物大量繁殖。同时，由于沿海开发程度的增高和海水养殖业的扩大，也带来了海洋生态环境和养殖业自身污染问题；海运业的发展导致外来有害赤潮种类的引入；全球气候的变化也导致了赤潮的频繁发生。

除人为原因外，赤潮多发还与纬度、季节、洋流、海域的封闭程度等自然因素有关。水文气象和海水理化因子的变化也是赤潮发生的重要原因。海水的温度、盐度变化也会促使赤潮生物大量繁殖。据监测资料表明，在赤潮发生时，水域多为干旱少雨、天气闷热、水温偏高、风力较弱或者潮流缓慢等水域环境。

赤潮的特点是来势凶猛，持续时间长，其后果是海水水质恶化，对水产业和养殖业造成巨大损失，也危害沿海居民健康和渔民作业。而且当年的赤潮过去，第二年的赤潮还会卷土重来，甚至发生的频率和危害程度会逐年加大。预防赤潮发生的根本措施在于控制海域的富营养化，采取有效措施保护海洋生态环境。

3. 海洋资源的可持续利用

世界海洋中有2.5亿 km^2 公海和国际海底区域，其中有丰富的共有海洋资源。随着陆地战略资源的日益短缺，沿海各国不断加大向海洋索取资源的力度和强度，重视对海洋"蓝色国土"的开发利用和保护。因为海洋是各国分别占有和世界共有的，海洋大部分为公海，各大洋相连通在一起，海岸线则联系世界绝大多数国家和地区，因此防止海洋污染、保护海洋生态环境应是国际性的。

早在1954年的防止海洋污染第一次国际外交会议上，通过了"国际防止海上油污公约"，这是有关海洋环境保护的第一个多边公约，并得到了各国政府的普遍承认，它标志着人类在防止海洋环境污染方面迈出了决定性的第一步。到现在为止，已建立了为数甚多的国际海洋公约，在全球环境问题上比较早地采取了对策。这些公约可根据海洋对象或按全球海洋特定海域分类；根据污染源分类（船舶、陆源、海底的直接开发等）；根据污染物的种类分类（油、有害化学物质、废物等）；根据名称分类（公约、协议、议定书、指南等）。

主要的海洋公约内容如下。

1）《联合国海洋法公约》（1982年）

公约对内水、领海、临近海域、大陆架、专属经济区（也称"排他性经济海域"）、公海等重要概念做了界定。对当前全球各处的领海主权争端、海上天然资源管理、污染处理等具有重要的指导和裁决作用。

2）《马波尔73/78公约》（1978年）

为了防止船舶排放油和有害物质污染海洋，除正文中的一般规定之外，在附件中还对各种限制对象和内容做出规定，如防止油污染、防止散装有害液体物质污染、防止有包装有害物质污染、防止船舶污水污染以及防止船舶废物污染。

3）《伦敦公约》（1972年）

这是第一个专门以控制海洋倾倒为目的的全球性公约，实质上就是禁止向海洋倾倒有毒有害的废弃物，主要限制在陆上产生的废物从船舶、飞机、近海平台的投海处置，同时限制废物在海上焚烧。

4）《OPRC 公约》（1990 年）

该公约规定船舶漏油事故对策计划，发生油污染时的通报手续，建立准备处理油污的国家及地区系统等。

5）UNEP 地区海洋计划（1985 年）

为谋求封闭性高的国际海域及其沿海等的环境保护，联合国环境规划署（United Nations Environment Programme，UNEP）促进有关国家采取共同计划。

随着海洋科学和技术迅猛发展，出现了世界性的开发海洋热潮。为适应国际海洋开发、保护和管理的新形势，国际社会经过 20 多年的努力通过了《联合国海洋法公约》，并于 1994 年 11 月 16 日正式生效。海洋法公约的诞生，使国际海洋法律制度发生了重大变革。例如，长期争执不休的领海宽度问题得到了解决；国际海底及其资源确立为人类的共同继承财产。

根据《联合国海洋法公约》，全球 144 个沿海国家除拥有 12n mile① 领海权外，其管辖海域面积可外延到 200n mile，作为该国的专属经济区，享有勘探、开发、利用、保护、管理海床上覆水域及底土自然资源的主权。我国管辖海域面积为 473 万 km^2，约相当于我国陆地面积的 1/2。

《联合国海洋法公约》的诞生，为建立国际海洋新秩序迈出了重要一步。但是，由于《联合国海洋法公约》要兼顾各个国家的利益和要求，还有许多不完善之处，所以在实施过程中，必然会产生一些新的矛盾和问题。例如，在封闭和半封闭的海域，周边国家主张的 200n mile 专属经济区就有可能存在着重叠，还有一些岛屿主权争议和渔业资源分配等问题，这些都有可能成为相邻国家关系紧张，甚至引发国际冲突的新的因素。

总之，虽然已建立了为数众多的国际海洋公约，但迄今为止，真正履行公约仍然非常困难。国与国之间在公海发生大片原油污染事件连国际法庭也望油兴叹！但即使如此，国际公约还是目前保护海洋生态环境的唯一出路。海洋生态环境保护与可持续发展任重而道远！

3.2.3　土　地　资　源

1. 土地资源及其分类

1）土地资源的概念

土地是十分宝贵的资源。土地具有一定的地理空间（经度、纬度、高程），以土壤为基础，与气候、地形地貌、水文地质条件、地球化学因素、自然生物群落以及它们之间的相互作用所构成的自然综合体。1972 年荷兰瓦格宁根的土地会议认为"土地包涵着地球特定地域表面及其以上和以下的大气、土壤、基础地质、水文和植物。它还包涵着这一领域范围内过去和目前人类活动的种种结果，以及动物就它们对目前和未来人类利用土地所施加的重要影响"。联合国粮农组织的《土地评价纲要》指出"土地包括影响土地用途潜力的自然资源，如气候、地貌、土壤、水文与植被，包括过去和现在的人类活动结果"。所以，土地是

---

① 1 n mile＝1852m。

指自大气对流层的下部，下至地壳一定深度的风化壳空间内，有关自然要素与人类劳动成果的综合体。

土地资源是指已经被人类所利用和可预见的未来能被人类利用的土地。土地资源具有一定的时空性，即在不同历史时期和在不同地区所包含的内容不同，如在小农经济时期，沼泽地因渍水难以治理，不能农业利用，不能视为农业土地资源。但在今天已具备治理和开发技术的条件下，即可视为农业土地资源。所以，土地资源既有自然属性，是一个由地形、气候、土壤、植被、岩石和水文等因素组成的自然综合体，也包括社会属性，是人类的生产资料和劳动对象。

在某些情况下可以将土地与土地资源同等看待，但后者更多地考虑经济活动和人类生存发展的范畴。随着整个人类社会的发展和人口的迅速增长，土地资源与人类社会的关系逐渐超出了单一的民族和国家的范畴，而变为关乎整个人类生存与发展的环境空间的全球性问题。

土地是人类赖以生存和发展的物质基础，是人类的生产资料和劳动对象，是生态系统物质的供应者和能量的调节者。人类生活必需的食物，约有88%靠耕地提供，其余10%靠草原和牧场，只有2%来自海洋，也就是说，人类食物的98%来源于土地。正如英国的William Petty所说："劳动是财富之父，土地是财富之母"。

2）土地资源的分类

从土地资源的不同属性出发，可进行不同的分类。按照地貌特征可以把土地划分山地、高原、平原、盆地、丘陵等；按土壤质地可分为黏土地、砂土地、壤质土地等；按土地所有权划分，可分为私有、国有和集体所有的土地。最常用的土地分类是按照土地的经济用途来划分的，通常包括以下6种。

（1）耕地：指被经常耕作的土地，用于种植粮食、蔬菜、经济作物等。耕地是农业的基础，它为人类生活提供了80%以上的热量、75%以上的食物，95%以上的肉类又是由耕地产出的农产品转化而来。根据耕作方式和种植物的不同，耕地又可分为旱田、水田、水浇地和菜地等多种类型。

（2）林地：指用于林业生产的土地，可生长乔木、灌木、竹类等各种树木。按生产木材的用途不同，林地又可分为用材林地、经济林地、薪炭林地、防护林地等。此外，林地还包括林地采伐、火烧后的迹地以及苗圃等。

（3）草地：指常年生长草本植物、覆盖度在15%以上的土地。草地大都用作畜牧业生产，所以草地又有天然牧场、人工草场、改良天然草场之分。

（4）水域（水面）：通常指河流、湖泊、水库、池塘、苇地、沟渠、沿海滩涂的水面和冰川以及永久积雪覆盖的陆地部分。

（5）未利用土地：指目前尚未利用的土地，包括荒草地、盐碱地、沼泽地、风沙地（沙漠）和戈壁滩等，其中荒草地是最主要的耕地后备资源。

（6）其他用地：包括建设用地、工矿用地、交通用地等。

土地资源是一种特殊的资源，是人类赖以生存的物质基础。随着社会的发展以及人口的增长，给土地资源带来了极大的压力，合理地保护和利用土地资源就显得尤为重要。

2. 世界土地资源概况

1）分布状况

在全球5.1亿km²的总面积中，大陆和岛屿面积为1.49亿km²，占29.2%，如果去掉南极大陆和其他高山冰川所覆盖的土地,全球无冰雪覆盖的陆地面积为 1.33 亿 km^2,约占地球总面积的 1/4。陆地面积中大约有 20% 处于极地和高寒地区,20% 属于干旱区,20% 为陡坡地,还有 10% 的土地岩石裸露,缺少土壤和植被,以上 4 项共占陆地面积的 70%,在土地的利用上存在着不同程度的限制因素,地理学家和生态学家称之为"限制性环境";其余 30% 土地适宜人类居住,称为"适居地",指的是可居住的土地,其中耕地面积占 60%~70%。

从传统的南北半球划分来看,2/3 的陆地集中在北半球,仅 1/3 分布在南半球。各大洲中除南极洲外,亚洲的土地资源最多,其次是非洲,欧洲居第三位,大洋洲的土地资源较少,见表 3-16。全世界 200 多个国家或地区中,俄罗斯的国土面积最大,为 1707.5 万 km^2;其次是加拿大,为 997.1 万 km^2;中国国土面积居世界第三位,为 960 万 km^2,见表 3-17。

表 3-16　世界土地资源及人均占有量

地区	面积/万 km^2	人口/亿	人口密度/(人/km^2)	耕地面积/万 hm^2	人均耕地面积/(hm^2/人)
亚洲	3187.0	38.2	120	51170	0.134
非洲	3031.0	8.51	28	18491	0.152
欧洲	2297.6	7.26	32	28722	0.395
北美洲	2272.5	5.07	22	25727	0.508
南美洲	1783.4	3.62	20	11264	0.311
大洋洲	856.4	0.32	4	5039	1.563
世界	13427.9	63.01	47	140413	0.223

资料来源:中华人民共和国国家统计局,2006

表 3-17　世界部分国家土地面积、耕地面积和人口

国家	面积/万 km^2	人口/万	人口密度/(人/km^2)	耕地面积/万 hm^2	人均耕地面积/(hm^2/人)
俄罗斯	1707.5	14325	8	12347	0.862
加拿大	997.1	3151	3	4566	1.449
美国	936.4	29404	31	17602	0.599
中国	960.1	129227	137	13004	0.101
印度	328.7	106246	324	16172	0.152
日本	37.8	12765	338	442	0.035
法国	55.2	6014	109	1845	0.307
德国	35.7	8248	231	1179	0.143
英国	24.3	5974	245	575	0.097
南非	121.9	4503	37	1475	0.328
巴西	851.5	17847	21	5898	0.330
澳大利亚	774.1	1973	3	4830	2.448

资料来源:中华人民共和国国家统计局,2006

世界土地资源及人均占有量的分布极不均衡。就人均占有土地资源而言,亚洲人口密度

最高，亚洲人口占世界总人口的 56%，但可耕地只占 11%，其中 77% 已经开垦，人多地少，土地资源最紧张；大洋洲的人口密度最低，大洋洲只占世界人口的 0.5%，而可耕地占 6%，其中 86% 尚未开垦，人少地多，土地资源相对丰富。人口密度最低的国家是澳大利亚，人口密度超过 300 人/km² 的有日本和印度等国家。中国的人口密度约为世界平均值的 3 倍。随着人口的增长，这种不均衡将会进一步扩大，使世界局势潜藏着不稳定因素。

世界各洲、各国土地资源分布极不均衡，再加上地形、气候等自然因素的差异以及人口数量、经济发展水平等的不同，使可利用土地在世界各地分布存在很大差异。如果按照不同气候带划分，适于耕种的土地主要分布在热带，约为 16 亿 hm²，其余各气候带之和大约为 15 亿 hm²。从各洲的情况来看（表 3-18），非洲由于气候干旱及生产力水平较低，土地中仅有很少一部分约 6% 用作耕地，牧场和森林所占比重也不高；亚洲因受青藏高原及中亚、西亚干旱或半干旱大陆性气候的影响，耕地在土地总面积中的比重仅为 17%；欧洲由于地势相对低平，气候温暖湿润，适合农业生产的耕地在土地总面积中所占比重达 30% 左右；南美洲可耕种的土地只占其土地面积的 8%，而森林占土地总面积的比重高达 53%；大洋洲可耕种的土地只占其土地面积的 6% 左右，但作为牧场的草原面积，大洋洲最多，高达 53%。目前，全世界有荒地面积约 50 亿 hm²，主要分布在非洲和美洲，亚洲的土地开发利用率远高于其他各洲。

表 3-18　世界各大洲土地面积和组成

地区	面积/万 km²	人均土地/(km²/人)	耕地/%	草地/%	森林/%	其他/%
世界	13381.6	0.02	11	24	31	33
亚洲	3174.8	0.01	17	24	21	38
非洲	3031.2	0.04	6	27	24	44
欧洲	2298.8	0.03	30	18	33	20
北美洲	2239.1	0.05	13	17	31	39
南美洲	1783.2	0.06	8	26	52	14
大洋洲	853.6	0.33	6	53	19	21

资料来源：谢高地，2009

世界人均占有耕地的分布很不平衡，全球约 50% 的耕地集中在美国、印度、中国、俄罗斯、巴西、加拿大、澳大利亚等几个大国；当前世界人均占用土地面积以大洋洲最多，南美、北美、非洲依次减少，欧亚大陆最少；世界人均占有林地以大洋洲最多，亚洲最少；世界人均占有林地最多的国家是加拿大、澳大利亚和巴西，中国属最少之列；世界人均草场南美洲最多，欧洲最少；澳大利亚的人均草场面积最高，被称为"骑在羊背上的国家"，印度最低。

尽管土地结构在空间上表现出很大的差异，但以森林为主、草地为次的全球土地宏观结构仍然保持着，耕地是土地利用中最活跃和最重要的部分。由于世界人口的急剧增长，人均耕地日益减少，地球的土地资源究竟能否承载这样庞大的人口数量，已成为全球特别关注的问题。

2）世界土地资源利用中的问题

（1）耕地增长趋于稳定，人均耕地日益减少。1950～1987 年的 37 年，全球人口从 25 亿增长到 50 亿，翻了一番，1999 年攀上了 60 亿的高峰，2011 年全球人口数量达到 70 亿。

与此相反，由于全球土地面积的有限性，各类农用土地的人均量已出现下降趋势，耕地绝对量的增加也是以林地和草地的减少为代价的，而且区域之间、国家之间的人地关系极不平衡。尽管耕地扩大的可能性依然存在，粮食生产仍有巨大潜力，但由于日益增长的消费需求和持续增加的人口压力，使全球人口与土地的矛盾不断加剧。

人均耕地日益减少的趋势在世界各国几乎均可发现。在工业化和城市化进程中，土地的损失主要在地势平坦、交通方便、水源充足、土质肥沃，产量很高的已耕地带。1914 年美国拥有 3.67 亿 hm^2 耕地，目前只剩下 1.88 亿 hm^2 左右，20 世纪 80 年代中期以来美国已开始耕种以前的休耕地。在人多地少的日本，自 1950 年以来，由于工业化和城市化毁坏的耕地至少已有 360 万 hm^2，人均耕地已由 1950 年的 0.061hm^2 下降到 1988 年的 0.034hm^2，减少近 1/2。即使人少地多的俄罗斯与 1960 年时相比，人均耕地也减少了 1/4，1988 年人均耕地降低到 0.80hm^2。

（2）森林砍伐、草原破坏和沼泽滩涂的围垦。在历史上，主要是靠扩大耕地面积满足粮食的需求，耕地面积的增加往往是以损失草原、湿地、森林为代价的。人们盲目毁林开荒，使森林、草地、沼泽和滩涂等类型的土地资源面积不断减少。

在未受人类大规模干扰之前，全球森林面积大约有 60 亿 hm^2。因人口迅速增加导致用地增加，到 1954 年，全球森林面积已下降到 40 亿 hm^2 左右。近年来，热带森林面积迅速减少，到 20 世纪末，约有 40% 的热带雨林消失。在科特迪瓦、尼日利亚、利比亚、几内尼和加纳这些西非国家，森林消失的速度是世界平均值的 7 倍，半数以上的森林资源受到破坏。林地减少的主要原因是将林地转变为农业用地，由于造林速度跟不上伐林速度，很长时期内全球森林绝对量和人均量都将持续下降。

目前世界上所谓"湿草原"地带大部分成为农区，且垦荒还在向半干旱草原移动。全球 19% 的草原已消失，人类为此付出了沉重的代价。20 世纪 30 年代美国的"黑风暴"迄今为人所惊骇，中国长城一线的风沙不断向南蔓延。

为了得到某些眼前利益而进行围垦沼泽和滩涂，破坏了湿地生态系统，使许多水禽和鱼类减少，甚至灭绝。沿海滩涂是近岸水产食物链的一个重要环节，它为鱼类和甲壳类动物提供产卵地、养殖地和喂养地，世界 2/3 的捕获鱼类是在潮汐带孵化的。由于耕地压力上升，全世界沼泽地已丧失 25%~50%，如法国布列塔尼亚半岛的海岸湿地在过去的 20 年里消失了约 40%，剩余的 2/3 正在受排水和其他开发活动的严重影响。

（3）土地资源退化。近半个世纪以来，世界人口翻了一番，全球土地资源也承受了巨大的压力，出现了严重的土地资源退化问题。根据 2008 年联合国粮农组织的研究报告，世界许多地方的土地资源退化正在加剧，20% 以上的耕地、30% 的森林和 10% 的草原发生了退化，约有 15 亿人即世界近 1/4 的人口受影响。

土地资源退化是由于人类利用不当或自然影响造成的土地资源质量下降，主要包括以下三方面。

a. 水土流失。自然因素是水土流失的潜在条件，滥垦、滥伐、广种薄收、刀耕火种等不合理的土地利用方式加剧了水土流失的过程。据研究，全球流入海洋的泥沙比人类出现之前多 3 倍，全球受水土流失和干旱危害的土地达 26 亿 hm^2，每年流失土壤约 240 万 t，相当于损失耕地 800 万 hm^2。印度每年流失的肥沃土壤约 80 亿 t，养分多达 600 万 t 以上，比施在耕地上的化肥还多。美国每年流失的土壤达 10 亿 t 以上，每年约有 1.2 万 km^2 的土地因水土流失而退化。水土流失不仅使土地肥力下降，生态破坏，而且造成下游河道和水库淤积，严重影响沿河生产发展和人类生命财产安全。

　　b. 土壤盐渍化。在土壤学中，一般把表层含有 0.6% ~ 2% 以上的易溶盐的土壤叫做盐土。把交换性钠占交换性阳离子总量 20% 以上的土壤叫碱土，统称盐碱土或盐渍土。盐渍土的形成过程实际上是各种可溶性盐类在土壤表层或土体中逐渐积聚的过程。世界干旱、半干旱地区和滨海地区均有盐碱土分布，主要分布于亚欧大陆、北非、北美西部的 83 个国家，主要国家有澳大利亚、俄罗斯、阿根廷和中国。全世界盐渍土面积约占干旱地区总面积的 39%，世界各地仅盐碱化造成的荒废土地就与目前灌溉的土地一样多。

　　人类的灌溉活动对盐渍土的形成也有很大影响。在干旱、半干旱地区，正确的灌溉可以达到改良盐土的目的；反之，不正确的灌溉（如灌水量过大、灌溉水质不好等）可导致潜水位提高，引起土壤盐渍化。历史上曾多次出现因错误灌溉而导致失败的农业系统，各国水稻产区的土地次生盐渍化和沼泽化现象也较常见。在印度、中国华北平原、美国加利福尼亚中部谷地和中东地区，每年有大量的农业土地因盐化导致产量下降。全世界潜在的可耕地，大约 30% 受盐化影响，每年有 150 万 hm^2 农田因盐渍化降低了生产力。盐渍化严重时，一般植物都很难成活，土地就成了不毛之地。

　　c. 土地沙漠化。人类为生存和发展，长期以来毁林开荒，滥垦过牧，结果造成日益严重的土地沙漠化问题。印度半岛的塔尔沙漠是在当地特殊气候条件下，因人类破坏了植被而形成的。我国西北地区和华北地区也有这样形成的大片沙漠，如内蒙古南部和陕西省北部的毛乌素沙漠，至少在唐朝时期还是水草丰盛的地区，后来才就地起沙；新疆塔克拉玛干大沙漠的内部及周围曾经分布过许多绿洲，现在都被流沙覆盖了。

　　目前，世界上有 2/3 的国家直接处在沙化威胁之下，总面积达 20 亿 hm^2，并且还在以每年 58 万 hm^2 的速度蔓延。据联合国专家估计，沙漠已吞没约 40% 的耕地，现在每年沙化的耕地仍多达 600 万 hm^2。

　　(4) 土壤污染和环境恶化。随着工业的快速发展，"三废"的排放、化肥和农药在农业中的大量投入，使土地污染问题日趋严重。土地污染不仅使土地生产力降低，而且还会引起农产品和人类生存环境的污染，威胁、危害人体的健康。污染的环境破坏了原有的生态平衡，导致环境恶化，许多物种灭绝。

　　土壤污染具有隐蔽性和滞后性，很难通过感官发现，往往要通过严格的检测和化验分析才能确定，甚至经过数年后才能发现，如日本的"痛痛病"经过了 20 年之后才被人们所认识。土壤污染容易在环境中积累且具有不可逆性。被重金属污染的土壤可能要花费 100 ~ 200 年的时间才能恢复，所以土壤污染一旦发生，往往很难治理。

3. 中国土地资源概况

1) 中国土地资源的特点

　　(1) 绝对数量大，人均占有少。中国国土面积 960 万 km^2，陆地总面积约占世界陆地面积的 1/15，亚洲面积的 1/4，居世界第 3 位。但由于人口众多，人均土地面积仅为世界人均占有量的 1/3，相当于俄罗斯的 1/14、加拿大的 1/42。

　　(2) 农业用地比重低，人均占有耕地少。我国农业用地只占国土面积的 56% 左右，低于世界平均水平（66%）。我国人均耕地面积只有 1.52 亩，见表 3-19（彭补拙等，2007），仅占世界人均水平的 27.6%，不足一半。草地、林地的人均占有量大大低于世界人均水平。

表 3-19　中国与世界的土地资源对比

土地类型	绝对数量/亿 hm²	占世界比例/%	总量世界排名	人均数量/亩	世界人均/亩	人均占世界人均比例/%
耕地	1.3	7.1	4	1.52	5.5	27.6
林地	2.27	3.3	5	2.65	11	24.09
草地	2.6	9.3	2	3.04	11.4	26.67

（3）分布不均。中国幅员辽阔，土地类型十分复杂。荒漠、戈壁总面积约占国土总面积的 12% 以上，难以开发利用；耕地对农业生产至关重要，仅占国土总面积的 10% 左右，且 90% 以上分布在中国的东南部；林地 50% 以上集中在中国的东北部和西南部；草地 80% 以上分布于中国的西北干旱和半干旱地区。降雨和径流由西北向东南递增，东南及西南诸河流域的水量占全国总水量的 81.0%，其生物产量占全国的 90%，而这些地区的耕地仅占全国的 1/3。

（4）土地资源质量较差。我国土地资源不但数量上很有限，质量上也不理想。在中国有限的土地资源中，山地、丘陵、高原等地占 66%，平原占 12%，盆地占 19%。与世界上土地面积较大的国家相比，我国山地所占的比例最大。与平原相比，山地的高度与高差大，坡度陡，土层通常较薄，石质含量高，土地适应性低，很难利用。青藏高原平均海拔 4000m 以上的高寒地区，目前绝大部分不能利用。西北内陆地区面积大、光照条件好，但干旱少雨、水资源匮乏，戈壁、沙漠、盐碱地面积大，目前大都不能利用或只能轻度利用。

（5）利用情况复杂，生产力地区差异明显。土地资源的开发利用是一个长期的历史过程，由于中国自然条件的复杂性和各地历史发展过程的特殊性，中国土地资源利用的情况极为复杂。例如，在广阔的东北平原上，汉族多种植高粱、玉米等杂粮，而朝鲜族则多种植水稻。山东的农民种植花生经验丰富，产量较高，河南、湖北的农民则种植芝麻且收益较好。太湖、珠江、四川盆地等地区自然条件相近，是全国的桑蚕饲养中心。

不同的土地利用方式，使土地资源开发的程度不同，土地的生产力水平也会明显不同。例如，在同样的亚热带山区，经营茶园、果园、经济林木会有较高的经济效益，而无计划地任凭林木自然生长、乱砍滥伐，不仅经济效益低下，而且还会破坏土地资源。

我国耕地中水田占 26.1%，水浇地占 17.4%，而旱地占 53.5%，60% 以上属中低产田。林地中多为采伐后的次生幼林，特别是一些采伐不合理的林地，因没有及时营造幼林，留下多为灌木次生林地。草地自然生产率极低，每百亩草原的畜产品产量只相当于澳大利亚的 1/10、美国的 1/30、新西兰的 1/83、荷兰的 1/120。

（6）后备耕地资源不足。我国尚有用于开垦种植农作物、发展人工牧草和经济林木的土地，其中质量较好的占 8.9%，中等的占 22.5%，而近 70% 是质量差的三等地。根据《全国土地开发整理规划》（2003），我国宜农土地后备资源总量为 1.48 亿亩，按现有的技术条件，对耕地后备资源进行综合开发和全面治理，即使全部开垦出来，耕地面积最多也只能增加 0.88 亿亩左右，后备耕地资源极其不足。

2）中国土地资源开发利用中存在的主要问题

（1）水土流失。过度开垦，滥砍滥伐，造成森林、草地毁坏，导致水土流失。我国是世界上水土流失最严重的国家之一，而且水土流失面积呈逐年增加趋势。每年因水土流失侵蚀掉的土壤总量达 50 亿 t，约占世界水土流失量的 1/5 左右。黄河、长江年输沙量在 20 亿 t 以上，分别列世界九大河流的第一位和第四位。水土流失使上游土地肥力严重下降，土层变薄、沙化，土壤的蓄水、抗旱能力降低；使大量泥沙泄入河流、湖泊与水库，抬高河床，造成水库淤积、河道阻塞，引起河水暴涨暴落，又会使下游泛滥成灾，淹没城镇村落，冲毁大片耕地，造成重大损失。我国的黄河中游地区，过去由于有茂密的森林，自然条件比较优越，所以有条件成为中华民族的摇篮。后来森林被大量砍伐，就逐步成为我国水、旱灾害频繁和水土流失最严重的地区。水土流失问题，我国南方也很普遍，那里山多土薄，一经冲刷后果相当严重。不少地方由于植被破坏，气候和水文条件明显变坏了。

（2）土地沙漠化。盲目开垦森林或草原，就会破坏原来的植被，加速土壤的侵蚀，使土地沙化，沙漠化面积不断扩大。中国是沙漠化危害严重的国家之一，由于多年的滥垦、过牧，我国近 1/4 的草场退化，产草量下降，每年沙化面积迅速增加，甚至南方也出现了"红色沙漠"、"白沙岗"、"光石山"等。

目前全国还有约 1 亿亩农田、草场面临沙化的威胁。沙漠化的形成，自然因素只是提供了可能，而人为活动和不合理的土地利用方式则是主要促成因素。近年来我国着力营造"三北"防护林，开始调整半农半牧地带的产业结构和改进土地利用方式，以求遏制沙漠化的恶性蔓延。

（3）土地盐渍化。我国盐渍土的分布范围甚广，在华北各省、东北的松辽平原、西北的甘肃、新疆、青海、内蒙古各地及滨海地区均有分布，估计超过 5 亿亩，盐渍化耕地面积逐年增加。灌溉不合理是造成土地盐渍化的重要原因，一些地区重灌轻排或只灌不排，造成了大面积的土地盐渍化和次生盐渍化。20 世纪 50 年代末，华北平原大力引黄灌溉、片面强调平原蓄水和盲目种稻，形成了 133 万 hm^2 次生盐渍土；内蒙古河套在 1954 ~ 1973 年的 20 年，盐渍土由占灌溉耕地的 11% ~ 15% 迅速增加到 58%。此外，中国南方在扩大水稻种植的同时，土地次生盐渍化面积也不断上升。所以，在农田灌溉时，必须考虑土壤的物理化学特性、地下水的矿化度和埋藏深度以及气候条件等因素，并根据农作物的特性确定灌水次数和灌水定额，做到节约用水、合理灌溉。在有条件的地方还要多发展滴灌和喷灌，以避免发生次生盐渍化。

（4）非农业用地迅速扩大，土地利用率低。随着我国经济迅速发展，城市化进程加快，需要为基础设施建设和城镇建设等提供大量的土地资源。再加上一些地方盲目建设、乱用土地、违法占地等问题，导致非农业用地迅速扩大。这些被挤占的耕地中，有很大一部分被闲置，使土地利用率低下，浪费严重，土地资源迅速减少。

（5）土地污染。中国目前遭受工业"三废"污染不断加剧，工业废水、废气的排放使土壤中出现重金属污染，如镉、砷、铬、铅、汞等，污染农产品，通过食物链最终进入人体，危害人体健康。另外，农业施用化肥和农药以及污水灌溉等，使土地污染更加严重，造成农业减产、生态环境破坏、一些物种的灭绝。据估计，由于土地污染导致农作物减产的数量每年在大约 100 亿 t，约占我国粮食产量的 3%。

我国依靠占世界 7% 的耕地养活了占世界 22% 的人口，这是一项具有世界意义的伟大成就。但另外，这一现实也表明中国耕地资源所面临的严峻形势。所以，我国的可持续发展在很大程度上依赖于对土地资源的保护。

4. 土地资源的可持续利用

土地是最基本的资源，它能保持土壤的肥沃，能生长草木和粮食，是矿物质的储存所，是动物的栖息所，更是人类社会赖以生存的基本资源，在人口、资源、环境和经济发展关系中居于核心地位。随着工业化和城市化进程的加快，土地非农化和土地生态环境恶化，使土地资源的可持续利用成为一个非常重要的议题。

对于土地资源的可持续利用,《我们共同的未来》报告中的定义可表述为:"尽可能减少对人类生存所依赖的土地资源的破坏与退化,维持一个不变或增加的资本储量,旨在人类生活质量的长期改善,即在追求经济发展效益最大化的同时,维持和改善土地资源的生产条件和环境基础。"根据 1993 年在内罗毕拟定的《可持续土地管理评价大纲》,土地资源可持续利用指的是:"把保持和提高土地生产力(生产性)、降低土地生产风险(安全性)、保护土地资源潜力和防止土壤与水质退化(保持性)、经济上可行(可行性)和社会可以接受(接受性)相结合。"无论从哪个角度来定义,土地资源可持续利用的核心都是保证土地资源持续满足人类社会发展的需求。

土地资源可持续利用的实质就是寻求土地资源供给与人们对土地资源需求之间的持续平衡,必须综合考虑自然、社会和经济各方面因素,不断提高土地资源的供应能力。

1)世界土地资源利用对策

(1)进行世界性土地人口承载潜力的研究并开展广泛的生态教育,使各国家和地区能在土地可承载的前提下制定人口政策。

(2)对一些世界性的土地资源开发需要进行统一协调。因为大类型、大面积的土地资源开发,其影响常超出一个国家的范围,如果处理不好,必然会"殃及鱼池"。

(3)保护环境、防止生态恶化。要使一系列国际、国内的环境保护立法和公约生效,必须要有国际间行之有效的监督和惩罚制度。同时更要增强全人类的环境意识,使所有的人都来保护我们赖以生存的地球环境。

2)我国土地资源的利用与保护

我国土地资源问题的焦点主要是在土地资源有限与人口快速增长的矛盾上,因此合理利用与保护每一寸土地,严格控制人口增长成为我国解决土地资源问题的基本国策。具体措施包括以下 6 方面。

(1)控制人口增长,缓解人地矛盾。在土地资源难以增加的情况下,控制人口增长是实现人地平衡的根本措施。据估算,我国 20 世纪 90 年代初的土地生产能力大约可承载 12 亿人口,到 2025 年,可承载 15 亿人口;2000 年我国人口为 13 亿,2040 年将达到 16 亿左右。因此,严格控制人口始终是解决土地资源问题的一个重要课题。

(2)加强土地管理,保护耕地,控制非农业用地,严格执法。按照《土地法》打击滥用土地的行为。

(3)增加农业投入,提高土地产出。改造中低产田是提高土地承载力的主要途径,而任何一种中低产田的改造都需要农田水利工程的投入。要兴建一批大型骨干调水灌溉工程;修复、更新和完善原有的水利设施,提高抵御洪、涝、旱等自然灾害的能力;还要注重发展节水灌溉,缓解农田用水供需矛盾。

(4)加强农、林、牧业生产基地的建设。加强商品粮基地、优质棉基地、饲草基地和山区水果基地的建设,可以加强国家宏观调控,以便应付各种突发的困难。

(5)加强土壤污染防治。从控制和治理污染源着手,加强土壤污染治理,合理利用污水灌溉。加强土壤环境的监测和评价,及时预报土壤的环境质量变化和主要问题所在,提出对策。

(6)控制建设用地,提高土地的利用率。要有效调整整城市结构布局,合理规划与开发,避免重复建设,充分挖掘城市存量土地的潜力,有效提高土地的利用率,减少土地资源的浪费。

3.2.4　森　林　资　源

1. 森林资源的概况

森林资源是林地及其所生长的森林有机体的总称。这里以林木资源为主，还包括林中和林下植物、野生动物、土壤微生物及其他自然环境因子等资源。不同国家和国际组织所确定的森林资源范围不尽一致。按照中华人民共和国林业部《全国森林资源连续清查主要技术规定》，凡疏密度（单位面积上林木实有木材蓄积量或断面积与当地同树种最大蓄积量或断面积之比）在0.3以上的天然林；南方3年以上、北方5年以上的人工林；南方5年以上、北方7年以上的飞机播种造林，生长稳定，每亩成活保存株数不低于合理造林株数的70%，或郁闭度（森林中树冠对林地的覆盖程度）达到0.4以上的林木，均构成森林资源。联合国粮食及农业组织对森林的定义是："面积在0.5 hm^2 以上、树木高于5m、林冠覆盖率超过10%，或树木在原生境能够达到这一阈值的土地。不包括主要为农业和城市用途的土地。"这一定义取得了较多的国际认同。

反映森林资源数量的主要指标是森林面积、森林覆盖率和森林蓄积量。

森林面积指由乔木树种构成，郁闭度在0.2以上（含0.2）的林地或冠幅宽度10m以上的林带面积，即有林地面积。森林面积包括天然起源和人工起源的针叶林面积、阔叶林面积、针阔混交林面积和竹林面积，不包括灌木林地面积和疏林地面积。

森林覆盖率也称森林覆被率，指一个国家或地区森林面积占土地面积的百分比，是反映一个国家或地区森林面积占有情况或森林资源丰富程度及实现绿化程度的指标，又是确定森林经营和开发利用方针的重要依据之一。联合国粮食及农业组织在计算世界森林覆盖率时，是指郁闭度为0.2以上的郁闭林占全球陆地面积的百分率。一般要求覆盖率在30%以上而且分布均匀，才能满足国民经济对林木的需要和保持森林对环境生态平衡的作用。我国森林法中要求森林覆盖率的比例是山区超过40%，丘陵区超过20%，平原区超过10%，全国达到30%。

森林蓄积量是指一定森林面积上存在着的林木树干部分的总材积。一般指树干的带皮材积，有时按树种、径级、材种等分别计算，单位为立方米。它是反映一个国家或地区森林资源总规模和水平的基本指标之一，也是反映森林资源的丰富程度、衡量森林生态服务功能的重要依据。它在很大程度上代表了森林生长成熟阶段和森林生态活力，也是当前全球变暖热点问题中的森林碳汇的决定性因素。

根据森林在国民经济和人民生活中所起的作用和本身的特性，森林资源可以进行不同的分类，见表3-20。

表 3-20　森林资源的分类

分类依据	名称	注释
按森林的作用	防护林	用于防护的森林、林木和灌木丛
	用材林	用于生产木材的森林和林木
	经济林	用于生产果品、食用油料、饮料、调料、工业原料和药材的林木
	薪炭林	用于生产燃料的林木
	特种用途林	用于国防、环境保护、科学试验的森林和林木

续表

分类依据	名称	注释
按人对于森林的影响程度	原始林	位于边远地区，基本上不受人为影响的森林
	次生林	原始林经过人为干扰破坏以后，通过林木的自然更新再度发生的森林
	人工林	人为采用播种或植苗的方式营造的森林
按年龄	幼龄林	
	中龄林	是后备资源或称经营资源
	近熟林	
	成熟林	当前可以采伐利用的资源
	过熟林	

森林资源是地球上最重要的资源之一，它不仅能够为人类提供多种宝贵的木材和原材料；更重要的是森林能够调节气候，保持水土，防止和减轻旱涝、风沙、冰雹等自然灾害；还有净化空气、消除噪声等功能；同时森林还是天然的动、植物园，哺育着各种飞禽走兽，生长着多种珍贵林木和药材，是维持生物多样性的基础保障；森林可以更新，属于可再生的自然资源，也是一种无形的环境资源和潜在的"绿色能源"。

覆盖在人地上的森林，是自然界拥有的一笔巨大而宝贵的"财富"。森林资源数量的多寡，直接表明一个国家或地区发展林业生产的条件、森林拥有量情况及森林生产力等。由于人类对森林的过度采伐，目前世界上的森林资源正在迅速减少。

2. 世界森林资源概况

自 1946 年以来，联合国粮食及农业组织一直以 5 ~ 10 年的时间间隔对全球森林实施监测评估。这种全球性评估是最为系统和权威的森林资源评价和分析研究报告，至今已完成12 次。全球森林资源评估结果已成为考察森林可持续经营政府间进程、评估各国应对全球气候变化能力、推进森林可持续发展的重要依据。最新一期的《2010 年世界森林资源评价》对世界森林资源的现状及近 20 年的变化趋势作了全面地、系统地分析，是迄今为止最为全面的一次森林资源评估报告。

1）世界森林资源现状

联合国粮农组织于 2010 年 4 月 8 日公布《2010 年全球森林资源评估》，从世界各国情况看，森林资源呈现如下 6 种特征。

（1）世界森林资源的分布极不均衡。目前世界森林面积达 40 亿 hm^2，占全球陆地总面积的 31%，人均森林面积 0.6hm^2。从表 3-21 可看出（联合国粮食及农业组织，2011），欧洲（包括俄罗斯）占世界森林总面积的 25%；其次是南美洲（21%），南美洲的森林覆盖率最高，达到 49%；最后是欧洲以及北美洲和中美洲，亚洲的森林覆盖率最低。

表 3-21 2010 年各区域的森林分布情况

区域	土地总面积/亿 hm^2	森林面积/亿 hm^2	占全球森林面积/%	森林覆盖率/%
非洲	29.74	6.74419	17	23
亚洲	30.91	5.92512	15	19
欧洲	22.15	10.05001	25	45
北美洲和中美洲	21.35	7.05393	17	33

续表

区域	土地总面积/亿 hm²	森林面积/亿 hm²	占全球森林面积/%	森林覆盖率/%
大洋洲	8.49	1.91384	5	23
南美洲	17.46	8.64351	21	49
世界	130.11	40.33060	100	31

资料来源：联合国粮食及农业组织，2011

　　从表 3-22 可以看出（联合国粮食及农业组织，2011），俄罗斯、巴西、加拿大、美国和中国是世界上森林面积最大的国家，这 5 个国家的森林总面积占全球森林面积的一半以上。俄罗斯的森林面积最大，约占全球的 1/5，其次为巴西。另外，目前世界上有 10 个国家或地区已经完全没有森林，共有 20 亿人口的 64 个国家的森林面积不到其国土总面积的 10%。

表 3-22　世界森林面积最大的 10 个国家

排名	国家	森林面积/亿 hm²	排名	国家	森林面积/亿 hm²
1	俄罗斯	8.09	6	刚果（金）	1.54
2	巴西	5.2	7	澳大利亚	1.49
3	加拿大	3.1	8	印度尼西亚	0.94
4	美国	3.04	9	苏丹	0.7
5	中国	2.07	10	印度	0.68

资料来源：2010 年全球森林资源评估，2011

　　（2）多数国家的森林以公有林为主。尽管森林所有权和使用权在一些区域已发生变化，但世界森林 80% 为公有林，区域之间的差别相当大。北美洲、中美洲、欧洲（俄罗斯除外）、南美洲和大洋洲私有林的比例高于其他区域。在有些地区，吸收社区、个人和私营公司参与公有林管理的趋势不断增加。

　　（3）世界各国森林蓄积量差距大。立木蓄积量除了提供有关森林木材资源方面的信息之外，还构成了大多数国家估算生物量与碳储量的基础。目前世界森林立木总蓄积量为 5270 亿 m³，单位蓄积量为 131m³/hm²。南美洲、非洲西部和中部热带森林的单位立木蓄积量最高，其次为温带和寒温带森林。世界上仅有不到 1/3 的国家和地区的森林蓄积量大于全球平均水平，其中瑞士、奥地利和法属圭亚那地区森林蓄积量均高于 300m³/hm²，排名居前三位。多数国家的森林蓄积不足全球平均水平，有些国家如沙特阿拉伯、土库曼斯坦、乌兹别克斯坦和也门等甚至低于 10m³/hm²。

　　（4）全球 1/3 的森林是原生林，人工林占 7%。全球超过 1/3（36%）的森林面积为原生林，即由本地树种组成的森林，其中没有明显的人类活动迹象，而且生态系统未受到严重干扰。半数以上的森林（57%）采取自然更新，有明显的人类活动迹象。7% 的森林来自于种植或播种造林。

　　全球原生林的分布存在较大差异。南美洲（亚马逊流域）是原生林资源最为丰富的地区。中部非洲、北美洲和中美洲国家及俄罗斯的原生林比重相对较高。加勒比、欧洲（不包括俄罗斯）、东部和南部非洲的干旱地区、北部非洲及西亚和中亚的某些国家的原生林数量有限。原生林集中分布在巴西、俄罗斯、加拿大、美国和秘鲁五国。

　　东亚、欧洲和北美洲的人工林面积最大，共占全球人工林总量的 75%。东亚的人工林数量占该地区森林总量的 35%，且大部分存在于中国。非洲、加勒比、中美洲和大洋洲的人工林面积相对较小。人工林主要分布在中国、俄罗斯、美国、日本、苏丹和巴西，有些国家（如阿联酋、阿曼、科威特、佛得角、利比亚和埃及）的森林全部为人工林。

（5）从森林功能来看，包括产品林、生物多样性保护林、防护林。全球森林的 50% 以上主要指定功能是木材和非木材林产品生产，或规定生产功能是其管理目标的一部分。自 1990 年起，指定主要用于生产功能的森林面积下降了超过 5000 万 hm^2，年均减少 0.22%。同期，指定为多用途的森林面积增加了 1000 万 hm^2。指定主要用于生产功能的森林面积下降反映了人们越来越多地依赖人工林和集中经营式自然森林来作为木材生产来源，而且指定功能在某种程度上从生产转向多用途，这与对森林提供的其他服务需求有所增加相一致。这些森林为世界各地许多人提供了就业机会。

全球有 4.63 亿 hm^2、近 12% 的森林指定用于生物多样性保护。南美洲指定用于生物多样性保护的森林面积最大（1.16 亿 hm^2），其次是北美洲和非洲。但是，中美洲及南亚和东南亚主要用于保护目的的森林比例最高；而欧洲（包括俄罗斯联邦）及西亚和中亚则最低。

8% 的世界森林将水土资源保持作为主要的目标，约有 3.3 亿 hm^2 的森林被确定为水土保持、避免雪崩、沙丘固定、荒漠化防治和海岸保护。在 1990~2010 年，被指定具有防护功能的森林面积增加了 5900 万 hm^2，这主要归功于在中国进行的以荒漠化防治、水土资源保持和其他防护为目的的大规模植树活动。

全球 4% 的森林指定用于提供休闲、旅游、教育及宗教场所等社会服务。在东亚，占全部森林 3% 的森林面积用于提供这种社会服务，欧洲的这一数值为 2%。

（6）森林病虫害、自然灾害和入侵物种使森林资源受到严重破坏。全球每年有 1.04 亿 hm^2，近 4% 的森林受到林火、有害生物以及干旱、风雪、冰和洪水等自然灾害的影响，其中受森林病虫害和林火影响的面积较大。全球每年遭虫害破坏的森林约 3500 万 hm^2，主要分布在温带和寒温带地区。20 世纪 90 年代末以来，北美洲本土的山松大小蠹破坏了加拿大和美国西部超过 1100 万 hm^2 的森林，空前的疫情因冬季气温较高而恶化。2000 年以后发生的严重暴风雨、雪和地震也给大面积森林造成破坏。在澳大利亚，2000 年以来严重的干旱和森林火灾造成森林资源损失加重。在小岛屿发展中国家，森林入侵物种尤其令人关注，它们给地方物种的栖息地带来威胁。

2）世界森林资源发展趋势

20 世纪 90 年代以来，世界各国政府都加强了森林资源的保护与管理，完善法律法规，制定森林政策，开展植树造林，使人工林面积持续增加，森林由木材生产向多功能利用转变。但全球森林面积，尤其是原生林面积继续呈减少趋势。

（1）全球森林面积总体上继续呈下降趋势，但减少的速度变缓。联合国环境规划署报告称，有史以来全球森林已减少了一半，主要原因是人类的活动。与 20 世纪 90 年代全球每年有 1600 万 hm^2 森林消失的速度相比，尽管近年来森林面积减少的速度有所减缓，但森林采伐和自然损失速度仍然高得惊人。在过去 10 年中，每年大约有 1300 万 hm^2 的森林被转作他用或自然消失。

南美洲和非洲是森林净损失最大的地区，南美洲每年损失 400 万 hm^2 左右，其次是非洲。在 1990~2010 年，非洲森林面积继续减少，但总体上该地区森林净损失的速率有所放缓，该区域森林净损失速率从 1990~2000 年的每年 400 万 hm^2 降低至 2000~2010 年的每年 340 万 hm^2；大洋洲也报告在 2000~2010 年每年森林净损失约为 70 万 hm^2，主要因为澳大利亚自 2000 年以来，由于严重干旱和林火导致森林损失加重而造成的森林面积大幅度减少；北美洲和中美洲 2010 年的森林面积与 2000 年的数字几乎相同。亚洲在 20 世纪 90 年代显示为每年净损失森林面积约 60 万 hm²，而在 2000 ~ 2010 年，尽管南亚和东南亚许多国家的净损失率依然很高，但森林面积出现的净增长率超过每年 220 万 hm²，主要原因是中国的大规模植树造林活动。欧洲的森林面积持续扩大，尽管速度（每年 70 万 hm²）低于 20 世纪 90 年代的水平（每年 90 万 hm²），与其他区域相比，欧洲是 1990 ~ 2010 年唯一森林面积净增加的区域。

（2）全球人工林面积增速加快。世界人工林面积总体上呈增加趋势，全球人工林面积估计为 2.64 亿 hm²，占森林总面积的 7%。在 2000 ~ 2010 年，全球人工林面积每年增加约 500 万 hm²，其中大多数来自于植树造林，即在没有森林的土地上种植树木。

东亚、欧洲和北美洲的人工林面积最大，共占全球人工林面积比重约为 75%。亚洲通过植树造林计划，主要是中国、印度和越南的造林项目，人工林面积大大增加，约占该地区森林总面积的 35%；欧洲拥有世界第二大人工林，人工林比例接近世界平均值；北美洲的人工林面积居第三位，占该分区域森林总面积的 5.5%；人工林面积最小的分区域依次是非洲、加勒比、中美洲及西亚和中亚。

人工林年均增加面积较多的国家有中国、美国、加拿大、印度、俄罗斯等国。中国是森林大国，也是世界人工林第一大国，人工林面积达到 77 万 km²，但中国的森林覆盖率仅为世界平均水平的 71%，单位面积森林立木蓄积量仅为世界平均水平的 54%，人均森林面积仅为世界平均水平的 26%。这说明中国在森林保育方面还有很长的路要走。

（3）全球原生林面积迅速减少。在过去数千年内，人类为了满足自己的需求，一直在改变森林的特性和物种构成。目前，全球原生林占森林面积的 36%，将近 2/3 的世界森林显示了以往人类干涉的明显迹象。自 2000 年以来，全球原生林面积每年下降了 0.4%，10 年间已经缩减了超过 4000 万 hm²，主要原因是由于毁林开荒、择伐和其他人类活动的影响，使全球原生林面积减少速度加快。南美洲的原生林面积丧失比例最大，其次是非洲和亚洲。仅巴西每年就损失 250 万 hm² 原生林。

原生林，特别是热带湿润林，包括了物种最为丰富的各类陆地生态系统。某些国家保留了其部分国有森林，不允许任何人类介入的行为出现。随着时间的推移，这些地区发展成为了森林资源评估进程所定义的原生林。目前，欧洲、北美洲和中美洲原生林面积出现净增长。

（4）森林由木材生产向多功能利用转变。自 1990 年以来，用于木质和非木质产品生产的森林面积在减少，用于水土保持、生物多样性保护，用于提供休闲、旅游、教育及宗教场所等社会服务的森林面积在增加，全球森林向多功能利用转变。世界上有 59% 的国家用于木质和非木质产品生产的森林在森林面积中的比重下降，有些国家，如马拉维、几内亚比绍、越南、斯洛伐克、洪都拉斯和秘鲁下降超过 20%。有 53% 的国家用于保持水土的森林在森林面积中的比重增加，如中国、阿尔巴尼亚、波兰和罗马尼亚增加超过 10%。有近 70% 的国家用于生物多样性保护的森林在森林面积中的比重增加，如喀麦隆、尼日利亚、泰国、德国、匈牙利、意大利、荷兰、西班牙、尼加拉瓜和秘鲁增加超过 15%。有 15% 以上的国家用于社会服务的森林在森林面积中的比重增加，如塞浦路斯、哈萨克斯坦、捷克、斯洛伐克、斯洛文尼亚和巴西增加超过 5%。

在 2011 年国际森林年的背景下，联合国粮农组织报告指出，由于亚洲森林面积的恢复，世界范围内的森林退化现象有所减轻。中国、越南、菲律宾和印度森林面积的增加，弥补了非洲和拉美森林面积的减少。报告特别强调了中国和澳大利亚所作的贡献几乎占到总量的一半。当然,数量并不等于质量,世界生态系统的生物多样性仍然面临很大威胁,排在前四位的都是亚洲地区的森林。

3. 中国森林资源概况

中国国土辽阔、地形复杂、气候多样,森林资源的类型多种多样,有针叶林、落叶阔叶林、常绿阔叶林、针阔混交林、竹林、热带雨林。树种共达8000余种,其中乔木树种2000多种,经济价值高、材质优良的就有1000多种。珍贵的树种,如银杏、银杉、水杉、水松、金钱松、福建柏、台湾杉和珙桐等均为中国所特有。经济林种繁多,橡胶、油桐、油茶、乌桕、漆树、杜仲、肉桂、核桃、板栗等都有很高的经济价值。

据2009年11月公布的第七次全国森林资源清查结果显示:全国森林面积1.95亿hm^2,居俄罗斯、巴西、加拿大、美国之后,列第5位;森林覆盖率20.36%;森林蓄积137.21亿m^3,居巴西、俄罗斯、加拿大、美国、刚果民主共和国之后,列第6位;人工林保存面积0.62亿hm^2,蓄积19.61亿m^3,人工林面积保持世界首位。

全国森林作用主要指标状况见表3-23。与5年前的第六次清查结果相比,森林资源有以下6点变化:①森林面积蓄积持续增长,全国森林覆盖率稳步提高。全国森林覆盖率由18.21%提高到20.36%,上升了2.15个百分点;②天然林面积蓄积增加2.23倍,天然林保护工程区增加了26.37%。③人工林面积蓄积快速增长,后备森林资源呈增加趋势。④林木蓄积生长量增幅较大,森林采伐逐步向人工林转移。林木蓄积生长量继续大于消耗量,长消盈余进一步扩大。天然林采伐量下降,人工林采伐量上升。⑤森林质量有所提高,森林生态功能不断增强。据中国林业科学研究院评估,全国森林植被总碳储量78.11亿t,森林生态系统每年涵养水源量4947.66亿m^3,年固土量70.35亿t,年保肥量3.64亿t,年吸收大气污染物量0.32亿t,年滞尘量50.01亿t。仅固碳释氧、涵养水源、保育土壤、净化大气环境、积累营养物质及生物多样性保护等6项生态服务功能年价值达10.01万亿元。⑥个体经营面积比例明显上升,集体林权制度改革成效显现。有林地中个体经营的面积比例达到32.08%。个体经营的人工林、未成林造林地分别占全国的59.21%和68.51%。作为经营主体的农户已经成为我国林业建设的骨干力量。

表3-23　全国森林作用主要指标状况

时间	森林面积/亿hm^2	森林覆盖率/%	森林蓄积/亿m^3	活立木蓄积/亿m^3
1973~1976年	1.2186	12.7	95.3227	86.5579
1977~1981年	1.1527	12.0	102.6059	90.2795
1984~1988年	1.2465	12.98	105.7250	91.4107
1989~1993年	1.337	13.93	117.8500	101.3700
1994~1998年	1.5894	16.55	124.8786	112.6659
1999~2003年	1.7491	18.21	136.1810	124.5585
2004~2008年	1.9545	20.36	149.1268	137.2080

资料来源:国家林业局森林资源管理司,2010

第七次全国森林资源清查结果表明,我国森林资源进入了快速发展时期。重点林业工程建设稳步推进,森林资源总量持续增长,森林的多功能多效益逐步显现,木材等林产品、生态产品和生态文化产品的供给能力进一步增强,为发展现代林业、建设生态文明、推进科学发展奠定了坚实的基础。

我国森林资源保护和发展依然面临很多问题，主要包括以下几方面。

（1）森林资源的地理分布极不均衡，地区差异很大。绝大部分森林资源集中分布于东北、西南等边远山区和台湾山地及东南丘陵，而辽阔的西北地区、内蒙古中西部、西藏大部，以及人口稠密经济发达的华北、长江、黄河下游地区，森林资源分布较少。由于西南地区的森林大多位于崇山峻岭或高深峡谷之中，交通运输困难，开发利用的难度较大，而且90%是成、过熟林，虽然活立木蓄积量较高，但可采资源量少。全国平均森林覆盖率为12.0%，其中以台湾省为最高，达70%。森林覆盖率超过30%的有福建、江西、浙江、黑龙江、湖南、吉林6省，而新疆、青海不足1%。中国森林的这种分布格局，造成"北材南运"与"东材西运"，既增加了木材的生产成本，又削弱了森林的总体防护功能。

我国十大流域中，森林资源集中分布在长江、黑龙江、珠江、黄河、辽河、海河、淮河七大流域，见表3-24。七大流域的土地面积占近一半的国土面积，森林面积和森林蓄积分别占全国的69.64%和64.22%。其中，长江、黑龙江流域的森林面积、蓄积量约占全国的一半。珠江流域森林覆盖率高达49.25%；长江流域森林蓄积量最大，占全国的26.69%；而黄河、海河和淮河流域森林覆盖率均低于全国平均水平。

表 3-24　中国七大流域森林资源分布

区域	森林覆盖率/%	森林面积/万 hm²	占全国比例/%	森林蓄积量/万 m³	占全国比例/%
长江流域	34.37	6187.38	28.75	356689.16	26.69
黑龙江流域	42.63	3970.29	18.45	331651.52	24.82
珠江流域	49.25	2177.23	10.12	83953.76	6.28
黄河流域	16.15	1214.99	5.64	46534.58	3.48
辽河流域	28.13	617.9	2.87	16245.17	1.22
淮河流域	16.25	437.61	2.03	15728.34	1.18
海河流域	14.63	383.61	1.78	7294.44	0.55

资料来源：国家林业局森林资源管理司，2010

（2）森林资源结构不够合理。用材林面积占73.2%，经济林占10.2%，防护林占9.1%，薪炭林占3.4%，竹林占2.9%，特殊用途林占1.2%。经济林、防护林、薪炭林的比重低，不能满足国计民生的需要。

（3）林地生产力水平低，利用率低。发达国家林地利用率多在80%以上，德国、日本等发达国家的林业利用率都在90%以上，中国仅为42.2%；世界平均每公顷蓄积110 m³，中国为90 m³；每公顷年生长量，发达国家均在3 m³以上，中国仅为2.4 m³。

（4）森林资源总量不足，人均资源占有量小。我国森林覆盖率约20%，低于世界大多数国家，只有全球平均水平的2/3，处于第139位。中国人口众多，人均占有量低，人均森林面积为0.145hm²，不足世界人均占有量的1/4；人均森林蓄积量为10.151 m³，只有世界人均占有量的1/7。长期以来，由于过度采伐，我国很多林区的森林资源都濒临枯竭。例如，长白山、大兴安岭、小兴安岭、西双版纳、海南岛、神农架，这些地方过去都是我国著名的林区，现在森林资源都面临枯竭，有些地方甚至已经变成了荒山秃岭。森林资源的减少，加剧了土壤侵蚀，引起水土流失，不但改变了流域上游的生态环境，同时加剧了河流的泥沙量，使得河流河床抬高，增加洪水水患。例如，1998年长江洪水就与上游的森林砍伐有着密切的联系。

（5）森林资源质量不高。我国乔木林每公顷蓄积量 85.88 m³，只有世界平均水平的 78%，平均胸径仅 13.3cm，人工乔木林每公顷蓄积量仅 49.01 m³。龄组结构不尽合理，中幼龄林比例依然较大。森林可采资源少，木材供需矛盾加剧，森林资源的增长远不能满足经济社会发展对木材需求的增长。

（6）林地保护管理压力增加。虽然林地转为非林地的面积有所减少，但征、占用林地有所增加，个别地方毁林开垦现象依然存在，局部地区乱垦滥占林地问题严重。

（7）营造林难度越来越大。我国现有宜林地质量好的仅占 13%，质量差的占 52%；全国宜林地 60% 分布在内蒙古和西北地区。今后全国森林覆盖率每提高 1 个百分点，需要付出更大的代价。

从总体上看，我国森林资源的增长不能满足社会对林业多样化需求的不断增加，保护和扩大森林资源的任务仍很繁重。

4. 森林资源的可持续利用

人类对森林资源的利用随着社会的发展而不断变化。在原始社会，人类主要以从森林中采集果实和狩猎为生。在封建社会，人类对森林资源的利用是柴木并用，从森林中樵采柴炭作为能源，同时采伐木材做建筑材料。随着工业化的发展，煤炭和石油代替木材成为主要能源，森林资源主要作为建筑用材和制造家具等生活用品的材料。到了当代，由于滥伐木材破坏森林，形成生态灾难，人们逐渐认识到保护森林，可持续利用森林资源的重要性。联合国将 2011 年定为国际森林年，主题是"森林为民"，旨在唤起公众的生态保护意识，促进在全球范围内开展森林保护、开发和管理等活动，号召人们行动起来，共同保护森林。

为实现森林资源的可持续利用，应重点加强以下 5 方面工作。

（1）加强森林资源保护，是促进森林数量的增加、质量的改善或物种繁衍，以及其他有利于提高森林功能、效益的保护性措施，大致分为以下 4 方面。

a. 森林资源消耗量控制。根据"林木采伐量小于生长量"的原则编制木材生产计划，适量采伐森林，严格控制森林资源消耗量，以实现资源的可持续利用。中国木材生产一直供不应求，消耗量不断增加。目前这种资源的高消耗模式将危及中国森林资源前景，导致用材林中的成熟林资源趋于枯竭，迫使提前采伐中龄林，降低林地质量。

b. 森林生物多样性保护。在森林中蕴含的丰富物种资源是自然界的宝贵财富。由于全球性的森林资源减少，栖息地破坏和萎缩，导致物种的大量减少或灭绝，生物多样性急剧降低。据统计，目前中国濒危动、植物种数已达 4030～5030 种之多。《濒危野生植物国际贸易公约》附录所列的 640 个物种中，中国就占 15% 左右。为保护森林的生物多样性，应加强自然保护区建设，完善珍稀濒危野生物种的原地和迁地保护网，以及强化执法的力度等。

c. 森林景观资源的保护。森林景观的美学、文化、娱乐、观赏等价值已日益为人们所认识，森林旅游休闲已成当今时尚。加强森林景观资源的保护，在保护的基础上发展森林旅游和休闲活动，兴办森林公园，既可提高森林的综合效益，又可促进林区建设，对于建立多功能的林业生产体系具有积极意义。

d. 森林灾害防治。森林灾害包括森林病虫害、森林火灾及森林气象灾害等。森林灾害的防治应贯彻"防重于治"的方针，通过生物、化学和工程等措施进行综合防治。对于影响范围广、突发性强的森林病虫害（如松毛虫、油桐尺蠖等），建立长期监测网，加强虫情、病情的预测、预报工作，以便及时采取防治措施。对于破坏性严重的森林火灾，除了加强护林防火规章执行力度，建立火警的预警系统和加强护林防火组织、工程措施建设也是非常必要的。至于气象性灾害，在林业生产布局中应予以充分考虑，可通过"趋利避害、因地制宜、合理布局"的办法来预防，把气象灾害对林木的危害控制在最低程度。

（2）加大植树造林的力度，增加森林覆盖率。实施"身边增绿"工程，就是围绕村屯、围绕路旁、渠旁和农田林网植树，这个潜力是非常大的。我国有那么多的村屯、公路、铁路、河岸的两侧，有相当一部分农田需要搞农田防护林网。这些又是优质林地，可以很好地吸收二氧化碳，给居民提供良好的居住环境，同时也增加了森林覆盖率。

（3）要加强森林的经营、抚育力度，提高森林质量，完成森林蓄积量。我国的森林质量不高，森林每公顷平均蓄积量远低于世界水平。我国 9 亿亩人工林平均每公顷蓄积量不到世界的 50%，如果我们重点加大人工林的抚育，每亩增加 $1m^3$，就能够达到 9 亿 m^3。

（4）加大森林保护的力度，严厉打击乱占林地、乱采林木的行为，防止林地流失。我国现在推进的集体林权制度改革，确定了农民经营林业的主体，所以农民护林、育林、造林的积极性空前提高。

（5）实施生态建设工程。我国 1978 年就开始实施"三北防护林体系建设工程"，是实施最早的一个生态建设工程，工程建设时间长、投资大。之后我国又相继开始了退耕还林、天然林资源保护、京津风沙源治理等重大工程。

3.2.5　矿　产　资　源

1. 矿产资源概况

矿产资源为人类提供了 95% 以上的能源来源，80% 以上的工业原料，70% 以上的农业生产资料，是人类社会赖以生存和发展的重要物质基础。从石器时代、铁器时代到产业革命时代，人类与矿产资源的关系越来越密切。随着生产的发展和科技水平的提高，人类利用矿产资源的种类、数量越来越多，用途越来越广泛。

矿物资源是指经过地质成矿作用，埋藏于地下或出露于地表，并具有开发利用价值的矿物或有用元素的集合体。根据我国《矿产资源法实施细则》第 2 条规定，所谓矿产资源是指由地质作用形成的，具有利用价值的，呈固态、液态、气态的自然资源。实际上组成地壳的化学元素有很多，但地壳中分布的有用元素并不等于矿产，只有当它们以元素单体或化合物形式富集到一定程度并有利用价值时，才能称得上矿产资源。

与其他自然资源相比，矿产资源具有以下 4 个特点。

（1）不可再生性和耗竭性。矿产资源是在千万年甚至上亿年的漫长地质年代中形成的富集物。对于短暂的人类社会来说，矿产资源是不可再生的。它可以通过人们的努力去寻找和发现，而不能人为地创造。

（2）分布不均衡性。由于地壳运动的不平衡性，地球上各种岩石分布也是不均匀的，因而造成了各种矿产资源在地理分布上的不均衡状态。许多矿产存在于局部高度富集区，而在某些地方则十分稀缺。世界上多数种类的矿产都分别集中在少数国家或地区，如世界上的石油多集中分布于中东地区；铁矿多集中分布于俄罗斯、巴西、加拿大、澳大利亚和印度等国；煤炭集中分布于中国、俄罗斯和美国。在我国，煤矿多分布于北方，磷矿多分布于南方等。这种分布不均衡性决定矿产资源在国际政治、经济中成为高度竞争的特殊资源。

（3）动态性。矿产资源受地质、技术和经济条件制约而处于动态。现阶段发现的矿产和探明的储量只能反映人类对自然现阶段的认识，随着地质工作的不断深入和科学技术的不断进步，人类对矿产资源开发利用的广度和深度会不断扩展。

（4）稀缺性。在一定的时空范围内能够被人们利用的矿产资源是有限的，而人们对矿产资源的需求的欲望是无限的，两者之间构成供与求矛盾，将最终导致资源的耗竭。

矿产资源的分类体系各异，根据矿产的成因和形成条件，可分为内生矿产、外生矿产和变质矿产；根据矿产的物质组成和结构特点，可分为无机矿产和有机矿产；根据矿产的产出状态，分为固体矿产、液体矿产和气体矿产；根据矿产特性和用途，分为能源矿产、金属矿产、非金属矿产和水气矿产，见表 3-25。

表 3-25　矿产资源的分类

名称	注　释
金属矿产	黑色金属矿：铁、锰、铬、钛、钒等 22 种矿产
	有色金属矿：铜、铅、锌、铝、锡等 13 种矿产
	贵金属矿：金、银、铂等 8 种矿产
	稀有金属矿：锂、铍、锆、铌等 8 种矿产
	稀土金属矿：硒、镉等 20 种矿产
非金属矿产	化工原料非金属矿：硫、磷、钾、盐、硼等 25 种矿产
	建材原料非金属矿：金刚石、石墨、石棉、云母、水泥、玻璃、石材等 100 多种矿产
能源矿产	提供或产生能量物质的矿物，如石油、天然气、煤、地热等 9 种
水气矿产	主要有地下水、矿泉水、二氧化碳等 6 种矿产

从世界对矿物原料的需求与产值情况来看，能源矿产和非金属矿产在矿物原料中的地位不断上升，特别是能源矿产明显占据首要地位，其次是非金属矿产，无论是增长速度和产值都已超过金属矿产。在非金属矿产中建筑材料和农用矿产居先。世界各种有色金属的发现与开采时间长短不一，其发展速度也不相同，如铜、铝、锌等发现早，开发历史久，产量稳步上升；由于航天工业（空间技术）发展的需要，铝、镁、钛等产量增长十分迅速，铝产量于 20 世纪 50 年代中期已超过铜的产量，跃居有色金属之冠。

矿产资源是重要的自然资源，它经过几千万甚至几亿年的变化才能形成，是社会生产发展的重要物质基础。矿产资源属于不可再生资源，其储量是有限的，人类在社会生产活动中，必须合理地开发、利用和保护矿产资源。

2. 世界矿产资源概况

到目前为止，全世界已发现的矿物有 3300 多种，其中有工业意义的有 1000 多种，每年开采各种矿产 150 亿 t 以上，包括废石在内则达 1000 亿 t 以上。世界上的矿产资源分布和开采主要在发展中国家，而消费量最多的是发达国家。矿产资源在开采、选冶、加工时常常带来严重的环境污染。

1）非能源矿产

世界矿产资源总体来说空间分布不均衡，主要表现在区域分布和国家间分布的不均衡。目前在矿产中，产值大、利用价值高、在国际市场上占重要地位的非能源矿产有铁、铜、铝土、锌、铅、镍、锡、锰、金和磷酸盐等 10 种。现分述如下。

（1）铁矿。铁矿石是钢铁工业最重要的原料，也是金属矿中储量最大的矿产。它的数量、品位与地域组合类型直接影响钢铁工业的区位。

世界铁矿资源非常丰富。据美国地质调查局 2005 年初公布的数据显示，世界铁矿石储量为 1600 亿 t, 基础储量为 3700 亿 t; 矿山铁（即铁矿石中所含的金属铁）储量为 800 亿 t, 基础储量为 1800 亿 t。世界铁矿分布较广泛, 但储量十分集中, 主要集中在乌克兰、俄罗斯、巴西、中国和澳大利亚, 储量分别为 300 亿 t、250 亿 t、210 亿 t、210 亿 t 和 180 亿 t, 五国储量之和占世界总储量的 71.9%。另外, 哈萨克斯坦、美国、印度、委内瑞拉和瑞典也有较丰富的铁矿资源。在各国, 铁矿资源的分布也是非常集中的, 如美国铁矿石储量的 93% 在苏必利尔湖地区, 俄罗斯的库尔斯克铁矿集中全俄储量的 1/2, 印度的铁矿主要集中在德干高原的东北部, 英国的铁矿主要集中在奔宁山脉附近。中东地区和非洲地区铁矿资源匮乏。

（2）铜矿。全球铜矿分布较普遍, 但主要集中在南美和北美的东环太平洋成矿带上。据统计, 第二次世界大战后, 特别是 20 世纪 60 年代以来, 世界铜矿资源日益增多, 如 1950 年世界铜的探明储量为 1.1 亿 t（金属含量）, 至 80 年代末已达到 6.41 亿 t, 比 1950 年增加了 4.8 倍。储量增多的原因一是发现了大量新的大型铜矿, 而且许多老矿区的储量也有所增加; 二是铜的可采品位逐年下降, 也使储量大为增加。由于科技进步以及工艺上的新突破, 使有些原来不具备经济价值的矿源开采成为可能。

智利和秘鲁的斑岩铜矿区, 是世界上最大的铜矿藏区, 占世界总储量的 27%。美国西部的斑铜矿区和砂页岩铜矿, 约占总储量的 20%; 赞比亚北部与刚果民主共和国毗邻处的砂页岩铜矿带约占总储量的 15%, 分布在长 55km、宽 65km 的带状区, 是世界储量最大、最著名的铜矿带。俄罗斯、哈萨克各类铜矿占 10%。其他国家包括澳大利亚、秘鲁、刚果民主共和国、加拿大、波兰、菲律宾等国也有发现, 并进入世界前列。

此外在海洋锰结核中, 推测有 3.6 亿 t 铜。另据估计, 世界再生铜资源约有 1.5 亿 t, 可以供给 21 世纪末对铜需要量的 10%~15%。

（3）铝土矿。铝金属是一种重要的民用和军用战略物资, 其用量除钢铁外超过任何其他金属, 居第二位。近些年来, 储量、产量和消费量都有很大增长。铝土矿矿床及其储量分布十分不均衡, 目前世界已探明的铝土矿总储量超过 250 亿 t, 主要分布在几内亚、澳大利亚、巴西、牙买加、印度等国, 五国合占世界总储量的 60%, 还有中国、喀麦隆、苏里南、希腊、印度尼西亚和哥伦比亚等国, 其他地区铝土矿资源量较少。

（4）铅锌矿。在自然界中多为铅锌复合矿床, 其消费量仅次于铁、铝、铜, 居第 4 位（锌）和第 5 位（铅）。世界铅锌资源丰富, 已探明铅储量 1.5 亿 t, 锌 1.15 亿 t。按目前世界的消费量, 可保证供给 35~40 年, 主要分布在美国、加拿大、澳大利亚、中国和哈萨克斯坦等国。

铅锌生产历史悠久, 但产量增加缓慢。目前除南极洲外, 在世界各大洲的 50 多个国家都进行铅锌的生产。

（5）锡矿。世界锡矿呈带状分布, 主要分布在东南亚和东亚两大锡矿带, 集中了世界绝大部分的储量。东南亚锡矿带北起缅甸的掸邦高原, 沿缅泰边境向南经马来半岛西部, 延伸到印度尼西亚的邦加岛和勿里洞岛。在锡矿中常伴生有钨, 被称为"锡钨矿带", 储量极其丰富, 约占世界的 50% 以上。东亚锡矿带西起中国云南个旧, 向东沿南岭构造带延伸到广西; 南起朝鲜北部, 经中国东北地区一直延伸到俄罗斯的西伯利亚; 从中国的海南岛起, 沿中国东南沿海延伸到香港一带; 日本本州岛北部的小型锡钨矿, 是中国大陆锡矿带的侧端。此外, 南美洲安第斯锡矿带, 非洲中部等地也有锡矿分布。从国家来看, 印度尼西亚、中国、泰国、马来西亚、玻利维亚等国储量较多。

锡是人类最早发现的金属之一，并具有易熔性、锡盐无毒性等优良特性，使锡在工业和日常生活中用途广。

（6）锰矿。锰是钢铁工业不可缺少的辅助材料，其消耗量约占锰矿产量的95%。锰矿资源丰富，分布地域较广，储量高度集中。据美国地质调查局2005年的统计数据显示，世界矿山锰（即锰矿石中所含的金属锰）储量为3.8亿t，基础储量为51亿t。世界锰矿资源分布很不平衡，在已探明的51亿t矿山锰基础储量中，南非独占40亿t，占世界锰矿资源总量的近80%；乌克兰拥有5.2亿t，占世界锰矿资源总量的10%；而澳大利亚、巴西、印度和中国等其他国家拥有的锰矿资源仅占世界锰矿资源总量的10%。从储量方面来看，世界矿山锰的储量分布要相对均衡一些。乌克兰储量为1.4亿t，占世界储量的36.8%，居世界首位，其后依次为印度、中国、南非、澳大利亚、巴西和加蓬，上述7国储量之和几乎等于世界储量。

（7）镍矿。据统计，世界镍矿总储量1.1亿t左右，多储于大洋洲、拉丁美洲、亚洲和北美洲，特别集中在新喀里多尼亚岛、古巴、加拿大、澳大利亚、俄罗斯和印尼等国。镍主要用于制造不锈钢，高镍合金和合金结构钢共占镍消费量的60%以上，是军工、电子、原子能工业的重要材料。

（8）金矿。黄金是一种极为贵重的金属，早期用于做货币和装饰品，目前仍是国际贸易结算手段的货币信用的保证条件。随着科学技术的发展，黄金的用途有新的扩展，如用在核反应堆、飞机、火箭以及电子工业等。非洲是世界最大的金矿蕴藏区，约占世界黄金总储量的64.4%，集中分布在南非（占60.6%），其次为俄罗斯，美国和加拿大分别居第三位和第四位。

（9）磷矿。世界磷矿资源分布较广，但可采储量相对集中。北非是最大蕴藏区，占世界总储量的70%，其中仅摩洛哥就占55.2%，还有西撒哈拉、突尼斯等国。其次为美国、澳大利亚、俄罗斯、哈萨克斯坦、中国和叙利亚等国。以美国的佛罗里达半岛、俄罗斯的科拉半岛、摩洛哥的胡里卜加最为集中，是世界著名的磷矿带与生产中心。磷主要用于生产化肥，随着世界人口的增长，农业集约化水平的提高，其需求量日益增加，被列为重要的"农业矿产"。磷矿多为综合矿床，加强综合利用十分必要，不仅有经济价值，还是防止污染的重要措施。

美国地质勘探局的研究报告，南非为全球不包括能源在内的矿产资源价值最富有的国家，该国铂族金属矿储量极为丰富，资源价值占到全球的近90%，包括铂、钯和铑的铂族金属矿资源价值达22000亿美元，占该国矿产资源总价值的88.2%。俄罗斯非能源矿产资源价值占世界第2位，达16360亿美元。澳大利亚居第3位，加拿大、巴西、中国、智利、美国、乌克兰、秘鲁分别居后几位。

目前正在生产中的非能源矿产资源，平均寿命最高的国家为非洲的几内亚444年、南非184年、印度164年、乌克兰161年、哈萨克斯坦117年、俄罗斯99年、墨西哥62年、加拿大56年、美国44年以及澳大利亚43年。

2）能源矿产

能源矿产是矿产资源的重要组成部分。煤、石油、天然气在世界的一次能源消费构成中占有主导地位，因而对国民经济和社会发展有特别重要的战略意义。

（1）石油。石油是工业的血液，是现代工业文明的基础，是人类赖以生存和发展的重要能源之一。石油在世界各地区储量及其所占份额差别很大。人口不足世界3%、仅占全球陆地面积4.21%的中东地区石油储量占世界储量的65%。尽管前苏联地区、非洲、北美和南美洲也分布着相当数量的石油，但其储量仅分别相当于中东地区的1/7~1/11。

世界七大储油区有：中东波斯湾（世界最大石油储藏区、生产区、出口区），拉丁美洲（墨西哥、委内瑞拉等），非洲（北非撒哈拉沙漠和几内亚湾沿岸），俄罗斯，亚洲（东南亚、中国），北美（美国、加拿大），西欧（北海地区的英国和挪威）。

（2）天然气。天然气（包括沼气）是重要能源矿产资源之一，也是一种很有发展前景的清洁能源。与石油相比，天然气的地区分布相对均衡一些。2000年年底，世界天然气剩余探明可采储量为150万亿m^3。前苏联占世界总量的37.75%，中东地区与之相当，接近世界总量的35%，居第二。亚太地区、西欧地区、非洲、北美和南美洲储量变化在5.2万亿~11.1万亿m^3，不足世界总量的28%。

（3）煤炭。煤炭是世界储量最丰富的化石燃料，在全球分布较为普遍，主要分布在北半球30°~70°N，约占世界煤炭资源的70%。从不同地区来看，欧洲和欧亚大陆、亚洲太平洋和北美的煤炭储量较为集中，非洲、中南美洲和中东储量很少。

世界煤炭主要分布在三大地带：一是亚欧大陆中部，是世界上最大的煤带，从我国华北向西经新疆，横贯中亚和欧洲大陆直到英国；二是北美大陆的美国和加拿大；三是南半球的澳大利亚和南非。欧洲的主要煤矿有俄罗斯的库兹巴斯煤田、乌克兰的顿巴斯煤田、德国的鲁尔煤田、英国的奔宁山脉。美国的煤炭资源主要分布在阿巴拉契亚山脉附近。

尽管全球煤炭资源分布很广，世界上76个国家和地区分布有煤炭资源，但煤炭储量国家间分布极不均衡性。美国、俄罗斯、中国、印度、澳大利亚和南非6个国家煤炭储量占世界已探明储量的78%，其中美国占26.1%，俄罗斯占16.6%，中国占12.1%。在开采方面，中国煤产量居世界第一位，且增长量占世界煤炭增长量的63.3%；美国煤产量居世界第二位；产量超过亿吨的9个主要煤炭大国占世界煤炭产量总量的80.1%。

3. 中国矿产资源概况

中华民族是开发利用矿产资源最早的民族之一。在冶炼铜、铁，利用煤、石油方面，均对世界文明作出了重要贡献。

1）中国矿产资源概况

中国国土资源部首份《中国矿产资源报告（2011）》显示，基本上完成了对煤、铀、铁、铜、铝、铅、锌、钨、锑、稀土、金、钾、磷13类重要矿产的潜力评价。目前中国矿产资源总体查明率平均为36%，铁、铝土矿查明率分别为27%和19%，铁、石油、天然气等待查明矿产资源潜力巨大，许多矿种勘探尚处于早期阶段。新一轮全国油气资源评价表明，中国石油地质储量881亿t，可采储量233亿t，地质探明率为26%，勘探处于中期阶段；天然气地质储量52万亿m^3，可采储量32万亿m^3，探明率为15%，勘探处于早期阶段。

中国已成为矿产品生产和消费大国，矿产品产量持续快速增长，煤炭、钢、十种有色金属、水泥等产量和消费量均居世界第一。自2006年到2010年，中国煤炭产量从25.3亿t增至32.4亿t，增长28%；原油产量从1.85亿t增至2.03亿t，增长10%；天然气产量从586亿m^3增至968亿m^3，增长65%；铁矿石产量从5.9亿t增至10.7亿t，增长82%；粗钢产量从4.2亿t增至6.3亿t，增长50%；10种有色金属产量从1917万t增至3093万t，增长61%。5年累计生产142亿t煤、近10亿t石油、3900亿m^3天然气和40亿t铁矿石等，有力地保证了经济社会稳定发展。中国优势矿产资源的开发为世界经济的发展作出了巨大的贡献。以2009年为例，中国稀土以占世界36%的储量支撑了全球97%的产量，锑以占世界

38%的储量支撑了全球88%的产量，钨以占世界60%的储量支撑了全球81%的产量，见表3-26～表3-28。

表 3-26　2009 年底我国主要矿种保有储量

矿种	单位	储量	矿种	单位	储量
煤炭	亿 t	1636.9	锌	万 t	1922.9
石油	亿 t	29.5	金	t	1015.3
天然气	亿 m³	37074.2	钼	万 t	145.2
铁	亿 t	93.0	钨	万 t	94.9
铜	万 t	1461.4	磷	亿 t	11.8
铝	亿 t	5.1	硫	亿 t	7.3
铅	万 t	642.5	锡	万 t	68.5

资料来源：中华人民共和国国土资源部，2011

表 3-27　2010 年我国新增查明资源储量

矿种	单位	2010 年	矿种	单位	2010 年
煤	亿 t	2115	锌	万 t	372
石油	亿 t	11.0	金	t	475
天然气	亿 m³	6384	钼	万 t	271
铁	亿 t	36	钨	万 t	53
铜	万 t	258	磷	亿 t	10.74
铝	亿 t	2.0	硫	亿 t	264
铅	万 t	336	锡	万 t	11

资料来源：中华人民共和国国土资源部，2011

表 3-28　2009、2010 年我国主要矿产品产量

产品名称	单位	2009 年	2010 年	增减变化/%
原煤	亿 t	30.5	33	8.2
原油	亿 t	1.89	2.03	7.4
天然气	亿 m³	851.7	944.8	10.9
铁矿石	亿 t	8.8	10.72	21.8
粗钢	亿 t	5.68	6.27	10.4
黄金	t	313.98	340.88	8.6
十种有色金属	万 t	2650	3153	19.0
磷矿石	万 t	6021	6807	13.1
原盐	万 t	5845	6275	7.4
水泥	亿 t	16.50	18.68	13.2

资料来源：中华人民共和国国土资源部，2011

2) 中国矿产资源特点

中国是世界上矿产资源比较丰富、矿种比较齐全的少数国家之一。中国幅员辽阔，地质条件多样，成矿条件优越，矿床类型齐全。截至 2004 年，中国已发现矿产 173 种，探明有储量的矿产有 155 种，其中钨、锑、稀土、钼、钒和钛等的探明储量居世界首位。煤、铁、铅锌、铜、银、汞、锡、镍、磷灰石、石棉等的储量均居世界前列。有色金属矿产是我国的优势，多数矿种人均占有量仍高于世界水平，只有铬、钴、铂族金属、金刚石、钾盐、硼、天然碱等矿产资源短缺或严重不足。

中国既是一个矿产资源大国，又是一个资源相对贫乏的国家；既有许多资源优势，同时又存有劣势。中国矿产资源具有以下 6 个特点。

(1) 资源分布广泛，储量区域相对集中，区域分布不均衡。全国已发现的 20 多万处矿床、矿点，广泛分布于全国各地，但各种矿产的探明储量相对集中。铁矿主要分布于辽宁、冀东和川西，西北很少；煤炭储量的 90% 分布在长江以北，其中华北地区占总储量的 70%，主要分布在华北、西北、东北和西南地区，山西、内蒙古、新疆等省区最为集中。经济发达、用煤量大的东南地区则很紧缺，形成了北煤南调、西煤东运的局面。磷矿的 80% 以上分布在滇、黔、鄂、川、湘五省，北方大量用磷则需南磷北调。这种分布不均匀的状况，虽有利于大规模开采，但也给运输带来了很大压力。

(2) 总量大，人均拥有量小。我国探明矿产资源总量较大，约占世界的 12%，仅次于美国和俄罗斯，居世界第 3 位。但由于我国人口基数大，人均矿产资源占有量十分匮乏，仅为世界人均占有资源量的 58%，居世界第 53 位。有些重要矿产资源人均占有量大大低于世界人均水平，如石油资源占有量仅为全球石油资源量的 7.7%，若按我国占有世界 22% 的人口计算，人均拥有石油资源量仅为世界人均量的 35.4%。又如铁矿，我国人均拥有铁矿资源量仅为世界人均量的 34.8%。

(3) 有的矿产探明储量比较丰富，有的则明显不足。除煤矿和一些用量较小的有色金属和非金属矿具有明显的优势外，用途广、用量大的大宗矿产，如铁矿、铜矿、石油及天然气等，探明储量明显不足，属劣势矿产，不具有明显优势。而且，主要矿产储量占世界的比例并不高，如铁矿石不足 9%，锰矿石约 18%，铬矿只有 0.1%，铜矿不足 5%，铝土矿不足 2%，钾盐矿小于 1%，煤炭占世界总量 16%，石油占 1.8%，天然气占 0.7%。

(4) 贫矿多、富矿少、资源品级较差。从矿产资源的可利用性来看，许多矿产具有贫矿多，难选矿多，共生、伴生矿产多的特点，给采、选、冶带来困难，使得矿产资源开发利用难度大、成本高、效率低。特别是一些用量大、关系国计民生的支柱性矿产，如铁、锰、铝土、铜、铅、锌、硫、磷等，则贫矿多、富矿少，在一定程度上影响到开发利用。我国铁矿储量中，97.47% 为贫矿，铁矿石平均品位为 33.5%，比世界平均水平低 10% 以上。锰矿中，93.6% 为贫矿，锰矿石品位约 22%，不及世界商品锰矿标准 48% 的一半。铜矿石含铜 1% 以下的贫矿占 65%，含铜平均品位为 0.87%，远低于智利、赞比亚等拉美、非洲国家。我国铝硅比大于 7 的铝土矿不到 28%；含 P_2O_5 大于 30% 的富磷矿只占总量的 7.4%；含硫大于 35% 的硫铁矿石仅占 3.6%。

(5) 大型矿床少。中国的确拥有一批世界级规模的大矿，如内蒙古白云鄂博稀土矿、湖南柿竹园钨矿和锡矿山锑矿、广西大厂锡矿、辽宁海城锑矿和范家堡子滑石矿、内蒙古达拉特旗芒硝矿、贵州天柱县重晶矿等。陕西省与内蒙古自治区交界地区的煤矿也是世界特大型煤矿之一。但与世界资源大国相比，中国中型矿和小型矿偏多，大型矿床偏少。据统计，在有探明储量的 1.6 万多处矿产地中，大型矿床只占 11% 。在矿床规模上，中小型矿床所占比例较大，不利于规模开发。矿床规模大的矿产仅有钨、锡、钼、锑、铅锌、镍、稀土、菱镁矿、石墨和北方煤炭等。

（6）矿产资源潜力大。虽然中国已经发现了很多的矿产，但仍有大量矿产有待进一步发现。据专家研究，目前除富铁矿资源总的格局已基本形成外，其他矿产都有相当大的潜力，如煤矿探明储量已达 10000 多亿 t，而专家预测，在地表向下 1500m 深的范围之内，还有 4 万亿 t 远景资源；石油、天然气资源也有比较大的潜力。在中国西部、东部海域和南方碳酸盐岩地区，都有一定的远景资源。再从金属和非金属矿来看，不仅西部地区有较大的远景，在东部找隐伏矿也有一定的潜力可挖。

4. 矿产资源的可持续利用

中国已经进入矿产资源的大量、高速消费期，而且这个状态还会持续相当长的一段时间。随着经济的高速增长，对矿产资源的需求大幅度增加，一些大宗、支柱性矿产资源不能保证国民经济发展需求的问题凸显出来。国内资源利用效率低下，国际矿业市场风险莫测，更加剧了国内资源紧张的形势和国外供给的不确定性。未来我国矿产资源供需矛盾将更加突出。面对这种现实，要做到矿产资源的可持续利用，可从以下 4 点着手。

1）加强矿产资源保护

矿产资源都属于不可再生资源，所以应坚持开发和保护并重、利用与节约并举的原则，兼顾当前和长远利益。通过制定相应的政策措施，合理开发利用矿产资源，优化资源配置，实现矿产资源的最优耗竭；从长远利益出发，控制矿业总量，限制或禁止不合理的乱采滥挖，防止矿产资源的损失、浪费和破坏；对矿产资源的开发利用进行全过程控制，将环境代价减小到最低限度；保护矿区生态环境，防止矿山寿命终结时沦为荒芜不毛之地。

2）加大资源勘察力度，立足国内资源开发

我国地域广阔，成矿条件优越，找矿潜力大。所以必须继续加大资源勘察力度，查清能源和重要矿产资源储量，扩大矿产资源储备，为未来经济发展的资源需求做好准备。

矿产资源是经济和社会发展的重要物质基础，同时又是重要的战略储备资源。世界上任何一个国家，都不可能完全依靠进、出口矿产资源来满足经济和社会需求。中国这样一个大国，资源问题应立足本国，加大矿产资源研究的投入，促进矿产资源发展，降低资源的实际对外依存度，才能确保经济安全。

中国矿业的发展不仅要增加勘查投入，扩大勘察开发规模，加强海域资源勘察开发，寻找新的矿物原料产地，建设新的矿山、油田，还要依靠科技进步，开发利用新能源和替代矿产资源，挖掘老矿山资源潜力，走内涵式发展道路。

3）合理利用矿产资源

我国矿产资源总量丰富，但贫、劣矿资源比重大，大宗支柱性矿产储量不足，矿产资源对外依存度加大。所以要合理利用矿产资源，调整经济格局，合理配置产业结构，坚决剔除高耗能、对环境破坏大的加工业，将资源节约、科技领先和提高人民生活水平等因素综合考虑，维持稳定的原材料供应，保持产业发展平衡。

同时，在矿产资源的开采、选冶、加工、消费等各个环节中，做到合理开发和综合利用。一方面，应从国家整个经济建设和长远发展出发，制定长期的矿产资源开发规划和政策，扭转乱采滥挖的局面，规范矿业开采市场；另一方面，应做到实际开采过程中不浪费资源，实行循环经济等措施，提高综合利用效率，兼顾环境保护及其他社会效益。

4）实施全球资源战略

　　各国自然条件、矿产资源赋存特征不同，国外资源是国内资源的延伸。中国应在全球范围考虑资源保障和经济安全，广辟矿产资源来源渠道，积极开拓与建立我国全球矿产资源供应体系。由于各国经济发展、军事力量、综合国力不平衡，所以实施全球资源战略应做到资源公平交换，即以公平的价格，进行优势资源和短缺资源的交换。要注意保护我国的优势资源，不轻易出口，以备将来作资源交换之用。同时应加强资源储备，根据国家长远规划和全球市场情况，在低价位时加大进口增加储备，在高价位时减少进口平抑价格。

　　我国的矿产品进口量大，并且进口方式单一，往往受制于人。所以应尽快改变单纯依靠贸易进口资源的状况，采取贸易与开发并举，通过多种方式利用国外资源。就目前的情况看，中国石油跨国经营是比较成功的。油气资源"走出去"，占中国全部海外投资的比例在1/4～1/3，是中国全球资源战略最重要的组成部分。截至 2005 年底，中国石油资源"走出去"所取得的份额油产量相当于原油进口量的 18%，占中国石油产量的 12%。但非油气矿产资源"走出去"则不很成功。除少数企业外，中国矿业企业往往缺乏国际竞争力，投资能力弱，国外经营能力和抗风险能力更弱，不够通晓国际惯例和通行规则，缺乏外语好和既懂专业又了解矿业跨国经营的复合型人才，难以适应复杂的国际形势。

3.3　能　　源

　　翻开人类的发展史，以驱动工具的动力为标准，可以发现原始社会的人类主要通过石块和木棒进行采集与捕猎。这时驱动原始社会的工具主要靠人力。当人类进入农业社会时，人类开始学会使用蓄力及简单天然动力。例如，水车通过河水的流动带到水车的运转，实现对农田进行灌溉。当英国科学家瓦特发现蒸汽的作用，以及利用蒸汽的方法。通常认为蒸汽机的出现标志着人类社会进入工业化革命的开始。蒸汽是如何产生及利用的呢？现代的物理知识告诉产生蒸汽的常用方法是加热水。当水温达到 100℃时，常压下的水就开始沸腾，液相的水开始变化气相的水，相同质量水，其气相的体积比液相的体积大 1000 倍。蒸汽机的工作原理就是利用这种体积发生剧烈膨胀的蒸汽将热能转为可以用于工业生产的机械能。随着工业化的纵深发展，人们发现蒸汽不宜于远距离的传输。使用蒸汽机的工厂必需自备生产蒸汽的设备与燃料。时势造就英雄，美国伟大的发明家托马斯·阿尔瓦·爱迪生和威斯汀豪斯分别首创性的采用直流输电与交流输电系统，使得人类社会从工业社会的初期蒸汽时代进入以电力为标志的工业化社会中期电力时代。电力的广泛应用使人类的生产力得到极大的发展，并促进了人类社会的繁荣。1954 年 6 月 27 日，前苏联宣布在俄罗斯卡卢加州的奥布灵斯克核电站（Obninsk）正式投入运行，为苏联农业生产项目提供所需电力。这标志着工业社会中人类核电时代的到来，也有学者认为这是人类社会后工业化社会的开始。可见人类社会发展史在一定意义上就是一部能源开发和利用的历史。

3.3.1　能源基本概念

1. 能源的定义与存在的形式

　　根据《中国大百科全书（机械工程卷）》中的定义，能源（Energy Source）也称能量资源或能源资源，是指可产生各种能量或可作功的物质的统称。通常能量有三种特性：①由于物质存在着各种不同的运动形态，能量也就具有不同的形式（表 3-29）。物体运动具有机械能、分子运动具有内能、电荷运动具有电能、原子核内部的运动具有原子能等。②不同形式的能量之间可以相互转化，且是通过做功来完成的这一转化过程。③某种形式的能减少，一定有其他形式的能增加，且减少量和增加量一定相等。某个物体的能量减少，一定存在其他物体的能量增加，且减少量和增加量一定相等。目前，人类所认识的能量形式有如下 6 种形式：机械能、热能、电能、辐射能、化学能、核能。

表 3-29　能量储存的形式和天然的能量资源

能量形式	天然能量资源
机械能	风力、波浪（动能） 水力、潮汐（势能）
热能	地热、高温岩体
电能	闪电
辐射能	太阳能
化学能	煤、石油、天然气等
核能	铀、钍、钚等核裂变燃料；氘等核聚变燃料

（1）机械能。以动能、势能形式储存。它是物体宏观机械运动或空间状态相关的能量，前者称之为动能，后者称之为势能。动能通常被定义成使物体从静止状态至运动状态所做的功，其大小是运动物体的质量与速度平方乘积的 1/2。因此，质量相同的物体，运动速度越大，它的动能越大；运动速度相同的物体，质量越大，具有的动能就越大。按作用性质的不同，势能又可分重力势能、弹性势能、表面势能和分子势能等。重力势能是物体因为重力作用而拥有的能量，如瀑布、自由落体等。弹性势能是物体因弹性变形而具有的能量，如弹弓、陀螺、拧紧的钟表发条等。表面势能是由于自不同物质或相界面上的表面张力而具有的能量，如细玻璃管中的液位上升及弯曲液面。分子势能是分子间的相互作用而产生的能量。

（2）热能。构成物质的微观分子运动的动能和势能总和称为热能。这种能量的宏观表现是温度的高低，它反映了分子运动的激烈程度，它以显热或潜热形式储存。显热是指当此热量加入或移去后，会导致物质温度的变化，而不发生相变。物质的摩尔量、摩尔热容和温差三者的乘积为显热。即物体不发生化学变化或相变化时，温度升高或降低所需要的热称为显热。物体在加热或冷却过程中，温度升高或降低而不改变其原有相态所需吸收或放出的热量，称为"显热"。它能使人们有明显的冷热变化感觉，通常可用温度计测量出来。潜热，相变潜热的简称，指单位质量的物质在等温等压情况下，从一个相变化到另一个相吸收或放出的热量。这是物体在固、液、气三相之间以及不同的固相之间相互转变时具有的特点之一。固、液之间的潜热称为熔解热（或凝固热），液、气之间的称为汽化热（或凝结热），而固、气之间的称为升华热（或凝华热）。

（3）电能。电能又称电势能，是电荷在电场中由受电场作用而具有由位置决定的能量。其大小通常表示为电场内电流、电压与时间的乘积。电能可由电池中的化学能转换而来，或是通过发电机由机械能转换得到。电能也可以通过电动机转换为机械能，从而显示出电做功的本领。

（4）辐射能。电磁波中电场能量和磁场能量的总和叫做电磁波能量，即辐射能。物体会因各种原因发出辐射能，其中因热的原因而发出的辐射能称热辐射能。地球表面所接受的太阳能是最重要的热辐射能。

（5）化学能。化学能是物质结构能的一种，即原子核外进行化学变化时放出的能量。按化学热力学定义，物质或物系在化学反应过程中以热能形式释放的内能称为化学能。人类利用最普遍的化学能是燃烧碳和氢，这两种元素是煤、石油、天然气、薪柴等燃料中的主要可燃元素。燃料燃烧时的化学能通常用燃料的发热量表示。

（6）核能。核能是蕴藏在原子核内部的物质结构能。轻质量的原子核（氘、氚等）和重质量的原子核（铀等）核子之间的结合力比中等质量原子核的结合力小，这两类原子核在一定的条件下可以通过核聚变和核裂变转变为在自然界更稳定的中等质量原子核，同时释放出巨大的结合能，这种结合能就是核能。

2. 能源的分类

由于能源是一种呈多种形式的，且不同形式的能量可以相互转换，因而根据能源不同性质，能源的分类标准也不同。常见的能源分类标准如下。

（1）按地球上能量的来源，能源可以分为化石能源、太阳能、生物质能等。①来自地球外部天体的能源（主要是太阳能）。除直接辐射外，并为风能、水能、生物能和矿物能源等的产生提供基础。人类所需能量的绝大部分都直接或间接地来自太阳。正是各种植物通过光合作用把太阳能转变成化学能在植物体内储存下来。煤炭、石油、天然气等化石燃料也是由古代埋在地下的动植物经过漫长的地质年代形成的。它们实质上是由古代生物固定下来的太阳能。此外，水能、风能、波浪能、海流能等也都是由太阳能转换来的。②地球本身蕴藏的能量，如原子核能、地热能等。③地球和其他天体相互作用而产生的能量，如潮汐能。温泉和火山爆发喷出的岩浆就是地热的表现。地球可分为地壳、地幔和地核三层，它是一个大热库。地壳就是地球表面的一层，一般厚度为几公里至 70km 不等。地壳下面是地幔，大部分是熔融状的岩浆，厚度为 2900km，火山爆发一般是这部分岩浆喷出。地球内部为地核，地核中心温度为 2000℃。可见，地球上的地热资源储量也很大。

（2）按获得的方式，能源可分为一次能源与二次能源。所谓一次能源是指直接取自自然界没有经过加工转换的各种能量和资源，它包括：原煤、原油、天然气、油页岩、核能、太阳能、水力、风力、波浪能、潮汐能、地热、生物质能和海洋温差能等。由一次能源经过加工转换以后得到的能源产品，称为二次能源。如电力、蒸汽、煤气、汽油、柴油、重油、液化石油气、酒精、沼气、氢气和焦炭等。

（3）按被利用的程度，能源可分为常规能源和新能源。利用技术上成熟，使用比较普遍的能源叫做常规能源。常规能源是指被广泛利用、能够进行商业级开发的其利用技术比较成熟的能源，如煤炭、石油、天然气、水力、薪柴等。而新能源是指相关利用还处于初步探索阶段或还未达到大规模利用的技术，如核能、太阳能、地热能、潮汐能、生物质能等。新近利用或正在着手开发的能源叫做新型能源，新型能源是相对于常规能源而言的。由于新能源的能量密度较小，或品位较低，或有间歇性，按已有的技术条件转换利用的经济性尚差，还处于研究、发展阶段，只能因地制宜地开发和利用，但新能源大多数是再生能源。资源丰富，分布广阔，是未来的主要能源之一。

（4）按能否再生，能源又可分为可再生能与不可再生能源。一般来说，可再生能源是指在自然界中可以不断再生、永续利用、取之不尽、用之不竭的能源资源总称。可再生能源对环境无害或危害极小，且分布广泛，适宜就地开发利用，如风能、水能、潮汐能、太阳能等。太阳能被归为"可再生能源"是因为相对于人的生命长短来说，太阳能散发能量的时间约等于无穷，但是实际上对于太阳本身来说，太阳散发能量也是有一定限度的。不可再生，如煤炭、石油、天然气、核能等。这些能源在使用过程中，消耗一点就少一点，其在地球上的总量处于减少、下降的趋势。

（5）按能源本身的性质，含能体能能源（或载体能源），如氢气、煤炭、石油、天然气、核能等，其含义是能量是从含能体性能源的物质发生转换时释放出来的，这种含能体可以直接储存运送。例如，氢气可以直接储运，而且在燃烧过程中可以释放出热能，即两个氢原子与一个氧气原子，生成了水（H_2O），原来的氢气变成了水，为外界提供了能量。过程性能源，如风能、水能、潮汐能、太阳能等。过程性能源是指能量比较集中的物质运动过程，或称能量过程，是在流动过程中产生能量，其含义是过程性能源释放出能量后，其物质属性不变。例如，水能发电，即流动的水由于水轮机的阻碍，带动水轮机的旋转，从而将水的动能转换水轮机的动能，这样水的流动速度会减慢，但是水的物质属性没有变化，水还是水。

（6）按对环境的影响，分为清洁能源或非清洁能源。清洁能源，如风能、水能、潮汐能、太阳能等。这些能源在使用过程中，对环境无害或者危害很小。而非清洁能源，如煤、石油、天然气等，它们在使用过程中，可能会产生废水、废气或废渣，从而造成被污染区域内的水、空气或者土地品质的下降。

3. 能源品质的单位

能量不仅有量的多少，还有质的高低。自然界进行的能量转换过程是有方向性的：水总是从高处向低处流动；气体总是自发地从高压向低压膨胀；热量总是自发地从高温物体向低温物体传递。能量传递和转换过程总是自发地朝着能量品质下降的方向进行。能量的数量大小以焦耳为单位。度量能源的品质以其做功的能力来衡量，即单位时间做功的能力，其单位为瓦特，即焦耳每秒。

4. 能源品质的评价指标

目前自然界可以提供能量的资源类型很多，一般采用能流密度、存储量、存储可行性与供能连续性、开发费用和设备价格、运输费用和损耗、环境污染评价以及能源品位7个技术指标来衡量自然界不同种类的能源资源品质。

（1）能流密度：就是某种能源在一定空间或面积内能够提供能量和功率。通常以各种一次能源的燃烧值（发热值）来比较和表征各种能源性能的优劣，然而，燃烧值的概念对于一些不能直接燃烧的能源却不适用。因此，在能源工业中用含意更广泛的能流密度取代燃烧值这一概念。所谓能流密度，对于可以直接燃烧的能源，是指单位质量（或体积）的能源完全燃烧后所释放的总热量；对于不能直接燃烧的能源，是指单位重量（或体积或面积）的能源蕴藏于内部的能量相当的总热量。工业上常用的能流密度单位，对固体或液体能源是kJ/kg，对气体能源是kJ/（$N \cdot m^3$），如1kg标准煤发热量为7000kCal（1Cal = 4.1868J）；1kg石油发热量为10000kCal。核能的能流密度最大，1kg铀235裂变时可释放出164亿kCal的热量。另外，由于煤、油、气等各种燃料质量不同，所含热值不同，为了便于对各种能源进行计算、对比和分析，必须统一折合成标准燃料。标准燃料可分为标准煤、标准油、标准气等。国际上一般采用标准煤、标准油指标较多。世界各国都按本国的用能特点确定自己的能源标准量。一些经济发达国家以用油为主，采用标准油；西欧有些国家以用电力为主，采用标准电；我国以煤为主，采用标准煤为计算基准，即将各种能源按其发热量折算为标准煤。标准煤也称煤当量，具有统一的热值标准。我国规定每千克标准煤的热值为7000kCal。将不同品种、不同含量的能源按各自不同的热值换算成每千克热值为7000kCal的标准煤。

（2）存储量：就是天然能源在地球所蕴涵的总量。不同能源的储存量对能源的利用有着重要影响，资源储量比较小的无法成为人类社会发展所需的主力能源。不同的国家或区域，由于地理构造的不同，其能源的储量也有很大的不同。例如，我国煤炭、水力资源丰富，而中东国家的石油和天然气储量比较丰富。

（3）存储可能性和供能连续性：存储可能性是指能源不同时可以存储起来，需要时能立即产能量。例如，含能体能源都具有较好的能量存储性能，而过程性能源，如风能则不能直接进行能量存储，需要通过能量转换。将风能转换为机械能、化学能或热能等形式进行保存或运送。供能的连续性是指能源是否能够按照需要的量或所需的速度连续不断地供给能量。显然使用太阳能、风能等易受环境影响的能源很难做到这一点，而使用化石能源，如煤、天然气等则易于进行连续性的供能。

（4）开发费用和设备价格：对于不同能源形式的开发费用而言，使用太阳能、水能等过程性能源，除设备和运营管理费用外，对这些能源本体并不需要花任何成本就可以得到。而各种化石燃料和核燃料，除设备运营管理费外，还需付出额外的资金用于这些能源的勘测、开采、加工、运输等投资。但是太阳能、风能等利用设备费按每千瓦计远高于用化石燃料的设备费。

（5）运输费用与损耗：能源生产提供给能源用户过程中的运输费用和损耗。在人类现有的能源输送技术中，太阳能、风能和热能很难进行长距离的输送，而石油和天然气则很容易通过管道技术从产地输运到用户。相比较而言，核电站燃料的运输费用极少，而燃煤电站的输煤需要很大一笔费，因为核燃料的能流密度是煤的几百万倍。

（6）环境污染评价：就是分析、比较不同能源在使用过程可能给周围环境品质造成的下降的程度因素，如核电站在运营过程中辐射的危害性，需要大家对其产能过程和核燃料、核废料存储、使用、处理等各个方面采取各种安全措施。一般而言，太阳能在使用过程中对环境没有直接的污染，但是在生产制造太阳能的能源利用设备时可能对环境造成危害。例如，生产太阳能硅基电池棒，需要用到剧毒化学药品四氯化碳。没有无害化处理的四氯化碳废水将会对自然界水体造成严重的污染。

（7）能源品位：就是利用能源转化为电能或热能的效率高低来评价能源品位。如果经过热转化环节，由于冷源损失的存在，必然存在能量损失，能源品位将降低。在热机循环过程上，热源温度越高，冷源温度越低，则循环热效率就越高，即热量可转化为机械功的份额越大。对于高热温度的能源称为高品位能，否则为低品位能源，如温泉，由于水的温度低，发电效率低或者由于接近环境温度而不能用直接发电，是低品位的能源。

3.3.2 国内外能源利用现状

1. 能源消费特点（化石能源仍然是能源消费主体）

能源结构指能源总生产量或总消费量中各类一次能源、二次能源的构成及其比例关系。能源结构是能源系统工程研究的重要内容，它直接影响国民经济各部门的最终用能方式，并反映人民的生活水平。能源结构分为生产结构和消费结构。

在人类的社会从原始社会到今天世界各国工业化或后工业化社会过程中，人类对能源的认识和开发利用大体上经历了薪柴时期、煤炭时期、石油时期、核能时期和洁净能源时期。每次能源时期的变迁，都伴随着生产力巨大飞跃。人类掌握可用的能源形式和能源利用技术在发展，但是化石能源依然是当前社会发展的主要能源。根据英国石油公司 2011 年 6 月出版的《BP 世界能源统计年鉴 2011》中文版的数据显示，截至 2010 年 12 月，世界一次能源消费结构见表 3-30，其中油当量（oil equivalent）是按标准油的热值计算各种能源量的换算指标，中国又称标准油。1kg 油当量的热值，联合国按 42.62MJ 计算。1t 标准油相当于1.454285t 标准煤。

表 3-30　2010 年世界能源消费结构及比例（按一次能源分类）

能源类型		石油	天然气	煤	核能	水电	可再生能源	2010 年合计
消费量 /万 t 油当量	中国	4286	981	17135	167	1631	121	24322
	世界	40281	28581	35558	6262	7756	1686	120024
百分比/%	中国国内	17.62	4.03	70.45	0.69	6.71	0.50	100.00
	中国占世界的比重	10.64	3.43	48.19	2.67%	21.03	7.18	20.26
	世界	33.56	23.81	29.63	5.22%	6.46	1.40	100.00

资料来源：摘自《BP 世界能源统计年鉴 2011》

　　根据表 3-30 的数据显示，2010 年度中国与世界能源消费具有四个特点。①石油、煤炭和天然气，这三种化石能源仍然是中国与世界经济发展所需的主要能源，它们的总和在世界一次能源消费总量中的份额是 87%，在中国一次能源消费总量中占 92.1%；②与世界能源消费结构相比，中国是世界煤炭消费量最多的国家，大约占世界煤消耗总量的 48%，占国内总能源消耗量的 70% 以上，远高于世界能源消耗结构平均比例 29.6% 的水平；③中国在核能、天然气及可再生能源方面的消费量比例低于世界平均水平，尤其是天然气的消费量在国内一次能源消费中的比例仅为 4.03%，远低于世界 23.81% 的平均水平；④在新能源方面，中国在水电能消费总位居世界第一，占世界水电消费总量的 21.03%，在国内一次能源中消费比例约为 6.71%，略高于世界平均水平的 6.46%。中国在可再生能源的国内消费比只有 0.5%，还不到世界平均水平 1.4% 的一半。

2. 化石能源储量及开采年限

　　目前，石油、天然气和煤仍然是世界经济的发展主要依赖的能源，占世界总能源消耗比例的 87%。探明这三种能源在地球上的储量及可消费年限对指导目前社会经济发展具有重要的意义。衡量化石能源储量时，有两个术语经常要用到。一是石油探明储量，通常是指通过地质与工程信息，以合理的肯定表明在现有的经济与作业条件，将来可从已知储藏采出的石油储量。二是储量/产量（R/P）比率，假设将某种能源的产量继续保持在某年度的水平，那么有该年年底的储量除以该年度的产量所得出的计算结果就是剩余储量的可开采年限。

　　根据美国能源部 2000 年公布的全世界石油已发现的储量为 2 万亿～3 万亿桶，自工业革命以来，现在已消耗陆地和海上油井所产的约 1 万亿桶石油。《BP 世界能源统计 2011》最新数据显示如图 3-6 所示，到 2010 年末，世界石油剩余可采储量为 13832 亿桶（1888 亿t），储采比为 46 年。2010 年底，中东石油储量仍占全球一半以上，为 55%；其他均在 20% 以下，如亚太、非洲、欧洲和欧亚大陆、中南美、北美分别为 3%、10%、10%、17% 和 5%。

　　按 2010 年石油的探明储量及生产规模，世界石油剩储量的可开采年限平均为 46.2 年，

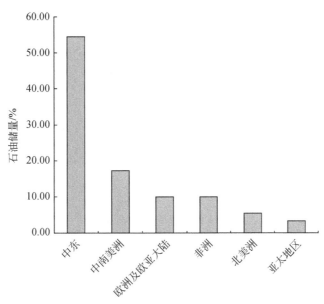

图 3-6　2010 年世界石油探明的储量及分布（摘自《BP 世界能源统计 2011》）

世界石油储产比的数据如图 3-7 所示。其中由于中美洲国家委内瑞内瑞拉上调了官方的储量估测，约为 304 亿 t，将中美洲的石油储产比拉高到 93.9 年，超过中东国家储产比平均值为 80 年的水平，居世界第一。中国的石油剩余可采储量为 20 亿 t，占世界储量的 1.1%，但是可采的年限只有 9.9 年。

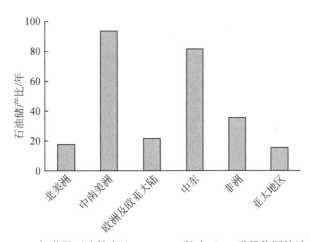

图 3-7　2010 年世界石油储产比（R/P）（摘自《BP 世界能源统计 2011》）

截至 2010 年年底，世界天然气探明储量持续增至 187.1 万亿 m^3，全球天然气可开采年限的平均值为 59 年。俄罗斯、伊朗、卡塔尔天然气储量合计超过世界的一半，占 53.2%（表 3-31）。2010 年，中国的天然气储量占世界的 2.1%，储采比为 34 年。

表 3-31　2010 年世界主要天然气生产国探明储量及储采比

排名	国家	探明储量/万亿 m³	占世界比例/%	储采比/年
1	俄罗斯	44.8	23.9	76
2	伊朗	29.6	15.8	214
3	卡塔尔	25.3	13.5	217
4	土库曼斯坦	8.0	4.3	190
5	沙特	8.0	4.3	95
6	美国	7.7	4.1	13
7	阿联酋	6.0	3.2	118
8	委内瑞拉	5.5	2.9	191
9	尼日利亚	5.3	2.8	157
10	阿尔及利亚	4.5	2.4	56
14	中国	2.8	2.1	34

资料来源：摘自《BP 世界能源统计 2011》，2011 年 6 月

　　到 2001 年末，世界煤炭剩余可采储量 8609 亿 t（表 3-32），主要分布在亚太、北美和俄罗斯及周边地区。这三个地区剩余可采储量约占世界总量的 80%，其次为欧洲，占世界总量的 12.7%，中南美地区最少，仅占世界的 2.2%，中东和非洲两地区也仅占世界的5.8%。煤炭剩余可采储量世界排名前 5 位国家是美国、俄罗斯、中国、澳大利亚、印度，它们的煤炭储量占世界总量的 75%。其中美国煤炭储量为 2373 亿 t，占世界的 27.6%，位居第一；俄罗斯储量为 1570 亿 t，占世界的 18.2%，位居第二；中国储量为 1145 亿 t，占世界的13.3%，位居第三。澳大利亚和印度储量分别位居第四和第五。与石油相比，煤炭资源相对丰富，世界煤炭剩余储量可开采的平均年限是 118 年，可是中国煤的储采比只有 35 年。

表 3-32　2010 年世界主要产煤国探明储量及储采比

国家	探明储量/亿 t	占世界比例/%	储采比/年	排名
美国	2373	27.6	241	1
俄罗斯	1570	18.2	495	2
中国	1145	13.3	35	3
澳大利亚	764	8.9	180	4
印度	606	7	106	5
世界	8609	100	118	—

资料来源：摘自《BP 世界能源统计 2011》，2011 年 6 月

　　目前世界能源格局是长期不断发展形成的，可以相信，这种格局在短期内不会有大的改变。综合以上主要化石能源储量与储采比数据来看，石油、煤炭和天然气三大能源占世界一次能源消费总量的 87%，但是不同地区或不同国家的能源消费结构有较大差异。这三种能源的储量地理分布存在明显的不均衡性，主要集中在部分地区和少数国家。值得警醒的是世界化石燃料总体呈耗尽趋势，尤其对于中国，这三种能源的开采年限都不足 50 年。

3. 化石能源消耗对生态环境的影响

　　能源资源的开发利用，一方面促进了世界的发展和人民生活水平的提高，另一方面在能

源消耗过程中积累起来的废水、废气和废渣又逐步地引起了严重的生态环境问题。从全球环境的角度来看,科学观测表明,地球大气中 CO_2 的浓度已从工业革命前的 280ppmv 上升到了目前的 379ppmv;全球平均气温也在近百年内升高了 0.74℃,特别是近 30 年来升温明显。与化石燃料在燃料过程中所排放的废气增加了大气中 CO_2 等温室气体的含量有关。在国内,根据国家环保部最新的《2010 年中国环境状况公报》中显示全国城市空气质量总体良好,但是部分城市污染仍较重。在全国 494 个市(县)中,出现酸雨的市(县)249 个,占 50.4%;酸雨发生频率在 75% 以上的 54 个,占 11.0%。煤炭的使用是造成中国一半城市面临酸雨污染的最大元凶。这与我国的能源消耗结构有关,煤炭是我国的主要能源,2010 年度占全国能源消耗量 70.45%。我国富煤、缺油、少气的能源资源赋存特点决定了在未来较长时期内,以煤炭为主要能源的结构很难改变,因而我国不但要解决好能源供求平衡,而且还要关注由此带来的生态环境问题。

在世界主要化石能源中,天然气是一种主要由甲烷组成的气态化石燃料,它主要存在于油田和天然气田,也有少量出于煤层。由于甲烷与氧气燃烧后,生成物是水与二氧化碳,无废渣、废水产生,因而天然气又被认为是清洁能源,与煤炭、石油等能源相比有使用安全、热值高、洁净等优势。

煤炭是一种不可再生的资源,它是古代植物埋藏在地下经历了复杂的生物化学和物理化学变化逐渐形成的固体可燃性矿产,其主要成分由碳、氢、氧、氮、硫和磷等元素组成,碳、氢、氧三者总和约占有机质的 95% 以上。煤化程度越深,碳的含量越高,氢和氧的含量越低。碳和氢是煤炭燃烧过程中产生热量的元素,氧是助燃元素。煤炭燃烧时,氮不产生热量,在高温下转变成氮氧化合物和氨,以游离状态析出。硫、磷、氟、氯和砷等是煤炭中的有害成分,其中以硫最为重要。煤炭燃烧时绝大部分的硫被氧化成二氧化硫(SO_2),随烟气排放,污染大气,危害动、植物生长及人类健康,腐蚀金属设备;当含硫多的煤用于冶金炼焦时,还影响焦炭和钢铁的质量。另外,煤中的微量元素,如 As、Hg、Pb、Cd、Se、Sb、F 等,则具有毒性或潜在毒性,在煤的加工利用,特别是燃烧过程中进入大气、水、土壤、生物圈而污染环境、危害人类。

石油也称原油,是一种黏稠的、深褐色(有时有点绿色)的液体。地壳上层部分地区有石油储存。它由不同的碳氢化合物混合组成,其主要组成成分是烷烃,此外石油中还含硫、氧、氮、磷、钒等元素。开采石油是非常昂贵的,也可能对环境带来破坏。海上探油和开采会干扰海洋环境。尤其以清理海底的挖掘工作破坏环境最大。油轮事故后泄漏的原油或提炼过的油对阿拉斯加、加拉帕戈斯群岛、西班牙和许多其他地区脆弱的海岸生态系统造成严重的破坏。石油燃烧时向大气层释放二氧化碳,导致全球变暖。每能量单位石油释放的二氧化碳低于煤,但是高于天然气。

因而,在煤与石油的利用过程,已经给环境造成了以下 4 种主要的环境危害。

(1)温室效应。温室效应是大气保温效应的俗称。大气能使太阳短波辐射到达地面,但地表向外放出的长波热辐射线却被大气吸收,这样就使地表与低层大气温度增高,因其作用类似于栽培农作物的温室,所以命名温室效应。自工业革命以来,人类向大气中排入的二氧化碳等吸热性强的温室气体逐年增加,大气的温室效应也随之增强,已引起全球气候变暖等一系列严重问题,引起了全世界各国的关注。温室效应加剧主要是由于现代化工业社会燃烧过多煤炭、石油和天然气,这些燃料燃烧后放出大量的二氧化碳气体进入大气造成的。二氧化碳气体具有吸热和隔热的功能。它在大气中增多的结果是形成一种无形的玻璃罩,使太阳辐射到地球上的热量无法向外层空间发散，其结果是地球表面变热。

（2）酸雨。酸雨正式的名称是为酸性沉降，它可分为"湿沉降"与"干沉降"两大类，前者指的是所有 pH 小于 5.6 的气状污染物或粒状污染物，随着雨、雪、雾或雹等降水形态而落到地面者；后者则是指在不下雨的日子，从空中降下来的落尘所带的酸性物质而言。酸雨是工业高度发展而出现的副产物，由于人类大量使用煤、石油、天然气等化石燃料，燃烧后产生的硫氧化物或氮氧化物，在大气中经过复杂的化学反应，形成硫酸或硝酸气溶胶，或为云、雨、雪、雾捕捉吸收，降到地面成为酸雨。

（3）粉尘污染。粉尘污染是指空气中颗粒的浓度越过一定的范围后，对人体呼吸系统造成的损害。环境空气质量标准中常用总悬浮颗粒物（TSP）和可吸入颗粒（PM10 或 PM2.5）来表示空气粉尘污染的程度。总悬浮颗粒物是指能悬浮在空气中，空气动力学当量直径小于等于 $100\mu m$ 的颗粒物。可吸入颗粒物（PM10）是指悬浮在空气中，空气动力学当量直径小于等于 $10\mu m$ 的颗粒物；PM2.5 则是指空气中当量直径小于 $2.5\mu m$ 的颗粒物。一般而言，PM2.5 产生的主要来源，是日常发电、工业生产、汽车尾气排放等过程中经过燃烧而排放的残留物，大多含有重金属等有毒物质。一般而言，粒径在 $2.5\sim10\mu m$ 的粗颗粒物主要来自道路扬尘等；$2.5\mu m$ 以下的细颗粒物（PM2.5）则主要来自化石燃料的燃烧（如机动车尾气、燃煤）、挥发性有机物等。

（4）光化学烟雾。光化学烟雾是指汽车、工厂等污染源排入大气的碳氢化合物，城市上空的光化学烟雾和氮氧化物等一次污染物，在阳光的作用下发生化学反应，生成臭氧、醛、酮、酸、过氧乙酰硝酸酯等二次污染物，参与光化学反应过程的一次污染物和二次污染物的混合物所形成的烟雾污染现象叫做光化学烟雾。大气中的氮氧化物主要来源于化石燃料的燃烧和植物体的焚烧，以及农田土壤和动物排泄物中的转化。其中，以汽车尾气为主要来源。

3.3.3　新能源技术的开发与利用

随着中国的经济的快速增长，对能源的需求量越来越大，常规化石能源已不能满足国民经济发展的需要。中国迫切需要新的能源来满足国内日益增长的能源需求。新能源可以分为新能源开发和传统能源的技术创新，一方面是指太阳能、风能、生物质能、地热能、水能和海洋能等新型能源。另一方面是指对传统的能源进行技术变革所形成的新的能源，如车用新型燃料、智能电网等。在国家"十二五"规划纲要中特别提出要加快推进水电、核电建设，积极有序地做好风电、太阳能、生物质等可再生能源的转化利用，设定了到 2015 年和 2020 年非化石能源消费分别占一次能源消费的比重达 11% 和 15% 以上，单位 GDP 二氧化碳排放比 2005 年下降 40%~45% 的约束性考核指标。下面分别介绍国家十二五规划纲要中提到的新能源技术。

1. 太阳能

太阳是一个巨大的炽热气体球，内部不断进行热核反应，从而释放出巨大的能量。太阳以电磁波的形式向宇宙空间辐射能量，总称太阳辐射。太阳辐射的总功率为 $3.8\times10^{23}\,kW$，到达地面的太阳辐射总功率为 $1.7\times10^{23}\,kW$。广义地说，太阳能包含地球各种可再生能源，如生物质能、风能、海洋能等，因为它们的本质都是来自太阳能。太阳能作为可再生能源的一种，则是指太阳能的直接转化和利用。太阳光是复合光谱，半导器件可其可见光部分发生光伏效应，产生电能，而太阳光谱中的红外部分照射物体，使其表面发热，能够产生热能。

目前太阳能利用主要有三种方式：①转化为电能，包括太阳能光伏发电（通过半导体光伏电池直接把太阳辐射能转化为电能）和太阳能光热发电（将太阳能转化为热能，然后利用热力循环的方法带动发电机发电）；②转化为热能，包括太阳能灶、太阳能温室、太阳能空调、海水淡化、太阳能建筑等；③转化为化学能，包括光合作用、能源植物、太阳能制氢等。自 20 世纪 80 年代以来，美国、意大利、法国、苏联、西班牙、日本、澳大利亚、德国、以色列等国家相继建立起各种不同类型的太阳能利用试验示范装置和商业化运行系统，促进了太阳能利用技术的发展和产业化进程，但是这些太阳能利用技术还处于研发示范阶段，其实用化及产业化还需做进一步的推广研究。

从太阳能热利用的温度来看，太阳能热水器、太阳房等技术所提供的热源（热水或汽水混合物）温度小于 150℃，这属于太阳能低温热利用温度区，其热能的品质差，仅仅适用于为居民提供生活用热水或农业生产用能。在太阳能热利用的低温区域，其代表性的设备是太阳能热水器，其生产技术已经成熟并产业化。在中国的太阳能热水器已形成行业，并成为世界上产销量最大的国家。从 2000 ~ 2009 年的统计数据看，中国的太阳能热水器产品的生产和销量每年均以 20% ~ 30% 的速度增长。对于太阳能热利用的中温区 150 ~ 350℃，该区域的热能品质较高，可以用于食品加工用能、炊事用能、海水淡化、室内空调、温室调温等工业领域。国内目前尚处于研制开发阶段，其技术瓶颈在于国内还没有形成商业化的适用于中温区的集热管。对于大于 350℃ 的高温区，其热源品质的做功力比较强，是目前太阳能热利用技术的研究热点。因为该温区的热源可与常规的热力设备结合，通过热力过程进行发电。太阳能热发电系统大致可以分为槽式系统、塔式系统和碟式系统三大基本类型。其中只有槽式太阳能热发电系统已进入商业化阶段，其他两种类型均处于中试和示范阶段，但其商业化前景看好。碟式太阳能热发电系统规模较小，高效发电技术还不成熟，尚处于试验阶段。

从太阳能光伏利用的方面来看，1954 年美国贝尔实验室首次发明了以 p—n 结为基本结构的具体硅太阳电池以来，揭开了太阳能光伏利用技术的序幕。目前太阳能光伏发电技术有晶体硅技术、薄膜电池技术、聚光电池技术以及染料敏化太阳电池等四种。其中晶体硅电池是当前太阳能光伏电池的主流，其理论光电转换效率可达 25%。目前，它的光电平均转换效率从 14% 提升到 17.5%。薄膜太阳电池是在廉价的玻璃、不锈钢或塑料衬底上敷上非常薄的感光材料而制成的，比用料较多的晶体硅技术造价低，但是其光电转换效率平均不到 10%。聚光电池采用多种方式将太阳聚焦到一个小区域，从而可以节省用于太阳能电池生产的半导体材料，达到降低成本的目的。通常，聚光比在 20 倍以下的为低倍聚焦，21 ~ 100 倍为中倍聚焦，100 倍以上为高倍聚焦。目前采用Ⅲ- Ⅴ族化合物多结砷化镓半导体制成的电池组件，其光电转换效率高达 40.7%。染化敏太阳电池是一种光电化学电池，由光电极、氧化还电解质和电极组成，其光电转换效率约为 10%。电解质中的电极在辐射条件下会发生光腐蚀，造成电池稳定差。

当前影响光电池大规模应用的主要障碍是它的制造成本太高。在众多发电技术中，太阳能光电仍是花费最高的一种形式，因此，发展阳光发电技术的主要目标是通过改进现有的制造工艺，设计新的电池结构，开发新颖电池材料等方式降低制造成本，提高光电转换效率。

2. 风能

风能是太阳辐射造成地球各部分受热不均匀，引起各地温差和气压不同，导致空气运动而产生的能量。利用风力机可将风能转换成电能、机械能和热能等。风能利用的主要形式有风力发电、风力提水、风力致热以及风帆助航等。地球上的风能资源极其丰富。据专家估计，全世界风能资源总量为每年 2 万亿 kW，也就是说，仅 1% 的地面风力就能满足全世界对能源的需求。我国风能资源比较丰富，2007 年 4 月中国气象局组织完成了第三次全国风能普查。调查的结果发明：距地面 10m 高度处，我国风能资源理论储量约为 43.5 亿 kW，技术可开发是约为 2.97 亿 kW，技术可开发面积 20 万 m^2。东南沿海、山东和辽宁沿海及其岛屿、内蒙古北部、新疆北部、甘肃等地区均属风能资源丰富区，年平均风速 26m/s，有效风能密度 ≥200W/m^2，有很好地开发利用条件。

将风能转化为电能的设备称为风力发电机组。风轮是风电机组的主要部件，由叶片和轮毂组成。在理论上最好的风轮只能将约为 60% 的风能转换为机械能。目前风电组风轮的最高效率约为 40%。风电机组输出在达到额定功率之前，功率与风速的立方成正比，即风速增加 1 倍，输出的功率增加 8 倍。

目前风力发电的形式主要有两类：一类是离网型的风力发电系统，用小型风机组为蓄电池充电，再通过逆变器转换成交流电向终端供电，单机容量一般为 0.1 ~ 10kW；或者采用中型风电机组与柴油发电机或光伏太阳池组成混合供电系统，系统的容量约为 10 ~ 200kW。另一类是并网型风力发电系统，作为常规电网的电源，商业化的机组单机容量为 100 ~ 500kW，即可以单机并网，也可以由多台机组组成风电场，形成规模可达数百兆瓦的风电基地。

在各种新能源产业中，风力发电增长最快，截至 2008 年年底，中国风电装机总量达 1215.3 万 kW，居世界第五位。中国风能资源丰富，小型风电机组技术发展成熟，陆上风能储量约 2.53 亿 kW，海上储量 7.5 亿 kW。但是我国的风能利用面临两个发展的瓶颈，一是设备国产化程度较低，发电成本高，尚不具备生产大型风力发电机的能力，80% 的设备需要进口；二是与煤电相比，风电的成本要高 33% ~ 60%，中国风能资源普遍分布在西部地区，而电力主要用户则是分布在东部沿海，风电传输成本较高。

3. 地热能

地热能是由地壳抽取的天然热能，这种能量来自地球内部的熔岩，并以热力形式存在，主要源自地球内部放射性元素的衰变。按其在地下存储的形式，可以分为四种类型：一是地热水或地热蒸汽，储藏的深度在 100 ~ 4500m，温度为 90 ~ 350℃；二是地压型地热能，储存在沉积岩层中，含有在高压下被溶解的大量甲烷及少量乙烷的地热流体，存储深度约为 3000 ~ 6000m，温度为 150 ~ 180℃；三是干热岩地热能，在特殊地质条件下形成的且含水很少或无水的干热岩体，温度超过 200℃，需要在人工注水后才能开采；四是岩浆地热能，储存在 700 ~ 1200℃高温熔岩浆体的热能，可勘探的深度为 3000 ~ 10000m。

比较而言，只有热水型地热已经成功地用于商业开发。按其热量存储温度，热水型地热能可分为三种类型：高温（大于 150℃）、中温（90 ~ 150℃）和低温（75 ~ 90℃）。高温热水型地热能可直接用于发电，中温型可以作为其他工业级热源，如作为吸收式制冷的热源或工业干燥的热源等，低温型适用于室内供暖、家庭用热水、水产养殖等。现在许多国家为了提高地热利用率，而采用梯级开发和综合利用的办法，如热电联产联供，热电冷三联产，先供暖后养殖等。另外，在世界地热直接利中，应用地源热泵技术开发江层低温热能，已成为近年来各国地热的一大特点。它是以土壤、地下水、低温热水、地表水作为夏季制冷的冷却源、冬季采暖供热的低温热源，是实现采暖、制冷和生活用热水的一种系统。

据估计全世界地热资源的总量大约为 1.45×10^{26} J，相当于 5000 万亿 t 标准煤燃烧时放出的热量。我国地热资源约占世界总量的 7.9%，地热可采储量是已探明煤炭可采储量的 2.5 倍，其中距地表 2000 m 以内储藏的地热能为 2500 亿 t 标准煤，每年全国可开发利用的地热水总量超过 60 亿 m³。另外，大多数环太平洋地区的国家以及沿东非大裂谷的国家和环绕地中海的国家都可以开发地热能。冰岛、印度尼西亚和日本是各国中地热资源潜力最大的国家。

世界上第一座 250 kW 的商用地热电站于 1913 年在意大利建成。我国最大的地热电站在西藏羊八井，装机容量为 28 MW。至 2005 年，全世界地热电站总装机容量已超过 8900 MW 以上，但是全球已开发的地热资源只占总量的极小部分。因此，未来地热能发电和直接利用将有很大的发展空间。

4. 生物质能

生物质能是蕴藏在生物质中的能量，即太阳能以化学能形式储存在生物质中的能量。这里的生物质是指通过光合作用而形成的各种有机体，通常包括木材及森林废弃物、农业废弃物、水生植物、油料植物、城市和工业有机废弃物、动物粪便等。生物质能源利用的成分主要包括纤维素类、淀粉和脂类等。相对太阳能、风能、地热能等其他可再生能源，生物质能具有良好的存储与运输的特点，这使得生物质能的利用可以不受天气和自然条件的限制。

地球上的生物质能资源较为丰富，而且是一种无害的能源。地球每年经光合作用产生的物质有 1730 亿 t，其中蕴含的能量相当于全世界能源消耗总量的 10～20 倍，但目前的利用率不到 3%。我国拥有丰富的生物质能资源，据测算，我国理论生物质能资源为 50 亿 t 左右标准煤，是目前中国总能耗的 4 倍左右。在可收集的条件下，我国目前可利用的生物质能资源主要是传统生物质，包括农作物秸秆、薪柴、禽畜粪便、生活垃圾、工业有机废渣与废水等。农业产出物的 51% 转化为秸秆，年产约 6 亿 t，约 3 亿 t 可作为燃料使用，折合 1.5 亿 t 标准煤；林业废弃物年可获得量约 9 亿 t，约 3 亿 t 可能源化利用，折合 2 亿 t 标准煤。甜高粱、小桐子、黄连木、油桐等能源作物可种植面积超过 2000 万 hm²，可满足年产量约 5000 万 t 生物液体燃料的原料需求。畜禽养殖和工业有机废水理论上可年产沼气约 800 亿 m³。

生物质能的利用主要有直接燃烧、热化学转换和生物化学转换三种途径。生物质的直接燃烧，可分为炉灶燃烧、锅炉燃烧、垃圾燃烧和固型燃料燃烧等方式，其缺点是燃烧烟尘大、热效率低、能源浪费大，它目前和今后相当长的时期内仍将是我国农村生物质能利用的主要方式；生物质的热化学转换是指在一定温度和条件下，使生物质气化、炭化、热解和催化液化，以生产气态燃料（一般为 CO、H_2、CH_4 等混合气体）、液态燃料（焦油、生物燃油等）和化学物质的技术，按其热加工的方法不同，分为高温干馏、热解、生物质液化等方法；生物质的生物化学转换，主要指生物质在微生物的发酵作用下，生成沼气、酒精等能源产品，包括生物质—沼气转换和生物质—乙醇转换等，其中沼气技术是生物质化学转换方法中应用最广泛的一种，它是将有机物质在厌氧环境中，通过微生物发酵生成可燃的甲烷气体。

综上所述，联合国粮农组织认为，生物质有可能成为未来可持续能源系统的主要能源，扩大其利用是减排 CO_2 的最重要的途径，应大规模植树造林和种植能源作物，并使生物质从"穷人的燃料"变成高品位的现代能源。

5. 核能与核电站

核能俗称原子能，它是原子核里的核子（中子或质子），重新分配和组合时释放出来的能量。这种能量的释放方式有两种：一是重元素的裂变，如铀的裂变，天然铀-238 自然分裂成两个或几个中等质量的原子核时，会同时释放出大量的能量；二是轻元素的聚变，如氘、氚、锂等。核聚变的原理是两个轻原子核结合成一个较重的原子核，释放出巨大能量，如太阳能的形成就是这种核聚变反应。维持其巨大的能量而释放受控聚变的情况下，释放能量的装置称为聚变反应堆，其优点是聚变反应不产生裂变碎片，所以其放射性影响不如核裂变那么严重。

核能具有威力巨大的特点。例如，1kg 铀原子核全部裂变释放出来的能量，约等于 2700t 标准煤燃烧时所放出的化学能。一座 100 万 kW 的核电站，每年只需 25～30t 低浓度铀核燃料，运送这些核燃料只需 10 辆卡车，而相同功率的煤电站，每年则需要超过 300 万 t 原煤，运输这些煤炭要 1000 列火车。与核裂变释放的能量相比较而言，核聚变反应释放的能量则更巨大。据测算 1kg 煤只能使一列火车开动 8m，1kg 裂变原料可使一列火车开动 4 万 km，而 1kg 聚变原料可以使一列火车行驶 40 万 km，相当于地球到月球的距离。

因而在能源发展史上，核能的和平利用（核能发电和核能供热）是一件划时代的大事。目前核电与火电、水电构成的常规电站是电力的主要来源。核能发电，利用核反应堆中核裂变所释放出的热能进行发电的方式，它与火力发电极其相似，只是以核反应堆及蒸汽发生器来代替火力发电的锅炉，以核裂变能代替矿物燃料的化学能。除沸水堆外（见轻水堆），其他类型的动力堆都是一回路的冷却剂通过堆心加热，在蒸汽发生器中将热量传给二回路或三回路的水，然后形成蒸汽推动汽轮发电机。沸水堆则是一回路的冷却剂通过堆心加热变成 70 个大气压左右的饱和蒸汽，经汽水分离并干燥后直接推动汽轮发电机。

到目前为止，核能发电技术已经历了四代的发展。第一代核电技术是试验性和发展原型核电机组，其标志的成果是 1954 年苏联建成世界上首座电功率为 5000kW 的试验性原子能电站和 1957 年美国建成电功率为 90000kW 的希平港原型核电站。第二代核电技术始于 20 世纪 60 年代中期，在试验性和原型核电机组基础上，陆续建成电功率在 30 万 kW 以上的压水堆、沸水堆、重水堆等核电机组，称为第二代核电机组。它们在进一步证明核能发电技术可行性的同时，使核电的经济性也得以证明——可与火电、水电相竞争。第三代核电构思于 20 世纪 90 年代，美国国电力研究院于 20 世纪 90 年代出台了"先进轻水堆用户要求"文件（Utility Requirements Document，URD），是指用一系列定量指标来规范核电站的安全性和经济性。同时，欧盟也出台了与美国类似的"欧洲用户对轻水堆核电站的要求"表达了与 URD 文件相同或相似的看法。另外，国际原子能机构也对其推荐的核安全法规（NUSS 系列）进行了修订补充，进一步明确了防范与缓解严重事故、提高安全可靠性和改善人为因素工程等方面的要求。因而，国际上通常把满足"先进轻水堆用户要求"文件或"欧洲用户对轻水堆核电站的要求"文件的核电机组称为第三代核电机组。第四代核电技术始于 2000 年 1 月，在美国能源部的倡议下，美国、英国、瑞士、南非、日本、法国、加拿大、巴西、韩国和阿根廷等 10 个有意发展核能利用的国家派专家参加了"第四代国际核能论坛"，并于 2001 年 7 月共同签署了合作研究开发第四代核能系统的合约。第四代核能系统开发的目标为：2030 年前创新地开发出新一代核能系统，使其在安全性、经济性、可持续发展性、防核扩散、防恐怖袭击等方面都有显著提高；研究开发不仅包括用于发电或制氢等的核反应堆装置，还包括核燃料循环，以达到组成完整核能利用系统的目标。目前正在发展研究的第四代核系统，主要包括三种热中子堆（超临界水冷堆、超高温气冷堆和熔盐堆）和三种快中子堆（带有先进燃料循环的钠冷快堆、铅冷快堆和气冷快堆）。

根据英国石油公司《BP 世界能源统计年鉴 2011》公布，2010 年全球核电发电量 27672 亿 kW 时，同比增长 2.0%。美国核电消费量 8494 亿 kW 时，占全球总量的 30.7%，位居世界第一。法国和日本分别位居第二和第三。我国核电消费量 739 亿 kW 时，占全球的 2.7%，位居世界第九，远小于核能在能源结构中世界平均水平所占的比例。从国务院批准的《核电中长期发展规划（2005–2020 年)》可以看出我国对核电发展的战略由"适度发展"变为"积极发展"，在这样的背景下，我国的核电能源获得很好的发展机遇。按照规划，到 2020 年中国将建成 13 座核电站。核电占全部电力装机容量的比重从现在不到 2% 提高到 4%，核电年发电量达到 2600 亿 ~ 2800 亿 kW。2005 ~ 2010 年，核电装机容量年复合增长率达到 11.9%；2010 ~ 2020 年，装机容量年复合增长率达到 12.8%。

因而，发展核能对于我国的可持续发展具有重要的战略意义，它将确保我国长期的能源安全。从长远看，今后核除发电之外，还将为交通运输和工业供热（如可用核能产氢和海水淡化等）提供能源，逐步取代日益短缺的石油资源。

3.3.4　新能源之节能

1. 节能基本概念

我国处于能源资源高消耗的工业化中期，随着重工业化程度加深、城镇化进程提速、人口总量上升，能源资源需求将与日俱增。这使我国面临着能源资源供应紧张、生态环境容量下降、温室气体排放增加等严峻问题，发展方式的绿色转型势在必行。这种绿色的转型体现在两个方面，一是现在大力发展新能源技术，是能源供应的"开源"；二是积极推广节能减排技术，是能源供应的"节流"。节流与开源同等重要，因而，日本首先提出将节约的能源当作是除石油、煤炭、水能、核能四种主要能源外的"第五种能源"。

节能是指在能源流程各个环节，不断采用切实可行的有效措施，在满足相等需要或达到相同目的的条件下所节约和少用的能源。在《中华人民共和国节约能源法》中，节约能源（简称节能）是指加强用能管理，采取技术上可行、经济上合理以及环境和社会可以承受的措施，从能源生产到消费的各个环节，降低消耗、减少损失和污染物排放、制止浪费，有效、合理地利用能源。

节能的类型可分为直接节能、间接节能和制度节能。直接节能又称技术节能。它是指能源系统流程各环节中，由于加强企业经济管理和节能科学管理，减少跑、冒、滴、漏；改革低效率的生产工艺采用新工艺、新设备、新技术和综合利用等方法，提高能量有效利用率从而降低单位产品（工作量）的能源消费量所实现的节能。间接节能又称结构节能，是指通过合理调整、优化经济结构，产业结构和产品结构，提高产品质量，节约使用各种物资等途径而达到的节约效果。制度节度，是指通过各种规章、制度、条例以及法律等行政措施约束或规范劳动者的行为，从而达到降低能耗、节约能源的目的。

节能量是一个相对比较的量，需要在一些基础指标计算的前提下，通过对比得出节能量。目前用来计算能源节约量的基础指标主要有三个：①单位产值综合能源消费量，如观察全国、各地区节能总水平时采用的单位国内生产总值综合能源消费量；观察工业节能水平时采用的单位工业产值（或增加值）工业综合能源消费量等。②单位产品产量（工作量）综合能源消费量，是观察生产某一种产品产量（工作量）所消耗的各种能源的总和的节约水平时采用的指标，如考核指标"吨钢综合能耗"等。③单位产品产量（工作量）单项能源消费量，是观察生产某一种产品产量（工作量）所消耗的某一种能源的节约水平时采用的指标，如每吨原煤耗电，每吨生铁耗焦炭等。

2. "十二五"我国节能目标与措施

我国政府在 2011 年在《"十二五"节能减排综合性工作方案》中提出节能减排的总目标是：到 2015 年，全国万元国内生产总值能耗下降到 0.869t 标准煤（按 2005 年价格计算），比 2010 年的 1.034t 标准煤下降 16%，比 2005 年的 1.276t 标准煤下降 32%，"十二五"期间，实现节约能源 6.7 亿 t 标准煤。2015 年，全国化学需氧量和二氧化硫排放总量分别控制在 2347.6 万 t、2086.4 万 t，比 2010 年的 2551.7 万 t、2267.8 万 t 分别下降 8%；全国氨氮和氮氧化物排放总量分别控制在 238.0 万 t、2046.2 万 t，比 2010 年的 264.4 万 t、2273.6 万 t 分别下降 10%。

为了实现我国"十二五"节能减排目标，主要采取以下 8 方面措施。

（1）合理控制能源消费总量。建立能源消费总量预测预警机制，跟踪监测各地区能源消费总量和高耗能行业用电量等指标，对能源消费总量增长过快的地区及时预警调控。在大气联防联控重点区域开展煤炭消费总量控制试点。

（2）强化重点用能单位节能管理。依法加强年耗能万吨标准煤以上用能单位节能管理，开展万家企业节能低碳行动，实现节能 2.5 亿 t 标准煤。落实目标责任，实行能源审计制度，开展能效水平对标活动，建立健全企业能源管理体系。

（3）加强工业节能减排。重点推进电力、煤炭、钢铁、有色金属、石油石化、化工、建材、造纸、纺织、印染和食品加工等行业节能减排，明确目标任务，加强行业指导，推动技术进步，强化监督管理。发展热电联产，推广分布式能源。开展智能电网试点。推广煤炭清洁利用，提高原煤入洗比例，加快煤层气开发利用。

（4）推动建筑节能。制定并实施绿色建筑行动方案，从规划、法规、技术、标准、设计等方面全面推进建筑节能。新建建筑严格执行建筑节能标准，提高标准执行率。做好夏热冬冷地区建筑节能改造。推动可再生能源与建筑一体化应用，推广使用新型节能建材和再生建材，继续推广散装水泥。加强城市照明管理，严格防止和纠正过度装饰和亮化。

（5）推进交通运输节能减排。加快构建综合交通运输体系，优化交通运输结构。积极发展城市公共交通，科学合理配置城市各种交通资源，有序推进城市轨道交通建设。提高铁路电气化比重。实施低碳交通运输体系建设城市试点，深入开展"车船路港"千家企业低碳交通运输专项行动，全面推行不停车收费系统，实施内河船型标准化，优化航路航线，推进航空、远洋运输业节能减排。全面推行机动车环保标志管理，探索城市调控机动车保有总量，积极推广节能与新能源汽车。

（6）促进农业和农村节能减排。加快淘汰老旧农用机具，推广农用节能机械、设备和渔船。推进节能型住宅建设，推动省柴节煤灶更新换代，开展农村水电增效扩容改造。发展户用沼气和大中型沼气，加强运行管理和维护服务。治理农业面源污染，加强农村环境综合整治，实施农村清洁工程，规模化养殖场和养殖小区配套建设废弃物处理设施的比例达到 50% 以上，鼓励污染物统一收集、集中处理。因地制宜推进农村分布式、低成本、易维护的污水处理设施建设。推广测土配方施肥，鼓励使用高效、安全、低毒农药，推动有机农业发展。

（7）推动商业和民用节能。在零售业等商贸服务和旅游业开展节能减排行动，加快设施节能改造，严格用能管理，引导消费行为。宾馆、商厦、写字楼、机场、车站等要严格执行夏季、冬季空调温度设置标准。在居民中推广使用高效节能家电、照明产品，鼓励购买节能环保型汽车，支持乘用公共交通，提倡绿色出行。减少一次性用品使用，限制过度包装，抑制不合理消费。

（8）加强公共机构节能减排。公共机构新建建筑实行更加严格的建筑节能标准。加快公共机构办公区节能改造，完成办公建筑节能改造 6000 万 m^2。国家机关供热实行按热量收费。开展节约型公共机构示范单位创建活动，创建 2000 家示范单位。推进公务用车制度改革，严格用车油耗定额管理，提高节能与新能源汽车比例。建立完善公共机构能源审计、能效公示和能耗定额管理制度，加强能耗监测平台和节能监管体系建设。支持军队重点用能设施设备节能改造。

3. 国外节能简介

当今世界能源供应成为各国关注的焦点，这关系到人类可持续发展的生存需要。以传统能源采用新技术，提高能源效率，成为各国研究课程。

1）日本

日本是能源、资源短缺国家，它制定了能源政策的两个计划：①日光计划（sunshine project），利用太阳能、地热能、煤的气化和液化、开发氢能等高新技术获得更多能源；②月光计划（moonlight project），节能和废热综合利用技术是开发能源途径的重要方面，尽管开发利用保护环境并推进经济增长的能源生产技术是一个重要目标，但此战略只解决了问题的一个方面，另一方面是能源需求，加强节能正是减缓当前全球能源各种危险的努力中最有希望的选择。

为了让普通日本人能够在选择时货比三家，日本节能中心每隔半年向人们公布一次节能产品排行榜。在日本销售的冰箱不仅要标出产品的电器价格，而且要标明每年节约电费的钱数。房地产公司也积极推出节能住宅，2004 年度节能住宅大奖被积水房产获得，该住宅利用隔热材料作为建材，使用太阳能发电，和 20 世纪 80 年代相比，平均每年节约能源 62%，是名副其实的"环保之家"。

2）美国

家庭能耗占美国总能源消耗的 15%，在此背景下，美国国家环境保护局在 20 世纪 90 年代推出了商品节能标志体系"能源之星"，符合节能标准的商品会贴上带有绿色角星的标签，并放入美国环保局商品目录进行推广。

3）德国

在石油几乎 100%、天然气 80% 依赖进口的德国，通过信息咨询、政策法规和资金扶持等多种手段调动个人和企业节能的积极性。

使用节能家电：产品能耗标签制度是德国根据欧共体《能源消耗标示法规》制定的相应法规。目前灯泡、冰箱、洗碗机、洗衣机和衣物烘干机上都有这种标签，其中，A 代表低能耗，G 代表高能耗，中间还有 B、C、D、E、F 几个等级。

买能耗低的房子：在德国，消费者在购买或租赁房屋时，建筑开发商必须出具一份"能耗证明"告诉消费者这个住宅每年的能耗，主要包括供暖、通风和热水供应。这得益于 2002 年 2 月生效的德国《能源节约法》。

此外，多听专家建议，告别待机状态（电器、音响等）。这样节省电耗等于节电、节能措施得以实施。

4) 芬兰

能源资源匮乏的芬兰在节能方面的措施有以下几方面。

建筑节能，芬兰环境部于 2002 年制定了建筑物隔热新标准，新的建筑物的墙体必须要有绝热层，室内要有通风设备，这样的措施估计可使建筑物热能消耗减少 10% ~ 15%。

热电联产和集中供暖，分布在全国各地的热电厂利用发电过程中产生的余热将水加热并通过密布在城市地下的供暖管道被送加热电厂加热后循环使用。在首都赫尔辛基，93% 的建筑物都是采取集中供暖方式。高能效新工艺，工业企业采用先进自动化和控制技术以及新的能源回收技术。

经济手段促进节能，芬兰是世界上第一个根据能源中碳含量收到能源税的国家。每年收取的能源税近 30 亿欧元，约占芬兰整个税收的 9%。

充分利用可再生资源，目前，芬兰各种再生能源使用量已占芬兰整个能源消耗的 1/4，主要包括：利用造纸工业生产中产生的生物淤泥和废木料作燃料，利用水力、风力发电以及太阳能等。

3.3.5　能源的可持续利用

自 20 世纪 90 年代以来，可持续发展逐渐成为各国资源环境政策的中心目标和指导性原则。能源利用的方式一直影响着环境问题的解决，因为能源的生产和利用，无论对大气污染、酸雨、森林减少等区域环境问题，还是气候变化、臭氧层损耗等全球环境问题，都是最主要的影响因素。因此，如何在环境承载能力之内来满足人类对能源的可持续利用就显得十分重要。

能源可持续利用的本质是建立一种满足社会经济持续发展的动态能源结构，努力做到经济发展与能源利用的协调，最终使经济发展与人口、资源、环境达到整体协调。为研究能源与可持续发展的关系，美国学者 H. Cabezas 教授在 2006 年提出了一种表述国民生产总值、人口数量和能源利用效率等相互关系的能源可持续利用不等式方程。

$$E'(J/t) = E'(+ \mathrm{WGDP}, \ + H, \ - \eta) \tag{3-1}$$

式中，E' 表示能源消耗的速率，即单位时间消耗的能源（单位：Joules per units of time）；WGDP 表示国民生产总值（单位：美元）；H 表示人口总量；η 是一个无量纲的因子，表示能源的利用效率；符号+表示增加函数关系，符号–表示减函数关系，即

$$\partial E'/\partial \mathrm{WGDP} \geqslant 0, \ \partial E'/\partial H \geqslant 0, \ \partial E'/\partial \eta \leqslant 0 \tag{3-2}$$

显然，GDP 增长会加快能源消耗，即能源消耗速度增大；人口增加，也同使能源消耗速率加快；但是能源利用效率提高，则能源消耗速率会降低，因而减函数的关系。假设 IE 表示每消耗 1J 能源所产生的环境影响，那么要保持能源的可持续利用，必须在以下 4 种策略中选择。

（1）调整产业结构，使 $|\partial E'/\partial(\mathrm{WGDP})| \approx 0$，或尽可能地小，其含义是在保持 GDP 增长的前提下，不增加能源消耗速率。因此，必须通过调整产业结构，降低单位 GDP 的能源消耗。目前，我国经济增长过于依赖第二产业，低能耗的第三产业发展滞后、比重偏低。从工业内部结构看，高能耗行业比重大，特别是高耗能的一般加工工业生产能力过剩，高技术含量、高附加值、低能耗的行业比重低。根据国家资源局统计数据显示：2004 年，世界能源消费强度（单位 GDP 产出消耗的能源量）为 2.5t 油当量/万美元 GDP，而中国为 8.4t 油

当量/万美元 GDP，是世界平均水平的 3.36 倍，美国的 4 倍多，日英德法等国的近 8 倍。因此，解决能源问题的可持续利用问题，首先要大力调整和优化经济结构，逐步形成"低投入、高产出、低消耗、少排放、能循环、可持续"的经济增长方式。

（2）改变社会结构，减少人口数量，使 $|\partial E'/\partial(H)| \approx 0$，或尽可能地小。这意味着在人口增加的前提下，不增加能源使用速率。美国人口占全世界总人口的 5%，却消耗了全世界 25% 的能源，中国的人口是美国的 4.3 倍，中国的人均能耗大约是美国的 1/6。如果中国的人均能耗提高到美国的水平，那就意味着全世界的能源都给中国也不够用。因此中国必须走节能的发展道路，需要放弃美国式的"奢侈性高消费模式"，树立绿色消费意识，应提倡一种适度消费模式，提高消费质量。有必要普及大众环境保护意识，在全社会形成崇尚节约能源、科学消费的理念，使绿色环保能源观念深入人心，营造"人人讲节约、事事讲节约、时时讲节约"的氛围。

（3）提高能源效率，使 $|dE'/dt| > 0$，或者尽可能地大。这显示技术革新可以减少能源消耗过程中的损耗，使能源利用效率接近热力学的极大值。能源效率衡量从能源利用获得有用功的能力。美国自 1973 年以来经济增长 165%，同期，能源使用只增加了 34%，国家的能源效率翻了一番。但今天全世界能源利用所产生的热能一半以上都被浪费了，没有被用来满足能源需求。我国能源效率平均水平远远低于发达国家，因此在降低能耗、节约能源、减少污染物排放方面还有很大空间。坚持节能发展、源头控制是实现可持续的科学发展的最佳途径。要提高能源利用效率，缩小与国际先进水平的差距，必须依靠科技进步，不断增强自主创新能力。

（4）大力发展应用绿色环保能源技术，使 $|dI_E/dt| > 0$，或者尽可能地大。意味着随着时间的推移，采用环境友好型技术，减少能源使用中的环境影响。加强能源需求侧管理与研究，扩大电力、天然气、煤气等清洁能源在能源消费中的比重，减少煤、生物质等的直接燃烧，提倡以电代煤、以气代煤、以电代油等措施，大力发展清洁能源，以及积极开发清洁燃烧技术，如煤的汽化、液化，煤的洗选，烟气脱硫、脱硝技术等，以减少煤的利用过程中对环境的影响。

本章彩图见彩图 3-1 ~ 彩图 3-10。

参 考 文 献

北京市建设委员会 . 2006. 新能源与可再生能源利用技术 . 北京：冶金工业出版社

陈勇 . 2007. 中国可持续发展总纲（第 3 卷）：中国能源与可持续发展 . 北京：科学出版社

崔吉峰，李翔，乞建勋等 . 2008. 中国能源可持续利用模式思考 . 华北电力技术，(5)：49-52

村濑诚，刘延恺 . 2005. 把雨水带回家：雨水收集利用技术和实例 . 北京：同心出版社

戴彦德，任东明 . 2005. 从我国社会经济发展所面临的能源问题看可再生能源发展的地位和作用 . 可再生能源，(2)：5-7

樊东黎 . 2011. 世界能源现状与未来 . 金属热处理，36（10）：119-131

费雷德·辛格，丹尼斯·T. 艾沃利 . 全球变暖——毫无由来的恐慌 . 林文鹏，王臣立译 . 2008. 上海：上海科学技术出版社

国家林业局森林资源管理司 . 2010. 第七次全国森林资源清查及森林资源状况 . 林业资源管理

国家统计局工交司 . 2006 年《能源统计知识手册》. http://www.hntj.gov.cn/tjabc/tjjz/200704030050.htm

胡鞍钢，吕永龙 . 2001. 能源与发展：全球化条件下的能源与环境政策 . 北京：中国计划出版社

胡乔木，吴学周 . 1983. 中国大百科全书——环境科学 . 北京：中国大百科全书出版社

黄素逸，高伟．2004．能源概论．北京：高等教育出版社

贾金生，袁玉兰，郑璀莹等．2009．中国 2008 年水库大坝统计、技术进展与关注的问题简论．现代堆石坝技术进展：第一届堆石坝国际研讨会论文集

李景明，王红岩，赵群．2008．中国新能源资源潜力及前景展望．天然气工业，28（1），149-153

联合国．1992．《21 世纪议程》第 18 章．联合国环境与发展大会．巴西

联合国粮食及农业组织（FAO）．2011．2010 年全球森林资源评估．罗马：粮农组织林业文集

联合国人口基金．2009．2009 年世界人口状况报告．纽约

联合国人口基金．2010．2010 年世界人口状况报告．纽约

联合国人口基金．2011．2011 年世界人口状况报告．纽约

刘足堂．2007．现代企业应重视开发第五能源——节能节电．甘肃科技纵横．2007，36（2）：63-64

麦克尔罗伊 M B．能源、展望、挑战与机遇．王聿绚，郝吉明，鲁玺译．2011．北京：科学出版社

彭补拙，濮励杰，黄贤金．2007．资源学导论．南京：东南大学出版社

孙鸿烈．2000．中国资源科学百科全书．东营：中国石油大学出版社，北京：中国大百科全书出版社

孙晓仁，孙怡玲．2004．21 世纪世界能源发展的 10 个趋势．科技导报．6（5）：50-51

王舜，张颖．2007．关于能源与环境关系的历史考察与对策研究．生产力研究．（8）：68-69

王秀娟，刘忠庆．2011．能源消费增速创新高——BP《世界能源统计 2011》解读．中国石油石化，（14）：44-45

王彦彭．2011．能源可持续利用、环境治理与内生经济增长．管理世界，（4）：1-4

吴开尧，朱启贵．2011．国内节能减排指标研究进展．统计研究，28（1）：16-21

谢高地．2009．自然资源总论．北京：高等教育出版社

熊焰．2010．低碳之路：重新定义世界和我们的生活．北京：中国经济出版社

徐炜，陈甫林，洪惠明．2009．新能源概述．杭州：浙江科技出版社

英国石油公司．BP 世界能源统计年鉴 2011．www.bp.com/statisticalreview

张岳．2000．中国水资源与可持续发展．南宁：广西科学技术出版社

中华人民共和国环境保护部．2010 中国环境状况公报．http://www.mep.gov.cn/

中华人民共和国国家统计局．2006．国际统计年鉴 2005．北京：中国统计出版社

中华人民共和国国土资源部．2011．中国矿产资源报告（2011）．北京：地质出版社

中华人民共和国水利部．2009．2008 年全国水利发展统计公报．北京：中国水利水电出版社

周远清．2010．中国的绿色发展道路——节能、减排、循环经济．济南：山东人民出版社

UNESCO，WMO．2001．水资源评价：国家能力评估手册．李世明译．郑州：黄河水利出版社

Geoffrey PH. 2004. Towards sustainability: energy efficiency, thermodynamic analysis, and the 'two cultures'. Energy Policy, 32 (16): 1789-1798

Heriberto Cabezas. 2006. On energy and sustainability. Clean Technology Environmental Policy, 8 (3): 143-145

思 考 题

1. 为何说人口问题是产生环境问题的重要根源。
2. 简述开发与保护水资源的生态环境核心。
3. 简述保护资源的现实意义。
4. 简述新能源技术开发的重要意义和研究方向。
5. 分析中东地区持续的战乱或社会动荡是否与当前世界能源利用的现实特性有关。

第4章 大气环境

地球大气层是地球四大生态圈之一，大气层中各种组分及其含量构成了大气生态环境，是地球生态环境系统的重要组成部分。

4.1 大气环境与污染

4.1.1 地球大气环境的演变

据地质考证，人类生活的地球历史大约为 46 亿年。地球在形成初期是一个炙热的大火球，地球上既没有生命存在，也没有圈层的分化，地球只是一个混沌的星体。地球表面包围着的大气环境中的雾气，只包括 N_2、CO_2、H_2 和 CH_4，是一个还原性的大气圈，没有 O_2 和 O_3。

地球发育史上第一个重要事件是水的出现。大约在 38 亿年以前，在某种机制的作用下，地球上出现了水。水分的蒸发和降雨，降低了地表的温度，产生了河流、湖泊和海洋，构成了水圈，为地球生命的出现创造了最基本的条件，同时也开始了地球大气环境的演变。在地球形成初期，大气组成与现在截然不同，氧气含量极低。

地球发育史上的第二个重要事件是生命的出现。在强烈的高能紫外线的作用之下，大气圈内的无机物成分经过数亿年的照射被还原成为简单的有机物，并形成了最简单的生命前体，即原始生命。由于还原性的大气圈不能向地球表面提供必要的保护，为躲避强烈紫外线的袭击，这些有生命的有机体，在原始的海洋中汇聚起来，经过漫长的岁月，形成了最初的地球生命——原始菌类。早期细菌通过发酵作用取得能量，并在生命过程中释放出二氧化碳，逐渐改变了原始大气的组成。到大约 20 亿年前，出现了更为进化的细菌和蓝藻等生物，从此，开始了一种新的生命过程——光合作用（photosynthesis），大气圈中首次出现了氧气。由于游离的氧气产生，进一步促进了生命进化。经过大约 4 亿年的积累，到距今 16 亿年以前，一个含氧的大气圈终于形成。性质极其活泼的氧气对大气圈进行了一场"氧革命"，导致还原性的原始大气逐渐向含有二氧化碳、水和臭氧的氧化性大气转化。这一过程不仅进一步改变了大气圈的组成，而且臭氧在高空的积累逐渐形成了保护地球生命物质的臭氧层，为更高等的海洋生物进化和生命登陆创造了条件。

经过几十亿年的进化，地球生态系统孕育了各种各样的生物物种，在相互影响下形成了今天的地球大气生态环境。可以说地球的生命生存环境是地球演变过程中在生命活动参与下，生物与环境相互影响、相互制约、转化统一的结果。表 4-1 为金星、地球、火星大气层中的化学组分含量，表中数据说明在太阳系中仅有地球具备生物生存的生态条件。

表 4-1　行星大气的化学组成　　　　　　　　（体积:%）

成分	金星	地球	火星
氩（Ar）	19×10^{-6}	0.93	1.6
氮（N_2）	3.4	78	2.7
氧（O_2）	69×10^{-6}	21	0.13
二氧化碳（CO_2）	96.0	0.03	95.0
水蒸气（H_2O）	0.14	0.5	0.02

资料来源：不破敬一郎，1995

4.1.2　地球大气圈结构与组成

1. 大气圈的垂直结构

地球表面环绕着一层很厚的气体称为环境大气或地球大气，简称大气。国际标准化组织（International Organization for Standardization，ISO）对大气的定义：大气（atmosphere）是指环绕地球的全部空气的总和（the entire mass of air which surrounds the earth）。地球大气圈是人类及生物赖以生存的必不可少的生态圈之一。自然地理学将受地心引力而随地球旋转的大气层称为大气圈。大气圈与宇宙空间之间很难确切划分，在大气物理学和环境气象学研究中，常把大气圈的上界定为1200~1400km。在1400km以外气体变得非常稀薄，这就是宇宙空间了。

大气圈的垂直结构常以大气组分的分布状态或气象要素的垂直分布情况进行划分。大气成分的垂直分布，主要取决于分子扩散和大气湍流扩散的强弱。在80~85km以下的大气层中，以湍流扩散为主，称作均质大气层（简称均质层），是生物生存的空间大气层。此层大气成分组成比例几乎不变，N_2占78%，O_2占21%，其他气体为1%。在均质层以上的大气层中以分子扩散为主，气体组成随高度变化很大，称为非均质层。在非均质层中较轻的气体成分有明显增加，化学成分明显不同，人类难以生存。不同高度的化学组分分别为：分子氮层（N_2，90~200km）、原子氧层（[O]，200~1100km）、原子氮层（[N]，700~2200km）、原子氢层（[H]，2200~6000km）。

根据气温在垂直于下垫面（即地球表面）方向上的分布，可将大气圈分为五层：对流层、平流层、中间层、暖层和散逸层（图4-1）。

（1）对流层（Troposphere）：对流层是大气圈中最接近地球表面的一层，平均高度为10~12km。对流层集中了整个大气质量的3/4和几乎全部水蒸气，在这一层中，大气上下有规则的对流和无规则的湍流运动都比较盛行，加上水汽充足，直接影响着大气污染物的传输、扩散和转化。

（2）平流层（Stratosphere）：从对流层顶到50~55km高度的一层称为平流层。在25~35km左右的一层，气温几乎不随高度变化，为-55℃左右，所以称为同温层。从此向上到平流层顶，气温随高度增高而增高，至平流层顶达-3℃左右，也称逆温层。平流层集中了大气中大部分臭氧（O_3），并在20~25km的高度上达到最大值，形成一层薄薄的臭氧层（Ozone layer，3mm）。臭氧层能强烈吸收波长为200~300nm的太阳紫外线，保护地球上的生命免受紫外线伤害。在平流层中，几乎没有大气对流运动，大气垂直混合微弱，极少出现雨雪天气，所以进入平流层中的大气污染物的停留时间很长。特别是进入平流层的氟氯烃（CFC$_S$）等大气污染物，能与臭氧发生光化学反应，致使臭氧层的臭氧逐渐减少，形成"臭氧空洞"（Ozonosphere hole）。

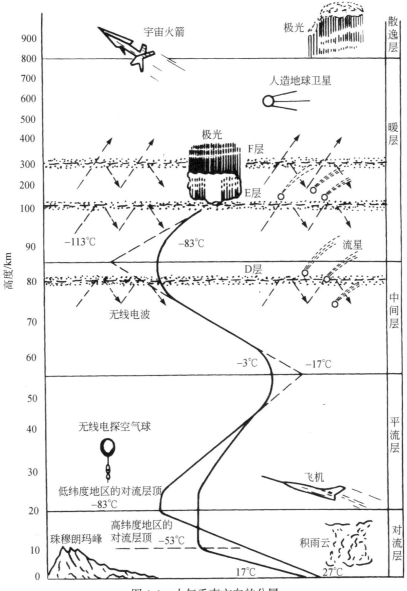

图 4-1　大气垂直方向的分层

（3）中间层（Mesosphere）：从平流层顶到 85km 高度的一层称为中间层。这一层的特点是，气温随高度升高而迅速降低，其顶部气温可达-83℃以下。因此大气的对流运动强烈，垂直混合明显。

（4）暖层（Thermosphere）：从中间层顶到 800km 高度为暖层。其特点是在强烈的太阳紫外线和宇宙射线作用下，再度出现气温随高度升高而增高的现象。暖层中的气体分子被高度电离，存在着大量的离子和电子，所以又称为电离层。

（5）散逸层（Exosphere）：暖层以上的大气层统称为散逸层。它是大气的外层，气温很高，空气极为稀薄，空气粒子的运动速度很高，可以摆脱地球引力而散逸到太空中。

2. 地球大气组成

地球大气是多种气体组分的混合体，其组成可以分为三部分：干燥清洁的空气、水蒸气和各种杂质。干洁空气的主要成分是氮（N_2）、氧（O_2）、氩（Ar）和二氧化碳（CO_2）气体，其体积分数占全部干洁空气的 99.996%；氖（Ne）、氦（He）、氪（Kr）、甲烷（CH_4）等次要成分只占 0.004% 左右。表 4-2 列出了乡村或远离大陆的海洋上空典型的干洁大气的化学组成。

表 4-2　干洁大气的化学组成

成分	相对分子质量	体积分数/%	成分	相对分子质量	体积分数/10^{-6}
氮（N_2）	28.01	78.084±0.004	氖（Ne）	20.18	18
氧（O_2）	32.00	20.946±0.002	氦（He）	4.003	5.2
氩（Ar）	39.94	0.934±0.001	甲烷（CH_4）	16.04	1.2
二氧化碳（CO_2）	44.01	0.033±0.001	氪（Kr）	83.80	0.5
			氢（H_2）	2.016	0.5
			氙（Xe）	131.30	0.08
			二氧化氮（NO_2）	46.05	0.02
			臭氧（O_3）	48.00	0.01~0.04

在 80~85km 以下的均质大气层中，由于大气的垂直运动、水平运动、湍流扩散及分子扩散，使得不同高度、不同地区的大气得以交换和混合，干洁大气的组分基本保持不变。在人类经常活动的范围内，地球上任何地方干洁空气的物理性质基本相同。需要提出的是，由于参与了地球生态系统的物质循环过程，干洁大气中的二氧化碳组分的含量是非恒定的。二氧化碳是一种"温室气体"，人类活动的影响导致地球大气中二氧化碳组分的浓度越来越高，产生了"温室效应增强"，对地球大气生态环境带来了影响。

大气中的水蒸气含量，平均不到 0.5%，而且随着时间、地点和气象条件等不同而有较大变化，其变化可达 0.01%~4%。大气中的水蒸气含量虽然很少，但却导致了各种复杂的天气现象（云、雾、雨、雪、霜、露等）。这些现象不仅引起大气中湿度的变化，而且还导致大气中热能的输送和交换。此外，水蒸气吸收太阳辐射的能力较弱，但吸收地面长波辐射的能力却较强，所以对地面的保温起着重要的作用。

大气中的各种杂质是由于自然过程和人类活动排放到大气中的各种悬浮微粒和气态物质形成的。大气中的悬浮微粒，除了由水蒸气凝结成的水滴和冰晶，主要是各种有机的或无机的固体微粒。有机微粒数量较少，主要是植物花粉、微生物等。无机微粒数量较多，主要有岩石或土壤风化后的尘粒，流星在大气层中燃烧后产生的灰烬，火山喷发后留在空中的火山灰，海洋中浪花溅起在空中蒸发留下的盐粒，以及地面上燃料燃烧和人类活动产生的烟尘等。

大气中的各种气态物质，也是由于自然过程和人类活动产生的，主要有硫氧化物、氮氧化物、一氧化碳、二氧化碳、硫化氢、氨、甲烷、甲醛、烃蒸气和恶臭气体等。

在大气中的各种悬浮微粒和气态物质中，有许多是引起大气污染的物质。它们的分布是随时间、地点和气象条件的变化而变化的，通常是陆上多于海上，城市多于乡村，冬季多于夏季。它们的存在，对太阳辐射的吸收和散射，对云、雾和降水的形成，对大气中的各种光学现象，皆具有重要影响，因而对大气污染也具有重要影响。

4.1.3　大气污染与大气生态环境变化

大气污染是指由于人类活动或自然过程引起某些物质进入大气中，呈现出足够的浓度，达到了足够的时间，并因此而危害了人体的舒适、健康和福利，或危害了地球生态环境。所谓人类活动不仅包括生产活动，而且也包括生活活动，如做饭、取暖、交通等。自然过程，包括火山活动、森林火灾、海啸、土壤和岩石的风化及大气圈中空气运动等。一般说来，由于自然环境具有一定的物理、化学和生物机能（即自然环境的自净作用），自然过程造成的大气污染，经过一定时间后会自动消除（生态系统的自动平衡与恢复功能）。所以可以说，大气污染主要是人类活动造成的。

大气污染对人体的舒适、健康的危害，包括对人体的正常生活环境和生理机能的影响，引起急性病、慢性病乃至死亡等；而所谓福利，是指与人类协调并共存的生物、自然资源以及财产、器物等。

按照大气污染的范围来分，大致可分为四类：①局部地区污染，局限于小范围的大气污染，如受到某些烟囱排气的直接影响；②地区性污染，涉及一个地区的大气污染，如工业区及其附近地区或整个城市大气受到污染；③广域污染，涉及比一个地区或大城市更广泛地区的大气污染；④全球性污染，涉及全球范围的大气污染。局地性和地区性大气污染会对人体健康带来直接的危害，产生瞬时的影响。全球性大气污染指的是大气生态环境变化对地球环境系统产生的广泛而深远的、难以恢复的生态影响。

引起全球大气环境问题的物质与传统的"污染物质"是不同的，它不仅对处于排放源附近的生物有害，即与局部高浓度有关，而且在环境中通过大气运动、扩散稀释后，在一个很宽广的空间、时间范围内给地球生态环境造成影响。也就是说，被排放到环境中的物质，有的并不对人体及环境中的生物有直接的危害，从传统意义上来看，甚至不会认为是有害物质。然而，其对地球环境的间接危害及生态影响却不容忽视。目前公认的大气生态环境变化对地球生态系统的影响主要表现为如下三大问题。

1. 温室效应（greenhouse effect）

大气中的二氧化碳（CO_2）和其他微量气体，如甲烷（CH_4）、氧化亚氮（N_2O）、臭氧（O_3）、氯氟烃（CFCs）、水蒸气（H_2O）等，可以使太阳短波辐射几乎无衰减地通过，但却可以吸收地表面散发的长波辐射，二氧化碳和这些微量气体被称作为"温室气体"。"温室气体"产生的"温室效应"是维系地球表面一定的温度以及生命过程的重要保证。二氧化碳是最重要的温室气体，由于化石燃料的大量使用和森林破坏而引起的大气中二氧化碳浓度的增加，使得温室效应不断增强，正在诱发"全球气候变暖问题"。据监测，1850年以来，人类活动使大气中CO_2浓度由$280×10^{-6}$增加到2005年的$375×10^{-6}$。联合国政府间气候变化专门委员会（Intergovernmental Panel on Climate Change，IPCC）在1990年气候变化第一次评估报告中指出，在过去的100多年中，全球地面平均温度上升了$0.3\sim0.6℃$，地球上的冰川大部分后退，海平面上升了$12\sim22cm$。1997年IPCC发表的第四次全球气候变化评估报告指出，全球气候变暖已经是"毫无争议"的事实，人为活动"很可能"是导致气候变暖的主要原因。从1997年开始到2010年，全球平均气温"最可能的升高幅度"是$1.8\sim$

4℃，海平面也会因此升高 18 ~ 59cm。如果气温升高幅度超过 1.5℃，全球 20% ~ 30% 的动植物物种面临灭绝；升高幅度超过 3.5℃，全球 40% ~ 70% 的动植物物种面临灭绝。

2. 酸雨（acid rain）

在清洁的空气中被 CO_2 饱和的雨水 pH 为 5.6，所以将 pH 小于 5.6 的雨、雪或其他形式的大气降水（如雾、露、霜）称为酸雨。酸雨的形成主要是因为化石燃料燃烧和汽车尾气排放的 SO_2 和 NO_x，在大气中形成硫酸、硝酸及其盐类，又以雨、雪、雾等形式返回地面，形成"酸沉降"。酸雨的危害表现在破坏森林生态系统和水生生态系统、改变土壤性质和结构、腐蚀建筑物、损害人体呼吸道系统和皮肤等方面。欧洲、北美及东亚地区的酸雨危害较严重。中国的西南、华南和东南地区的酸雨危害也相当严重。

3. 臭氧层破坏（ozone layer destruction）

大气中的臭氧（O_3）含量仅为 $1×10^{-8}$ ~ $5×10^{-8}$（0.021 ~ 0.107mg/m³），主要集中在离地面 20 ~ 25 km 的平流层中，称为臭氧层。臭氧层具有强烈吸收太阳紫外线的功能，从而保护地球上各种生命的生存和繁衍。氟氯烃（CFCs）、氮氧化物（NO_x）等物质向大气排放量的逐渐增多，是导致平流层中臭氧层破坏的主要原因。氟氯烃的化学稳定性好，在对流层中不易被分解而进入平流层，受到紫外线的照射，分解为氯自由基（Cl·），参与臭氧的消耗。Cl·自由基在反应中并不损耗，可在平流层中存在数十年，甚至上千年，一个 C1· 可消耗数十万个 O_3 分子。与此类似，臭氧的消耗反应还可以通过溴自由基（Br·）来进行。据估计，南极上空臭氧层耗竭而形成的"空洞"面积已达 2400 万 km²，在过去的一个世纪内破坏了约 60%，北半球上空臭氧层比以往任何时候都薄，欧洲和北美上空臭氧层平均减少了 10% ~ 15%，西伯利亚上空甚至减少了 35%。臭氧层的破坏将导致人类皮肤癌和角膜炎患者增加、破坏地球上的生态系统等严重问题。

传统的"公害问题"观点，仅注意到局部较狭小的空间、时间作为"利害相关的环境"，只要在这个时空内不发生公害问题就行，而不去关心该时空以外发生了什么。从这种观点来分析，二氧化碳和 CFCs 等并不被认为是有害物质，此外，对于那些随着作为文明社会发展支柱的能源活动而产生的化学物质，按传统观念认为没有必要去除，可以直接排放到大气环境中去。但是，这些物质被排放到称之为"地球号"宇宙飞船这一封闭空间内，就可以改变全球的自然环境，使大气生态环境发生变化，给地球生态系统带来深远的、难以恢复的生态影响。

4.2　碳循环破坏与地球气候变化

4.2.1　地球生态圈的碳循环与失衡

生物生产、能量流动、物质循环和信息传递是地球生态系统的主要功能。碳循环是地球生态系统能量流动和物质循环的重要组成部分，对生命过程具有非常重要的意义。

自然界中的碳循环（carbon cycle）主要以如下三种方式进行。

大气中的 CO_2 通过初级生产者的光合作用生成碳水化合物，其中一部分作为能量为植物本身所消耗，植物呼吸作用或发酵过程中产生的 CO_2 通过叶面和根部释放回到大气圈，然后再被植物利用。这是生态系统中碳循环的基本形式。

光合作用合成的碳水化合物的另一部分经过食物链被动物消耗，食物氧化产生的 CO_2 通过动物的呼吸作用回到大气圈。动物死亡后，其有机残体经微生物分解产生 CO_2 也回到大气中，再被植物利用。这是碳循环的第二种形式。

生物残体埋藏在地层中，经漫长的地质作用形成煤、石油和天然气等化石燃料。化石燃料经开采利用，通过燃烧和火山活动放出大量 CO_2，再进入生态系统的碳循环。这是碳循环的第三种形式。地球生态圈的碳循环过程如图 2-15。

在工业化发展过程中，大量化石燃料的利用，将经过亿万年时间固定的有机态碳在较短的时间内氧化成 CO_2 重返大气层，使得地球生态圈中无机碳、有机碳的循环过程失去平衡，近一百年来，大气中 CO_2 浓度有了显著增加，其后果必将对地球生态环境带来重要影响。

4.2.2 温室气体与温室效应

1. 太阳、大气和地面的热交换

太阳是地球和大气的主要热源，低层大气的增热与冷却，是太阳、大气和地面之间进行热量交换的结果。太阳是个炽热的球形体，表面温度约为 6000K，不断地以电磁波方式向外辐射能量。太阳是以紫外线（<400nm）、可见光（400~760nm）和红外线（>760nm）的形式向外辐射能量，波长在 150~4000nm 的辐射能占太阳总辐射能的 99% 左右，辐射最强波长在 600nm 附近。大气本身直接吸收太阳短波辐射的能力很弱，而地球表面上分布的陆地、海洋、植被等直接吸收太阳辐射的能力很强，因此太阳辐射到地球上的能量的大部分穿过大气而被地面直接吸收。地面和大气吸收了太阳辐射，同时按其自身温度向外辐射能量。由于地面和大气温度低，因而其辐射是低温长波辐射，波长主要集中在 3000~120000nm。大气圈中的水汽、二氧化碳等气体吸收长波辐射的能力很强，大气中的水滴、臭氧和颗粒物也能选择吸收一定波长的长波辐射。据统计，有 75%~95% 的地面长波辐射被大气所吸收，而且几乎在近地面 40~50m 厚的气层中就被全部吸收了。低层大气吸收了地面辐射后，又以辐射的方式传给上部气层，地面的热量就这样以长波辐射的方式一层一层地向上传递，致使大气自下而上增热。

2. 地球大气的温室效应

从长期平均观点来看，地球大气系统与外层空间是保持着热量平衡的。炽热的太阳以短波辐射形式向地球辐射能量，其最大能量集中在波长 600nm 处。而地面向外辐射大约相当于 285K 黑体辐射，最大能量位于波长 16000nm 附近，相对于太阳辐射来说可称之为长波辐射。大气圈中的水汽、二氧化碳等气体组分吸收该种长波辐射，并将其能量储存于低层大气中，使其保持一定的温度，该作用与温室中玻璃的保温作用相类似，故通常称为"温室效应"。"温室效应"是地球生态系统的固有现象，也是维系地球表面一定的温度以及生命过程的重要保证。

实际上大气并没有阻断"温室"内外空气对流热交换的作用。地球大气系统接受辐射和放出辐射的量值大小取决于系统内各组分的物理状态及化学性质。如果地球上不存在大气，温室效应会消失，地球处于辐射平衡后的等黑体温度可达 255K。按现有的反射率计算，全球表面温度只有 -18℃，然而实际上现在的平均温度为 15℃，显然这增高的 33℃ 是地球大气温室效应的结果（图 4-2）。

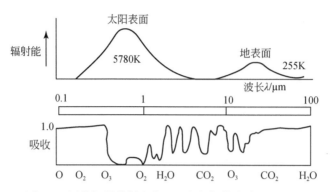

图 4-2　黑体辐射放射光能量和大气气体成分的光吸收

大气中产生温室效应的"温室气体"包括：CO_2、CH_4、O_3、CFCs、N_2O、$C_2H_3Cl_3$、CCl_4、CO、CF_3Br 等，其中有些组分是由于人类的工业生产活动过程所排放。在上述温室气体中，影响最大的是 CO_2（34400×10^{-9}）约占 55%，CH_4（650×10^{-9}）约占 15%，CFCs 约占 17%，近年来由 CH_4 及 CFCs、CO_2 以外的温室气体因浓度高而造成的影响也逐渐增加。

地球表面将太阳的辐射能，以 $3 \sim 120 \mu m$ 波长的热辐射形式释放出去，大气中的温室气体吸收了其中的一部分，然后再向上面的宇宙和下面的地面放射出去，其中向下的释放就会产生温室效应。另外一方面，大气层中的云和气溶胶能吸收放射红外线，但也能反射来自太阳的可见光（短波辐射），该种机理是对地球大气温室效应的一种平衡，甚至从总体效果上来看应使地球表面变冷。

作为大气主要成分的氮（N_2）和氧（O_2）在 $3 \sim 120 \mu m$ 波段没有吸收作用，即不会产生温室效应。在中纬度地区明朗的日子里，对温室效应的影响，水汽占 60% ~ 70%，二氧化碳（CO_2）占 25%，但是，大气中的水汽含量是由大自然所决定而平衡的，因此，温室气体不将水汽列入其中。

3. 温室气体的影响机理

如图 4-3 所示是地面 294K 的辐射能被大气中水汽、二氧化碳、臭氧、甲烷等吸收时的计算结果。某种气体分子所造成的温室效应，决定于该分子的红外吸收系数以及当时在吸收波长内来自地球辐射的强度。分子固有性质中的吸收光谱是否与图 4-3 所示的波长带吻合，取决于单位浓度下的吸收度（吸收系数）的大小。当与现有的其他分子的吸收带重合时，还有必要仔细检验比较光分解吸收光谱及其重合情况。例如，因为二氧化碳已经大量存在，所以在吸收的峰值内吸收了全光量。因此，当浓度增加时，仅仅在 $16 \mu m$ 最大吸收带的两侧增加吸收量，造成温室效应的效果很小。与此相反，氟利昂（CFCs）等在 $10 \mu m$ 附近有最大光量值吸收，并与现有温室气体的吸收不重合，所以一旦大气中的氟利昂浓度有微量增加，就会带来很大的温室效应。

自 20 世纪 80 年代以来，温室气体的成分变化及浓度增加，对温室效应影响最大的是二氧化碳（CO_2）、甲烷（CH_4）、氟利昂（CFCs）和氧化亚氮（N_2O）。

实际上，各种物质造成温室效应的强度与其持续时间也很重要。在某一时刻被排放到大气中的温室气体能带来多少年的温室效应后果，可以用"温室效应能"来进行计算。假如某种物质的寿命很短，即使造成温室效应的效果很强，但其作用很快就会消失，从长远角度来看危害不大；相反，在大气中寿命很长的物质，即使造成温室效应的效果不大，但因为存

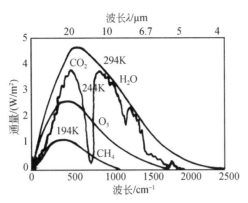

图 4-3　地面 294K 的辐射能被水、CO_2、O_3、CH_4 吸收时的结果

留时间长久而不能忽视其对大气生态环境的影响。

　　通过分析被封闭在极地冰床气泡中的空气，可以知道该冰层形成时间的大气成分。如图 4-4 所示为通过冰床外孔获取的样品冰测定所得 250 年间二氧化碳浓度的变化。

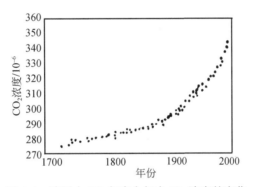

图 4-4　冰层中 250 年来大气中 CO_2 浓度的变化

　　世界各地测量的二氧化碳浓度表明，在北半球自然界中，从秋天的落叶开始腐败，到积蓄二氧化碳的春天到初夏期间，二氧化碳浓度变化最大；而因碳酸同化作用而消耗二氧化碳的夏末到秋天，二氧化碳浓度变化最小。在植物生长季节变化大的高纬度地区，其变化幅度也大，从无植物生长季节变化的赤道到陆地少的南半球，其变化幅度也小。南北半球相位正好相反。虽然自然界中二氧化碳浓度随季节按周期变化。但除去这个周期外，总体变化倾向南北半球之间没有差异，均以每年 $1.5×10^{-6}$ 的速率增加。

　　地球上的碳元素，以二氧化碳、碳酸盐和有机物等形式分布在大气、海洋、陆生植物、海洋生物及其沉积物中，大气和陆生植物之间、大气和海洋表层的水之间进行着碳的交换。陆生植物通过光合作用吸收 CO_2，而其中一半通过呼吸又被释放出来，另一半则积蓄成为有机物，在数十年以上的时间尺度内，大气中 CO_2 量受到碳元素储量最大的海洋影响。碳元素在陆生生物和海洋表面水之间的水吸收和释放四年之间可以交换一次，但是，被排放到大气层中的 CO_2 要与海洋中的碳平衡要经过 50～200 年。

　　地球环境的碳循环在自然条件下应该处于一个动态平衡状态，但是人类的活动对大气圈中 CO_2 浓度的影响越来越大，主要是大量化石燃料燃烧产生的 CO_2 以及各工业生产部门产生的 CO_2，如水泥生产过程（图 4-5）。与有机态碳固定所需的亿万年时间相比，上述过程对地球生态系统碳循环平衡造成巨大影响，对大气圈中二氧化碳浓度的积累作用十分明显，其结果是近一百多年以来，大气圈中的二氧化碳浓度不断升高，导致地球温室效应不断增强。

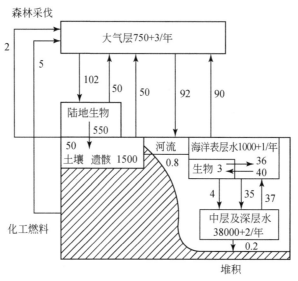

图 4-5　自然界中的碳元素循环

4. 重要温室气体的特征及其演变趋势

全球气候变化问题，成为一个受到普遍关注的全球环境问题，主要原因是由于人类在自身发展过程中对能源的过度使用和自然资源的过度开发，造成大气中温室气体的浓度以极快的速度增长，使得温室效应不断强化，从而引起全球气候的改变。

大气中能产生温室效应的气体种类已经发现近 30 种，其中二氧化碳是主要的温室气体，甲烷、氟利昂和氧化亚氮也起相当重要的作用，主要温室气体特征见表 4-3。

表 4-3　主要温室气体特征

气体	大气中的浓度/10^{-6}	年增长率/%	生存期	温室效应（设 CO_2 量 =1）	现有贡献率/%	主要来源
CO_2	355	0.4	50～200 年	1	50～60	煤、石油、天然气、森林砍伐
CFCs	0.00085	2.2	50～102 年	3400～15000	12～20	发泡剂、气溶胶、制冷剂、清洗剂
CH_4	1.7	0.8	12～17 年	11	15	湿地、稻田、化石、燃料、牲畜
N_2O	0.31	0.25	120 年	270	6	化石燃料、化肥、森林砍伐
O_3	0.01～0.05	0.5	数周	4	8	光化学反应

二氧化碳（CO_2）是大气中丰度仅次于氧（O_2）、氮（N_2）和惰性气体的物质，由于对地球红外辐射的吸收作用，CO_2 一直是全球气候变化研究的焦点。世界各地的观测都表明，CO_2 的全球浓度上升十分显著。为了了解 CO_2 浓度的历史演变情况，科学家对南极冰芯气泡中的 CO_2 进行了测量，从而得到过去千余年内的 CO_2 演变规律。这些结果与全球本底站之一的美国 Mauna Loa 站对 20 世纪 50 年代以来的大气观测结果非常吻合。CO_2 的浓度变化是工业革命以后大气组成变化的一个十分突出的特征，其根本原因在于人类生产和生活过程中矿石燃料的大量使用。另外，人类在追求经济高速发展的同时，也改变了地球表面的自然面

貌，如对森林树木无节制的乱砍滥伐，导致全球森林覆盖率的下降，尤其是热带雨林的衰退。这虽然有可能增加地球表面对阳光的反射，但是由于植被的减少，全球总的光合作用将减少，从而增加了 CO_2 在大气中的积累。同时，植被系统对水汽的调节作用也被减弱，这也是引起气候变化的重要因素。自工业革命以后，大气中 CO_2 浓度一直在增加，尤其到 20 世纪 50 年代以后，增加速度迅速加快。1958 年，大气 CO_2 浓度为 3.15×10^{-4}（619mg/m³），而到了 2005 年则上升到 3.75×10^{-4}（737mg/m³）（图 4-6），年增加率由 20 世纪 60 年代的 0.8×10^{-6}，增加到了 80 年代的 1.6×10^{-6}。如果按此速率增加，到 21 世纪中叶，大气中 CO_2 浓度将倍增，即增加到 7.2×10^{-4}（1414mg/m³）左右。

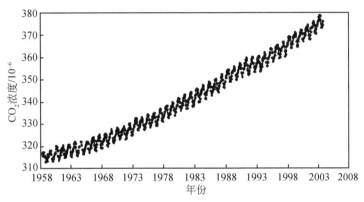

图 4-6 最近 40 多年来大气中 CO_2 浓度的变化

甲烷（CH_4）是大气中浓度最高的有机化合物，由于全球气候变化问题的日益突出，甲烷在大气中的浓度变化也受到越来越密切的关注。各项研究显示，甲烷对红外辐射的吸收带不在 CO_2 和 H_2O 的吸收范围之内，而且 CH_4 在大气中浓度增长的速度比 CO_2 快，单个 CH_4 分子的红外辐射吸收能力超过 CO_2。因此，CH_4 在温室效应的研究中具有十分重要的地位。大气中 CH_4 的来源非常复杂，除了天然湿地等自然来源以外，超过 2/3 的 CH_4 来自于人为活动有关的排放源，包括化石燃料（天然气的主要成分为甲烷）燃烧、生物质燃烧、稻田、动物反刍和垃圾填埋等。

200 多年前，大气中 CH_4 的浓度在 8×10^{-7}（0.57mg/m³）左右，但到了 2000 年则增加到 1.75×10^{-6}（1.12mg/m³）（图 4-7），目前的 CH_4 的浓度是 42 万年来最大的。如图 4-8 所示为 600 年中世界人口增长与甲烷增长的对比。同 CO_2 相似，大气中的 CH_4 浓度显然有季节和若干年的周期性变化，但总体上逐年增加的趋势是十分明显的。大气中 CH_4 的消除主要是通过与大气对流层和平流层中的羟基自由基（OH·）进行反应而实现的。OH· 的浓度取决于太阳光的强度以及 O_3、NO_x、CH_4 和 CO_2 等的浓度。

氧化亚氮（N_2O）。据估计，各类排放源每年向大气中排放的 N_2O 约 $(3\sim8)\times10^6$t（以氮计）。在工业革命前，N_2O 的浓度为 2.85×10^{-7}（0.56mg/m³），现在为 3.1×10^{-7}（0.61mg/m³）。N_2O 是低层大气中含量最高的含氮化合物，是温室效应非常强烈的温室气体，其单个分子的温室效应是 CO_2 的 200 多倍。N_2O 主要来自天然源，也就是土壤中的硝酸盐经细菌的脱氮作用而生成。N_2O 主要的人为来源是农业生产（如氮肥的使用）、工业过程（如己二酸和硝酸的生产）以及燃烧过程等。目前对 N_2O 的天然源的研究还有很大的不确定性，但一般估计其大约为人为来源的 2 倍。但是，由于 N_2O 在大气中具有很长的化学寿命

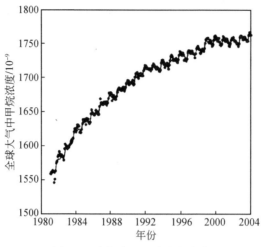

图 4-7　大气中 CH_4 浓度的变化

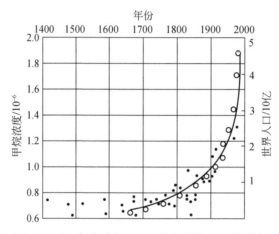

图 4-8　600 年中世界人口增长与甲烷增长的对比

（大约 120 年），因此，N_2O 在温室效应中的作用同样引起人们的广泛关注。

　　氟利昂及替代物（CFCs）。氟利昂是一类含氟、氯烃化物的总称。其中最重要的物质是 $CFC1_1$、$CFC1_2$、$CFC1_{14}$。一般认为这类化合物没有天然来源，大气中的氟利昂全部来自人工合成。这些物质被广泛地应用于制冷剂、喷雾剂、溶剂清洗剂、起泡剂和烟丝膨胀剂等。氟利昂在大气中寿命很长，而且对红外辐射有显著的吸收。因此，它们在温室效应中的作用不容忽视。由于科学研究证实氟利昂（CFCs）是破坏臭氧层的主要因素，全球已采取行动停止氟利昂的生产和使用，并逐步使用其替代物，如 HCFC-22（$CHCl_2F$）。大气监测表明，大气中氟利昂（CFCs）浓度的增长速度已经得到减缓，但其替代物的浓度正在不断上升。需要指出的是，虽然许多氟利昂的替代物对臭氧层的破坏能力明显减小，但这些物质却具有明显的全球增温能力。

　　全氟代甲烷（CF_4、CF_3—CF_3 等）和六氟化硫（SF_6）等化合物，因为在大气中的寿命极长（一般超过千年），同时具有极强的红外辐射吸收能力，在温室气体研究中正受到越来越密切的关注。其中 SF_6 还被列入 1997 年京都国际气候变化会议上受控的六种温室气体之一。CF_4和CF_3-CF_3是工业铝生产过程中的副产品，SF_6是主要用于大型电器设备中的绝缘体物质。这些物质没有天然的来源，全部来源于生产活动，而他们一旦进入大气就会在大气中积累起来，对地球的辐射平衡产生越来越严重的影响。

臭氧（O_3）。存在于对流层和平流层的臭氧是重要的温室气体。臭氧浓度的变化对太阳辐射和地球辐射均有影响。一般认为，平流层臭氧浓度如果上升，平流层会由于臭氧的吸热增加而升温；另外，其主要作用是阻挡更多的太阳辐射到达地表，对地表又起降温作用；而如果对流层的臭氧浓度增加，结果将导致温室效应的加强，是一个增温效应。由于平流层和对流层的臭氧之间存在着相互影响，而且对流层臭氧浓度的变化与其前体物（如甲烷）也密切相关，造成间接的气候变化影响。因此，臭氧的气候效应还有待于进一步研究。

为了了解温室气体在全球气候变化中的重要作用，并以此为基础分析未来全球气候的变化趋势，在研究中引入辐射强迫（radiative forcing）的概念。辐射强迫是指由于大气中某种因素（如温室气体的浓度、气溶胶水平等）的改变引起的对流层顶向下的净辐射通量的变化（即地球–大气系统可获得的净辐射能量）（单位为 W/m^2）。如果有辐射强迫存在，地球–大气系统将通过调整温度来达到新的能量平衡，从而导致地球温度的上升或下降。正的辐射强迫会使地球表面和低层大气变暖，而负的辐射强迫使它们变冷。温室气体引起的气候变化涉及辐射、大气运动、化学组成和化学反应等一系列复杂体系。大气中影响气候变化的化学组分很多，为了评价各种温室气体对气候变化影响的相对能力，人们采用了一个被称为"全球变暖潜势"（Global Warning Potential，GWP）的参数。某种温室气体的全球变暖潜势定义式为

$$GWP = 给定时间范围内某温室气体的累计辐射强迫/$$
$$同一时间范围内参考气体的累计辐射强迫$$

4.2.3　温室效应增强对地球生态的影响

1. 地球生态系统对温室效应的平衡调节作用

陆地上的森林植被对减缓、调节全球气候变暖具有极其重要的作用。森林具有比其他任何植被类型更强的光合作用能力，对CO_2来说是极好的净化器和巨大的储存库，据估算，世界森林所含有的碳为 4000 亿~5000 亿 t，相当于大气中CO_2含量的 2/3，每年约有 200 亿 t 左右的碳以CO_2的形式转化为木材，而全球农业系统碳元素的保有量仅是自然界森林的 1/100。进入 21 世纪以后，全球每年约有 400 亿 t 碳被排入大气（几乎人均 7t），与 1860 年的水平相比，通过燃烧过程释放CO_2的速率已提高了近 500 倍。为了发展农牧业，每年还要因烧荒、开垦热带雨林排出额外的 1.6 亿 t 碳进入大气。此外，由工业、交通、生活活动、军事冲突等人为因素排出的各种各样的温室气体和大气污染物，经过在大气圈层中的一系列复杂的化学、物理转化及迁移过程，对全球大气环境及其后变化构成了威胁。对此，森林植被均能发挥净化、调节作用。根据 Oak Ridge 国家实验室的初步估计，如果在全球种植 690 万 km^2梧桐林，大气中CO_2浓度便可停止增加。当然，种植一块面积与澳大利亚大小相当的梧桐林是否切实可行，还值得探讨，切实的措施是保护森林、植被并扩大其面积。

除了绿色植物光合作用的固碳过程之外，海洋对于温室效应增强导致的全球气候变暖，具有更大的调节作用。据计算，海洋中储存的CO_2总量约相当于大气中CO_2总量的 50 倍，以及生物圈中CO_2总量的 20 倍。更重要的是海洋对于CO_2和热量有不间断的吸收作用。

　　CO_2 可与海水反应形成 H_2CO_3 分子以及离子态的碳酸氢根（HCO_3^-）和碳酸根（CO_3^{2-}），同时，海洋表层的浮游植物可通过光合作用吸收大气中的 CO_2，然后，再通过"生物泵"、沉积过程和海水的运动将吸收的 CO_2 输送，储存于深海，或转化为其他含碳物质。最近的研究结果表明：排向大气的 CO_2 总量中约有 30% 被海洋吸收，13% 被生物过程及其他过程吸收，存留在大气中的部分仅为 56.5%。

　　海洋的巨大面积与质量、海水巨大的热惯性、海水对短波辐射的吸收率和透过率、海水的流动性等使得海洋成为一个巨大的热量"储存器"，并使海洋热状况的变化具有持续时间长、空间尺度大的特点。此外，海洋还是大气热机运转的重要能量供应库，是地球-大气系统热量的"储存器"和能量的"调节器"。从而对大气环境、天气和气候的变化发挥重要作用。

　　气候系统受快变和慢变两种过程控制。快变过程包括陆地大气、海面大气交界处的瞬变过程、雪盖与海冰的形成。它受大气热机的驱动，一般在模拟 5 年后就可以达到平衡，且不会出现明显的气候漂移。慢变过程则包括深层海洋的影响和陆地冰层形成，它可能会大大延缓温室效应所造成的气候变暖。美国俄勒冈州立大学气候研究所的数值模拟指出，这种延缓作用可达 75～100 年，而美国普林斯顿大学地球物理流体动力系实验室的工作则证明延缓期为 50 年。大气污染的复杂相互作用如图 4-9 所示。

　　迄今为止，关于全球变暖的趋势及温室效应的影响因素及大小说法不一，缺乏更多有说服力的证据，而各种气候模式的预测结果也存在许多不确定性。2009 年 11 月 17 日，"气候门"事件引发广泛关注。当天，黑客入侵了英国东英吉利大学气候研究中心的计算机，盗载了多位气象学家的上千封电子邮件和 3000 多份有关气候变化的文件并公布。这些邮件和文件显示，一些科学家操纵的数据认为人类行为造成全球变暖的证据并不充分。

　　但是，全球平均气温升高的加快以及不断上涨的海平面，使大多数科学家仍持肯定态度，确信地球变暖是一种"善意的温室警钟"。对于人类的各种活动对气候变化的作用有多大的问题，世界资源研究所（The World Resources Institute，WRI）认为最重要的是资源消耗约占 50%，而其中主要又源于化石燃料的燃烧。氟氯烃化物（CFCs）居其次占 20%，其他为 13%～14%。

2. 温室效应增强对海平面和水资源的影响

　　"温室效应"是地球生态系统的固有现象，但是温室效应若不断加强，将会给地球生态和人类带来难以估量的灾难。近一百多年以来，随着工业化进程的加快，人类活动排放出的温室气体，如 CO_2、CFCs、CH_4、O_3、N_2O 等有增无减，使地球大气系统与外层空间的辐射能量平衡已被打乱，并导致地表和低层大气温度的升高以及高层大气温度的降低，引起全球气候变暖。

　　根据联合国政府间气候变化专门委员会（IPCC）1990 年第一次气候变化评估报告，全球平均气温在过去的 100 年内上升了 0.3～0.6℃（图 4-10），全球海平面上升了 17cm（12～22cm）。同时，有六个全球平均最暖年（1980 年、1981 年、1983 年、1987 年、1988 年、1989 年）均在 20 世纪 80 年代。1987 年南极一座面积两倍于美国罗德岛的巨大冰山崩塌后溅入大海。1988 年，非洲西部海域出现了有史以来西半球所遭遇的破坏力最大的"吉尔伯特"号飓风。科学家发现这很可能是全球大气温室效应不断增强的直接结果。

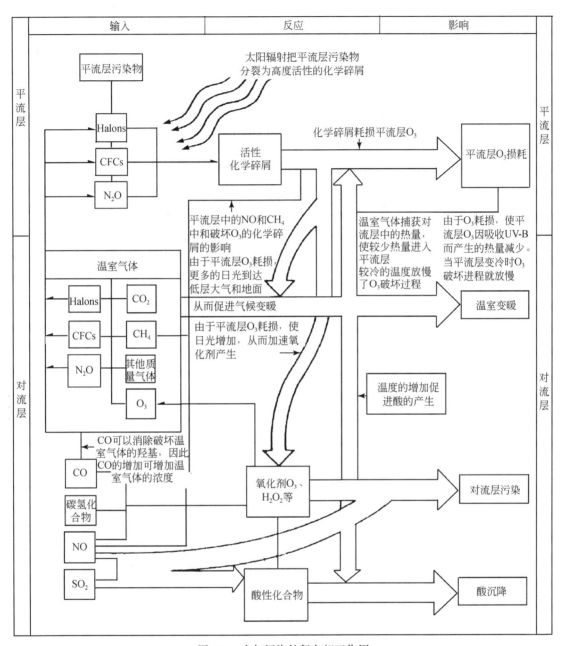

图 4-9　大气污染的复杂相互作用

CFCs：氯氟烃；N_2O：一氧化二碳；CH_4：甲烷；CO_2：二氧化碳；Halons：聚四氟乙烯；Trop. O_3：对流层臭氧（一种污染物，与平流层臭氧不同，是有害的）；CO：一氧化碳；NO_x：氮氧化物（NO 和 NO_2）；SO_2：二氧化硫；H_2O_2：过氧化氢；UV-B：紫外 B 辐射

　　海平面上升是温室效应增强引起全球气候变暖的必然结果，历史上已有多次例证。过去的一个世纪，全球海平面上升了 10～15cm，美国沿岸海平面平均上升了 30cm，如按现有人类活动的温室气体排放率计，估计到 21 世纪中叶，海平面比现在要高 1.5cm，表 4-4 为未来海平面变化的预测。海平面上升的直接影响有以下几个方面：低地被淹；海岸被冲蚀；洪涝、风暴破坏的增加；地表水和地下水盐分增加；地下水位升高。

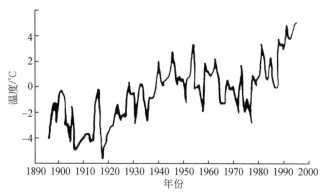

图 4-10　近 100 年来北半球平均气温变化

表 4-4　未来海平面变化的预测

预测者	预测年份	上升量/cm
世界气象组织（WMO）	2025	20 ~ 140
Mercer	2030	500
日本环境厅	2030	26 ~ 165
国际科协理事会（ICSU）	2030	20 ~ 1850
Bloom	2030	100
欧洲共同体	21 世纪	20 ~ 165
Barth&Titus	2025	13 ~ 55
联合国环境规划署（UNEP）	21 世纪末	65

资料来源：宁大同和王华东，1996

　　当前，全球人口约有 1/3 居住在沿海岸线 60km 范围内。其中有许多经济发达地区，人口增长也特别迅速。海平面的升高将给沿海地带带来灾难。据美国估计，海平面若升高 1m，其东海岸的海岸维护工程费用将达数百亿美元；荷兰则因需调整国家水管理系统而增加几十亿美元的投资；孟加拉国大部分国土位于海拔 10m 以下地区，孟加拉国将损失 17.5% 的土地，全国 13% 的人需要迁移；印度将有 1700km^2 的土地受影响，至少有 70 万人需要迁移；印度尼西亚将损失农田 95 万 hm^2；马来西亚要淹没 1000km^2 的土地；巴基斯坦将失去 1700km^2 的良田沃土。若海平面升高 1.5m，许多人口稠密的沿海低地将遭受灭顶之灾，如马尔代夫、瑙鲁以及南太平洋岛国图瓦卢将会沉没于海中。埃及有 12% ~ 15% 的耕地和人口将受到威胁；荷兰以及伦敦、纽约、迈阿密等地可能将面临搬迁。1987 年在奥地利 Billach 会议上，科学家估计仅修筑防护堤防御措施，就可能耗资 300 亿 ~3000 亿美元。

　　进入 21 世纪，气候变化已经成为全球面临的最严重挑战之一，由全球变暖造成的自然灾害和温室效应，使太平洋地区已经有数十个岛国面临消失的厄运，而今后数年内环境问题还可能导致某些地区人口大迁移、能源短缺以及经济和政治动荡。图瓦卢是一个位于南太平洋的岛国，由 9 个环形珊瑚岛群组成，该国海拔最高的地点只有 4.5m。由于地势极低，持续上升的气温和海平面严重威胁着图瓦卢，使这个国家面临被遗弃的困境。从 1993 ~2009 年的 16 年间，图瓦卢的海平面总共上升了 9.12cm，国土面积已经缩小了 2%，按照这个数字推算，50 年之后，海平面将上升 37.6cm，这意味着图瓦卢至少将有 60% 的国土彻底沉入海中，这对图瓦卢就是意味着灭亡。

南太平洋是世界上小型岛国聚集的区域，而且海拔相当低。基里巴斯的海拔比图瓦卢还要低，海水涨潮时，基里巴斯的国土就会自动缩小一半。太平洋里正在发生的一个个悲剧将是许多国家沿海城市的"翻版未来"。

科学家普遍预测，全球温室效应增强现象如果任由现状发展而得不到遏制，到 21 世纪末，全球气温将至少升高 3.6℃，格陵兰岛上的冰盖就会全部融化，全球海平面将至少会上升 7m，包括纽约、上海、东京在内的大都市将不得不花费数百亿美元巨资建拦海大坝，否则都将会被海水淹没。

气候变暖导致的蒸发旺盛将使全球降水增加，但局部分布不均，干旱和洪涝的频率及其季节变化难测。降水格局发生变化的总体趋势是，中纬度地区降雨量增大，北半球亚热带地区的降雨量下降，而南半球的降雨量增大。温室效应导致全球温暖化也会提高海洋表面的蒸发量，从而提高了大气中水汽的含量。北半球中，高纬陆区的降雨在 20 世纪每 10 年增加了 0.5%～1%，热带陆区每 10 年增加了 0.2%～0.3%，亚热带陆区每 10 年则减少了 0.3% 左右。20 世纪后半叶，北半球中高纬地区的大暴雨事件发生频率增加了 2%～4%。

3. 温室效应增强对动植物的影响

动植物对历史上缓慢的气候变化，或者是适应，或者被淘汰。现存的都是适应者，但它们只适应过去曾出现过的经历了许多世纪的缓慢变化，如第四纪大冰期后期以来，地表上冰层北撤，数千年内大气温度上升了 5℃，美国东南部的橡树林渐渐向北迁移。由于人为 CO_2 排放增加而导致气候变暖的规模与上述数值相近，然而气温升高的幅度却是在一个世纪内发生了。在此期间，气候带变暖向高纬度迁移数百公里以至上千公里。但自然界的动植物，尤其是植物群落，却可能因无法以相应的速度做适应性转移而遭厄运。

从 CO_2 倍增时气候的情景估计，北美森林南界将向北撤退 600～700km。但根据历史上的森林迁移速度，即使再提高 1 倍，森林北界边缘只能在 100 年内北移 100km，其结果将会使森林面积缩小。

生物多样性为人类提供食物、医药和动物栖息地，以往气候变化（如冰期）曾灭绝了许多物种。近代人口猛增，人类活动对环境的破坏加速了生物品种的消亡。未来的气候变化将使一些地区的某些物种消失，而有些物种则从气候变暖中得到益处，他们的栖息地可能增加，竞争对手和天敌也可能减少。

4. 温室效应增强对农业的影响

二氧化碳是形成 90% 的植物干物质的主要原料。光合作用的强度与 CO_2 浓度的关系大体符合对数曲线分布，但不同作物又各有差别。以小麦为例，当 CO_2 浓度由 0 增高到 300×10^{-6}（589mg/m³）时，光合作用强度几乎呈直线上升。但浓度进一步增加时，光合作用强度的增加趋势则减缓。当浓度达 700×10^{-6}（1375mg/m³）时，光合作用强度几乎不再随之增加。然而，当 CO_2 浓度在大约是 350×10^{-6}（786mg/m³）的基础上再增加 1 倍，必然对植物的光合作用有很大的促进作用。

如果其他环境条件良好，当 CO_2 浓度为 400×10^{-6}（688mg/m³）时，每增加 11×10^{-6}（22mg/m³），不同作物的增产如下：小麦 0.07%～0.13%，大麦 0.18%，大豆 0.04%，棉花 0.34%。

世界上的 20 种主要粮食作物中，有 16 种为 C_3 作物（如小麦、水稻等），它们对 CO_2 浓度较敏感。CO_2 浓度的倍增可能使其增产 10%～50%，有利于农业生产。但 C_4 作物（如玉米、高粱、甘蔗等) 对 CO_2 的敏感性差, CO_2 浓度倍增只能使其增产 0 ~ 10% , 同时还要承受长势更旺的 C_3 杂草的压力。因而 CO_2 倍增时对许多以种植玉米、高粱为主地区 (如非洲撒哈拉沙漠南部) 的谷物生长并不一定有利。全球环境监测系统 (UNEP/GEMS) (1987) 给出的全球平均单产增长率为: 棉花 104% 、高粱 79% 、小麦 38% 、玉米 16% , 而稻米仅增产 9% 。

CO_2 浓度增长对农业的间接影响体现为气温升高, 潜在蒸发增加并减弱经向环流, 进而使干旱季节延长, 减少四季温差, 除此之外, 高温、热浪、热带风暴、龙卷风等自然灾害将加重。如果气温升高而降水不增加, 相对湿度将减少, 气候变干, 对作物不宜, 尤其是对那些对降水依赖性大的半干旱地区。因此全球气温变暖后, 世界粮食生产的稳定性和分布状况将会有很大变化。一般情况下, CO_2 浓度增加后会直接影响粮食生产与经济效益。根据现有技术情况下的粮食品种分析得知, 如果全球气温迅速升高 2℃, 而降水量不变, 则粮食产量可能会下降 3% ~ 17% 。气候变暖使生物生长变缓与延长之后, 可能使害虫数量增加 10% ~ 30% 。由于害虫增加而使虫害控制更加困难, 某些昆虫总数增加, 对环境的影响也会随之增加。

气温变暖引起农业结构发生变化, 从而使许多农产品生产状况与农产品贸易模式也会发生相应的变化。在过去很长的时间内, 许多地区的食物生产对技术、价格和政策改变的敏感性似乎比气候的敏感性更强。然而, 在发展中国家的边远地区, 农业对气候变化相当敏感, 农业生产因之而遭受的损失非常明显, 如果这些地区能够采取有效对策, 那么未来气候变暖的不良影响是可以防止或减缓的。

调整农业对环境发生的影响, 社会对环境的反作用。扩大种植需耗用土地和水资源, 这将使水体、水生生物和野生动物栖息地受到更大的环境威胁。原来的非耕作地现在用来种植, 需施用大量化肥, 而在潮湿地区施用化肥对于地下水及它补给的河流可能会造成污染, 这对水生生物将意味着面临一场灾难。

5. 温室效应增强对人群健康的影响

平均气温、降水、地下水、年温差等气候要素与人群健康有着密切的关系。血吸虫、钩虫的活动范围一般在 10 ~ 37℃ 的热带和亚热带; 痢疾几乎在世界各地都能发生, 尤其是在毛里塔尼亚、乍得等非洲大陆和温带地区; 雅司病常见于巴拿马、巴西、哥伦比亚、菲律宾、泰国等热带地区, 但患者一旦转移到凉爽的环境中, 便可逐渐自愈; 霍乱、疟疾、脑膜炎等许多疾病都与气候密切相关。

研究表明, 气候变暖将使美国再次发生地方性的传染性疾病, 疟疾、登革热和黄热病的死亡率将上升。当前, 登革热病在波多黎各 (美属) 已有发现。将来疟疾和登革热病主要集中在美国南部、东南部和加利福尼亚地区出现。全世界预防黄热病的疫苗有限, 疾病一旦蔓延, 疫苗必然供不应求。由扁虱传染的疾病, 如蜱传染性螺旋体病和落基山脑脊髓膜炎, 不会构成严重问题, 但发病地区会改变。气候变化对发病地区有影响的。例如, 一些农场被废弃或森林变成了草原, 干热草和由其引起的哮喘病将会增加; 湿度增加则易生皮肤病和疥癣等。

传染病的各个环节病原——病毒、原虫、细菌和寄生虫等, 传染媒介——蚊、蝇、虱等带菌宿主中, 传媒对气候最敏感。温度和降水的微小变化, 对于传媒的生存时间、生命周期和地理分布都会发生明显影响。

一项新发现令研究员相信, 一系列的流行性感冒、小儿麻痹症和天花等疫症病毒可能藏在冰块深处,目前人类对这些原始病毒没有抵抗能力,当全球气温上升令冰层溶化时,这些埋藏在冰层千年或更长的病毒便可能会复活,形成疫症。科学家表示,虽然他们不知道这些病毒的生存希望,或者其再次适应地面环境的机会,但肯定不能抹杀病毒卷土重来的可能性。

6. 大气 CO_2 浓度升高对水生生态系统的影响

在水生生态系统中同样存在着以藻类为代表的浮游植物的光合作用,水生生态系统的环境问题主要表现为藻类大量生长而导致的富营养化及其后续生态问题。一般认为富营养化是由于水体中氮、磷营养物质的过量积累而引起。在近海海域主要表现为"赤潮",在湖泊水体中主要表现为以"蓝藻"、"绿藻"为代表的湖泊富营养化。

水体中的无机碳主要是以溶解态的 CO_2、HCO_3^- 和 CO_3^{2-} 三种形式存在,其中 HCO_3^- 占 90% 左右,CO_3^{2-} 占 9%,CO_2 只占 1% 左右。大气 CO_2 浓度升高会导致水体中 pH 和溶解性无机碳(dissolved inorganic carbon,DIC)发生变化。大气 CO_2 浓度从 350×10^{-6} 增加到 700×10^{-6} 时,淡水中 HCO_3^- 浓度增加 0.6%,pH 降低 0.29。

藻细胞对无机碳的吸收利用具有多种方式和机制,不同藻种的无机碳源不同,因此,CO_2 浓度的升高对不同藻类的生长繁殖影响也存在差异,甚至会抑制某些藻类生长,但从总体趋势来看,CO_2 浓度的升高会促进藻类生长,增加初级生产力。

CO_2 浓度的升高对藻类生长的影响主要可以分为三个层次:在生物有机个体水平上,CO_2 浓度在一定范围内的增加有利于浮游藻类群体的光合作用,而且可以促进溶解性糖类的释放,尤其是在营养限制的浮游藻类水华衰退阶段;从生态系统水平来看,CO_2 浓度的增加有助于主要依赖 CO_2 生长的藻类繁殖,从而影响浮游藻类物种的组成和持续性,使水体生态系统的结构发生改变;从生物地球化学水平来看,CO_2 浓度的增加及碳酸盐化学平衡的变化会强烈改变碳以及其他生物元素在水体中的循环。

CO_2 浓度的升高所带来的温室效应增强,在接下来的 50~100 年将使海洋表层水体的温度上升 4~5℃。由于温度对藻类胞内酶活性的影响,以及对水体分层和藻类垂直分布的影响,CO_2 浓度的升高必然对藻类种群的组成和结构发生影响。另外,无机碳源的增加还会影响藻类对氮、磷等营养物质的吸收,因此,由于 CO_2 浓度的升高对藻类生物量产生的影响是不容忽视的。

另外,藻类生长、光合作用特征与环境水体的 pH 有着密切联系。一般认为,在低 CO_2 浓度或高 pH 的水体中,蓝藻往往成为优势种,而在相反的条件下,绿藻和硅藻将占优势。但也有研究发现,一些蓝藻在酸性湖泊中也能成为优势种,某些绿藻在高 pH 或者低 CO_2 水平下,同样具有较高的光合作用速率,因此,CO_2 浓度升高对不同藻类的影响并不一致,需要综合其他环境因素和不同藻类的自身结构和生长特性进行分析。

7. 温室效应增强对地球生态环境、社会及经济的影响

经济对于气候变化冲击的反应是极其复杂的。不同的经济领域、人口规模和地理区域对同一气候事件的响应也不尽相同。第一,在粮食紧张的地方,气候导致减产的社会后果很严重。第二,人口稠密的地方及沿海地区,植物覆盖面积可能将减小,土壤有机质含量降低,释放 CO_2 增多,局部地区环境恶化,低洼地受淹。第三,在研究死亡率与气候关系的基础上,可以直接估计气候变化造成的人口变化。第四,可能导致国与国之间因资源、能源财富再分配不协调而引发新的国际冲突。

气候变化带来一系列人类生存环境的变化,将会严重地阻碍工业化国家及发展中国家的经济发展,并导致严重的自然环境和社会、经济的破坏。估计,若维持正常的粮食生产规模,仅由于全球变暖而对农业生产影响一项,全世界就不得不耗资 2000 亿美元。全球为防范气候变化而造成损失所耗去的费用就相当于经济总产值的 3%。换言之,气候变化有可能将丧失经济增长的全部收益。

全球气候变暖对地球生态环境将会造成的不利后果:中纬地区干旱、水位下降,森林、草原火灾加重;而高纬低地洪涝频发。农业、水源所受的影响可能引起人口迁移,使城市化的冲击更大。若海平面上升 20~150cm,全球居住在沿海区域的 1/3 人口将饱受风暴、海浪袭击,一些地区和小国可能永远从陆地上消失。世界粮食生产的稳定性与地域分布将有变化;若气温急增 2℃ 而降水不变时,粮食产量可能降低 3%~17%。现存的生态环境将受严重破坏,一些陆生生物群落将改变,一些动植物可能绝迹;鱼群的栖息地可能改变。CO_2 倍增所造成的全球气候变化还将使森林覆盖面积从自然植被的 58% 减少到 47%,沙漠面积占陆地面积的比例则从 21% 扩展到 24%,草原将从 18% 上升到 29%,而荒原将从 3% 减少,直至消失。

围绕着全球气候变暖对人类社会和环境影响的利弊、祸福问题产生的分歧相对要小得多,少数不同观点主要是针对某些具体地区的评估而言,分别采用气候模式、产量模式和经济模式评估,在加拿大联合评估的结论认为在萨斯喀彻温吉南部当 CO_2 浓度倍增时,气温上升 3.4℃,降水增强 18%,将使小麦减产 25%,北部永冻土可能永远消失(像西伯利亚的永冻土一带),其上的建筑物可能将随之坍塌。但是,多伦多大学的气候学家 F. K. Hare 却持不同的乐观观点,认为:如果到 2050 年,CO_2 浓度升高到 $500×10^{-6}$($982mg/m^3$),加拿大用于供暖的燃料费用将减少 15%。现在栖息旅鼠和北美驯鹿的次北极草原将由于气候转暖而适宜人类居住并发展工农业生产,或许数以万计的美国人将移民去发展,CO_2 倍增后,加拿大、北欧、西伯利亚、北非的农业将得益。因此温室效应增强,并非对任何地区都是有害的。

当前人们建立了全球社会系统模型来研究气候的影响。这些模型时间范围由一年到几百年,大部分是 10~25 年。研究对象广泛,牵涉面广,诸如大气、生物–化学平衡、人口、粮食、土壤、工业、农业、污染、劳力分配、资本、资源的承载力、贸易、经济发展、能源、农业管理、谷物储备、石油进出口、国际间的相互依存关系、价格和土地资源等,具体的数学工具包括动态模拟、系统动态学、动态最优化、投入产出分析、计量经济分析方法、二次规划和线性规划等。时间为 1~15 年的模型可以用来考虑气候变化率和极端气候事件对经济的影响;时间范围 50 年以上的模型,可描写系统行为的变化趋势。研究人口的动态、物品流通等,多用于研究气候影响;时间范围介于上述两者之间的模型则多用来研究贸易、各行业物资资源消耗、人口增长与经济发展等。但现有的模型却有待改进,具有良好科学基础的简单模型不见得比复杂的模型差,通常可用作研究气候变化对社会经济影响的有效手段。

全球气候系统非常复杂,影响气候变化的因素非常多,涉及太阳辐射、大气构成、海洋、陆地和人类活动等诸多方面。对气候变化趋势,在科学认识上还存在不确定性,特别是对不同区域气候的变化趋势及其具体影响和危害,还无法做出比较准确的判断。但从风险评价角度而言,大多数科学家断言温室效应增强导致的全球气候变化是人类面临的一种巨大的生态环境风险。

4.3　减缓温室效应的控制对策

温室效应增强导致的全球气候变化已成为一个世界性的热点话题。2007 年 6 月举行的八国集团德国海利根达姆首脑会议、9 月举行的澳大利亚亚太经合组织峰会、第 62 届联合国大会等一系列国际会议上，气候变化成为国际外交舞台的主旋律。而 2007 年度诺贝尔和平奖则授予了致力于温室气体减排的美国前副总统戈尔与联合国政府间气候变化专门委员会（Intergovernmental Panel on Climate Change，IPCC）。

目前发现的人类活动排放的温室气体除了二氧化碳之外，还有甲烷、氧化亚氮、氢氟碳化物等近 30 余种，而 CO_2 由于其生命期可长达 200 年，对气候变化影响最大，因此被认为是全球气候变暖的首要肇事者，成为全球减缓温室气体排放的首要目标。

从当前温室气体产生的原因和人类掌握的科学技术手段来看，减缓温室效应、控制气候变化及其影响的主要途径分为三个方面。

（1）排放控制对策（开发和使用低碳技术，包括减碳、无碳技术等）。控制温室气体排放的途径主要有改变能源结构，控制化石燃料使用量，增加核能和可再生能源使用比例；提高发电和其他能源转换部门的效率；提高工业生产部门的能源使用效率，降低单位产品能耗；提高建筑采暖等民用能源效率；提高交通部门的能源效率；减少森林植被的破坏，控制水田和垃圾填埋场排放甲烷等。风能、太阳能和生物质能等新能源，对于控制温室气体排放而言，虽然前景喜人，但受高成本和技术不成熟等客观因素制约，这些新能源完全取代传统的化石能源仍需相当长的时间；而提高能源使用效率，对我国而言，具有很大的发展空间。

（2）固定化对策。CO_2 固定化的途径主要有植树造林和固碳技术。植树造林除吸收温室气体外，还有巨大的经济效益、生态效益和经济效益，但提高森林和植被面积是个循序渐进的过程，在短时间内很难取得明显成效；固碳技术是指把化石燃料燃烧气体中的二氧化碳分离、回收，然后注入深海或地下，或者通过化学、物理以及生物方法固定，以防止其向大气排放。

（3）适应气候变化对策。适应气候变化的对策主要有培养新的农作物品种，调整农业生产结构，规划和建设防止海岸侵蚀的工程等。

从各国政府可能采取的政策手段来看，一是实行直接控制，包括限制化石燃料的使用和温室气体的排放，限制砍伐森林；二是应用经济手段，包括征收污染税费，实施排污权交易（包括各国之间的联合履约），提供补助资金和开发援助；三是鼓励公众参与，包括向公众提供信息，进行教育、培训等。

从今后可供选择的技术来看，主要有节能技术、生物能技术、二氧化碳固定技术等。面对全球气候变化问题，发达国家已把开发节能和新型能源技术列为能源战略的重点。到 20 世纪 90 年代，美国能源部已把开发高效能源技术和减排温室气体列为中心，致力于开发各种先进发电技术及其他面向 21 世纪的远景能源技术。

4.3.1　低碳经济与低碳技术

所谓"低碳经济"（Low-carbon economy），是指在可持续发展理念指导下，通过技术创新、制度创新、产业转型、新能源开发等多种手段，尽可能地减少煤炭、石油等高碳化石能源消耗，减少温室气体排放，达到经济社会发展与生态环境保护双赢的一种经济发展模式，简单地讲就是"经济发展+低碳排放"。低碳经济是人类社会继农业文明、工业文明之后的又一次重大进步。

"低碳经济"是相对于"高碳经济"而言的。所谓"高碳经济"是指以煤、石油或是天然气等高含碳的化石能源推动的经济发展方式。"低碳经济"率先由英国提出，2003 年英国政府发表了能源白皮书《我们未来的能源：创建低碳经济》。2006 年，前世界银行首席经济学家尼古拉斯·斯特恩牵头做出的《斯特恩报告》指出，全球以每年 1% GDP 的投入，可以避免将来每年 5% ~ 20% GDP 的损失，呼吁全球向低碳经济转型。

"低碳经济"提出的大背景是全球气候变暖对人类生存和发展的严峻挑战。随着全球人口和经济规模的不断增长，传统化石能源的使用带来的环境问题及其诱因不断地为人们所认识，不仅是废气污染、光化学烟雾和酸雨等的危害，大气中二氧化碳浓度升高带来的全球气候变化也已被确认为不争的事实。在此背景下，"碳足迹"、"低碳经济"、"低碳技术"、"低碳发展"、"低碳生活方式"、"低碳社会"、"低碳城市"、"低碳世界"等一系列新概念、新政策应运而生。而能源与经济以至价值观实行大变革的结果，可能将为逐步迈向经济发展的生态文明走出一条新路，即摒弃 20 世纪传统的高碳增长模式，直接应用 21 世纪的创新技术与创新机制，通过低碳经济模式与低碳生活方式，实现社会可持续发展。

"低碳经济"的特征是以减少温室气体排放为目标，构筑低能耗、低污染为基础的经济发展体系，包括低碳技术和低碳产业体系。低碳技术包括低碳、减碳的新能源技术和二氧化碳固定技术。低碳产业体系包括火电减排、新能源汽车、节能建筑、工业节能与减排、循环经济、资源回收、环保设备、节能材料等。

"低碳经济"将逐步成为全世界意识形态和国际主流价值观，低碳经济以其独特的优势和巨大的市场已经成为世界经济发展的热点。一场以低碳经济为核心的产业革命已经出现，低碳经济不但是未来世界经济发展结构的大方向，更已成为全球经济新的支柱之一。

"低碳技术"（Low-carbon technology）是一个相对较为宽泛的概念，总体上来讲，低碳技术是包括无碳、减碳和固碳等节能减排技术的总称。低碳技术涉及电力、交通、建筑、冶金、化工、石化等部门，是在可再生能源及新能源以及二氧化碳捕获与埋存等领域开发的有效控制温室气体排放的新技术。

无碳技术是指以二氧化碳零排放为目标的可再生能源及新能源技术，主要以风能、太阳能、核能、生物质能、地热能等为主体，如大型风力发电技术、高性价比太阳能光伏电池技术、燃料电池技术、生物质能技术及氢能技术等。

减碳技术是指以低二氧化碳排放为目标的旨在高能耗、高排放领域提高能效（Energy Efficiency）以及在其他领域的节能减排新技术，如煤电行业的煤的清洁高效利用技术、油气资源和煤层气的勘探开发、建筑节能技术、汽车的燃油经济性问题、混合动力汽车的相关技术等。

固碳技术主要指固定源二氧化碳捕捉及封存技术（Carbon Dioxide Capture and Storage，CCS）。

火力发电行业是 CO_2 排放的主要来源。据国际能源署（International Energy Agency，IEA）的数据，全球火力发电所排放的二氧化碳占总排放量的 40%，到 2030 年，预计发电领域的二氧化碳年排放量将增长到近 190 亿 t。因此，化石燃料的低碳排放发电技术开发对减少二氧化碳排放至关重要。火电行业典型的低碳、清洁发电技术包括整体煤气化联合循环

(Integrated Gasification Combined Cycle，IGCC）发电技术、高参数超（超）临界机组技术、热电联产发电技术、洁净煤技术（clean coal technology，CCT）等。低碳发电技术的目标是提高发电效率和能源转换效率，降低单位发电量的 CO_2 排放值。中国是世界上仅有的四个以煤为主要能源的国家之一，在 2008 年一次能源消费中化石燃料占 92.5%，其中煤炭占 69.5%。2010 年发电装机容量达到 9.5 亿 kW 左右，其中火电为 7 亿 kW，占 73.68% 左右。据《中国电力工业 CO_2 排放的现状及减排的潜力评估》报告分析，我国燃煤电厂 2005 年排放的二氧化碳约 21 亿 t，而到了 2007 年这一数字就超过了 27 亿 t。燃煤电厂排放的二氧化碳占到我国碳排放总量的 63%。高效、清洁、低碳的发电技术的研究、开发和工业化应用，对实现中国政府承诺到 2020 年中国单位国内生产总值二氧化碳排放比 2005 年下降 40%~45% 的减排目标，具有非常重要的意义。

4.3.2 碳捕捉与封存技术

就世界范围内的能源结构而言，在相当长的时间内，仍然以煤、石油、天然气等高碳化石燃料为主，因此研究二氧化碳的捕集和处置技术就显得尤为重要。

所谓二氧化碳捕捉与封存（Carbon Dioxide Capture and Storage，CCS），就是捕集化石燃料燃烧产生的二氧化碳，并在特殊的地质构造中长期储存，以减少二氧化碳向大气的排放。这项技术手段不仅是全球温室气体减排的重要选择，也是目前减少大气中二氧化碳浓度的根本性措施，能够真正实现温室气体的近零排放。根据联合国政府间气候变化专门委员会（IPCC）调查，全球大概有超过 9300 亿 t 的二氧化碳可以埋藏到油田中，相当于到 2050 年全球累积排放量的 45%。据预计，"碳捕捉"技术的应用能够把全球二氧化碳的排放量减少 20%~40%。因此，欧盟委员会在 2006 年发表的《欧洲安全、竞争、可持续发展能源战略》中，明确地将"加大研发 CO_2 捕集和埋存新技术、努力减少温室气体排放"作为其一系列政策与措施之一，并计划通过实施 CCS，到 2020 年使化石燃料发电厂达到二氧化碳零排放。

然而 CCS 技术目前仍处于前期开发阶段，技术的不确定性、运输和储存的潜在风险使人们望而生畏，对全球的社会和经济系统也提出了更高要求。

1. 碳捕捉技术

将化石燃料燃烧产生的烟气中的 CO_2 分离、浓缩、固定，以减少其排放的各种技术方法称作为碳捕捉技术。

对于大量分散型的 CO_2 排放源而言，实现二氧化碳捕获和减排是比较困难的。因此，碳捕捉的主要目标是以化石燃料为主要能源的火电厂、钢铁厂、水泥厂、炼油厂、合成氨厂等 CO_2 的集中排放源。其中，火电厂烟气是 CO_2 长期、稳定、集中的排放源，全球火力发电所排放的二氧化碳占总排放量的 40%，而我国燃煤电厂排放的二氧化碳占碳排放总量的 63%。从电厂烟气中捕集回收 CO_2，不仅是缓解温室效应增强的有效手段，还能通过回收有价值的副产品来降低碳减排成本。

目前火电厂的碳捕捉技术路线包括以下四个方面：燃烧前脱碳捕捉技术、燃烧后捕捉分离技术、富氧燃烧富集技术和化学链燃烧捕捉技术。各种碳捕捉技术的特点及发展现状见表 4-5。

表 4-5　碳捕捉技术的特点及发展现状

技术路线	技术特点	发展现状
燃烧前脱碳捕捉技术	产生的 CO_2 浓度高，分离容易，但过程复杂、成本高	技术可行
燃烧后捕捉分离技术	烟气中 CO_2 浓度低，有多种分离技术方法。捕获过程简单，但由于 CO_2 分压低，脱碳成本相对较高	技术可行
富氧燃烧富集技术	CO_2 浓度高，但由于供氧成本高，导致整个过程成本最高	示范阶段
化学链燃烧捕捉技术	基于循环氧载体的链式燃烧技术，属于无火焰化学反应过程。燃烧分离一体化，不需要 CO_2 分离装置，节省了大量能源	研究阶段

　　燃烧前脱碳捕捉技术（Pre-combustion capture）是在碳基燃料燃烧前，将其化学能从碳转移到其他物质中，再将其分离。作为当今国际上最引人注目的高效清洁发电技术之一，整体煤气化联合循环（Integrated Gasification Combined Cycle，IGCC）发电技术是最典型的燃烧前碳捕捉技术。它将煤炭气化与燃气–蒸汽联合循环发电有效地结合起来，实现了能量的梯级利用，将煤中的化学能尽可能多地转化为电能，大大地提高了机组发电效率。IGCC 的技术流程是燃料进入气化炉气化，生产出煤气，再将煤气重整为 CO_2 和 H_2，将燃料化学能转移到 H_2 中，继而分离 CO_2 和 H_2。一般 IGCC 系统的气化炉都采用富氧或纯氧技术，所需气体体积大幅度减小、CO_2 体积分数显著变大，从而大大降低碳分离捕捉系统的投资和运行费用。目前世界上已经运行的 IGCC 机组，其发电净效率已经达到 43%～45%，随着相关关键技术的不断发展，还能进一步提高到 50% 左右。IGCC 发电技术不仅能有效地提高能源转换效率，达到节能的目的，而且能有效地降低 CO_2、SO_2 和 NO_x 的排放。其缺点是整个系统复杂，运行匹配要求比较高，系统一次性投资昂贵。另外，IGCC 技术仅适用于新电厂的建设。

　　燃烧后捕捉分离技术（Post-combustion capture）顾名思义就是在燃烧设备（锅炉或燃机）后的烟气中捕集、分离 CO_2。这种技术路线几乎可应用于任何现有的火力发电厂，而且对原有电站系统改动较小，工业化应用的可行性最高。但由于烟气中 CO_2 的浓度一般在 3%～15%，所以，采用燃烧后的捕捉技术方法需要处理的烟气量大、CO_2 的分压小，投资和运行成本都很高。

　　富氧燃烧富集技术（Oxyfuel capture）属于燃料燃烧中的碳捕捉技术。富氧燃烧技术又称 O_2/CO_2 燃烧技术，首先由 Home 和 Steinburg 于 1981 年提出。该技术是利用空气分离系统获得富氧，然后燃料与 O_2 共同进入专门的富氧燃烧炉进行燃烧，通常燃烧后的烟气需要重新回注燃烧炉，一方面可以降低燃烧温度，另一方面也提高了 CO_2 的体积分数。由于惰性成分氮气浓度大大降低，无谓的能源消耗大幅度减少，30%～40% 的富氧空气燃烧就可以降低燃料消耗 20%～30%，提高了热效率，同时，燃烧烟气主要有水和二氧化碳组成，烟气中 CO_2 的浓度可提高近 90%，从而更容易捕捉分离。O_2/CO_2 燃烧技术不仅能使分离收集 CO_2 和处理 SO_2 容易进行，还能减少 NO_x 排放，是一种能够综合控制燃煤污染物排放的新型洁净燃烧技术。但该技术需要专门材料制作的富氧燃烧设备以及空气分离制氧系统，这将大幅度提高系统投资成本。目前大型的富氧燃烧技术仍处于研究开发阶段。

　　化学链燃烧捕捉技术（Chemical-looping combustion）也属于燃烧中的碳捕捉技术。化学链燃烧在 20 世纪 80 年代就被提出来用作常规燃烧的替代技术。化学链燃烧技术是基于循环氧载体的链式燃烧技术，其能量释放机理是燃料与空气不直接接触的无火焰化学反应，打破了自古以来的火焰燃烧概念。这种新的能量释放方法是新一代的能源环境动力系统，它开拓了根除燃料型 NO、控制热力型 NO 的产生以及回收 CO_2 的新途径。

化学链燃烧将传统燃烧反应分解为两个气固化学反应。

燃料侧反应：燃料+MO（金属氧化物）———→CO_2+H_2O+M（金属）

空气侧反应：M（金属）+O_2（空气）———→MO（金属氧化物）

金属氧化物（MO）与金属（M）在两个反应之间循环使用，在空气侧反应区用于分离空气中的氧，在燃料侧反应区用于传递氧，这样，燃料从 MO 获取氧，而无需与空气接触，避免了直接燃烧时空气中大量的 N_2 参加反应。燃料侧的气体生成物为高浓度的 CO_2 和水蒸气，用简单的物理方法，将排气冷却，使水蒸气冷凝为液态水，即可分离和回收高浓度的 CO_2。该燃烧技术实现了燃烧分离一体化，不需要常规的 CO_2 分离装置，节省了大量能源。

该法的经济性要依靠大量可以无数次循环再生的有活性的载氧体，控制载氧体的磨损和惰性是该技术的关键。由于其经济性好，作为烟气中捕集分离 CO_2 的方法前景看好。

典型的燃烧后 CO_2 分离捕捉技术包括化学吸收法、物理吸附法、膜分离法、低温分离法和电化学法等。

化学吸收法是利用 CO_2 与吸收剂之间的化学反应将其从排放的气体中分离出来，生成液相或固相的碳酸盐物质。然后将生成物加热到一定温度，使之分解并释放出高浓度的 CO_2，将再生的吸收剂重复利用，这样，吸收解吸两个过程不断的循环进行，从而有效地脱除了排放气体中的 CO_2。化学吸收法历史悠久，技术成熟，运行稳定，选择性强，吸收效率高，CO_2 回收率和纯度达 99% 以上，是目前工业中已经应用的脱除、回收 CO_2 的主要方法。

物理吸附法是利用固态吸附剂（活性炭、天然沸石、分子筛、活性氧化铝和硅胶等）对混合气中的 CO_2 进行有选择性的可逆吸附作用来分离回收 CO_2 的技术。其吸附能力取决于操作温度和压力，气体的分压越高、温度越低，系统的吸收能力也就越大。

膜分离法是利用某些聚合材料（如醋酸纤维和聚酰亚胺等）制成的薄膜对不同气体的渗透率差异来分离气体的。膜分离的驱动力是压差，当膜两边存在压差时，利用压差的推动力使渗透率高的 CO_2 气体组分以很高的速率透过薄膜，形成渗透气流，从而达到分离的目的。

低温分离法是根据 CO_2 在 31℃和 7.39MPa 下液化的特点，通过低温冷凝分离 CO_2 的物理处理技术。一般是将烟气经过多级压缩和冷却后，引起相变从而使烟气中的 CO_2 达到分离。为了防止水蒸气冻结堵塞管道，有时在分离前需对烟气进行干燥。目前，利用低温蒸馏法分离烟道气中的 CO_2 仍处于理论研究阶段。

电化学法的最早应用是采用熔融碳酸盐燃料电池膜从飞行舱内的空气中分离 CO_2，后来世界各国的多个研究机构对熔融碳酸盐电化学系统分离捕集烟气中 CO_2 进行了试验研究。熔融碳酸盐燃料电池是在闭合电路下（应用一个外部电动势）通过膜传输 CO_2，其反应原理如下：

$$阴极：O_2+2CO_2+4e^- = 2CO_3^{2-}$$
$$阳极：H_2+2CO_3^{2-} = 2CO_2+2H_2O+4e^-$$

熔融碳酸盐电化学电池分离 CO_2 有几个优点：熔融碳酸盐在燃料电池方面的应用有广泛的技术基础；随着温度的升高，约 100% 的熔融碳酸盐对 CO_3^{2-} 进行了传输；在 600℃具有约 1 s/cm 的电导率，CO_3^{2-} 的扩散率相当于 $10^{-5}\ cm^2/s$；从电厂烟气中分离 CO_2 的附加电力费用低于 5%。

但是，熔融碳酸盐电化学电池用于电厂烟气分离 CO_2 也存在诸多缺点：熔融碳酸盐在高温下具有极强的腐蚀性，其制作和操作都很困难；烟气中的 SO_2 也会毒化电池，导致硫酸盐的生成；在高温烟气环境下，存在电解质隔离和电极退化问题。因此，此法还需要在具有更高传导性的碳酸盐离子固态电解质研制方面取得突破并进一步优化工艺，改进后的熔融碳酸盐电化学法可望成为一种有竞争力的 CO_2 分离捕集技术。

在几种主要的 CO_2 分离捕捉技术中，吸收法是目前技术上已经成熟，可以用于烟气脱碳的方法。化学吸收法适用于低浓度 CO_2 的烟气，如常规燃煤和天然气火电厂的烟气碳捕捉分离。吸收法的缺点是运行费用大，能耗较高，电厂效率低。

物理吸附法适用于 CO_2 浓度高的烟气，如整体煤气化联合循环发电厂（IGCC）的烟气 CO_2 捕捉分离。由于目前吸附剂吸附容量有限，选择性较差，该技术应用于烟气碳捕捉还有待于进行技术革新和开发新型吸附剂。

膜分离法 CO_2 捕捉分离技术的能耗相对较低，有较大的潜在发展前途，但需要开发出有高选择性和渗透系数的膜材质。

2. 碳封存技术

碳封存是指将捕获、压缩后的 CO_2 运输到指定地点进行长期封存的过程。目前主要的封存方式有地质封存、海洋封存和碳酸盐矿石固存等。另外，一些工业流程也可在生产过程中利用和存储少量被捕获的 CO_2。各种碳封存技术的研究发展现状见表4-6。

表 4-6　各种碳封存技术的发展现状

封存方式	封存技术	研究阶段	示范阶段	一定条件下经济可行性	成熟化市场
地质封存	强化采油（EOR）				√
	天然气或石油层			√	
	盐沼气构造			√	
	提高煤层气（ECBM）		√		
海洋封存	直接注入（溶解型）	√			
	直接注入（湖泊型）	√			
碳酸盐矿石封存	天然硅酸盐矿石	√			
	废弃物料		√		
工业利用	捕捉提纯压缩				√

1）地质封存

CO_2 地质封存技术（Carbon dioxide geological storage technology）是 CCS 技术重要的组成部分。主要是指将捕集到的高纯度 CO_2 注入选定的、安全的地质构造中，通过各种物理和地球化学的俘获机制将 CO_2 永久性地封存在地下。地质封存技术的机理是，当 CO_2 注入后，储层构造上方的大页岩和黏质岩起到了阻挡 CO_2 向上流动的物理俘获作用，毛细管力提供的其他物理俘获作用可将 CO_2 留在储层构造的孔隙中。随着 CO_2 与现场流体和寄岩发生化学反应，地质化学俘获机理开始发挥作用。如果 CO_2 在现场水中溶解，充满 CO_2 的水的密度越来越大，因此会沉伏于储层构造中而不是浮向地表。此外，溶解的 CO_2 与岩石中的矿物质发生化学反应形成离子类物质并转化为碳酸盐矿物质。

要成功地封存二氧化碳，需要一块在地下 1000m 以下的岩体。在这样的深度，压力将二氧化碳转换成所谓的"超临界流体"。超临界流体的物性兼具液体性质与气体性质，是一种稠密的气态。其密度比一般气体要大两个数量级，与液体相近。黏度比液体小，但扩散速度比液体快（约两个数量级），具有较好的流动性和传递性能，在这样的状态下二氧化碳才不容易泄露。这片岩体要有足够多的气孔和裂缝来容纳二氧化碳。此外，还需要一块没有气孔和裂缝的岩层防止封存的二氧化碳泄露。

地质封存比较有效的办法是利用常规的地质圈闭构造，它包括气田、油田和含水层，对于前两种，由于它们是能源系统基础的一部分，人们已熟悉它们的构造和地质条件，所以利用它们来储存 CO_2 就比较便利和合算；而含水层由于其非常普遍，因此在储存 CO_2 方面具有非常大的潜力。

二氧化碳的地质封存需花费高昂的成本，因此，在封存过程中伴随产生经济效益的一些封存技术受到人们的广泛关注，并得到了有效地研究和开发。

利用 CO_2 提高原油采收率封存技术（enhanced oil recovery，CO_2-EOR）。将 CO_2 注入正接近枯竭的油田以提高石油采收率是目前最有潜力的 CO_2 间接利用及埋存技术，既能获得经济回报以补偿 CO_2 分离、运输及注入等各项工程费用，又可满足封存 CO_2 的要求，而且 CO_2 需求量很大，被认为是未来的主流方向。石油和天然气在油气藏中储存几百万年而不发生泄露，以及石油工业对油气地质的长期研究，使得人们相信将 CO_2 注入油气藏进行 EOR 和封存是一种比较安全的埋存方式。关于这项技术的研究可以追溯至 1975 年，美国将二氧化碳注入地下以提高石油开采率，直至 1989 年，美国麻省理工学院才将其作为一项封存二氧化碳以减少温室气体排放的工程技术而加以研究。近年来，这项技术得到了更多的重视和研究。CO_2-EOR 作为一项较为成熟的技术，对石油工业来说，除了进一步提高经济效益，已经没有大的技术挑战，其实际应用效果得到了肯定。CO_2-EOR 封存技术的缺点是这类油田的地理分布不均，且开采潜力有限。

利用 CO_2 提高气体采收率封存技术（enhanced gas recovery，CO_2-EGR）。对于废弃气藏埋存，可利用原来的集输管线和生产井实施注入，注入的 CO_2 将充填到原先天然气所占据的孔隙体积中。虽然气藏条件下，CO_2-CH_4 体系的特性有利于 CO_2 驱替甲烷，但由于通过常规的压力衰减方式开采天然气就可以达到很高的采收率，而且将 CO_2 注入气藏存在着原生气和注入气的混合问题，使得注入 CO_2-EGR 技术一直未被重视。但随着 CO_2 地质埋存技术的兴起，CO_2-EGR 也逐渐成为当前的研究热点之一。气藏的 CO_2 存储能力一般大于油藏，而且现有的井口和管线等基础设施均可充分利用，因而 CO_2 的气藏埋存和 EGR 将为 CO_2 处置提供一个低成本、高存储量的选择途径。

利用 CO_2 提高煤层甲烷气采收率封存技术（enhanced coalbed methane recovery，ECBM）。目前煤田中存在着因技术原因或经济原因而弃采的煤层。例如，不可采的薄煤层、埋藏超过终采线的深部煤层和构造破坏严重的煤层等，这些无法开采的煤层是封存 CO_2 的另一个潜在的地质构造。当 CO_2 注入到煤层后，会在煤层孔隙中扩散，由于煤层体表面对 CO_2 的吸附能力大约是对甲烷吸附能力的两倍，注入的 CO_2 可有效地替换甲烷，使吸附状态的甲烷转变成游离状态，从而提高煤层气的产量，这种技术被称为注入 CO_2 提高煤层甲烷采收率（ECBM）技术。该技术也具有一定的经济性，并能保证不会因开采而造成泄漏。存在的问题在于 CO_2 进入煤气层后发生融胀反应，导致煤气层的空隙变小，从而使注入 CO_2 会变得越来越难，逐渐再也无法注入。所以，该技术并不为研究人员看好。

盐水层封存是另外一种 CO_2 地质封存技术。用于 CO_2 埋存的深部盐水层一般由碳酸盐岩或砂岩构成，孔隙中充满盐水，孔隙度要足够大，且具有较高渗透率，以便 CO_2 的注入和渗流。注入的 CO_2 可通过构造圈闭、残余饱和度圈闭、溶解圈闭以及矿物圈闭等形式封存在盐水层中。盐水层埋深应在 800 m 以上，注入的 CO_2 可在地层条件下达到超临界状态，密度约为水的 50%～80%，可有效地利用孔隙体积。用于埋存的盐水层要具有良好的盖层和隔层，必须与淡水层隔离，且不能存在明显导致 CO_2 泄露的断层和裂缝，从而保证埋存的安全。

将 CO_2 注入深部盐水层进行地质埋存，不会产生附加经济效益，但 CO_2 盐水层埋存具有埋存潜力大、所需井数少、储存成本低、受地理位置限制小等优点，仍不失为一种有利的 CO_2 封存选择方案。但是目前人们对盐水层地质情况的掌握程度并不像对油气田那样高，因此人们更关注 CO_2 在盐水层中埋存的长期安全性。

各种地质埋存技术的成熟度及优缺点见表 4-7。

表 4-7　各种 CO_2 地质封存技术成熟度及优缺点

封存技术	技术成熟度 A	B	C	D	E	有利条件	不利条件
CO_2-EOR						①技术较成熟；②额外的经济回报；③气体封存安全性可证明	①过程复杂；②气体注入量和位置的限制；③油田中废弃井的安全性；④油田开采中没被发现的裂缝
CO_2-EGR			√			①额外的经济回报；②存储容量大；③气体封存安全性已证明	①过程复杂；②缺少经验；③气体分离费用；④气田中原有井的安全性
ECBM			√			①可替换甲烷，提高其采收率；②接近 CO_2 排放源（发电厂）	①过程复杂；②CO_2 注入能力低；③气体分离费用；④缺乏经验
盐水层封存			√			①操作过程工艺简单；②存储容量大	①没有经济回报；②长期的安全性还没有被证实；③缺乏经验

资料来源：A 代表研究阶段，指技术目前尚未达到概念设计阶段，或仍处在实验室或小规模的试验阶段；B 代表示范阶段，指已经形成的并在试点区域使用的技术，但仍需进一步开发；C 代表特定条件下经济可行，指对该技术已有充分的了解，并在选定的商业应用中；D 代表成熟的市场，指现已在全世界多处投入运行的技术；E 代表当 CO_2 埋存为首要目的时，该技术可能是"在特定条件下经济上可行"

到目前为止，工程应用可行性最大、技术成熟度最高的 CO_2 地质封存技术是注入 CO_2 提高原油采收率封存技术（CO_2-EOR）。目前世界上大部分油田均采用注水开发，但也都面临着需要进一步提高采收率和水资源缺乏的问题。将 CO_2 注入衰竭的油层，可提高油气田采收率（EOR），已成为许多国家石油开采业的共识。国外近年来大力开展了 CO_2 驱油提高采收率（CO_2-EOR）技术的研发和应用。这项技术不仅能满足油田开发的需求，还可以解决 CO_2 的封存问题，保护大气环境。该技术不仅适用于常规油藏，而且对于低渗、特低渗透油藏，可以明显提高原油采收率。利用 CO_2 驱油一般可提高原油采收率 7%～15%，延长油井生产寿命 15～20 年。2006 年世界 EOR 产量为 8716 万 t，其中 CO_2-EOR 产量占总 EOR 产量的 14.4%。2006 年美国 EOR 项目共计 153 个，其中 82 个是 CO_2-EOR 项目。国际能源机构评估认为，世界适合 CO_2-EOR 开发的资源约为 3000 亿～6000 亿桶石油。美国能源部 2006年 3 月初发布的报告显示，美国未来油田资源采收率可望通过采用 CO_2 注入技术而得以提高。报告称，通过将排向大气的 CO_2 注入油层，可使美国 214 亿桶的探明石油储量最终增加超过 890 亿桶。我国对 CO_2 驱油技术也进行了大量的前期研究。例如，大庆油田利用炼油厂加氢车间的副产品——高纯度 CO_2（96%）进行 CO_2 非混相驱矿场试验。虽然该矿场试验由于油藏的非均质性导致的气窜影响了波及效率，但总体上还是取得了降低含水率、提高原油采收率的效果。中原油田石油化工总厂建成了利用炼油废气生产液态 CO_2 的装置，其年生产能力达 2 万 t。这些 CO_2 将全部用于中原油田进行二氧化碳驱油，预计可提高原油采收率 15% ~20%，年增产原油超过 5 万 t。

2）海洋封存

CO_2 的海洋封存技术（carbon dioxide ocean storage technology）主要有 2 种方案，一种是通过船或管道将 CO_2 输送到封存地点，并注入 1000m 以下深度的海中，使其自然溶解（"溶解型"封存）；另一种是将 CO_2 注入 3000m 以下深度的海里，由于 CO_2 的密度大于海水，因此会在海底形成固态的 CO_2 水化物或液态的 CO_2 "湖"，从而大大延缓了 CO_2 分解到环境中的过程（"湖泊型"封存）。海洋中封存 CO_2 的潜力从理论上说是无限的，但实际封存量仍取决于海洋与大气的平衡状况。模拟分析表明，注入海洋的 CO_2 将与大气隔绝至少几百年。注入越深，保留的数量和时间就越长。海洋封存技术还存在技术上的不确定性，对海洋环境和海洋生物也有较大的风险。因此，CO_2 海洋封存技术尚未进入实际应用，也没有小规模的试点示范，仍然处在研究阶段。但已有一些小规模的外场试验，并已开展了为期 25 年的 CO_2 海洋封存的理论、实验室和模拟研究。

对 CO_2 海洋封存的最大担忧则来自于其对海洋生态环境可能产生的影响。根据一项为期数月的针对 CO_2 浓度升高对海洋表面生物影响的试验研究结果，随着时间的推移，钙化的速度、繁殖、生长、周期性供氧及活动性放缓和死亡率上升，一些海洋生物对 CO_2 少量增加就会做出反应，在接近注入点或 CO_2 湖泊时预计会立刻死亡。CO_2 升高对深层带、深渊带、海底带生态系统可能产生的影响还缺乏充分的了解。尽管这些区域的生物相对稀少，但作用于其上的能量和化学效应还需要做更多的观察以发现潜在的问题。另外，由于 CO_2 与水反应生成碳酸（H_2CO_3）会提高海水的酸性，为了加强封存效果，降低其影响，可以在封存地点溶解碱性矿物质（如石灰石等）以中和酸性的 CO_2。溶解的碳酸盐矿物质可以将封存时间延长到大约 1 万年，同时将海洋的 pH 和 CO_2 分压的变化降至最低。然而，该方法需要大量石灰石和材料处理所需的能源。海洋封存的另一个问题是溶解的 CO_2 最终仍将回到大气中。

3）碳酸盐矿石封存

矿石碳化封存技术是利用 CO_2 与金属氧化物发生化学反应将 CO_2 转化成稳定的无机矿物性碳酸盐从而达到几乎永久性的储存，其过程是含 Ca/Mg 碱性硅酸盐的碳化，化学反应过程如下：

$$（Ca，Mg）SiO_3（s）+CO_2（g）\longrightarrow（Ca，Mg）CO_3（s）+SiO_2（s）$$

与其他封存技术相比，矿物碳化环境风险性小，可实现 CO_2 的永久性封存。矿石碳化封存技术目前仅处于研究阶段，其经济可行性和减排效率也存在很大的不确定性。据推测采用这种方式封存 CO_2 的发电厂要多消耗 60% ~180% 的能源，并且，由于受到技术上可开采的硅酸盐储量的限制，矿石碳化封存 CO_2 的潜力可能并不乐观。

4.3.3 控制气候变化的国际行动

气候变化是人类面临的严峻挑战，为了促使各国共同应对气候变暖，在 1990 年 IPCC 发布了第一次气候变化评估报告后不久，1990 年 12 月 21 日，第 45 届联合国大会通过第 212 号决议，决定设立气候变化框架公约政府间谈判委员会。这个委员会成立后共举行了 6 次谈判，1992 年 5 月 9 日在纽约通过了《联合国气候变化框架公约》（United Nations Framework Convention on Climate Change，UNFCCC）（简称《公约》），1994 年 3 月 21 日《公约》正式生效。

《公约》确立的最终目标是将大气中温室气体的浓度稳定在防止气候系统受到危险的人为干扰的水平上。基于"共同但又有所区别的责任"的原则，提出到 20 世纪 90 年代末，发达国家温室气体的年排放量控制在 1990 年的水平。发展中国家首要任务是发展经济、消除贫困，温室气体的排放不受限制，但需要报告本国温室气体的排放情况。但是由于没有任何约束条件以及量化的温室气体减排指标，这份公约对 CO_2 的排放量并未产生任何影响，1990 年以后 CO_2 的排放量还是稳定增长。不过，这份公约开启了日后国际间谈判的序幕，最终在 1997 年达成《京都协议书》。

1997 年 12 月在日本京都召开的《公约》缔约方第三次大会上，通过了《京都议定书》（Kyoto Protocol），首次为 39 个发达国家规定了一期（2008～2012 年）减排目标，即在他们1990 年排放量的基础上平均减少 5.2%。同时，为了促使发达国家完成减排目标，议定书中引入了"清洁发展机制"的概念，允许发达国家借助三种灵活机制来降低减排成本。此后，各方围绕如何执行《京都议定书》，又展开了一系列谈判，在 2001 年通过了执行《京都议定书》的一揽子协议，即《马拉喀什协定》。2005 年 2 月 16 日《京都议定书》正式生效，但美国等极少数发达国家以种种理由拒签议定书。

2005 年年底在加拿大蒙特利尔召开的《公约》第 11 次缔约方大会暨议定书生效后的第1 次缔约方会议上，正式启动了 2012 年后的议定书二期减排谈判，主要是确定 2012 年后发达国家减排指标和时间表，并建立了议定书二期谈判工作组。

在发展中国家与发达国家就议定书二期减排积极展开谈判的同时，发达国家则积极推动发展中国家参与 2012 年后的减排。经过艰难谈判，2007 年 12 月在印度尼西亚巴厘岛举行的缔约方第十三次大会暨《京都议定书》缔约方第三次会议（简称巴厘会议）上，通过了"巴厘路线图"，各方同意所有发达国家（包括美国）和所有发展中国家应当根据《公约》的规定，共同开展长期合作，应对气候变化，重点就减缓、适应、资金、技术转让等主要方面进行谈判，在 2009 年年底达成一揽子协议，并就此建立了公约长期合作行动谈判工作组。自此，气候谈判进入了议定书二期减排谈判和公约长期合作行动谈判并行的"双轨制"阶段。

"巴厘路线图"的通过是一次历史性的突破，使国际应对气候变化体制第一次真正建立在全球参与的基础之上，实现了历史性跨越，对于人类应对气候变化将产生多方面的深远影响。

到 2009 年年底，当 100 多个国家首脑史无前例地聚集到丹麦哥本哈根参加《公约》第15 次缔约方大会，期待着签署一揽子协议时，终因各方在谁先减排、怎么减、减多少、如何提供资金、转让技术等问题上分歧太大，各方没能就议定书二期减排和"巴厘路线图"中的主要方面达成一揽子协议，只产生了一个没有被缔约方大会通过的《哥本哈根协议》。《协议》虽然没有被缔约方大会通过、也不具有法律效力，但却对 2010 年后的气候谈判进程产生了重要影响，主要体现在发达国家借此加快了此前由议定书二期减排谈判和公约长期合作行动谈判并行的"双轨制"模式合并为一，即"并轨"的步伐。哥本哈根气候大会虽以失败告终，但各方仍同意 2010 年继续就议定书二期和巴厘路线图涉及的要素进行谈判。在此次大会上，中国政府承诺：到 2020 年中国单位国内生产总值二氧化碳排放比 2005 年下降 40% ~ 45% 。

《哥本哈根协议》虽然没有被缔约方大会通过，但欧美等发达国家在 2010 年谈判中，则借此公开提出对发展中国家重新分类，重新解释"共同但有区别责任"原则，目的是加快推进议定书二期减排谈判和公约长期合作行动谈判的"并轨"，但遭到发展中国家强烈反对。在 2010 年年底墨西哥坎昆召开的气候公约第 16 次缔约方大会上，在玻利维亚强烈反对下，缔约方大会最终强行通过了《坎昆协议》。《坎昆协议》汇集了进入"双轨制"谈判以来的主要共识，总体上还是维护了议定书二期减排谈判和公约长期合作行动谈判并行的"双轨制"谈判方式，增强国际社会对联合国多边谈判机制的信心，同意 2011 年就议定书二期和巴厘路线图所涉要素中未达成共识的部分继续谈判，但《坎昆协议》针对议定书二期减排谈判和公约长期合作行动谈判所做决定的内容明显不平衡。发展中国家推进议定书二期减排谈判的难度明显加大，发达国家推进"并轨"的步伐明显加快。

2011 年 12 月，《公约》第 17 次缔约方会议暨《京都议定书》第 7 次缔约方会议在南非港口城市德班举行。会议伊始，各方均表达了按照"巴厘路线图"的要求积极落实《坎昆协议》，推动德班会议取得成功的政治意愿。德班气候大会通过决议，建立德班增强行动平台特设工作组，决定实施《京都议定书》第二承诺期并启动绿色气候基金。德班会议坚持了公约、议定书和"巴厘路线图"授权，坚持了双轨谈判机制，坚持了"共同但有区别的责任"原则；就发展中国家最为关心的京都议定书第二承诺期问题作出了安排；在减排资金问题上取得了重要进展，启动了绿色气候基金；在《坎昆协议》基础上进一步明确和细化了适应、技术、能力建设和透明度的机制安排；深入讨论了 2020 年后进一步加强《公约》实施的安排，并明确了相关进程，向国际社会发出了积极信号。

气候变化是人类面临的严峻挑战，必须各国共同应对。自 1992 年《联合国气候变化框架公约》诞生以来，各国围绕应对气候变化进行了一系列谈判，这些谈判表面上是为了应对气候变暖，本质上还是各国经济利益和发展空间的角逐。因此，真正要形成一个使缔约方各国都满意而又自觉遵守的温室气体减排方案，国际间合作的任务还很艰巨，需要各方的长期努力。

4.4 酸雨的形成与控制

在太阳系中地球是唯一具有降水现象的行星。地球上海洋水和南北极冰川水占 99% ，大气降水虽然仅占 0.001% ，但是在地球环境中所起的作用很大。陆地生态系统受土壤和降水滋润的控制，这是事实。降水表现出以酸化为特征的"酸雨"，正作为全球环境问题之一被广泛重视。

在地球发展史上，人们认为降水的变化不仅与海洋进化有关，而且也与大气环境的演变密切相关。地球诞生后，大约据现在 45 亿年前，在冰冷结块的原始陆地上发生的第一次倾盆大雨，是含有相当于 0.5N 盐酸的强酸性雨，大气中的氯化氢和二氧化硫被冲洗掉，二氧化碳作为碳酸盐被固定，所以就形成了以氮气为主体的大气，降水也接近中性了。

反映各地质年代降水 pH 的数据很少，但是，我们可以假想由于形成臭氧层，植物开始在陆地上茂盛地生长，其后的降水几乎可以说成是"天然的蒸馏水"，而由于与大气中的二氧化碳达到化学平衡，降水表现出弱酸性。作为意义深远的一个话题，也有这样的说法，6500 万年前，由于火山气体的硫氧化物或者由于小行星碰撞时冲击波产生的氮氧化物，形成高浓度酸雨融化了恐龙蛋壳而导致了恐龙的绝灭，其后降水又返回接近中性了。

在人类诞生之后，也一直认为降雨的性质相同。据报告，从研究南极的冰柱来推测，约从 2000 年前到现在为止，地球降水的 pH 为 5.37 ± 0.06。另外，一些学者对格陵兰和斯匹茨卑尔根岛的冰柱 pH 进行研究表明，除了 1783 年发生火山喷发和以后的数年外，从 1400 年到 1800 年保持在 $5.3 \sim 5.6$，基本上是一定的。但是，从 19 世纪起 pH 开始下降。科学家进一步对这种被称为过去降水化石的样品进行研究，渴望越来越清楚实际情况是什么样子。

1872 年英国科学家史密斯分析了英国伦敦市的雨水成分，由于含硫酸或酸性的硫酸盐，发现它呈酸性，而农村雨水中含碳酸铵，酸性不大。于是史密斯在他的著作《空气和降雨：化学气候学的开端》一书中首先提出"酸雨"这一专有名词。

关于"酸雨"的定义在不同研究者之间存在不同看法，有关辞典定义为"酸雨是表示 pH 低于与大气中二氧化碳相平衡的蒸馏水 pH（5.6）的降水"。但是在大气中即使没有人为污染，它所含有的许多微量化学物质也会各自以相应的溶解度溶入降水中，从而影响到降水的 pH。以印度降水为例，由于容易受到含有大量钙等碱性元素的土壤的影响，这种降水的 pH 经常达到 7.0 以上。

所谓的"酸雨"也并非指雨，现在泛指是以湿沉降或干沉降的形式从大气转移到地面上的酸性物质。人们对所谓大气酸化的认识正在逐步扩大，现在所提出的"酸雨"环境问题，必须考虑重新定义。

20 世纪 60 年代曾广泛采用"湿性大气污染"，也有采用"酸雨"（acid rain）、"酸沉降"（acid deposition）、"酸沉降物"（acidic deposition）等说法。"deposition"在有关酸雨问题的干沉降（dry deposition）中也经常出现。湿沉降是指酸性物质以雨、雪等形式降落到地面，干沉降是指附着在颗粒物上的 SO_2 或 NO_x，经转化后生成的硫酸盐或硝酸盐借重力作用回到地面、水域、植被表面和建筑物上，其中细微粒子可能经呼吸道、皮肤进入人体。

"雨"这个词，在气象词典中指"降水"，包括"降雨、降雪、冰雹"。当然提到酸雨问题时也包括雪和冰雹，特别是在降雪地区，雪融化时的"酸冲击"就是严重酸雨问题的一方面。"干沉降"因为含有硫酸根和硝酸根等阴离子，对环境的影响与降水一样。在降水量小的地区，应当说干沉降是个大问题。因此，考虑包含酸性干沉降的广义的"酸雨"应该更确切一些。

虽然现在广泛采用的酸性指标是 pH，但对森林、湖泊等生态系统和建筑物等造成影响的实际上不是氢离子，而是硫酸根离子、硝酸根离子以及氯离子和铵离子。这些物质导致土壤微生物发生变化，并且由于植物选择吸收导致硝酸根离子增多，从而引起环境的酸化。所有这些酸性降水、酸性干沉降以及存在于大气中的酸性化学成分都成了严重的大气环境问题。酸雨的危害后果见彩图 4-1 ~ 彩图 4-6。

4.4.1　酸雨形成的机理

酸沉降形成过程中所涉及的酸性物质或可能引起酸化的物质有以下几类。

硫化物及原子团：SO_2、SO_3、H_2S、硫化二甲酯 [（CH_3）$_2S_2$ 或 DMS]、二硫二甲酯 [（CH_3）$_2S_2$ 或 DMDS]、硫化碳酰（COS）、CS_2、SO_4^{2-}、H_2SO_4 和甲基硫醇（CH_4SH）。

氮化物及原子团：NO、N_2O、NO_2、NO_2^-、NO_3^-、HNO_3、NH_4^+ 和 NH_3。

氯化物及原子团：Cl 和 HCl。

地区性酸雨形成的机制相当复杂，主要是因为 H_2SO_4 和 HNO_3 等无机强酸，取决于 SO_x 和 NO_x 在大气中的扩散、迁移和沉降的物理过程，同时也取决于在排放源和受纳体之间所发生的一系列复杂的化学过程。

SO_2 的湿沉降有三条途径：① SO_2 经液相氧化反应生成 SO_4^{2-}，被雨水洗脱降到地面；② SO_2 经气相氧化并与水汽反应生成 SO_4^{2-}，被雨水洗脱降到地面；③ 气态的 SO_2 被降水吸收，生成 HSO_3^- 降到地面。NO_x 的湿沉降途径与 SO_2 的类似。

1. 致酸前体物质

引起酸沉降的主要物质是人为和天然排放的 SO_x（SO_2 和 SO_3）和 NO_x（NO 和 NO_2），其天然源一般是全球分布的，而人为排放的 SO_x 和 NO_x 都具有地区性分布的特点。

SO_x 的天然源包括来自海洋的硫酸盐雾，经细菌分解后的有机化合物，缺少 O_2 的水体和土壤所释放的硫酸盐，火山爆发以及森林失火等。海洋硫酸盐排放量估计值在 44～175Mt/a，其中仅有约 10% 沉降到陆地，其余 90% 又复汇入海洋。火山喷发主要排放出 SO_2 以及少量的 H_2S、元素 S、SO_3 和 SO_4^{2-} 等。从全球范围看，由火山喷发输入大气的硫估计每年为 2～30Mt。Hammer 等认为过去万年间剧烈的火山爆发已经释放了高达 10 亿 t 的硫。

Whelpdale 在总结近期硫的全球循环之后指出，20 世纪 60 年代天然硫排放量占全球硫总量的 85% 左右，而在 20 世纪 70 年代下降到接近 65%。联合国环境规划署（UNEP）的最新估算指出，由于人为排放量的上升，天然硫排放量占全球硫排放总量的比率已下降至 50%。对特定的高密度工业区域而言，人为排放比率占该地区总排放量的 90% 以上，而天然排放量仅占 4%，其余的 6% 来自其他地区。对于自然循环过程，自然排放的硫基本上是平衡的，引起酸沉降的原因主要是由于人为排放。

与估算的 SO_x 排放量相比，很少有关于大气中 NO_x 天然源排放的研究。估计对流层由闪电释放的 NO_x—N 每年为 800 万～4000 万 t，NO 的全球产生量可能为每年 20 万～2000 万 t。虽然每年有约 4000 万～1 亿 t 的 NO_x—N 由陆地源释放出来，但其大多数（约 80%）将重新被吸收。然而，来自陆地天然源的 NO 与 NO_2 以及对流层中雷电形成的 NO_x—N 仍然是构成环境中总的 NO_x 本底的主要组成部分。总之，NO_x 由自然源排放与人为源排放的比率大约在 $1:1$～$5:1$。

人为排放的硫大部分来自储存在煤炭、石油、天然气等化石燃料中的硫，在燃烧时主要以二氧化硫形态释放出来，其他一部分来自金属冶炼和硫酸生产过程。随着化石燃料消费量的不断增长，全世界人为排放的二氧化硫在不断增加（图 4-11），其排放源主要分布在北半球，排放量占全部人为排放二氧化硫的 90%。

人为排放的 NO_x 90% 以上来源于煤、石油、天然气等化石燃料的燃烧过程，其中的 NO 约占 90%，其余为 NO_2。NO_x 的人为排放源集中在北半球人口密集的地区，美洲、欧洲交通运输的排放在很大程度取决于机动车的排放，如欧盟机动车的 NO_x 排放量约占人为总排放量的 50%，发电厂燃烧化石燃料占 25%～33%。对于瑞典这样大量使用硝酸基化肥的国家，30%～40% 的人为 NO 的排放，来源于农业生产。世界化石燃料燃烧排放的氮氧化物增长趋势如图 4-12 所示。

其他污染源对酸沉降的形成也起着重要作用，根据采集典型样品计算出美国东北地区雨水的平均酸度如下：硫酸（H_2SO_4）为 62%，硝酸（HNO_3）为 32%，盐酸（HCl）含量为 6%，尽管雨水中 HCl 含量不大，但它也起着重要作用。

氯化物的天然来源包括海洋雾滴、火山气体及高层大气中的各种反应。人为产生的氯气

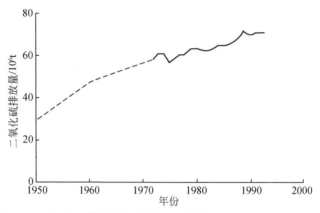

图 4-11　世界化石燃料燃烧排放的二氧化硫量（1950~1993 年）

和氯化物是在各种生产过程中排放出来的，主要出自氯气和氯化氢的制造、运输和液化过程。

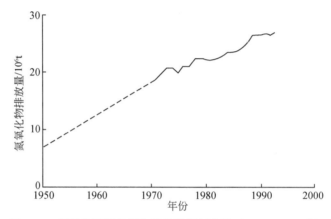

图 4-12　世界化石燃料燃烧排放的氮氧化物（1950~1993 年）

　　　NH_3是一种碱性气体，主要是通过有机物质（死亡的植物、动物和人类的排泄物等）的腐烂和分解而排入大气的，NH_3的人为排放量很小。NH_3能够中和大气中的 H_2SO_4 和 HNO_3，因而会提高雨或雾中的 pH。另外一方面，由于 NH_3 可以溶解而生成铵离子（NH_4^+），能加快大气中 SO_2 转化成 H_2SO_3，并最终转化成 H_2SO_4 的速率。通过对 NH_3 和 HNO_3 的研究，NH_3 和 NH_4NO_3 之间存在着平衡关系。在与 NO_x 的大气反应中，NH_3 起着硝酸的中和剂和硝酸先驱物促进剂的双重作用。

　　臭氧和其他光化学氧化剂在使 SO_2 和 NO_2 分别转化成硫酸盐和硝酸盐的过程中也起着一定的作用。

2. SO_2 在大气中的化学转化

　　导致酸沉降的主要污染物是 SO_2，它在大气中的氧化作用主要是通过以下两类复杂的大气化学过程完成的。

　　1）SO_2 的光化学氧化

　　SO_2 在洁净空气中的直接光氧化是可以忽略的，但在被污染了的空气中，一些物质会通过光化学反应生成氧化性能极强的自由基团，SO_2 与这些自由基团发生气相碰撞之后，氧化速率就大大增强，是干洁大气中的光氧化速度的数十倍以上。典型的自由基团包括过氧化基团（$HO_2 \cdot$）、羟基自由基（$HO \cdot$）和烷基自由基（$CH_3O_2 \cdot$）等。此外，SO_2 的氧化速率还取决于太阳辐射强度、空气温度、露点和活性污染物的绝对浓度等。

在自由基团存在时，通常 SO_2 的光化学氧化反应有

$$HO \cdot + SO_2 \longrightarrow HSO_3 \cdot$$
$$HSO_3 \cdot + O_2 + H_2O \longrightarrow H_2SO_4 + HO_2 \cdot$$
$$HO_2 \cdot + SO_2 \longrightarrow SO_3 + HO \cdot$$
$$CH_3O_2 \cdot + SO_2 \longrightarrow SO_3 + CH_3O \cdot$$
$$SO_3 + H_2O \longrightarrow H_2SO_4$$

硫化碳酰（COS）和 CS_2 的氧化也是从与 $HO \cdot$ 的反应开始的，间接地光化学氧化在 SO_2 的光化学氧化中是主要的。

2）SO_2 的多相反应

多相反应涉及气相或固相反应，现已确定的反应机理有以下三种。

（1）水滴中的过渡金属的催化氧化，其反应式为

$$SO_2 + Mn^{2+} \Longrightarrow MnSO_2^{2+}$$
$$2MnSO_2^{2+} + O_2 \Longrightarrow 2MnSO_3^{2+}$$
$$MnSO_3^{2+} + H_2O \Longrightarrow Mn^{2+} + H_2SO_4$$

Mn^{2+} 和 SO_2 发生的络合反应，当雾滴度很高时氧化作用减慢，会影响 SO_2 溶解度；当湿度大时，SO_2 催化氧化作用强。

（2）SO_2 被碳粒和其他固态颗粒物吸附发生表面催化氧化。因为 Fe_2O_3、Al_2O_3、MnO_2 等金属氧化物和活性炭的比表面积大，易吸附 SO_2，并且起催化作用使 SO_2 氧化。其总反应为

$$2SO_2 + 2H_2O + O_2 \xrightarrow{\text{催化剂}} 2H_2SO_4$$

（3）SO_2 在液相中被 NO_x 和 C_xH_y 光氧化作用生成的 O_3 和 H_2O_2 所氧化。如果 pH 很低，形成强酸，与 H_2O_2 的反应常常是氧化的主要因素。如果 pH>4，O_3 还会影响硫酸盐的形成。

3. NO_x 在大气中的化学转化

大气中含氮化合物有 N_2O、NO、NO_2、NH_3、NO_3^- 及 NH_4^+ 等，其中 NO 和 NO_2 是主要致酸前体污染物。大气中影响 NO_x 转化的物理、化学过程是复杂而尚未被充分了解的。在所涉及的各种反应中，只有 NO 和 NO_2 转化成酸性最终产物的那些反应，在酸雨的发展过程中起着重要作用。在复杂的反应过程中，参加反应的 NO_x 在不同的氧化阶段经复杂的转化，最后才生成硝酸盐。

一般来说，NO 在气相反应中部分地转化成 NO_2

$$2NO + O_2 \longrightarrow 2NO_2$$

该氧化反应速率主要取决于浓度，对于 NO_x 的典型环境浓度值来说，这种反应过程非常缓慢。例如，在 0.1×10^{-6} 的浓度条件下，其半衰期约为 1000h。可是，在暴露于太阳照射下的污染大气中，其反应要快得多，可能在几秒钟内完成。如此迅速的转化主要是由于不稳定物质与其他活性分子和 CO、烃类和醛类之间的反应所致。

若存在氧化剂时，液滴中的 NO_2 则形成 HNO_3 气溶胶，反应式为

$$4NO_2 + 2H_2O + O_2 \xrightarrow{\text{催化剂}} 4HNO_3$$

或

$$NO_2 + HO \cdot \longrightarrow HNO_3$$

大气气溶胶中还可能有硫酸存在，它能吸收 NO_2 形成硝基磺酸和 HNO_3。此外，NO_2 易被吸收到颗粒物中，所生成的气态 HNO_3，再通过许多途径生成硝酸盐，其中包括均相反应过程，如气态 NH_3 直接与气态 HNO_3 反应，结果生成 NH_4NO_3。大气中的微粒及液滴均在形成硝酸盐气溶胶的过程中起着促进作用：

$$NH_3 + HNO_3 \xrightarrow[\text{或液滴}]{\text{微粒}} NH_4NO_3$$

4. 大气污染物的传输和沉降

20 世纪 70 年代初完成的欧洲大气中硫的长距离传输的首次分析，得出的结论是硫可被输送到 1000km 以外，其在大气中停留时间为 2~4 天。大气中 SO_2 的浓度主要与季节及气象条件有关，在冬季与风速及雨量显著相关，而夏季的主导因子则是风速和风向。

在北美，冬季普遍盛行西风或西北风，导致了含硫化合物从美国和加拿大中部向东的净输出。而夏季，落基山脉以东各州主要是受南风影响，尤其是美国中部的一些州受其影响最大，所以有可观的 SO_2 从美国南部向北部传输以及由五大湖南部输向加拿大的安大略、魁北克等省。

美国和加拿大有关的实验室的空气污染计算模型表明，存在污染物跨越边界的扩散与沉降，如统计轨迹区域性空气污染模型（ASTRAP）对污染物跨越流量的初步估计，美国输送给加拿大的硫为加拿大本身人为排放量的 4~5 倍。夏季污染物流量比冬季大。Galloway 和 Whelpdale 计算的美国输送到加拿大和加拿大输送给美国的总硫量约相差 3 倍。此外，根据欧洲区域性空气污染模型（EURMAP-1）估算的季节性迁移状况表明，美国向加拿大的输送量与加拿大向美国的输送量之比在冬季为 1.3，夏季为 3.2。

除了用模型模拟计算研究外，一些学者已开始用大气质量监测和气相资料来分析污染物跨越国界的迁移过程。如加拿大安大略电力公司（Ontario Hydro）已建立了一个大范围的 SO_2 监测网，用以分析统计 SO_2 的变化趋势及大气质量和风向的相互关系。

世界发生酸沉降的国家，如日本、韩国、中国也进行了污染物长距离输送的研究，在中国三大酸雨区，华南地区酸雨时空分布与华南静止锋、西南地区酸雨时空分布与昆明静止锋以及华东地区酸雨与东亚季风、梅雨等气象因素都有着密切的关系。

20 世纪 70 年代后各国工业部门利用高空排放来降低近区域局地污染物浓度，如美国现有 300m 以上烟囱超过 500 座，加拿大最高的烟囱高达 381m，为世界烟囱高度之冠。但后来的监测结果表明，空气污染物的远程输送正是高烟囱排放的恶果，酸雨前驱物的长距离越境输送常引发一系列的国际纠纷。

污染物长距离的传输，不仅表现为酸雨的影响，最严重的是核能事故的污染传输影响，如切尔诺贝利的核污染。

4.4.2　酸雨对地球生态的影响

酸沉降过程（包括湿沉降、干沉降）对地球生态的影响是多方位和渐进的一个过程，在水生生态系统、森林生态系统、土壤生态系统、农业生态系统等方面均产生不可逆转的严重危害，不仅造成重大经济损失，更危及人类的生存和可持续发展。

1. 酸雨对水生生态系统的影响

酸雨对水生生态系统的影响主要有两方面：一是水质的酸化使水域的物理、化学性质发生变化，使一些不适应酸性水质的浮游植物和动物显著减少，生物群体之间的食物链被破坏，造成物种的灭绝或减少；二是随着水质酸化，土壤和底泥中的 Al^{3+}、Ca^{2+}、Mg^{2+} 等金属离子被溶解到水中，造成对水生生物的毒性增加。这种水质也会对鱼类的受精带来不良影响，抑制其繁殖与生长，甚至灭绝。

酸性沉降物对湖泊水生生物的影响在欧美国家早有研究和调查。加拿大东部六省 70 万个湖泊中有一半对酸雨极为敏感。在所调查的 30 万个湖泊中，其中 1.4 万个湖泊已严重酸化，东部 15 万个湖泊生物遭受损害。美国约有 1200 个湖泊酸化，约 3000 个湖泊已达酸化边缘。自 20 世纪 50 年代以来，美国、加拿大的某些地区鱼类数量已经减少，一些物种也已消失。根据 pH 的测定结果，欧洲和北美半数以上的 pH 低于 5.0 的湖泊与那些 pH 在 5.0 以上的湖泊相比，可说鱼类绝迹了。

挪威在 20 世纪 70 年代开展了一项多学科研究计划——酸沉降对于森林和渔业的影响调查计划（SNSF），来自 2 个研究单位的 150 多名科学家参加了这项研究计划。研究成果证实了酸雨对北欧生态系统的损害确实存在。在酸雨最严重时期，挪威南部约 5000 个湖泊中有 1750 个由于 pH 过低而使鱼虾绝迹，约 1.3 万 km^2 的水域内的鱼类已灭绝，另外 2 万 km^2 水域内的鱼受到酸雨危害。在瑞典，9 万个湖泊中有 1.4 万个湖泊受到酸雨的侵害，水生生物已不能生存繁衍，2200 个湖泊几乎没有生物。据估算，在斯堪的纳维亚半岛，由于酸雨的影响，截至 20 世纪 80 年代初就已有 1 万个湖泊完全酸化，另有一些受到严重威胁。

此外，工业发达、城市化发达的英国、德国的湖泊、河流水域酸化现象也十分严重。

2. 酸雨对土壤、森林生态系统的影响

酸雨能够影响土壤中一些小动物和微生物的生长发育，从而改变土壤的物理结构。酸度增加还可能使土壤释放出某些有害的化学成分（如 Al^{3+}），从而危害植物根系的生长发育。酸雨还抑制土壤中有机物的分解和氮的固定，淋洗土壤中钙、镁、钾等营养因素，使土壤贫瘠化。

酸雨对森林生态系统的危害是损害植物的新生叶芽，从而影响其生长发育；引起森林树木叶片损伤、坏死和落叶，甚至死亡，导致森林生态系统的退化。

酸雨造成大片森林损失首先在德国发现，1982 年有 8% 森林受害，1986 年高达 54%，以后略有下降，1988 年降为 52%。在巴伐利亚有 1/4 的云杉因酸雨危害而死亡。经济学家们估计，未来一段时间内，森林破坏将使德国每年损失 55 亿 ~ 88 亿德国马克（合 35.8 亿 ~ 57.2 亿美元）。在瑞士，森林受害面积已达 50% 以上。据世界资源研究所 1986 年的一项报告称，欧洲有 15 个国家的近 68 万 km^2 的森林受到"森林死亡症"的蹂躏。

我国酸雨污染严重的四川盆地受酸雨危害的森林面积达 28 万 hm^2，占林地总面积的 1/3，死亡面积 1.5 万 hm^2，占林地总面积 1.8%。同样受酸雨侵袭的贵州省，受危害的森林面积达 14 万 hm^2，为四川盆地的 1/2。重庆南山风景区约有 3 万亩马尾松发育不良，虫害频繁，约有 1 万亩马尾松枯死，几经防治，毫无效果。四川万县有华山松 97 万亩，其中 60 万亩受到不同程度伤害；而奉节县有 9 万亩华山松，90% 枯死。近年来，四川名胜峨眉山冷杉林成片死亡，死亡率超过 30% 的中度受害面积达到 7 km^2；死亡率超过 50% 的严重受害面积达到 2.28 km^2；七里坡接引殿一带，有 4% 的树木枯死；金顶附近 600 余亩，几乎全部死绝。金顶海拔 3077m，降水 pH 平均为 4.34，酸雨率达到 85.7%，硫酸根占阴离子总量的60%；其他风景区（千佛顶、太子坪、七里坡、雷洞坪）也处于酸雨严重污染区。

3. 酸雨对农业生态系统的影响

酸雨对农业生态系统的危害主要是土壤酸化而间接导致的农作物的减产。我国有关单位的研究表明 pH 为 3.5 的酸雨会造成农作物大量减产。用 pH 为 4.0、3.5、3.0 和 2.5 的模拟酸雨处理大豆植株，收获量分别降低 2.6%、6.5%、9.5% 和 11.4%；pH 为 3.5 的酸雨使引起小麦减产 13.7%，pH 为 3.0 和 2.5 的酸雨造成小麦减产 21.6% 和 34%。

酸雨可使土壤微生物种群变化，细菌个体生长变小，生长繁殖速度降低，如分解有机质及其蛋白质的主要微生物类群芽孢杆菌、极毛杆菌和有关真菌数量降低，影响营养元素的良性循环，造成农业减产。特别是酸雨可降低土壤中氨化细菌和固氮细菌的数量，使土壤微生物的氨化作用和硝化作用能力下降，对农作物大为不利。有关研究人员试验后估计我国南方七省大豆因酸雨受灾面积达 2380 万亩，减产达 20 万 t，减产幅度约 6%，每年经济损失1400 万元。

4. 酸雨对建筑物材料和人体健康的影响

酸雨可以加速建筑物和材料的腐蚀，从而破坏各种材料、建筑物和人工制品，近年来，国内外各类历史文物建筑因受到酸雨的侵蚀、破坏速度大大增加，一些国家已采取相应措施对自己的文物建筑进行保护。

在欧洲，酸雨对历史古迹的建筑物剥蚀事例比比皆是，从古希腊的艾克洛波斯到荷兰阿姆斯特丹的王宫，乃至波兰克拉科夫的中古建筑与纪念碑，酸雨腐蚀都十分明显和严重。雅典的古迹在过去 20~25 年中被污染破坏的程度比以前的 2400 年还严重。历史遗迹和宫殿被损坏在意大利也随处可见。在波兰南部的卡托维茨地区，酸雨造成的铁轨腐蚀迫使火车不得不减速行驶。美国独立宣言签署之地——费城独立宫已经处于受毁损的境地，纽约的自由女神像、华盛顿纪念碑也受到不可挽回的侵蚀。印度的大理石古建筑泰姬陵也因酸雨腐蚀而墙壁剥落，使原先光洁的石面失去了光泽。

人的眼角膜和呼吸道黏膜对酸类十分敏感，酸雨或酸雾对这些器官有明显的刺激作用，导致红眼病和支气管炎，这是酸雨对人体健康的直接影响。

另外，由于酸雨造成土壤的酸化和对土壤的淋洗作用，使土壤中的 Al^{3+}、Ca^{2+} 等金属离子活化，产生很强的毒性，能对作物产生毒害。这些被活化的金属元素以离子形式或其他易溶物形式进入水体，又能对鱼类产生毒害。同时，酸化的水还能溶解自来水管中的 Cu^{2+}、Zn^{2+}、Al^{3+} 等金属。当人们食用这些被毒害的作物、鱼类或饮用水时，健康就受到危害。这是酸雨对人体健康存在的间接和潜在的影响。

在美国，自 20 世纪 40 年代后期以来，硫化物的排放形成一种类似硫酸盐的物质，已经成为东部地区烟雾增加和能见度下降的主要原因。酸雨和大气层中干燥的酸性物质，以及臭氧这类污染物质，对气喘病、心脏和肝脏病患者以及儿童和老人的健康都造成了威胁，其症状是气喘、气短和咳嗽。

4.4.3　酸雨的控制对策

大气是人类赖以生存的最基本的环境要素，它不仅通过自身运动进行热量、动量和水资源分布的调节过程，给人类创造了一个适宜的生活环境，并且阻挡过量的紫外线照射地球表面，有效地保护人类和地球上的生物。但是，随着人类生产活动和社会活动的增加，特别是自工业革命以来，由于大量化石燃料的燃烧、工业废气和汽车尾气的排放，使大气环境质量日趋恶化，产生了诸如温室效应增强、臭氧层破坏以及酸雨等严重的全球性大气生态环境问题。在酸雨污染日趋严重的今天，各国政府及科学家试图从法律法规、政策管理、能源开发以及控制技术措施等多方面着手，探讨有效的酸雨污染控制对策，遏制酸雨污染，实现经济和社会可持续发展的最佳途径。

1. 调整能源结构，发展新能源技术

煤、石油、天然气等传统化石燃料的燃烧会产生酸性物质二氧化硫（SO_2）、氮氧化物（NO_x）的排放。SO_2的排放量取决于燃料中硫的含量，NO_x（90% 是 NO）则主要是由于燃料燃烧时，助燃空气中的氮气在高温条件下氧化所致。原煤中的硫含量要高于石油和天然气，因此，煤燃烧产生的 SO_2 污染最为严重，属不清洁能源。而煤、石油、天然气在燃烧时均会产生 NO_x，其发生量取决于燃烧时的温度。

世界上总的能源结构中煤的比例占 30%，石油占 40%，天然气占 20%，水电和原子能各占 5%。据统计，在我国约 80% 的电力能源、70% 的工业燃料、60% 的化工原料、80% 的供热和民用燃料都来自煤。在一次能源消费量及构成中，原煤占能源消费总量的比例高达 70% 左右，并且在近期内不会有根本性变化。以煤为主的能源结构，致使该能源系统整体效率低下，大量建立在气、液燃料基础上的先进的能源转换和终端利用技术不能适用于煤。煤的生产和消费系统既给我国造成了巨大的运输压力，又带来了严重的酸雨污染。

为减少酸性气体排放，控制酸雨污染，在目前固有的能源结构尚不能得到明显改变的情况下，国际社会提倡开发、实施一系列包括煤炭加工、燃烧、转换和烟气净化各个方面技术在内的洁净煤技术，以综合控制燃煤污染，这是解决二氧化硫排放的最为有效的途径。美国能源部在 20 世纪 80 年代就把开发清洁能源和解决酸雨问题列为中心任务，从 1986 年开始实施了洁净煤计划，许多电站转向燃用西部的低硫煤。而日本、欧洲等国家和地区则比较普遍地采用了烟气脱硫、脱硝净化技术。

另外，要大力开发、使用以风能、太阳能、水电、核能、生物质能、地热能等为主体的新能源，逐步降低传统化石燃料的使用量。这对于减少酸性气体排放，有效地控制酸雨污染，减缓温室增强效应，改善地球生态环境具有非常重要和积极的意义。

一般煤的含碳量为 80%、含硫量为 2% ~ 3%、灰分为 20%，燃烧 1t 煤初始排放 CO_2 2.93t，SO_2 0.03t（按 2% 含硫量，80% 转化率计），NO_x 0.009t，粉尘 0.2t。三峡水电站是世界上装机容量最大的水电站，共安装 75 万 kW 机组 30 台，总装机容量 2250 万 kW。年发电量 1600 亿度。按我国最新的发电技术 230 克标准煤/度电计，三峡水电工程每年可减少使用标准煤 3726 万 t，减排 SO_2 112 万 t，占我国年 SO_2 排放总量的 4%，同时减排 NO_x 34 万 t，环境效益非常显著。

2. 完善相应法律，严格控制酸性气体排放

控制酸雨污染是大气污染防治法律和政策的一个主要领域，它主要包括两方面的措施：一种是政策手段，即通过制定法律和空气质量标准、实行排污许可证制度等途径，要求采用"最佳可用技术"进行治理，以降低污染物的排放量。自 20 世纪 70 年代初日本和美国率先实施控制 SO_2 排放战略以来，许多国家相继制定了严格的 SO_2 排放标准和中长期控制战略，加速控制 SO_2 的步伐，大大促进了有关控制技术的发展，使 SO_2 排放在短短的十多年间，得到了大幅度的削减。另一种手段是经济手段，即通过排污收费、征收污染税或能源税、发放排污许可证和排污权交易等多种途径，刺激和鼓励削减 SO_2 排放量，这种方法已经越来越多地被各国所接受。美国 1990 年修订了清洁空气法，建立了一套 SO_2 排放交易制度。由于实施了交易制度，只需要酸雨控制计划中原来估算费用的 1/2，就实现了到 2010 年将全国电站 SO_2 排放量在 1980 年基础上削减 50% 的目标。

我国从 20 世纪 70 年代就开始制定有关环境空气质量标准和大气污染物排放标准，到目前已建立了较为完善的国家大气污染物排放标准体系。根据我国火电行业以燃煤为主的现状，在 2004 年 1 月 1 日起实施的《火电厂大气污染物排放标准（GB 13223—2003）》中，对不同时期的火电厂建设项目分别规定了 SO_2 和 NO_x 的排放控制要求。2002 年 1 月 30 日国家环境保护总局、国家经济贸易委员会、中华人民共和国科学技术部批准发布《燃煤二氧化硫排放污染防治技术政策》（环发〔2002〕26 号），对电厂锅炉烟气脱硫以及中小型燃煤工业锅炉的脱硫技术路线进行了严格的规定。

为遏制酸雨和 SO_2 污染的发展趋势，我国从 20 世纪 70 年代末开始了酸雨监测，80 年代中期开展了典型区域酸雨攻关研究，90 年代初开展了全国酸沉降研究并着手进行酸雨防治，对燃煤烟气脱硫技术和设备进行了攻关研究。1995 年 8 月，全国人大常委会通过了修订的《中华人民共和国大气污染防治法》，按该法的要求，划定了我国酸雨控制区和 SO_2 控制区（俗称二控区）。1998 年 2 月 17 日，国务院批复《酸雨和二氧化硫控制区划分方案》。二控区面积占我国国土面积的 11.4%，SO_2 排放量占全国的 60%，要求到 2010 年全国 SO_2 排放总量控制在 2000 年排放水平以内，酸雨控制区降水 pH 小于 4.5 的面积比 2000 年有明显减少。

目前我国 SO_2 控制战略从浓度控制逐步向总量控制转变。随着 SO_2 和 NO_x 工程控制技术的日臻成熟，我国不断完善酸性气体排放源的控制技术标准，加大其排放控制力度，并在国家发展规划中明确相关污染物的总量控制目标。2011 年 7 月修订并颁布了新的《火电厂大气污染物排放标准（GB 13223—2011）》，该标准将新建火力发电厂燃煤锅炉烟气 SO_2 和 NO_x 的排放浓度降低到 $100mg/m^3$，与 2003 标准相比，排放标准更加严格。《国民经济和社会发展第十一个五年规划纲要》提出了"十一五"期间单位国内生产总值能耗降低 20%，主要污染物（SO_2、COD）排放总量减少 10% 的约束性指标。即到 2010 年，要求 SO_2 排放量比 2005 年下降 10%，全国 SO_2 排放量由 2549 万 t 减少到 2294 万 t。为了控制 NO_x 对酸雨的贡献，2004 年我国开始实行 NO_x 排污收费制度。刚刚开始的"十二五"规划，不仅继续对全国 SO_2 排放总量提出控制要求，同时对 NO_x 的减排也提出了要求。

通过近 20 年的努力，我国在经济高速发展、煤炭使用量不断增加的情况下，全国的酸雨污染得到了有效地遏制。

3. 控制酸雨的技术措施——洁净煤技术

传统化石燃料的使用是导致酸雨的直接原因。控制酸雨的技术措施之一是开发、使用以太阳能、风能、水电、核能、生物质能为代表的新能源，减少化石燃料的使用。新能源的利用能从根本上减缓和控制酸雨污染，但是由于技术、资金、安全、生态、使用习惯、能源结构等多方面的原因，新能源在整个能源供给中仍处于一个配角的地位。

控制酸雨的另一个非常重要的技术措施是研究、开发传统化石能源的清洁利用技术，在传统能源使用过程中减少 SO_2 和 NO_x 的产生和排放，即化石能源的洁净利用技术。如前所述，化石燃料中煤的含硫量最高，煤燃烧产生的 SO_2 污染最为严重，属不清洁能源。而 NO_x 则来自于煤、石油、天然气在燃烧时，助燃空气中的氮气在高温下氧化所致，发生量与燃烧条件密切相关。煤炭在世界能源结构中的比例是 30%，而我国则是 70%。我国以煤为主的能源结构在未来相当长的时间内仍不会有所改变，因此，洁净煤技术的开发、利用，对于我国的能源发展战略、控制解决酸雨污染问题具有非常重要的意义。

所谓"洁净煤技术"（clean coal technology，CCT）是指旨在减少污染和提高能源转换效率的煤炭加工、燃烧、转化和污染控制等新技术的总称。洁净煤（clean coal）一词最早是由 20 世纪 80 年代初美国和加拿大关于解决两国边境酸雨问题谈判的特使 D. Lewis 和 W. Davis 提出的。美国能源部为解决酸雨问题，从 1986 年开始实施了洁净煤计划。我国"十二五"科技规划拟定了科学技术研发的 6 大方向（包含 4 个重点专项和 6 个主题），这 6 大方向将获得国家 60 亿资金支持。其中，"洁净煤技术"位列 4 个重点专项中。洁净煤技术框架包括煤炭加工技术、煤炭转化技术、煤炭高效洁净燃烧技术和燃烧污染物控制技术四大部分，与控制酸雨有关的技术措施有四类，即煤燃烧前脱硫，燃烧中脱硫及低 NO_x 燃烧技术，煤转化过程中脱硫，燃烧后烟气脱硫、脱硝。

1）煤炭加工技术（煤燃烧前脱硫）

煤是一种低品位的化石能源，原煤中硫分含量变化从 0.1% ~10% 不等，一般含量为 0.5% ~4%。煤中的硫分划分为有机硫、无机硫两大类。其中有机硫、硫铁矿硫和单质硫都能在空气中燃烧，燃烧时大部分被氧化成 SO_2 排放，属可燃硫。另外一部分不可燃烧的硫分在煤燃烧过程中残留在煤灰中，这部分硫称为固定硫，硫酸盐硫就属于固定硫。煤燃烧前脱硫，即"煤脱硫"，是通过各种方法对煤进行加工净化，去除原煤中所含的硫分、灰分等杂质。

煤的加工技术有物理法、化学法和微生物法三种。目前我国广泛采用的是物理选煤方法。物理法一般只能脱除煤粒表面的无机硫，该方法通常仅能脱除煤中总含硫量的 20% ~40%。化学法选煤最高能脱除煤炭中 90% 的硫，可获得超低灰低硫分煤，但由于化学选矿法工艺要求苛刻，流程复杂，投资和操作费用昂贵，而且发生化学反应后对煤质有一定的影响，在一定程度上限制了它的推广和应用。煤中无机硫大多以黄铁矿（FeS_2）的形态存在，在微生物的作用下，无机硫可被氧化、溶解而从煤炭中脱除。煤炭微生物脱硫技术是一种投资少、能耗低、污染少的煤加工技术，但是煤微生物脱硫技术目前仍处于试验或半工业性试验阶段。

2）燃烧中脱硫及低 NO_x 燃烧技术

在煤燃烧过程中加入石灰石或白云石粉作脱硫剂，$CaCO_3$、$MgCO_3$ 受热分解生成 CaO、MgO，与烟气中 SO_2 反应生成硫酸盐，随灰分排出，达到脱硫的目的。在我国采用煤燃烧过程脱硫的技术主要有两种：一是型煤固硫技术；二是循环流化床燃烧脱硫技术。

工业型煤固硫技术是将不同的原料经筛分后按一定的比例配煤，粉碎后同经过预处理的黏结剂和固硫剂混合，经机械设备挤压成型及干燥，得到具有一定强度和形状的成品工业固硫型煤。型煤使用的固硫剂按化学形态可分为钙系、钠系及其他三大类。石灰石是常用的固硫剂，其主要成分是碳酸钙（$CaCO_3$），在高温燃烧时，固硫剂被煅烧分解为 CaO，烟气中 SO_2 即被 CaO 吸收，并反应生成 $CaSO_4$。型煤脱硫技术能使烟尘排放量减少 54% ~80%，SO_2 排放量减少 40% ~75%。

循环流化床锅炉（Circulating Fluidized Beds Combustion，CFBC）是指利用高温除尘器，将带出的物料经换热冷却后又重新返回炉膛内循环利用的流化燃烧方式，是继层燃燃烧和悬浮燃烧之后的一种较新的燃烧方式。循环流化床燃烧示意图如图 4-13 所示。在多物料循环流化床中将石灰石等廉价的原料与煤粉碎成同样的细度，与煤在炉中同时燃烧，在 800 ~ 900℃时，石灰石受热分解出 CO_2，形成多孔的 CaO 并与 SO_2 反应生成硫酸盐，达到脱硫的目的。循环流化床具有燃烧稳定、燃料在炉内停留时间较长、燃烧效率高、燃烧温度较低、NO_x 生成量少、脱硫效率高等特点，比传统的燃烧锅炉和常规流化床锅炉具有较大的优越性，因此越来越受到重视，可望成为重要的煤洁净燃烧技术。国内外经验显示，循环流化床燃烧是一项极为实用的技术，既能解决 SO_2 和 NO_x 的污染问题，又能燃用高灰、高硫和低热值煤。目前，循环流化床锅炉的发展方向是大型化，以满足电网的需要。

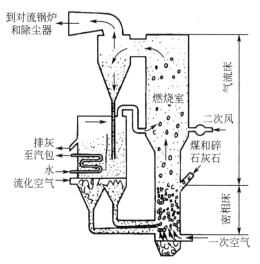

图 4-13　多物料循环流化床燃烧示意图

燃烧温度是影响化石燃料燃烧过程 NO_x 生成的主要因素，根据 NO_x 生成的机理发展了燃烧过程中低 NO_x 控制技术，一般称为低 NO_x 燃烧技术，包括低氧燃烧法（空气分级燃烧技术）、二段燃烧法（燃料分级燃烧技术）和烟气再循环法（烟气循环燃烧技术）。

3）煤炭转化技术（煤转化过程脱硫）

煤炭转化是指用化学方法将煤炭转化为气体或液体燃料、化工原料或产品，主要包括煤炭气化和煤炭液化。作为实现煤炭高效洁净利用的一种途径，煤炭转化不仅广泛用于获取工业燃料、民用燃料和化工原料，也是诸如整体煤气化联合循环发电（Integrated Gasification Combined Cycle，IGCC）、第二代增压流化床联合循环发电（即增压流化床气化/流化床燃烧循环联合发电）以及燃料电池与磁流体发电等先进清洁发电技术的基础。在煤炭转化过程中，煤中的大部分硫将以 H_2S、CS_2 和 COS 等形式进入煤气。为了满足日趋严格的大气污染物排放标准，并保护燃用或使用煤炭转化产物的设备，需要进行煤气脱硫。与烟气脱硫相比，煤气脱硫对象是气量小、含硫化合物浓度高的煤气，因而达到同样处理效果时，煤气脱硫更加经济，且易于回收有价值的硫分。

煤转化过程脱硫的另外一种技术是"水煤浆"（Coal Water Mixture，CWM）技术，水煤浆是 20 世纪 70 年代发展起来的一种新型煤基流体洁净燃料。它是由煤、水和化学添加剂等经过一定的加工而制成的一种流体燃料。其既保留了煤的燃烧特性，又具备了类似重油的液态燃烧应用特点，可在工业锅炉、电厂锅炉和工业窑炉上作为代油或代气燃料。水煤浆在加工制备过程中可以达到部分脱灰甚至深度脱灰，同时可以脱除部分硫，这为在燃烧过程中实现低 SO_2 排放提供了有利条件。水煤浆由于含有约30%的水分，燃烧时水的汽化使其燃烧温度一般比直接燃煤低 100 ~ 200℃，较低的温度有利于降低 NO_x 的生成量。一般来说，原煤通过洗涤过程可脱除 10% ~ 30% 的硫，这与其直接燃烧相比，SO_2 排放量已明显减少。美国 Carbogel 公司发展的一种煤浆加石灰石粉的试验结果显示 SO_2 脱除率约 50%，如果再加上水煤浆制备过程中的硫分降低，水煤浆技术的总脱硫率可达 50% ~ 75%。因此，燃用水煤浆在改善大气环境、控制酸雨污染方面有着巨大的潜力。

东南大学环境科学与工程系的研究人员曾对不同型号的水煤浆锅炉进行过中试研究，各种型号水煤浆锅炉烟气 SO_2 初始排放浓度见表 4-8。

表 4-8　不同水煤浆锅炉 SO_2 初始排放浓度的比较　　　　单位：mg/Nm^3

山东八一矿水煤浆 理论计算值	普通燃煤锅炉 （硫分 0.8% ~ 1%）	SZS4-1.25-A 型 水煤浆锅炉	SZS6-1.25-A7 型 水煤浆锅炉	WNS6-1.0-SMLQ 型 水煤浆锅炉
736	3000 ~ 5000	700	537	882

与普通燃煤锅炉相比较，水煤浆锅炉烟气中 SO_2 的初始排放浓度只相当于燃煤锅炉的 15% ~ 20%。烟气监测数据表明，NO 的初始排放浓度普遍低于 $500mg/Nm^3$。

4）燃烧污染物控制技术（燃烧后烟气脱硫、脱硝）

自世界范围内实施控制 SO_2 排放战略以来，严格的 SO_2 排放标准和中长期控制战略，大大促进了有关控制技术的发展。虽然煤燃烧前脱硫、燃烧中脱硫以及煤转化过程中脱硫技术的应用，大大减少了煤炭使用过程中 SO_2 的排放总量，有效地遏制了酸雨污染。但是随着经济的发展，煤炭消耗总量的不断增加，燃煤过程 SO_2 排放总量的控制仍显现出前所未有的压力，对高效的燃煤 SO_2、NO_x 净化技术提出了更高的要求。

燃煤后烟气脱硫（Flue Gas Desulfurization，FGD）技术已研究开发的达 200 多种，但商业应用的不超过 20 种。按脱硫产物是否回收，烟气脱硫可分为抛弃法和回收法，前者是将 SO_2 转化为固体残渣抛弃掉，后者则是将烟气中 SO_2 转化为硫酸、硫黄、液体 SO_2、化肥等有用物质回收。按脱硫过程是否加水和脱硫产物的干湿形态，烟气脱硫又可分为湿法、半干法和干法三类工艺。湿法脱硫技术成熟、脱硫效率高、运行可靠、操作简单。但脱硫产物的处理比较麻烦，烟温降低不利于处理后的烟气扩散，传统湿法脱硫的工艺较复杂，占地面积和投资较大；干法、半干法的脱硫产物为干粉状，处理容易，工艺较简单，投资一般低于传统湿法，但用石灰作脱硫剂的干法、半干法的 Ca/S 比高，脱硫效率和脱硫剂的利用率低。

湿式烟气脱硫（Wet Flue Gas Desulfurization，WFGD）的石灰石/石膏法工艺，因其脱硫效率能保证在 90% 以上，在目前非常严格的 SO_2 排放标准的前提下，是首选的主流脱硫技术。石灰石/石膏法脱硫工艺以石灰石与烟气中 SO_2 反应，脱硫产物石膏可综合利用，也可直接抛弃。WFGD 系统大多采用了大烟气量吸收塔，从而节省了投资和运行费用。WFGD 系统的运行可靠性达 99% 以上，脱硫效率高达 95%。典型的石灰石/石膏法湿式烟气脱硫工艺如图 4-14 所示。WFGD 系统的投资费用约为 100 元/kW，运行费用为 500 ~ 1000 元/t SO_2。

我国对火电厂烟气脱硫总的要求是新建机组必须安装脱硫装置，老机组按时段、分批建成脱硫装置，应用的 FGD 技术以石灰石/石膏法为主。近几年，我国燃煤电厂的建设速度明显加快，新建燃煤电厂基本上配套了 FGD 系统。国内火电行业脱硫装机发展概况如图 4-15 所示。

燃烧后烟气脱硝（Flue Gas Denitrification）技术可分为干法、湿法和干-湿结合法三大类。干法又可分为选择性催化还原法、选择性非催化还原法、吸附法、高能电子活化氧化

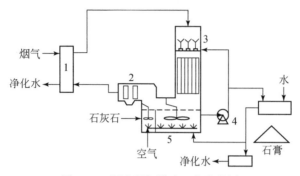

图 4-14　湿法烟气脱硫工艺流程图

1. 换热器；2. 除雾器；3. 吸收塔；4. 循环泵；5. 浆液槽

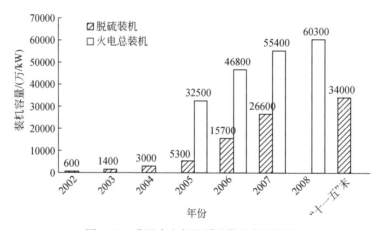

图 4-15　我国火电行业脱硫装机发展概况

法；湿法又可分为水吸收法、络合吸收法、稀硝酸吸收法、氨吸收法、亚硫酸铵法、弱酸性尿素吸收法等；干-湿结合法是催化氧化和相应的湿法结合而成的一种脱硝方法。

选择性催化还原（Selective Catalytic Reduction，SCR）烟气脱硝技术是指在催化剂的作用下，以 NH_3 或尿素作为还原剂，"有选择性"地与烟气中的 NO_x 反应并生成无毒无污染的 N_2 和 H_2O。其原理首先由 Engelhard 公司发现并于 1957 年申请专利，后来日本在该国环保政策的驱动下，成功研制出了现今被广泛使用的 V_2O_5/TiO_2 催化剂，并分别在 1977 年和 1979 年在燃油和燃煤锅炉上成功投入商业运用。SCR 目前已成为世界上应用最多，最为成熟且最有成效的一种烟气脱硝技术。SCR 技术对锅炉烟气 NO_x 的控制效果十分显著，脱硝效率可达 90% ~ 95%，另外，设备占地面积小、技术成熟、易于操作，可作为燃煤电厂控制 NO_x 污染的主要手段之一。但 SCR 技术也存在运行费用较高，设备投资较大等缺点。对于机组改造，SCR 工艺的投资成本在 30 ~ 140 美元/kW，新建机组投资成本低于 40 美元/kW。国内第一家采用 SCR 脱硝系统的火电厂是福建漳州后石电厂，机组容量为 600MW，采用日立公司的 SCR 烟气脱硝技术，系统总投资 1.5 亿元人民币，3 层钛基催化剂，使用寿命 2 年，更换费用约 600 万美元。

日本中部电力公司川越发电厂位于名古屋市的伊势湾畔，共有 170 万 kW 机组两台，70 万 kW 机组两台，总装机 480 万 kW，是世界上最大的火力发电厂。采用天然气作为燃料，并安装 SCR 脱硝工艺，SO_2 排放量削减 99%，NO_x 排放量削减 94%。图 4-16 是 SCR 系统模型，图 4-17 是 SCR 系统实体。

图 4-16　SCR 系统模型

图 4-17　SCR 系统实体

SCR 技术的催化剂费用通常占到 SCR 系统初始投资的一半左右，其运行成本很大程度上受催化剂寿命的影响，因此，SCR 技术的投资和运行费用都非常昂贵。在此背景下，选择性非催化还原法应运而生。选择性非催化还原（Selective Non-Catalytic Reduction，SNCR）烟气脱硝工艺，或被称为热力 $DeNO_x$ 工艺，最初由美国的 Exxon 公司发明并于 1974 年在日本成功投入工业应用。

SNCR 技术是把含有 NH_x 基的还原剂（如氨、尿素等），喷入炉膛温度为 800～1100℃ 的区域，该还原剂迅速热分解成 NH_3 并与烟气中的 NO_x 进行 SNCR 反应生成 N_2。该方法以炉膛为反应器，可通过对锅炉进行改造实现。SNCR 与 SCR 相比运行费用低，旧设备改造少，尤其适合于改造机组，仅需要还原剂储槽和喷射装置，投资比 SCR 法少。但存在还原剂耗量大、NO_x 脱除效率低（脱硝效率 60%～80%）、工艺设计难度较大等缺点。

烟气脱硝是目前发达国家普遍采用的减少 NO_x 排放的方法，欧洲、日本、美国是当今世界上对燃煤电厂 NO_x 排放控制最先进的地区和国家。在这些地区和国家，除了采取燃烧控制，都大量地使用 SCR 烟气脱硝技术。

我国从 20 世纪 80 年代初就开始了火电厂烟气脱硝的研究工作，取得了一定的成绩。随着我国 NO_x 的排放标准的不断严格，仅仅依靠燃烧控制已不能满足要求，国家"十二五"规划已明确烟气脱硝目标，因此实施烟气脱硝已经列上议事日程。在 20 世纪 90 年代建成的福建后石电厂 600MW 火电机组上，率先建成了 SCR 烟气脱硝装置，该装置运行效果好，NO_x 排放浓度只有 $85mg/m^3$，但同时也存在建设投资巨大、运行费用高等问题。通过不断地研发与实践，国内第一家采用具有自主知识产权 SCR 核心设计技术建设的国华太仓发电有限公司 7 号机组（600MW）烟气脱硝工程，于 2006 年 1 月 20 日成功投入运行，这无疑将大力推进我国烟气脱硝技术的发展。

4.5　地球生态环境的屏障——臭氧层

人类真正认识臭氧是在 170 多年以前，1840 年德国化学家先贝因（Schanbein）博士首次提出在水电解以及火花放电过程中产生的气体，同在自然界中闪电过后产生的气体气味相同，因其气味难闻，先贝因博士将其命名为臭氧（Ozone）。臭氧是无色气体，有特殊臭味。

　　臭氧层（ozonosphere, ozone layer）是指大气层中距地面 20～30km 高度的平流层中臭氧浓度相对较高的部分，其主要作用是吸收、阻挡来自太阳短波紫外线，使得人类和地球上各种生命能够存在、繁衍和发展。由太阳飞出的带电粒子进入大气层，使氧分子裂变成氧原子，而部分氧原子与氧分子重新结合成臭氧分子。在大气平流层，集中了地球上约 90% 的臭氧，形成了一层厚度仅 3mm 的脆弱的遮盖物，这就是大气"臭氧层"。

4.5.1　大气臭氧层与地球生态环境

　　大气臭氧层的形成与地球环境的演变过程密切相关，在地球生态系统的发育史中占据非常重要的地位，是地球生物进化发展过程中一个非常重要的转折点。

　　地球在形成初期，表面包围着的大气是一个还原性的大气圈，没有 O_2 和 O_3，因而太阳中的紫外辐射可直接到达地球表面。高能量的紫外辐射，对生命本质物质——核酸和蛋白质有严重的破坏作用。在强烈的紫外辐射下，地球陆地上荒芜一片，没有任何形式的生命存在，这或许是生命诞生于原始海洋中的原因之一。有些科学家就曾提出，在原始海洋中的一定深度——足以过滤大多数紫外辐射，留下充分的紫外辐射来促成生命前驱物质的化学反应。

　　有资料表明，生命在 34 亿年前就已发生，那时的生命只能存在于海洋中，以防止紫外辐射的灼伤致死。但当时的生命进化速度与后来的生物相比甚为缓慢，原因是海洋环境较之陆地环境要稳定而均一得多。然而，海洋中的有机物毕竟是有限的，栖息于海洋中的原始生物生息发展最终会因食物匮乏而面临灭顶之灾。在这严重的选择压力下，大约 20 亿年前，能进行光合作用自己制造营养的自养生物诞生了，它们固定太阳能，用 CO_2 合成营养，同时放出 O_2，从此，开始了一种新的生命过程。由于自养生物不断发展，地球大气中 O_2 的浓度不断升高，改变了生物进化的过程。到距今 16 亿年以前，一个含氧的大气圈终于形成。大量氧气吸收紫外辐射在地球大气层中形成了臭氧层，为海栖生物登陆发展提供了前所未有的"安全"环境。确实，当初简单的动物正是由于有氧气后才出现并得到进化发展的。在这漫长的二十几亿年的发展中，生命不知经历了多少次的兴衰。然而其间无论是旧种的灭绝，还是新种的诞生，除极少数生命早期遗留下来的厌氧种外，其余无一例外都是需氧的，尤其是产氧的绿色植物的繁荣发展，使臭氧层与生物相互依赖到了今天。在高空臭氧层的屏障保护下，地球生态系统孕育了各种各样的生物物种，形成了今天万物生长、相互依存的地球生态环境。

　　大气中的臭氧（O_3）含量仅占一亿分之一（1×10^{-8}），且绝大部分存在于距地面 20～30km 高度的平流层中，积累的厚度仅 3mm。地球大气层臭氧浓度的分布如图 4-18 所示。

　　臭氧层对地球生态环境具有两个重要的功能：保护地球上的生命体不受太阳光中紫外线的辐射危害；为静态的平流层和紊乱的对流层大气提供热源。

　　太阳辐射光波波长如图 4-19 所示。平流层臭氧吸收太阳紫外辐射的能力很强，使得大部分太阳辐射光谱的紫外区的光不能到达地表，被臭氧吸收的波长在 200～300nm。臭氧对紫外线的吸收如图 4-20 所示。

　　紫外光对生命有危害，因为它们的高能量足以破坏有机分子的化学键，生成反应性的碎片。其中，波长为 200～280nm 的紫外线称为 UV-C，可以杀死人与生物，但几乎全部被臭

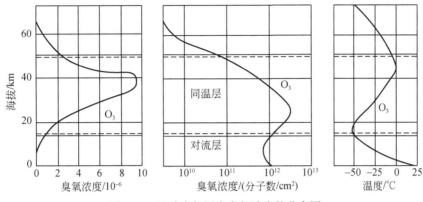

图 4-18 地球大气层中臭氧浓度的分布图

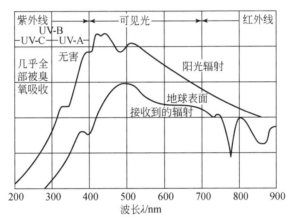

图 4-19 太阳辐射光谱

氧吸收。波长为 280~320nm 的紫外线为 UV-B，大部分可被臭氧吸收，但不能全部吸收，这部分紫外线可以杀死生物，这种射线即使达到地球表面的数量很少，也可以导致人类的眼病与皮肤癌发病率上升。这类波长的紫外辐射还可使植物生长受到影响，包括许多食用植物与海洋中的藻类，从而影响渔业生产。波长在 320nm 以上的紫外线为 UV-A，其危害较小，臭氧只能吸收其中一小部分。

如图 4-21 所示，光对生命组织的损伤根据波长而有所不同，图中实线表示一定光强下不同谱段的光对皮肤晒伤的敏感度。图中还显示了基态太阳光覆盖的波谱，从这两条曲线可以看出实际造成晒伤的光波波长，即皮肤对辐射有反应的波长范围。若无臭氧层的过滤，晒伤敏感曲线和基态曲线的重合波段会更长。不仅如此，臭氧减少，波长最短处的光通量的增加量最大，而这种光也是造成损害最严重的。

紫外线对绿色植物也会带来危害，植物捕获光能的光合成器官需要吸收可见光，但会被大量强紫外光毁坏。尤其是飘浮在海洋表面提供海洋食物链最初级物质的捕获光能的浮游植物。由于臭氧的减少，南极浮游植物数量已经显著减少。

臭氧层除了能保护地球生物不受紫外线的伤害以外，还具有稳定地面与大气温度的重要作用。对流层大气不仅会受到地球表面的长波辐射而使温度升高，而且在某种程度上也会受到来自同温层的红外辐射而升温。臭氧在吸收紫外线辐射的过程中，温度也会升高。所以臭

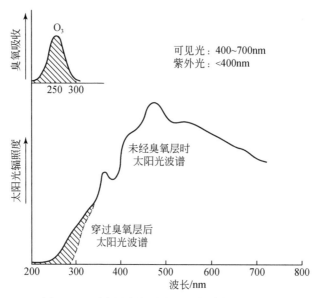

图 4-20　平流层臭氧对太阳光中紫外线的吸收

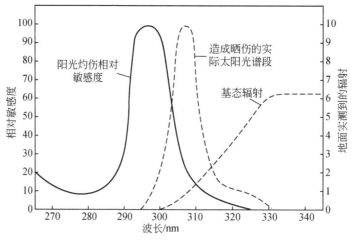

图 4-21　造成生命组织损伤的紫外辐射光谱

氧具有加热同温层的作用。如果同温层中的臭氧浓度一旦有了变化，同温层的温度也会相应发生变化，而使对流层大气温度发生变化，从而影响天气与气候。这种影响不仅取决于大气层中的臭氧数量，而且与其扩散方式有关。

同温层中臭氧浓度降低涉及两种相反的效应。如果同温层中臭氧浓度降低，在这里吸收掉的紫外辐射会相应减少，到达地球表面紫外辐射即会增加，从而使地球大气变暖。另一方面，如果同温层中吸收掉的紫外辐射减少，同温层自身会变冷。这样，释放出来的红外辐射会减少，就会使地球变冷。如果整个同温层中降低的臭氧浓度是一致的，则上述两种效应大致可以相互抵消。实际上并非如此，如果同温层不同区域臭氧浓度降低得不一样，两种效应即不会相互抵消。因此，地球的温度与对流层上部及同温层下部的臭氧浓度有密切关系。

对流层中的臭氧对控制地球温度的作用，与同温层中的臭氧的作用不同。臭氧（O_3）

与二氧化碳（CO_2）一样，都是温室气体，它的存在可因温室效应使地面上空的大气层与地球温度上升。这种效应是由于温室气体吸收或者传送辐射能引起的。

温室气体能让来自太阳的辐射透过它们而到达地球，并被地球表面吸收，从而使地球表面变暖。当地面温度上升以后，即会向大气层释放出更多的长波辐射，最后消失在宇宙中，这样又会使地球冷却，这就是地球表面保持在一定温度下的机制。然而，温室气体会干扰这一过程，因为它们会妨碍从地球表面向外释放长波辐射。地球表面能吸收紫外辐射，而温室气体却能储存并阻止辐射消失在宇宙中，从而干扰地球的自然冷却机制，如果大气层温室气体的浓度升高，其结果就会导致地球温室效应增强，使地球表面与大气层的温度逐渐变高。

4.5.2 大气污染与臭氧层耗竭

从 1840 年德国化学家先贝因（Schanbein）发现臭氧气体至今已有 170 多年。随着科学及测量技术的不断进步，人类对臭氧层的认识日益深入，描述高空臭氧产生以及耗竭的理论不断得到发展和延伸。1930 年，英国人 S. Chapman 提出纯氧体系生成 O_3 的光化学机理。1950 年，贝茨（Bates）和尼古雷特（Nicolet）提出了氢自由基参与平流层臭氧消除过程的想法。对平流层化学活动理解的重要突破主要发生在 20 世纪 70 年代，P. Crutzen（1970）和 Johnstone（1971）揭示了氮氧化物在平流层化学活动中的主导作用。随后，Stolarski 和 Cicerone（1974），M. Molina 和 F. Sherwood Rowland（1975）阐述了氯化物在平流层中的化学作用，从而揭示出人类活动对地球臭氧层的巨大影响。为此，1995 年诺贝尔化学奖授予了对臭氧层的浓度平衡机制研究卓有成效的 3 位大气化学家（克鲁兹、罗兰德和莫里拉）。

1. 大气臭氧层的平衡机理

臭氧（O_3）是一种很容易起反应的化学物质，它由复杂的光化学过程产生，该过程始于氧的光解，又在一系列复杂的化学反应中被破坏，参与这些反应的物质有氧（O）、氢（H）以及氯（Cl）、氮（N）、溴（Br）的化合物。

1930 年，英国人查普曼（S. Chapman）研究了平流层中 O_3 的生成消失机理，提出了纯氧体系生成 O_3 的光化学理论。在平流层中，一部分氧气分子可以吸收小于 242 nm 波长的太阳紫外线，并分解形成氧原子。这些氧原子与氧分子相结合生成臭氧，生成的臭氧可以吸收太阳光而被分解掉，也可以与氧原子相结合，再度变成氧分子。其过程可用下面的化学反应方程式来表示

$$O_2 + hv \longrightarrow 2O(^3P) \ (\lambda < 242nm) \tag{4-1}$$

$$O(^3P) + O_2 + M \longrightarrow O_3 + M \tag{4-2}$$

$$净效应 \quad 3O_2 \longrightarrow 2O_3 \tag{4-3}$$

M 是代表这个碰撞反应中必须存在的第三种分子，它们是氮气或者氧气分子，其作用是带走反应中释放出的能量，否则臭氧分子一旦形成便会立即分解。

反应式（4-2）中生成的 O_3 因其电离能很低（1.1eV），吸收波长为 $240 \sim 320nm$ 的紫外线后，很容易分解成 O_2 和 O：

$$O_3 + hv \longrightarrow O_2 + O \tag{4-4}$$

如果反应式（4-4）接着反应式（4-2）进行，则唯一结果是使空气加热。

在平流层的中间层之上，由于原子氧的浓度很高，还可能发生反应：

$$O_3 + O \longrightarrow 2O_2 \tag{4-5}$$

从而导致 O_3 的净损耗。反应式（4-1）和反应式（4-4）实现了对有效太阳紫外线辐射（100nm<λ<320nm）的吸收，使波长低于 300 nm 的 UV-C 和大部分 UV-B 很难穿过大气层到达地面，从而形成了地球生态系统的天然屏障，保护了地表生物。在正常情况下，大气中 O_3 的形成和分解的速率大体相等，因而其总量处于恒定状态。

2. 臭氧层的耗竭机理

1964 年以前，查普曼机理一直被认为是控制平流层内臭氧生成和消除的主要方式。平流层臭氧的浓度取决于生成反应和消除反应的理论平衡状态。但查普曼纯氧理论的重要缺陷是臭氧消失的太慢，若按纯理论推断，平流层中臭氧的浓度应比目前所观测到浓度要高得多。纯氧理论存在的问题，主要是没有考虑到大气中微量成分对臭氧的催化分解作用。

臭氧是一种较为稳定的分子，它的平衡常数很小，单个分子分解非常缓慢，但是若有催化性链反应存在则能很快被破坏。反应中，臭氧被链反应剂 X 转变为 O_2，X 却不变，反应通式为

$$X + O_3 \longrightarrow XO + O_2 \qquad (4\text{-}6)$$

$$XO + O \longrightarrow X + O_2 \qquad (4\text{-}7)$$

两式相加得反应式

$$O_3 + O \longrightarrow 2O_2 \qquad (4\text{-}8)$$

在多种可作为链反应剂 X 的物质中，有 4 种已确定为重要的臭氧层破坏物质：羟基自由基、氯原子、溴原子和一氧化氮。

平流层低处（16~20 km）近一半的臭氧耗损是由羟基自由基造成的。在对流层中，羟基自由基由 O_3 光解所得的激发态氧原子和水分子反应生成：

$$O + H_2O \longrightarrow 2HO \cdot \qquad (4\text{-}9)$$

平流层中羟基自由基生成的机理与之类似，由激发态氧原子与水或者甲烷分子等羟基源反应产生。羟基自由基能接受臭氧分子的一个氧原子生成水，水再与氧原子反应又产生羟基自由基，两个反应结合起来就导致了臭氧的耗损。水和甲烷是自然界中大气的组分，羟基自由基的循环反应是一种天然的臭氧耗损过程。近年来，人们对大气中甲烷浓度增加所导致的臭氧损耗这一现象有了更多的关注。

平流层中的水汽对 O_3 的破坏作用可用如下反应式表示

$$H_2O + O(^1D) \longrightarrow 2HO \cdot$$

$$(4\text{-}10)$$

$$HO \cdot + O_3 \longrightarrow HO_2 + O_2 \qquad (4\text{-}11)$$

$$HO_2 + O_3 \longrightarrow HO \cdot + 2O_2 \qquad (4\text{-}12)$$

$$净效应 \quad 2O_3 \longrightarrow 3O_2 \qquad (4\text{-}13)$$

$$HO \cdot + O \longrightarrow H + O_2 \qquad (4\text{-}14)$$

$$H + O_3 \longrightarrow HO \cdot + O_2 \qquad (4\text{-}15)$$

$$净效应 \quad O + O_3 \longrightarrow 2O_2 \qquad (4\text{-}16)$$

$$HO \cdot + O_3 \longrightarrow HO_2 + O_2 \qquad (4\text{-}17)$$

$$HO_2 + O \longrightarrow HO \cdot + O_2 \qquad (4\text{-}18)$$

$$净效应 \quad O + O_3 \longrightarrow 2O_2 \qquad (4\text{-}19)$$

上述三组催化反应大大加速了平流层中 O_3 的损失。除去水汽外，人类活动排放出的甲烷、氮氧化物、氯化物、溴化物等都对 O_3 具有破坏作用，一般认为人为排放致使平流层中

O_3 减少的最主要的机理有三个。

（1）由 Cl 和 ClO 起催化作用的一系列反应：

$$O_3 + hv \longrightarrow O_2 + O \tag{4-20}$$

$$O + ClO \longrightarrow Cl + O_2 \tag{4-21}$$

$$O_2 + Cl \longrightarrow ClO + O \tag{4-22}$$

$$净效应\quad 2O_3 \longrightarrow 3O_2 \tag{4-23}$$

平流层中的氯一部分来源于海洋散发出的氯甲烷（CH_3Cl），此外人类生产生活中产生的有机氯气体也有影响，特别是含氟氯烃（CFCs）中的氯氟甲烷、$CFCl_1$（F-11）、$CFCl_2$（F-12）、甲基氯仿（CH_3CCl_4）及四氯化碳（CCl_4）等。

由反应式（4-21）和反应式（4-22）可知，在分解 O_3 的过程中，氯原子的净消耗为零。一个氯原子引发的这种链式反应大约可破坏 10 万个臭氧分子，因而，只要有少量的氯原子到达平流层，就可使 O_3 不断耗损而产生严重的后果。

1935 年，"神奇气体" CFCs 问世，最初人们将之用作制冷剂。因其具有非常好的稳定性、不含毒性、不具腐蚀作用和不燃性，自 20 世纪 60 年代开始，发达国家 CFCs 的消费量大幅度上升。CFCs 的化学稳定性好，在对流层不易被分解而进入平流层，到达平流层的 CFC 受到短波紫外线 UV-C 的照射，分解为 Cl 自由基，参与臭氧的消耗。近年来平流层的观测结果也证实，ClO 浓度和 O_3 浓度间确实存在着相关关系。

（2）MeElroy 等在 1986 年提出，如果溴的浓度在 $15 \times 10^{-9} \sim 30 \times 10^{-9}$，它将通过 BrO 与 ClO 的偶联反应对 O_3 的减弱起重要作用：

$$BrO + ClO \longrightarrow Br + Cl + O_2 \tag{4-24}$$

$$Br + O_3 \longrightarrow BrO + O_2 \tag{4-25}$$

$$Cl + O_3 \longrightarrow ClO + O_2 \tag{4-26}$$

$$净效应\quad 2O_3 \longrightarrow 3O_2 \tag{4-27}$$

由于 BrO 的键能比 ClO 小，所以溴对 O_3 的破坏作用比氯更强，如 CF_3Br 对 O_3 的破坏作用就约为 $CFCl_3$ 的 11 倍以上。

（3）NO 和 NO_2 起催化剂作用的一系列反应：

$$NO + O_3 \longrightarrow NO_2 + O_2 \tag{4-28}$$

$$O_3 + hv \longrightarrow O_2 + O \tag{4-29}$$

$$NO_2 + O \longrightarrow NO + O \tag{4-30}$$

$$净效应\quad 2O_3 \longrightarrow 3O_2 \tag{4-31}$$

平流层中 NO_x（NO，NO_2）主要来源是 N_2O，通过下列一对反应的氧化产生：

$$O_3 + hv \longrightarrow O(^1D) + O_2(\lambda < 310nm) \tag{4-32-1}$$

$$O(^1D) + N_2O \longrightarrow 2NO \tag{4-32-2}$$

NO_x 的另一来源是高空飞行的飞机直接排放，特别是那些 20km 高处的超音速飞行的飞机（SST）。据估算 500 架 SST 在两年内排出的 NO_x 可使大气中的 O_3 至少减少 30%，此外，NO_2 还来自反硝化细菌对含氮化合物（氮肥）的反硝化过程。

另外，长期以来人们一直认为对流层中 O_3 来自平流层，主要依赖动力输送，但随后发现，对流层的清洁大气及污染大气也存在 O_3 生成与耗损的光化学过程。据估算，夏季人为活动所导致的 O_3 光化学产量可高达平流层向下输送量的 20 倍，而清洁大气中，其光化学产量也可高达平流层向下输送量的 5 ~ 10 倍。当前，在大气边界层，尤其是近地层内，O_3 浓度已被普遍认为是影响大气质量的重要指标之一。O_3含量过高，将直接危及人群健康及动植物的生长。值得注意的是，在平流层中，NO_x是致使O_3耗损的重要催化剂；而在对流层中，能够被分解并产生的氧原子的分子只有NO_2；换言之，在对流层内，NO_2对O_3的生成起到了促进作用：

$$NO_2 + hv \longrightarrow NO + O(\lambda < 395nm) \tag{4-33}$$

$$O + O_2 + M \longrightarrow O_3 + M \tag{4-34}$$

其中NO_2可来自人类活动所排放的污染物，也可通过NO与HO_2反应转化而成。

3. 平流层臭氧层破坏与南极臭氧空洞

Dobson 单位是表征平流层O_3总量的最常用单位。假定垂直气柱中的O_3全部集中起来成为一个纯臭氧层，用这一纯臭氧层在0℃、1个标准大气压下的厚度来度量O_3的总含量，厚度为1cm时称为1"大气厘米"，厚度为10^{-3}cm时则定义为一个DU。在标准状况下，全球臭氧层的平均厚度约为300DU（3mm）。

大气层中臭氧（O_3）的90%几乎都存在于平流层中。虽然平均浓度仅为$0.4×10^{-6}$，平均厚度大约只有3mm，但在正常情况下，均匀分布在平流层中的臭氧能吸收太阳紫外辐射的UV-C射线的全部，以及大约90%UV-B射线，这些辐射射线都是对生物有害的部分。如图4-22所示为中纬度地区下午紫外线在大气圈上界及达到地面后的通量（太阳高度角为60°，天空反射率为0.15，无云）。从图中可看出，臭氧层可吸收全部波长在300nm以下的太阳紫外线，从而有效地保护了地球表面上的万物生灵。

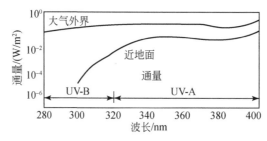

图4-22　大气外界与地面的辐射的通量

大气层中的臭氧在地理分布上是不均匀的。臭氧总量的最低值出现在赤道附近，约为260 DU，随着纬度的增大，臭氧厚度也逐渐加大。南半球臭氧最大厚度为340 DU，位于55°~65°S附近；北半球臭氧最大厚度值为390 DU，位于65°~75°N附近。靠近两极的地区臭氧厚度开始减少。大气臭氧总量还呈现规律性的季节变化。臭氧总量的最大值出现在两半球的春季，最小值出现在秋季。

20世纪70年代中期，美国科学家发现南极洲上空的臭氧层有变薄现象。1985年，英国科学家法尔曼（J. Farman）等在南极哈雷湾观测站发现：在过去10~15年，每到春天南极上空的臭氧浓度就会减少约30%，有近95%的臭氧被破坏。从地面上观测，高空的臭氧层已极其稀薄，与周围相比就像是形成一个"洞"，直径达上千公里，"臭氧洞"（Ozonosphere hole）由此而得名。1985年，美国的"雨云-7号"（Nimbus-7）气象卫星也观测到了这个臭氧洞。由TOMS（臭氧总量测定光谱仪）监测到臭氧总含量从1978~1986年每年以1%的速率逐年递减，南极春季臭氧层减少几乎遍及整个南极大陆。从20世纪70年代中期至90年代中期，南极臭氧柱总量从300 DU左右下降到120 DU。近几年，南极臭氧层空洞的深度、面积和持续时间在继续扩展。1998 年南极上空臭氧洞平均面积首次超过 2400 万 km²，持续时间超过了 100 天。南极上空的臭氧层是在 20 亿年里形成的，可是在一个世纪内就被破坏了 60%。

科学家根据科考结果推断，南极臭氧空洞的形成与如下机制有关。北半球人类所排放的 CFCs，在最初的 1~2 年内，在整个大气层下部并与大气混合。携带北半球散发的氯氟烃的大气环流，随赤道附近的热空气上升，分流向两极，然后冷却下沉，从低空回流到赤道附近的回归线。

在南极黑暗酷冷的冬季（6~9 月），下沉的空气在南极洲的山地受阻，停止环流而就地旋转，形成"极地风暴旋涡"。"旋涡"上升到 20 km 高空的臭氧层，形成了滞留的"冰晶云"。"冰晶云"中的冰晶微粒把空气中带来的 CFCs 和 Halons 吸收在其表面，并不断积聚其中。当南极的春季来临（9 月下旬），阳光照射冰晶云，冰晶融化，释放出吸附的氯氟烃类物质。在紫外线的照射下，分解产生氯自由基，与臭氧反应，形成季节性的"臭氧层空洞"。随着夏季的到来，南极臭氧层得到逐渐恢复，但臭氧减少的空气可以传输到南半球的中纬度，造成全球规模的臭氧减少。在南极上空实际探测到臭氧减少的同时，氯自由基浓度突然大量增加（图 4-23），该观测数据使人确信氯自由基引起的催化性分解是平流层臭氧含量减少的主要由于平流层空气很少上下对流，没有雨雪的冲洗，污染物可以在平流层停留很长时间，因此对臭氧层的破坏很大。

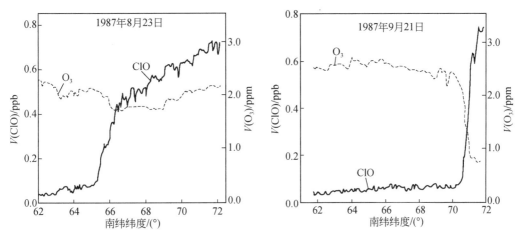

图 4-23　南极上空海拔 18km 处氯氧化物和臭氧体积分数
资料来源：Rowland, 1991

因为北极没有极地大陆和高山，仅有一片海洋冰帽，不能形成大范围强烈的"极地风暴"，所以不易产生像南极那样大的臭氧洞。但是，北极上空也存在臭氧层损耗现象。科学研究发现，北极地区在 1~2 月，16~20km 高度的臭氧损耗约为正常浓度的 10%，北纬 60°~70° 范围的臭氧层浓度的破坏为 5%~8%。与南极的臭氧破坏相比，北极的臭氧损耗程度要轻得多，而且持续时间相对较短，然而近几年臭氧在北极有急剧减少的趋势。日本学者研究认为北极也具备了形成臭氧层耗竭的条件，出现"空洞"是早晚的问题。

在被称为是世界上"第三极"的青藏高原，中国大气物理及气象学者的观测也发现，在我国青藏高原上空每年 5~8 月出现明显的臭氧异常低值中心，该中心逐年在加深，青藏高原上空的臭氧正在以每 10 年 2.7% 的速度减少。

4. 消耗臭氧层物质

全氯氟烃（氟利昂，CFCs）和含溴氟烷（哈龙，Halons）是臭氧层遭到破坏的主要原因，氟利昂被广泛用来作制冷剂、发泡剂和清洗剂。火箭使用的推进器喷发出的废气，也是平流层中氟利昂的一大来源（表4-9）。进入平流层的氟利昂在紫外线作用下释放出氯自由基，立即与臭氧发生连续反应形成氧原子，一个氯自由基可以破坏10万个臭氧分子（O_3）。

被称作为消耗臭氧层的物质（ozone depletion substances，ODSs），除了全氯氟烃（CFCs）和哈龙，还包括甲基氯仿（1，1，1-三氯乙烷 CH_3CCl_3）、溴甲烷（CH_3Br）、四氯化碳（CCl_4）等。

表4-9　痕量气体影响臭氧浓度的情况

气体	化学式	在大气中的平均寿命/a	全球平均浓度/10^{-9}	增长率/%
氟氯烃11	$CFCl_3$	77	0.23	5
氟利昂12	$CFCl_2$	139	0.4	5
氟利昂113	$C_2F_3Cl_3$	92	0.02	7
哈龙1301	CF_3Br	101	很少	11
一氧化二氮	N_2O	150	304	0.25
一氧化碳	CO	0.4	不定	0.2
二氧化碳	CO_2	/	344000	0.4
甲烷	CH_4	11	1650	1

科技文献中统一使用的ODSs名称通常有两部分构成，即代号和代码。例如，$CFCl_3$被命名为CFC-11，其中CFC为代号部分，11为代码部分。全氯氟烃类的物质用其英文名称chlorofluorocarbon的字头 CFC 表示；含氢的氯氟烃类物质则取 hydrogen containing chlorofluorocarbon 的字头 HCFC 表示；含氢氟烃类的物质则取 hydrofluorocarhon 字头 HFC 表示；全氟烃则取 perfluorocarbon 字头 PFC 表示。代码由三位阿拉伯数字组成，其中个位数表示分子中氟原子的个数，十位数表示分子中氢原子的个数加1，百位数表示分子中碳原子的个数减1。例如，$CFCl_3$的代号为CFC，代码百位数为0，十位数为1，个位数为1，由于百位数为0，所以只用两位数表示，即11，这样$CFCl_3$的命名为CFC-11。$CHCl_2F$ 的代号为HCFC，代码为21，命名为HCFC-21。对于有多种同分异构体的CFCs，如乙烷类氯氟烃和两个以上碳原子氯氟烃，则以分子结构为基础，按照一定的规则在代码后标上 a、b、c……以区别各种同分异构体。含溴氯氟烃的代号为Halon（哈龙），编码方式按碳、氟、氯、溴、碘的次序排成五位数，如无碘则第五位不作表示，或为四位数。例如，CF_2ClBr 的名称为Halon 1211，CF_2Br-CF_2Br 的名称为Halon 2402，CF_3Br 的名称为Halon 1301。

ODSs对臭氧层的损耗能力大小取决于它们在大气层中分子寿命的长短，寿命越长，化学反应能力越强。分子寿命的长短与ODSs的原子组成有关，卤代烃在大气中的寿命可从几年到几百年。卤代烃分子中若含有氯，尤其是溴，其在大气层较低高度就能进行很充分的光解反应而被分解。一些含氢的氯氟烃在对流层中就已经与大气中富含的羟基自由基 HO· 发生分解反应，它们在大气平流层中寿命不长，能够扩散到臭氧层的数量较少，对臭氧层破坏能力也较小。表4-10表明含氯分子的ODSs寿命比含氟分子的寿命要短（$CFCl_3 < CF_2Cl_2$）；氯原子被溴原子取代后分子的寿命比原来的分子寿命短（$CF_2BrCl < CF_2Cl_2$）；若氯或氟原子被氢原子所取代，则该分子的寿命更短 [CHF_2Cl（22 年）$< CF_2Cl_2$；CH_3CCl（8.3 年）$<$

$C_2F_3Cl_3$]。大气层中 ODSs 的分子寿命越短,说明他们在对流层中进行化学反应的能力越强,而对平流层中臭氧的分解损耗能力越弱,表 4-11 为卤代烃衍生物及其用途。

为了表示与比较 ODSs 对臭氧分解的能力大小,采用臭氧耗减潜能（ozone depletion potential,ODP）的概念。以 CFC-11 为基准,设定其 ODP 值为 1。其他物质的 ODP 值为其损耗臭氧能力与 CFC-11 的损耗臭氧能力之比。另外,ODSs 物质在大气中也具有温室效应,虽然其总量相对其他温室气体较小,但是由于它们的全球变暖潜势（global warning potential,GWP）值较高,所以也不容忽视。表 4-10 为几种 ODSs 气体在大气中的寿命,及 ODP 值和 GWP 值。

高层大气中含氯、含溴物质浓度的监测活动主要由 GAGE（全球大气层气体实验）来协助完成。它们测得北半球中纬度在 20 世纪 80 年代末 CFC-11（260×10^{-12}）、CFC-12（440×10^{-12}）、CH_3CCl_3（210×10^{-12}）及 CCl_4（175×10^{-12}）的浓度。进入平流层的含溴气体主要是 CH_3Br 以及其他烷烃的溴代物。如 Halon-1211（CF_2BrCl）在大气中浓度在 20 世纪 80 年代中期增长率为 20%。

表 4-10　新的《蒙特利尔议定书》规定的受控物质及参数

类别	化合物名称	分子式与结构简式	在大气中的寿命/年	ODP	GWP	O₃ 去除的百分比
A	CFC-11	$CFCl_3$	77	1.0	3400	30.4
	CFC-12	CF_2Cl_2	139	1.0	7100	40.0
	CFC-113	$C_2F_3Cl_3$	92	0.8	4500	11.7
	CFC-114	$C_2F_4Cl_2$	180	0.7	7000	低
	CFC-115	C_2F_5Cl	380	0.4	7000	低
	Halon-1211	CF_2ClBr	12.5	3.0	—	0.9
	Halon-1301	CF_3Br	101	10.0	2.4	3.7
	Halon-2402	CF_4ClBr_2	2.3	5.6	—	低
B	四氯化碳	CCl_4	76	1.11	0.35	7.6

表 4-11　卤代烃衍生物及其用途

类别	卤代烃		用途
	衍生物	分子式与结构简式	
甲烷	四氯化碳	CCl_4	生成 CFC 溶剂
	三氯氟甲烷	CFC-11：$CFCCl_3$	火箭燃料气溶胶
	二氯二氟甲烷	CFC-12：CF_2Cl_2	灭火剂
	溴三氟甲烷	Halon-1301：CF_3Br	灭火剂
	氯溴二氟甲烷	Halon-1211：CF_2BrCl	灭火剂
	氯二氟甲烷	HCFC-22：CHF_2Cl	致冷剂
乙烷	三氯三氟乙烷	CFC-113：$C_2F_3Cl_3$	溶剂
	二氯四氟乙烷	CFC-114：$C_2F_4Cl_2$	溶剂
	氯五氟乙烷	CFC-115：C_2F_5Cl	溶剂
	二溴四氟乙烷	Halon-2402：$C_2F_4Br_2$	灭火剂
	甲基-三氯甲烷	CH_3CCl_3	溶剂

4.5.3　臭氧层耗竭对地球生态系统的威胁

适量的紫外辐射是维持人体健康所必不可少的条件，它能增强交感肾上腺机能，提高免疫力，促进磷钙代谢，增强对环境污染物的抵抗力。但过量的紫外辐射将会给地球生态系统带来严重威胁，增强大气温室效应，严重破坏人类生态环境，从而造成一系列灾难性的后果。

1. 臭氧层耗竭对人类健康的影响

由于 O_3 对太阳辐射中 UV-C（200~280nm）能强烈吸收，而对于在人群健康和生理学意义上更重要的 UV-B（280~320nm）波段也很灵敏，其吸收能力随波长的减小而急剧增加。UV-B 辐射能使人体的免疫系统功能发生变化并引起多种病变，如晒斑、眼病、光变反应和皮肤病（包括皮肤癌）等。动物实验发现 UV-B 波段是致癌作用最强的波长区域。人体的裸露部分（如皮肤、眼睛）经 UV-B 辐射后，可出现一些急性反应，如皮肤灼伤、表皮增厚、色素沉着等。长期接受辐射可使皮肤角质层发生病变，进而导致黑色素瘤、鳞状细胞癌等。人体免疫系统受损还可引发红斑狼疮、疱疹等恶性疾病，使单纯性疱疹、淋巴肉芽肿等传染病易于流行。紫外线（B）辐射不仅可损伤结膜、角膜，还能伤及视网膜和晶状体，导致白内障。研究表明，若 O_3 总量减少 1%，UV-B 可增强 2%，基础细胞癌变率可能增加4%，扁平细胞癌变率可能增加6%，恶性黑瘤病发病率将提高2%，白内障患者增加0.2%~0.6%。美国国家环保局预测，如果臭氧层耗损2.5%，美国每年死于皮肤癌的人数将可能增加2万。

2. 臭氧层耗竭对陆生生态的影响

臭氧层耗竭对植物的危害机制目前尚不如其对人体健康的影响清楚，但研究表明，在已经研究过的植物品种中，超过50%的植物有来自 UV-B 的负影响。紫外线可破坏绝大多数生命物质——蛋白质的化学键，杀死微生物并破坏动植物的个体细胞，损害细胞中的 DNA，使传递遗传和累计变异性状发生并引起变态反应。虽然植物也具有一些缓解和修补这些影响的机制，在一定程度上可适应 UV-B 辐射的变化。实验表明，有些植物如甜菜、玉米、烟叶、大豆、棉花等对 UV-B 是很敏感的，过量的辐射将使其叶片受损，从而抑制其光合作用，最终导致减产。此外，它还可改变某些植物的再生能力及产品的质量。这些遗传基因等方面的变化更有其生物学方面的深远影响，不容忽视。

3. 臭氧层耗竭对水生生态的影响

实验证明，短波 UV-B 可穿透10m 深的水杀死其中的微生物并显著削弱作为海洋生态系统食物链基础的浮游植物的光合作用，以致引起水生生态系统变化以及降低水体的自然净化能力。世界上30%以上的动物蛋白质来自海洋，人类对动物蛋白的需求有18%取自鱼类，海洋食物链被切断对人类的生活造成巨大的不利影响。

有足够证据证实浮游植物生产力下降与臭氧减少造成的 UV-B 辐射增加直接有关。据一项科学研究的结果显示，如果平流层臭氧减少25%，浮游生物的初级生产力将下降10%，这将导致水面附近的生物减少35%。

此外，海洋在与全球变暖有关的问题中也具有十分重要的作用。海洋浮游植物的吸收是大气中二氧化碳的一个重要去除途径，它们对未来大气中二氧化碳浓度的变化趋势起着决定性的作用。UV-B 辐射增加导致的浮游植物的减少，使海洋对 CO_2 气体的吸收能力降低，这将导致温室效应的加剧。

尽管已有确凿的证据证明 UV-B 辐射的增加对水生生态系统是有害的，但目前还只能对其潜在危害进行粗略的估计。

4. 臭氧层耗竭对城市空气质量和建筑材料的影响

过量的 UV-B 除了直接危害人类和生物机制外，还会使城市环境恶化，进而损害人体健康。城市空气中的 NO_x 和碳氢化合物在 UV-B 的照射下将发生光化学反应，生成臭氧、过氧化烯烷基硝酸酯等产物，引起城市光化学烟雾污染。UV-B 辐射会加速建筑、包装及电线电缆等所用材料，尤其是聚合物材料的降解和老化变质。在阳光充足的热带地区，这种破坏更为严重。由于这一破坏作用造成的损失估计全球每年达到数十亿美元。无论是人工聚合物，还是天然聚合物以及其他材料都会受到不良影响。当这些材料尤其是塑料用于一些不得不承受日光照射的场所时，只能靠加入光稳定剂或进行表面处理以保护其不受日光破坏。阳光中 UV-B 辐射的增加会加速这些材料的光降解，从而限制了它们的使用寿命。研究结果已证实短波 UV-B 辐射对材料的变色和机械完整性的损失有直接的影响。

5. 臭氧层耗竭对人类生存环境的影响

高空臭氧层不但吸收了部分来自太阳的短波紫外辐射，保护着地球上的芸芸众生，还由于它对紫外辐射的吸收是平流层的重要热源，从而决定了平流层的温度场结构并对全球气候的形成及变化具有重要的制约作用。高空 O_3 含量减少将导致平流层的冷却，因而使地面所获得的来自平流层的长波辐射通量也随之减少。但问题的复杂性在于存在着相反的效应：一方面 O_3 含量减少可能使 O_3 的极大值高度降低；另一方面，下垫面所接受的太阳可见光辐射量增加。这两者的综合作用将使平流层冷却对地表的影响得以补偿。

平流层 O_3 耗竭对大尺度气候变化的重要意义还在于 UV-B 辐射增加将改变大气的温室效应，遏制森林、草原及农作物正常生长，破坏植被，以致扰乱原有的地–气系统的交互作用关系，使气候趋于恶化。

对流层光化学反应将因紫外辐射增强而增强，其结果可使大气底层的臭氧浓度增加。据计算，平流层 O_3 每减少1%，地面臭氧烟雾浓度就会增加2%。这种富含 O_3 的光化学烟雾将使大气质量降低，对人类的生存环境产生一系列严重影响。O_3 还能加速 H_2O_2 的形成，使酸雨危害加重，且使许多聚合物材料迅速老化，造成巨大的经济损失。

臭氧层耗竭的生态环境效应如图 4-24 所示。

4.5.4　遏制臭氧层耗竭的对策

在高空臭氧层耗竭的问题上，人类活动所排出的 Cl、NO_x、Br 起着重要的作用，飞行器喷出的 NO_x 对 O_3 变化所起的作用主要取决于飞行的高度和规模。再加之它与 CH_4 的增加有可能抑制卤代烃类化合物对 O_3 的破坏作用，就更使得 NO_x 对 O_3 光化学平衡问题变得极其复杂。溴对 O_3 的破坏作用虽极强，但目前含溴卤代烷烃的排放量尚很小。因而相比之下，人为的 CFCs 排放成了问题的关键所在。

CFCs 于 1935 年合成投产以来至今已有近 80 年的历史。由于它不燃不爆，安全低毒的突出优点，在工业、农业及生活中被广泛用作制冷剂、发泡剂、雾化剂及清洁剂等，它们的化学性质稳定，目前还缺少微生物降解的天然途径，在对流层中的寿命可长达几十年至百年以上。到 20 世纪 80 年代末期，全球每年的排放量约 100 万 t。因此，遏制臭氧层的进一步

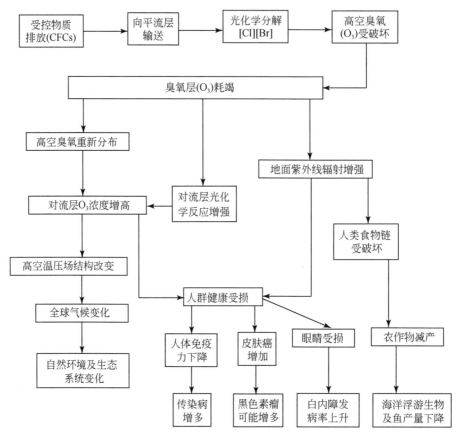

图 4-24　臭氧层耗竭的生态环境效应

耗竭，CFCs 替代技术的开发和应用是紧迫问题。

1. CFCs 的替代物和替代技术

可以替代 CFCs 的相近化合物有 HCFCs（含氢氯氟烃类化合物）和 HFCs（氟化烃类化合物）。这些分子中含 H，碳上也有 Cl 或者 F 取代基。因为分子中有 C—H 键，所以易受羟基自由基（OH·）攻击，在平流层能被破坏掉。同时有 F、Cl，使其延续了 CFCs 的一些优良性质，如稳定性、抑燃性、优良的溶解性和绝缘性，而且其沸点也适用于制冷循环。

然而，HCFCs 虽然比 CFCs 在大气中的寿命短很多，还是有些分子能到达平流层造成臭氧耗损。表 4-12 中表示了 CFCs 及其替代物的一些参数。数据显示，3 种 HCFCs 的潜在臭氧耗损值（ODP）为 0.02 ~ 0.11（相对于 CFC-11）。如果产量太大，仍然有严重破坏臭氧使气候改变的可能。因此 HCFCs 被认为是过渡性 CFCs 替代物，《蒙特利尔协议》（修正案）呼吁消除 HCFCs 而使用一些不含卤素的永久性替代物。HFCs 不含氯，非臭氧破坏剂，也不在《蒙特利尔协议》禁止范围内，可以用作发泡剂、制冷剂和灭火剂。

在制冷剂方面，HFC-134a 是公认的单工质代用品。它们为了与过去传统的氟利昂划清界限，已将其商品改名为 Suva. Klea 134a。自 1992 年起日产北美汽车、福特汽车公司以及欧洲的汽车厂商均在汽车空调上改用 HFC-134a，杜邦公司可提供大量的 HCFC-123 作为发泡剂及大型工业和商业制冷设备的工质，此外尚在研制新的容积、清洗剂、发泡剂。

表 4-12　CFCs 及其替代物——HCFCs 和 HFCs

商品名	化学式	市场用途	大气中寿命/年	100 年 GWP	ODP
CFC-11	CCl_3F	发泡剂	50	4000	1.0
CFC-12	CCl_2F_2	制冷剂	102	8500	1.0
CFC-113	CCl_2FCClF_2	清洁剂	85	5000	0.8
HCFC-22	CHF_2Cl	制冷剂 发泡剂	12.1	1700	0.055
HCFC-141b	CH_3CFCl_2	发泡剂	9.4	630	0.11
HCFC-123	CF_3CHCl_2	发泡剂	1.4	93	0.02
HFC-134a	CH_2FCF_3	制冷剂 发泡剂	14.6	650	0.0
HFC-23	CHF_3	灭火剂	260	11700	0.0
HFC-227ea	C_3HF_7	灭火剂	36.5	2900	0.0
HFC-245fa	$C_3H_3F_5$	发泡剂	6.6	790	0.0

　　但是，HCFCs 和 HFCs 都是潜在的温室效应气体，以单分子计，它们的全球变暖潜势（GWP）比 CO_2 高数倍（表 4-12）。它们的寿命（除 CHF_3）虽比 CFCs 短，但还是比其他无 F、Cl 取代的烃类长。因为 F 原子稳定了 C—H 键，延迟了它们和羟基自由基的反应。目前对它们的关注主要是《京都议定书》，议定书规定它们属于限制排放的温室气体。

　　取代 CFCs、HCFCs 和 HFCs 的新技术也在开发中。例如，气溶胶喷射剂可用异丁烷或者乙醚（混合水以降低其易燃性）。类似地，烃取代 CFCs 作为泡沫聚苯乙烯生产中的发泡剂；防火墙中泡沫材料绝缘剂，以前用 CFC-11 现在用 HCFC-141b，很快会被固体材料填充的真空气密罩中密封的真空管取代。电子工业中长期依赖的清洗电路板的 CFCs 已经换作水清洁剂，并用新的制版技术降低清洁用量。当前世界市场对用于灭火的哈龙的年需求量非常大，但现在哈龙的替代物不多。自 1994 年停产以来，哈龙被小心地使用着，以等待替代物的开发。哈龙的低反应性带来的强效灭火性能很难有其他物质能够达到。最有希望的 CF_3I，类似于 CF_3Br（Halon-1301），足以阻断和熄灭火焰。即使在基态，C-I 键在太阳光子作用下也能迅速光解，因此分子寿命短，但是它的毒性和腐蚀性还未得到解决。

　　当然，在尚未生产出满意的 CFCs 替代物前，人们正致力于发展回收、循环使用及破坏技术（如高压燃烧、催化分解、超临界水分解、等离子分解等），以便最大限度的杜绝一切给臭氧层带来破坏的可能。

2. 淘汰 ODSs 的国际公约

　　1985 年，在联合国环境规划署的推动下，28 个国家通过了保护臭氧层的《维也纳公约》。1987 年，46 个国家联合签署了《关于消耗臭氧层物质的蒙特利尔议定书》，对 8 种破坏臭氧层的物质（简称受控物质）提出了削减使用的时间要求。1990 年、1992 年和 1995 年，在伦敦、哥本哈根、维也纳召开的议定书缔约方会议上，对议定书又分别作了 3 次修改，扩大了受控物质的范围，包括氟利昂（CFCs）、哈龙（CFCB）、四氯化碳（CCl_4）、甲基氯仿（CH_3CCl_3）、氟氯烃（HCFC）和甲基溴（CH_3Br）等，并提前了停止使用的时间。根据修改后的议定书的规定，发达国家到 1994 年 1 月停止使用哈龙，1996 年 1 月停止使用氟利昂、四氯化碳、甲基氯仿；发展中国家到 2010 年全部停止使用氟利昂、哈龙、四氯化碳、甲基氯仿。中国于 1992 年加入了蒙特利尔议定书。

　　为了实施议定书的规定，1990 年 6 月在伦敦召开的议定书缔约方第二次会议上，决定设立多边基金，对发展中国家淘汰有关物质提供资金援助和技术支持。1991 年建立了临时多边基金，1994 年转为正式多边基金。到 1995 年底，多边基金共集资 4.5 亿美元，在发展中国家共安排了 1100 多个项目。随着受控物质的禁用，各国在加紧 CFCs 替代技术的开发研究，第二代、第三代的 CFCs 替代品研究已日益受到重视，如 HFC-227，用各种氟代醚类（CF_3OCF_3、$CF_3OC_2F_5$、$CF_3OCH_2CF_3$ 等）作为制冷剂，从不含氯、溴的化合物中寻找代用品（如用萜类化合物取代 CFC-113 作为清洗剂）。此外，一些完全不同于氟利昂制冷原理的替代技术也正在致力研究，如磁制冷技术、气体制冷技术、吸收制冷技术、吸附制冷技术和热电制冷技术等。

蒙特利尔议定书的执行，对减少向大气层排放消耗臭氧层物质非常重要，从 1994 年起，对流层中消耗臭氧层物质浓度开始下降。尽管 CFCs 排放在下降，但其平流层的浓度还在继续上升，这是因为以前排放的长寿命 CFCs 还在上升进入平流层。预计在未来几年中，平流层中消耗臭氧层物质的浓度将达到最大限度，然后开始下降。但是，由于氟利昂相当稳定，可以存在 50 ~ 100 年，即使议定书完全得到履行，耗损的臭氧层也只能在 2050 年以后才有可能完全复原。另据 1998 年 6 月世界气象组织发表的研究报告和联合国环境规划署作出的预测，大约再过 20 年，人类才能看到臭氧层恢复的最初迹象，只有到 21 世纪中期臭氧层浓度才能达到 20 世纪 60 年代的水平。

参 考 文 献

不破敬一郎（日）. 1995. 地球环境手册. 北京：中国环境科学出版社

国务院新闻办公室. 2007. 中国的能源状况与政策（白皮书）. 中华人民共和国国务院新闻办公室，2007. 12

郝吉明，马广大，王书肖. 2010. 大气污染控制工程. 北京：高等教育出版社

郝临山. 2002. 洁净煤技术. 北京：化学工业出版社

李安. 2007. 水煤浆技术发展现状及其新进展. 煤炭科学技术，5：97 ~ 100

刘嘉，李永，刘德顺. 2009. 碳封存技术的现状及在中国应用的研究意义. 环境与可持续发展，2：33 ~ 35

宁大同，王华东. 1996. 全球环境导论. 济南：山东科学技术出版社

潘家华，牛凤瑞，魏后凯. 2009. 城市蓝皮书：中国城市发展报告（No. 2）. 北京：社会科学文献出版社

任韶然，张莉，张亮. 2010. CO_2 地质埋存：国外示范工程及其对中国的启示. 中国石油大学学报（自然科学版），2：93 ~ 98

解振华. 2011. 中国应对气候变化的政策与行动（2011）（白皮书）. 北京：社会科学文献出版社

中国科学院可持续发展战略研究组. 2009. 2009 中国可持续发展战略报告. 北京：科学出版社

中华人民共和国国家统计局. 2010. 中国统计年鉴. 北京：中国统计出版社

钟秦. 2007. 燃煤烟气脱硫脱硝技术及工程实例. 北京：化学工业出版社

F. S. Rowland. 1991. Stratospheric Ozone in the 21th Century：The Chlorofluorocarbon Problem. Environmental Science and Technology，25：622-628

G. S. Thomas，M. S. William. 2007. Chemistry of the Environment. 北京：清华大学出版社

IPCC. 2005. IPCC Special Report on Carbon Dioxide Capture and Storage. London：Cambridge University Press

思 考 题

1. 简述温室效应的形成机理及控制对策。
2. 简述低碳技术对可持续发展的重要性。
3. 简述酸雨的形成与洁净能源技术。
4. 简述大气层臭氧层的耗竭机理及控制对策。

第5章 水 环 境

5.1 海洋水环境

5.1.1 海洋生态系统

海洋生态系是海洋中由生物群落及其环境相互作用所构成的自然系统。广义而言，全球海洋是一个大生态系，其中包含许多不同等级的次级生态系。每个次级生态系占据一定的空间，由相互作用的生物和非生物，通过能量流和物质流形成具有一定结构和功能的统一体。海洋生态系分类，目前无定论，按海区划分，一般分为沿岸生态系、大洋生态系、上升流生态系等；按生物群落划分，一般分为红树林生态系、珊瑚礁生态系、藻类生态系等。

1. 海洋生态系统的组成成分

海洋生态系统由海洋生物群落和海洋环境两大部分组成，每一部分又包括有众多的要素。这些要素主要有六类：①自养生物为生产者，主要是具有绿色素的能进行光合作用的植物，包括浮游藻类、底栖藻类和海洋种子植物；还有能进行光合作用的细菌。②异养生物为消费者，包括各类海洋浅海珊瑚动物。③分解者，包括海洋细菌和海洋真菌。④有机碎屑物质，包括生物死亡后分解成的有机碎屑和陆地输入的有机碎屑等，以及大量溶解有机物和其聚集物。⑤参加物质循环的无机物质，如碳、氮、硫、磷、二氧化碳、水等。⑥水文物理状况，如温度、海流等。

2. 生态系统的结构

1）食物链和食物网

在海洋生物群落中，从植物、细菌或有机物开始，经植食性动物至各级肉食性动物，依次形成摄食者与被食者的营养关系称为食物链（foodchain），也称为营养链（trophicchain）。食物网（foodweb）是食物链的扩大与复杂化，它表示各种生物的营养层次在多变情况下，形成的错综复杂的网络状营养关系（图5-1）。物质和能量经过海洋食物链和食物网的各个环节进行的转换与流动，是海洋生态系中物质循环和能量流动的一个基本过程。

由于受能量传递效率的限制，食物链的长度不可能太长。一般食物链的长短与各海域的理化环境、生物群落结构、食物链中各级生物的营养动力学以及潜在渔业产量等有着密切关系。Ryther（1969）把世界海洋食物链分成三个基本类型：大洋、大陆架和上升流食物链。在海洋生态系统中，除上述以浮游植物和底栖植物为起点的植食食物链之外，还有一类是以死生物或碎屑为起点的碎屑食物链。在海洋中存在大量碎屑物质，除无生命的有机物质（死亡动植物残体、动物粪便等）以碎屑形式存在外，还有大量的溶解有机物，其数量比碎屑有机物还要多好几倍，它们在一定条件下通过细菌或原生动物等富集，可逐渐形成聚集物，成为较大的碎屑颗粒物，从而快速向底层降落，这种现象又称为"海雪花"。由于这些碎屑颗粒含有较高的有机质，成为底栖动物的重要食物来源，支持了底栖系统中的高营养级

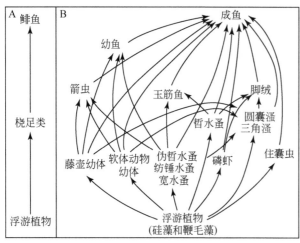

北海鲱鱼不同发育期的食物链及食物网的摄食关系
A.表示鲱鱼幼体期食物链；B.表示鲱鱼成鱼食物网

图 5-1　食物链和食物网（Hardy，1942）

生物生产。所以，在海洋生态系统的物质循环和能量流动中，碎屑食物链起着十分重要的作用。由于碎屑的大量存在，也加强了海洋生态系统的多样性和稳定性。

2）海洋生态系统的生态平衡

海洋生态系统的另一个普遍特性是存在着反馈现象。当生态系统中某一成分发生变化的时候，它必然会引起其他成分出现一系列的相应变化，这些变化最终又反过来影响最初发生变化的那种成分，这一过程称为反馈。反馈有两种类型，即负反馈和正反馈。负反馈是比较常见的一种反馈，它的作用是抑制和减弱最初发生变化的那种成分所发生的变化，反馈的结果是使生态系统达到和保持平衡或稳态。例如，在系统内，如果植食性贝类因为养殖而无限增加，植物就会因为受到过度摄食而减少，植物数量减少以后，反过来就会抑制贝类生长，引起单位产量下降或病害死亡。正反馈是比较少见的，它的作用恰好与负反馈相反，即生态系统中某一成分的变化所引起的其他一系列变化，反过来不是抑制而是加速最初发生变化的成分所发生的变化。因此，正反馈的作用常常使生态系统远离平衡状态或稳态。例如，一个养虾池受到了污染，对虾的数量就会因为死亡而减少，虾体死亡腐烂后又会进一步加重污染并引起更多对虾死亡。因此，污染会越来越重，对虾死亡速度也会越来越快。可见，正反馈往往具有极大的破坏作用，但是它常常是爆发性的，所经历的时间也很短。从长远看，生态系统中的负反馈和自我调节将起主要作用。

由于生态系统具有自我调节机制，所以在通常情况下，生态系统会保持自身的生态平衡。生态平衡是指生态系统通过发育和调节达到一种稳定状况。它包括结构上的稳定、功能上的稳定和能量输入输出上的稳定。生态平衡是一种动态平衡，因为能量流动和物质循环总在不间断地进行，生物个体也在不断地进行更新。换句话说，能量和物质每时每刻都在生产者、消费者和分解者之间进行移动和转化。在自然条件下，生态系统总是朝着种类多样化、结构复杂化和功能完善化的方向发展，直到生态系统达到成熟的最稳定状态时为止。

当生态系统达到动态平衡的最稳定状态时，它能够自我调节和维持自己的正常功能，并能在很大程度上克服和消除外来的干扰，保持自己的稳定性。这种既能忍受一定外来的压力，而压力一旦解除又能恢复原初的稳定状态的过程，实质上就是生态系统的反馈调节的结果。但是，生态系统的这种自我调节功能是有一定限度的，当外来干扰因素（如人类修建大型工程、排放有毒物质、喷撒大量农药、人为引入或消灭某些生物等）超过一定限度时，生态系统自我调节功能就会受到损害，从而引起生态失调，甚至导致生态危机的发生。生态危机是指由于人类盲目活动而导致局部地区甚至整个生物圈结构和功能的失衡，从而威胁到人类的生存。因此，我们必须认识到整个人类赖以生存的自然界和生物圈是一个高度复杂的具有自我调节功能的生态系统。保持这个生态系统结构和功能的稳定，是人类生存和发展的基础。在人类活动中除了要讲究经济效益和社会效益，还必须特别注意生态效益和生态后果，以便在利用自然的同时能基本保持生物圈的稳定与平衡。

3）海洋生态系统的特征

世界海洋是一个连续的整体。虽然人们把世界海洋划分为几个大洋和一些附属海，但是它们之间并没有相互隔离。海水的运动（海流、海洋潮汐等），使各海区的水团互相混合和影响。这是与陆地生态系不同的一个特点。

大洋环流和水团结构是海洋的一个重要特性，是决定某海域状况的主要因素。由此形成各海域的温度分布带——热带、亚热带、温带、近极区（亚极区）和极区等海域；暖流和寒流海域；水团的混合；水团的垂直分布和移动；上升流海域等，都对海洋生物的组成、分布和数量有重要影响。

太阳光线在水中的穿透能力比在空气中小得多，日光射入海水以后，衰减比较快。因此在海洋中，只有最上层海水才能有足够强的光照保证植物的光合作用过程。在某一深度，光照的强度减弱到可使植物光合作用生产的有机物质仅能补偿其自身的呼吸作用消耗。这一深度被称为补偿深度。在补偿深度以上的水层被称为真光层。真光层的深度（即补偿深度）主要取决于海域的纬度、季节和海水的混浊度。在某些透明度较大的热带海区，深度可达200m 以上。在比较混浊的近岸水域，深度有时仅有数米。

海水的比热比空气大得多，导热性能差。因此，海洋中海水温度的年变化范围不大。两极海域全年温度变化幅度约为 5℃，热带海区小于 5℃，温带海区一般为 10～15℃。在热带海区和温带海区的温暖季节，表层水温较高，但往下到达一定深度时，水温急剧下降，很快达到深层的低温，这一水层被称为温跃层。温跃层以上叫做混合层，因为这一层的海水可以有上下混合；温跃层以下的海水则十分稳定。海水含盐量比陆地水高，约为 35‰，且比较稳定。

4）海洋生态系统的保护

海洋生态系统对人类的作用巨大，其服务功能及其生态价值是地球生命支持系统的重要组成部分，也是社会与环境可持续发展的基本要素。长期以来，人们在利用海洋资源的过程中，只注重其直接使用价值和市场价值，而忽略了海洋资源的生态价值。对海洋资源无序、无度的开发利用，使海洋生态系统遭到破坏，海洋生态系统服务功能支撑能力降低。面对日益严重的海洋资源衰竭、海洋环境污染、海洋生境破坏等问题，应对这些问题的立法备受关注，在保护海洋资源、防治海洋环境污染、建立海洋自然保护区等方面均有了相应的法律。

（1）实施生态系统水平的海洋管理和海洋空间规划。海洋空间规划是以生态系统为基础，是调节、管理和保护与海域多重的、积累的和潜在冲突利用相关的海洋环境的战略规划。目前，英国、德国和澳大利亚在全国，欧洲在北海开始了海洋空间规划。

（2）实施区域环境管理特别法，如《保护波罗的海区域海洋环境的公约》（也称《赫尔辛基公约》）、日本的《濑户内海环境保护特别措施法》、地中海的《巴塞罗那公约》、黑海的《保护黑海免受污染公约》和美国的《海洋与海岸带法》等。

（3）建立海洋生态补偿制度，如欧洲生境指令规定，必须要对围填海造成的自然和环境损失进行补偿，并在项目开始前提出自然生态补偿计划。

（4）海洋环境保护与流域管理的综合协调。从 20 世纪 90 年代末起，国际社会为防止陆地活动对海洋环境日益严重的影响，提出"从山顶到海洋"的海洋污染防治策略，强调将海洋综合管理与流域管理衔接和统筹，推行海岸带及海洋空间规划，对跨区域、跨国界海洋污染问题建立区域间协调机制。

5.1.2　海洋环境循环与陆地相互作用

1. 海洋环境循环

在海洋产生的各种流动现象中，各大洋（太平洋、大西洋、印度洋等）规模或全世界规模具有一定方向性的海水循环被称为海洋环流。海洋环流的主要动力有两方面，一方面是海风，风的吹动将大气的动量传至海水，产生了海水的循环，这样的循环称之为风成循环。另一方面是热量与盐分的作用。一般海面在低纬度区域加热，在高纬度地区冷却。冷却产生的较重海水向深处沉降并势必向低纬度区域扩散，表面附近的海水则予以补偿。如此，海水由低纬度向高纬度区域流动，产生垂直循环，此外，加之地球自转（离心力）引起的水平循环。伴随冷却，在形成海冰的区域，只有水分被冻结，海盐仍残存于海水之中，残存的海水越发变重，这种在热量与盐分作用下形成的循环称为热盐循环。

1) 风成循环

海风是季节性的季风，笼统地说可分为在赤道、低纬度地区的偏东风带（贸易风，向西）和在两个半球中高纬度地区的偏西风带（向东）。这样的风向海水输送动量，形成了海面下数十米处深度的某种摩擦边界层。在该层内，由于地球自转的结果，北半球的海水面风向垂直向右流动、南半球的海水则垂直向左流动。

由于压力梯度力与离心力近乎平衡（地球流平衡），海水的水平流动沿等压区在北半球向高压区右侧流动。但是在东西端，由于有大陆遮挡，在质量的持续性作用下，形成了 3 个闭循环，如图 5-2 （a）所示。一旦这样的循环形成，地表面（海面）在球面因素的影响下，低压、高压的中心都向西移动，沿西岸产生强流动，这一现象被称作西岸强化，沿西岸的强流动被称作西岸边界流，除此之外的东部广阔区域称作为内部区域。这三个循环又称自南开始的热带循环、亚热带循环和亚寒带循环，如图 5-2 （b）所示，即在北大平洋，亚热带循环的西岸边界流为暖流，亚寒带循环的为寒流，在北太平洋分别相当于湾流和拉长海流。有关西岸边界流，以暖流为例，其宽度为 100km，表面附近的代表性流速约为 1m/s，对流路断面积分，得出的全流量约为 6000 万 m³/s，深度约为 1000m。在其内部，平均时间内的代表流速约为 1~10cm/s，亚寒带循环由于上下的分层较弱，其深度至少可达 2000m。

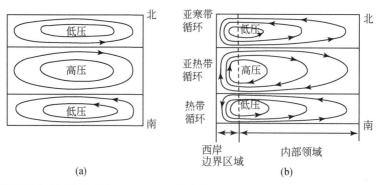

图 5-2　海风形成的压力分布流迹（a）（摩擦边界层）和西岸形成的强化压力分布流迹（b）

以上是夹在东西两端大陆块中间的中高纬度海洋的风成循环及其形成机制，在南极大陆附近因没有东西边界，所以在偏西风的作用下，形成近乎是沿纬度圈向东的南极绕极流。

2）热盐循环

热盐循环也是具有各种规模的海洋环流现象，在此所考虑的是深层，海底（2000～6000m）的全球规模循环。与风成循环相比，其流速仅有1cm/s或更弱，所以此值不是直接测定得到的，这种循环现象是由海水中溶解的各种物质的分布及理论上的考察所得出的。

与风成循环的暖流和湾流那样仅限于上层的较强的流动相反，热盐循环虽然流动较弱，但却覆盖了世界整个海域的所有深度，两者均在地球气候的热平衡中占重要的比重。

3）涌升流

浮游植物的初级生产过程构成海洋的物质循环和食物链的基础。由卫星对海洋表面颜色测定的数据卫星观测得出全球海洋表面浮游植物的分布状况，有可能确定海洋表面水中浮游植物浓度。利用云雨7号卫星装载的沿岸水色计，可以看出浮游植物在高纬度区域多，中低纬度区域少，并且沿赤道存在浮游植物较多的区域。另外，在包括非洲和美洲西侧的沿岸区域浮游植物特别多。海洋浮游植物分布的决定因素是海洋物理构造所致的海面营养盐的供给量。

以中低纬度为中心的海洋，经常呈现分层状态，表层水的密度轻于中深层水，上下的混合很少。在生物泵的作用下，表层水中的生命元素向中深层的沉降减少，结果是浮游植物的生产量及生物量减少。此外亚表层含有丰富营养盐的水向有光层输送，于是营养盐和光在有光层为浮游植物提供了良好的生息环境，使得浮游植物大大增加。该亚表层水向表层输送的物理过程即称为涌升和混合。有代表性的涌升是在陆地西侧，风从左面向西半球吹动，结果使海表层水向离开大陆的方向移动作为补偿，下面的水自下而上向沿岸涌升（图5-3）。在地球自转的影响下，海表层水并非只按风吹的方向移动，即在北半球向右，在南半球向左流动。这种大规模的现象，在秘鲁、加利福尼亚、西非等海上浮游植物多的区域出现。同样的，沿赤道浮游植物多的区域受赤道贸易风的影响，表层水向南北移动，引起涌升。在高纬度地区，由于海表面水较温暖，分层现象少的缘故，表层水与下层水频繁混合，给表层水提

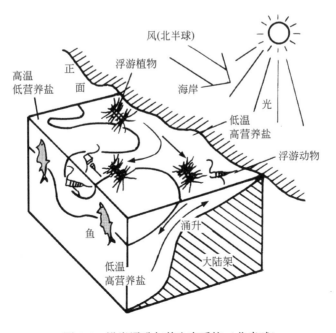

图5-3　沿岸涌升与其生态系统（北半球）

供营养盐，并且在光照弱的情况下，由于混合使浮游植物向下层运送，因为其生长受光限制的情况较多，营养盐不易枯竭。在日本周围，由于风、地形以及海流等影响，有小规模的涌升和混合频繁发生，在那里可观测到生物量增加的现象。

2. 海洋、陆地相互作用

近海海域位于陆地与大洋之间。由河口、内湾区域、大陆架海域、近海构成。城市活动、农业、工业等人类活动排出的物质，几乎全部是经此区域流入大洋的。边缘海域是包括水产养殖业在内的水产业的重要领域，同时也容易成为堤防、填埋、防灾工程等大规模活动的对象。大洋区域广阔，故人为影响造成的环境质量的改变很难清楚地显现出来，而在内湾区域，海洋污染及富营养化的问题则容易显现。

1）内湾区域的物质流向

在内湾区域，通常多由河流补给大量的淡水。在这种情况下，渗入淡水使盐分变稀的海水，由于密度较小，在水面上层向外流出（图5-3）作为这一流出部分的补充，外流海水经下层流入。因此，形成上下的垂直循环，这样就产生了物质的输送。若不发生淡水与海水的垂直混合，则只有河流流量部分的淡水流出（弱混合河口），与河流流量相对应，混合越强垂直循环的流量越大（强混合河口）。物质向外洋流出的比例因河流水在内湾停留的时间（滞留时间）与反应速度之比的不同而异。例如，N、P、Si 等营养盐在内湾区域内被浮游植物吸收，成为有机物（粒子状），向海底沉积或被浮游动物捕食，一部分沉积物经再次分解后又溶于海水；还有一部分 N 在细菌的作用下成为气态氮脱离水体，根据海水循环所需要的时间，N、P、Si 等物质在内湾停留的比例也有所不同。

营养盐的流入与海洋生态系统的变化：N、P 等营养盐过剩的现象被称为富营养化，其内涵不只是单纯的营养盐浓度增高，还包括以浮游植物为主导因素的生态系统的变质。

在浮游植物增殖时，N、P、Si 等是必不可少的营养盐。陆地上的 N、P 及由岩石风化等产生的 Si 共同流入大海。适度的营养盐补给是维持海域中生物量所必需的，问题是对于营养盐的流入，人为的影响如何。

Si 是硅藻的必需元素，硅藻开花耗尽 Si 之后，腰鞭毛藻将吸收残余的 N、P 而增殖。在发生富营养海域，硅藻开花后，N、P 大量过剩，腰鞭毛藻开花昌盛。虽说硅藻增殖速度很快，但对养殖业的损害不大。因此，N、P 的流入量的变动可能与内湾等海域生态系统的变质息息相关。另外 N、P 流入量的绝对值及其与 Si 流入量的比却是至关重要的。

2）由陆地向海域流失物质的负荷

N、P、Si 由土壤漫出，进入河流，连同大气沉降物质，首先负荷于陆地水面，因陆地的利用状态而呈现特征值，很难对其做出准确的估计。

由表5-1 可以看出，在非农业集水域（森林、沙漠等），N、P 负荷都较少，而在农业地区 N 的负荷变高。与红土区域相比，两地区的负荷量均是磷元素比较小。若按这样的营养盐组成输入，当浮游植物增殖时，磷首先不足，由此推定磷是浮游植物的重要限制因素。

由表5-2 可见生活污水排放的 N、P、Si 负荷的统计例子，与土壤浸出液不同，其磷元素的比率较大。从而在含磷不足、限制浮游植物增殖的水域里，如果生活污水不经处理就排放，则可以推定浮游植物将显著增长。为此，针对湖泊，中国、瑞士、日本等已开始限制使用磷合成洗剂。

表 5-1　陆地上表面水域磷、氮、硅的负荷量　　　单位：kg/（km² · a）

	可溶性氮 （DTN）	可溶性磷 （DTP）	硅 （Si）	元素比 N : P : Si
大气沉降物　陆地均值	630	10	200	143 : 1 : 23
工业区域	1700	60	200	64 : 1 : 4
由土壤中析出非农业集水域				
温带	135	12	3400	25 : 1 : 323
热带-干旱	127	5	2000	57 : 1 : 456
湿润	228	65	10300	8 : 1 : 180
温带农业集水域	1000	60	3400	38 : 1 : 65
草地-土壤/黏土-沙	3500	60	3400	133 : 1 : 65
耕地-土壤/粒土-沙	2500	60	3400	95 : 1 : 65
	7200	60	3400	273 : 1 : 65

资料来源：不破敬一郎，1995，地球环境手册，第 275 页

表 5-2　工业国家由家庭排出的营养盐的年负荷量　　　单位：kg/（a · p）

	氮（N）	磷（P）	硅（Si）
粪便	3~4.6	0.4	
生活排水	0.4	0.1	
洗涤剂		0.7~1.1	
合计	3.4~4	1.3~1.7	0.5~1
元素比		5~9 : 1 : 0.9~0.3	

资料来源：不破敬一郎，1995，地球环境手册，第 276 页

由表 5-1 得出，在工业区的大气沉降物中 N 的负荷较大，其形态以降雨中溶解的硝酸及氨为主，与在富营养化的海域经河流输入的氮相比可忽略不计，然而在贫营养的海域，经由大气输入的氮可能是主要的氮补给源。而对于外洋，尚有除 N、P 以外的限制因素存在，在黄沙等飞来时可能会刺激浮游植物的增殖。

5.1.3　厄尔尼诺（El Niño）现象与气候异常

1. "厄尔尼诺"现象

异常的海流现象"厄尔尼诺"（El Niño）是西班牙语"圣婴"或"耶稣之子"一词的音译。"厄尔尼诺"现象是太平洋赤道带大范围内海洋和大气相互作用后失去平衡而产生的一种气候现象。最初出现于每年圣诞节前后，指沿厄瓜多尔海岸出现的一支弱且向南移动的暖海流。

国际气象学界目前普遍认为，"厄尔尼诺"现象的成因是热带太平洋水域受到由东南向西北方向运动的信风（洋面上的一股强风）的影响，大片海水被吹起来，造成位于澳大利亚附近的洋面比南美地区的洋面高出约 50cm，使得与信风相反的方向上空形成一股暖流，这股暖流即"厄尔尼诺"，也就是说在太平洋赤道区域，由东向西的信风（也称贸易风），将海洋表层的暖水向西集结，冷水从南美（秘鲁）海洋深处向上涌动，使海面的水温西高

东低，西侧暖水上空的大气受热上升，形成积雨云，结果这一海域的降水增多，海面气压变低。水温低的东太平洋形成下沉流场，气压较高。上述的贸易风形成了从东太平洋下沉区向西太平洋上升区的大气流动。"厄尔尼诺"现象则是在贸易风因某种原因变弱，而使得集结在西部的暖水向东部移动的情况下发生的。伴随这一现象，中部—东部赤道区域的海表水温较平年要高。海面上升气流旺盛的海域即积雨云生成的区域也向东移动，在积雨云生成区域的西侧，在上升气流的作用下形成西风，于是使更多的暖水流向东移动，从而越发使太平洋东部海水表面温度升高。当贸易风减弱，暖水东移，太平洋东部赤道区域的海水表面温度上升，积雨云的发生区域东移形成了"厄尔尼诺"现象，如图 5-4 所示。

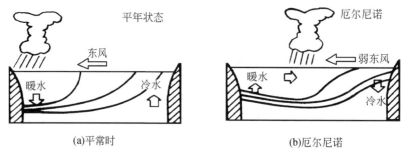

图 5-4　太平洋赤道区域的海洋与大气的状态示意模式图

　　地球物理学家则从地球内部构造解释"厄尔尼诺"现象的生成机理，如美国夏威夷大学的地球物理学家丹尼尔·沃克认为从太平洋海底的结构板块间喷发出来的，来自地心内部的炽热熔岩能量巨大，相当于 3000 座核反应堆，它加热了上部海水，使其温度升高到足以影响海洋的表面温度，由此引发了"厄尔尼诺"现象。此外，还有科学家认为"厄尔尼诺"现象可能与海底地震、大气环流变化和海水含盐量有关。科学研究表明，单位面积 $100m^2$ 的海水每升温 $0.1℃$，大气温度就会升高 $6℃$，"厄尔尼诺"现象就会爆发。

2. "厄尔尼诺"现象与异常气候

　　"厄尔尼诺"现象发生时，通常太平洋西部热带区域上升气流旺盛的区域向中部至太平洋东部移动，因此，热带的大气运动发生很大的变化。由此，对中、高、低纬度的大气循环也造成影响，使正常的大气压配置（高气压和低气压的位置）发生变化，发生了如日本的暖冬冷夏，澳大利亚等诸多世界各地异常气候。"厄尔尼诺"现象的特征是太平洋沿岸的海面的水温异常升高，海水水位上涨，暖流使得太平洋东部的冷水区域变成暖水域，造成不同地区的灾害气候。

　　世界气象组织研究说"厄尔尼诺"现象的明显征兆是：太平洋岛屿、智利中部和阿根廷的温度超过正常数值；澳大利亚东部和印度尼西亚一些地区出现异常干旱；赤道中、东太平洋海域的海水温度异常增高以及赤道东太平洋出现海温场偏差。

　　"厄尔尼诺"现象是周期性出现的，一般 2～7 年发生一次。美国和秘鲁的考古学家和气候学家对古生物化石进行研究后发现，"厄尔尼诺"现象至少在 5000 年前就已经发生了。科学家发现，南美洲热带地区许多适合在气候变化不明显环境生长的物种，在 5000 年前突然大量死亡或灭绝，而只有那些能够适应气候剧烈变化的物种才得以保存下来，这说明"厄尔尼诺"现象在那时就有了。

　　1950 年以来共发生过 13 次"厄尔尼诺"现象，其中 20 世纪最严重、损失最大的是

1982～1983 年那次，全世界造成大约 1500 人死亡，至少 80 亿美元的财产损失。

"厄尔尼诺"现象，不仅给世界各地造成异常，干旱、暴雨、生态环境恶化、病虫害灾荒，而且会造成可怕的全球性的传染性疾病，瘟疫被大气环流和洋流从传染源带到远隔千山万水的异地。

热带出血性登革热病和黄热病，主要传播载体是伊蚊。由于温度限制，伊蚊历来都只能生活在海拔 1000m 以下的地区，但"厄尔尼诺"现象造成的高温潮湿使得伊蚊的"能量"大增，如哥斯达黎加的伊蚊可飞到海拔 1350m 的高度，而哥伦比亚的伊蚊可飞到 2200m 的高度将出血性登革热病的病毒注入人体，霍乱的大规模爆发也和"厄尔尼诺"现象的推波助澜密切相关。美国气象学家丽塔·科尔韦尔发现从 1871 年至今，世界上曾发生过 7 次霍乱大流行，其出现周期与"厄尔尼诺"现象出现的周期基本一致。

"厄尔尼诺"现象并非一无是处，对个别地区及个别经济贸易总还有一定利益。但与其造成的破坏相比，"厄尔尼诺"现象对于人类则是弊大于利。

3. "厄尔尼诺"现象对中国的影响

我国位于太平洋沿岸，"厄尔尼诺"现象将对我国产生直接而且显著的影响。"厄尔尼诺"现象给我国造成的最大问题是它在我国东南沿海地区，特别是长江中下游地区造成短时间内大量降雨，加剧了这一地区原本就十分严峻的洪涝形势。"厄尔尼诺"现象还加剧了我国东南沿海地区夏季出现的中热带风暴，造成灾害，强热带风暴开始早、结束晚、次数多、影响范围广且破坏力大。

与东南沿海地区相反，"厄尔尼诺"现象可能使我国西北内陆地区原本就干旱少雨的气候更为恶化，使西北地区每年有雨季节的少量降水也彻底消失。在某些林区造成短时期内的高温干旱天气活动，容易诱发森林火灾。它会改变我国沿海洋流的正常运动，使浮游动物急剧减少，造成食物链中断，引起鱼类资源和海鸟数量减少。

与"厄尔尼诺"现象相似，即在广阔海域海面水温低于往年的现象，也称使气候变冷的现象为"拉尼娜"（La Niña，圣女）现象，也是对世界环境有影响的异常气候现象。

5.1.4　拉尼娜（La Niña）现象与气候异常

1. "拉尼娜"现象

"拉尼娜"是西班牙语 La Niña（小女孩，圣女）的意思，是"厄尔尼诺"现象的反相，指赤道附近东太平洋水温反常下降的一种现象，表现为东太平洋明显变冷，同时也伴随着全球性气候混乱，总是出现在"厄尔尼诺"现象之后。"拉尼娜"是一种"厄尔尼诺"年之后的矫枉过正现象。这种水文特征将使太平洋东部水温下降，出现干旱，与此相反的是西部水温上升，降水量比正常年份明显偏多。

实际上，"拉尼娜"是热带海洋和大气共同作用的产物。信风是指低气中从热带地区刮向赤道地区的行风，在北半球被称为"东北信风"，南半球被称为"东南信风"，海洋表层的运动主要受海表面风的牵制。信风的存在使得大量暖水被吹送到赤道西太平洋地区，在赤道东太平洋地区暖水被刮走，主要靠海面以下的冷水进行补充，赤道东太平洋海温比西太平洋明显偏低。当信风加强时，赤道东太平洋深层海水上翻现象更加剧烈，导致海表温度异常偏低，使得气流在赤道太平洋东部下沉，而气流在西部的上升运动更为加剧，有利于信风加强，这进一步加剧赤道东太平洋冷水发展，引发所谓的"拉尼娜"现象。

"拉尼娜"同样对气候有影响。"拉尼娜"与"厄尔尼诺"性格相反，随着"厄尔尼诺"的消失，"拉尼娜"的到来，全球许多地区的天气与气候灾害也将发生转变。总体说来，"拉尼娜"性情并非十分温和，它也可能给全球许多地区带来灾害，其气候影响与"厄尔尼诺"大致相反，但其强度和影响程度不如"厄尔尼诺"。

2. "拉尼娜"现象对中国的影响

研究表明，"拉尼娜"使全球的气候发生异常，造成了气候灾害，但造成的灾害损失往往要低于"厄尔尼诺"。而有研究表明，"拉尼娜"也与其他一些灾害等有着密切联系。

冷冻天气："拉尼娜"事件如果发生在当年冬季（12月至次年2月），中纬度大气环流的程度将可能加强，即冷空气活动频繁，有可能造成阶段性的严寒。自2007年8月起，赤道附近东太平洋海温进入"拉尼娜"状态后迅速发展，而西太平洋海水温度异常升高，大气环流特别旺盛，太平洋上空充足的水汽源源不断地输入西部我国大陆上空，由于这种特别旺盛的大气环流，使得西太平洋的暖湿气流与冬季南下的寒冷气流势力相当，形成冷锋并较长的时间停留在长江以南地区，造成了2008年我国南方大规模长时间雨雪冰冻灾害。

降水异常：中国发生大水灾的"拉尼娜"年有：1886～1887年、1890年、1892～1894年、1898～1899年、1908～1911年、1916～1917年、1922～1923年、1924～1925年、1933年、1934～1935年、1938～1939年、1949～1950年、1954～1956年、1964年、1968年、1985年、1998年，占"拉尼娜"年总数的62%。我国的降雨与西太平洋副热带高压位置有关。"拉尼娜"年副热带高压位置偏北，有利于形成华北汛期多雨的大气环流形势。

台风增多：由于热带太平洋海温西暖东冷的结构，西太平洋上空的空气对流相对比较旺盛，横贯在太平洋上的副热带高压位置偏北，紧靠着副热带高压南侧的热带辐合带的位置也偏北，而台风相当多数是在辐合带中的低压或云团发展起来的。这些条件都有利于台风的活动，并有利于台风北上。

沙尘暴：沙尘暴的形成及其规模取决于环境、气候两大因素，从环境上讲，日益严重的荒漠化问题不容忽视。不过"拉尼娜"为沙尘暴的生成提供了气候支持。在"拉尼娜"现象的影响下，北方地区连续出现大风天气，沙土借风势，沙尘暴随即形成。近年来，我国的沙尘暴持续时间长，强度大，重要原因之一就可能是"拉尼娜"。

"拉尼娜"与其他灾害：流感世界性爆发不仅与太阳黑子有关，也与"拉尼娜"、"厄尔尼诺"相关。统计显示，禽流感的迅速扩散与"拉尼娜"现象的到来密切相关。最新研究表明，禽流感在"拉尼娜"年孕育，在"厄尔尼诺"年爆发（整体来看，应当是太阳黑子与"拉尼娜"、"厄尔尼诺"的关系很特别）。另有科学家从厄瓜多尔的地震火山活动中发现了地震火山活动与"拉尼娜"、"厄尔尼诺"现象之间的关系。

5.1.5　海洋污染

自从出现人类以来，海洋就与人类有密切的联系。海洋占地球表面积的70%，海水总量为36.1万亿t。海洋从太阳处吸收热量，又将热量释放到大气中，彼此相互作用。沿海地区一般气候适宜，环境优美；又有丰富的海洋财富，可发展航运通商，海洋对世界各国经济、文化的交流起了积极的作用。

海洋中生物生产每年约1300亿t，估计海洋每年可向人类提供约3亿t鱼和贝类，海洋是人类食物性蛋白的主要来源之一，但现在被利用的还不到1亿t。

海洋中埋藏的矿产资源极为丰富，估计地球上石油总埋藏量中约 1/3 在海底。近几十年内发现并开始开采的深海矿产锰结核，是一种含锰（Mn）、铁（Fe）、铜（Cu）、镍（Ni）、钴（Co）等二十几种金属元素经济价值较高的矿瘤，它分布在大洋底。估计仅太平洋底就有数千亿吨，它所含的锰金属，按目前消耗水平（每年 140 万 t）算，足够供应 14 万年。海水中溶解了各种化学元素及其化合物，这些物质是一项巨大的化学资源。

另外，海洋不仅为人类提供廉价的航运；海水还可成为取用不尽的动力资源，估计利用潮汐每年可发电 1.24 万亿 kW·h；海流、波浪也可用于发电。同时，如果利用现代科学技术，可以把海水变为淡水直接供人类饮用；海洋有可能成为世界工业用水和生活用水的最大来源。

随着生产力的发展，人类大规模地开发海洋生物资源、矿产资源、水力资源和能源，并利用海洋空间发展海洋游览观光事业。但是，与此同时，人类的活动又将大量的废弃物排入海洋，使海洋成为最大的垃圾场，人们争斗的战争也给海洋带来创伤，导致海洋的污染。

有害物质进入海洋环境而造成的污染，可损害生物资源，危害人类健康，妨碍捕鱼和人类在海上的其他活动，损坏海水质量和环境质量等。海洋污染物依其来源、性质和毒性，可分为以下六类：①石油及其产品（如海洋石油污染）。②金属、非金属酸和碱。包括铬、锰、铁、铜、锌、银、镉、锑、汞、铅等金属，磷、砷等非金属，以及酸和碱等。它们直接危害海洋生物的生存并影响其利用价值。③农药，主要由径流带入海洋，对海洋生物造成危害。④放射性物质，主要来自核爆炸、核工业或核舰艇的排污。⑤有机废液和生活污水，由径流带入海洋。极严重的可形成赤潮。⑥热污染和固体废物，主要包括工业冷却水和工程残土、垃圾及疏浚泥等。前者入海后能提高局部海区的水温，使溶解氧的含量降低，影响生物的新陈代谢，甚至使生物群落发生改变；后者可破坏海滨环境和海洋生物的栖息环境。

海洋污染是由于人类的活动改变了海洋的原来状态，使人类和生物在海洋中的各种活动受到不利影响。海洋状态是指温度、含盐量和透明度等物理因素，海水的化学组成、pH、溶解氧、氧化还原电位等化学因素，以及海洋生物种类、数量、分布状况等生物因素。

海洋污染中，又以赤潮和石油污染最为突出。

1. 赤潮

赤潮是指水中浮游植物量增大使海水变色的现象，颜色通常在暗红至茶色之间变化居多，赤潮不仅使鱼类（特别是无处逃难的养殖鱼）因鳃堵塞致死，而且在某些赤潮发生时，生物体内的有毒物质经过食物链而被贝类富集，成为贝类中毒的原因。

形成赤潮的生物因发生区域、时期不同而多种多样，如发生于美国东北部，造成贝类中毒的腰鞭毛藻引起的赤潮，在北海春季爆发的触丝藻引起的赤潮，以及夏季发生在日本濑户内海，导致养殖的黄尾笛鲷死亡的由绿色鞭毛藻引起的赤潮。这些赤潮生物大多因鞭毛运动形成游动，从而形成赤潮并引发贝类中毒事件。加拿大报道了一种无游动力的硅藻造成赤潮引起贝类中毒的事件。

赤潮早在圣经旧约全书的埃及篇和续日本篇就有记载，是很久以前就为人所知的现象，近年来伴随着海洋富营养化而频繁发生，成为社会问题并引起人们的关注。在有着"赤潮银座"之称的日本濑户内海，自从 1965 年富营养化以后，赤潮发生次数激增，而在 20 世纪 80 年代以后对磷的排放限制产生效果，发生次数逐渐减少（图 5-5）。

赤潮的特征通常是海域中为数不多的特定种类赤潮生物的爆发性增殖，而在特定的营养环境条件下，氮、磷负荷增大而促成赤潮形成。

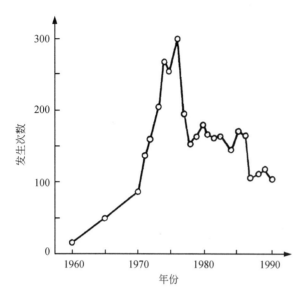

图 5-5　日本濑户内海赤潮发生次数

多数赤潮生物并非一年之中都在水中浮游，而是在相当一段期间内，在底泥中以休眠孢子存在（图5-6）。底泥的环境变化使休眠孢子发芽，向水中释放游离细胞（赤潮的原因），再遇到适合于生长的水中环境，个体群便扩大而形成赤潮。赤潮形成后，营养盐枯竭等因素使周围环境不适合增殖时，游离细胞再次变成休眠孢子而沉降于泥中休眠至第二年，待到从冬季到春季的水温上升，这是休眠孢子发芽的关键。

2. 石油污染

海上原油污染主要是指球状焦油漂流引起的渔场、海滨浴场沿岸的损害，其次是海水、海底泥等油分的污染。

中国原油污染仅次于有机污染，为中国国内第二位的海洋污染，除来自北部黄海、渤海湾的4个油田的污染严重外，南部约为0.05mg/L。在东部因石油炼油厂造成的污染很高，另外在东海的小型渔船排放废水也使污染呈上升趋势。

世界上最大的原油流失为海湾战争时期总量约50万t以上的原油流失，科威特油田破坏造成波斯湾海域的污染。部分原油在西北风和恒流的作用下，在2~3个月内，南下到200km以外的波斯湾，在沙特阿拉伯沿岸一带造成大面积污染，在数月之内，还使伊朗沿岸布什尔地区及遥远的霍尔兹海峡受污染。

此外，井喷事故，如墨西哥坎佩切湾的油田井喷事故，以及大型油轮的海滩事件及石油基地泄漏也是污染原因之一（图5-7）。

海洋的漂浮物（塑料类）污染对海洋影响，将是半永久性的持续存在，因塑料类污染物难以被微生物降解，因而将会使海洋生物相继死亡。

有机氯化物污染源原在陆地，而以大气及水作为介质向广阔的海洋输送，造成全球规模的污染，如农药BHC、DDT、CHL（氯丹）等污染物，北半球尤为严重。海洋生物体海豚、海豹可作为地球污染的向导。海水中残留的污染物由食物链在生物体内蓄积，一般情况下，海豚对有机氯化合物有惊人的高富集能力。例如，北太平洋西部外洋生态系统中，1L水中PCB（工业用绝缘油）及DDT含量仅有0.1ng（10^{-9}g）。而在海豚体内每千克体重有近1mg

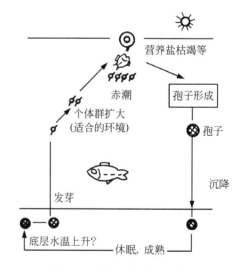

图 5-6　赤潮生物的生活史

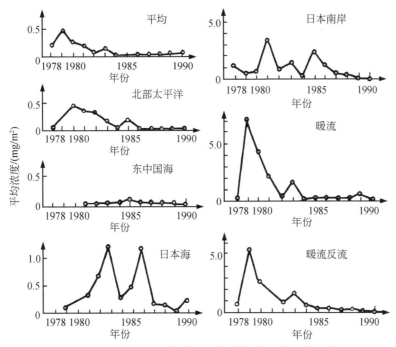

图 5-7　西太平洋区域漂浮的球状焦油的年度变化

残留量，有害物质以 1000 万倍的数量级被富集。

有机氯化物在海水中浓度小于 10^{-12} 级是很难被测定到的极微量，然而在海洋高等动物中不仅很容易被检测到，而且对其有毒性影响的高浓度也已司空见惯。北海海豹大量死亡，地中海的海豚衰弱致死，世界各地发生海豚和鲸自杀上岸死亡，其中癌变、畸变、生殖机能异常，均可怀疑与有机氯化物毒害有关。

海洋污染监测包括水质监测、底质监测、大气监测和生物监测等，都可分为沿岸近海监测和远洋监测。前者因海域污染较重且复杂多变，设立的监测站密集，各站项目齐全故每月至少监测一次；后者主要测定那些扩散范围广和因海上倾废和事故泄入海洋的污染物质，通常设站较稀，监测次数较少。此外，还有利用生物个体、种群或群落对污染物的反应以判断海洋环境污染情况的。

3. 海洋污染事件

1）"康菲中国"石油泄漏事件

2011 年 6 月渤海湾蓬莱 19-3 油田作业区 B 平台、C 平台先后发生两起溢油事故，该起溢油事故造成污染的海洋面积至少为 5500km²，其中劣Ⅳ类海水海域面积累计约 870km²，而对于周边渔民的损失以及临近污染海域生活的居民的影响还无法预计。

2）日本福岛核泄漏事件

2011 年 3 月 11 日，日本本州岛附近海域发生里氏 9.0 级地震，随后引发海啸。地震和海啸造成福岛第一核电站严重损坏，引发"福岛核泄漏事件"，其影响已经超出了日本国界，造成全球性核污染事故。大量放射性污水直接排入海中造成水体污染。

由于地震导致核电站设施的损坏，加上早期处置反应堆降温引入大量海水，因此造成大量含放射性物质的污水泄漏。

此外，东京电力公司 2011 年 4 月 4 日宣布，将把福岛第一核电站厂区内 1.15 万 t 含低浓度放射性物质的污水排入海中，为储存高辐射性污水腾出空间。到 4 月 9 日晚为止，福岛第一核电站通过 10 台大型水泵向附近海域排放的低放射性污水已经达到 7700t。此外，2 机组周围尚有 2 万 t 高放射性污水，存在泄漏入海的风险。东京电力公司 4 月 7 日宣布，4 月 6 日东京电力公司在离福岛第一核电站东北海岸外 15km 的海域取水进行了化验，结果显示，放射性物质碘-131 的含量超过国家限定基准 11 倍。这一数值显示放射性物质已在海水中扩散。

日本原子能研究开发机构研究人员中野政尚对放射性铯在茨城县海域扩散的情形进行了计算机模拟，据此推测福岛第一核电站排入海水中的放射性物质随海流 5 年后可到达北美，10 年后到达亚洲东部，30 年后几乎扩散至整个太平洋，但浓度会变得非常低，不会对人体造成影响。然而，仍有人担心由于大量放射性污水排入海中，可能破坏海洋生态环境，引起部分海洋生物的变异，造成严重的环境灾难。

3）墨西哥湾石油漏油

2010 年 4 月 20 日夜间，位于墨西哥湾的"深水地平线"钻井平台发生爆炸并引发大火，大约 36h 后沉入墨西哥湾，11 名工作人员死亡。据悉，这一平台属于瑞士越洋钻探公司，由英国石油公司（BP）租赁。钻井平台底部油井自 4 月 24 日起漏油不止。事发半个月后，各种补救措施仍未有明显突破，沉没的钻井平台每天漏油达到 5000 桶，并且海上浮油面积在 4 月 30 日统计的 9900km² 基础上进一步扩张。此次漏油事件造成了巨大的环境和经济损失，同时，也给美国及北极近海油田开发带来巨大变数。

4）其他

2007 年 11 月装载 4700t 重油的俄罗斯油轮"伏尔加石油 139"号在刻赤海峡遭遇狂风，解体沉没，3000 多 t 重油泄漏，致出事海域遭严重污染。

2002 年 11 月利比里亚籍油轮"威望"号在西班牙西北部海域解体沉没，至少 6.3 万 t 重油泄漏。法国、西班牙及葡萄牙共计数千公里海岸受污染，数万只海鸟死亡。

1999 年 12 月马耳他籍油轮"埃里卡"号在法国西北部海域遭遇风暴，断裂沉没，泄漏 1 万多 t 重油，沿海 400km 区域受到污染。

1996 年 2 月利比里亚油轮"海上女王"号在英国西部威尔士圣安角附近触礁，14.7 万 t 原油泄漏，致死超过 2.5 万只水鸟。

5.2　淡水环境

淡水主要包括河流、湖泊水库和地下水，河流和湖泊水库中的水又统称为地表水，陆地水主要来自降雨。根据粗略统计，每年全球陆地降雨量约为 9.9 万 km³，蒸发水量约为 6.3 万 km³，江河径流量约为 4.3 万 km³，流入海洋的约为 3.6 万 km³。我国的水资源总量较丰富，居世界第 6 位，位于巴西、俄罗斯、加拿大、美国和印度尼西亚之后，约占全球河川径流总量的 5.8%。但是，我国人口众多，人均水资源量非常少，是世界人均水量的 1/4。人口按 13 亿计算，我国人均水资源量为 2154m³，预测到 2030 年，人口增加至 16 亿时，人均水资源量将降到 1760m³，用水总量将达到 7000 亿～8000 亿 m³/a，人均综合用水量将达到 400～500m³/a。按照国际公认的标准，人均低于 3000m³ 为轻度缺水，低于 2000m³ 为中度缺水，低于 1000 m³ 为重度缺水，低于 500m³ 为极度缺水。这样算来，中国总体上将进入中度缺水国家的行列。

　　中国淡水资源不仅贫乏，而且分布十分不均衡，最为缺水的地区主要在北方。据统计，长江流域及其以南地区，土地面积只占全国陆地面积的 36.5%，水资源量却占了 81%；淮河流域及其以北的地区，土地面积占全国的 63.5%，而水资源量仅占了 19%。

1. 河流

　　河流由降水径流形成，大小不同的河流形成的相互流通的水道系统称为河系或者水系，而供给地面和地下径流的集水区域称为流域。河流的水文特征包括水流的补给，径流在空间和时间上的变化、洪水的形成和运动情况、枯水特性、河流的冻结以及河床泥沙运动情况等。在中国，据统计，流域面积在 $100km^2$ 以上的河流达 5 万多条。这些河流分为两类：流入海洋的外流河和不与海洋相通的内陆河。大多数河流分布在气候比较湿润的东南部，而西北内陆干燥少雨，河流稀少。外流河占全国的 2/3，顺地势向东或者东南流入太平洋；内陆河占全国的 1/3。长江是我国的第一大河，全长 6300km，流域面积约为 180 万 km^2，接近全国总面积的 1/5。黄河是我国第二大河，流域面积为 75 万 km^2，干流河道全长 5464km。

2. 湖泊水库

　　湖泊是陆地上低洼的地方，终年积蓄着大量的水分而不与海洋直接相连的都称为湖泊。湖泊分为天然湖泊、人造水库或者池塘。水库又分为湖泊型水库和河床型水库。上游径流是湖泊水库的主要补给水源，决定着湖泊水库的水文变化特征。例如，夏秋季节，降雨集中，水面上涨；而冬春季节，降水少，水面降落。湖泊水库起着调节水系水流和维持局部地区生态的重要作用。

3. 地下水

　　地下水是存在于土壤空隙和地下岩层裂隙溶洞中的水，是陆地水资源重要的储存形式，全球绝大部分水资源是以地下水的形式存在。我国地下水资源比较丰富，达到 8700 亿 m^3/a，但是实际可开采量仅为 2900 亿 m^3/a。地下水是我国人民生活、城市和工农业用水的重要水源。全国 2/3 的城市以地下水为供水水源，农业灌溉用水占了地下水总开采量的 81% 左右。

5.2.1　淡水环境生态系统

　　淡水生态系统可以分为两类，一类是静水生态系统，主要指湖泊水库生态系统，另一类是动水生态系统，即河流生态系统。

1. 湖泊水库生态系统

　　湖泊水库生态系统十分复杂，一般可以划分为三个不同的区域：湖滨带、浮游区和底栖区，拥有各自不同的生物群落。

　　湖滨带生长着大量草类植物，又名为"草床"，它是湖泊与陆地交接的区域。湖滨带能有效截留地面径流中的泥沙等悬浮物，并吸收地面径流中的营养物质，大大地减少了其对湖泊水库的影响；湖滨带植物为各种动物和微生物提供了大量的食物以及栖息场所，促进了湖泊水库生态系统的良性循环。

　　浮游区是湖泊水库水域的主体。水体中生长着大量的浮游植物、浮游动物和鱼类等，形成了典型的生态"食物链"。浮游植物作为生产者，以太阳光为能量来源，以无机态的碳、氮以及磷等为营养物质进行繁殖生长，为湖泊水库提供有机物。浮游动物分布在整个水体区域，以水中溶解态和颗粒态的有机物以及藻类、细菌等为能量来源。鱼类是湖泊水库中的消费者，以水中的浮游植物或者浮游动物等为食，加快了水体中氮、磷元素的循环。

在底栖区生活着丰富的底栖动物，包括田螺、湖蚌、水蚯蚓、蜻蜓幼虫、水丝蚓、毡蚓、贝壳类动物等。底栖区还生长着大量起着分解作用的微生物，其将湖滨带以及浮游区产生的各种有机物分解为动植物能够重新吸收的营养元素，扩散至有光层或表水层。

湖泊水库生态系统如图 5-8 所示。

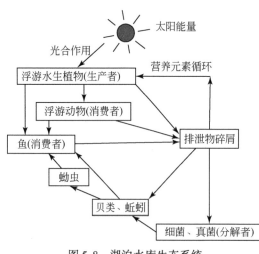

图 5-8　湖泊水库生态系统

2. 河流生态系统

河流生态系统是河流水体的生态系统，是陆地和海洋联系的纽带，在生物圈的物质循环中起着主要的作用。河流中存在不同类型的物质，包括水本身、水生植物、石头和底泥等，从而为不同类型的生物提供了栖息场所。

河流生态系统还有个显著的特点就是具有很强的自我修复和自我净化作用。河流流水特点使得河流复氧能力非常强，能够使河流中的各种物质得到迅速的降解；河流的流水特点也使得河流稀释和更新的能力特别强，一旦切断污染源，被破坏的生态系统能够在短时间内得到自我恢复，从而维持整个生态系统的平衡。河流生态系统结构示意图如图 5-9 所示。

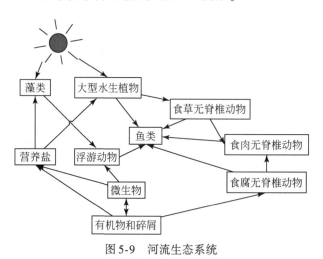

图 5-9　河流生态系统

5.2.2　水环境质量

从 1972 年斯德哥尔摩召开的联合国人类环境会议到 1992 年里约热内卢的世界环境与发展大会的 20 年，世界环境发生了很大变化。从淡水环境上讲，总的趋势是工业发展国家的水环境质量在不断改善，而发展中国家的环境质量却呈现下降。而特别要指出的是自

1992 年世界环境发展大会以来，这一趋势呈现得更加明显。

1. 工业发达国家的水环境

淡水污染始于人类最初的定居活动并随着人类活动日益严重起来，尤其随着人口的激增而加剧。淡水污染事件首先发生于工业发达国家。在整个 20 世纪 60 年代甚至可以延续到 70 年代，由于西方国家高度发展的经济活动、同时期污染治理的相对滞后以及环保措施的十分不配套，西方国家经历了一个十分严重的水质污染时期。其间频繁的公害问题闻名于世并被作为重大的社会问题进行了认真的调研，如日本的水俣病、骨痛病；美国的特拉华河生物绝迹，1972 年五大湖之一的伊利湖数百平方英里湖面水藻厚达 2ft① 造成的严重生态问题，以及英国泰晤士河、德国莱茵河特别是鲁尔区河段的水质污染问题等，都是世界共知的公害或污染事件。自 20 世纪 70 年代初期开始，发达国家通过制定各类污染防治法，采取强有力的措施，专门对所谓的公害以及环境污染进行了积极的治理。经过 20 余年的努力，发达国家的污染治理取得了显著成效。公害消除，污染得到了有效治理，水环境质量逐步改善并恢复到原来的面貌。

在日本，20 世纪 70 年代开始即实行凡使用现代卫生设备的污水均要处理达标的举措，目前全国废水处理率超过 90%。全国已看不到发黑变臭的水体，达到人体健康环境的水质标准的水样（测定镉、氰化物和其他 7 种有毒物质）的百分数逐年提高，至 1982 年未达到环境标准率只有 0.03%。生活环境水质标准的达标率（COD 或 BOD），1971 年为 54.9%，1981 年提高到 67.5%，20 世纪 90 年代以后河流达标率已超过 90%，但由于富营养问题，湖泊达标率只有 50% 左右。

美国水污染状况一直在稳步好转。从夏威夷州到缅因州，从阿拉斯加到得克萨斯州，70 条主要河流的水质都恢复了清洁状况。而过去曾经河水发黑变臭、生物绝迹的美国东部州际河特拉华河，经过 20 多年的治理已恢复了清洁状态，特伦特河已有 1600km 长的河道被划为钓鱼区。底特律河不但有鱼群回流，而且养殖鲑鱼也获得成功。曾经受到污染威胁的五大湖区，也到处可见名贵鱼种，如斑鳟鱼、鲑鱼。

英国、德国和法国的水环境质量大为改善。1982 年泰晤士河流域首次捕捉到 20 尾已绝迹 100 多年的大马哈鱼，德国鲁尔区过去污染最为严重，而现在大多数河段已可以重新捕到可供食用的鲜鱼。

但即使在发达国家，很多淡水湖泊的环境质量并不十分理想，这是因为湖泊的富营养化而引起的藻类滋生的问题。日本的不少湖泊，如霞浦湖、相模湖、诹访湖等因氮、磷浓度偏高，夏季常发生蓝藻暴发事件。

总的来讲，目前发达国家随着环境质量的不断改善，污染造成的环境危害已被降低到最低限度。这些国家提出了第三代环境政策，即追求环境的舒适性，人与自然共存的生态环境建设。

2. 中国的淡水环境

综观世界水环境问题，发展中国家与发达国家最明显不同之处表现在生态环境遭破坏问题严重，且呈恶化的趋势。中国人口众多，水资源贫乏，环境污染严重，尤以淡水环境问题显得突出。

---

① 1ft = 0.3048m。

据统计，2011 年全国废水排放量为 652.1 亿 t，其中化学需氧量排放量为 2499.9 万 t，氨氮排放量为 260.4 万 t；废气中二氧化硫排放量为 2217.9 万 t，氮氧化物排放量为 2404.3 万 t；工业固体废物产生量为 32.5 亿 t。大量污水的排放，使我国江河湖库水域普遍受到污染，而且多年来基本上一直呈加重趋势。2011 年，全国共 200 个城市开展了地下水水质监测，共计 4727 个监测点。优良–良好–较好水质的监测点比例为 45.0%，较差–极差水质的监测点比例为 55.0%。

1）中国江河水环境

长江、黄河、珠江、松花江、淮河、海河、辽河、浙闽片河流、西南诸河和内陆诸河十大水系监测的 469 个国控断面中，Ⅰ~Ⅲ类、Ⅳ~Ⅴ类和劣Ⅴ类水质断面比例分别为 61.0%、25.3% 和 13.7%。主要污染指标为化学需氧量、五日生化需氧量和总磷。

长江的水资源占全国水资源总量的 1/3，20 世纪 80 年代干流水质一直是Ⅱ类，但 2011 年，调查公报仅有 80.9% 河段水质为Ⅲ类或优于Ⅲ类，Ⅳ~Ⅴ类的水质比例为 13.8%，劣Ⅴ类的占 5.8%。

黄河面临污染和断流的双重压力，2011 年监测的 69.8% 的河段为Ⅰ~Ⅲ类水质，Ⅳ~Ⅴ类的占 11.6%，劣Ⅴ类占 18.6%。20 世纪 70 年代黄河断流年份最长历史为 21 天，而 1996 年为 133 天，1997 年长达 226 天。1999 年开始好转，2000 年没有断流，至今，黄河已实现连续 12 年不断流。

广东省于 20 世纪 80 年代经济腾飞发展，然而，近年来由于江河水质受到污染，许多城镇生活饮用水水源受到影响，导致居民供水已成为一个大问题。广州市 8 个以江河水为水源的自来水厂，枯水期水源水质恶化造成出厂水难以达到国家标准。而市属 10 多个镇水厂取水口水源都受到不同程度污染，有的将被迫关闭。广东省 20 世纪 90 年代的水质监测数据表明，大多数流经城市的河段达不到生活饮用水水源地的最低水质要求。

微山湖是个蓄水型湖泊，也是山东省的风景名胜区，曾经有过“日出斗金”的美好时光，眼下，微山湖濒临变成臭水湖的威胁。据 1993 年微山县环保局统计，微山湖流域包容于苏、鲁、豫、皖 4 个省的 32 个县（区）有 4000 多家工厂的工业废水，通过 53 条河流，日夜不停地涌入微山湖。1987~1992 年发生过重大湖水污染事件 22 起，渔业生产损失达 2000 多万元，环湖许多群众因失去生产、生活条件，不得不背井离乡“逃湖”。有几个村外出人口已占了全村人口的一半。湖水污染还严重危害到了人民的生命和健康。1988 年以来，留庄乡的沙堤、桥上两村先后死亡青壮年 26 人，经医生化验，全部是饮用污染水所致。此外，肿瘤、肝病、腹泻病、胎儿畸形等疾病的发病率也明显高于其他地区。

闻名中外的京杭大运河水质恶化程度也令人吃惊。从杭州到镇江的江南段早已变成污水河，除个别河段尚能维持Ⅳ类、Ⅴ类水质外，大部分河段水质劣于Ⅴ类，河面漂浮大量杂物，泡沫塑料，河水发黑变臭，早已失去往日美景，除水上运输之外，丧失了基本的水体功能。而运河苏北邳州段全程 56km，过去一直是当地饮用水水源，20 世纪 90 年代初开始，水质化学需氧量、生化需氧量和氨氮等主要项目已严重超过Ⅲ类水质标准，县自来水（现为邳州市）混凝剂投加量从原来 8kg/km³，增加到 120kg/km³，加氯量从 3kg/km³ 增加到 7kg/km³，但色度仍无法达标，异味难以消除。

1989 年以来，淮河的突发性污染每年都至少要发生一次，全流域水污染极为严重。1994 年发生三起特大污染事故，其中以 7 月 15~20 日淮河干流鲁台子段至蚌埠闸段发生的污染事故最为严重。此次污染在数日内给淮南、蚌埠、淮阴、连云港市区、盐城等地数十万居民生活用水带来严重影响，给工农业生产造成巨大损失。此后数年内沿淮河一些大城市，如淮南、蚌埠城市自来水水质低劣，群众或自发打井取水饮用，或买瓶装水，出现了严重的闹水荒局面。2011年淮河水系86个国控断面中，Ⅰ～Ⅲ类、Ⅳ～Ⅴ类和劣Ⅴ类水质断面比例分别为41.9%、43.0%和15.1%。

上海的黄浦江近十几年每年黑臭期已长达150天以上，1988年竟高达299天。因逃避污染而耗资6亿元的取水口一期工程上移至临江口后，虽水质有所改善，但目前临江水质污染也较严重。水质评价结果已是地面水Ⅳ类标准。后来，上海市不得不又开始了耗资10余亿元的取水口再上移至大桥的二期工程以及长江水源地开发等措施，问题是作为黄浦江水源的太湖水质也呈恶化趋势，在人口极为稠密，工业、乡镇企业高度发达的太湖流域内，这种逃避污染的做法究竟如何尚难定论。

苏州、无锡、常州三市工业废水排放量超过每日200万m³，其中符合排放标准的约占50%，处理率居全国之首。但由于运河水量不足，流态呈平原回荡型河网状况，河水中废污水比率高，因此污染严重，水质大部分低于Ⅳ类标准，尤其城区河段最为严重，污染物以挥发酚、氨氮和石油类为主，经常发生黑臭现象。市区饮水告急，如苏州市因水源恶化工厂两次搬迁。

2005年11月13日，中国石油吉林石化分公司双苯厂发生爆炸事故，导致松花江水受到严重污染，严重威胁下游人民群众的身体健康和生产、生活，造成拥有300多万人口的东北重要城市哈尔滨全市停水4天，损失巨大。

2）中国湖泊水库水环境

我国是一个多湖泊国家，大于1km²的天然湖泊共有2300余个，湖泊总面积为70988km²，约占全国陆地面积0.8%，湖泊总储水量为7077亿km³，其中淡水储量为2250亿km³，水库共86852座，总库容4130亿km³。湖泊和水库的淡水总储量可达6380亿km³，是我国最主要的淡水资源之一，它在城乡饮用供水、工农业用水、水产养殖以及旅游事业中发挥着重要作用。淡水湖泊的水资源和环境质量与我国经济可持续发展以及人民身体健康休戚相关。

然而，几十年来，由于人为活动，如围湖造田、流域植被破坏、工农业大量废水排放以及不合理开发利用活动等，给大多数湖泊环境造成了不良影响。全国性的湖泊严重富营养化、干旱地区湖泊水质咸化、湖泊淤积或萎缩、湖泊水质污染等环境问题不断出现和发生，致使我国许多湖泊生态系统良性循环出现障碍，给沿湖人民生产和生活造成了巨大损失。

大量未经处理的工业废水和生活污水排入湖内，引起了湖泊水域环境的污染。湖泊污染物主要来自湖区各入湖河道，其中又以造纸、化肥、制糖、煤炭为主，造纸污染尤为突出。湖泊的有机污染以点源为主，来自非点源的污染物约占入湖总量的17%～20%。

2006年2月和3月，素有"华北明珠"美誉的华北地区最大淡水湖泊白洋淀，相继发生大面积死鱼事件。调查结果显示，水体污染较重，水中溶解氧过低，造成鱼类窒息是此次死鱼事件的主要原因。这次事件造成任丘市所属9.6万亩水域全部污染，水色发黑，有臭味，网箱中养殖鱼类全部死亡，淀中漂浮着大量死亡的野生鱼类，部分水草发黑枯死。

2007年5月29日开始，江苏省无锡市城区的大批市民家中自来水水质突然发生变化，并伴有难闻的气味，无法正常饮用。无锡市民饮用水水源来自太湖，造成这次水质突然变化的原因是：入夏以来，无锡市区域内的太湖水位出现50年以来最低值，再加上天气连续高温少雨，太湖水富营养化较重，从而引发了太湖蓝藻的提前爆发，影响了自来水水源水质。

中国湖泊水库富营养化的发展极其迅速。2011 年监测的 26 个国控重点湖泊（水库）中，Ⅰ～Ⅲ类、Ⅳ～Ⅴ类和劣Ⅴ类水质的湖泊（水库）比例分别为42.3%、50.0%和7.7%（表5-3）。

表5-3　2011 年我国重点湖库水质类别数量

湖泊（水库）类型	Ⅰ类	Ⅱ类	Ⅲ类	Ⅳ类	Ⅴ类	劣Ⅴ类	主要污染指标
三湖	0	0	0	1	1	1	
大型淡水湖	0	0	1	4	3	1	总磷、
城市内湖	0	0	2	3	0	0	化学需氧量
大型水库	1	4	3	1	0	0	

注：三湖是指太湖、滇池和巢湖

资料来源：环境保护部，2011 年中国环境状况公报

5.2.3　水污染与水质评价指标

1. 水污染类型

水的污染有两类：自然污染与人为污染。当前对水体危害较大的是人为污染。水污染又可根据污染物的不同而分为化学性污染、物理性污染和生物性污染三大类。

1）化学性污染

化学性污染是指污染物为化学物质而造成的水体污染。根据污染物的特性，可分为无机有毒物质、有机有毒物质、需氧污染物质、植物营养物质和油类污染物质 5 类。

（1）无机有毒物质。无机有毒物质分为金属和非金属两类。金属毒物主要是汞、铬、镉、铅、锌、镍、铜、钴、锰、钛、钒、钼、铋等元素的离子或化合物。其中，前 4 种危害极大，如汞进入人体后转化为甲基汞，会在脑组织积累，破坏神经功能，无药可治，直至严重发作致死亡；六价铬中毒时能使鼻膈穿孔，皮肤及呼吸系统溃疡，引起脑膜炎和肺癌；镉中毒时引起全身疼痛、腰关节受损、骨节变形，有时还会引起心血管病；铅中毒时引起贫血、肠胃绞疼、知觉异常、四肢麻痹；镍中毒时引起皮炎、头疼、呕吐、肺出血、虚脱、肺癌和鼻癌。重要的非金属毒物主要有砷、硒、氰、硫（S^{2-}）、亚硝酸根离子（NO_2^-）等，如砷中毒时引起中枢神经紊乱，诱发皮肤癌。硒中毒时能引起皮炎、嗅觉失灵、婴儿畸变、肿瘤。氰中毒时能引起细胞窒息、组织缺氧、脑部受损等，最终可因呼吸中枢麻痹而导致死亡。

2000 年 1 月 30 日，罗马尼亚境内一处金矿污水沉淀池，因积水暴涨发生溢漫，超过 10 万 L 含有大量氰化物、铜和铅等重金属的污水冲泄到多瑙河支流蒂萨河，并顺流南下，迅速汇入多瑙河向下游扩散，造成河鱼大量死亡，河水不能饮用。匈牙利等国深受其害，国民经济和人民生活都遭受一定的影响，严重破坏了多瑙河流域的生态环境，并引发了国际诉讼。

（2）有机有毒物质。有机有毒物质来源于动物、植物和人工有机合成生产过程。污染水体的这类毒物种类繁多，主要是挥发酚、苯、硝基物、胺基物、苯并（a）芘、DDT、六六六、多氯联苯、多环芳烃、合成洗涤剂等人工合成有机化合物。以有机氯农药为例，它是疏水亲油物质，能够被胶体颗粒和油粒吸附并随它们在水中扩散，还能在水生生物体内大量

富集，然后经食物链进入人体，危害人体健康。例如，聚氯联苯、联苯胺、稠环芳烃等都是较强的"三致"（致癌、致畸、致突变）物质。

2005 年 11 月 13 日，中国石油吉林石化分公司双苯厂一车间发生爆炸，约 100t 苯类物质（苯、硝基苯等）流入松花江，造成了江水严重污染，沿岸数百万居民的生活受到影响。

（3）需氧污染物质。废水中凡是能通过生物化学或化学作用而消耗水中溶解氧的物质，统称为需氧污染物。绝大多数的需氧污染物是有机物质，由碳、氢、氧、氮、硫、磷等元素组成。绝大多数有机物具有可生物降解性的共同特点。

需氧物对环境水体造成两方面的危害。好氧微生物和兼性微生物在吸收利用需氧物（主要为有机物）的生化过程中，要消耗溶解氧。当消耗量大于补充量时，溶解氧浓度就会降低。当浓度低于某一限值，水生动物的生活就受到影响。例如，鱼类要求氧的限值是 4mg/L，如果低于此值，会导致鱼群大量死亡。当溶解氧消耗殆尽时，厌氧微生物和兼性微生物就进行厌氧分解。这时，代谢产物中的硫化氢对生物有致毒作用，硫化氢、硫醇和氨等还能散发出刺鼻的恶臭，形成的硫化铁能使水色墨黑，还出现底泥冒泡和泥片泛起。这就是水质腐败的现象，它严重影响环境卫生和水的使用价值。

（4）植物营养物质。植物营养物质主要是生活与工业废水中含氮、磷等的物质，以及农田排水中残余的氮和磷。当废水进入受纳水体，使水中氮和磷的质量浓度分别超过 0.2mg/L 和 0.02mg/L 时，就会引起受纳水体的富营养化，增进各种水生生物（主要是藻类）的活性，刺激它们的异常增殖，这样会造成一系列的危害。例如，藻类占据的空间逐渐增大，鱼类的活动空间变小，死亡藻类将沉积水底，增加水体有机物含量；藻类种类逐渐减少，从以硅藻和绿藻为主转为以繁殖迅速的蓝藻为主，藻类过度生长，造成水中溶解氧的急剧减少，使水体处于严重缺氧状态，鱼类死亡，水体腐败发臭，如 2007 年无锡太湖爆发的蓝藻危机。

（5）油类污染物质。油类污染物质包括石油类和动植物油两种。它们均难溶于水，粒径较大的分散油易聚集成片，漂浮于水面；粒径介于 100～10000nm 的微小油珠易被表面活性剂和疏水固体所包围，形成乳化油，稳定地悬浮于水中。它还能附着于土壤颗粒表面和动植物体表面，影响养分的吸收和废物的排出。当水中含油 0.01～0.1mg/L 时，对鱼类和水生生物就会产生影响；当水中含油 0.3～0.5mg/L 时，就会有石油气味，不适合作为饮用水。

2011 年 6 月的蓬莱 19-3 油田溢油事故，对渤海海洋生态环境造成了严重的污染损害。事故发生半年后，蓬莱 19-3 油田周边及渤海中部海域水质、沉积物质量呈现一定程度的改善，但溢油事故造成的影响仍然存在。

2）物理性污染

物理性污染是指固体物质、温度等造成的水体污染，此外，还包括放射性污染。

（1）固体物质污染。固体污染物在常温下呈固态，它分为无机物和有机物两大类。固体物质在水中有三种分散状态：溶解态（直径小于 1nm）、胶体态（直径介于 1～100nm）和悬浮态（直径大于 100nm）。固体物质的存在不但使水质浑浊，而且使管道及设备阻塞、磨损，干扰废水处理及回收设备的工作。

（2）热污染。废水温度过高引起的危害称为热污染。温度超过 60℃的工业废水排入水体后，会引起水体的水温升高，形成热污染效应。一方面，由于水温升高，使水体溶解氧浓度降低，相应的亏氧量（一定温度下水中饱和溶解氧与实际溶解氧浓度差值）随之减少，所以大气中的氧向水体传递的速率也减慢。另一方面，由于水温升高，会导致水生生物耗氧速度加快，促使水体中溶解氧更快地被消耗殆尽，水质迅速恶化，鱼类和水生生物因缺氧而窒息死亡；可以加速藻类的繁殖，从而加快富营养化的进程，导致水体中的化学反应加快。水温每升高 10℃，化学反应加快 1 倍，从而使水体的物理化学性质，如离子浓度、电导率、腐蚀性等发生变化，可能对管道和容器造成腐蚀；加速细菌生长繁殖，增加后续水处理的费用，如取该水体作为给水水源，需要增加混凝剂和氯的投加量，且使水中有机氯化物的量增加。

（3）放射性污染。放射性污染物是指具有放射性核素的物质通过自身衰变放射出 X、α、β、γ 射线及质子束等造成的污染。废水中的放射性物质主要来自铀、镭等放射性物质和稀土的提纯生产与使用过程，如以核能为动力的企业、稀土冶炼厂、矿物冶炼厂等都会产生一定量的放射性污染的废水。放射性物质进入人体后会继续放出射线，危害机体，诱发癌症和贫血，还对孕妇和婴儿产生遗传性伤害。

2011 年 3 月 11 日，日本近海发生 9.0 级地震，随之导致福岛第一核电站发生核泄漏事故，使这个国家陷入了前所未有的灾难之中，放射性污染物不仅对人体造成极大的伤害并且严重污染了日本以东及东南方向西太平洋海域。

3）生物性污染

水体中含有大量的微生物，其中大部分对人体无害，但是受到污染的水含有大量的致病微生物，医院污水和某些工业废水污染水体后，往往可以带入一些病原微生物。例如，某些原来存在于人畜肠道中的病原细菌（如伤寒、副伤寒、霍乱细菌等）都可以通过人畜粪便的污染而进入水体，随水流动而传播。一些病毒（如肝炎病毒、腺病毒等）也常在被污染的水中发现。某些寄生虫病（如阿米巴痢疾、血吸虫病、钩端螺旋体病等）也可通过水进行传播。除致病体外，废水中若生长铁菌、硫菌、藻类、水草或贝壳类动物时，会堵塞管道和用水设备等，有时还腐蚀金属和损害水质，也属于生物污染。

凤眼莲是雨久花科凤眼莲属多年生漂浮性大型水生草本植物，主要进行根、茎的无性繁殖，也通过种子进行繁殖，种子生命力极强，能在水中存活 5～20 年。上海市水域 2002 年凤眼莲产量在 200 万 t 左右，1/4 的内河水面被覆盖。另外武汉、宁波和无锡太湖等地区也发生比较严重的危害事件。

2. 水质评价指标

水受到污染时，首先要知道受污染的程度，水的分析测定概括起来有化学、物理、生物学性质三个方面，并通过不同的指标定性定量地反映，这些指标称为水质评价指标。一般的水质评价指标如下：

（1）pH。在水中 pH 的允许范围一般在 6.5～8.5。就天然水域而言，其 pH 的变化范围是比较小的。一般认为鱼能正常生存的酸碱度就是 pH 的允许范围，当降雨时，鲑鱼在 pH 为 5.5 的条件下，就全部死亡。显然，pH 为 5.5 时就不是允许范围了。

（2）浊度和透明度（turbidity transparency）。所谓浊度，就是用来表示水质混浊程度的单位。当 1L 水中含有 1mg 直径为 62～74μm 的白陶土时，被称为浊度 1 度（1°）。使用浊度计的方法通常是把水的吸光度与标准液的吸光度进行比较测定。所谓透明度，在日本是用 5 号活字印刷成文字，置于被测液的底部，然后通过液层垂直看底部的文字，以刚刚能辨认出文字的水层高度的厘米数来表示。进行了废水浊度和透明度的测定，水的污浊程度就基本上知道了。

（3）悬浮物（suspended solids，SS）。多数废水含有不溶解性的悬浮物。所谓悬浮物，也有人称之为"浮游物"。当溶液混浊时，除含有悬浮物外，也含有微量的溶解物。不过这二者是难以截然分开的。

（4）溶解氧（dissolved oxygen，DO）。当废水中含有还原性有机物质时，这些还原性物质就和水中的溶解氧起反应，往往引起水中溶解氧不足。所以，当水中有机物多时，溶解氧就少。因此，测定水中的溶解氧就能知道水的污染程度。

（5）化学需氧量（chemical oxygen demand，COD）。COD 表示水中的有机物被氧化分解时，所消耗氧化剂 $KMnO_4$（COD_{Mn}）或 $K_2Cr_2O_7$（COD_{cr}）氧化有机污染物时所需的氧的当量，这个氧的当量与有机物的量是有一定比例关系的。在我国多采用 COD_{Mn} 评价地面水环境和自来水水质评价。

（6）生物化学需氧量（biochemical oxygen demand，BOD）。BOD 表示水中的有机物在好氧条件下，经微生物分解时，所需的氧的当量，然而，COD 及 BOD 两个指标，都不能完全反映水中有机物的含量，只有相当于有机物氧化率的 60% ~ 70%，况且 COD 及 BOD 在不同的条件下所测结果又不一致，但目前这两种指标仍被采用，在时间上 BOD 的测定在 20℃ 条件需要 5 天（BOD_5），而 COD 测定只需 2h 就可以了。

（7）有机碳总量（total organic carbon，TOC）。在测定水中的碳化合物时，以钴（Co）作触媒，在 950℃ 的条件下燃烧。燃烧时产生的 CO_2，用非分散型红外线气体分析仪测定。其间把无机的碳酸盐在 150℃ 的低温条件下燃烧，测出其 CO_2 的含量。从总碳中减去此 CO_2 量后，就为有机碳的测定值。

（8）总需氧量（total oxygen demand，TOD）。以白金为触媒，在 900℃ 的条件下燃烧，使水样中含有的有机物被燃烧氧化，消耗掉氧气流的氧，剩余的氧量用电极测定并自动记录。氧气流原有含氧量减去剩余含氧量即等于总需氧量 TOD。

TOC、TOD 仅用几分钟的时间就可测定出来，而且还能连续测定，且用 TOC 法、TOD 法所测定的理论值准确度高，是目前对水质各指标测定中不可缺少的方法。

BOD、COD、TOC、TOD 测定值的比较如图 5-10 所示。从图中可以看到 BOD、COD 的理论值是相当低的，仅为 60% ~ 70%；而 TOC、TOD 的理论值却能达到 90%。

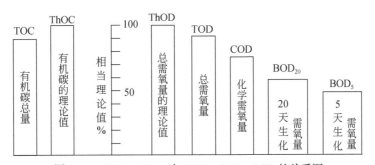

图 5-10 ThOD、ThOC 与 TOC、COD、BOD 的关系图

（9）依赖生物指标的方法。仅仅采用如前所述的 BOD、COD 这两个指标作为表示水中含有机物的量是不够的。例如，在两种水内，如果 A 的 BOD 高，而 B 的 COD 高，在此种情况下比较哪一个已经污染？哪一个没有污染？是难以分清的。可是，如果知道了栖住在那里的生物种类，就可判定水质污染的程度了。

日本津田松苗氏搜集整理的多腐性水域特征的具体内容见表5-4。该表把水域分为强腐水性、α-中腐水性、β-中腐水性和贫腐水性水域四种。按水质污染、恶化程度的顺序，以等级表示。

表5-4 腐水性水域的特征

项目＼水域类	强腐水性水域	α-中腐水性水域	β-中腐水性水域	贫腐水性水域
化学过程	由于还原和分解发生显著的腐败现象	水中的污泥中出现氧化过程	氧化过程进一步表现	不氧化，已完成无机化的阶段
溶解氧	完全没有或者虽有也非常少	颇有	颇多	多
生化需氧量	非常高	很高	相当低	低
H_2S 的形成	普遍认为有强的 H_2S 气味	强的 H_2S 臭味没有了	没有	没有
水中的有机物	碳酸和高分子氮化物，特别是蛋白质、缩多氨酸和别的高次分解产物大量存在	由于高分子化合物的分解，有丰富的氨基酸存在	脂肪酸的氨化物多	有机物被完全分解
污泥	黑色的硫化铁常常存在，污泥为黑色	因为硫化铁被氧化时变成氢氧化铁，污泥已经不呈黑色	污染为正常底泥	污染几乎全氧化了
水中的细菌	大量存在，有时每1mL达100万个以上	细菌的数量很多，通常每1mL达10万个以上	细菌的数量减少，平均每1mL达10万个以下	少，平均1mL在100个以下
繁殖生物的生物学特征	动物几乎例外，细菌摄食者pH的变化大，在少量氧气能生存的嫌气生物全部为腐败性毒物，特别具有对 H_2S 和 NH_3 很强的抵抗性	对动物细菌摄食者优先，此外肉食动物也繁殖起来，全部显示出对氧和pH的变化有高度的适应性，对于 NH_3 普遍均有抵抗性，然而对于 H_2S 的抵抗性却很弱	pH的变动和氧变动非常弱，不能长期忍耐腐败性的毒素	对于腐败性污染弱，pH和溶解氧的变动小，腐败的产物特别对于 H_2S，不能忍受
植物	硅藻、绿藻、接合藻和高等植物不出现	藻类大量发生，苔藻、绿藻、接合藻、硅藻不出现	硅藻、绿藻、接合藻的各类大量出现，鼓藻类主要分布于此	水中的藻类少，但是着生的藻类多
动物	以非常微小的生物为主，原生动物占优势	非常微小的生物占大多数	多种多样	多种多样
特别原水动物	变形虫类、鞭毛虫类、绒毛虫类出现，太阳虫类、双鞭毛虫类、吸管虫类不出现	太阳虫类、吸管虫类渐渐出现，双鞭毛虫类不出现	太阳虫类、吸管虫类的弱污染种类出现，双鞭毛虫类也出现	鞭毛虫、织毛虫类只有少数出现
后代动物	轮虫、蠕形动物、昆虫的幼虫等有某种程度的出现，水螅、淡水海绵、藓苔动物、小型甲壳虫类、贝类、鱼类等不能繁殖	淡水海绵和苔藓动物还不能出现，鱼类中的鲤鱼、鲫鱼、鲶鱼等在这里也繁殖	淡水海绵、苔藓动物、水螅、贝类、小型甲壳虫类及昆虫的很多种类出现，两栖类和鱼类也出现很多种类	昆虫幼虫的种类多，此外，出现各种动物

贫腐性的清洁水，在昔日到处都是，而遗憾的是现在不多了。那时从山谷中流出的水，既清洁又洁净，不加任何处理也是很可口的饮用水。在这种水中，既没有鲤鱼也没有鲫鱼，连细菌和植物性生物也很少。至于原生动物，则更为稀少。

与此相反，在第一污染区——强腐水性水域，不仅 BOD 多，而且底层的污泥是黑色；不单是细菌的数量多，而且厌气性的生物也多；一切腐败性的毒物，特别是硫化氢（H_2S）和氨（NH_3）之类的物质全有。在这种环境中，只有抵抗力很强的生物方能适应。在该水域打捞的鱼，对人们来说已经成为无用之物了。

5.2.4 水污染防治的基本原理与方法

国内外的实践证明，要控制并进一步消除污染，必须遵循经济建设、城乡建设与环境建设同步规划、同时实施、同步发展的原则；切实执行"一切企、事业单位在进行新建、改建和扩建时，其中防止污染和公害的设施，必须和主体工程同时设计、同时施工、同时投产"（简称"三同时"）的原则；应当从控制废水的排放入手，将"防"、"管"、"治"三者结合起来。

（1）防。①工业合理布局不在居民集中地区和风景区布置工业，不在缺水地区布置耗水量大的工业；②改革落后工艺对于生产工艺和技术装备处于落后水平，能源、资源浪费严重，三废排放量大的企业，应研究工艺改革的可能性，开发能综合利用原料资源的工艺过程，推行无废、少废技术，将污染减少或消除于生产过程中；③重复利用废水尽量采用重复废水、逆流回用或闭路循环用水系统，使废水排放量减至最少；④严格执行环境影响评价制度，工程师有责任对不符合环保要求的新建、扩建企业建设加以抵制。

（2）管。①认真执行环保法规与标准，我国颁布了一系列环保法规及标准，如《工业三废排放试行标准》（GBJ4-73）、《环境保护法》（1989 年 12 月 26 日）、《生活饮用水卫生标准》（GB5749—2006）、《渔业水质标准》（GB11607-1989）、《农田灌溉水质标准》（GB5084—2005）、《水污染防治法》（2008 年 2 月 28 日修订通过）、《污水综合排放标准》（GB8978—1996）等；②环境总体规划与统一管理应当结合本地区的工业、农业、人口等的发展，进行环境现状评价和预断评价，制定本地区的近期、中期、远期的环境目标，提出规划方案，说明达到这些目标所应采取的工程技术措施和投资；③推行排污总量控制技术地方可以根据当地水体的大小、用途和废水排出情况，在合理利用环境容量的基础上，制定具体排污标准，实行排污总量控制；④推行工厂"排污许可证"制度与排污收费制度工厂必须提出申请，说明污水量、污染负荷、污染物浓度、处理措施、排放地点和方式，经环保部门监测、评价、验收后发给排污许可证，对于违法排污，给予法律制裁和罚款；⑤建立完善的城市和工业的排污监测网和数据库，进行科学管理和监督；⑥采取鼓励政策，对节水、减少排污、三废综合利用的工厂或单位给予奖励、免税等。

（3）治。为了确保水体不受污染，在废水排入水体之前，必须对其进行妥善的处理，使其实现无害化，不致影响水体的卫生指标及经济价值。

对于居民区、旅游风景点、度假村、疗养院、机场、铁路车站、经济开发小区等分散的人群聚居地排放的污水，应进行就地处理，达标排放；对于含有酸、碱类物质，有毒物质，重金属或高浓度有机污染物的工业废水，宜在厂内或车间内就地进行局部处理；对于农村生活污水要开发高效、低能耗、低成本的农村生活污水无害化与资源化处理技术；养殖场废水属高浓度有机废水，可将其处理后作为水、肥等资源回用农田生产，发展生态养殖；农田径流富含 N、P、农药等污染物，有效拦截这些污染物，是缓解水体富营养化的重要途径；在经济发达的城市或受纳水体环境要求较高时，可考虑将初期雨水纳入城市污水收集系统。

5.3　湿地水环境

湿地具有净化水质、涵养水源、调蓄洪水、控制土壤侵蚀、补充地下水、调节气候、美化环境、维持碳循环和保护海岸等极为重要的生态功能，是生物多样性的重要发源地之一，因此也被誉为"地球之肾"、"天然水库"和"天然物种库"。湿地还是许多珍稀野生动植物赖以生存的基础，对维护生态平衡、保护生物多样性具有特殊的意义。

全国湿地资源调查统计结果表明，我国现有 $100hm^2$ 以上的各类湿地总面积为 3838.55 万 hm^2（不包括香港、澳门和台湾的数据）。其中，天然湿地面积为 3610.05 万 hm^2，占全国湿地面积的 94.05%；库塘湿地的面积为 228.50 万 hm^2，占全国湿地面积的 5.95%。天然湿地中，近海与海岸湿地面积为 594.17 万 hm^2，占全国湿地面积的 15.48%；河流湿地的面积为 820.70 万 hm^2，占全国湿地面积的 21.38%；湖泊湿地的面积为 835.16 万 hm^2，占全国湿地面积的 21.76%；沼泽湿地的面积为 1360.03 万 hm^2，占全国湿地面积的 35.43%。

我国近海与海岸湿地主要分布于沿海的 11 个省（区、市）和港澳台地区，近海与海岸湿地以杭州湾为界，分成杭州湾以北和杭州湾以南两个部分；河流湿地绝大多数分布在东部气候湿润多雨的季风区，西北内陆气候干旱少雨，河流较少，并有大面积的无流区；湖泊湿地主要分布在东部平原地区、蒙新高原地区、云贵高原地区、青藏高原地区、东北平原与山区；全国沼泽以东北三江平原、大兴安岭、小兴安岭、长白山地和青藏高原为多，天山山麓、阿尔泰山、云贵高原以及各地河漫滩、湖滨、海滨一带也有沼泽发育，山区多木本沼泽，平原则草本沼泽居多；库塘湿地全国各地都有零星分布，但主要分布在大江大河中上游以及天然湿地集中的周边区域。长江流域中下游是我国库塘湿地分布最集中的地区。

5.3.1　湿地的组成与分类

湿地的定义基本上可以分成两大类，一类是学者从科研的角度给出的定义，如美国鱼类和野生生物保护机构于 1979 年在《美国的湿地深水栖息地的分类》一文中，重新给湿地作定义为："陆地和水域的交汇处，水位接近或处于地表面，或有浅层积水，至少有一至几个以下特征：①至少周期性地以水生植物为植物优势种；②底层土主要是湿土；③在每年的生长季节，底层有时被水淹没。"定义还指出湖泊与湿地以低水位时水深 2m 处为界。这个定义目前被许多国家的湿地研究者接受。另一类是经营管理者给出的定义，最权威、最具代表性的就是《湿地公约》。《湿地公约》对湿地的定义为"湿地是指天然或人工、长久或暂时的沼泽地，泥炭地，静止或流动的淡水、半咸水、咸水水域，包括低潮时水深不超过 6m 的海水区。"尽管目前对湿地的认识不同，定义也较多，但总的来说，可以认为湿地是具有多水（积水或过湿）、独特的土壤（水成土、半水成土）和适水的生物活动的独特景观。

湿地主要分为天然湿地和人工湿地两种，天然湿地分为沼泽湿地、湖泊湿地、河流湿地和滨海湿地（彩图 5-1）。

5.3.2　湿地生态系统

生态系统结构是生态系统内各要素相互联系、相互作用的方式，是一个生态系统的基础，也是生态系统的重要特征之一。组成要素的差异，形成了不同的生态系统；系统的结构维持着系统的稳定。一定的结构表现一定的功能，结构与功能相互依存、相互制约、相互转化。

湿地生态系统（wetland ecosystem）是湿生、中生和水生植物、动物、微生物和环境要素之间密切联系、相互作用，通过物质交换、能量转换和信息传递所构成的占据一定空间、具有一定结构、执行一定功能的动态平衡整体。湿地生态系统主要分布在陆地生态系统和深水水体生态系统相互过渡的地区，其组成要素包括生物要素和非生物要素两大部分。

1）红树林湿地生态系统

红树林是生长于热带和亚热带海岸潮间带的木本植物群落。由于树木富含单宁，木质显红色，因而称为“红树”。红树林与珊瑚礁生态系统、海岛生态系统并称近海三大生态系统（彩图 5-2）。

红树林由于地处海陆交界，形成了一些特征来适应这种特殊的生存环境。红树植物吸收环境中的水、无机盐、空气中的二氧化碳和光能，通过其叶片的叶绿素进行光合作用，源源不断地制造有机物质并释放出氧气，维护着大气的碳、氧平衡。红树林的树干和树枝是许多介壳动物的栖身之所，树冠则是鸟类的栖息、觅食和繁殖的场所。

红树林下浅滩中的鱼、虾、蟹、贝类、藻类之间自成一个系统，又与其他子系统息息相关；红树林下的淤泥中是蟹类、滩涂鱼等多种动物的家园，浅滩是鱼、虾、蟹、贝类、藻类等生物栖息、繁殖的场所，是天然的水产养殖基地；藻类吸收环境中的无机养料、水，并利用光能制造有机物质，维持自身的生存和繁衍，同时放出氧气供给其他水生生物。红树林下的土壤生态系统固然是红树林植物生长、固着、吸收水分的重要场所，更重要的是土壤中有多种厌氧、嗜氧微生物，可以分解红树林的枯枝落叶、鱼虾蟹和贝类、藻类以及其他生物的残骸，所释放能量供微生物本身的生命活动，无机盐供给红树林和其他生物，从而起到物质和能量的转换作用。

2）盐沼湿地生态系统

盐沼湿地生态系统由喜湿耐盐碱的植物组成。由于沿海春季少雨干燥，土壤返盐，受海水浸润的影响，高矿度的盐水由海滨向大陆方向浸润，因此地面形成喜盐耐湿的草本植物群落。盐沼湿地附近有大量的潮汐沟，是生物迁徙、鱼类洄游、营养交换、能量和物质转移的通道。除高等植物外，还生存着大量的低等植物和微生物，如绿藻、蓝藻、硅藻等，它们共同构成了这个系统中的生产者和分解者；消费者包括软体动物、鱼类、虾和多种昆虫（彩图 5-3）。

3）湖泊湿地生态系统

湖泊湿地植物主要包括湿生植物和水生植物。其植物群落的分布，由于湖水深浅、湖岸陡缓、水质透明度和水温的差别，而在湖中有不同的分布界限。同时，还形成了各种适应水生生态环境的生态类别，如挺水植物、浮叶植物、沉水植物、漂浮植物以及盐生植物等。它们在维持该地区自然生态平衡、调节区域气候、河川径流和蓄水分洪等方面起着重要的作用（彩图 5-4）。

湖泊湿地动物主要指在湖泊湿地生境中生存或依赖湿地生态环境的脊椎动物以及水生的浮游动物和底栖动物。动物在湿地生态系统中占据各自的生态位，发挥各自的功能和作用，维持着生态的平衡，成为湿地景观的重要组成部分。据统计，松嫩平原湖泊湿地动物种类较多，其中又以鸟类居多，占动物种数的 70.6%。

4）河流湿地生态系统

河流湿地通常位于水生生态系统和陆地（高地）生态系统之间，河流生态系统具有较高的水位以及独特的植被和土壤特征，形成了复杂多样的生境，因而河流生态系统通常都具有丰富的物种多样性，较高的物种密度和生产力。研究表明，与周围高地相比，冲积平原具有更多的野生动物。这主要是因为河流生态系统介于水生和陆地生态系统之间，具有明显的"边缘效应"（彩图 5-5）。

5）泥炭地湿地生态系统

泥炭地湿地生态系统属于典型的湿地类型，它主要包括两种：一种是酸性泥炭地，这里没有明显的地表或地下水的输入和输出，沉积物呈现酸性，植物多是喜酸植物，如薹草等；另一种是泥炭湿地，有明显的水分的输入和输出，植物通常是由禾草、薹草和芦苇组成，在我国青藏高原和温带地区极为典型（彩图 5-6）。

5.3.3 湿地植物与动物

中国的湿地生境类型众多，其间生长着多种多样的生物物种，不仅物种数量多，而且有很多是中国特有的，具有重大的科研价值和经济价值。据初步统计，中国海岸带湿地动物约3200 种，内陆湿地高等动物约 1500 种。中国有淡水鱼类约 770 种，其中包括许多洄游鱼类。中国湿地的鸟类种类繁多，据《中国鸟类种和亚种分类名录大全》记载，我国的水鸟有 260 种。

1）湿地动物

湿地动物包括湿地水禽、鱼类、两栖类、爬行类、兽类和昆虫。

湿地鸟类资源丰富，特别是水禽。据统计我国共有湿地水鸟 12 目 32 科 271 种，主要有鹤、鹳、鹭、雁鸭、䴙䴘和鸥类。在亚洲 57 种濒危鸟类中，中国湿地就有 31 种；全世界166 种雁鸭类中，中国湿地就有 50 种；全世界鹤类 15 种，中国记录到的就有 9 种。

鱼类是湿地中重要的水产资源。我国湿地中鱼类资源丰富，其中有经济意义的特产鱼类占很大的数量。我国鱼类约有 3000 多种，其中湿地鱼类有 1000 多种，甲壳类和贝类是仅次于鱼类的重要的水产资源。

两栖动物是典型的湿地动物类群。我国现有两栖类 3 目 11 科 300 余种，主要分布于秦岭、淮河以南，其中西南地区种数最多。

爬行动物有很多种类在水中或近水区域生活，也是典型的湿地物种。湿地爬行类有 122种，隶属于 3 目 13 科，约占我国爬行类总种数的 1/3，其中在生态上主要依赖湿地的物种超过 40 种。

湿地的兽类约有 31 种，隶属于 7 目 12 科，占我国兽类总种数的 5.6%。纯属湿地的兽类，以啮齿类的水獭、水貂等为主，活动在河湖岸边。

2）湿地植物

湿地植物包括沼生植物、湿生植物和水生植物。它们生长在地表经常过湿、常年积水或浅水的环境中，植物的基部浸没于水中，茎、叶大部分挺于水面之上，暴露在空气中，因此，具备陆生植物的某些特征，水生植物则沉于水中，所以湿地植物是水生植物和陆生植物之间的过渡类型。

中国湿地植物具有种类多、生物多样性丰富的特点。据调查，我国湿地高等植物约有225 科 815 属 2276 种，分别占全国高等植物科、属、种数的 63.7%、25.6% 和 7.7%。

湿地中的野生纤维植物，如芦苇、荻、小叶樟、大叶樟和各种薹草等，都是造纸工业和人造纤维的好原料。

湿地药用植物初步统计约有 100 余种，是我国药用植物宝库的组成部分，如睡莲、香蒲等，广泛用于治疗烫伤、水肿、中暑及消化不良等，红树林中的海莲，有木榄碱可抑止肉瘤和刘易斯肺癌。

淀粉植物也是湿地植物中的主要类群，许多根、茎、叶、果实和种子可以食用，如莲的茎、果、花都是上等食品；芡实的果实和种子皆可食用；菱的果实除可食用外，还可以加工酿酒、入药。

5.3.4 湿地生态保护

湿地不但拥有丰富的资源，还有巨大的环境调节功能和生态效益。各种类型的湿地在保护生物多样性、维持淡水资源、均化洪水、调节气候、降解污染物和为人类提供生产、生活资源方面发挥着重要作用。湿地的生态效益主要表现在：①为水生动物、水生植物提供了优良的生存场所，也为多种珍稀濒危野生动物，特别是水禽提供了必需的栖息、迁徙、越冬和繁殖场所。我国湿地仅鸟类就达 271 种之多。因此，中国湿地保护在全球生物多样性保护中占有十分重要的地位。②许多湿地地区是地势低洼地带，与河流相连，是天然的调节洪水的理想场所，防旱功能也十分明显。③导致全球气温变暖的主要原因是二氧化碳过多。湿地固定了陆地生物圈 35% 的碳，总量为 770 亿 t，是温带森林的 5 倍，单位面积的红树林沼泽湿地固定的碳是热带雨林的 10 倍。④湿地具有很强的降解污染的功能，使其被誉为"地球之肾"。⑤湿地有很强的防浪固岸的作用。据国际权威自然资源保护组织测算，全球生态系统的总价值为 33 万亿美元，仅占陆地面积 6% 的湿地，生态系统价值就高达 5 万亿美元。中国的生态系统价值为 7.8 万亿元，占国土面积 3.77% 的湿地，生态系统价值达 2.7 万亿元，单位面积生态系统价值非常高。湿地面临的主要威胁有以下 6 方面。

1）对湿地的盲目开垦和改造

全国湿地资源调查（1995～2001 年）的结果显示，在重点调查湿地中，有 30.3% 的湿地已经遭到或正面临着盲目开垦和改造的威胁，农用地开垦、改变天然湿地用途和城市开发占用天然湿地是造成我国天然湿地面积削减、功能下降的主要原因。特别是人口密集的沿海、沿湖地区，湿地不断受到蚕食，围海造地工程使得沿海湿地面积以每年约 2 万 hm² 的速度减少。据不完全统计，我国沿海地区累计已丧失滨海滩涂湿地面积约 119 万 hm²，另因工矿占用湿地约 100 万 hm²，两项合计相当于沿海湿地总面积的 50%。全国围垦湖泊面积达130 万 hm² 以上，由于围垦湖泊而失去调蓄容积 350 亿 m³ 以上，因围垦而消失的天然湖泊近 1000 个。围垦恶化了湖区的水情，直接减少了对江河洪水调蓄的容积，使洪水出现的频率增高；而广大湖区的涝渍水反而还要向河湖排放，又加大了江湖调蓄压力，更增加了洪涝灾害风险，已经成为制约湖区经济发展的心腹之患。

2）湿地污染加剧

我国有 26.1% 的湿地正面临着环境污染问题。湿地环境污染不仅对生物多样性造成严重危害，也致使水质变坏，而且环境污染对湿地的威胁正随着经济的发展而迅速增大。污染湿地的因子包括大量工业废水、生活污水的排放，油气开发等引起的漏油、溢油事故以及农药、化肥的面源污染等。

由于大量使用化肥、农药、除草剂等化学产品，影响到河流和沿海的水体质量，给湿地资源带来了严重的污染。我国湖泊普遍受到氮、磷等营养物质的污染，已有 2/3 的湖泊水体出现不同程度的富营养化，其中有约 10% 的湖泊达到严重富营养化程度。

3）生物资源过度利用

全国湿地资源调查中发现 24.2% 的湿地存在着生物资源过度利用的威胁。在我国的重要经济海区和湖区，酷渔滥捕的现象十分严重，不仅使重要的天然经济鱼类资源受到很大的破坏，而且严重影响着这些湿地的生态平衡，威胁着其他水生物种的安全。我国许多海域的经济鱼类年捕获量明显下降，鱼类的种类日趋单一，种群结构低龄化、小型化。在内陆湿地生态系统中，生物多样性同样受到严重威胁，如白鳍豚、白鲟、中华鲟已是濒危物种，长江鲥鱼、银鱼等经济鱼种种群数量十分稀少。由于对红树林的围垦和砍伐（木材、薪柴）等过度利用，已造成红树林湿地的严重破坏和大面积的消失，天然红树林面积已由 20 世纪 50 年代初的约 5 万 hm² 下降到目前的 2.91 万 hm²，近 50% 的红树林丧失。此外，沼泽湿地中的泥炭资源、北方沿海的贝壳砂以及沙岸，也都因为过度或不合理开采而受到破坏。

4）泥沙淤积日益严重

由于大江、大河上游的森林砍伐影响了流域生态平衡，使河流中的泥沙含量增大，造成河床、湖底淤积，使得湿地面积不断减小，功能衰退，我国大约有 8.0% 数量的湿地存在着这些问题。根据水利部门全国实测河流泥沙资料分析，平均每年约有 12 亿 t 泥沙量淤积在外流区下游平原河道、湖泊和水库中，或被引入灌区以及分洪区内。黄河每年携带的泥沙量达 15 亿 t 之多，海河多年的平均输沙量为 1.6 亿 t。湖南洞庭湖，每年入湖沙量约为 1.3 亿 m³，出湖沙量仅 0.34 亿 m³，年沉积量近 1 亿 m³。鄱阳湖在 1954～1984 年，平均每年淤积泥沙约为 0.93 亿 m³，1956～1994 年因淤积损失总容积 3.63 亿 m³。

5）湿地水资源的不合理利用

湿地是农业、工业、电力、矿山、油田、煤炭、交通和居民生活等的主要水源，过度和不合理利用已使 6.6% 的湿地供水能力受到重大影响。因为过度从湿地取水或开采地下水，使西北和华北的部分地区湿地退化。西北地区，如塔里木河、黑河等重要内陆河，由于水资源的不合理利用，导致下游缺水、植被退化、沙进人退。近年来，黄河水量干枯的趋势加剧，1997 年利津水文站累计断流天数达 226 天，占全年总天数的 62%，严重影响了下游工农业生产和人民生活。我国的工业企业单位产值耗水量是发达国家的 5～10 倍，浪费了宝贵的淡水资源。我国的农业用水一方面利用率一直很低，只有 20%～40%，远远低于发达国家的 70%～80% 的利用率，另一方面，传统的灌溉方式往往导致湿地次生盐碱化。

一些水利工程的修建，隔断了自然河流与湖沼等湿地水体之间的天然联系；挖沟排水，使湿地不断疏干，导致湿地水文发生变化，湿地不断退化，甚至消失。

6）海岸侵蚀不断扩展

海岸侵蚀在我国滨海湿地区是比较普遍的问题，尤其是在我国南部沿海更为明显。海浪、潮流、飓风、植被破坏、开采沙石矿物是造成海岸侵蚀的主要因素。在沙质海岸区，由于采挖建筑用沙，已使许多良好的沙质海岸遭受破坏，海岸侵蚀加剧。沿海湿地的破坏，使许多沿海城镇受到海水严重的侵蚀和渗透，海水对淡水系统的影响直接威胁着当地的淡水资源供应。

湿地生态保护可从两方面着手，即湿地保护和湿地生态恢复。

1）湿地保护

湿地保护是一项复杂的系统工程，涉及社会的各个方面，只有从加强土地资源、生物资源、水资源等多种资源的保护和管理、加强湿地自然保护区建设、控制湿地污染等多方面入手，在国家统一规划指导下，林业、农业、水利、环保、海洋、建设等各部门配合协作，才能遏制我国天然湿地资源退化的趋势，使湿地生态系统功能效益得到正常发挥，从而实现我国湿地资源的可持续利用。

（1）土地和海域利用方式的管理。在全国范围内定期调查沼泽、湖滩、泛洪湿地、滨海滩涂等各类湿地的面积及其开发利用情况，全面评估和分析土地资源保护和受威胁状况，对各类土地资源保护、利用和管理进行合理的规划安排。以法规的形式，严格限制围垦和开发天然湿地，严禁天然湿地中土地利用方式的随意改变，严格限制围填海工程建设，建立天然湿地改变用途许可制度，建立湿地开发的环境影响评价体系。大力营造生态保护林和水源涵养林，通过改变湿地上游地区易造成水土流失的土地利用方式等措施，防止水土流失，减少河湖淤积。

（2）湿地生物多样性保护和管理。全面评估我国湿地生物多样性资源现状及其保护、管理状况，加强对湿地生物多样性的管理。实施湿地生物多样性重点保护工程，加强对国家级重点保护野生动植物物种及其栖息地保护。对濒危野生动植物物种实施拯救工程，建立一批救护繁育基地，通过救护、繁育、野化等措施，扩大野生种群。

（3）湿地自然保护区建设和管理。确定我国湿地自然保护区的分布格局和发展方向，编制我国湿地自然保护区建设总体规划。建立不同级别、不同规模的湿地自然保护区，形成完善的湿地自然保护区网络。加强对已建自然保护区的基础设施和能力建设，提高保护区的保护和管理能力。制定湿地类型自然保护区管理办法，建立自然保护区管理的评价制度，实现保护区的规范化和科学化管理。

（4）湿地污染控制。充分利用林业、农业、水利、环保、海洋、建设等部门的监测机构、人员和设备等资源，建立全国湿地生态环境监测和评价体系，及时监测、预测预报湿地污染和生态环境动态，重点加强对大江、大河、大湖和近岸重点海域的污染监测和预报。制定、完善和执行国家关于污染控制和防治的法律法规。有计划地治理已受污染的海域、湖泊、河流，并限期达到国家规定的治理标准。对排污超标的部门、企业和单位予以约束和处罚，并限期整改。按国家有关规定，对那些严重污染环境的单位，坚决实行关、停、并、转、迁。推行"清洁生产"工艺，对因开发利用造成的湿地环境破坏问题，要建立由开发利用部门采取补救措施积极加以解决的机制。开展湿地污染生物防治工程示范。研究和开发一整套油田开发湿地保护技术，使油田开发对湿地的不利影响达到最小。提出石油、天然气开发的湿地保护行动计划步骤，将其纳入部门发展计划和部门决策中。

2）湿地生态恢复

我国湿地面积萎缩大部分与水资源缺乏和不合理利用有着直接的关系，因此湿地生态恢复的前提是水资源的恢复。只有加强水资源的调配和管理，才能保证已经干枯和正在承受缺水威胁的湿地得以恢复，尤其是对于华北、西北干旱、半干旱地区的湿地生态恢复显得尤为重要。

　　湿地生态恢复包括对已遭到不同程度破坏的湿地生态系统进行恢复、修复和重建。对功能减弱、生境退化的各类湿地采取以生物措施为主的途径进行生态恢复和修复，对类型改变、功能丧失的湿地采取以工程措施为主的途径进行重建。

　　（1）水资源调配与管理。优化配置水资源。根据水资源承载能力和水资源状况确定经济布局、产业结构和发展规模，做到因水制宜，量水而行。确定全国、流域和省区水资源配置方案及水资源宏观控制指标体系和水量分配指标，按水量配额统筹兼顾生活、生产和生态用水。有效保护水资源。制定重要江河的水资源保护规划，合理划分水功能区，确定河流水体的纳污总量，对排污实施总量控制，划定水源地保护区。高效利用水资源。制定国家节水政策，建立不同地区、不同行业、不同产品的微观用水定额体系、行业万元国内生产总值用水量指标体系和节水考核指标体系。合理开发水资源。根据水资源的分布情况和承载能力，在节流的前提下合理开源，不断提高水资源的配置能力和供水保障程度，解决贫困地区饮水困难，保障经济社会发展和生态用水要求。科学管理水资源。按照《水法》、《防洪法》、《水污染防治法》、《水土保持法》的要求，建立健全水资源管理法规体系，加大依法行政和依法管水的力度。在主要江河建立统一、权威、高效的水资源管理体制和水资源工程的良性运行机制，实现流域水资源管理与区域水资源管理的有机结合。对不得不依靠湿地水资源的机构和社区要加强水资源的优化配置、调整用水结构、普及现代节水技术、提高水资源的利用率。

　　（2）湿地生态恢复、修复和重建。在资源调查和研究的基础上，对我国湿地资源萎缩、功能减弱以及原因进行全面的分析与评估，揭示各类湿地退化及其逆转的过程与机理，并对各类退化湿地有计划地开展恢复示范工程。积极实施退耕（牧）还林（湖、泽、滩、草）工程，有计划地恢复天然湿地面积，改善湿地生态环境状况，恢复湿地生态系统功能。对富营养化程度严重的湖泊湿地进行治理和恢复，通过湿地植被的重建和恢复，改善湿地的生态环境。对于已遭受围垦的滨海湿地，要实施科学的管理，对于其中特别严重的区域，也要实施退田还滩政策，改善海域生态环境状况，防止海岸侵蚀和淤积。对已遭到破坏的濒危物种栖息的关键地区，开展栖息地的恢复、修复和重建工程。利用研究成果，全面开展珊瑚礁生态系统的保护和恢复工作，使大量受破坏或退化的珊瑚礁生态系统处于自然恢复阶段。

5.3.5　人工湿地

　　人工湿地是由人工建造和控制运行的与沼泽地类似的地面，将污水、污泥有控制地投配到经人工建造的湿地上，污水与污泥在沿一定方向流动的过程中，主要利用土壤、人工介质、植物、微生物的物理、化学、生物三重协同作用，对污水、污泥进行处理的一种技术。其作用机理包括吸附、滞留、过滤、氧化还原、沉淀、微生物分解、转化、植物遮蔽、残留物积累、蒸腾水分、养分吸收及各类动物的作用。

　　人工湿地是一个综合的生态系统，它应用生态系统中物种共生、物质循环再生原理，结构与功能协调原则，在促进废水中污染物质良性循环的前提下，充分发挥资源的生产潜力，防止环境的再污染，获得污水处理与资源化的最佳效益。

　　人工湿地处理系统具有缓冲容量大、处理效果好、工艺简单、投资省、运行费用低等特点，非常适合中小城镇的污水处理。

　　人工湿地处理系统可以分为两种类型：①地表流人工湿地处理系统；②潜流式人工湿地

处理系统。

1. 地表流人工湿地处理系统

地表流湿地与地表漫流土地处理系统非常相似，不同的是：①在地表流湿地系统中，四周筑有一定高度的围墙，维持一定的水层厚度（一般为 10～30cm）；②湿地中种植挺水型植物（如芦苇等），如图 5-11 所示。

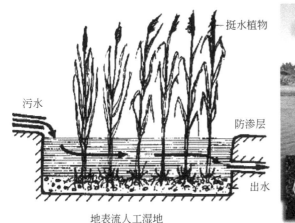

图 5-11 地表流人工湿地

向湿地表面布水，水流在湿地表面呈推流式前进，在流动过程中，与土壤、植物及植物根部的生物膜接触，通过物理、化学以及生物反应，污水得到净化，并在终端流出。

2. 潜流式人工湿地处理系统

人工湿地的核心技术是潜流式人工湿地。一般由两级湿地串联，处理单元并联组成。湿地中根据处理污染物的不同而填有不同介质，种植不同种类的净化植物。水通过基质、植物和微生物的物理、化学和生物的途径共同完成系统的净化，对 BOD、COD、TSS、TP、TN、藻类、石油类等有显著地去除效率；此外该工艺独有的流态和结构形成的良好的硝化与反硝化功能区对 TN、TP、石油类的去除明显优于其他处理方式，主要包括内部构造系统、活性酶体介质系统、植物的培植与搭配系统、布水与集水系统、防堵塞技术、冬季运行技术。

潜流式人工湿地的形式分为垂直流潜流式人工湿地、水平流潜流式人工湿地及沟渠型人工湿地。利用湿地中不同流态特点净化进水，经过潜流式湿地净化后的河水可达到地表水Ⅲ类标准，再通过排水系统排放。

（1）垂直流潜流式人工湿地。在垂直潜流系统中，污水由表面纵向流至床底，在纵向流的过程中污水依次经过不同的介质层，达到净化的目的。垂直流潜流式湿地具有完整的布水系统和集水系统，其优点是占地面积较其他形式湿地小，处理效率高，整个系统可以完全建在地下，地上可以建成绿地和配合景观规划使用，如图 5-12 所示。

（2）水平流潜流式人工湿地。水平流潜流式人工湿地是潜流式湿地的另一种形式，污水由进水口一端沿水平方向流动的过程中依次通过砂石、介质、植物根系，流向出水口一端，以达到净化的目的，如图 5-13 所示。

（3）沟渠型人工湿地。沟渠型人工湿地包括植物系统、介质系统、收集系统。主要对雨水等面源污染进行收集处理，通过过滤、吸附、生化达到净化雨水及污水的目的，是小流域水质治理、保护的有效手段，如图 5-14 所示。

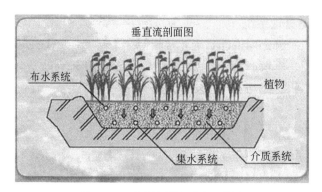

图 5-12　垂直流潜流式人工湿地

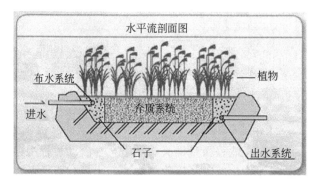

图 5-13　水平流潜流式人工湿地

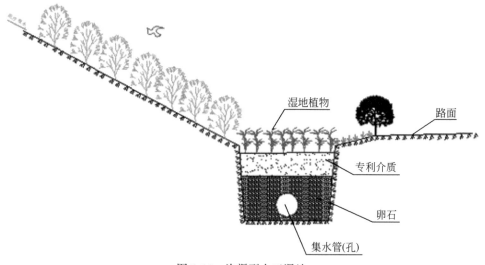

图 5-14　沟渠型人工湿地

　　人工湿地与传统污水处理厂相比具有投资少、运行成本低等明显优势，在农村地区，由于人工密度相对较小，人工湿地同传统污水处理厂相比，一般投资可节省 1/3 ~ 1/2。在处理过程中，人工湿地基本上采用重力自流的方式，处理过程中基本无能耗，运行费用低，污水处理厂处理每吨废水的成本在 1 元左右，而人工湿地平均不到 0.2 元。因此，在人口密度较低的农村地区，建设人工湿地比传统污水处理厂更加经济。

人工湿地在农村地区的使用效果也优于传统污水处理厂。首先，人工湿地使用生物生态技术进行水质净化，不存在二次污染；而污水处理厂在处理过程中会产生大量富含有害化学成分的淤泥、废渣。其次，人工湿地以水生植物、水生花卉为主要处理植物，在处理污水的同时还具有良好的景观效果，有利于改造农村环境。另外，人工湿地还拥有可持续的经济效益，在人工湿地上可选种一些具备净化效果和一定经济价值的水生植物，在污水处理的同时产生经济效益。

人工湿地的运行管理也比污水处理厂简单、便捷，因为人工湿地基本不需专人负责，只需定期清理格栅池、隔油池，每年收割一次水生植物即可。人工湿地中起主要处理作用的还是微生物，不是土壤的过滤作用，所以湿地设计中应包括防止湿地填料堵塞问题、植物死亡问题和过冬问题。人工湿地服务年限一般按照 10~15 年计算，也就是说设计比较完善的湿地系统 15 年以后才需要清理填料床，达到服务年限的人工湿地系统在清理填料床后，即可重新投入使用。另外，人工湿地的建设周期短，建设一座传统污水处理厂和完成相关管道的铺设往往需要一年以上，而人工湿地的平均建设周期在 3 个月以内，因此建设人工湿地见效更快。

在人口密度较低、污染排放较少的农村地区，"人工湿地"生活污水处理设施有很多优点，该处理设施充分利用农户住房周边的地形特点，因地制宜、实施简单，可建在住宅旁的空地上，也可利用水塘以及公园的景观池改造；规模可大可小，可以二三十户家庭共用一块，也可以一户人家一块；投资少，维护方便，且占地面积小，配合种植水生植物，还可达到美化景观的效果。

5.4　水环境生态修复

20 世纪中叶以来，化学合成工业迅猛发展，目前已知化学物质总数已超过 200 万种。其中人工合成有机化学品已达数十万种，而约 7000 种是工业上大量生产的。到目前为止，在环境中已发现近 10 万种不同种类的化合物。工业废水和城镇生活污水大量排入水体，以及农田化肥和农药的流失，致使进入水环境中的化合物数量惊人。由此，造成严重的水源污染。

饮用水水源污染日趋严重的严峻局面，正在向给水处理技术提出挑战。对以去除水中悬浮固体、胶体的混凝、沉淀、过滤和消毒为主要功能的传统工艺而言，不但无法去除水中存在的氨氮和大量溶解性有机污染物包括内分泌干扰物，且水的气味等感官指标不能令人满意，对富营养化水源水中有毒藻类及其毒素也不能有效去除，氯化消毒过程中，还导致了对人体危害更大的有机氯化物的形成，使出厂水的致突变性增加。

我国水环境普遍受到污染，尤其是饮用水水源污染严重。改善水环境质量的途径不仅在于加强环保法律建设，控制外源性污染的输入，而且从可持续生态建设的角度出发，还在于充分发挥水环境内部和水土界面各种生态系统的自我净化功能，大力加强水环境生态修复能力建设。

5.4.1　淡水循环与水循环功能

地球上的水实际上永远处在一般动态的循环之中，根据促成其循环的原因方式不同，可以将地球上水的循环分成两大类型：水的自然循环和水的社会循环。水的自然循环是由自然力促成的，水除了存在地球表面和地下，还存在于大气中。它们在地球上进行着大的自然循环，如图 5-15 所示。海水与陆地的土壤水、河流、湖泊水吸收了太阳光的辐射热能，蒸发为云，其蒸发量在水温高的赤道附近最大，水温低的南极、北极最小。云随气流迁移到内陆，与冷气流相遇，凝集为雨雪降落，称为降水。降水在陆地上形成地表和地下径流，再回到海洋。由海洋—内陆—海洋的循环称为大循环。而发生在小自然区域内的循环则称为小循环（图 5-16）。

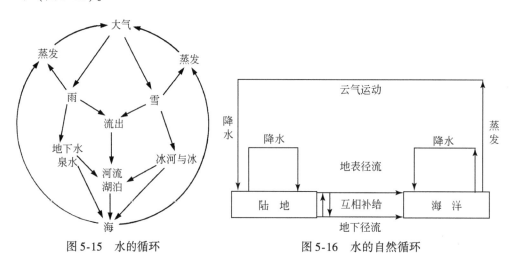

图 5-15　水的循环　　　　　　　　　　　图 5-16　水的自然循环

　　由于人类生活和生产的需要，从天然水体取水，并经适当的水处理，使之服务于人类的生活和生产，再将使用过的水经适当处理或处置后排放于自然水体，这一过程称为水的社会循环。给水排水工程即是一门服务于水的社会循环的专门工程技术，如图 5-17 所示。

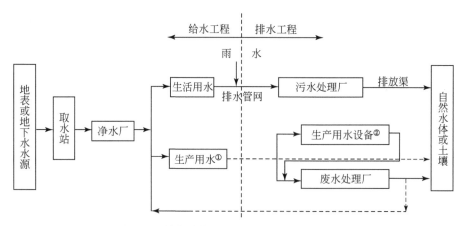

图 5-17　给水排水工程构成的社会循环示意图
①指使用自来水的企业用水；
②指使用处理后的污水的企业的部分设备

5.4.2　水体自净与湖泊富营养化

污染物随污水排入水体后，经过物理的、化学的与生物化学的作用，使污染的浓度降低或总量减少，受污染的水体部分或完全恢复原状的现象称为水体自净或水体净化。

一般河流、湖泊和海域的水，所含杂质的浓度远远低于工厂和都市的排出水。只是因为河流、湖泊和海洋的水量多，所以除污染严重的工厂废水外，水域中混入一些浓度较高的污水、废水也能得到稀释。现在工厂的排出水中，重金属类的规定值为自来水中重金属类水质标准的 10 倍。即使工厂排出水也流入河流，一般认为 10 倍的稀释目标是能达到的。然而，近些年来污废水的数量显著增加，大大超过了天然水域的自净能力，使不少地方的河流、湖泊和海域的水质急速恶化，这些事实是无法掩盖的。

当水中的有机物少时，水域内就会含有充足的氧气。整个水域就处在好气状态。此时，水中的好气性微生物促使有机物逐渐的氧化分解，从而将有机物中的碳和氢变成二氧化碳和水，并把其中的氮素和磷变成 NH_4^+ 和 PO_4^{3-} 离子释放于水中，成为植物性浮游生物进行光合作用所必需的营养源，并再度进入生物体内，变为动物性浮游生物的饲料。动物性浮游生物又是小鱼的饲料，大鱼又以小鱼为食，鱼类又是人类的食物。这样就构成了在水域内的自然生态系（图 5-18）。因此，在水域中如果不存在有机物、氮化物和磷酸盐，自然生态系统（食物链）就不可能形成。如果营养源物质适量（平衡），不仅解决了各类生物生存的食粮，而且还可使水域由于自然的净化保持清洁。所谓自然净化的说法，实际上是不科学的，而是上述那种程度的活动结果。但从外表看，也可看成是自然界本身的事情。因此，把这种现象称为自然净化，这只是一般的说法。

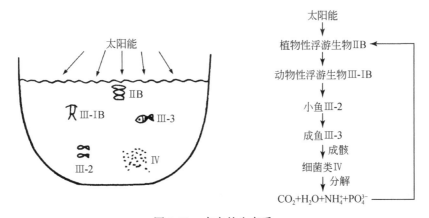

图 5-18　水中的生态系

过去，由于这种自然的净化作用，少量的有机物、氮化物和磷酸盐混入水域，并没有发生积累，水总是清洁的。我国海南岛的三亚海滩的海水清澈如镜，岸边白沙青松，风景名胜比比皆是。

水域污染的原因是多方面的。但一些主要的因素直到现在还在许多地方重复出现。有机质、氮素和磷在水域中的累积量，远远超过了水域内鱼、贝类在营养上所需的必要量，超过了自然的净化能力，成为人类不需要的多余物。有害的浮游生物（plankton）以及嫌气性微生物的发生，就是上述有机物、氮素和磷等营养源物质过剩所引起的。所谓富营养化现象，就是营养物质过多的现象。对于水域，不论营养源是多还是少，均能进行一定的自然净化作用。当营养源过多时，在其自净的过程中，常常引起有害微生物的发生。水质的富营养化与自净均在一条连续线（即在化学成分等位线或等深线）上发生。一旦富营养化进一步发展，就称为过营养。表 5-5 为营养分类表。

表 5-5　营养分类

贫营养	富营养	过营养
自然净化	"赤潮"（浮游生物）臭气性细菌、嫌气性细菌	"赤潮"（浮游生物）臭气性细菌、嫌气性细菌

　　由于严重的湖泊富营养化，2007 年 4 月 25 日起太湖暴发了大规模蓝藻水华。江苏太湖湖泊生态系统国家野外科学观测研究站 2007 年 5 月 2 日全太湖调查结果显示，除东太湖、东部光福湾、胥口湾以及洞庭西山南部水域外，太湖大部分水域藻类含量处于极高的水平，梅梁湖所有测点叶绿素 a 浓度全部超过 $40\mu g/L$，太湖西部水域以及望虞河河口区域水域叶绿素 a 浓度超过 $100\mu g/L$，水华最严重区域位于竺山湖湾口，水体叶绿素 a 浓度高达 $234\mu g/L$，是梅梁湖中部叶绿素 a 浓度的 4 倍，湖心区达到了 $34.82\mu g/L$，湖心偏北区域藻类浓度与历史上蓝藻水华最严重的梅梁湖处于同一水平，蓝藻水华在梅梁湖全湾暴发。梅梁湖藻类水华之所以提前一个月大规模的暴发，主要和以下因素有关：太湖呈现全湖富营养化态势；2007 年 1～5 月水温高于正常年份，适宜藻类生长，太湖水位相对较低，偏南风出现频率显著高于往年平均，大太湖藻类不断向梅梁湾聚集等。

　　目前整个太湖全湖平均氮、磷浓度分别高达 $4.0mg/L$ 和 $0.13mg/L$，藻类已经呈全湖性分布，如水文气象条件适宜，太湖蓝藻水华爆发的强度、面积和持续时间均呈进一步扩大的趋势。

　　对于海域，也不能忽视油的污染。由于从原油提炼工厂（精制油的工厂）和石油化工厂排出含油废水，也会造成异臭鱼的出现。从船舶排出来的废油也不能忽视，几年前就曾在日本教户内海发生过重油排放事件。1978 年 5 月日本宫城冲发生地震时，从日本东北石油的石油库群排出大量原油，所造成的重大损失，人们至今记忆犹新。

5.4.3　水环境生态修复——原理与方法

　　大自然在长期发展变化过程中具有自净能力，因此自然界可以持续发展。当人类活动所造成的污染超出自然界本身的修复能力时，生态环境就遭到破坏。水环境生态修复技术就是按照自然界的自身规律使水体恢复自我修复功能，强化水体的自净能力，修复被破坏的水生态环境。生态修复是利用生态系统原理，采取各种方法修复受损伤的水体生态系统的生物群体及结构，重建健康的水生生态系统，修复和强化水体生态系统的主要功能，并能使生态系统实现整体协调、自我维持、自我演替的良性循环。

　　水环境生态修复体系主要包括对于水环境外源性污染物质的控制和内源性物质的控制。外源性污染物质的控制包括水环境流域内污废水的集中处理和滨岸带生态系统的恢复与重建。内源性污染物质的控制主要包含工程性措施，如稀释和冲刷、底泥疏浚、底泥覆盖、水力调度技术、气体抽提技术、空气吹脱技术等；化学方法，如磷的沉淀和钝化、石灰投加法、原位化学反应技术等；生物–生态强化法，如水生植物修复技术、生物调控技术、生物膜技术、微生物修复技术、仿生植物净化技术、土地处理技术和深水曝气技术等。

　　在我国，长期以来，为防止水土流失，保障江河以及湖泊、水库堤岸的稳定和安全，水利部门普遍采用钢筋混凝土或片石水泥砂浆护坡。这种传统混凝土护坡技术由于采用无孔介质，对与水体交接的堤岸坡面采用完全封闭的形式，一方面阻断了水体和近岸陆地土壤之间固有的物质和能量交换，另一方面还破坏了自然植被生长所必需的空间和生态环境，绿色植物不能在坚硬密实、无连续孔隙的普通混凝土表面上生长，水生动物也因此失去了栖息生存空间，使江河堤岸以及湖泊、水库与近岸陆地之间丰富的河漫滩、湖漫滩的自然生态系统遭到毁灭性的破坏，导致水陆交错带丰富的生物物种消失，水体自净功能下降甚至完全丧失，河道水质恶化，湖泊水体富营养化进程加剧。同时，普通混凝土不能生长植物，景观生冷单调、缺乏生机，使原来美丽多彩的堤岸风光不再，自然景观功能丧失，让人产生远离自然的感觉。这也是与我们提倡服从自然、顺应自然、人与自然共存的环保型生活理念相违背的。

　　诚然，传统混凝土护坡在防汛抗旱、农村水土保持和水资源的统一调度等方面为新中国的建设做出了巨大的贡献。对于有一定坡度的堤岸，没有护坡也是不行的，一方面会由于水流侵蚀造成坍塌，危及堤防的安全，另一方面，经常性的水土流失，绿色植物和水生动物也没有固定栖息的场所，景观效应和生态效应都不好。

　　面对日益严峻的水环境污染，传统混凝土护坡所产生的严重负面生态环境效应不可低估，学者们因此提出一种新型水环境生态修复技术——多孔混凝土生态护坡工程技术。

　　日本从 20 世纪 90 年代开始研究能改善水质富营养化状况的混凝土材料。提出了"亲水"的概念。日本大成建设技术研究所进行了连续四年的探索性研究，1993 年提出了环境理念材料（environment conscious materials）的概念，1995 年日本混凝土工学协会提出了环境友好混凝土/生态混凝土（environmentally friendly concrete/eco-concrete）的概念。它是由低碱度水泥、粗骨料、保水材料等按照特殊工艺制成的混凝土，具有连续的孔隙和一定的抗压强度，能与生态环境相适应，可使水质得到净化。国内外目前应用较多的是多孔混凝土（porous concrete），我国在这方面的研究起步较晚，从 20 世纪 90 年代中后期才开始这方面的研究，与国外水平还存在较大的差距。国内一些高等院校，如东南大学、同济大学近年来一直在研究生态型透水性混凝土材料，吉林省水利科学研究所和吉林省水土保持科学研究所等单位也联合攻关"绿色混凝土在护坡中的应用"项目，在利用生态混凝土修复环境和改善水质方面取得了一定的研究成果。

1. 多孔混凝土的制备和水质净化机理

1）多孔混凝土的制备及其物理特性

　　用于堤岸护坡的多孔混凝土采用碎石（10～20mm）为粗骨料，抗压强度 10MP 以上。空隙率为 15%～30%，一般在 20%～25%。多孔混凝土制备的技术关键在于保证其孔隙的连续贯通。连续孔隙的孔径为集料平均粒径的 25%～27%，平均孔隙直径为 4～5mm。采用 1mm 粒径的骨料制作的 10cm 厚的多孔混凝土的孔隙比表面积约为普通混凝土侧表面积的 400 倍。多孔混凝土中缓释性材料的不断溶出也增加了它内部的微孔结构。多孔混凝土有较小的孔径和较大的比表面积，因此它具有良好的过滤和吸附功能，使水得到净化。

2）化学作用

　　多孔混凝土浸泡在水中会不断溶出 $Ca(OH)_2$，它是一种无机混凝剂，可以使水中的胶体物质脱稳絮凝后沉淀下来。但 Ca^{2+} 的大量流失，使水泥水化产物分解，混凝土的耐久性受到影响。往多孔混凝土中增加 Mg^{2+}、Al^{3+} 可以阻碍 Ca^{2+} 的溶出。缓慢溶出的 Mg^{2+} 可以与水中

的 NH_4^+ 发生离子交换，也可与水中的 PO_4^{3-} 生成磷酸氢镁沉淀。因此，Mg^{2+} 可以去除水体中部分 N、P 营养物质。溶出的 Al^{3+} 形成 $Al(OH)_3$ 后是一种典型的无机混凝剂，可以去除水中的部分胶体物质。

　　3）生化作用

　　多孔混凝土的连续孔隙适于植物根系的发展，它的多孔结构提供了适于微生物生长的生存环境，有利于细菌在其表面和内部进行栖息繁衍。其中有好氧和厌氧细菌，包括硝化菌、甲烷菌、脱氮菌等。多孔混凝土上形成的生物膜中生物种群较多，包括细菌、原生动物、后生动物等，这使多孔混凝土在与水体接触的过程中，可以充分发挥生物膜的作用，降解水中的污染物质。一般研究认为，采用孔隙率为 20%～30% 的多孔混凝土净化河水，BOD 去除率为 30%～50%，COD 去除率为 50%～60%，TN 去除率为 30%～40%，TP 去除率为 70%。

2. 多孔混凝土生态护坡工程技术的原理与生态效应

　　为了修复退化了的生态环境，恢复生物多样性，国外尤其是日本在河道、沟渠护坡中运用了多孔混凝土技术，并于 2001 年 4 月制定了"多孔混凝土河川护坡工法"，以推进具有生态效应的多孔混凝土的应用进程。多孔混凝土具有一定的强度和良好的透气性、透水性，既能保护堤岸防止受到侵蚀，又可在具有连续孔隙的多孔混凝土中直接或在其表面铺上泥土薄层，在上面播种草籽或小苗。由于多孔混凝土的透水性能和透气性能良好，可以使植物良好地生长，从而建成亲近自然型的生态护坡。

　　生态护坡是人工构建的仿自然河堤，是河湖水陆交错带或水土界面（hyporheic zone）生态防护工程。从地理学角度看，生态护坡（岸）是地球化学元素循环的活跃功能区；从环境科学角度看，具有多功能界面的生态护坡是污染物净化的理想场所；从水文学角度看，生态护坡是地表水与地下水动态交换过程的界面；从生态学角度看，生态护坡工程是以生态恢复为目的的重要景观工程。

　　生态护坡的污染净化涉及复杂的水文地球化学过程。以氮为例，有机氮经矿化作用可以分解为氨氮，氨氮在好氧微生物作用下能够硝化为亚硝氮，并进一步转化为硝氮。氨氮也可以参与其他物理化学过程，如土壤吸附和植物吸收等。硝氮在微生物作用下发生缺氧反硝化反应转化为气态氮，而护坡内累积的硝氮离子也可能渗滤进地下水。

　　生态护坡是集水、气、土壤和生物为一体的多相体系，体系内包含物质交换的多重界面，在界面进行的吸附和脱附过程促进了有机物的代谢。土壤内的有机物的吸附作用主要是物理化学吸附，吸附能力与土壤和污染物性质密切相关，土壤有机质含量越高吸附作用越显著，污染物分子越大，吸附能力越强。充分认识生态护坡对有机物的吸附能力，有助于正确评价生态护坡的污染物降解能力。

　　生态护坡中的有机物能在阳光、空气、水和微生物的作用下降解，微生物代谢是最重要的有机物降解机制。微生物对污染物的分解速度取决于污染物的种类、土壤的水分含量、氧化还原状态、土壤微生物种类及其数量等。

　　在上述物质降解的同时，能量的交换和变化也同时发生。

3. 护坡技术类型

　　根据堤岸坡度、土质和水力条件的不同，有三种类型的护坡技术可供选用。这三种护坡技术是：现场连续铺装型、预制砌块拼装型和预制球连接组装型。每种技术类型根据不同的工程条件，还需要进行必要的基底处理和工程结构设计。还可以根据护坡功能的需要，分为重视植物型护坡和重视强度型护坡，其特点见表 5-6。当需要提高强度时，空隙率应适当降低。

表 5-6　多孔混凝土生态护坡分类表

护坡类型	适用范围	
	强度	孔隙率
重视植物型护坡	$10N/mm^2$ 以上	21% ~ 30%
重视强度型护坡	$15N/mm^2$ 以上	15% ~ 20%

多孔混凝土生态护坡的施工建设可分为现场浇筑和预制拼装或组装两大类型，其基本构件有多孔混凝土（现浇）、多孔混凝土预制球等形式，还有与多孔混凝土配套使用的普通混凝土预制砌块。多孔混凝土预制球直径一般为 250mm，容许有 ±3mm 的偏差。它可以是中空或贯通型的，后者在球中预留 X、Y、Z 三维方向的通道，经过球模成型后用直径 12 ~ 20mm 的钢筋进行联结，混凝土球层与层之间联结也需要用联结件来锚固。钢筋及其他联结件均需要预先通过镀锌或是喷塑处理，以防止锈蚀。多孔混凝土预制球的连接方式如图 5-19 和图 5-20 所示。

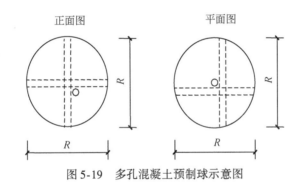

图 5-19　多孔混凝土预制球示意图

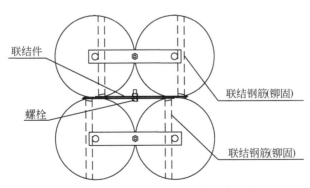

图 5-20　单层多孔混凝土预制球连接示意图

生态护坡有机结合多孔混凝土（现浇）、普通混凝土预制砌块和多孔混凝土球三种构件，可根据堤岸坡度、不同的水力、气象、植物生长条件采用 A 型、B 型、C 型三种不同结构方案的结构形式，分别如图 5-21 ~ 图 5-23 所示。

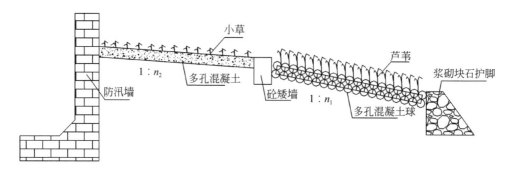

图 5-21 A 型生态护坡结构示意图

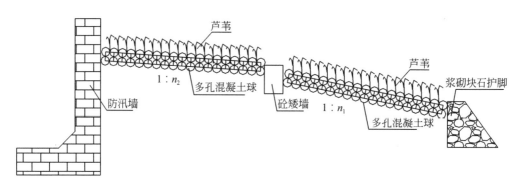

图 5-22 B 型生态护坡结构示意图

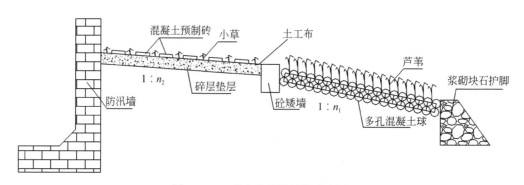

图 5-23 C 型生态护坡结构示意图

A 型生态护坡采用多孔混凝土球和多孔混凝土（现浇）相结合的方式。在低水位采用多孔混凝土，种植芦苇等大型水生植物；在高水位采用多孔混凝土，配合种植小型草本植物。

B 型生态护坡在低水位和高水位均采用多孔混凝土球，种植芦苇等大型水生植物。多孔混凝土球的铺设可以采用单层，也可以采用多层，采用多层形式时应注意层与层之间的加固。

C 型生态护坡采用多孔混凝土球、多孔混凝土和普通混凝土预制砌块三者相结合的方式。在低水位采用多孔混凝土，种植芦苇等大型水生植物。在高水位采用多孔混凝土和普通混凝土预制砌块相结合，配合种植小型草本植物。

在铺设多孔混凝土或多孔混凝土球之前首先要修整好坡形，然后在坡面上铺设土工布防止水土流失，再进行多孔混凝土的现场浇筑或多孔混凝土球的铺设。在种植植物之前，应在多孔混凝土（球）中填入保水性好的土质，对植物生长必需的养分可加入多孔混凝土表面的覆土中，其覆土厚度一般为 5~10cm。使用 C 型护坡结构在多孔混凝土上铺设混凝土块时，可以在混凝土砌块拼出的空隙中放置含有肥料成分的泥土块。浇筑和铺设完成后需精心养护，并采取防止暴雨冲刷等措施。养护一段时间后即可喷撒植物种子，也可以直接移栽植物。

在上述护坡方式中，由于多孔混凝土球有更适合大型水生植物生长的孔隙构造，其生态效应更为显著。混凝土球中加入钢筋锚固增加强度，耐久性得到提高。更能经受住河道、湖泊、水库等水体的水力冲刷。由于采用预制的形式，安装方便快捷，在生态护坡工程中将有更为广阔的应用前景。

多孔混凝土生态护坡技术是一种新型的绿色生态型护坡技术，融合材料、生物和环境等多门学科，集水土保持、生态修复于一体，从根本上克服了传统混凝土护坡无法生长植被的缺点，具有生物多样性效应、景观效应、水质净化效应、空气净化效应、除尘降噪效应，实现了护坡技术和生态环保技术的完美统一。多孔混凝土生态护坡作为一种生态修复技术，它的应用将极大地增强水陆交错带生态效应，提高水体自净能力，起到显著改善水环境质量的作用。目前，我国在多孔混凝土净水机理、植物栽培技术及相关微生物学、环境卫生学、生态毒理学的深入研究方面仍然存在着不足，这将是多孔混凝土生态护坡研究的重点。

使用亲近自然的多孔混凝土材料及其生态护坡技术的水利工程，是一种保护环境的新型生态水利工程。在欧洲、北美和日本，多孔混凝土的应用技术已进入实用化阶段。为了保护和改善生态环境，我国水利工程中大规模地采用多孔混凝土材料并推广生态护坡技术势在必行。

21 世纪是环境保护的世纪，是倡导生态修复的世纪，生态型多孔混凝土作为亲近自然的环境友好材料，生态护坡作为修复水体的有效措施必将得到深入而广泛的运用。

5.4.4 水环境生态修复的实践（技术工程）

1. 镇江市滨江带生态堤

作为国家高技术发展项目——镇江城市水环境改善技术研究的示范工程，在江苏省镇江市内江沿岸，为达到护岸工程既能与生态环境相协调又能有效控制面源污染的目的，故开展了生态混凝土护坡的示范研究。通过生态堤防示范区—滨江生态修复带—自然湿地保护区构成大东沟—北固山一带长 1025.4m 的滨江带复合生态系统，形成内江水环境质量改善和生态修复的集中示范区，对于陆地地表径流和河流水体，通过人工构建净化能力强的滨江生态系统进行水质净化和生态修复，如图 5-24 和图 5-25 所示。太湖湖滨带生态修复工程规划图见彩图 5-7。

根据生态学、湖沼学的基本理论和课题的研究成果，结合在建堤防的地形、地貌，采取水、陆生态景观相结合的方法，构建出一个生态型、景观型、亲水型护坡，建立陆生生物向水生生物的一个过渡带结构，增强生物多样性，使水质净化与城市景观建设相协调，生态混凝土护坡建设程序如下。

（1）防冲刷护坡层的构建。抗冲刷护坡层分为两层，如图 5-26 和图 5-27 所示。

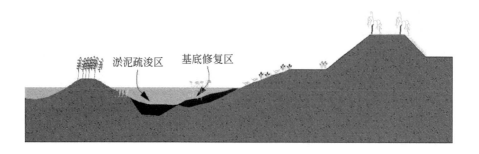

内江	芦苇荡湿地	疏浚区	基底修复	生态护坡	人行道	生态堤	陆地
			滨江带				

图 5-24　生态堤–滨江带–湿地系统试验段划分

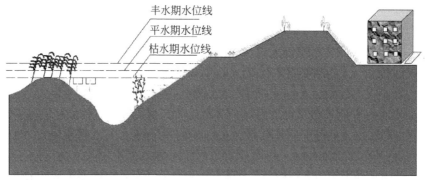

内江	A	B	C	D	E	F	内江陆生植物区

图 5-25　生态堤–滨江带–湿地生态系统植物规划图

A. 浮床植物（4m）；B. 深水区（12m）；C. 沉水植物（4m）；

D. 浮叶植物（10m）；E. 挺水植物（10m）；F. 生态护坡

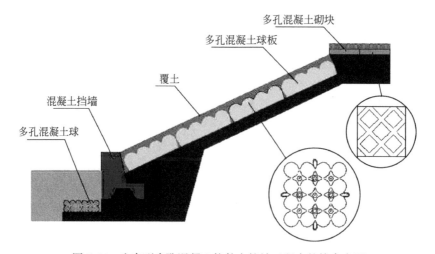

图 5-26　生态型多孔混凝土构件在护坡工程中的综合应用

图 5-27 生态型多孔混凝土球状砌块铺装现场

第一层，土工布铺设，即在堤防的土坡平整后能够防止土中细颗粒被水流带走，起到反滤层的作用；第二层，生态混凝土砌块层。

（2）营养土层和植被层的构建。在防渗抗冲刷层施工完毕后，在生态混凝土砌块之间的空间中及砌体表面（5~10mm）添加营养土，播种各种净化水体的植物。植被播种时应选择雨水少的 3 月、4 月，在播种各种净化水体的植物后，应派专业人员进行管理、维护，可以赶在丰水期的到来前形成良好的植被系统。

（3）现场施工。生态混凝土护坡施工完成后，需在生态混凝土砌块空隙之间，生态混凝土与自然石之间进行覆土处理。为了确保植物的生长，原则上就地选取地表土壤（表层20cm 厚的土坡）。当表层土资源有限时，也可选取表层土以下的土壤，但需对此土壤进行处理，主要根据植物生长的需要在土壤中混入植物生长必需的肥料。混入量及混入肥料的种类可根据对土壤的测试结果及所栽培的植物品种确定。

（4）植物的选择。生态混凝土护坡绿化物种的选择应遵循"因地制宜、功能为先、高度适应、四季有景、易于管理"的原则。考虑到外来物种入侵对原生态的生物安全性的影响，因此，绿化物种主要宜采用江边湿地植物群落的"土著"植物种群。在此基础上，辅以引种少量兼具有景观、经济效果的其他适生植物，其根系浅而宽大，有较强的扩展能力，易于粗放管理，不需经常更换，并有丰富的季节变化特征。

根据目前对江边湿地植物区系调查及相关资料调研，选择以下植物为生态混凝土护坡绿化植物。其中以芦苇、藨草等土著种群为主，辅以其他地被、景观植物，如图 5-28 所示。①芦苇：禾本科，江边湿地原生"土著"植物。在江边湿地覆盖率为 9.58%，部分区域覆盖率可达 33.6%，密度范围 10~15 株/m²。芦苇为多年生挺水植物，其根系浅而发达，能防止土壤被冲刷流失，根茎既可浸入水中也适于江边湿地生长，管理粗放。芦苇春夏青绿，秋天飘絮，景观效果极强。它还具有很好的经济价值，是造纸的好材料。②藨草：禾本科，江边湿地原生"土著"植物，密度范围 7~16 株/m²，总覆盖率为 89.05%，为优势种群。③莎草：莎草科，原地"土著"种群，耐受短期淹没，多年沼生植物。④南蛇藤：卫矛科，引种栽培植物，喜光、湿润、耐寒、适于水边坡地。匍匐生长，扩展能力强，根系及枝叶可防江水冲刷，其为落叶藤木，秋叶转红，有果，果期 9~10 月，果黄，皮红。⑤滨梅：灌木，高 1m，也可匍匐生长，花可观赏，果实可食。⑥海滨锦葵：多年生草本植物，适宜湿生，植株高 1.5m，开粉红、黄色花。⑦黄花菖蒲：多年生湿生花卉植物。⑧大花美人蕉：多年生湿生花卉植物。

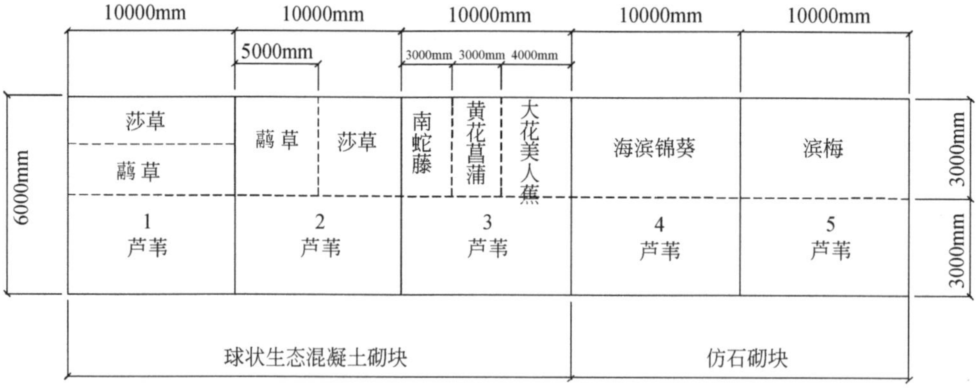

图 5-28　生态混凝土护坡植生方案

经过栽培和养护管理的植物，在多孔混凝土上正常生长，很快形成了良好的生态环境，同时起到了防洪固堤、防止水土流失以及净化水质等效果。

生态护坡技术使河岸周边原有的植被得到恢复，保持生物的多样性。同时又有增强水质的净化能力，最终改善了河岸两边的景观效果。示范工程的应用效果，已充分展示出多孔混凝土在生态护坡方面广阔的应用前景。

生态混凝土护坡植物生长及生态透水坝拦沙效果见彩图 5-8 及彩图 5-9。

2. 上海市黄浦江上游取水口生态护坡

（1）基本情况。上海市上游取水口位于黄浦江上游的临江原水厂，取水口约 300m 采用普通混凝土护坡，护坡宽度为 10m，护坡采用浆砌块石护脚，中间用混凝土矮墙分割，护坡坡度与原普通混凝土护坡相同；紧靠防汛墙处的护坡坡度为 1∶10，外侧坡度为 1∶5，如图 5-29 所示。

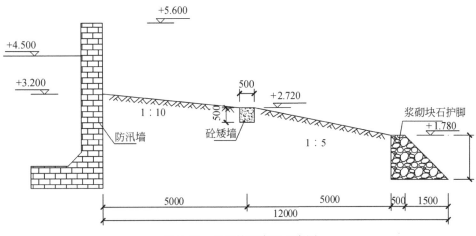

图 5-29 护坡特征高程示意图

（2）设计指导思想。既要保护上海市上游取水口处堤岸护坡的安全和稳定，又要保护原有的生态环境不被破坏，使水生动植物能够正常生长，恢复河川的生态修复功能和水质净化功能。同时，绿色植物在堤岸护坡上生长可改善周围的大气环境，又能产生良好的景观效应。最终起到保护饮用水水源地，持续地向市民提供健康的优质饮用水水源的目的。

（3）生态护坡设计方案说明。为了最大限度地发挥生态混凝土材料的生态效应，结合该示范工程的环境特点，设计中生态混凝土护坡采用的基本构件为多孔混凝土预制单球及其连接件。多孔混凝土预制单球采用多孔混凝土制备。该多孔混凝土具有与土壤相同的连续空隙率（20%～25%），混凝土中的碱度适合植物生长，且具有一定的强度，抗侵蚀能力强。由于混凝土内部存在连续空隙，从而具有良好的透水性和透气性，能使植物的根系在其中生长。

（4）护坡结构设计方案。如图 5-30 所示的结构形式为对现有的普通混凝土堤岸护坡进行改造示意图，改造过程中需将原有普通混凝土坡面适当位置打孔，并在原有坡面上覆土20cm 后采用土工布垫层防止覆土被水力冲刷而带出，土工布垫层之上采用单层混凝土球铺设护坡。在原有普通混凝土坡面上打孔是为了保证土壤和多孔混凝土能正常发挥毛细作用，使水分和物质能量交换能够进行，利于植物的生长。

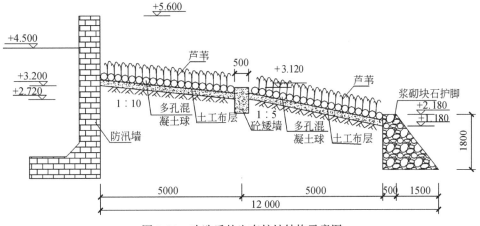

图 5-30 改造后的生态护坡结构示意图

　　图 5-31 所示的结构形式为新建生态混凝土护坡的示意图。在取水口上游新建 300m 生态混凝土护坡，在取水口下游新建 200m 生态混凝土堤岸护坡。

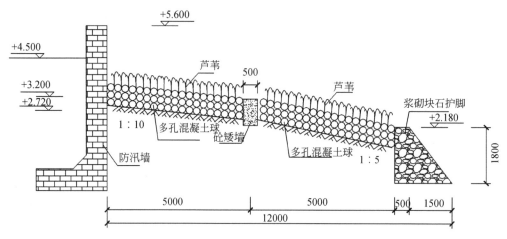

图 5-31　新建生态护坡结构示意图

　　该结构主要采用三层多孔混凝土球护坡的形式，直接铺设于自然护坡之上。该形式不设土工布垫层。为了护坡结构稳定并防止泥土外带，所以采用三层多孔混凝土球进行铺装。

　　（5）植生方案。为使空隙表面中性化，可在多孔混凝土球表面喷液态硫酸亚铁，使之中性化，然后在多孔混凝土球中填入保水性好的土质，对植物生长必需的养分可混入表面薄薄的一层土中。在 1∶5 坡段，铺设的混凝土球由于江水的潮涨潮落的作用，可以不需额外填入保水性材料和肥料。铺设完成后需精心养护，并采取防止暴雨冲刷等措施。养护 3 ~ 4 天后即可喷撒种子，也可直接撒种植生。

　　（6）工程效应。景观生态效应：景观是表征一个空间一定时间范围内人与环境相互作用所产生的各类生态系统的不同组合和分布格局。植生型生态混凝土护坡的勃勃生机和周围传统混凝土护坡形成鲜明的对比，彻底改变了原有的面貌，在黄浦江边建立起了一道绿色的生态景观。

　　生物多样性效应：生物多样性包括所有自然世界的资源，包括植物、动物、昆虫、微生物和它们生存的生态系统。原有的普通混凝土护坡寸草不生，一片荒寂，而植生型生态混凝土的应用恢复了生物的多样性。通过选用适宜于本地生长的多种植物种子进行护坡植被重建，并建立起了不同种类、不同组合类型的生物群落，从而增加了护坡上物种的多样性和生态的多样化。同时由于生态环境的改善，许多小动物和微生物重新回来栖息繁衍，从而形成了良性循环的生态系统。

　　空气净化效应：植被是天然的洗尘器和净化器。它有吸附粉尘、净化空气、降低噪声、吸收污染物和提供优良生活环境的作用。同时植被如同负氧离子的发生器，对空气质量有明显的改善作用。

　　水质净化效应：植生型生态混凝土中由于连续孔隙和微生物的存在，通过物理、化学、物理化学以及生化作用，可以有效地降解和消除污染物质，缓解天然水域的有机污染和富营养化的问题，从而起到净化水质的作用。

　　3. 生态透水坝及其构建

　　生态透水坝主要是利用生态混凝土良好的渗水性能，使水可以在较大范围内的过水断面上渗滤，充分发挥生态混凝土的吸附、过滤等功能，既可以大幅削减来水中的泥沙量，降解水中的部分污染物质，对防治湖泊、水库库底淤积抬升和去除氮、磷都具有显著的效果。

生态透水坝的基本构件同生态混凝上护坡。均使用多孔混凝土预制球，采用多层连接的方式，其断面如图 5-32 所示。

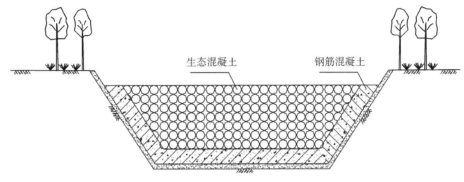

图 5-32　生态拦沙坝断面示意图

5.5　水污染控制与水质安全保障

5.5.1　水污染控制

1. 污水的来源

污水是人类在生活、生产活动中用过并为生活或生产过程所污染的水。污水包括生活污水、工业废水、农业废水、被污染的降水（初期地表径流）及各种排入管渠的其他污染水。

1）生活污水

生活污水，是指居民在日常生活中排出的废水。生活污水的成分取决于居民的生活状况及生活习惯。我国地域广阔、情况复杂，即使生活状况相似，各地污水中杂质的成分和浓度也不尽相同。

2）工业废水

工业废水，是在生产过程中排出的废水。其成分主要取决于生产工艺过程和使用的原料，工业废水也包括因高温（水温超过 60℃）而形成热污染的工业废水。工业废水性质各异，多半具有危害性，未经处理不允许排放。但冷却水和在生产过程中只起辅助作用或只是温度稍有上升的水，因未被污染物污染或污染很轻，此时可采取冷却或简单的处理后重复使用。这种较清洁、不经处理即可排放的废水称为生产废水；而污染较严重、必须经处理方可排放的工业废水称为生产污水。工业废水是生产污水和生产废水的总称。

3）农业废水

农业废水是农作物栽培、牲畜饲养、农产品加工等过程排出的废水。废水主要分为农田排水、饲养场排水、农产品加工废水等。农业废水水量大，影响面广，据美国 1977 年统计，它比城市污水、工业废水污染而引起水体的 BOD 增多 5 ~ 6 倍，影响水域面积占水域总面积的 68％。农业废水污染的防治措施，目前主要是减少农田途径，防治农业加工过程中各种废水对环境的污染。

4）初期地表径流

初期地表径流主要是指初期雨水。由于初期雨水冲刷了地表的各种污染物，污染程度很高，要做进一步净化处理。

2. 水污染控制技术

污水处理，实质上是采用各种手段和技术，将污水中的污染物质分离出来，或将其转化为无害的物质，使污水得到净化。污水中含有各种有害物质和有用物质。如果不加以处理而排放，不仅是一种浪费，而且会造成社会公害。现代污水处理技术，按原理可分为物理处理法、化学处理法和生物化学处理法三类。

（1）物理处理法利用物理作用分离污水中呈悬浮状态的固体污染物质。方法有筛滤法、沉淀法、上浮法、气浮法、过滤法和反渗透法等。

（2）化学处理法利用化学反应的作用，分离回收污水中处于各种状态的污染物质（包括悬浮的、溶解的、胶体的等）。主要方法有中和、混凝、电解、氧化还原、汽提、萃取、吸附、离子交换和电渗析等。化学处理法多用于处理生产污水。

（3）生物化学处理法利用微生物的代谢作用，使污水中呈溶解、胶体状态的有机污染物转化为稳定的无害物质。主要方法可分为两大类，即利用好氧微生物作用的好氧法（好氧氧化法）和利用厌氧微生物作用的厌氧法（厌氧还原法）。前者广泛用于处理城市污水及有机性生产污水，其中有活性污泥法和生物膜法两种；后者多用于处理高浓度有机污水与污水处理过程中产生的污泥，现在也用于处理城市污水与低浓度有机污水。城市污水与生产污水中的污染物是多种多样的，往往需要采用几种方法的组合，才能处理不同性质的污染物与污泥，达到净化的目的与排放标准（图5-33）。

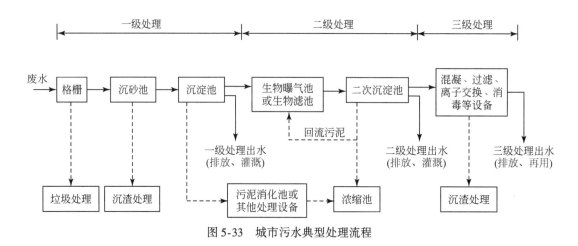

图 5-33　城市污水典型处理流程

典型的污水处理工艺主要有：氧化沟、曝气生物滤池、A-A-O 工艺等。

1）氧化沟

氧化沟也称循环曝气池，是于 20 世纪 50 年代由荷兰的巴斯维尔（Pasveer）所开发的一种污水生物处理技术，属活性污泥法的一种变法。如图 5-34 所示为氧化沟的平面示意图，以氧化沟为生物处理单元的污水处理流程。氧化沟内水流流态介于完全混合与推流之间，这种独特的水流流态，有利于活性污泥的生物絮凝作用，可进行硝化和反硝化作用，取得脱氮效应。

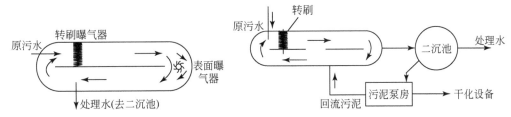

图 5-34　氧化沟平面图和以氧化沟为生物处理单元的污水处理流程

当前国内外常用的氧化沟系统有：卡罗赛（Carrousel）氧化沟、交替工作氧化沟系统、二次沉淀池交替运行氧化沟系统、奥巴勒（Orbal）型氧化沟系统、曝气–沉淀一体化氧化沟。

2）曝气生物滤池

曝气生物滤池是近年来新开发的一种污水生物处理技术。它是集生物降解、固液分离于一体的污水处理设备。图 5-35 为曝气生物滤池构造示意图。

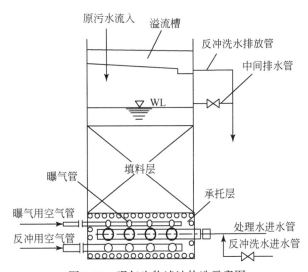

图 5-35　曝气生物滤池构造示意图

被处理的原污水，从池上部进入池体，并通过由填料组成的滤层，在填料表面形成由微生物栖息形成的生物膜。在污水流过滤层的同时，由池下部通过空气管向滤层进行曝气，空气由填料的间隙上升，与向下流的污水相向接触，空气中的氧转移到污水中，向生物膜上的微生物提供充足的溶解氧和丰富的有机物。在微生物的新陈代谢作用下，有机污染物被降解，污水得到处理。

3）A-A-O 工艺

A-A-O（Anaerobic-Anoxic-Oxic）工艺，也称 A^2/O 工艺，工艺流程如图 5-36 所示。按实质意义来说，该工艺称为厌氧–缺氧–好氧法更为确切。该法是在 20 世纪 70 年代，由美国的一些专家在厌氧–好氧（An-O）法脱氮工艺的基础上开发的，其宗旨是开发一项能够同步脱氮除磷的污水处理工艺（图 5-36）。

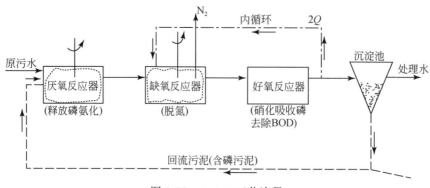

图 5-36　A-A-O 工艺流程

该工艺总的水力停留时间少于其他同类工艺，被称为最简单的同步脱氮除磷工艺。污泥中含磷量高，具有很高的肥效，且工艺运行费用低。

3. 流域水污染控制

水污染控制需要在流域尺度上进行，综合考虑流域生态、经济、社会等因素，在流域环境承载力和生态系统完整性的框架下进行系统优化，实现控制措施的优化组合和经济投资的最小化和效益的最大化。

对于水污染控制工作，我国先后经过了浓度控制和目标总量控制阶段，目前正逐渐进入容量总量控制。容量总量控制避免了"一刀切"的盲目性，体现了以水体水质保护目标为基础的水污染物排放总量需要控制的水平。但在容量总量控制应用的过程中，出现了一些问题，如河段总的入河量达到容量要求，但是局部断面仍然出现水质超标的现象。因此，基于容量总量控制以及断面达标控制的"双控"已成为水污染控制的一条新路。

流域社会经济发展是 21 世纪中国可持续发展的重点任务，必须协调好社会经济发展与环境保护的关系，建立流域可持续发展生态环境管理综合决策模型，将生态环境保护目标置于人口、经济社会、环境的大系统中，协调流域可持续发展。

5.5.2　饮用水安全保障

饮用水安全保障须从水质安全保障出发，对于水质的各影响因素、各环节进行综合考虑，构建水源强化保护-水厂高效净化-管网安全输配-水质安全评价系统，并将标准、技术、管理以及相关的法规、政策相结合，形成饮用水安全保障系统。

饮用水安全保障系统一般包括以下四点：①原水质量是保障饮用水质安全的根本。根据水源水质变化规律，采取科学合理的技术保护水源、改善水质。②水厂高度净化是保障供水水质的核心部分。应根据原水水质合理地选择净化工艺以及水厂的运行方式，保证水厂出水水质满足饮用水卫生标准。③管网的安全输配是保障用水水质安全的关键过程。管网在使用过程中可能会发生漏水、爆管等情况，需要加强管材的选择和管网的监测过程。④水质安全评价是保障饮用水水质的基本依据。为了保障饮用水水质的安全，应根据《生活饮用水卫生标准》（GB5749—2006），统筹考虑化学指标、生物学指标和毒理学指标等，科学判断饮用水的健康风险。

1. 饮用水水源保护

防止水源污染，对饮用水水源采取强有力的保护措施是十分必要的。饮用水水源保护措施一般包括以下 3 个方面。

（1）制定和完善饮用水水源保护法规。制定和完善饮用水水源保护法规，健全水资源管理机构，加强水源保护区的管理工作。国家颁布的《水污染防治法》和《水法》是防止水源污染，做好水源保护工作的法律依据。

（2）制定水资源利用及水源保护规划。根据首先保证城市生活和工业用水、兼顾农业用水的原则，制定合理的水资源开发利用规划，防止滥肆开采、破坏水源。在制定规划时应合理评价所在地区水资源量及生活、工业、农业在规划期限内的水需求量，坚持综合利用方向。

（3）开展水源地水质改善与生态防护工作。通过强化水源地的生态效应，提高水源地的自净能力来达到净化降解持久性有机物的目的。应强化并改善经水库或过渡水体停留调蓄，如在水源地筑生态混凝土护坡；在受污染的水源地水体中设置人工介质可大幅度提高水体生物自净能力，有效改善水质；利用水生植物人工湿地净化水质技术改善水源地水质，如东南大学研究人员在太湖湖滨利用水生蔬菜型植物滤床技术净化富营养化河水，效果明显。

2. 饮用水安全保障技术

1）预处理技术

预处理技术主要是指在常规工艺前，采用适当的物理、化学或生物的处理方法，达到去除有机物、控制氨氮和藻类生长、改善原水水质的目的。原水预处理技术主要包括：①活性炭吸附处理技术，向水中投加粉末活性炭可以较好地去除色度和臭味物质，还可以吸附水中硝基苯等污染有机物；②化学预氧化处理技术，主要利用氧化势较高的氧化剂来氧化分解或转化水中污染物，减少污染物对后续常规处理工艺的不利影响，主要包括臭氧预氧化、预氯化、高锰酸盐预氧化以及过氧化氢预氧化等；③生物预处理技术，此方法主要针对有机物浓度比较高的水源，借助微生物的新陈代谢活动，去除水中可生物降解的有机物、氨氮、亚硝酸盐、铁和锰等污染物，主要包括生物接触氧化、生物流化床、生物滤池和生物转盘等。

2）常规处理技术

饮用水常规处理技术能有效去除水中的悬浮物、胶体杂质和细菌，主要包含四种具体工艺：混凝、沉淀、过滤、消毒。

（1）混凝。混凝的主要目标是去除原水中的浊度和有机物。目前我国常用的混凝剂有聚合氯化铝、硫酸铝、硫酸亚铁、聚丙烯酰胺等。为了达到好的混凝效果，针对不同的水质，选择合适的混凝剂至关重要。混凝包含混合和反应两个阶段，可采用水力和机械的方式进行混合和反应。

（2）沉淀。目前较常用的沉淀池主要有平流式沉淀池、竖流式沉淀池、辐流式沉淀池以及斜管（板）式沉淀池。应根据处理水质、水量、水厂平面和高程布置的要求，并结合絮凝池结构形式等因素来选择沉淀池的类型。

（3）过滤。在常规水处理工艺中，过滤常被安排在沉淀池之后，是保证出水浊度最重要的环节。过滤是通过具有孔隙的粒状滤料床层截留水中悬浮物和胶体而使水获得澄清的工艺过程，一般以石英砂、无烟煤、陶瓷砂等粒状物料为过滤介质，去除水中包括各种浮游生物、细菌、滤过性病毒、漂浮油和乳化油等。

（4）消毒。消毒是饮用水常规处理工艺中必不可少的环节，也是保障供水水质安全的重要屏障。消毒不仅要灭活饮用水中病原微生物（细菌、病毒、原水动物等），还要控制管网输配过程中微生物的再生长以及抑制管壁生物膜生长。

3）深度处理技术

深度处理通常是指在常规处理工艺之后，采用适当的处理方法，将常规处理工艺不能有效去除的污染物或消毒副产物的前体物加以去除，以提高和保证饮用水水质。目前常用的深度处理技术有三类：活性炭吸附、臭氧生物活性炭和膜分离。

（1）活性炭吸附法。在各种深度处理技术中，活性炭吸附是完善常规处理工艺以去除有机污染物最成熟有效的方法之一。活性炭属于一种非极性吸附剂，对非极性、弱极性的有机物有很好的吸附能力，可以用来去除水中的有机物、色、臭、味和部分重金属离子。

（2）臭氧生物活性炭法。臭氧生物活性炭工艺是在常规水处理工艺基础上增加了臭氧化接触和生物活性炭过滤两个操作单元，是臭氧氧化、活性炭吸附和生物降解三者协同作用的结果。经臭氧生物活性炭工艺处理的出水水质很好，对臭氧氧化过程中形成的可生物降解的有机物，致臭味的化合物及氨氮去除效果十分显著。

（3）膜分离法。膜分离技术是以压力差为推动力，使水相中的一种或几种物质有选择性地经传质作用通过膜或膜组件，达到分离污染物质、纯化水质的目的。常用的膜分离技术有微滤、超滤、纳滤和反渗透。

3. 管网的安全输配

管网运作的好坏，直接涉及饮用水的水质安全，所以管网平时的维护及抢修工作就显得非常重要。

（1）管道阀门的管理与维护。定期进行供水管网的巡检检漏，对存在问题的阀门与管道要及时维修，当输水管网在使用过程中发生漏水、爆管等情况时，要及时进行管道抢修工作，此外，要加强对管网的监测。

（2）管网水质保障。改进水厂工艺水平，提高出水厂的水质及其稳定性；加大管网更新改造的力度，积极推广新型管材和施工工艺；加强施工质量控制和管理，特别是管道内的防腐；合理制定管网冲洗计划；建立水质检查制度，定期对二次供水设施进行水质监测，发现问题及时处理。

4. 水质安全评价

（1）饮用水安全评价的目的。鉴于我国饮用水处理技术水平尚低，必须加强对饮用水的安全评价，找出危害人体健康的超标污染物及超标原因，从源头抓起，整治水污染，保证水源的安全性，进而确保饮用水安全和人体健康。

（2）饮用水安全评价的内容。饮用水中存在的主要污染物有三类，分别是生物性污染物，包括各种病原微生物，可导致介水传染病的传播和流行，如伤寒、细菌性痢疾、病毒性肝炎等；物理性污染物，包括悬浮物、热污染和放射性污染物；化学性污染物，包括进入水体的无机和有机化学物质，有机物又可分为天然有机物和人工合成有机物，前者包括腐殖质、微生物分泌物、溶解的植物组织和动物的废弃物；后者包括农药、商业用途的合成物及一些工业废弃物，这些污染物可以引起人体急、慢性中毒和致癌、致畸等远期危害，如甲基汞引起的水俣病和镉污染引起的骨痛病。

（3）饮用水健康风险评价。健康风险评价这一概念是由美国国家科学院（United States National Academy of Sciences，NAS）在 1983 年提出的，主要分为四步：危害鉴定（hazard identification）、剂量反应评估（doseresponse assessment）、接触评估（exposure assessment）、风险表征（risk characterization），用以描述人类暴露于环境危害因素之后，出现不良健康效应的特征。

5.5.3　污水的深度处理与回用

1. 污水的深度处理

1）污水深度处理的必要性

生活污水二级出水中的残余成分有悬浮物、胶体和溶解物，包括溶解性无机化合物（如磷和氮，它们会助长受纳水体中藻类的繁殖）、有机物质（会产生 COD、BOD 及色度）、细菌、病毒、胶体（产生浊度）及溶解性盐类（影响水的回用），此时需要对二级处理的出水进行深度处理。

2）污水深度处理技术

污水深度处理的对象与目标是：①去除处理水中残存的悬浮物、脱色、除臭，使水进一步清澈；②进一步降低 TOC、COD、BOD_5 等指标，使水进一步稳定；③脱氮、除磷，消除能够导致水体富营养化的因素；④消毒、杀菌，去除水中的有毒有害物质。表 5-7 列举的是对污水进行深度处理的目的、去除对象和采用的主要处理技术。

表 5-7　对污水进行深度处理的目的、去除对象和采用的主要处理技术

处理目的	去除对象		有关指标	采用的主要处理技术
排放水体再利用	有机物	悬浮状态	SS、VSS	混凝沉淀、快渗池、微滤池
		溶解状态	BOD_5、COD、TOC、TOD	混凝沉淀、臭氧氧化、活性炭吸附
防止水体富营养化	植物性营养盐类	氮	TN、KN、NH_3-N、NO_2^--N、NO_3^--N	生物脱氮、折点加氯、吹脱
		磷	TP、$PO_4^{3-}-P$	生物除磷、结晶法、金属盐混凝沉淀、石灰混凝沉淀晶析法
回用	微量成分	溶解性无机物、无机盐类	Na^+、Ca^{2+}、Cl^-	离子交换膜法
		微生物	细菌、病毒	消毒（次氯酸钠、氯气、紫外线）、臭氧氧化

2. 污水回用

1）污水回用意义

一般情况下，城镇供水经使用后，有 80% 转化为污水，经集中处理后，其中 70% 是可以再次循环使用的。污水再生回用不但能减少城市优质饮用水资源的消耗，缓解供水压力，减少城市污水的排放以及相应的排水工程投资与运行费用，而且还能减轻对受纳水体的污染，改善生态环境。在国外大量地区，水回用已成为水资源的有益补充。废水回收也是环境保护、水污染防治的主要途径。废水回用同目前倡导的"清洁生产"、"源头削减"和"废物减量化"等环境保护战略是不可分的。事实上，废水回用也是废水的一种"削减"，而且水中相当一部分污染物质只能在水回用的基础上才能回收，由废水回用所取得的环境效益、社会效益和经济效益一般都很大，其间接效益和长远效益难以估量。

2）污水再用途径

污水回收后可回用于农业、工业、地下水回灌、景观、娱乐、河流维持等方面，不同的回用途径对污水处理程度有不同的要求。

（1）农业用水。农业用水是城市污水回用的一个大用户，占全国总用水量的70%。主要包括农田灌溉、造林育苗、农牧场和水产养殖等方面。污水回用于农田灌溉时，不仅能给农业生产提供稳定的水源，且污水中的N、P、K等成分也为土壤提供了肥力，既增加了农作物产量，又减少了化肥用量，而且通过土壤的自净能力可使污水得到进一步净化。

（2）工业用水。在我国城市水资源总消耗中工业用水大约占50%～80%。面对清水日缺、水价上涨的严峻现实，工业企业除将本厂废水循环利用外，对城市污水回用于工业也日渐重视。理想回用对象是用水量较大且对处理要求不高的部门，如间接冷却用水和工艺低质用水（洗涤、冲灰、除尘、直冷、产品用水）等。

（3）地下水回灌。世界上许多城市，尤其是水资源匮乏的城市，由于过度开采地下水而导致地下水位大幅下降，形成大面积漏斗区，严重破坏了地面生态系统和地下饮用水层。将城市污水二级处理再经深度处理，达到一定水质标准后回灌于地下，水在流经一定距离后同原水源一起作为新的水源开发。地下水回灌既可以阻止因过量开采地下水而造成的地面沉降；又可以保护沿海含水层中的淡水，防止海水入侵；还能利用土壤自净作用和水体的运移提高回水水质，直接向工业和生活杂用水厂供水。

（4）城市杂用水。目前再生污水在城市杂用中主要应用于以下两个方面：①市政用水，即浇洒、绿化、景观、消防、补充河湖等用水，该类用水一般需要包括除磷、过滤、消毒等二级以上的处理，控制富营养化的程度，提高水体的感观效果，还要满足卫生要求，保证人体健康；②杂用水，即冲洗汽车、建筑施工以及公共建筑和居民住宅的厕所冲洗等用水，用水量较少，但应注意其回用的安全卫生性，以免危害消费者的身体健康，水中不应含有致病菌，应该清洁、无臭、无毒，且悬浮物含量不高，以免堵塞喷头。

城市生活用水量比工业用水量小，但是对生活用水的水质要求比较高。世界上大多数地区对生活饮用水源控制严格，虽然已有将城市污水经深度处理后直接用作生活饮用水源的先例，但由于生活用水水质要求很高，大多数地区对此仍持保守态度。例如，美国环保局认为，除非别无水源可用，尽可能不以再生污水作为饮用水源。在我国，再生水直接用作饮用水目前还不能为人们所接受。

5.6　水环境管理

1. 水环境概述

水环境一词最早出现在20世纪70年代，到目前还没有明确的定义。《中国环境状况公报》将水环境与大气环境、声环境等并列，主要指各种水体的水质及污染等问题。《中国水利百科全书》也只在《环境水利》分支的环境水利条目中列出："水环境广义指水圈，而通常则指江、河、湖、海地下水等自然环境，以及水库、运河、渠系等人工环境。"中华人民共和国国家标准《水文基本术语和符号标准》（GB/T50095—98）对水环境的定义是，指围绕人群空间可直接或间接影响人类生活和发展的水体，其正常功能的各种自然因素和有关的社会因素的总体。水环境是由地表水环境和地下水环境组成。

根据对水环境的认识，综合了以下 4 个特性。

（1）动态性。由于水具有流动的特性，因此水环境也处于不断变化和运动之中，水环境的质量状况不是一成不变的，它会随着各种自然现象（如气候、生态环境等）和人为的外界（如环境保护政策、人们的环保意识等）影响而不断变化。

（2）系统性。水环境是由多重要素构成的，这些要素不是孤立存在的，而是相互制约、相互依存，可以说，在这些要素的作用下，每一个要素的变化都会引起相关要素的变化，进而导致整个水环境系统的改变。

（3）地域性。由于水资源分布范围较广，不同地域水环境自然条件、水质状况等要素不同，要根据不同地区的水环境特点加以保护、治理、利用。

（4）公共物品性。由于水环境在消费上具有非竞争性和非排他性，必须由政府面向所有人提供，并不是只向具体的人或利益集团提供。

2. 水环境管理现状

水环境管理是政府环境管理部门从保护的角度，依据水环境保护的法规、规定、标准、政策和规划对水资源利用、水污染防治等过程进行监督管理。

3. 水环境管理的实践历程

中国现代意义上的环境保护工作起步于 1972 年 "联合国人类环境会议" 之后。进入 20 世纪 80 年代，在 "预防为主、污染者付费、强化环境管理" 三大环境政策基础上，建立和完善了八项环境管理制度和措施。1984 年施行的《中华人民共和国水污染防治法》及期间针对水污染制定的大量专门性法律和行政法规构成了我国水环境管理的环境法体系。到了 20 世纪 90 年代，政府提出 "三河、三湖" 污染控制为主的水污染防治政策，开始将水污染防治工作与水环境质量的改善紧密联系在一起，使水污染防治工作迈上了一个新的台阶。1996 年 5 月修订并施行了《中华人民共和国水污染防治法》，陆续制定了《环境与发展十大对策》和《中国 21 世纪议程》，将可持续发展确定为基本发展战略。进入 21 世纪，政府加强水环境可持续发展战略，注重经济社会与环境的协调发展。2008 年确定将新修订的《中华人民共和国水污染防治法》于同年 6 月 1 日起实施，这充分显示了国家对环境保护工作的重视。

5.6.1　水环境管理的目标

当前我国水环境问题主要表现在：水资源调配能力弱、水浪费现象严重、水污染加剧。随着人口的急剧增长和社会经济的发展，对水资源开发利用的深度和广度不断加大，因缺乏有效的保护措施，水环境逐渐成为威胁我国经济持续发展的重大问题之一。

如何保护水环境、管理及有效利用水资源直接关系到经济的可持续发展和人民的安居乐业。重视立法，依法治水；建立统一的水资源管理体制；强化政府职能，加强水环境管理力度；开源节流，建立节水型社会；逐步推进水权制度建设。这些措施是水环境资源保护、管理和有效利用的保证。

1. 建立统一的水资源管理体制

过去我国水资源管理体制中存在的问题主要表现在以下五个方面。

（1）过分强调行政管理作用。单一的行政管理容易导致因政府失灵而引起的水资源配置的不经济。

（2）取水许可管理机制不够健全。虽然《中华人民共和国水法》（以下简称《水法》）明确规定"国务院代表国家行使水资源所有权"，但在现实生活中，水资源的实际管理权总是属于水资源所在地政府。中央政府在水资源管理上难以做到统一规划、配置和有效监督，分水方案可操作性不强，取水许可总量控制流于形式。

（3）水质缺乏有效保障机制。由于对水资源的水质重视不够、对水环境容量认识不足，水质管理一直没有被真正列入取水许可管理中，对如何控制排污总量、保障下游水资源的质量缺乏必要的手段和有效的措施。

（4）取水许可缺乏必要的监督管理手段。取水许可缺乏透明度，特别是缺乏登记公示以及授权的有效监督。

（5）取水许可流转机制过于严格。目前的水管理体制中，对于取水许可证是严格限制的。完全屏蔽了市场水资源配置中所应发挥的有效作用，不利于水资源的优化配置。

我国对水资源实行统一管理与分级、分部门管理相结合的体制。虽然这种体制对当时的水资源管理起了一定的作用，但随着水资源形势的发展，这种体制越来越暴露出与水资源具有流域性的与自然规律不协调的缺点。在水环境保护和水资源的管理中出现了"条块分割"、"多龙治水"现象，严重阻碍了水资源的有效管理和保护。

在分权的机构设置体系下，《中华人民共和国水资源保护法》、《中华人民共和国水污染防治法》、《中华人民共和国水土保持法》、《中华人民共和国渔业环境保护法》、《中华人民共和国海洋环境保护法》等都对水资源管理规定了各自相应的主管部门和协调部门，立法缺乏综合平衡，造成了权利设置的重复或空白。各部门难免从本部门利益出发，其结果是只有分工，没有协作，不仅发挥不出整体效益，而且，各部门对权力的竞争，还造成了对整体利益和长远利益的损害。例如，淮河治理是宏观层面上的综合工程，国家水利部、环境保护部以及淮河水利委员会、地方政府都拥有相应的权限，即使除去部门利益驱动这一因素，同行政机关的出发点与着眼点必然有所不同，因此职能部门间有明确的法定权限、法定职责、法定责任是十分必要的，如果部门职能相互交叉、"多龙治水"、各自为政，必然无益于淮河水变清。

2. 强化政府职能，加强水环境管理力度

政府是由各职能部门和专门管理机构有机构成的整体组织系统，负责决策、执行及实施机制。在水资源管理、水环境保护、水污染防治工作中，政府的作用极为重要。

3. 逐步推进水权制度建设

20世纪80年代以来，随着我国经济的飞速发展，水的需求量急剧增长，部分地区已逐渐步入相对缺水区，用水矛盾日趋尖锐。过去的水资源管理体制中存在的问题也逐步暴露，我国计划经济时代对水资源权利的规范和管理手段已经不能适应市场经济条件下对水资源的开发、利用和配置的要求。

建立和完善我国的水权制度，规范与水有关的各种权利、责任和义务，实行水资源的有偿使用，建立政府宏观调控和复合市场规则的水权流转机制，是实现我国水资源优化配置、推进节约用水、提高水的利用率、缓解乃至解决水资源供需矛盾的必然要求。

4. 开源节流，建立节水型社会

我国工农业生产活动用水效率不高，浪费现象普遍。据统计，我国的用水量与美国相当，但我国的GDP仅为美国的1/8。水是自然资源，又是经济资源，更是战略资源。水资源紧缺的状况已经成为威胁我国未来水环境安全无法回避的问题，强化水资源稀缺和节约意识，建设节水型社会是一件非常重要的事情。

5.6.2　水环境管理的体制与政策

1. 国家级水环境管理体制

在国家这一级别中，各个国家的水环境管理模式都不相同，具体归纳有以下 9 种。

（1）国家级集成管理体制。在国家一级没有专职的水环境管理机构，而是由环保部门或水利部门负责集中管理。

（2）环保部门集成管理体制。环保部门集成管理模式是由于在国家一级没有水环境管理的专职机构，而由环保部门负责对水环境集中管理。例如，在法国，环境部负责水务管理（不包括公共航运水域的管理），设有专门的水务管理司，主要职责是管理和保护水资源，包括保护和管理水环境和流域系统环境；河流与湖泊的保护和管理；在水务、淡水渔业方面起国家警察的作用，特别是在防止水污染和预防洪水方面与国家有关机构、社会团体、企业协同采取干预行动。

（3）水利部门集成管理体制。水利部门集成管理模式是由于在国家一级没有水环境管理的专职机构，而由水利部门负责对水环境集中管理。例如，在荷兰，水利部负责制定一些对国家水战略问题有指导性的方针，以及一些国家级水域等管理。省级水利部门负责制定那些非国家管理的水域的战略政策，以及地下水的开采及部分渠道航运的具体管理。

（4）国家级分散管理体制。在国家一级没有专职的水环境管理机构，而是由环保部门、水利部门等多个部门分别负责对水环境进行管理。例如，在英国，水环境管理由政府有关部门分别承担起宏观控制和协调作用，负责制定和颁布有关水的法规政策及管理办法，监督法律的实施。而在加拿大，联邦政府水环境管理机构改革强化对水资源的综合管理，主要体现在加拿大环境、渔业、海洋农业部等联邦政府部门在机构重组中，加强了涉及水管理的机构设置，成立专门水管理机构，将原来分布于政府诸多机构的水管理权集中于一个或少数几个机构。

（5）国家级集成分散式管理体制。在国家一级没有专职的水环境管理机构，而是在环保部门、水利部门或者农业部门负责集中管理过程中，还有其他部门协助管理。

（6）低级别的集成分散式管理体制。所谓低级别，就是由国家级别的有关部门负责牵头，其他部门负责协助。例如，在以色列，由农业部长负责对全国水资源的管理工作，同时还成立了由农业部长直接领导的"国家水委会"作为政府对全国水资源的保护与开发利用进行统一管理的行政机构，主要职能包括制定国家有关水环境保护与开发利用的政策法规及国家水资源开发利用规划；对国家水利工程进行评估、审批和管理；制定国家水的年度生产和分配计划；负责全国水资源开发、生产的审批和许可证的发放以及水资源的水质监测和污染防治。

（7）高级别的集成分散式管理体制。所谓高级别，就是在国家一级由总理牵头，各相关部门负责人参加，组成国家水环境管理委员会，全面负责水环境管理与水资源工作。例如，在澳大利亚，国家水资源理事会是该国水资源方面的最高组织，由联邦、州和北部地方政府的部长组成，联邦国家开发部长任主席。理事会负责制定全国水资源评价规划，研究全国性的关于水的重大课题计划，制定全国水资源管理办法、协议，制定全国饮用水标准，安排和组织有关水的各种会议和学术研究。

（8）流域水环境管理体制。当前，国外流域水环境管理正在逐步向多目标、多主体的"集成化"管理体制过渡。20世纪90年代以后，美国所采用的水环境管理模型与"集成管理模型"有很多共同点。从某种意义上讲，美国流域水环境管理是一种"集成分散式"的管理模式。"集成"体现在由统一的流域水环境管理部门进行政策、法规与标准的制定，以及流域水资源开发利用与水环境保护部门所涉及的各部门与地区间的协调。"分散"则表现为各部门、地区按分工职责与区域水资源、水环境分别进行管理，即发挥部门与地区的自主性，又不失全流域的统筹与综合管理。美国流域委员会是由流域内各州州长、内务部成员及其代理人组成。尽管人数不多，但权力很大，包括计划的制订与实施，水环境监督管理等。所有这些职能是委员会无法完成的，它以一种合作的方式行使签约各方（水环境管理各个部门）的职能，如环保部门（委员会的组成成员）以合作的方式行使其水环境管理职能：水环境监督管理。

（9）区域水环境管理体制。区域水环境管理是对水环境管理的政策、法规、措施等的具体实施。

a. 纯政府行为管理区域水环境。纯政府行为是指区域政府部门具有独立的立法与管理职能。例如，在美国，20世纪80年代初削弱了流域水资源管理委员会的作用，加强了各州政府对水资源的管理权限；各州政府采取机构精简，以流域为单位划分自然资源区，由州政府的自然资源委员会统一管理，负责管理自然资源区水土保持、防洪、灌溉、供水、地下水保护、固体废弃物处理、污水排放，以及森林、草地、娱乐和生态资源；而地表水与地下水的分配与质量的管理分别由州水资源厅和环境保护厅负责。

b. 公共事业部门负责管理区域水环境。公共事业部门负责是指由公共事业部门负责水环境管理方案的选择与实施。例如，在荷兰，水环境管理是由公共事业部门负责，而不是由私人或机构来负责。这些公共事业部门必须使水体满足社会经济体系的需求，管理范围包括地下水、地表水、水量、水质与水环境以及技术性的基础设施。

c. 区域水环境管理企业运作。企业运作是指由企业负责水环境管理的实施。例如，在加拿大，萨斯喀彻温省专门成立了一个萨斯喀彻温水公司，将省政府拥有所有权的各供水厂和污水处理厂划归该公司经营管理，同时把水环境的各项行政管理任务也交由该公司负责。

2. 环境管理政策

1）绿色税收政策

绿色税收政策在水环境管理中主要是水税，它主要对开发、保护、使用水环境资源的单位和个人，按其对环境资源的开发利用、污染、破坏和保护的程度进行征收或减免。对于已经严重制约水环境改善的企业，要加大税收，给予惩罚；对于能够改善水环境质量的企业，要采取一定的税收优惠政策，给予鼓励，如按照国务院关于限制"两高一资"（高能耗、高污染、资源性）产品出口的原则，取消或降低这类产品的出口退税（率）。对于水税的征收，主要是根据排放物质的耗氧量和重金属的量来征收，不同的水资源保护区税率是不同的。通过税收手段的制约，可以加强地方政府对水环境保护的力度，促进水环境与经济社会的协调发展。

2）排污权交易

现在主要采取的是征收排污费的手段，这种手段，政府只能对污染企业采取被动的罚款措施。而在污染治理的巨额投入和污染的低额罚款之间，企业出于经济动机往往选择后者，政府对企业的排污量和区域排污总量都无法控制。而采用排污权交易政策，则是运用市场经济对资源进行配置的一种表现形式。政府可以从排污权的买进和卖出监控区域排污总量的变换，对环境质量的变化做出及时反应，环保部门甚至还可以进入市场购入和持有排污权，以降低总体的污染水平，这有利于政府用市场手段对环境状况进行宏观调控。从企业来说，如果治污成本高于市场排污权的价格，企业就会选择买家排污权，反之亦然。排污权交易激发了那些可以承受治污成本企业的积极性，他们通过采用先进的技术和设备大幅度降低污染量，用出售节余的排污指标来获利。

排污权交易的本质在于，在符合环境质量要求的条件下，明确排污者的环境容量资源使用权即合法的排污权，允许该权利作为一种商品买进和卖出，已实现环境容量资源的优化配置。而政府在对排污总量进行控制的前提下，应当鼓励企业通过技术进步和污染治理最大限度的减少排污量，准许企业将其治理后节余下来的排污指标储存起来以备扩大生产规模之需，或利用交易市场进行有偿转让。通过排污权交易，政府可以运用经济手段对污染物排放进行管理和控制，降低污染控制的社会成本和达标费用，逐步推进企业污染成本的内部化，实现环境质量的改善。只要根据市场经济的特点，制定出符合我国国情的切实可行的管理制度及相关政策，坚持经济发展与环境保护相协调的原则，水环境污染日趋加剧的局面将得到有效控制，可持续协调发展的目标也必将得以实现。

当然，建立排污权交易市场，涉及相应的法律制度、管理方法和手段、污染物排放的监测等方面问题。为此，政府不仅要制定一套科学的环境监测标准和监测处罚办法，建设先进的监测设施和有效的监测队伍，而且要制定和实施一套排污权交易的具体规则。目前，可在总结经验的基础上在中小流域范围内试验后，然后在大流域内进一步推广。

3）生态补偿机制

生态补偿机制的构建，首先应该集中在构建基于水源地保护的流域生态补偿机制政策，为建立普遍的生态补偿政策创造条件。流域生态系统的整体性决定了流域内某个地区特别是上游地区的不当生产和消费行为，会对整个流域的生态环境和经济发展产生影响，这就是生态补偿机制建立的基础因素。我国江河的上游地区自然条件差、民众收入水平低、区域发展相对落后，如果进行生态建设，如退田还林、限制发展污染性企业等，势必影响上游地区的经济发展和民众生活。而下游地区如果无偿的享受生态建设带来的好处，显然有悖于社会的公平和正义。因此，通过发达地区对不发达地区、城市对乡村、富裕人群对贫困人群、下游对上游、受益方对受损方、两高产业对环保产业进行以财政转移支付手段为主的生态补偿政策，是一种进行社会矫正的平等机制。在这里，生态补偿是促进区域经济协调发展的重要手段之一，也是减少上下游利益矛盾、缩小流域内贫富差距的有效途径。生态补偿政策主要是按照"谁开发、谁保护，谁破坏、谁恢复，谁受益、谁补偿，谁污染、谁付费"的原则，由生态保护的受益者向生态保护者支付适当的补偿费用。该政策要明确生态补偿责任主体，确定生态补偿的对象、范围。环境和自然资源的开发利用者要承担环境外部成本，履行生态环境恢复责任，赔偿相关损失，支付占用环境容量的费用；生态补偿政策的运用主要是在流域水环境管理过程中，确保各地出境水质达到考核目标，根据出入境水质状况确定横向赔偿和补偿标准。

重点流域跨省界断面水质标准，依据国家《"十一五"水污染物总量削减目标责任书》确定；其他流域跨界断面水质标准，参照有关区域发展规划和重点流域跨界断面水质标准，并结合区域生态用水需求评估确定。补偿标准应当依照实际水质与目标水质标准的差距，根据环境治理成本并结合当地经济社会发展状况确定。搭建有助于建立流域生态补偿机制的政府管理平台，促进流域上下游地区协作，采取资金、技术援助和经贸合作等措施，支持上游地区开展生态保护和污染防治工作，引导上游地区积极发展循环经济和生态经济，限制发展高耗能、高污染的产业，引导下游地区企业吸收上游地区富余劳动力。支持流域上下游地区政府达成基于水量分配和水质控制的环境合作协议，推动建立专项资金。加强与有关各方协调，多渠道筹集资金，建立促进跨行政区的流域水环境保护的专项资金，重点用于流域上游地区的环境污染治理与生态保护恢复补偿，并兼顾上游突发环境事件对下游造成污染的赔偿。建立专项资金的申请、使用、效益评估与考核制度，促进全流域共同参与流域水环境保护。

5.6.3　水环境管理的法规

我国水环境法律体系建设明显落后于水环境管理的需要，应该在实践中不断进行完善。我国目前的《中华人民共和国水污染防治法》侧重于对水环境防治，缺乏对水环境管理的要求，因此，应该综合《中华人民共和国水法》、《中华人民共和国水污染防治法》等对水环境管理有约束性的法律法规，来制定一部《中华人民共和国水环境管理法》，注重对水环境的事前管理、主动管理和源头管理，通过对水环境管理主体、执法主体及其职责权限、管理体制等做出具体的规定，对于阻碍水环境管理的责任单位和责任人，做出明确的处罚。总之，水环境管理法律体系完善的最终目的是保证水环境的可持续开发和利用。

颁布完善水环境保护的法律法规，把水环境保护建立在法制的基础上，不断完善水环境法律体系，严格执法程序，加大执法力度，对于偷排偷放等造成水污染的责任单位和责任人应给予严厉的处罚，甚至是刑事处罚，保证环境法律法规的有效实施。为了做好综合决策，各级政府应该建立重大决策的环境影响评价制度、决策科学咨询制度、决策的部门会审制度、决策的公众参与制度、决策的监督与责任追究制度，决策的教育培训制度等有关的综合决策制度。1989 年 12 月全国人大常委会对 1979 年 9 月的《中华人民共和国环境保护法（试行）》进行了修改，颁布了新的《中华人民共和国环境保护法》，同时废止了《中华人民共和国环境保护法（试行）》。这次中国环境保护基本法的修订和颁布，加强了中国的环境管理，促进了中国环境保护工作的开展。

自 1988 年《水法》的颁布实施以来，国家对防治水害、开发利用水资源、保护管理水资源开展了卓有成效的建设，于 2002 年修订了《水法》，并相继出台了《水污染防治法》、《水土保持法》、《环境保护法》等一系列有关水的法律、法规，初步形成了配套的水法规体系，标志着我国在依法治水、依法管水、依法用水等方面进入了一个新的法制时期。

1)《中华人民共和国水法》

《中华人民共和国水法》共八章八十二条，1988 年制定，2002 年修订。其中与水环境管理相关的主要有：关于水资源规划，第十四条规定国家制定全国水资源战略规划，规划分为流域规划和区域规划。关于生态环境用水，第二十一条规定在干旱和半干旱地区开发、利用水资源，应当充分考虑生态环境用水需要。第二十二条规定跨流域调水，应当进行全面规划和科学论证，统筹兼顾调出和调入流域的用水需要，防止对生态环境造成破坏。关于水资源的合理保护，第三十条规定县级以上人民政府水行政主管部门，流域管理机构以及其他有关部门在制定水资源开发、利用规划和调度水资源时。应当注意维持江河的合理流量和湖泊、水库以及地下水的合理水位，维护水体的自然净化能力。第三十一条规定从事水资源开发、利用、节约、保护和防治水害等水事活动，应当遵守经批准的规划；因违反规划造成江河和湖泊水域使用功能降低、地下水超采、地面沉降、水体污染的，应当承担治理责任。关于水功能区划及总量控制，第三十二条规定国务院水行政主管部门会同国务院环境保护行政主管部门、有关部门和有关省、自治区、直辖市人民政府，按照流域综合规划、水资源保护规划和经济社会发展要求，拟定国家确定的重要江河、湖泊的水功能区划，报国务院批准。跨省、自治区、直辖市的其他江河、湖泊的水功能区划，由有关流域管理机构会同江河、湖泊所在地的省、自治区、直辖市人民政府水行政主管部门、环境保护行政主管部门和其他有关部门拟定，分别经有关省、自治区、直辖市人民政府审查提出意见后，由国务院水行政主管部门会同国务院环境保护行政主管部门审核，报国务院或者其授权的部门批准。县级以上人民政府水行政主管部门或者流域管理机构应当按照水功能区对水质的要求和水体的自然净化能力，核定该水域的纳污能力，向环境保护行政主管部门提出该水域的限制排污总量意见。县级以上地方人民政府水行政主管部门和流域管理机构应当对水功能区的水质状况进行监测，发现重点污染物排放总量超过控制指标的，或者水功能区的水质未达到水域使用功能对水质的要求的，应当及时报告有关人民政府采取治理措施，并向环境保护行政主管部门通报。关于饮用水水源保护区，第三十三条规定国家建立饮用水水源保护区制度，省、自治区、直辖市人民政府应当划定饮用水水源保护区，并采取措施，防止水源枯竭和水体污染，保证城乡居民饮用水安全。第三十四条规定禁止在饮用水水源保护区内设置排污口。在江河、湖泊新建、改建或者扩大排污口，应当经过有管辖权的水行政主管部门或者流域管理机构同意，由环境保护行政主管部门负责对该建设项目的环境影响报告书进行审批。

2）《中华人民共和国环境保护法》

《中华人民共和国环境保护法》共六章四十七条。其重点内容是，第二章环境监督管理中规定建立环境质量标准，污染物排放标准，建立监测制度，拟定环境保护规划，执行环境影响评价等。第四章防治环境污染和其他公害中规定了新建工业企业和现有工业企业的技术改造，应当采用资源利用率高、污染物排放量少的设备和工艺，采用经济合理的废弃物综合利用技术和污染物处理技术污染物超标收费等。省级以上人民政府对实现水污染物达标排放仍不能达到国家规定的水环境质量标准的水体，可以实施重点污染物排放的总量控制制度，并对有排污量削减任务的企业实施该重点污染物排放量的核定制度，企业应当采用原材料利用效率高、污染物排放量少的清洁生产工艺，并加强管理，减少水污染物的产生等。

《水污染防治法实施细则》是水污染防治法实施的具体指导性文件，将水污染防治法中规定的内容的具体实施方案加以说明，使水污染防治法规定的内容更加清晰化，增强了法律的可操作性。其内容主要涉及了水污染防治法各项条款的具体执行，重点规定了流域水污染防治规划的内容，总量控制制度的实施方法。同时规定了水环境标准和污染物排放标准的具体执行方案，对企业限期治理的实施办法，对海事、渔政部门的监督检验程序，水污染事故的应急措施，按照水污染防治法的规定，具体执行防止地表水和地下水污染的原则方法，履行法律责任的具体规定等。

国内水污染防治法律法规见表 5-8。

表 5-8　水污染防治法律法规

类别	法律法规名称
法律法规	中华人民共和国环境保护法（1989 年） 中华人民共和国水法（2002 年） 中华人民共和国水污染防治法（2008 年） 中华人民共和国环境影响评价法（2002 年） 中华人民共和国清洁生产促进法（2012 年） 中华人民共和国海洋环境保护法（1999 年）
行政法规	中华人民共和国水污染防治法实施细则（2000 年） 排污费征收使用管理条例（2003 年） 中华人民共和国防治陆源污染物污染损害海洋环境管理条例（1990 年） 中华人民共和国防治海岸工程建设项目污染损害海洋环境管理条例（2008 年）
部门规章	环境污染治理设施运营资质许可管理办（2012 年） 排污费征收工作稽查办法（2007 年） 淮河和太湖流域排放重点水污染物许可证管理办法（试行）（2001 年） 近岸海域环境功能区管理办法（1999 年） 污染源监测管理办法（1999 年） 污染源自动监控管理办法（2005 年） 环境标准管理办法（1999 年） 环境统计管理办法（2006 年） 排放污染物申报登记管理规定（1992 年） 畜禽养殖污染防治管理办法（2001 年） 饮用水水源保护区污染防治管理规定（1989 年） 污水处理设施环境保护监督管理办法（1988 年）

参 考 文 献

陈克林 . 2010. 若尔盖湿地恢复指南 . 北京：中国水利水电出版社

陈永华 . 2012. 人工湿地植物配置与管理 . 北京：中国林业出版社

程声通 . 2010. 水污染防治规划原理与方法 . 北京：化学工业出版社

关道明 . 2012. 中国滨海湿地 . 北京：海洋出版社

国家环境保护总局 . 2007. 关于开展生态补偿试点工作的指导意见［环发（2007）130 号］. 北京：国家环境保护总局

韩国刚，于连生 . 1995. 水资源核算 . 北京：中国水利水电出版社

何志辉 . 2000. 淡水生态学 . 北京：中国农业出版社

环境保护部 . 2011. 2001 年中国环境状况公报 . ［2011-10-20］www.zhb.gov.cn

梁好，盛选军，刘传胜 . 2006. 饮用水安全保障技术 . 北京：化学工业出版社

雒文生，李怀恩 . 2009. 水环境保护 . 北京：中国水利水电出版社

秦明 . 2011. 人工湿地工程 . 上海：上海交通大学出版社

曲久辉 . 2007. 饮用水安全保障技术原理 . 北京：科学出版社

任南琪，赵庆良 . 2007. 水污染控制原理与技术 . 北京：清华大学出版社

苏颖 . 2007. 水环境管理立法及其相关体系研究 . 北京：北京工业大学硕士学位论文

王苏民，窦鸿身．1998．中国湖泊志．北京：科学出版社

王祥三．2007．水污染控制工程．武汉：武汉大学出版社

王宇．2012．生活在湖泊湿地的动物．延吉：延边大学出版社

乌兰．2007．对环境管理手段创新的思考．东岳论丛，28（4）：170-172

席凌．2008．当前我国水环境管理存在的问题与对策研究．济南：山东大学硕士学位论文

于洪贤，姚允龙．2011．湿地概论．北京：中国农业出版社

于志刚，孟范平．2009．海洋环境．北京：海洋出版社

曾维华，张庆丰，杨志峰．2003．国内外水环境管理体制对比分析．重庆环境科学，25（1）：2-4，16.

张宝军．2007．水污染控制技术．北京：中国环境科学出版社

张帆．1998．环境与自然资源经济学．上海：上海人民出版社

张林生．2009．水的深度处理与回用技术．北京：化学工业出版社

张平．2005．国外水资源管理实践及对我国的借鉴．人民黄河，27（6）：33-34

张锡辉．2002．水环境修复工程学原理与应用．北京：化学工业出版社

张自杰．2000．排水工程（下册）．北京：中国建筑工业出版社

赵丰，黄民生，戴兴春．2008．当前水环境污染现状分析与生态修复技术初探．上海化工，33（7）：27-33

中国环境发展国际合作委员会，中共中央党校国际战略研究所．2007．中国环境与发展：世纪挑战与战略抉
  择．北京：中国环境科学出版社

邹景忠．2004．海洋环境科学．济南：山东教育出版社

思 考 题

1. 从湿地物种多样性角度分析湿地生态保护对于水环境的重要性。

2. 浅谈人工湿地在农村生活污水处理中的作用。

3. 试用水的自然循环概念分析诗句"君不见黄河之水天上来，奔流到海不复回"，谈谈你学习本章后对于该诗句的理解。

4. 解释水体富营养化现象及其成因，指出其危害性。

5. 简述水环境生态修复的意义。

6. 简述海洋污染的控制、对策。

7. 简述海洋异常气候成因及其影响。

8. 简述水环境管理的体制与政策。

第6章 现代城市环境

城市一词，由"城"和"市"所组成，其在历史上的意义是："城"是指围绕都市的城廓（guō），具有划定区域及防御性作用的构筑物；"市"是指人们进行物品交易的场所。现代的城市是以非农业产业和非农业人口集聚形成的较大居民点，一般包括住宅区、工业区和商业区并且具备行政管辖功能，是人类社会经济发展的产物。城市环境是指影响城市居民生活和生产活动的各种自然的和人工的外部条件，具有以下6种特征。

（1）城市环境的承载性：城市居民的一切活动在城市环境中展开。

（2）城市环境高度人工化：城市环境是一种以自然环境为基础，以人工环境为主体的自然–人工复合环境。

（3）城市环境是以人为主体和中心的环境：人不但创造了城市的人工环境，而且剧烈地改变了城市的自然环境。

（4）城市环境的高度开放性：城市每时每刻都在与外界进行着特质、能量、信息的交换。

（5）城市环境内外脆弱性。人类活动强烈改变城市的自然条件，城市环境自然调节能力相对于人工调节能力大为薄弱。

（6）城市中人工环境呈不断扩大趋势。

6.1 城 市 化

城市是人类社会经济发展的产物，近代城市的发展形成是世界城市化的基础。城市化是一个地区的人口在城镇和城市相对集中的过程，表现为城镇用地扩展，城市文化、城市生活方式和价值观在农村地域的扩散，是人类生产和生活方式由乡村型向城市型转化的历史过程。

6.1.1 城市化发展趋势

18世纪中叶，全世界城市化程度很低，世界人口只有3%居住在城市里，此后200年来世界人口不断向城市集中，1950年城市人口占世界总人口的29.2%，1985年上升至41%，目前形成的城市化国家新加坡城市化率已达100%，比利时、马耳他等国均在90%以上。

近二三十年以来，社会经济迅速发展，各国工业以惊人速度增长，大量农村人口流入城市，特别是发展中国家人口爆炸式增长，城市数目不仅剧增，而且城市规模越来越大，功能也更加复杂。

据联合国统计，1975～2000年世界增加人口的20亿中，城市人口占12亿，2007年世界上已有33亿人生活在城市，超过了全球人口总数的50%。预计到2030年，城市人口比例将扩大到60%，城市人口总数将达到50亿。中国的城市化发展从1980年到2005年，已经增长了1倍，城市人口比例达到44%，预计到2025年有超过60%的人口生活在城市，人口数量达到 9.26 亿。预计到 2025 年，中国将出现 221 个 100 万人口的大城市，23 个 500 万人口以上的特大城市，以及包括北京、上海等在内的 8 个人口超过千万的巨型城市。

　　1996 年在土耳其伊斯坦布尔召开的大型联合国会议——世界城市大会（又译"人类住区"大会），会议惊呼："城市决定着国家的命运！""未来世界的战争与和平取决于城市的管理者。"

　　目前超过 800 万人口城市称为超级城市，半个世纪内超级城市从 2 个增加到 28 个。

1950 年	（1）纽约（美国）	1230 万
	（2）伦敦（英国）	870 万
2010 年	（1）东京（日本）	3530 万（大都市圈）
	（2）纽约（美国）	2165 万
	（3）首尔（韩国）	2135 万
	（4）墨西哥城（墨西哥）	2095 万
	（5）圣保罗（巴西）	1990 万
	（6）孟买（印度）	1840 万
	（7）大阪（日本）	1805 万
	（8）新德里（印度）	1750 万
	（9）洛杉矶（美国）	1690 万
	（10）上海（中国）	1610 万
	（11）雅加达（印尼）	1605 万
	（12）开罗（埃及）	1530 万
	（13）加尔各答（印度）	1470 万
	（14）布宜诺斯艾利斯（阿根廷）	1380 万
	（15）马尼拉（菲律宾）	1365 万
	（16）莫斯科（俄罗斯）	1320 万
	（17）卡拉奇（巴基斯坦）	1255 万
	（18）北京（中国）	1210 万
	（19）里约热内卢（巴西）	1205 万
	（20）伦敦（英国）	1185 万
	（21）天津（中国）	1155 万
	（22）德黑兰（伊朗）	1115 万
	（23）伊斯坦布尔（土耳其）	1065 万
	（24）达卡（孟加拉国）	1050 万
	（25）巴黎（法国）	980 万
	（26）芝加哥（美国）	940 万
	（27）拉各斯（尼日利亚）	935 万
	（28）利马（秘鲁）	800 万

　　据联合国预测，到 2015 年时，超级城市的数目将增加到 33 个，届时排名将是：

2015 年	（1）东京（日本）	2870 万（大都市圈）
	（2）孟买（印度）	2740 万
	（3）拉各斯（尼日利亚）	2440 万

（4）	上海（中国）	2340 万
（5）	雅加达（印尼）	2120 万
（6）	圣保罗（巴西）	2080 万
（7）	卡拉奇（巴基斯坦）	2060 万
（8）	北京（中国）	1940 万
（9）	达卡（孟加拉国）	1900 万
（10）	墨西哥城（墨西哥）	1880 万
（11）	纽约（美国）	1760 万
（12）	加尔各答（印度）	1760 万
（13）	新德里（印度）	1760 万
（14）	天津（中国）	1700 万
（15）	马尼拉（菲律宾）	1470 万
（16）	开罗（埃及）	1450 万
（17）	洛杉矶（美国）	1430 万
（18）	芝加哥（美国）	1310 万
（19）	布宜诺斯艾利斯（阿根廷）	1240 万
（20）	伊斯坦布尔（土耳其）	1230 万
（21）	里约热内卢（巴西）	1160 万
（22）	拉合尔（巴基斯坦）	1080 万
（23）	海德拉巴（印度）	1070 万
（24）	大阪（日本）	1060 万
（25）	曼谷（泰国）	1060 万
（26）	利马（秘鲁）	1050 万
（27）	德黑兰（伊朗）	1020 万
（28）	金沙萨（民主刚果）	990 万
（29）	巴黎（法国）	960 万
（30）	巴德拉斯（印度）	950 万
（31）	莫斯科（俄罗斯）	930 万
（32）	深圳（中国）	850 万
（33）	班加罗尔（印度）	830 万

　　城市人口增长速度最快的地区首推亚洲，当今 28 个超级大城市中，亚洲已占据 14 个。到 2015 年 33 个超级城市中亚洲将占 21 个。目前城市扩大建筑的高大塔吊密度最大地区是中国的北京和上海。而印度新德里市建筑已失去控制，只有根据卫星图片才能判断该市的建筑规模究竟扩大到何等地步。

　　欧洲城市人口增长相对稳定，如维也纳早在 20 世纪初，就以 160 万人口居世界第 7 位，一个世纪后仍是 160 万人口，名次大大下降。曾是居超级大城市第 2 位的伦敦，人口已从 1950 年 870 万下降到 1995 年的 680 万，退出了超级大城市的行列。欧洲唯一的超级大城市仅有巴黎。随着大城市人口急剧膨胀，许多城市已呈饱和状态，于是又出现了卫星城围绕大城市的"城市区域"。据专家预测，到 2025 年，人口超过百万的城市总数将达 543 个，其中规模最大而又富有经济活力的"城市区域"将有 29 个。

亚洲 7 个：东京、大阪、上海、香港、新加坡、吉隆坡和雅加达；

欧洲 13 个：鹿特丹—阿姆斯特丹、以杜塞尔多夫为中心的鲁尔地区、法兰克福、斯图加特—巴登—符腾堡、慕尼黑—巴伐利亚、厄勒海峡—哥本哈根—马尔默、大伦敦区、大巴黎区、里昂—格勒诺布尔、以苏黎世为中心的瑞士德语区、日内瓦—洛桑、巴塞罗那区、伊斯坦布尔；

美洲 6 个：蒙特利尔—多伦多—芝加哥、纽约区、洛杉矶、奥兰治区、迈阿密、温哥华；

非洲 1 个：约翰内斯堡—开普敦；

澳洲 1 个：悉尼；

南美洲 1 个：圣保罗。

表 6-1 列出了 1950~2020 年世界城市化的发展趋势。

表 6-1　世界城市化的发展趋势（1950~2020 年）

年份	世界		发达国家		发展中国家	
	城市人口 /亿人	城市化水平 /%	城市人口 /亿人	城市化水平 /%	城市人口 /亿人	城市化水平 /%
1950	7.34	29.2	4.47	53.8	2.87	17.0
1960	10.32	34.2	5.71	60.5	4.60	22.2
1970	13.71	37.1	6.98	66.6	6.73	25.4
1980	17.64	39.6	7.98	70.2	9.66	29.2
1990	22.34	42.6	8.77	72.5	13.57	33.6
2000	28.54	46.6	9.50	74.4	19.04	39.3
2010	36.23	51.8	10.11	76.0	26.12	46.2
2020	44.88	57.4	10.63	77.2	34.25	53.1

资料来源：许学强等，2009

6.1.2　中国人口城市

中国城市化进程大体分为三个阶段。第一个阶段：1949~1957 年是城市化的起步阶段。期间经过 3 年的国民经济恢复时期和"一五"计划的实施，城市化水平由 1949 年的 10.64% 增加到 1957 年的 15.39%；第二个阶段：1958~1977 年是城市化的波动和徘徊阶段，期间由于一系列政策的失误，到 1977 年，城市化水平为 17.55%，20 年仅提高了 2.16 个百分点；第三个阶段，1978 年至今是城市化较快发展阶段，到 1999 年底人口城市化水平达到 30.89%，2000 年中国居住在城镇的人口已经达到 45594 万，人口城市化水平达到 36.09%，2010 年全国城镇人口达到 6.3 亿，城市化水平将达到 45%。据联合国推算，中国城市人口比例于 2015 年和 2025 年分别达到 59.5% 和 67.9%，超过世界平均水平。

中国 1978 年的改革开放以前是计划经济条件下的政府主导型的自上而下的城市化制度模式，因此城市化发展速度缓慢；改革开放以后，政府主导型的城市化制度模式虽然占主导地位，但是同时，在市场导向改革进程中又逐渐形成了由民间力量或社区组织发动的自下而上的城市化制度模式。尽管目前是两种制度模式并存，但随着经济体制转轨进程的发展，自下而上城市化制度模式必将取代自上而下城市化制度模式而成为城市化的主要制度模式。

6.1.3 世界城市带（Metropolitan area）

城市带，又称城市群，指在特定地域范围内具有相当数量的不同性质、类型和等级规模的城市，依托一定的自然环境条件，以一个或两个超大或特大城市作为地区经济的核心，借助现代化的交通工具和综合运输网以及高度发达的信息网络，发展城市之间的联系，共同构成的一个相对完整的城市"集合体"。20 世纪 50 年代，法国地理学家简·戈特曼（Gottmann Jean）在对美国东北沿海城市密集地区进行研究时，提出了"城市带"的概念，认为城市带应以 2500 万人口规模和每平方公里 250 人的人口密度为下限。城市带是城市群发展到成熟阶段的最高空间组织形式，其规模是国家级甚至国际级的。

按照简·戈特曼的标准，世界上有六大城市群达到城市带的规模，我国只有长江三角洲城市群跻身这六大城市带。它们的具体情况见表6-2。

表6-2　世界六大城市带的基本情况

名称	主要城市	面积 /km²	人口 /万人	人口比例 /%	经济特点
美国东北部大西洋沿岸城市群	波士顿、纽约、费城、巴尔的摩、华盛顿	13.8 万	6500	1.5	美国最大的生产基地和商贸中心，世界最大的国际金融中心
北美五大湖城市群	芝加哥、底特律、克利夫兰、匹兹堡、多伦多、蒙特利尔	24.5 万	5000	—	北美的制造业带：五大钢铁工业中心、著名的汽车城
日本太平洋沿岸城市群	东京、横滨、静冈、名古屋，到京都、大阪、神户	10 万	7000	60	日本政治、经济、文化、交通的中枢
欧洲西北部城市群	巴黎、阿姆斯特丹、鹿特丹、海牙、安特卫普、布鲁塞尔、科隆	14.5 万	4600	—	欧洲的工业、经济中心
英国以伦敦为核心的城市群	大伦敦地区、伯明翰、谢菲尔德、利物浦、曼彻斯特	4.5 万	3650	50	世界的三大金融中心之一、英国主要的生产基地
以上海为中心的长江三角洲城市群	上海、苏州、无锡、常州、扬州、南京、杭州	10 万	7240	5	中国的金融中心之一、主要的生产基地

资料来源：吴海峰，2009

6.2　城市化对生态环境的影响

无论是发达的工业国家，还是迅速崛起的发展中国家，经济发展的城市超规模发展的同时，也出现了一系列的环境问题。

时值 20 世纪末，在超级城市中，垃圾和水源构成了超级社会问题，在印度城市孟买，每天要从马路清扫 2000 多吨垃圾，全城本来需要数十万个公共厕所，但市政管理部门连最低用水标准的 2/3 都不能满足。于是，贫民区的居民常年生活在不堪忍受的污秽环境之中。在许多城市面临水比油贵的困境！在墨西哥城，为了多抽 1/3 的地下水，能源的价格上涨了1 倍。在印度和印度尼西亚，人们不得不从国际私人投资者那里借利息高达 30% 的高利贷以扩建供水系统。当人类进入 2050 年时，将有 24 亿人口面临缺乏饮用水的头号生存难题。

20 世纪末，城市大规模骚乱也会带来惊人的灾难。1992 年底发生在孟买的骚乱，导致数千人丧生。洛杉矶的种族冲突、大阪的地震、首尔的楼塌桥崩、东京的地铁毒气，一个个人为和自然灾难酝酿的城市问题直接威胁着人类的生存。

到 2020 年时，能源消耗总量将比目前增长 1 倍，废气将增加 45% ~ 90%，汽车总量将上升 60%，城市空气将进一步恶化。在世界范围内，空气污染最严重、城市交通堵塞情况最严重的"双冠王"城市，多少年来总是墨西哥城、圣保罗、圣地亚哥，21 世纪发展趋势将是新德里和曼谷等城市。

严重的城市生态环境的改变，将使人类居住的城市环境距离自然环境越来越远。

6.2.1 对大气环境的影响

1. 城市化对气候的影响

人类活动对气候变化的作用主要反映在下垫面的改变以及向大气排放大量气态污染物、颗粒物质，而城市正是这种作用表现的最集中、最强烈的地区。

下垫面的性质是气候形成的重要因素之一。地面与其上的大气摩擦层间存在着复杂而普遍的水分、热量和物质交换及平衡，同时地面又是空气运动的界面。因而下垫面的性质直接影响着气温、辐射、湿度、大气稳定度、风等气象要素量值的时空分布，对城市局部气候的形成起着重要的作用。随着人口大量向城市集中，原有的乡村自然环境发生了根本性的变化，疏松、潮湿、具有植被覆盖的田园被砖石、沥青、水泥等坚实、不透水、导热率大的建筑材料铺筑，平坦或缓坡大地上低矮的农舍被林立的高楼和纵横交织的街道所取代，从而极大地改变了原来下垫面的性质和自然环境状态。

城市中生产、生活活动释放出大量热量以及有害气体和气溶胶颗粒物，如德国汉堡每天燃煤所产生的热量（167J/cm²）与冬季地面太阳直接辐射及天空辐射强度（176J/cm²）相当，表 6-3 为比较欧美部分城市的工业能耗与平均辐射值。

表 6-3 城市及工业区能耗密度（ECD）与平均净辐射值

城市及工业区	面积/km²	ECD/(W/m²)	平均净辐射/(W/m²)
（原）西柏林	243*	21.3	57
莫斯科	878	127.0	42
汉堡	747	12.6	55
辛辛那提	200*	260.0	99
洛杉矶地区	100000	7.5	108
纽约（曼哈顿区）	59	117.0	93
阿拉斯加、费尔班克斯	37	18.5	18
北莱茵—威斯特法伦州	34039	4.2	50

*建筑区

资料来源：Landsberg, 1981

城市高强度的经济活动还会排放大量的 SO_2、CO_x、NO_x 以及各种气溶胶颗粒物，造成大气质量下降，甚至大气污染。同时，将改变大气透明度和辐射热能收支，为云雾的形成提供丰富的凝结核，进而改变局地气候。

城市气候是受城市化影响而形成的，其人为气候变化的基本特征表现为以下几方面。

（1）城市上空空气中的有害气体和粉尘含量高，空气的浑浊度大，因而日照时数和太阳直接辐射强度均小于市郊。但由于都市释放的大量热量和下垫面性质的特殊性，市内的气温却明显高于市郊。其水平温度场的等温线构成了一条条以都市为中心的闭合圈。这种城市高温区是普遍存在的，犹如海面上与一条条闭合等高线对应的岛屿，故称之为"城市热岛"（图 6-1）。

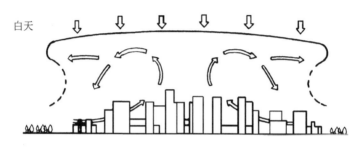

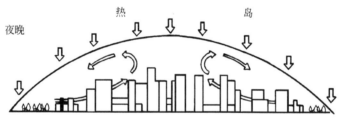

图 6-1　城市热岛示意图

（2）城市建筑群和街谷的高度差悬殊，恰如遍布的峭壁峡谷，它们使下垫面的粗糙度远高于旷野郊区。因此都市上空大气稳定度差，空气湍流强度大，有利于空气污染物的垂直稀释扩散。但四周的热岛辐合环流又使扩散出去的污浊空气重新回流入市区。

（3）城市路面坚硬质密，渗水性能很差，排污的下水管道发达，同时，绿地面积远小于农村，加之气温较高，从而致使市内空气的绝对湿度和相对湿度均小于市郊。但有时夜间在一定条件下，其绝对湿度则会高于四周。

（4）城市上空相对湿度虽低，但由于吸湿性凝结核丰富，雾可在水汽未达饱和之前出现。另外，热岛的上升气流使城市上空的云量多于郊区，而常在其下风向产生降水。

城市气候特点的强弱随天气系统的不同、时代不同以及城市功能、发达程度与规模大小的不同而有所差异。一般来说，当系统天气微弱时，城市的规模越大，城市气候的特点就越显著。学者将有关市区与郊区主要气象要素差别列入表 6-4 中。

表 6-4　市区与郊区气候特征比较

要素		与郊区比较
大气污染物	凝结核	多 10 倍
	粉尘	多 10 倍
	有害气体	多 5 ~ 20 倍
辐射	地面总辐射	少 0 ~ 20%
	冬季紫外辐射	少 30%
	夏季紫外辐射	少 5%
	日照时数	少 5% ~ 15%
水汽凝结	云量	多 5% ~ 10%
	冬季雾	多 100%
	夏季雾	多 30%
降水	降水量	多 5% ~ 15%
	小于 5mm 的雨日数	多 10%
	市中心降雪量	少 5% ~ 10%
	市下风向降雪量	多 10% ~ 15%
	雷暴	多 10% ~ 15%
气温	年平均	高 0.5 ~ 3℃
	冬季最低气温（平均值）	高 1 ~ 2℃
	夏季最高气温	高 1 ~ 3℃
相对湿度	年平均	小 6%
	冬季	小 2%
	夏季	小 8%
风速	年平均	少 0 ~ 20%
	极大阵风	少 0 ~ 20%
	无风日数	少 0 ~ 20%

资料来源：Landsberg，1981

2. 城市"五岛"效应

1）热岛效应

热岛效应是人类活动对城市区域气候影响中最典型的特征之一。早在 18 世纪初，学者 Howard 就发现伦敦市内外气温存在差异。此后，随着城市的发展，热岛效应对城市规划布局、经济发展及人群健康等许多方面的影响日益突出。在各国学者研究过的不同规模城市中，无论其处在何种地理纬度和地质条件，市内的气温都高于郊区。而且当系统天气微弱、冬季和夜间静风无云时，热岛的强度最强。城市内外温差以最低温度最显著。随着城市的人口、面积、性质不同，热岛强度最大值一般在 2 ~ 7℃（表 6-5 和表 6-6）。

表 6-5　市内与市郊的年平均温差

地名	气温差/℃	地名	气温差/℃	地名	气温差/℃
东京	0.5	斯德哥尔摩	0.72	伦敦	1.3
巴黎	0.7	芝加哥	0.60	费城	0.8
莫斯科	0.7	华盛顿	0.60	纽约	1.1
柏林	1.0	洛杉矶	0.70		

资料来源：Landsberg，1981

表 6-6 我国部分城市人口密度计热岛效应

城市	城市面积/km^2	人口/万人	人口密度/（人/km^2）	年平均热岛强度/℃
沈阳	164	241	14680	1.5
北京	88	239	27250	2.0
西安	8.1	130	16000	1.5
兰州	164	90	5460	1.0
上海	140	603	43120	1.2
广州	55	300	55050	0.6 ~ 1.0
香港	94	374	39800	0.8

资料来源：北京市气象局气候资料室，1992

到 21 世纪，许多大城市的热岛效应将使得"暖气"增加，这似乎是令人欣慰的。但到了夏天，空调度日（冷气开放时段气温平均超过 18℃ 的日数总和）增加，因夏天 1 度日冷气开放的能耗要比冬季 1 度日取暖的能耗高，这对于缓解能源紧缺的压力来说是不利的。从长远的可持续发展的战略来看，对城市建设的能源消耗也是不利的。

夏季，当热浪袭来时，热岛效应使人们酷热难忍而大开空调。可空调制冷向室外排出的热量，更加增强了热岛效应的作用。密闭的建筑物内通风不畅将引起损害人体健康的多种疾病，如心力衰竭等。美国 15 个城市所统计，每年有 1150 人因高温使身体衰竭致死，而随着城市热岛效应的增强，估计死亡人数将上升到 7500 多人。

热岛效应还会导致热岛环流的产生。在市中心气流辐合上升并在上空向四周辐散，而在近地面层，空气则由郊区向市区辐合，形成乡村风，补偿低压区上升运动的质量损失。这种环流可将在城市上空扩散出去的大气污染物又从近地面带回市区，造成重复污染。当天气系统主导的本底风速极小时，热岛环境表现得更为明显。

许多学者在研究过热岛强度的地区差异后，得出不同规模，地形平坦城镇的热岛强度 $\Delta T_{(u-r)}$ 与城市人口 P、平均风速 $\bar{u}$ 之间的关系式为

$$\Delta T_{(u-r)} = 0.25 P^{1/4}/\bar{u}^{1/2} \tag{6-1}$$

适用于北美及欧洲的最大热岛强度与城市人口统计回归方程为

北美：$\Delta T_{(u-r)max} = 3.06 \lg P - 6.79 \tag{6-2}$

欧洲：$\Delta T_{(u-r)max} = 2.01 \lg P - 4.06 \tag{6-3}$

热岛强度、城乡温差最大者莫过于北极圈内美国阿拉斯加的费尔班斯市，其局部城市与周围温差曾高达 14℃，虽是个别现象，但可见城市工业、交通运输所发出的巨大热量。

2）干岛、湿岛、雨岛、混浊岛效应

与乡村比较，城市由于其特殊的下垫面、较为发达的排水系统和相对干燥的地面，因而城市水汽蒸散量小于乡村。另一方面，城市中工业生产中排出的水汽又使空气湿度增加。但据估计，人为水汽量尚不足自然蒸散量的 1/6。因而在绝对湿度的空间分布上，市区小于四郊，形成了所谓"干岛"，尤以夏季晴天白天时为甚。

夜间，地面迅速冷却，气温直减率减小，水汽向上的湍流输送量也随之减少；由于城市热岛效应使市区气温较高，因而水汽凝结很小。所以在近地层空气中的水汽含量反而高于四

郊，形成了所谓"湿岛"，但与"干岛"相比，它是次要的。

城市的工业、交通、民用炉灶等排出的烟尘以及大气中光化学过程生成的二次污染物使空气变得混浊，能见度下降，日照和太阳辐射强度降低，形成以城市为中心的混浊岛。

我国学者曾利用历史气象资料、环境监测数据和气象卫星的晴天红外辐射资料，较全面地研究了上海都市气候中的"五岛"效应，指出"五岛"之中，以热岛、干岛和混浊岛出现的频率最高；湿岛仅出现在夏季晴夜无风的短暂时期内；雨岛集中出现在汛期大气径向环流较弱之时的下风向处。"五岛"之间有着紧密的相互制约、相互依存的关系。

3）区域及城市空气质量

空气污染物包括颗粒物、气态污染物 SO_x、NO_x、CO_x 及 O_3、Pb（铅）等，这些污染物中的大多数将损害人体的呼吸及心血管系统，如 CO 对血液中血红蛋白有极强的亲和力，从而阻碍氧合成血红蛋白（HbO_2）的生成，使人中毒。Pb 能抑制血红蛋白在骨髓中合成红细胞且扰乱红细胞的正常功能，损害肝、肾和神经系统。此外，室内污染物（如氡、甲醛、石棉、汞、挥发性有机化合物等）对人群健康已构成日益增长的威胁。

6.2.2　对水环境的影响

水是支持城市中各种活动的基本要素之一。然而，城市化的不断发展所带来的不透水下垫面面积的日益扩大及生产、生活污水排放量的日益增多，不但扰乱了城市区域正常的水循环，而且还导致了水质污染等一系列的环境问题。

1）对水循环的影响

城市化的最大特征之一就是原有的透水地区（农田、森林、草地）不断被混凝土建筑物及沥青路面所取代。城市不透水面积和排水工程的扩大，减少了雨水向下的渗漏，增加了地表径流流速，致使地表总径流量和峰值流量增加，滞后时间（径流量落后于降雨量的时间）缩短。城市化对洪水流量变化的影响可用城市前后的比值来表示，如图 6-2 所示。

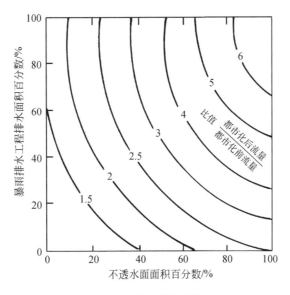

图 6-2　城市排水环境

城市化对流域面积内年平均洪水量的影响，由图 6-2 可知，比值随排水工程的排水面积百分数及城市不透水面积百分数的增加而增加。

由图 6-3 又可知，洪峰量为 $2.83m^3/s$ 的洪水，在城市化前每 10 年约出现 3 次。但随着城市化程度的不断提高，其重复出现的频率不断上升，如当城市排水面积比和城市不透水区面积比分别提高到 20% 时，洪峰流量趋近 $2.83m^3/s$。

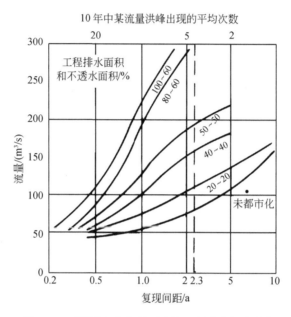

图 6-3　不同城市化状况下流域面积洪水频率曲线

城市化的发展，不透水区面积的增大，使城市地表径流的流速、洪峰流量复现频率增加，从而地表径流的侵蚀和搬运能力将相应增强。所以，地表径流冲刷堆积于街道、马路及建筑物上的大量堆积物，可能引起水体的非点源污染。

2）对水分蒸发的影响

城市化不断加速，导致绿地迅速减少，不透水面积增加，降水对地下水的补给量减少，使得地表及树木的水分蒸发和蒸腾作用相应减弱。

对地下水收支的影响。城市化的发展加快了人们对地下空间的利用，如上下水道及地铁等工程均对地下水的收支产生很大的影响。城市化的发展导致了地下水收支量的失衡，地下水支出量远大于其收入量，结果导致了大面积的地下水漏斗；即通常所说过分的地下水开采，引起区域性地面沉降，如东京有些地区曾在一年内地面沉降 26 cm；墨西哥城每天抽取地下水量达 375 万 t，由于过量开采地下水造成严重的地面沉降，建立于 1934 年的国立美术馆现已下沉 0.3 m，16 世纪兴建的圣弗朗西斯科教堂下沉 1.5 m，如今不得不加修阶梯以便进出；而在中国经济发达的苏南地区更有许多事例。总之，城市化的发展彻底改变了区域的本来面貌，破坏了区域正常的水循环，从而引起了水害或其他环境问题。

3）对水质的影响

城市化对水质的影响，主要是指生产、生活、交通运输以及其他服务行业排放的污染物对水环境的污染。

目前，发达国家均已采取了十分严格的排污控制手段，加之兴建大量的一级、二级污水处理厂,从而使城市生产、生活污水排放得到控制。特别是工业废水得到较高净化处理,减少了对水质的污染,许多河流的水质有了明显的改善。但尽管如此,城市水质污染问题远未得到彻底解决,城市河流 BOD 水平仍远高于非城市河流,如日本全国 BOD 含量超过 10 mg/L 的显著污染河流中,城市河流占 88%,从地区分布上看,这些显著污染的城市河流的 70% 以上集中于大城市及其周围地区。

与发达国家城市水质污染基本得到控制不同,发展中国家城市水质污染却十分严重,甚至有进一步恶化的趋势。发展中国家因经济承受力有限,城市基础设施的下水道系统不完备,所以其污染处理能力有限,而先经济发展、后环境治理的方针,使发展中国家的城市水质日趋恶化。

6.2.3　对生物环境的影响

城市化严重破坏了生物环境,改变了生物环境的组成和结构,使生产者有机体与消费者有机体的比例不协调。许多城市房屋密集、街道交错,高楼大厦代替了森林,水泥路面代替了草地、绿野,形成了"城市荒漠"。野生动物群也在城市中消失。城市化过程也是一个破坏原有自然生物环境,重建新的人工生物环境的过程。

城市化盲目的发展过程还造成振动、噪声、微波污染、交通堵塞、住房拥挤、供应紧张等一系列威胁人民健康和生命安全的环境问题。城市规模越大,就越容易从促进生产和方便生活走向它的反面。

6.3　城市生态系统

城市生态系统是一个结构复杂、功能多样、巨大的、开放型复合人工生态系统。

人类是城市生态系统的主体,人口流动是城市生态系统循环的重要动力,是城市生态系统的动态特征。城市人口适宜密度,包括人口密度、居住密度、经济密度,必须控制在生态系统环境承载力之内,包括土地、空气、水的容量,以及资源、能源的承载力。

城市生态系统是个耗散结构,它是处于非平衡开放系统中,与外界(系统)不断进行能流、物流及信息流的交换,从而维持系统的有序性。城市生态系统是高度人工化的生态系统。

城市是人工改造大自然的产物,星罗棋布的高楼大厦建筑代替森林;纵横交错的街道代替了绿色原野;城市输水管网代替了天然的水系;沥青砼土面代替了疏松的土壤地面;交错道路与桥梁代替了自然地形地貌;野生动植物减少或消失导致细菌病毒的增加;微生物受抑制,使得城市内生态系统食物链简单化、单一化、人工化。

人类创造了城市环境,同样城市环境也改造"驯化"了生物。城市中阳光、温室、水域、土壤等自然条件在不同程度上有所改变,如太阳辐射强度由于空气污染而降低,城市热岛使城市气温上升、湿度降低。城市建筑土壤使地表面硬质碱化、不透水、抑制绿色植物生长。人类已远离祖先生活的那种"野趣"的自然条件,城市居民承受着生理和心理的压抑。

城市环境与自然地融合景观见彩图 6-1 和彩图 6-2。

6.3.1　城市生态系统特点

城市生态是城市人类与周围生物和非生物环境相互作用而形成的一类具有一定功能的网络结构，也是人类在改造和适应自然环境的基础上建立起来的特殊的人工生态系统。

不同于自然生态系统，它注重的是城市人类和城市环境的相互关系。它是由自然系统、经济系统和社会系统所组成的复合系统。城市中的自然系统包括城市居民赖以生存的基本物质环境，如阳光、空气、淡水、土地、动物、植物、微生物等；经济系统包括生产、分配、流通和消费的各个环节；社会系统涉及城市居民社会、经济及文化活动的各个方面，主要表现为人与人之间、个人与集体之间以及集体与集体之间的各种关系。这三大系统之间通过高度密集的物质流、能量流和信息流相互联系，其中人类的管理和决策起着决定性的调控作用。

与自然生态系统相比，城市生态系统具有以下 4 个特点。

（1）城市生态系统是人类为核心的生态系统。城市中的一切设施都是人制造的，它是以人为主体的人工生态系统。人类活动对城市生态系统的发展起着重要的支配作用。与自然生态系统相比，城市生态系统的生产者绿色植物的量很少；消费者主要是人类，而不是野生动物；分解者微生物的活动受到抑制，分解功能不完全。

（2）城市生态系统是物质和能量的流通量大、运转快、高度开放的生态系统。城市中人口密集，城市居民所需要的绝大部分食物要从其他生态系统人为地输入；城市中的工业、建筑业、交通等都需要大量的物质和能量，这些也必须从外界输入，并且迅速地转化成各种产品。城市居民的生产和生活产生大量的废弃物，其中有害气体必然会飘散到城市以外的空间，污水和固体废弃物绝大部分不能靠城市中自然系统的净化能力自然净化和分解，如果不及时进行人工处理，就会造成环境污染。由此可见，城市生态系统不论在能量上还是在物质上，都是一个高度开放的生态系统。这种高度的开放性又导致它对其他生态系统具有高度的依赖性，由于产生的大量废物只能输出，所以会对其他生态系统产生强烈的干扰。

（3）城市生态系统中自然系统的自动调节能力弱，容易出现环境污染等问题。城市生态系统的营养结构简单，对环境污染的自动净化能力远远不如自然生态系统。城市的环境污染包括大气污染、水污染、固体废弃物污染和噪声污染等。下面仅以大气的二氧化硫污染为例来说明。大气中的二氧化硫主要有三个来源：化石燃料的燃烧、火山爆发和微生物的分解作用。在自然状态下，大气中的二氧化硫，一部分被绿色植物吸收；一部分则与大气中的水结合，形成硫酸，随降水落入土壤或水体中，被土壤或水中的硫细菌等微生物利用，或者以硫酸盐的形式被植物的根系吸收，转变成蛋白质等有机物，进而被各级消费者所利用。动植物的遗体被微生物分解后，又能将硫元素释放到土壤或大气中，这样就形成一个完整的循环回路。但是，随着工业和城市化的发展，煤、石油等化石燃料的大量燃烧，在短时间内将大量的二氧化硫排放到大气中，远远超出了生态系统的净化能力，造成严重的大气污染。这不仅给城市中的居民和动植物造成严重危害，还会形成酸雨，使其他生态系统中的生物受到伤害甚至死亡。

（4）城市生态系统的食物链简单化，营养关系出现倒置，这些决定了生态系统是一个不稳定的系统。

6.3.2　城市结构

城市生态系统是由自然生态、社会生态、经济生态构成的多层次、多功能、多因素的动态人工生态系统，其结构包括许多子系统，它们之间关系复杂，相互制约，相互依存发展，构成链状结构。

以下是按生物、非生物分类的城市生态系统结构简图（图6-4），按生态系统性质分类的城市生态系统结构框图（图6-5），以及城市经济生态系统结构关系图（图6-6）。

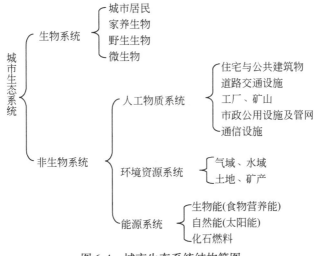

图 6-4　城市生态系统结构简图

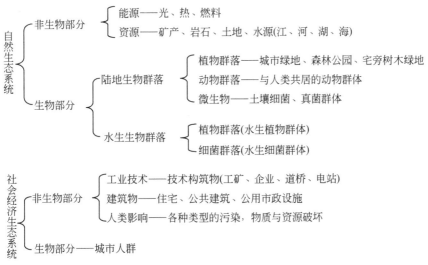

图 6-5　城市生态系统结构框图

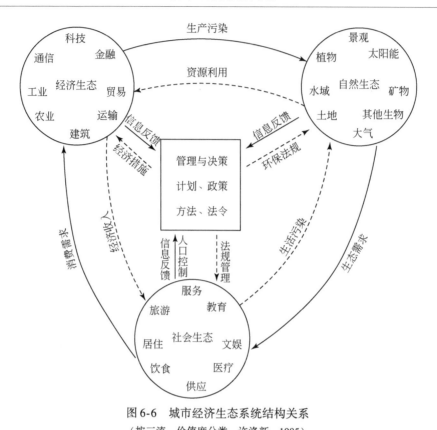

图 6-6　城市经济生态系统结构关系
（按三流，价值度分类，许涤新，1985）

6.3.3　城 市 功 能

城市生物种群发生改变，生产者数量缺少、作用改变，绿色植物生产已不能满足消费者需要，而消费者主要是人，其他生物稀少，形成畸形的生物群落结构，分解者只能"异地"分解废弃物，形成与自然生态系统不同的倒金字塔的生物量结构，此结构决定了城市生态特有的功能。

1）城市的能量流动和物质循环

城市物质能源代谢形成特殊的三流模型（图 6-7）。

城市的物质投入产出体现于能量流动之中，进入城市的能量虽使用目的形态不同，但最终大部分以热能、声、光、电波形式排出（图 6-8）。

城市能量及物质转移、输入、输出通过自然与人工多种形式进行。主要来自天然太阳，太阳能以 $81.2kJ/(m^2 \cdot min)$ 的辐射能发送到地球，然而，通过反射、散射、大气层吸收，真正被利用的太阳能仅为辐射能的 $0.5\% \sim 2\%$。

2）地球能量与地球灾害

来自地球内部的能量，由于目前世界科技水平的限制，这些能量不仅不能被利用，而且会造成巨大的破坏力，如火山爆发、地震及海啸都造成地球生态环境破坏，特别是对城市的破坏更是巨大。地球内部结构运动造成地震所产生的巨大能量，目前尚未利用控制，人类只能防御与减弱其影响，我国制定了防震减灾十年目标，争取利用十年左右时间控制大中城市和人口稠密经济发达地区，使其具备抗御 6 级左右地震的能力。

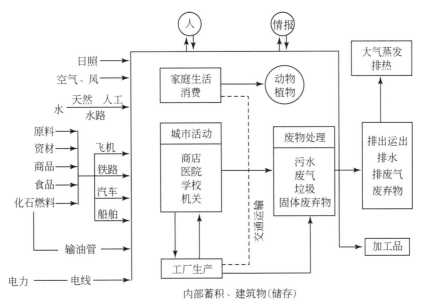

图 6-7　城市生态三流模型

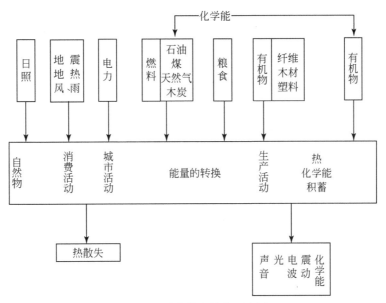

图 6-8　城市能量转换示意图

城市发展过程中，大城市抗御自然灾害能力的脆弱性是城市生态原生环境问题之一。很多城市都位于易受洪水、风暴、地震和海啸等自然灾害袭扰的地区，人们的生命财产、基础设施和经济上的风险都对各地区的城市提出巨大的挑战。

特大城市本身的脆弱性首先表现在自然灾害对城市人口、经济、政治和社会的较广泛影响。其次，建筑物的脆弱性则与建筑物的物理影响有关，这里包括建筑结构以及市政管理和协调技术提出的挑战。

世界工程组织联盟（World Federation of Engineering Organizations，WFEO）对城市抗御自然灾害进行了研究，特别研究了城市建筑物结构能经受自然灾害的设计和建造问题。

地震防灾研究在城市人口的密集及分布、市政设施的完善、交通畅通、水源、能源供应的研究和设计中起着重要的作用。

3）城市信息的传递

现代城市特有的信息功能将无序的分散信息经过加工、集中、分析得出指导性信息，再发射到城市、乡镇、农村去，这就是城市具有的凝聚力及巨大的辐射力功能。通过电信号——电报、电话、传真、电视、电台广播等及文字传播的报纸、邮电、图书及信息高速公路庞大的计算机网络，完成最现代化的高科技的信息流功能。

4）城市物质积存特有形式

城市物质结构形式使其构成的自然物质多种多样，除停留时间很长的土地、植物、动物以及停留时间较短的流动的空气、流经城市的水域之外，还有由于人工系统建设起来的建筑物、构筑物、交通工具等。有在城市存在较长时间的物质，也有存在较短时间的生活、生产的产品以及其废弃物，如矿渣、煤渣等生活垃圾，包装物，废弃的家用品，构成了城市的极多的废弃物，这些物质也可作为重新利用的再生资源。它在综合利用中，不仅用分解法来循环处理，更主要通过人工的方法才能达到物质循环和能量流动的目的。

5）城市物质代谢氧气的消耗

城市中人与生物生活范围基本在 300m 以下的近地层，人与生物的呼吸、燃料燃烧以及物质的缓慢氧化过程都需消耗大气中的氧气。如果空气静止不动，在一定时间内氧气将会耗尽。当风速达 3m/s，这样才能使城乡间空气不断交换循环（平均每年交换 3000 次），才能维持氧气的足够平衡。目前大城市人的活动高度已超过了 300m，如在超高层的建筑物中。城市的增长越快，人对氧消耗的影响就越大。

6）城市能量的收支

城市物质的收支体现在能量的流动之中。进入城市的能量有日光能、风能和地震等自然界的能源，以及由化石燃料形成的电力、燃气等人工能源，其因使用目的的不同，而具备各种形态，并在使用过程中改变形态，形成不同形式的能，但这些能最终几乎都转变成为热能，也有部分能量以声、光、电波的形式排出城市系统之外。

进入城市的能量，一部分以热能转化成化学能的形式蓄积起来，这也可能成为提高城市气温，形成特殊的城市气候的主要原因。

7）城市绿地功能

城市区域扩大，人口增加，人处于主导地位，虽然自然界生物量构成倒金字塔，但是绿色植物仍起重要作用。首先绿色植物起着固碳制氧作用，根据光合作用反应，可计算出每生产 1g 干物质（有机物），可吸收 $1.47g\ CO_2$，同时放出 $1.07g\ O_2$。$1hm^2$ 阔叶林，每天可吸收 $1000\ kg\ CO_2$，释放出 $732\ kg\ O_2$，每人每天需吸收 $O_2\ 800g$，呼出 $CO_2\ 900g$。这就是说每公顷森林绿地可以制造出的 O_2 可供 1000 人呼吸。由此可以推算出城市需要多少绿地才可满足城市所需的 O_2 和 CO_2 的平衡。其次，城市绿地可改善城市小气候，如调节气温、增加空气湿度、减低风速、减少噪声，增进人体健康。

植物在气体交换中，可吸收、吸附空气中的污染物、粉尘以及气态污染物，限制了它们的扩散，降低污染浓度。城市绿地中不同植物对不同污染物有净化效果。因此对城市绿地及行道树及灌木绿篱进行不同的选种布置，可达到净化、绿化与美化的统一效果。

在人口密集，车辆繁多的城市公共场所，各种细菌借助空气传播，但采用绿色植物可起到一定的杀菌作用。

总之，城市绿地可称为城市净化空气之肺，也可称为看不见水的水源地。

城市绿地有诸多功能，最直观的是创造一个美好、丰富、多彩的景观环境，不仅使城市景色丰富多彩，而且还能使人类产生良好的心理效应，可以消除城市居民因工作生活紧张引起的精神压抑，为城市居民提供最好的方便休息场所，是恢复精神和心理疲劳的重要因素。

城市自然人文景观见彩图 6-3 ~ 彩图 6-12。

6.4 现代城市环境问题

6.4.1 城市环境问题

世界上的城市，先后出现了包括环境污染在内的"城市综合症"，甚至引发了环境公害。我国的环境问题也首先在城市突出表现出来，城市环境问题正在成为制约城市发展的障碍因素。当代城市中主要的环境问题有：空气污染、水污染、固体废物污染、绿色植被减少、噪声污染、有毒化学品污染等。

1）空气污染

长期以来，我国的能源结构以煤为主，各城市主要燃煤量在整个能源结构中一般占 80% 以上。与石油相比，煤成分中硫和灰分较高，燃烧烟气中含有二氧化硫和灰尘。虽然我国大型电厂和燃煤锅炉等重点点源的二氧化硫污染已经得到控制，但城市居民家庭小炉灶和小型燃煤锅炉等直接低空排放，产生了大量的烟尘、二氧化硫等污染物，导致严重的煤烟型大气污染；迅速的城市化伴随机动车保有量的快速增长，在一些大中城市出现了严重的机动车尾气污染，形势严峻。

2）水污染与水资源短缺

伴随城市化进行，水污染和水资源短缺等问题日趋严重，并由此导致城市水环境状况逐渐恶化。城市水污染主要是由工厂排水和城镇生活污水造成的，近年来城镇生活污水排放量年增长率为 6.9%，家庭污水排放量已占城市污水总量的 61.5%。城市大量未经处理或处理不充分的废污水排入流经城市的河流，使河流水质恶化，造成 90% 以上的城市水域污染严重。水资源严重短缺是由于城市化规模增长快，城市经济高速发展，并且由于城市用水集中、量大、增长快，因此缺水现象首先反映到城市。在我国目前 669 座城市中有 400 座供水不足，110 座严重缺水；在 32 个百万人口以上的特大城市中，有 30 个长期受缺水困扰。在 46 个重点城市中，45.6% 的城市水质较差，14 个沿海开放城市中有 9 个严重缺水。北京、天津、青岛、大连等城市缺水最为严重。

3）固体废物污染

我国城市的固体废物排放量大，综合利用和处置率低。随着城市人口的急增及人们生活水平的提高，城市垃圾产量大幅度上涨。据有关方面的统计，我国城市垃圾主要是生活垃圾、工业固体废物和建筑垃圾，年产量已超过 5 亿 t，并且每年以 8% ~ 10% 的速度继续增长，综合利用和处置率非常低，其中城市生活垃圾无害化处理率仅为 1.2%，大多直接堆放在城市郊外，累计堆存量达 65 亿 t 以上，占地 5 万 hm² 以上，形成了垃圾围城的恶劣情况，影响城市景观，污染了城市的水源和空气，滋生着各种传染病菌，同时又潜伏着资源危机。

4）绿色植被减少

城市绿地覆盖率低，而城市绿地是城市生态系统的重要组成部分，它由城郊农田、城郊天然植被和市区园林绿地三部分组成,对促进城市生产的发展和保证居民生活有着不可替代的作用,对城市生态环境系统内的物质循环具有十分重要的意义。但由于城市的发展建设,自然环境被开发利用建设工厂、住宅、道路、广场、果园、菜地等,自然环境中的植被被不断地砍伐、清除,代之以稠密的人口、建筑物,城市绿地的多种环境功能正在逐步丧失,已经成为尖锐的环境问题。

除以上常见污染外,我国城市环境还面临三大新问题:一是城市环境污染边缘化问题日益显现;二是机动车污染问题更为严峻;三是城市生态失衡问题不断严重。这三大环境问题在我国各级城市中都普遍存在,但大城市表现最为突出,亟待解决。

6.4.2　固体废物处理与处置

城市固体废物处理及处置系统一般包含收集、资源分选、处理和隔离四个处理单元。

(1)收集。收集是对分散于整个城市平面的家庭、企业、事业、商业等垃圾产生源所产生的废物必须进行物流集中。收集环节包括收集点储存、收集车辆装载与运输、转运。虽然目前有些企业采取现场固体废物处理的技术方法,但对于绝大多数已产生的城市固体废物而言,还是必须进行物流集中处理的。

(2)资源分选。在城市固体废物处理系统中,资源分选指的是将废物中的某些有用组分从废物中以可用资源的形式分离出来,重新进入到工业生产中得到再一次的利用,以部分替代天然资源。其中所包含的技术环节有:家庭分选(家庭回收、分类收集等)和工厂分选(采用手工分选和各种机械分选方法的组合分选系统)等。

(3)处理。处理是指对城市固体废物进行物理、化学、生物特性的转化过程,目的在于产生可利用的产物,转化废物为燃料或热能,使废物减量(体积或质量),使废物稳定化(惰性化)等。最常见的处理技术为热处理技术、生物处理技术等,同时也包括压缩、破碎等改变废物物理性质的技术过程。

(4)隔离。隔离是指为了防止废物中污染成分直接接触环境介质而造成污染所采取的处理技术,应用技术为卫生填埋和深海填埋等。由于物料隔离意味着废物不再需要进行任何进一步的直接处理,隔离处理也称为最终处置。

城市固体废物处理的主要技术有焚烧、好氧堆肥和厌氧消化等,隔离技术主要采用卫生填埋。

(1)焚烧。焚烧技术过程是以燃烧反应彻底转化城市固体废物中的可燃组分为无毒无害的气体。现代应用的焚烧工艺基本上以混合物燃烧为主,即不对废物作分选等预处理(或极有限的破碎等预处理),其主流技术方法是机械炉排燃烧。为了克服废物燃烧时分散性差影响燃烬率的问题,机械炉排的设计是城市固体废物焚烧的关键技术之一,炉排有使废物翻滚、松散等机械作用。城市固体废物焚烧典型工艺如图6-9所示。

(2)好氧堆肥化。好氧堆肥化技术过程是在有氧的条件下,通过好氧微生物的生理代谢作用对废物中有机物进行生物降解转化,生成腐殖酸的过程。由于堆肥化过程的主要转化对象是废物中的生物可降解性组分,因此堆肥化过程一般包含预处理(分选)技术环节。

(3)厌氧消化。城市固体废物厌氧消化利用的是厌氧微生物对其有机可生物降解组分的转化,生成沼气和消化液的生物化学过程。由于厌氧微生物对代谢环境条件更为敏感,因此,厌氧消化一般仅接受源分离的城市固体废物。城市固体废物厌氧消化有两种基本的工艺

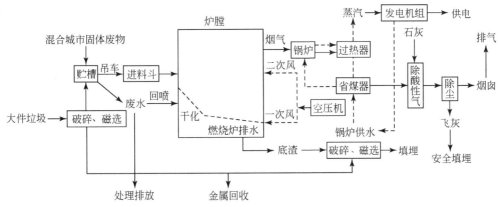

图 6-9　城市固体废物焚烧技术典型流程示意图

形式：低固体浓度和高固体浓度，前者消化时的含固率控制在 5%（4%～8%）左右，因此一般采用污水厂污泥（含水率≥98%）或消化产物脱水液回流作水分调理剂；后者消化时的含固率控制在 25%（22%～30%）左右，由于此含固率接近城市固体废物生物可降解组分（厨余、纸、园林垃圾）的原始含水率，因此一般不引入水分调理剂或仅使用消化产物脱水液回流作水分调整及接种用，但消化物质的浓缩使消化过程的缓冲容量下降，高固体厌氧消化的技术成熟度低于低固体消化，且一般需对原料作预发酵处理。

（4）卫生填埋。城市固体废物卫生填埋的技术特征是将废物与环境介质加以隔离同时填埋的过程。尽管卫生填埋是以隔离为基本的技术原则（如卫生填埋最显著的技术特征被认为是隔水的衬垫层和隔气的覆盖），但城市固体废物填埋后，仍必然会经历以生物转化为主的物性改变过程，此过程的衍生产物成为填埋场管理中必须面对的问题。因此近年来对填埋层内转化过程的进一步利用已成为填埋技术发展的方向，首先是填埋气体的燃料利用，近年来则是渗滤液回灌循环（以控制填埋废物的转化过程），这项技术正在逐步地改变填埋技术的基本面貌。图 6-10 为城市固体废物填埋工艺流程。

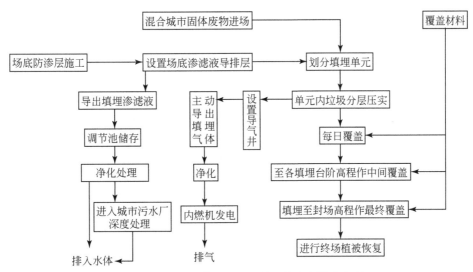

图 6-10　城市固体废物卫生填埋的基本技术流程

6.4.3　危险废物处理

危险废物的处理方法分为集中处理和分散处理，其分类为：具有较大持久环境毒性、处理难度大以及成本高的废物实行全国大范围的集中处理，医疗废物则以每一个城市为基础进行集中焚烧处理。对有机危险废物实行大型企业、小区域集中处理与大范围集中处置相结合的处理体系。对含重金属废物实行大范围的集中安全填埋处理。

危险废物通常采用固化/稳定化处理技术改变其理化性质，实现无害化后进行填埋最终处置。所谓固化处理，就是改变废物的工程特性（如渗透性、抗压强度等），使废物转变成固体，可以方便运输，并使废物中的有害成分得到包容，减少有害成分的的物理过程。而稳定化是将有毒有害污染物转变为低溶解性、低迁移性、低毒性或无毒性物质的化学过程。稳定化不同于固化之处在于通过化学变化减少或消除废物的危害。

固化/稳定化技术可以追溯到 20 世纪放射性废物的处理处置。放射性废料先用水泥固化，再用惰性材料包封，然后进行海洋处置或填埋处置。20 世纪 70 年代以来，危险废物污染环境的问题日益严重，作为危险废物最终处置的预处理技术固化/稳定化在一些工业发达国家率先得到研究和应用。目前，固化/稳定化技术是国内外处理危险废物最重要的方法，具有工艺及设备简单，材料来源广泛的优点。

废物固化/稳定化的主要机制是用水泥等凝结剂对废物的物理包容及凝结剂水合产物对废物的吸附、吸收作用，涉及物理和化学等多方面。

6.5　城市环境规划

6.5.1　城乡一体化规划模式

城乡一体化是一个国家和地区在生产力水平或城市化水平发展到一定程度时城市与乡村相互融合形成一体的过程，是解决城乡经济社会差别的有效模式和实现社会整体繁荣发展的重要途径。国际经验表明，当城市化水平处在 50% 左右时，是推动城乡融合的最佳时期。目前，我国总体上已进入以工促农、以城带乡的发展阶段，也是形成城乡经济社会发展一体化新格局的重要时期。城乡一体化发展模式的建立是依靠实施统筹城乡发展的经济社会发展战略得以实现，统筹城乡发展的内容主要包括以下 4 个方面。

（1）统筹城乡规划建设。即改变目前城乡规划分割的状况，把城乡经济社会发展统一纳入政府宏观规划。根据经济社会发展趋势，统一编制城乡规划，促进城镇有序发展，主要包括：统筹城乡产业发展规划、统筹城乡用地规划、统筹城乡基础设施建设规划。在农村地区缺乏基础设施建设资金的情况下，政府要调动和引导各方面的力量着力加强对农村道路、交通运输、电力等基础设施的投入，使乡村联系城市的硬件设施得到尽快改善。优先发展社会共享型基础设施，扩大基础设施的服务范围、服务领域和受益对象，让农民也能分享城市基础设施。

（2）统筹城乡产业发展。加快工业化和城市化进程，促进农村剩余劳动力向第二产业、第三产业转移，农村人口向城镇集聚。建立以城带乡、以工促农的发展机制，加快现代农业和现代农村建设，促进农村工业向城镇工业园区集中，促进农村人口向城镇集中，促进土地向规模农户集中，促进城市基础设施向农村延伸，促进城市社会服务事业向农村覆盖，促进城市文明向农村辐射，提升农村经济社会发展的水平。

（3）统筹城乡管理制度。突破城乡二元经济社会结构，纠正体制上和政策上的城市偏向，保护农民利益，建立城乡一体的劳动力就业制度、户籍管理制度、教育制度、土地征用制度、社会保障制度等，给农村居民平等的发展机会、完整的财产权利和自由的发展空间，促进城乡要素自由流动和资源优化配置。

（4）统筹城乡收入分配。根据经济社会发展阶段的变化，调整国民收入分配结构，改变国民收入分配中的城市偏向，进一步完善农村税费改革，降低农业税负，创造条件尽快取消农业税，加大对"三农"的财政支持力度，加快农村公益事业建设，建立城乡一体的财政支出体制，将农村交通、环保、生态等公益性基础设施建设都列入政府财政支出的范围。

因此，统筹城乡经济社会发展有利于国家长治久安，实现城乡社会和谐发展。

6.5.2　城市生态环境评价指标

随着城市规模的扩大以及城市化的发展，众多城市出现了城市生态系统破坏的问题，城市大气环境质量下降，城市绿被减少，水体微生物活动受到抑制，城市自然生态环境的功能衰退和质量下降。为了保护城市生态环境和提高城市的宜居质量，需要建立合理的城市生态环境评价指标参数和评价体系，以此为基准定量评价城市生态环境质量和对各种城市生态环境改善技术与政策实施评价。

城市生态环境评价是依据自然因素、经济因素和社会因素的相应指标对城市生态环境进行定量地质量评价，是一种系统性的综合评价，是对城市生态系统的现状及未来变化趋势做出的估计，在进行城市生态系统评价时要考虑时间尺度和空间尺度的变换。

中国学者胡习英等（2006）从城市生态系统的空间结构、生态功能和协调度 3 个方面构建了城市生态环境指标体系，该体系包括 4 个层次和 45 个指标参数，如图 6-11 所示。

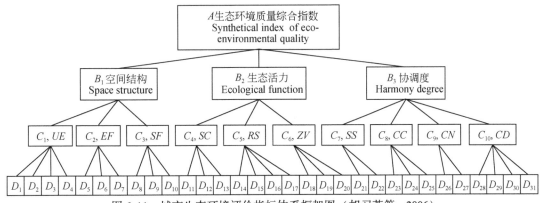

图 6-11　城市生态环境评价指标体系框架图（胡习英等，2006）

C 层次指标由 10 个因子组成：城市环境（C_1）、经济结构（C_2）、社会结构（C_3）、物质循环（C_4）、资源配置（C_5）、生态活力（C_6）、社会保障（C_7）、城市文明（C_8）、可持续性（C_9）、舒适度（C_{10}）。D 层次指标由 31 个因子组成，包括污染控制综合得分（D_1）、地表水与地下水水质指数（D_2）、空气质量指数（D_3）、环境噪声指数（D_4）、第三产业比例（D_5）、信息产业占 GDP 比重（D_6）、城乡收入比（D_7）、人口密度（D_8）、人均期望寿命（D_9）、万人具有高等学历人数（D_{10}）、固体废弃物处理率（D_{11}）、废水处理率（D_{12}）、工业废气处理率（D_{13}）、人均水资源量（D_{14}）、人均生活用水量（D_{15}）、人均生活用电量（D_{16}）、人均住房面积（D_{17}）、人均 GDP（D_{18}）、万元产值能耗（D_{19}）、土地产出率（D_{20}）、失业率（D_{21}）、劳保福利占工资比重（D_{22}）、万人拥有医疗病床数（D_{23}）、百人藏书量（D_{24}）、刑事案件发生率（D_{25}）、环保投资占 GDP 的比重（D_{26}）、科教投入占 GDP 的比重（D_{27}）、人均公共绿地面积（D_{28}）、城市热岛效应（D_{29}）、城市绿地覆盖率（D_{30}）、生态用水指数（D_{31}）

在上述的体系框架图中，标准值确定采用 4 个途径：① 采用国家标准或国际标准规定的标准值；② 参考国内或国外城市的现状值；③ 依据现有的理论量化确定标准值；④参考现有的文献资料确定。根据以上原则将城市生态环境评价指标的标准值分为 5 级：I 级为生态化程度很高，第 II 级为较高，第 III 级为一般，第 IV 级为较低，第 V 级为很差。城市生态环境评价指标体系涉及自然、社会、经济等多个复杂因素。各个因素对城市生态环境质量的影响程度各不相同。只有准确地确定出各个指标的权重值才能科学地评价城市生态环境的质量。胡习英等（2006）采用特尔斐法和层次分析法来确定各指标权重值。

胡习英等（2006）根据上述的评价指标体系对郑州市进行了城市生态环境质量评价，分析显示，目前该城市的生态化有 41.5% 处在 V 级水平，有 16.8% 处在 IV 级水平，均是较低和很差的状态，因此急需采取措施控制城市环境污染，改善经济结构和社会结构，提高城市文明程度和可持续性发展水平，改进城市生态环境质量，使之向健康的方向发展。

6.5.3　生态城市建设发展

生态城市，这一概念是在 20 世纪 70 年代联合国教科文组织发起的 "人与生物圈（the man and the biosphere program，MAB）" 计划研究过程中提出的，一经出现，立刻就受到全球的广泛关注。关于生态城市概念众说纷纭，至今还没有公认的确切的定义。前苏联生态学家杨尼斯基认为生态城市是一种理想城模式，其中技术与自然充分融合，人的创造力和生产力得到最大限度的发挥，而居民的身心健康和环境质量得到最大限度的保护。中国学者黄光宇教授认为，生态城市是根据生态学原理综合研究城市生态系统中人与 "住所" 的关系，并应用科学与技术手段协调现代城市经济系统与生物的关系，保护与合理利用一切自然资源与能源，提高人类对城市生态系统的自我调节、修复、维持和发展的能力，使人、自然、环境融为一体，互惠共生。生态建筑（Ecological Architecture）公司的创始人保罗·弗朗西斯·道顿认为尽可能降低对能源、水或是食物等必需品的需求量，也尽可能降低废热、二氧化碳、甲烷与废水的排放的城市。在这样的城市中，能够对待周围自然环境更加友善，减少污染物的排放，合理有效利用土地以及减缓全球暖化。

由上可见，生态城市的内涵就是建立社会-经济-自然人工复合生态系统，蕴涵社会生态化、经济生态化和自然生态化。社会生态的原则是以人为本，满足人的各种物质和精神方面的需求，创造自由、平等、公正、稳定的社会环境；经济生态原则保护和合理利用一切自然资源和能源，提高资源的再生和利用，实现资源的高效利用，采用可持续生产、消费、交通、居住区发展模式；自然生态原则，给自然生态以优先考虑最大限度的予以保护，使开发建设活动一方面保持在自然环境所允许的承载能力内，另一方面，减少对自然环境的消极影响，增强其健康性。

生态城市应满足 8 项标准：①广泛应用生态学原理规划建设城市，城市结构合理、功能协调；②保护并高效利用一切自然资源与能源，产业结构合理，实现清洁生产；③采用可持续的消费发展模式，物质、能量循环利用率高；④有完善的社会设施和基础设施，生活质量高；⑤人工环境与自然环境有机结合，环境质量高；⑥保护和继承文化遗产，尊重居民的各种文化和生活特性；⑦居民的身心健康，有自觉的生态意识和环境道德观念；⑧建立完善的、动态的生态调控管理与决策系统。

生态城市的发展目标是要实现人与自然的和谐，包括人与人的和谐、人与自然的和谐、自然系统的和谐三方面的内容。其中，追求自然系统和谐、人与自然和谐是基础和条件，实现人与人和谐是生态城市的目的和根本所在，即生态城市不仅能"供养"自然，而且能满足人类自身进化、发展的需求，达到"人和"。

6.5.4　生态城市的特点

低碳生态城市是围绕能源消耗、经济模式、环境改善等方面，将低碳目标与生态理念相融合，实现"人–城市–自然环境"和谐共生的复合人居系统。低碳生态城市具有复合性、多样性、高效性、循环性、共生性、和谐性等基本特征。

1) 复合性

复合性特征包含了两个概念，一是"低碳"，二是"生态"。前者主要体现在低污染、低排放、低能耗、高能效、高效率、高效益为特征的新型城市发展模式；后者则主要体现在资源节约、环境友好、居住适宜、运行安全、经济健康发展和民生持续改善等方面。从其内涵看来，低碳生态城市各层面都融合了低碳城市和生态城市的内涵，形成了复合体系。

2) 多样性

低碳生态城市作为一个有机体，具有与生物相类似的多样性，分别表现为物种多样性、生态系统多样性和景观多样性。低碳生态城市倡导土地资源的集约使用，必然促进城市用地多种功能混合，从而体现和提高城市"物种"多样性水平。城市"生态系统"多样性表现为城市内外具有生态学意义的各类子系统的独立性和丰富性程度，是各子系统发挥各自功能的基础条件之一。城市"生态系统"多样性在相当程度上受城市空间网络的多样性，即城市各物质要素之间的联系程度的影响，它反映了城市生态系统的整体性。"生态系统"多样性的表现之一为其能源系统、产业系统、交通系统、空间系统等各个系统内部的联系都将更加网络化，同时各系统之间也将形成网络联系，从而提高了城市生态系统的整体效率，有利于发挥城市多样性的积极作用。除此之外，在空间景观格局方面，通过将城市融入周边山体、水体、农田等自然景观要素，通过城市空间布局的生态化，低碳生态城市的"景观"多样性将得以凸显。

3) 高效性

低碳生态城市的高效性具有自身的特色，主要体现在如下三个方面：①城市能源利用的高效；②城市转换系统的高效益，低碳生态城市在"自然物质—经济物质—废气物"的转换过程中，自然物质投入少，经济物质产出多，废弃物排泄少，从而实现了城市转换系统的高效益；③城市流转系统的高效率，低碳生态城市以生态化的城市基础设施为支撑，为物流、能源流、信息流、价值流和人流的运动创造必要的条件，从而在加速各种流动的有序运动中，最大限度地减少了经济损耗、碳排放和对生态环境的污染。

4) 循环性

传统城市的缺陷之一是物质利用方面的循环不彻底性或非循环性。低碳生态城市则通过物质的循环与能源的高效利用，极大地提高了循环率和利用效率，减少了对自然资源和不可再生资源的依赖。低碳生态城市的循环性特征具有积极意义。

（1）提高了物质资源利用的生态效率，减少了城市对自然生态环境的不良影响与破坏，从而实现城市功能的生态化，使低碳生态城市作为子系统能够更好地融入到城市生态这个大系统中。

（2）提高了城市的自立性，大大减少了城市外部地理环境的物质能量输入。

5）共生性

低碳生态城市通过多系统的共生，实现城市生态环境、能源利用、经济社会、人居生活的可持续性，从而提高城市中各系统的运营效率和效益，减少城市内耗和对环境的破坏，最终达到人与自然的共生。具体说来，如能源的多级利用、将城市可再生能源规划纳入规划体系、可再生能源与城市元素的一体化、将"转废为能"作为城市可再生能源利用的重要方面、城市产业结构与节能和利用可再生能源相结合、将发展可再生能源与建设生态型城市相结合等。

6）和谐性

低碳生态城市的和谐性，一方面反映在人与自然的关系上，人贴近自然，自然融于城市，城市结合自然发展。可以说，低碳生态城市是实现人、城市与自然协调发展的关键纽带和有效载体之一；另一方面，低碳生态城市的和谐性更主要的是体现在人与人的关系上。人类活动促进了经济增长，却未能实现人类自身的同步发展。低碳生态城市不是仅用自然绿色点缀人居环境，而是关心人、陶冶人、人与人关系和谐的社会。这种和谐性是低碳生态城市的核心特征之一。

中国生态城市的建设发展自 2001 年首次在广西壮族自治区的贵港市设立，到目前为止已有 20 多座，但直到 2006 年以前都是以生态农业为主的生态园区。第一座以工业废物为处理对象的生态园区是青岛的"青岛新天地静脉产业园区"。

山东省青岛市以承办 2008 年奥运会水上项目为契机，在 2006 年开始建设"青岛新天地静脉产业园区"，该园区位于青岛市下属的莱西市，占地面积为 220 hm^2，由研究区域、生产区域、试验区域和服务区域所构成，其思路为模仿自然界物质循环模式，对上游产业的废物进行加工转化，为下游产业提供生产原料，最终实现废物的全部内部循环，不向自然界排放固体废物。研究区域由园区与中国环境科学研究院共同运行，建设国家环保部固体废物资源化处理技术中心，进行固体废物资源化处理处置、危险固废分选、污染土壤调查与修复、新能源开发等相关研究。生产区域包括区域性危险废物处理中心和医疗废物处理中心，进行固体废物和医疗废物的无害化处理，同时也进行普通工业废物和生活垃圾的处理及填埋，将来还要建设废旧家电循环处理工厂和废旧汽车循环处理工厂。试验区域进行试验数据的整理验证、技术革新和承担大学试验基地的功能。服务区域进行日常业务的管理、情报交流和市场开拓等相关工作。

截至 2012 年 3 月，日本已有 26 个区域通过日本环境省和产业经济省的"生态城市"认定，这里对日本东北地区的秋田县北部生态城市园区进行简单介绍。

北部生态城市园区包括矿业、林业、农业、垃圾处理、新能源和发电六个关联产业，当初的建设理念包括：改造废弃的矿山企业为金属回收企业；通过不同产业联合创造新型资源回收型产业；固体废物的减量化/再资源化；新能源产业的引入，其示意图如图 6-12 所示。

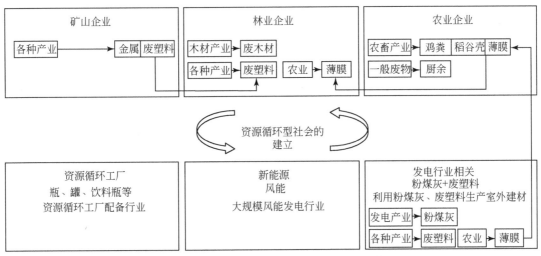

图 6-12　日本秋田县北部生态城市园区的示意图

6.6　城市减灾体系

　　现代城市的迅速扩张与环境变化，引发了许多难以预计的矛盾。自然灾害与人为规划成为当前城市发展亟待协调和解决的问题。2008 年中国四川汶川大地震、2012 年中国等多个国家的突降暴雨，不仅给各地农业、交通带来空前的灾难，也给城市扩张和兴建提出了制订合理规划、预防环境灾害的迫切要求。如何吸取古今中外的经验和教训，是当前现代化城市建设规划中的首要任务，也是现代城市可持续化发展的必经之路。

6.6.1　中国古代城市如何防洪排涝

　　目前我国共有 662 座大中城市，其中 531 座有防洪任务，设防标准达到 50 年一遇及以上的只有 93 座，占总数的 15%，城市内部防洪标准，一般只有 5～10 年一遇。而纵观中国古代城市防洪措施，同样也是成功失败参半。

　　以江西省赣州市为例，它外围是 200～300m 的低小丘陵，赣州市雨量丰沛，春夏之交雨季，各方面的河水汇向赣州盆地，过境水量达 277 亿 m³，经常形成洪涝灾害。南朝萧梁时期，经过不断选择，最终选定于章、贡二水交汇处建立城池。在五代之前城西北最高峰田螺岭向绵亘的百家岭一带建有子城，选址是城内地势最高的地方，它与邻近八境路高程相差 12m，大雨时节，高地水可以很快下泄到江中。唐代后期城市扩张期，扩建的赣州包括许多相对低洼地区，防洪排涝成为严重问题。北宋后规划建设了赣州城区街道，根据布局和地形特点建成了排水干道系统——富沟和寿沟，以后又完成一些支线沟渠，形成了古代赣州城内"旁支横络""纵横行田""条贯井然"主次分明、排蓄结合的排水网络。这些沟渠"纵横纡折或伏或见"，形似篆书"福寿"二字，这便是"福寿沟"。"福寿沟"将许多城内的水塘连接以闸门控制水位，形成完善的排水系统。可惜以后的几百年由于管理不善、失修影响排洪。直到清代较彻底治理全长 12.6km 的"福寿沟"后，其仍为旧城区的主要排水干道。

　　中国古代城市都有类似的排水系统，为城市的防洪排涝做出了巨大贡献。从目前古遗址的发掘看出：广州南越国的水闸遗址、北京金中都和北京元大都都有类似的水关遗址。虽然古代中国在防洪排涝方面取得了诸多成功，但也有较多失败的教训，如隋唐时期的洛阳城，经常有洛水泛滥。也有不少古代水利设施被错改。在古代长期建设中逐步摸索出适合当地的防洪措施，可是在近几十年中，都遭到很大的破坏，如陕西的安康城。有许多城市的防洪沟、河道排洪网却给填平了，如无锡的古城在明代其河道密度高达 11.36km/km²，1949 年后被填塞河道总长 31.4km，大小水塘 20 个，水体面积为 47hm²。这些人为行为不仅破坏了城市风貌，而且加剧了内涝的威胁，如浙江的绍兴城原有河道 60km，现在仅剩下 30km，温州宋代长 65km 的河道现在已全部填完。抗洪减灾留给我们的思考，不仅是技术问题，更是如何保护自然生态环境使城市能可持续发展，不能因人为的破坏，毁灭了我们居住的城市。

6.6.2　现代超大都市防洪排涝体系建设

在发达国家，现代超大城市都建设了或已经规划完整的防洪排涝体系、完整的排水管网，如法国的巴黎、德国的柏林等。据联合国预测到 2015 年超级大城市将有 33 个，日本东京居住人口居首位，为 2870 万人。东京是发达国家中人口密度最高的超大城市，称之为首都都市圈地区。东京处于温带海洋性气候地区，一年四季降水丰富，夏季又是台风季节，因此东京十分重视城市下水道系统和排涝体系的建设。其最高防洪标准是在 2000 年名古屋遭受"东海暴雨"袭击时创下的纪录，即 1h 降雨量 114mm，总降雨量 589mm。制定 2007 年的长期目标，为此目标东京采取了诸多的措施。在硬件上，高标准、高投入地建设城市下水道设施，注意通过合理规划解决问题，充分利用城市自然水系、土地防洪功能；在软件上，重视防灾应急体系的日常建设，将工作落实于日常，力求充分考虑各种意外情况，做好平时的准备和预案。

1) 修建下水道不惜血本

下水道是城市应对强降雨、暴雨的第一道防线。开发建设高标准的下水道体系，老城区对于车站、地铁、商店街道、人口集中区进行大规模的下水道改造是东京都解决城市内涝的重要措施。如今的东京下水道总长达 1.58 万 km，几乎是东京都地面道路长的一半。建设标准高，下水道管径最大达 8.5m，一般主干道多在 3~5m，关键区域下水道还经过抗震加固，为强降雨和地震等意外情况留出足够的冗余。2010 年预算达 6870 亿日元，市区下水道总投资达 2600 亿日元（约合人民币 200 亿元）。此外，下水道建设中还利用下水道管网铺设光缆，为社会机构、企业、居民提供通信服务，一方面提高下水道设施使用效率，又可以收取一定费用，增加财源。

2) 城市河道发挥大作用

对于城区面积达 621km² 的东京，完全靠人工下水道排出雨水是不现实的。因此在规划中充分重视保留和利用城市的河道和湖泊发挥蓄洪、泄洪留足空间，并让大量降雨流归河道，起到防洪排涝作用。

在市区，见缝插针，利用大型建筑、公园绿地等设立储水设施，无异于在城市中建设了大大小小的水库。

3) 重视与周边地区联动——建设地下水库"地下宫殿"

东京都圈外围排水工程联动，将市区的暴雨雨水与外圈联系，形成庞大的蓄洪容积。1992 年开工，2006 年建成完工，形成世界上最大的地下排水工程。现已发挥作用，使当年雨季"浸水"的房屋数量从最严重的 41544 家减少到 245 家，浸水面积最严重的 27840hm² 减至 65hm²，这样大幅度减轻了东京都外围和东部的防洪区，使民众免于内涝之苦。

　　4）全方位完善防灾体系

　　作为人口密集的现代化大城市，东京遭遇更多的是所谓"都市型水灾"，其在日常防灾训练、预警、应急、善后等多方面的措施，提高了城市应对这类灾害的应变能力，减少了灾害发生时的损失，这在许多发达国家都有相应举措。

　　我国新建和旧城市扩展时很少有完善的排水系统，而且许多中小城市中作为排洪、蓄水系统的河、湖，许多都被填平。我国城市建设要实现可持续的发展，就必须在今后的建设中建立完善的防灾体系。

6.7　低碳城市

　　低碳城市是指以构建低碳社会为建设目标，以发展低碳经济为城市发展模式及方向、以崇尚低碳生活为理念和行为特征的一种新型城市发展与建设模式；是指在保持经济、社会、文化等领域全面发展，人民生活水平不断提高的前提下，降低城市二氧化碳排放量，实现可持续发展的宜居城市。低碳城市的建设正在成为一个全球范围内人们共同关注的城市发展的新理念和新途径，在世界城市软实力的竞争中发挥着日益关键的作用，是人类城市发展史上的一场重大革命。

　　自工业革命以来，人类向大气中排放的二氧化碳等吸热性强的温室气体逐年增加，大气的温室效应也随之增强，已引起全球气候变暖等一系列严重的环境和生态问题，受到了全世界各国的关注。面对全球气候变化，全世界各国都开始努力降低或是控制二氧化碳的排放。城市是二氧化碳高排放区域，城市排放的二氧化碳占总排放量的 70% 以上。20 世纪，世界城市人口增加了 13 倍，有超过 50% 的人口居住在城市，2010 年我国的城市化率也已超过 47%。由于城市集中了各国主要的人口和经济，所以要实现本国以及全球二氧化碳的减排，城市的低碳化是其中最为重要和关键的一步。

　　开展低碳城市建设是我国目前城市发展的重要战略之一，通过低碳城市的建设不仅可以降低我国城市的二氧化碳排放，为实现我国对全球二氧化碳减排的庄重承诺做出重要贡献，同时低碳城市的建设也是我国城市发展摆脱高消费、高能耗、高污染，实现城市绿色生态发展的必然方向。开展低碳城市建设方面的工作需要根据城市的碳排放现状和经济发展趋势，设定低碳目标，编制低碳城市发展规划，根据规划逐步推进低碳工作的进行。低碳城市的建设主要以优化城市能源结构、提高能源利用效率、降低碳排放强度为核心，以转变生产和生活方式为基础，以技术创新和制度创新为动力，从生产、消费和制度建设三个层面推进低碳社会的发展。低碳城市的建设内容重要包括低碳能源、低碳产业、低碳交通、低碳建筑、低碳生活方式以及碳汇 6 个方面。

6.7.1　低碳能源

　　低碳能源是一种含碳分子量少或无碳分子结构的能源。不同类型的能源，其化学分子式中含碳量不同。例如，传统能源煤的碳分子量为 135；石油的碳分子量为 5~8；天然气的碳分子量为 1；氢气的碳分子量为 0；可再生能源的碳分子量很少或为零，称为低碳或无碳能源。因而低碳能源作为一种清洁能源,在使用过程中能够突出减少二氧化碳的排放。低碳能源包括风能、太阳能、核能、生物能、水能、地热能、海洋能、潮汐能、波浪能、洋流对流能、潮汐温差能及可燃冰。通过技术集成应用,构成低碳能源系统,实现替代煤炭、石油等化石能源以达到减少二氧化碳排放的目的。

目前,化石燃料的燃烧依然是大气中二氧化碳排放的最主要来源,因此,要构建低碳能源体系、减少二氧化碳的排放,最主要的是要在生产生活中逐步提高清洁或低碳能源的比例,最大限度地减少化石能源的消耗总量;同时,还可以通过能源利用技术的创新,实现城市供电供热网管的智能化,减少能源在输送过程中的损失,实现能源输送低碳化。

6.7.2　低碳产业

"低碳产业"是以低能耗、低污染为基础,与能源、交通、建筑、农业、工业、服务、消费等领域密切相关的产业。低碳产业主要包括两部分,一个是清洁能源,包括太阳能、风能、生物能、水电、潮汐、地热等;二是节能减排技术,主要是提高能源利用效率的各种技术,涉及工业、电力、交通、建筑等。

合理的产业结构对促进低碳经济的发展有着重要作用。高产出低能耗的高新技术产业应重点发展,而能耗较大的第二产业则应向研发和服务两端转移;一些高能耗和高污染行业应拒绝进入城市工业区,而在城市中,有一些生产能力过剩、结构布局不合理、污染严重的企业也应逐渐淘汰;如今,再生资源产业和环保产业在我国发展迅猛,这与政府部门的大力支持是分不开的,为低碳城市的发展打下了坚实的基础。

高端产业发展本身就是低碳经济的重要组成部分,因此,应促进产业高端,通过提升技术层次来实现产品高端,从"制造、装配"向"设计、研发、创新"和"物流、行销、品牌"的发展来实现环节高端。依托现有高科技产业和现代化服务业基础,结合土地集约利用规划的实施,着重发展自主创新和高科技研发,促进城市产业形态和产业能级提升,最终实现产业高端的目标。

现代服务业具有高产出低排放的特点,并且其碳排放强度明显低于其他产业的碳排放强度。物流业是现代服务业的重要组成部分,同时也是碳排放的大户。因此,还应该大力发展低碳物流业。发展低碳物流业,就是要实现物流业与低碳经济的互动支持,通过整合资源、优化流程、施行标准化等实现节能减排。先进的物流方式可以支持低碳经济下的生产方式,低碳经济需要现代物流的支撑。

实现低碳产业还可以从制度层面和技术层面采取措施提高城市的能源效率水平,降低用能强度。制度层面上应努力改善工业企业的内部结构,提高能源效率水平。同时对能源价格进行改革,将资源成本内部化,能源价格合理化,从而提高能源效率;技术层面上,政府应加大并有效规划研发投入,对国际及国内的先进有效的节能技术进行推广及普及。同时着眼于长期,改变目前以政府为主的研发投入方式,转变为以企业为主的自主研发行为。

6.7.3　低碳交通

低碳交通不是一种新的交通方式,而是一种新的发展理念和行为结果(同传统的粗放式、小汽车导向的交通模式相区分)。其核心在于提高交通运输的能源效率,改善交通运输的用能结构，优化交通运输的发展方式，引导人们合理出行；其目标并不是单一的降低交通碳排放量，而是在满足交通需求不断提升的要求下降低碳排放，同时必须具备充分的可持续发展性；其建设是一项系统性工程，规划、建设、维护、运输，交通工具的生产、使用、相关制度、技术保障措施，人们的出行方式和运输消费模式等都需要用"低碳化"的理念予以改造和优化，实现交通领域的全周期全产业链的低碳发展。

要实现低碳交通，就是要形成一个以步行和公共交通为主要出行方式的城市绿色综合交通运输体系。首先就离不开一个完善、合理的路网系统。一个完善的路网系统，其主干道网络和支路网络必然密切结合，与城市各个方向均有便捷的出入通道；道路断面设计以人为主，人行道及配套设施完善，方便人们选择步行或自行车交通；城市功能分区合理、明确，有着多个综合性运输枢纽，可以实现多种运输方式无缝衔接和"零换乘"。其次要确立公共交通的主导地位，要推进低碳交通的建设，让人们选择公共交通作为主要出行方式，就要推进公交的优先发展，形成高效、便捷、舒适、安全和经济的公交供应与服务体系，这样，人们才会越来越多地选择公共交通工具作为主要出行方式；自行车租赁系统已经在越来越多的城市发展起来，这项系统可以使公共交通工具间得以顺畅衔接起来，避免部分居民因换乘困难而放弃乘坐公共交通工具；在城市中建设更多的自行车停放点、修建自行车专用通道，也可以使人们更方便地使用低碳的交通工具。

智能的交通技术可以为交通参与者出行提供完善的交通方式选择、路径引导、换乘和实时路况等交通出行信息，当公共交通具备了方便、快捷、迅速、便宜等这些特点的时候，人们为什么还要选择其他交通方式呢？

同时，激励性的财税政策体系能鼓励清洁能源汽车的生产消费，从源头上减少交通带来的二氧化碳排放。

6.7.4　低碳建筑

建筑的碳排放，主要是指公共建筑和民用建筑内部的电力、天然气使用所造成的碳排放之和。低碳建筑是在建筑材料与设备制造、施工建造和建筑物使用的整个生命周期内，减少化石能源的使用，提高能效，降低二氧化碳排放量。这是一种基于低能耗、低污染、低排放理念的建筑发展策略，这种发展策略使建筑项目在满足社会对风、光、热等人工环境的基本舒适性要求和特殊功能服务需求的同时，在全寿命周期内尽可能地节约资源（节能、省地、节材），保护环境和降低温室气体、固体废弃物等的排放，在技术选择上应协调、整合和优化实用有效的建筑技术，以适应人类社会的可持续发展要求。

建筑节能的发展，或者说对建筑能源系统的认识，遵循着由小到大、由点到面的过程。建筑节能起步阶段，注重单体建筑的节能技术应用，以及单独节能技术在建筑上的应用，通过技术措施抵消所产生的建筑能耗，从而达到节能减排的效果。随着建筑节能理念的延伸和技术的进步，逐步发展到区域内的能源系统的合理用能规划，乃至城市的资源优化配置。当然，我们这里所称的区域并不是传统意义上以城市群连接而成的地域，而是指建筑群、社区、街区等区域。

建筑节能不应仅仅局限于建筑设计阶段，成熟的建筑节能机制应当是在建筑的全生命周期内，将建筑节能的理念贯穿到规划、施工、运行维护等各个环节并融合进来。同时建筑节能设计包括从单种节能技术的应用逐步发展到多种节能技术的优化集成，高效的能源运行系统和管理模式，节能的生活方式等。

6.7.5　低碳生活

低碳生活是指尽量减少生活作息时所消耗的能量，从而降低碳排放特别是二氧化碳排放量；尽量减少使用消耗能源多的产品，从而减少对大气的污染，减缓生态恶化。

"节能减排"不仅是当今社会的流行语，更是关系到人类未来的战略选择。提高"节能减排"意识，对自己的生活方式或消费习惯进行简单易行的改变，一起减少全球温室气体（主要减少二氧化碳）排放，意义十分重大。减少二氧化碳排放，选择"低碳生活"，是每位公民应尽的责任，也是每位公民应尽的义务。

要实现低碳生活就要从生活的方方面面入手，如穿衣，化纤面料的服装因需从原油中裂解、提炼、加工而成，耗能较多，因此，多穿天然面料少穿化纤面料的服装。用温水而不要用热水洗衣服；把洗衣机装满再洗；衣服洗净后，尽量让其自然晾干，这些方法可以都减少碳的排放量。从饮食上来说，应提倡吃粗加工或不加工的食品，如多吃新鲜水果，少喝果汁和碳酸饮料。

选择节能住宅也可以对碳减排做出贡献，与国外建筑相比，我国建筑的保温能力较差，造成大量能量损失。按生态住宅标准建造的节能建筑，可让一个三口之家一年节能 58%，节水 25%。

选择低碳、环保的出行方式，如乘坐公共交通工具、尽量步行都可以减少二氧化碳的排放，见彩图 6-13。

在居民生活中，家用电器的耗能也在总耗能中占了相当大的比重。在日常生活中，如果家用电器长时间不用，应该在关机后将插头拔掉；尽量使用节能灯，逐步淘汰白炽灯；日常生活中多使用环保购物袋，较少塑料袋的使用。

简单来说，"低碳"是一种生活习惯，是一种自然而然的节约身边各种资源的习惯，只要你愿意主动去约束自己，改善自己的生活习惯，就可以加入进来。当然，低碳并不意味着就要刻意去节俭，刻意去放弃一些生活的享受，只要能从生活的点点滴滴做到多节约、不浪费，同样能过上舒适的"低碳生活"。

6.7.6　碳　　汇

碳汇是指自然界中碳的寄存体，从空气中清除二氧化碳的过程、活动和机制。一般用它来描述森林等吸收并储存二氧化碳的多少，或者吸收并储存二氧化碳的能力。森林碳汇功能即为森林树木通过光合作用吸收二氧化碳，放出氧气，把大气中的二氧化碳以生物量的形式固定下来的过程。森林的这种碳汇功能可以在一定时期内对稳定以至降低大气中温室气体浓度、减缓全球气候变暖发挥重要的作用。

因此，为增加城市碳汇，一方面要增加城市绿地面积，另一方面要对已有的林地进行管理。首先应加大力度推进林分结构改造，通过全面改造和补植套种的方式，改造低质低效林的林分，调整林种、树种结构，全面提高森林质量，提高森林碳储量和碳密度，进而提升碳汇能力。其次还可以加强对森林的管理、保护、培育、开发、提升林业碳汇，形成完备的碳汇体系。减少森林碳源排放，加强森林火灾预防和病虫害防治，强化监管减少毁林，减少水土流失。

参 考 文 献

北京市气象局气候资料室 . 1992. 北京城市气候 . 北京：气象出版社

胡习英，李海华，陈南祥 . 2006. 城市生态环境评价指标体系与评价模型研究 . 河南农业大学学报, 40
　（3）：270-273

吴海峰 . 2009. 生态城市带建设与区域协调发展 . 北京：社会科学文献出版社

许涤新 . 1985. 生态经济学探索 . 上海：上海人民出版社

许学强，周一星，宁越敏 . 2009. 城市地理学（第 2 版）. 北京：高等教育出版社

Gottmann J. 1957. Megalopolis：or the Urbanization of the Northeastern Seaboard. Economic Geography, 33：189-220

Landsberg H E. 1981. The Urban Climate. New York ：Academic Press

思 考 题

1. 简述城市生态结构的特点。
2. 简述城市生态系统的功能。
3. 简述创建生态城市的设想。
4. 简述低碳城市的特点与实现。

第 7 章 环境伦理观

7.1 环境伦理观的由来

"伦理"一词从汉字构成上讲,其意义是条理、纹理、顺序、秩序。英文 ethics 来自希腊词 ethos,意思是"惯例"(custom)。任何社会都有确定的秩序、惯例,而人与环境之间的伦理道德关系即为环境伦理。环境伦理观是人类历史发展阶段中自然观演变的结果,其思想的形成与人类工业文明的进程紧密相关,它是人类在对资源过度开发和环境破坏问题反思的基础上形成的。随着工业化的飞速发展,环境问题日益严重,人们对自然资源的需求也不断增加,这些使得人与自然的冲突尖锐起来。一些有识之士注意到这一问题的严重性,为维护生存权利,保持环境和自然资源的永续利用,他们发起了环境保护运动。各种主题的环境保护运动催生了现代的环境伦理思想。

7.1.1 对人类中心主义的批判

总的来讲人类中心主义是"一种认为人是宇宙中心的观点。它的实质是,一切以人为中心,或一切以人为尺度,一切为人的利益服务,一切从人的利益出发"。首先,人类中心主义者认为人既是认识的主体,又是道德行为的主体,人与自然之间不存在直接的道德关系。因此人应该以自己的方式来解决由自身制造的当代环境问题,其目的是为了满足当代人和后代人的利益,实现人类的价值。其次,人是唯一具有内在价值的生物。自然界及其他生物的价值是人类欲望的产物。上述的观点虽然有一定的依据但人类中心主义的以人为中心的为我独尊的观念使其创立伊始就受到来自各方面的诘驳。

7.1.2 关于非人类中心主义的几点看法

非人类中心主义产生的标志是利奥波德和他的《沙乡年鉴》,其真正得以发展是 20 世纪 80 年代以后,它是一种"把人与人之间的生态道德考虑同人与自然之间的生态道德关系并列起来,并把价值的焦点定位于自然实体和过程的一种现代生存伦理学"。王子彦教授认为其具体内容如下:第一,尊重自然,尊重生命;第二,自然界及其生物都有其相应的内在价值;第三,要在人与自然之间建立道德关系。非人类中心主义的可取之处在于它克服了人类中心主义的恣意妄为,强调了人与自然的和谐性和统一性。

7.1.3 可持续发展的伦理观

在环境伦理学产生之后的 20 年,即 20 世纪 60~70 年代,可持续发展理论酝酿而生,并促使其在 20 世纪 80 ~ 90 年代趋于成熟，与环境伦理学和第二次环境革命发生激烈的碰撞，形成了一种理论和实践较为一致的环境伦理观——可持续发展环境伦理观。

鉴于人类中心主义和非人类中心主义的弊端，可持续发展环境伦理观以二者的整合形式产生。它"强调人在自然和谐统一的基础上，更承认人类对自然的保护作用和道德代理人的责任，以及对一定社会中人类行为的环境道德规范的研究"。它的具体含义概括如下：①它承认自然界有其内在价值，但它的内在价值以人和自然的和谐统一为基础。因此就把作为活动主体的人纳入内在价值中使其在伦理上更符合人性和逻辑。②由于它建立在一种整体价值观的基础上，它既承认人的主观能动性又承认人类在生态系统之中的"理性生态人"的地位。③珍视生命，爱护自然，将人类的道德观扩展到整个生态系统领域，但人是道德主体的地位不变。这样，人类对其他生物和自然就有了一种无法推卸的责任，因为它们彼此是息息相关的。

伦理学与社会学相交织产生的社会伦理学，它的首要原则就是正义原则。所说的正义原则实际上就是要建立一种相应的网络状的公正体系。这是可持续发展伦理观在实践中的必由之路。环境正义是指"用正义的原则来规范受人与自然关系影响的人与人之间的伦理道德关系，所建立起来的环境伦理观的道德规范系统，是可持续发展环境伦理观的重要内容"。即可持续发展公正，它指人对"自然的公正，以提升自然的地位或降低人的地位来捍卫自然的基本利益"。正是因为自然界和其他生物没有人类的主体性，人类就应该义务的"公正"的对待它们，就像父母对子女的爱护是一样的。任何对它们的破坏都是对道德的侵害，对公正的抵触。这样就在人际上、地区内和国际间形成了相应的公正体系，使人与人之间，地区之间，国家之间甚至是前后代之间以道德准绳紧密联系在一起，使它所产生的效益真正的为整个生态系统所共享。

7.2 　环境伦理学研究的主要内容

环境伦理学研究的主要内容，是人类对自然环境的伦理责任。它的学科性质决定了它必然包含对三大主题的研究，即自然的价值和权利的研究、人对自然道德原则的确立与道德行为规范的研究、现实生活领域中环境伦理问题的研究。其中，自然的价值和权利的研究是环境伦理学研究的核心，它直接决定了我们对自然界及其存在的态度。因此，它是确立人对自然界责任的重要依据，也是确立人对自然的道德原则和行为规范的理论依据。围绕着对这些问题的讨论，产生了环境伦理学不同的理论流派。

对自然的价值和人对自然责任的研究是决定自然是否具有获得道德关怀资格的依据，而这两者又是建立相应的人对自然道德规范的前提。站在不同的立场去认识自然的价值和人对自然的责任得到的结果必然不同，由此制定的道德行为规范也必然不同。环境伦理学内部不同的流派正是基于对上述问题认识的差异而产生的，如大多数人类中心主义者不承认自然界具有独立于人的内在价值，因而不认同人对自然有直接的道德义务；动物解放论者和动物权力论者认为是否有感受能力是判断内在价值的根据，而这种能力只有人和某些动物具有，因此只有他们才具有道德关怀的资格；生物中心主义者则认为一切有生命之物皆有内在价值，都具有获得道德关怀的资格；而生态中心主义者则要求承认一切自然存在都有内在价值，他们主张道德关怀的资格应该扩展到整个生态系统和生态过程；一些持盖亚假说的哲学家甚至提出了地球乃至宇宙的权利高于生活在其上的生命的权利的主张。因此，各流派在构建道德规范上的差异就不足为奇了。此外，道德规范具有可操作性的特点，使得它的构建并不完全取决于价值观和伦理观，还需要与一定的经济、政治、社会、文化形态相适应。尽管如此，各种学说在道德行为规范的构建中仍然具有共同性，差异性主要表现是道德境界层次上的。在不同的环境价值观和伦理观下面，可以存在某些共同的环境道德行为规范。这是建立一个完整的环境伦理体系的基本前提。环境伦理学的道德原则和道德规范，正是指导和评价人类在对待自然上的行为价值取向的标准。因此，建立环境伦理的基本道德原则和道德规范，便成为环境伦理学研究的一个重要任务和内容。

7.3　学习和研究环境伦理学意义

环境伦理学不是抽象的理论探讨，而是有着明确的价值取向。它来源于对现实环境问题的思考，目的是为环境保护实践提供道德的理论支撑。它以人类与大自然的高度统一性作为出发点，要求人们认清人在自然界的位置，认清人对自然的依赖性，明确自己对自然的责任和义务，这是人类寻求摆脱环境危机过程中的理性思考的结果。把道德关怀和道义的力量纳入人与自然关系的调整中，这本身就是时代的根本要求。目前，环境伦理学正在成为环境保护强有力的思想武器，它唤醒人们的生态良知要求人们诉诸于切身的行动，共同投入到拯救地球、开创未来的伟大事业中去。学习环境理论学的根本目的就是要把环境伦理学的立场、观点和方法运用到我们实际的生活中，使之能成为我们生活的信念和行动的原则。具体地说，学习环境伦理学有以下三方面的意义。

7.3.1　实现思维方式的根本性转变

当代严重的生态与环境问题表明人类只考虑自己的利己主义观念和行为已经造成了恶劣的后果，大自然已经向我们提出了转变思维方式的要求。如何有效抑制人类不断膨胀的物质占有欲望，把我们对美好生活的追求转变到注重充实精神生活的高度上来，是我们的社会和文化所面临的紧迫课题。环境伦理学正是在这个意义上强调了超越狭隘的人类中心主义视野的必然性，它把人类的道德视野扩展到了自然的领域，从而能够用更宽广的视角重新确认人类生活的价值与意义。在这样一个层面上，我们可以重新审视和评价近代以来人类文明的发展模式，彻底反省现代的政治理念与经济结构。其结构必然会要求我们的思维方式的一个根本性改变，即从对自然的征服者转变成为地球生态共同体中的普通一员。人的理性和智慧应该体现在他有能力认识到自己是大自然的朋友、伙伴，而不是大自然的征服者。

7.3.2　明确我们对自然的责任和义务

明确我们对自然的责任和义务，这种思维方式的转变有助于我们认清自己在自然界中的位置，能够以道德的方式生活。在人类出现以前，地球自然系统通过植物生产者、动物消费者和微生物分解者的三角关系实现了精妙的无废物循环，人类的出现打破了这种最经济的循环方式。人类力量的增强使自然系统增加了新的角色，即人类充当调控者的角色，这是自然赋予人类最重要的责任。然而，迄今为止，人类的所作所为已经证明我们是一个不称职的调控者，我们滥用了自然赋予的权利，我们需要反省。在这个意义上，环境伦理学为我们在处理人与自然关系上的行为是否恰当提供了基本判断的道德依据，因而能够引导我们认识到，对自然的责任和义务就是要最大限度地维护地球生态系统的稳定、和谐与美丽。地球生态环境的命运与人类的命运息息相关。尊重生命、尊重自然和保护生态环境是人类必须履行的义务。

7.3.3　唤起我们的生态意识和生态良知

环境伦理学告诉我们，地球是人类的家园，地球的完整性表明了地球变化与地球生命变化相互依存、协同进化。当今地球生态系统的异常特征反映了地球生态过程的异常变化，这种异常变化的持续可能危及人类和地球的生命。因此，我们需要一种危机意识。这种危机意识能够唤起我们的生态良知，从而激发潜藏于我们内心的生态意识。当拥有了这种生态意识，我们就能把这种意识升华为个人的品格和道德情操。生态意识是本来就潜藏于人的内心的东西，是从一种狭隘的自我观念在心理上不断扩展的结果。个人狭隘的自我观念可以通过与家人、朋友、他人、全人类的认同，最终演变成为一种与生态系统和生物圈认同和相互渗透的自我意识，这是生态意识由浅入深的发展过程。一个人与他人和他物的认同能力越强，生态意识就越能自然地在深层显现。美国环境伦理学家 J. B. 克里考特就很形象地描述了这种生态意识，他说："当我盯着褐色的淤泥堵塞的河水，看着一抹黑色的从孟菲斯来的工业、市政污水，跟随在后的是不断从辛辛那提、路易斯维尔或圣路易斯漂来的一种不知名的混色线呢的碎片渣滓，我感到了一种明显的疼痛。它并不是清楚地局限在我四肢中的哪一肢上，也不像一阵头痛或恶心。但是，它却是非常真实的。我并不想在河中游泳，不需要喝这里的水，也不想在它的沿岸买不动产。我的狭隘的个人利益并未受到影响，但是，不知怎么地我个人还是受到了伤害。在自我发现的那一刹那间，我想到，这河是我的一部分。"这就是我们所说的生态意识。

环境伦理学不只是要揭示人与自然关系中的伦理关系，更重要的是要通过对这种关系的阐述建立起另一种行动的原则，而能否将行动的原则付诸实施则需要我们每一个人的努力了。

7.4　环境伦理学的实践

人与自然协同进化的环境伦理，既是一种新的环境道德理念，更是一种指导人类活动的行为规范，它广泛渗透并应用于决策、科学技术和工程、人口和生态保护以及可持续发展、环境法制和环境教育等社会领域之中。

7.4.1　决策中的环境理论

生态环境是公共财富，生态环境利益是公共利益。面对经济发展与生态环境保护的大量冲突，政府和企业的决策至关重要。决策的科学与否，对环境保护影响极大。环境问题的产生有着各种各样的因素，其中一个重要的原因，就是在经济和社会发展重大问题的决策过程中，由于环境意识的缺乏，没能充分考虑环境的影响，忽视了环境的承受能力，最终导致了经济发展产生的环境压力与环境实际承受能力失去平衡和协调，引起大量决策失误问题。

7.4.2　科学技术与工程中的环境伦理

世界上所有的金钱和技术都不能代替生物圈的自动调节机制，传统人类中心主义的价值观念指导下的科技发展，已经造成人与自然关系的生态错位，如果不加以变革，人与自然关系就会更加恶化。因此，必须转变传统的科学发展模式，由传统的征服自然的价值观转变到人与自然协调进化的价值观，确立科技有限论的基本观念。科技和工程项目造成的生态环境风险应低于人类能够承受的风险。

7.4.3　人口环境伦理

在当今人类面临的各种生态环境问题中，最大的挑战来自人类自身。即人类本身的种群数量问题。威胁人类改善生活条件的粮食不足、资源短缺和环境恶化等问题，莫不与人口迅速增长有着十分密切的关系，人口问题是当代最基本的生态环境问题。

人口的增长不是孤立的现象，它在客观上受到物质资料生产和自然条件等各种因素的制约，反过来又给这些因素一定的影响。如果人口增长不能同社会生产和生态环境相适应，不仅会造成社会关系的失调，影响人类群体的生存问题，同时也会使地球生态系统生存失衡，影响地球上其他生物的生存，人口问题也因此具有深刻的环境伦理意义。

7.4.4　生态保护中的环境伦理

生态环境的保护主要面临两个方面的环境伦理问题：一方面是生态保护问题；另一方面是资源如何符合环境道德的利用问题。在自然界中，我们观察到的具体的自然事物为什么是这个样子，或为什么具有这样或那样的性质，不是由这个具体的事物决定的，而是由它的整体决定的，而这个整体又是由更大的整体决定的，以此类推，我们看到的任何生态类型、湿地、森林、草原等都是自然界不可分割的组成部分，它们具有同一性也具有特殊性，这就是自然界的自然选择和安排。实质上，人与自然协同进化的环境伦理是学习大自然高尚的道德，利他与利己的进化、共生共荣的协同，是我们应当确立的人与自然伦理关系的一般立场。但是，我们在与自然的相互依存中更偏重于高尚的利他主义。

7.4.5　环境伦理与可持续发展

面对人类社会发展的困境，环境伦理学和可持续发展理论在不同层面，从不同角度作出了异曲同工的阐发。环境伦理学是人类社会的行为范式，可持续发展是人类社会的发展模式。其产生的时代背景是相同的，所追求的保护地球的目标是一致的，环境伦理学侧重于伦理观的阐释，可持续发展侧重于发展观的论述。当代环境伦理学的思想被广泛吸纳到可持续发展理论之内，充分体现在可持续发展的基本理论当中，为可持续发展提供了理论基础。可持续发展的理论和实践充分证明了当代环境伦理学研究的必要性和它对现实的引导作用。两种理论相互渗透，互为补充，独立发展。

7.4.6　环境伦理与环境法制

环境法发展到目前，它的一个显著特点是，环境法还要体现人与自然的关系，而这种关系还要受自然规律和生态规律的制约和支配。这正是环境法治与环境伦理的结合点。环境法的立法和实施过程，在继承了人类丰富的历史遗产的同时，也吸收了当代环境保护运动中形成的环境保护思想，可持续发展理论、环境法学理论和环境伦理学的思想精华，环境伦理学主张的与自然和谐相处和公平性两大原则在环境法治中得到了充分体现。环境法治与环境道德的关系正如一般的法治和道德的关系一样，环境法治是用法律条文来约束人们的环境行为，具有他律性；环境道德是用道德规范来约束人们的环境行为，具有自律性。当代环境法治与环境道德同样来源于当代人类的环境保护思想，包括环境伦理道德思想，环境伦理学的发展促进了环境法治的建设与完善。

7.4.7　环境道德与环境教育

环境道德教育是当代人教育的一项新的内容，它是环境教育的一个重要组成部分，也是我国环境社会主义精神文明建设的一个重要组成部分。

环境道德教育或环境伦理教育的概念目前还没有一个统一的界定，它是环境教育的一个重要组成部分，中国环境道德教育是和环境教育一起发展起来的。环境道德教育一般是指通过一定的社会结构，为推动人类社会的繁荣富强、文明进步、环境优美，为促进人与自然和谐，为实现社会主义的环境公正而有组织、有计划地对全体社会成员传授环境道德知识和培养环境道德素质的活动。

环境道德教育的基本功能和一般环境教育一样，知识教育侧重的内容有所不同。其基本功能包括两个方面：一方面是传授环境伦理和环境道德知识，包括环境伦理学、环境道德规范等。另一方面是养成教育，使人们养成良好的环境道德习惯，自觉遵守环境道德规范，理智地约束自己的环境行为。传授知识和养成教育是知与行的关系，在教育的过程中两者是不能截然分开的，人们在具有丰富的环境道德知识以后，才能提高自身的综合素质和修养，因此，环境道德教育也是素质教育的一个重要方面。

参 考 文 献

余谋昌，王耀先.2004. 环境伦理学. 北京：高等教育出版社

思 考 题

环境伦理学研究的主要内容是什么？

第8章 可持续发展的基本理论与实践

8.1 可持续发展的基本理论

8.1.1 可持续发展理论的产生及演化

人类的整体环境意识先后孕育了两个标志性成果，一是 1972 年在斯德哥尔摩召开的"世界环境大会"及发表的《世界环境宣言》；二是 1992 年在巴西里约热内卢召开的"世界环境与发展大会"及会议的标志性成果《21 世纪议程》。"可持续发展"思想的由来可追溯至"世界环境大会"，它被认为是人类关于环境与发展问题思考的第一个里程碑，大会通过了具有历史意义的文献《人类环境宣言》。会议报道中写道："实际上联合国对这次会议的要求，显然是要确定我们应当做些什么，才能保持地球不仅成为现在适合人类生活的场所，而且将来也适合子孙后代居住。"此次会议引起了人类对环境与发展的全面关注和深层次的思考。

1992 年 6 月在巴西里约热内卢召开的联合国环境与发展大会，是人类有关环境与发展问题思考的第二个里程碑。这次会议确立了可持续发展是人类社会发展新战略。会议通过了《里约热内卢环境与发展宣言》和《21 世纪议程》，第一次把可持续发展由理论和概念推向行动。这次会议以可持续发展为指导思想，加深了人们对环境问题根源于实质的认识，把环境问题与经济、社会发展结合起来，树立了环境发展相互协调的观点，明确了在发展中解决环境问题的新思路。可以说"可持续发展"是一个集生态、环境、经济和政治为一体的综合性概念。而且，随着人类对环境与发展问题的不断探索，"可持续发展"理论将会不断丰富和发展。

来自不同学科的学者，分别从本学科的角度出发，提出了不同的有关可持续的看法。总的来说，可持续发展实质是一个系统全方位的趋向于组织优化、结构合理、运行顺畅的均衡、和谐的演化过程，可持续发展的终极目标是一个人类自古追求的至高无上的理想——完美。但是所谓的"完美"，只是一种理想，由于人类认识的局限性，不同发展阶段对发展的目标有不同的认识和要求，这就构成了可持续发展的阶段性特点。

8.1.2 可持续发展理论的基本内涵

"可持续发展"的基本内涵是："既满足当代人的需要，又不对后代人满足其自身需要的能力构成危害的发展"。尽管国内外对其有许多不同的定义，但归纳起来，可持续发展理论基础内涵的五个要素如下：①环境与经济是紧密联系的；②代际公平（要考虑后代人的生存发展）；③代内公平（社会平等）；④在提高生活质量的同时要维护生态环境；⑤公众参与。

这五大要素有助于不同观点间的相互沟通，力图改变将环境与经济对立的认识方式和传统观念，将关心人类的后代利益上升为一切活动的基础之一，并从人类可持续生存的高度审视了人类贫富不均两极分化的格局，认为"一个相差悬殊的世界是不能持续的"。这些对于当今社会、经济和环境的协调发展以及人类的未来都是至关重要的。

8.1.3　可持续发展的基本原则

可持续发展力图表明这样的思想：可持续生存不意味着人类生活在"刚刚能活"的生活质量水平上，相反，关注生活质量的提高，强调没有广大公众的积极参与就不会有真正意义上的"发展"可言。也就是说，就其社会观来说，可持续发展理论主张代内公平分配并要兼顾后代人的需要；就其经济观来说，主张建立在保护地球生态系统基础上的可持续的经济发展；就其自然观而言，主张人类与自然的和谐共处。因此可持续发展的基本原则可归纳为以下 3 点。

（1）公平性原则。可持续发展强调应该追求两方面的公平：一个是当代人的公平即代内平等。可持续发展理论主张满足全体人民的基本需求，给全体人民机会以满足他们要求较好生活的愿望。要给世界以公平的分配和发展权，要把消除贫困作为可持续发展进程特别优先的问题进行考虑。二是代际间的公平即世代公平等。当代人不能因为自己的发展与需求而损害人类世世代代满足需求的条件——自然资源与环境。

（2）持续性原则。持续性原则是指人类的经济建设和社会发展不能超越自然资源与生态环境的承载能力。人类发展对自然资源的耗竭速率应充分顾及资源的临界性，应以不损害支持地球生命的大气、水、土壤、生物等自然系统为前提。实现可持续发展有许多限制因素，主要的限制因素是资源与环境。资源的永续利用和生态环境的可持续是实现可持续发展的根本保证。人类应该据此调整自己的生活方式，而不应过度地生产和奢侈浪费。

（3）共同性原则。由于不同国家的历史、经济、文化和发展水平不同，各国可持续发展的具体目标、政策和实施步骤应是多元化的，但可持续发展作为全球发展的总目标所体现的公平性原则和持续性原则，则是应该共同遵从的，从根本上说，贯彻可持续发展就是要促进人类自身之间、人类与自然之间的和谐，这是人类共同的责任。

8.2　可持续发展指标体系

自从 1987 年《我们共同的未来》（*Our Common Future*）出版以来，可持续发展作为一种新的发展理念和模式已逐渐为世界各国所接受。尽管已经成为普遍共识，但是，可持续发展如何从一个概念进入可操作的实践，仍然是一个世界各国政府、学术研究机构和企业界正在努力寻求解决的问题。

首先要解决的问题是，不从抽象的概念出发，何为可持续发展？因此，必须建立一个定量化工具，能够测量和评价一个国家或地区可持续发展的状态和程度。这个工具就是可持续发展指标体系，通过建立该体系，构建评估信息系统，评价可持续发展水平，揭示发展过程中的社会经济问题和资源环境问题，分析导致不可持续性的原因，为可持续发展战略的具体实施指明努力方向，为调整发展规划提供科学依据，从而引导政府更好地贯彻可持续发展战略。

目前，世界上不同国际组织机构、不同学者提出了很多可持续发展的指标体系及其定量评价模型，但迄今为止，还没有一套公认的标准体系及评价方法。概括起来讲，国际上建立的评价可持续发展的指标体系已形成 4 大学科主流方向，即生态学方向、经济学方向、社会政治学方向和系统学方向。它们分别从各自的角度提出了判定可持续发展程度的指标体系。

8.2.1　生态学方向的指标体系

生态学家认为，可持续发展就是人类在维护自然界生态平衡的动态过程中的发展。因此，生态学家们在考查和评价可持续发展时，更多地专注于人类的发展活动对自然界的自我平衡能力、生态服务能力、自我修复能力的影响等方面，比较有代表性的指标体系有生态足迹、生态服务指标、生态系统健康指数框架、美国国家尺度生态指标、中国的生态环境能力评价指标等，这里仅介绍目前在国际上运用较多的生态足迹指标。

1. 生态足迹的提出

生态足迹（ecological footprint），如图 8-1 所示，最早是由加拿大生态经济学家威廉（William）等在 1992 年提出的，并在 1996 年由其博士生瓦克纳戈尔（Wackernagel）完善的一种度量可持续发展程度的方法，是最具有代表性的基于土地面积的可持续发展量化指标。瓦克纳戈尔将生态足迹形象地比喻为"一只承载着人类与人类所创造的城市、工厂……的巨脚，踏在地球上留下的脚印"。生态足迹这一形象化概念，既反映了人类对地球环境的影响，也包含了可持续性机制。即当地球所能提供的土地面积再也容纳不下这只巨足时，其上的城市、工厂就会失去平衡；如果巨足始终得不到一块允许其发展的立足之地，那么它所承载的人类文明终将坠落与崩溃。生态足迹是一只环境的大脚，生态足迹越大，环境破坏就越严重。

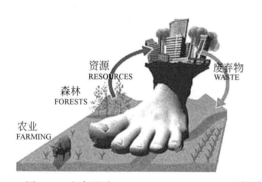

图 8-1　生态足迹（Ecological footprint）示意图
（Environment Wai Kato, 2005）

2. 生态足迹的计算

生态足迹通过建立数学模型，来计算在一定的人口与经济规模条件下，维持资源消费和废物消纳所必需的生物生产面积（Biologically productive area），包括陆地和水域，计算的尺度可以是某个人、某个城市或某个国家。生态足迹突出了与可持续发展紧密相关的主题：①人类消费的增加及其后果；②可持续发展所依赖的关键资源——生物生产性陆地和海洋；③可获得资源的分布状况；④贸易对可持续发展的影响和在环境压力下区域资源的重新分配问题。

生态足迹测量了人类生存所需的真实的生物生产面积。将其同国家或区域范围内所能提供的生物生产面积相比较，就能够判断一个国家或区域的生产消费活动是否处于当地的生态系统承载力范围之内，若超出了当地最大的生态系统承载力，就会出现生态赤字。生态赤字可通过三条途径来减少：①增加土地的产出率；②提高资源的利用效益；③改变人们的生活消费方式。

3. 生态足迹的应用

生态足迹方法自提出以来，得到了世界范围的强烈反响，该方法迅速得到广泛的推广，并在实践中不断完善。由世界自然基金会（WWF）、伦敦动物学学会以及全球足迹网络共同编写的《地球生命力报告 2012》也使用该指标"生态足迹"来衡量全球的环境发展状况。报告显示，我们都需要食物、水和能源。我们的生命依赖于地球。大自然是我们生存和发展的基础。全球生物多样性在 1970～2008 年下降了 28%，热带地区下降了 60%，人类对自然资源的需求自 1966 年翻了一番，我们正在使用相当于 1.5 个地球的资源来维持我们的生活。高收入国家的生态足迹是低收入国家的 5 倍，图 8-2 清楚地表明高收入国家的人均生态足迹远远高于低收入和中等收入的国家。按目前的模式预测，到 2030 年，我们将需要两个地球来满足我们每年的需求。

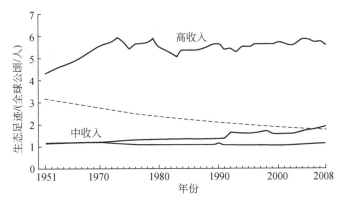

图 8-2　1961～2008 年高、中、低收入国家人均生态足迹变化
黑虚线代表世界平均生物承载力（全球足迹网络，2011）

同时生态足迹研究还指出人类持续过度消耗资源的趋势，2008 年，全球总生物承载力是 120 亿全球公顷，人均 $1.8hm^2$；而人类的生态足迹是 182 亿全球公顷，人均 $2.7hm^2$。用于吸收碳排放的森林用地是生态足迹的最大组分（55%）。

这一差距意味着我们正处于生态超载状态；地球要花费一年半的时间才能重新生产人类一年用掉的可再生资源。我们正在消耗的是我们的自然资本，而不是它产生的利息。由此我们更应该注重环境的可持续发展，做到人与自然和谐相处。

8.2.2　经济学方向的指标体系

经济学家认为，可持续发展的经济是社会实现可持续发展的基础。在经济学方向上最具有代表性的指标是绿色 GDP（Gross Domestic Product，国内生产总值）和真实储蓄率，它们为评价一个国家或地区的可持续发展能力的动态变化提供了有力判据。

1. 绿色 GDP

绿色 GDP，经济学家称为环境近似调整后的国内生产净值（Approx Environmental Adjusted Net Domestic Product，AEANDP），是对 GDP 扣除资源消耗和环境污染损失以后的修正核算。

1）传统 GDP 的缺陷

传统衡量经济发展状况最重要的指标是 GDP，GDP 代表着目前世界上通行的国民经济核算体系。无论是在国家整体水平上还是在人均水平上,它们的增长都被传统经济学家认为是有益的。GDP 主要有两种统计方法,一种是收入法,它是全部要素所有者收入(如工资、利润、利息等)的汇总数。另外一种是支出法,它是全部要素所有者支出(如消费品、投资品、政府采购和净出口等)的汇总数。收支两个数是相等的。GDP 能较准确地说明一个国家的经济产出总量,较准确地表达出一个国家国民收入的水平。GDP 增长象征着一个健康的市场,意味着一个有活力的经济体系;GDP 下跌则意味着工作岗位的减少、失业、经济衰退以及政府已经不适于管理国家。

但是,这种以 GDP 为代表的传统国民经济核算账户有很大的缺陷,其中之一就是没有把资源损耗和环境破坏计算在内。正如美国经济学家罗伯特·里佩托(R. Repetto)所指出的:"一个国家可以耗尽它的矿产资源,砍伐它的森林,侵蚀它的土壤,污染它的地下水,杀尽它的野生动物,但是,可测量的国民收入却不会因这些自然资产的消失而受到影响"。这段话是对评估经济发展具体方法的典型描述。从 GDP 中,只能看出经济产出总量或经济总收入的情况,却看不出这背后的环境污染和生态破坏。环境和生态是一个国家综合经济的一部分,由于没有将环境和生态因素纳入其中,GDP 核算法就不能全面反映国家的真实经济情况,核算出来的一些数据有时会很荒谬,因为环境污染和生态破坏也能增加 GDP。例如,发生了洪灾,就要修堤坝,这就造成投资的增加和堤坝修建人员收入的增加,GDP 数据也随之增加。又如,环境污染使病人增多,这明摆着是痛苦和损失,但同时也使医疗产业大发展,GDP 也跟着大发展。这样,就存在着一种不合理性:一个国家或地区 GDP 的增长以其资源的不合理开采为代价,从而导致该国家或地区丧失未来进行生产的潜力,即不可持续。因此,在计算国民收入时要考虑资源和环境损失,并对原收入额进行修正,以测量一个国家或地区经济的可持续性。

2)绿色 GDP 的采用

目前,绿色 GDP 的环境核算虽然困难,但在发达国家还是取得了很大成绩,有些国家已经开始试行绿色 GDP,但迄今为止,全世界上还没有一套公认的绿色 GDP 核算模式,也没有一个国家以政府的名义发布绿色 GDP 结果。

挪威 1978 年就开始了资源环境的核算。重点是矿物资源、生物资源、流动性资源(水力)、环境资源,还有土地、空气污染以及两类水污染物(氮和磷)。为此,挪威建立起了包括能源核算、鱼类存量核算、森林存量核算,以及空气排放、水排泄物(主要人口和农业的排泄物)、废旧物品再利用、环境费用支出等项目的详尽统计制度,为绿色 GDP 核算体系奠定了重要基础。

芬兰也建立起了自然资源核算框架体系。其资源环境核算的内容有三项:森林资源核算、环境保护支出费用统计和空气排放调查。其中最重要的是森林资源核算。森林资源和空气排放的核算,采用实物量核算法;而环境保护支出费用的核算,则采用价值量核算法。

实施绿色 GDP 的国家还有很多,主要是欧美发达国家,如法国、美国等。作为发展中国家的墨西哥,也率先实行了绿色 GDP。1990 年,在联合国支持下,墨西哥将石油、各种用地、水、空气、土壤和森林列入环境经济核算范围,再将这些自然资产及其变化编制成实物指标数据,最后通过估价将各种自然资产的实物量数据转化为货币数据。这便在传统国内生产净产出(Net Domestic Product, NDP)基础上,得出了石油、木材、地下水的耗减成本和土地转移引起的损失成本。然后,又进一步得出了环境退化成本。与此同时,在资本形成概念基础上还产生了两个净积累概念:经济资产净积累和环境资产净积累。这些经验,对我国建立自己的绿色 GDP 核算体系有着极大的参考价值。

中国第一份"绿色 GDP（国内生产总值）"账单报告名为《中国绿色国民经济核算研究报告 2004》。2004 年，中国因环境污染造成的损失为 5118 亿元，占当年 GDP 的 3.05%。虚拟治理成本（指目前排放到环境中的污染物，按照现行的治理技术和水平全部治理所需要的支出），也将高达 GDP 的 1.8%。这只是绿色 GDP 这个宏大构图中的一角而已，而彻底厘清绿色 GDP 所要继续付出的努力，很可能远远超出我们的想象。

最高决策层明确了对绿色 GDP 的态度后，国家环保局和国家统计局于 2004 年 3 月联合启动了《综合环境与经济核算（绿色 GDP 核算）研究》项目，为这一浩繁的巨大工程正式拉开帷幕。项目计划将在部分省市进行试点，虽然实行绿色 GDP 困难重重，但是随着这项工作的推进，我国绿色 GDP 核算将不断完善，能更加客观地反映我国国民经济增长的可持续发展状况。

2. 真实储蓄率

从亚当·斯密时代开始，对国民财富（wealth of nation）的性质和成因的探讨就成为经济学研究的重要任务之一。储蓄是宏观经济分析中常用来衡量一个国家国民财富和经济发展状况、潜力的指标。真实储蓄直接来源于这一概念，但是加入了可持续发展的观念。从现代经济分析的角度看，实现"可持续发展"本质上就是一个保持并创造财富的过程。在保证下一代拥有的财富至少与当代一样多的同时保持经济的持续增长是可持续发展关注的首要问题。

1995 年，世界银行（World Bank）在其研究报告《环境进展的监测》中提出了真实储蓄率（Genuine Saving Rate，GSR）的概念，即在考虑一国自然资源损耗和环境污染损害之后所得的储蓄率。1997 年，世界银行在其研究报告《扩展衡量国家财富的手段——环境可持续发展指标》中，进一步完善了真实储蓄作为环境可持续发展指标的衡量方法。

世界银行提出的真实储蓄的基本思路如下：在一个统计期内，以传统的宏观经济指标 GDP 为出发点，从 GDP 中减去社会消费、私人消费和国外借款，可以得到总储蓄；从总储蓄中扣除产品资本的折旧，可以得到净储蓄；然而，净储蓄所关注的问题局限于产品资本，不能真正代表发展的可持续性；因此，以净储蓄为基础，从中扣除因自然资源开发所产生的折旧，以及污染对国民经济所造成的损害，再减去一些长期环境影响所造成的损失（如 CO_2 排放和消耗臭氧层物质 ODS 的排放等），从而得到了一个国家的真实储蓄。它代表了一个国家真正有能力对外借出和对生产性资产进行投资的产品的总量，而真实储蓄除以 GDP 就得到了真实储蓄率。

真实储蓄率试图较为真实和全面地反映了一个国家或地区的发展质量，对国家财富和可持续发展能力的内涵表达更加丰富和合理，能更加准确地评估一个国家真实财富的存量和可持续发展能力现状。例如，1997 年发展中国家的国内总储蓄率（国内总储蓄除以 GDP）为 25%，但国内真实储蓄率仅为 14%，体现了在减去自然资源的消耗和污染损失后，发展中国家积累的真实财富远远低于国民生产总值显示的价值。同样，在印度，1997 年国内总储蓄率为 21%，但真实储蓄率只有 10%；在尼日利亚，国内总储蓄率为 22%，但真实储蓄率为-12%；俄罗斯的国内总储蓄率为 25%，但真实储蓄率为-1.6%；中国的国内总储蓄率为 42%，但真实储蓄率为 32%。

8.2.3　社会政治方向的指标体系

社会学家认为，建立可持续发展的社会是人类社会发展的终极目标。它以社会可持续发展为研究对象，以人口增长与控制、消除贫困、社会发展、分配公正、利益均衡等可持续发展的社会问题作为基本研究内容，其焦点是力图把"经济效益与社会公正取得合理的平衡"作为可持续发展的重要判据和基本手段，这也是可持续发展所追求的社会目标和伦理规则。在社会学研究方向中，最具有代表性的指标体系是联合国开发计划署（UNDP）于 1990 年开发的人文发展指数（Human Development Index，HDI）、可持续经济福利指数（Index of Sustainable Economic Welfare，ISEW）以及真实发展指数（Genuine Progress Indicator，GPI）。这里仅就 HDI 和 GPI 作一简单的介绍。

1. 人文发展指数（HDI）

联合国开发计划署（UNDP）于 1990 年 5 月在第一份《人类发展报告》中，首次公布了人文发展指数，是将反映人类生活质量的三大要素指标——"收入、寿命、教育"合成为一个复合指数，以此衡量一个国家的进步程度。"收入"是指实际人均 GDP 的多少；"寿命"是指出生时预期寿命，以反映营养和环境质量状况；"教育"是指公众受教育的程度，也就是可持续发展的潜力。"收入"通过估算实际人均国内生产总值的购买力来测算，"寿命"根据人口的平均预期寿命来测算，"教育"通过成人识字率（占 2/3 权数）和大、中、小学综合入学率（占 1/3 权数）的加权平均数来衡量。

虽然"人类发展"并不等同于"可持续发展"，但该指数的提出仍有许多有益的启示。HDI 强调了国家发展应从传统的"以物为中心"转向"以人为中心"，强调了追求合理的生活水平而并非对物质的无限占有，向传统的消费观念提出了挑战。HDI 将收入与发展指标相结合，人类在健康、教育等方面的社会发展是对以收入衡量发展水平的重要补充，倡导各国更好地投资于民，关注人们生活质量的改善，这些都是与可持续发展原则相一致的。

《2005 年人文发展报告》依据人文发展指数，将纳入统计的 177 个国家和地区人文发展水平分为三类：①高人文发展水平（HDI 值为 0.799 及以上）；②中等人文发展水平（HDI 值为 0.500~0.799）；③低人文发展水平（HDI 值为 0.500 及以下）。处于高人文发展水平的国家和地区有 57 个，其平均 HDI 值为 0.895；中等人文发展水平有 88 个，其平均 HDI 值为 0.718；低人文发展水平有 32 个，其平均 HDI 值为 0.486。

2011 年的发展报告中，挪威以其人文发展指数高居榜首，排在世界第二位和第三位的是澳大利亚和新西兰。而非洲国家刚果（金）、尼日尔和布隆迪排在有统计数字的 178 个国家中的倒数后三位。中国在人类发展指数排名中位于第 101 位，属于中等人类发展水平国家。

随着改革开放的不断深入和经济的持续发展，中国社会和经济发展水平有了明显提高。"人文发展指数"进一步确认了一个经过多年争论并被世界初步认识到的道理："经济增长不等于真正意义上的发展，而人文发展才是正确的目标。"

2. 真实发展指数（GPI）

真实发展指数（GPI）是衡量国家经济福利的一个指标。但是它扩展了传统的国民经济核算框架，把家庭和社区领域及自然环境的经济贡献和传统上所衡量的经济生产的贡献都包括在内。GPI 向公民和政策制定者提供更为准确的信息，显示经济的全面健康程度和国家的发展状况随时间的变化。

真实发展指数（GPI）是 1995 年由旨在模拟美国人所期待的未来，并研究如何实现这一目标的非营利性的、无党派的公共政策研究室"发展重定义组织"（Redefining Progress）建立的，用以克服 GDP 的缺陷。"发展重定义组织"通过研究报告和公众教育，提倡综合政策以解决社会、经济和环境的问题。1995 年，Clifford Cobb 联合另外两位学者发表了论文《为什么美国的 GDP 增加了，福利却下降了？》，该文从社会政治学的角度深入分析了 GDP 作为衡量经济发展和社会福利的指标所存在的缺陷，提出需要发展一个新的监测方法。

真实发展指数（GPI）融入了 GDP 所忽略的一些重要经济社会指标，包括：①家庭和社会劳动；②犯罪；③其他的防御性支出；④收入分配；⑤资源耗竭和生态退化；⑥休闲损失。该指标从个人消费数据（也是 GDP 的基础）开始，但对传统的国民经济核算账户做了重大调整。它修正了一些因子（如收入不均指数），增加了一部分价值（如家务劳动的价值），减去了一部分成本（如犯罪和污染的成本）。由于 GDP 和 GPI 都是通过货币形式来衡量的，所以它们可以在同一尺度上进行比较。调整后的真实发展指数（GPI）是一个综合的指标体系，它包含社会、经济和环境 3 个账户的核算，分析各自的效益和成本，从而衡量区域的可持续发展状况。

"发展重定义组织"在 1995 年提出真实发展指标之后，首先在美国开展了案例研究。如图 8-3 所示为 1950~2002 年美国 GDP 和 GPI 的变化。

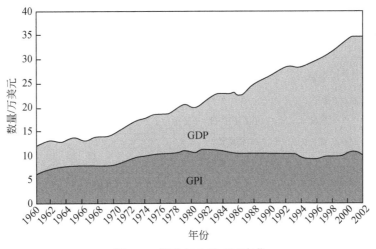

图 8-3　美国 GDP 和 GPI 变化

其研究结果表明，1950~1995 年，美国人平均 GDP 大约增加了一倍，可是 GPI 却自 1970 年以后降低了约 40%，而且是加速下降。GPI 问世之后，许多美国人说，美国 GPI 的变化比较接近美国人民的真实感觉。自 1970 年以来美国的真实福利在不断下降，这种与 GDP 成长幻觉的差异，使美国人开始思考，美国近 20 年来的假繁荣是以犯罪、牺牲下一代福利的方式换来的。他们的研究认为：如果公众的情绪从根本上说是一种晴雨表，则似乎 GPI 比 GDP 更接近于美国人民在日常生活中实际所感受到的经济状况，它解释了为什么尽管政府宣布经济在发展和增长，而人民却感到日益的沮丧。

8.2.4　系统学方向的指标体系

可持续发展的系统学研究方向认为可持续发展研究的对象是"自然—经济—社会"这个复杂巨系统，只有应用系统学理论和方法，才能更好地表达可持续发展理论博大精深的内涵。该方向的突出特色是以综合协同的观点，体现可持续发展本质特征的"发展度"、"协调度"、"持续度"三者的协调关系。该研究方向强调可持续发展的四大基本原则：发展性原则，即财富不因世代更迭而下降；公平性原则，即代际公平、人际公平和区际公平；持续性原则，即"人口、资源、环境、发展"的动态平衡；共同性原则，即体现全球尺度的整体性、统一性和共享性。

1. 联合国可持续发展委员会国家尺度主题指标体系

联合国可持续发展委员会（United Nations Commission on Sustainable Development, UNCSD）于 1995 年启动了可持续发展指标项目。起初，UNCSD 使用了压力—状态—响应（PSR）框架体系，但该体系在测试的国家中很少使用，只好放弃。后来 UNCSD 开始建立基于环境或可持续发展主题本身的可持续发展指标体系，最终在 2001 年发布了研究结果。正如 UNCSD（2000）所说："该指标体系的建立，旨在将可持续发展的理念概念化，以支持政策制定者在国家层次上做出明智的决策"，该指标体系见表 8-1。

表 8-1　UNCSD 关于创新项目的主要领域、主体和次主题指标体系

主要领域	主　题	次主题
社会	平等	贫困、性别平等
	健康	营养状况、死亡率、卫生设施、饮用水、健康分娩
	教育	教育水平、识字水平
	居住	居住条件
	安全	犯罪率
	人口	人口变化
环境	大气	气候变化、臭氧层枯竭、空气质量
	土地	农业、林业、荒漠化、城市化
	海洋和海岸带	海岸带、渔业
	淡水	水量、水质
	生物多样性	生态系统、物种
经济	经济结构	经济运行、贸易、财政状况
	消费与生产模式	材料消耗、能源利用、废弃物产生与管理、交通运输
制度	制度框架	可持续发展战略的实现、国际合作
	制度效能	信息准入、交流的基础设施、科学与技术、灾害应对

2. 中国科学院可持续发展研究组提出的"可持续能力"（SC）指标体系

中国科学院可持续发展战略研究组按照可持续发展的系统学研究原理，提出并逐步完善了一套"五级叠加，逐层收敛，规范权重，统一排序"的可持续发展指标体系。该指标体系分为总体层、系统层、状态层、变量层和要素层五个等级，系统层将可持续发展总系统解析为五大子系统：生存、发展、环境、社会和智力。

生存支持系统——是实施可持续发展的临界基础；发展支持系统——实施可持续发展的动力牵引；环境支持系统——实施可持续发展的约束限制；社会支持系统——实施可持续发展的组织保证；智力支持系统——实施可持续发展的科教支撑。其中，任何一个子系统出现失误与崩溃，最终都会毁坏可持续发展总体能力。变量层采用 45 个"指数"，要素层采用了 219 个"指标"，全面系统地对于 45 个指数进行了定量描述。一个国家或区域可持续发展的评估，其数量评判用总体能力代表，其质量评判用比较优势能力代表，两者共同构筑了可持续发展水平的总体评价。

8.3　可持续发展的实践

可持续发展指标体系建立后，其次要解决的问题是，在实践中如何做到可持续发展？目前，各国政府在思想家、科学家和企业家的支持下，从理论到实践都进行了一系列探索，如推广绿色化学等环境友好技术，实施清洁生产，从源头控制污染；倡导产业生态学理论，发展生态工业、生态农业和生态服务业，建设生态城市；鼓励开发资源减量化技术，能源高效和梯级利用技术，废物回收、再加工和再利用技术，发展循环经济，建设资源节约型和环境友好型社会等。其核心思想是要在提高自然资源利用率，降低污染物排放量和大力开展资源循环利用的基础上，获得经济的持续增长和人类社会的持续进步。

8.3.1　循　环　经　济

1. 循环经济的由来

循环经济本质上是以物质闭环流动为特征的生态经济，是对物质闭环流动型经济的简称。从物质流动的方向看，传统工业社会的经济是一种单向流动的线性掠夺经济，即"资源—产品—废物"，而循环经济要求运用生态学规律把经济系统组成一个"资源—产品—再生资源"的反馈式流程，使物质和能量在整个经济活动中得到合理和持久的利用，最大限度地提高资源环境的配置效率，实现社会经济的生态化转向。

循环经济起源于 20 世纪 60 年代美国经济学家鲍尔丁提出的著名的"宇宙飞船理论"。在环境运动兴起的初期，鲍尔丁就敏锐地认识到进入经济过程必须思考环境问题产生的根源。他认为，"污染"是未得到充分利用的"资源剩余"，即只有放错地方的资源，没有绝对无用的垃圾；地球就像在太空中飞行的宇宙飞船，依靠不断消耗自身有限的资源而生存；如果人们像过去那样不合理地开发资源和破坏环境，超出了地球的承载能力，就会像宇宙飞船那样走向毁灭。鲍尔丁最后提出了以新的"循环式经济"代替旧的"单程式经济"，来最终解决资源枯竭和环境污染问题的设想。鲍尔丁的宇宙飞船经济理论在今天看来有相当的超前性，它意味着人类社会的经济活动应该从效法以线性为特征的机械论规律转向服从以反馈为特征的生态系规律。

20 世纪 70 年代，当环境保护运动在国际社会有组织开展之初，循环经济的思想更多地还是先行者的一种超前性理念，没有引起人们更多关注和探索。世界各国主要关注经济活动所造成的生态后果，即采取所谓"末端治理"的方式来整治环境污染，将经济运行机制本身置于视野之外。进入 20 世纪 80 年代，人们注意到要采取资源化的方式处理废弃物，思想上和政策上都有所升华。但对于污染物的产生是否合理这个根本性问题，是否应该从生产和消费源头上防止污染产生，多数国家仍然缺少思想上的洞见和政策上的举措。直到 20 世纪 90 年代，随着可持续发展战略思想的全球共识和积极响应，源头预防和全过程治理才开始替代末端治理成为各国环境与发展政策的真正主流，零敲碎打的做法才有可能合成为一套系统的思想和发展战略，即循环经济（Circular Economy）。

2. 循环经济的行为准则

循环经济系统的建立和实施依赖于"减量、再用、循环"的行为原则（称之为 3R 原则），以实现对产品和服务的前端、过程和末端的资源消费的控制和优化。减量（Reduce）原则属于输入端方法，旨在减少进入生产和消费流程的物质量；再用（Reuse）原则属于过程性方法，目的是延长产品和服务的时间强度；循环（Recycle）原则是输出端方法，通过将废物资源化使之回到经济循环中，以减少资源输入量和最终处理量。

3R 原则的重要性是不一样的。循环经济的根本目标是要求在经济流程中系统地避免和减少废物产生，而废物再生利用只是减少废物最终处置量的方式之一。因此循环经济的 3R 原则并非并列，在具体操作上有先后顺序，即避免产生——→循环利用——→最终处置。

减量优先是循环经济实践的最基本原则和要求，在经济活动中首先要从经济源头减少废物产生量，对于源头不能削减的和消费后的可利用废物（包括包装、过时产品、旧货等）要加以回收利用，使之回到经济循环中去；只有当避免产生和回收利用都不能实现时，才允许将最终废物（即处理性废物）进行环境无害化的处置。事实上，再循环本质上仍然是一种"末端"措施，虽然可以减少废弃物最终的处理量，但不一定能够减小经济过程中的物质流动速度以及物质使用规模。此外，以目前方式进行的再生利用本身往往是一种非环境友好的处理活动，因为这个过程需要耗费矿物能源，还有可能产生二次污染。通过再生利用的物质中资源含量太低，再生成本就会很好，只有高含量的再生利用才有利可图。

循环经济 3R 原则的排列顺序，实际上反映了 20 世纪下半叶以来人们在环境与发展问题上思想进步走过的三个历程：首先，以环境破坏为代价追求经济增长的理念终于被抛弃，人们的思想从排放废弃物进到了要求净化废物（通过末端治理方式）；随后，由于环境污染的实质是资源浪费，因此要求进一步从净化废物升华到利用废物（通过再生和循环）；今后，人们将认识到利用废物只是一种辅助性手段，环境与发展协调的最高目标应该是实现从利用废物到减少废物的质的飞跃。

8.3.2　清　洁　生　产

1. 清洁生产的由来

长期以来，科技的进步和工业的发展多着眼于开发新材料、新产品、新工艺，关注的是新材料的性质、新产品的功能、新工艺的效率，追求的是产品的产量、产品的质量以至寿命，有时也考虑产品的成本，以便获取更大的利润，而工业产品本身及工业生产过程对环境的破坏和危害，却长期被忽略。因此造成了资源的大量浪费，污染的大量排放，甚至还使用或生产了很多有毒有害物质，对人类危害深重。

在这种思想的影响下，工业生产过程中大量投入的能源、资源并没有全部转化为最终产品，其中相当一部分甚至大部分却转化成了废物排入环境，造成了越来越严重的环境污染。20 世纪 60 年代以来，为了减轻发展给环境所带来的压力，工业化国家通过各种方式和手段对生产过程末端的废物进行处理，这就是所谓的 "末端治理"。这种方法可以减少工业废弃物向环境的排放量，但很少影响到核心工艺的变更，在工业发达国家中取得了广泛的应用。"末端治理" 的思想和做法也已经渗透到环境管理和政府的政策法规中去。但实践逐步表明末端治理并不是一个真正的解决方案。很多情况下，末端治理需要昂贵的建设投资和惊人的运行费用，末端处理过程本身要消耗资源、能源，并且也会产生二次污染，使污染在空间和时间上发生转移。因此，这种措施是不符合可持续发展战略的，是不能从根本上解决环境污染问题的。

对于 "末端治理" 的分析批判导致了解决环境污染问题新策略的诞生。20 世纪 70 年代，许多关于污染预防的概念，如 "污染预防"、"废物最小化"、"减废技术"、"源削减"、"零排放技术"、"零废物生产" 和 "环境友好技术" 等相继问世，都可以认为是清洁生产的前身。1989 年联合国环境规划署（UNEP）在总结工业污染防治概念和实践的基础上提出了清洁生产的概念，并在 1990 年英国坎特布里召开的第一次国际清洁生产高级研讨会上正式推出了清洁生产的定义：清洁生产是指对工艺和产品不断运用综合性的预防战略，以降低其对人体和环境的风险。自此，在联合国的大力推动下，清洁生产逐渐为各国企业和政府所认可，清洁生产进入了一个快速发展时期，大量的清洁生产实践表明清洁生产可以达到环境效益和经济效益双赢的目标。

1996 年，联合国环境规划署（UNEP）进一步把清洁生产的内涵从生产过程扩展到产品和服务上，提出了清洁生产的新定义：清洁生产是指将综合性预防的战略持续地应用于生产过程、产品和服务中，以提高效率和降低对人类安全和环境的风险。对生产过程来说，清洁生产是指节约能源和原材料，淘汰有害的原材料，减少和降低所有废物的数量和毒性。对产品来说，清洁生产是指降低产品全生命周期（包括从原材料开采到寿命终结的处置）对环境的有害影响。对服务来说，清洁生产是指将预防战略结合到环境设计和所提供的服务中。

2000 年 10 月在加拿大蒙特利尔市召开的第六届清洁生产国际高级研讨会对清洁生产进行了全面的系统的总结，并将清洁生产形象地概括为技术革新的推动者、改善企业管理的催化剂、工业运行模式的革新者、连接工业化和可持续发展的桥梁。从这层意义上，可以认为清洁生产是可持续发展战略引导下的一场新的工业革命，是 21 世纪工业生产发展的主要方向。

2. 清洁生产的原则

清洁生产所遵循的原则可概括为以下 4 方面。

1）预防性原则

预防性原则包括预防污染的产生，以及保护工厂免受破坏和操作员工免受不可逆转性的不良健康危害。预防性原则寻求改变生产和消费系统的上游部分，即对现行的依赖于过量物质消耗的生产和消费系统进行重新设计。

2）集成性原则

集成性原则，即采用全局的观点和生命周期分析的方法来考虑整个产品生产周期对环境造成的影响，从更大的时间和空间跨度上寻求环境问题的解决方案。

3）广泛性原则

广泛性原则，即要求生产活动所涉及的所有职工、消费者和社区民众的普遍参与，包括工业企业主动提供信息和职工、公众参与重要的决策。

4）持续性原则

清洁生产是一个没有终极目标的活动，需要企业、政府、公众三方共同坚持不懈的努力。

3. 清洁生产的途径

清洁生产的途径应包括企业的经营管理、政府的政策法规、技术创新、教育培训以及公众参与与监督。其中，企业的经营管理是清洁生产的体现主体，政府的政策法规是清洁生产的调控手段，技术创新是清洁生产的强大推动力，教育培训和公众参与是清洁生产的保障。实施清洁生产常用的工具有：清洁生产审计、生态设计、生命周期评价、生态效率分析、公众环境报告、环境标签、环境税等。其中最常用的是清洁生产审计和生命周期评价。

清洁生产审计作为清洁生产最直接和最普遍的实践形式，是企业实施清洁生产的重要方法和工具，是指通过对一家企业的具体生产工艺和操作过程进行细致的调查和分析，掌握该公司产生的废物种类和数量，提出如何减少有毒和有害物料的使用以及废物产生的备选清洁生产方案，在对备选方案进行技术、经济和环境的可行性分析后，选定并实施一些可行的清洁生产方案，进而使生产过程产生的废物量达到最小或者完全消除的过程。

生命周期评价是对产品从最初的原材料采掘、原材料生产到产品制造、产品使用以及产品用后处理的全过程进行跟踪和定量分析与定性评价。它最早起源于对包装品环境问题的评价，当时称为资源与环境状况分析（REPA），其标志为 1969 年美国中西部资源研究所（MRI）开展的可口可乐饮料包装瓶评价。1990 年国际环境毒理学与化学学会（SETAC）首次提出生命周期评价的概念。1993 年 SETAC 出版了《LCA 纲要：实用指南》，为 LCA 方法提供了一个基本技术框架（包括定义目标与确定范围、清单分析、影响评价、影响说明解释四个部分），成为 LCA 研究起步的一个里程碑。1997 年，ISO14040（环境管理——LCA 的原则和框架）、ISO14041（清单分析）、ISO14042（影响评价）和 ISO14043（影响解释说明）相继颁布。

4. 清洁生产技术和方法

清洁生产技术和方法可以按照其作用的对象划分为原料（包括能源）、工艺过程和产品的清洁生产技术；从技术原理的角度可以划分为降低毒性、脱碳化和非物质化的清洁生产技术；从作用层次上可以划分为宏观（区域经济）、介观（装置水平）和微观（分子水平）的清洁生产技术；从实施所需成本分类则可以划分为高费、中费、低费/无费的清洁生产技术。应当指出，清洁生产技术和方法的分类是相对的，实践中更应该注重各种技术的整合。

20 世纪 80 年代末期，美国、日本、德国等相继制定了清洁生产关键技术清单。这些技术大致可分为：①有毒有害原料的替代技术；②节能技术；③物料循环使用或重复使用技术；④先进的催化、分离技术等几大类。20 世纪 90 年代以来，一系列新技术蜂拥而起。绿色化学提倡在分子水平上预防污染，并使原材料得到百分之百的利用。绿色石化行业追求的目标是消除对环境有害的一切产品。绿色制造业从产品设计开始到产品的报废为止，尽可能地使产品的大部分零部件可以在产品更新换代时再利用。汽车工业正在进行一场深刻的变革，传统的石油燃料将被燃料电池所取代，汽车不仅不再是污染空气的罪魁之一，还将更轻巧、更安全。用先进材料和方式设计建造的房屋，即使在酷暑也不用空调，在寒冬则不需采暖。地毯工业将出售地毯改为出租地毯，并开发出容易清洗的地毯，节约了大量资源，减少了大量固体废物。有毒有害的化学品则将会被科学家和工业家所唾弃。

8.3.3　绿色化学技术

1. 绿色化学的概念

绿色化学，又称"可持续发展化学"，主要是为了减少或消除化学反应对环境的污染和生态的破坏，研究新的化学反应体系，包括新的合成方法和路线，探索新的反应条件，寻求新的包括生物资源在内的化学原料，开发能够代替挥发性有机溶剂的溶剂、无毒无害的高效催化剂、减少副产物产生的合成方法，设计和研究新的绿色化学品等。

美国化学会提出了绿色化学 12 项准则，包括了绿色化学各个方面的内容，被公认为是关于绿色化学最权威的解释和说明。这 12 项准则为：①预防环境污染（prevention）；②提高原子经济性（atom economy）；③提倡无害的化学合成方法（less hazardous chemical synthesis）；④设计更安全的化学品（designing safer chemical）；⑤使用更安全溶剂和助剂（safer solvents and auxiliaries）；⑥提高能量的使用效率（design for energy efficiency）；⑦使用可再生的原料（use of renewable feed stocks）；⑧减少衍生物的生成（reduce derivatives）；⑨开发新型催化剂（catalysis）；⑩设计可降解材料（design for degradation）；⑪加强预防污染中的实时分析（real-time analysis for pollution prevention）；⑫防止意外事故的安全工艺（inherently safer chemistry for accident prevention）。

2. 绿色化学的几个实例

1）提高原子经济性，实现污染"零排放"的例子

1991 年斯坦福大学化学教授 M. T. Barry 首先提出了原子经济性的概念，即尽量使参加过程的原子都反应成产物。理想的原子经济反应是原料分子中的原子百分之百地变成产物，不产生副产物和废物，从而实现污染的"零排放"。Trost 强调指出，必须通过合理的设计来使有机合成反应对环境无伤害，一个基本思路是对于工艺过程要进行化学计量学分析。

目前，有许多的有机反应已实现了原子经济反应，如丙烯腈甲酰化制丁醛、甲醇碳化制酯、乙烯或丙烯的聚合、丁二烯和氢氰酸制己二腈等。在有机反应中常用一步反应代替二步或多步的反应来实现原子经济反应。例如，环氧乙烷的传统生产工艺分两步完成，不仅有一些副产物产生，而且还消耗大量的原料，反应过程为

$CH_2 = CH_2 + HOCl \longrightarrow HOCH_2\text{-}CH_2Cl$

$HOCH_2\text{-}CH_2Cl + Ca(OH)_2 \longrightarrow CH_2OCH_2 + 1/2CaCl_2 + H_2O$

在发现可以用银作催化剂后，就可以一步氧化成环氧乙烷。反应过程为

$CH_2 = CH_2 + 1/2O_2 \longrightarrow CH_2OCH_2$

传统方法的原子利用率为 44/173 ≈ 25%，而用银氧化法的原子利用率为 100%。与传统方法相比，不仅提高了原料转化率，同时减少了副产物，也降低了能源消耗。

2）使用更安全溶剂和助剂的例子

在化学合成中广泛应用挥发性有机化合物（VOC），并在油漆、涂料的喷雾和泡沫塑料中起发泡剂的作用。但是大多数的有机溶剂易燃易爆并有一定的毒性，成为环境污染源。所以绿色化学技术开发出环境友好的替代品，如采用超临界流体（super critical fluid）溶剂来代替有机溶剂充当化学反应的介质。

超临界流体是温度和压力处于临界条件以上的流体，它的密度接近液体而黏度却接近气体，扩散系数比液体大 100 倍左右。所以超临界流体在萃取、色谱、重结晶以及有机反应中

表现出特有的优越性。例如，二氧化碳等小分子化合物。因为它们的临界温度和压力都不是很高，并且来源广、价廉无毒。所以在有机合成和分析等方面应用极广。杜邦公司已经将超临界二氧化碳用于聚四氟乙烯的工业生产，超临界二氧化碳还可以用来净化半导体芯片、提取咖啡中的咖啡因、可以用于制备超细微粒。又如，氢溶解度的增加将明显地提高氢化反应的反应速率。而超临界流体正符合这个条件，在超临界流体中氢气很容易和溶剂混匀，使氢化反应容易进行，如以超临界二氧化碳作溶剂的环己烯的氢化反应的速率明显提高。此外，超临界的丙烷和水也可以作为有机溶剂的替代品，以超临界的丙烷为溶剂的脂肪酸酯加氢还原效果很好。

8.3.4　国内外主要实践

发达国家在逐步解决了工业污染和部分生活型污染后，由后工业化或消费型社会结构引起的大量废弃物逐渐成为其环境保护和可持续发展的重要问题。在这一背景下，发达国家的循环经济首先是从解决消费领域的废弃物问题入手，发达国家通过制定法律、实施计划，已经取得了明显的效果。例如，德国于1996年提出了《循环经济与废弃物管理法》；日本于1996年制定了《家电回收利用法》，1997年颁布了《容器包装再利用法》，2000年又公布了《推进形成循环型社会基本法》等。其次，向生产领域延伸，最终旨在改变"大量生产、大量消费、大量废弃"的社会经济发展模式。发展清洁生产和建设生态工业园是发达国家促进工业可持续发展的重要做法。

我国是在压缩型工业化和城市化过程中，在较低发展阶段，为寻求综合性和根本性的战略措施来解决复合型生态环境问题的情况下，借鉴国际经验，发展了自己的循环经济理念与实践。从目前的实践看，中国特色循环经济的内涵可以概括为是对生产和消费活动中物质能量流动方式的管理经济。具体讲，是通过实施减量化、再利用和再循环等3R原则，依靠技术和政策手段调控生产和消费过程中的资源能源流程，将传统经济发展中的"资源—产品—废物排放"这一线性物流模式改造为"资源—产品—再生资源"的物质循环模式，提高资源能源效率，拉长资源能源利用链条，减少废物排放，同时获得经济、环境和社会效益，实现"三赢"发展。

在运行模式上，我国将国外的废物循环利用、建设生态工业园和循环型社会等做法吸收消化，从解决工业、农业污染问题和区域环境问题入手，将其归纳成"3+1"模式。即在小循环、中循环、大循环以及废物处置和再生产业四个层面全面推进循环经济。"3+1"模式可以说是中国特色的循环经济模式，已被各地应用，在学术界也得到认可。

具体做法是，小循环——在企业层面，推行清洁生产，减少产品和服务中物料和能源的使用量，实现污染物产生的最小化；中循环——在区域层面，通过在企业群、工业园区和经济开发区中发展生态工业，建设生态工业园区，把上游生产过程的副产品或废物用作下游生产过程的原料，形成企业间工业代谢和共生关系的生态产业链；大循环——在社会层面，推进绿色消费，建立废物分类回收体系，注重第一、第二、第三产业间物质的循环和能量的梯级利用，最终建立循环型社会；废物处置和再生产业——建立废物和废旧资源的回收、处理、处置和再生产业，从根本上解决废物和废旧资源在全社会的循环利用问题。

参 考 文 献

盛连喜，曾宝强，刘静玲等.2012.现代环境科学导论.北京：化学工业出版社

思　考　题

1. 简述可持续发展理论的基础内涵有哪几个要素。
2. 为什么会有不同的可持续发展指标体系？

第9章 环境经济、环境管理及国际合作

9.1 环 境 经 济

环境经济学是研究如何充分利用经济杠杆来解决对环境污染问题，使环境的价值体现得更为具体，将环境的价值纳入到生产和生活的成本中去，从而阻断了无偿使用和污染环境的通路，经济杠杆是目前解决环境问题最主要和最有效的手段。

9.1.1 绿色 GDP

绿色 GDP 或可持续收入（Sustainable Income，SI）是指一个国家或地区在考虑了自然资源（包括土地、森林、矿产、水和海洋）与环境因素（包括生态环境、自然环境、人文环境等）影响之后经济活动的最终成果，即将经济活动中所付出的资源耗减成本和环境降级成本从 GDP 中予以扣除。改革现行的国民经济核算体系，对环境资源进行核算，从现行GDP 中扣除环境资源成本和对环境资源的保护服务费用，其计算结果可称之为"绿色GDP"。简单地讲，就是从现行统计的 GDP 中，扣除由于环境污染、自然资源退化、教育低下、人口数量失控、管理不善等因素引起的经济损失成本，从而得出真实的国民财富总量。

1. "绿色 GDP"的产生

人类的经济活动包括两方面的活动。一方面在为社会创造着财富，即所谓"正面效应"，但另一方面又在以种种形式和手段对社会生产力的发展起着阻碍作用，即所谓"负面效应"。这种负面效应集中表现在两个方面，其一是无休止地向生态环境索取资源，使生态资源从绝对量上逐年减少；其二是人类通过各种生产活动向生态环境排泄废弃物或砍伐资源使生态环境从质量上日益恶化。现行的国民经济核算制度只反映了经济活动的正面效应，而没有反映负面效应的影响，因此是不完整的，是有局限性的，是不符合可持续发展战略的。因此在改革现行的国民经济核算体系中，需要对环境资源进行核算，从现行 GDP 中扣除环境资源成本和对环境资源的保护服务费用，其计算结果可称之为"绿色 GDP"。

2. "绿色 GDP"的意义

绿色 GDP 这个指标，实质上代表了国民经济增长的净正效应。绿色 GDP 占 GDP 的比重越高，表明国民经济增长的正面效应越高，负面效应越低，反之亦然。

3. 中国如何实现新五年规划的"绿色 GDP"

中国正在竭力应对经济高速发展带来的环境后果。据说，有 10 个省已在尝试测算并报告"绿色 GDP"。"绿色 GDP"是中国最新五年规划的中心，节约、环保的经济增长是其首要任务。据估计，现在中国每单位 GDP 能耗是美国的 3 倍、日本的 9 倍。中国政府希望将能源密集度在 5 年里降低 20%，即便对计划经济而言，这也实属不易。那么，中国何以实现其目标呢？

第一，鉴于中国在蒙特利尔会议上的声明，中国应考虑贯彻《京都议定书》的规定，尽管作为附件一以外的国家，中国没有这种义务。如此一来，中国将承认其作为全球第二大二氧化碳排放国的责任，这也许比人民币升值更重要，而这些措施对于自我生存也是必需的。了解政策讨论的驻华专家表示，中国已预测了未来50年的能源选择，根据《京都议定书》控制人均二氧化碳排放量。很明显，这就是为什么中国在蒙特利尔宣布，它已经在削减温室气体，并承认其空气污染的严重程度。

第二，中国可建立一个内部排放交易机制，按中国自己的规则运行。该机制在珠江三角洲和香港试点后，其规模可能在10年内发展为全球最大。

第三，中国的汽车引擎必须实现飞跃，先使用混合动力，然后使用氢燃料。中国的汽车增长预测让人瞠目，这或许使中国成了唯一能使这些技术在经济上可行的国家。例如，可以通过一项方案，让公交车和政府车队采用这些技术，或向购买这些车的车主提供税收减免，或两种方法同时采用。

第四，中国应通过已融入中国经济和生活方式的各种技术，把所有这些都联系起来。中国环境与发展国际合作委员会（CCICED）已表明，技术能降低中国的碳排放，同时把石油和天然气进口限制到占消费的30%。这只比"一切照旧"的情况多花费3%～5%；而假如"一切照旧"，中国将背负巨大的排放重担，而且80%以上的石油和天然气都将依赖进口。把重点放在替代能源上，尤其是洁净煤（包括煤气化）上，加上碳捕捉和封存，将有助于降低排放和对进口能源的依赖。

中国也可从日本这个能源利用效率最高的国家那里获得启发。中国的工业巨头，可与为创新寻求新市场的日本集团携手。中国最大的汽车制造商一汽已与日本丰田在吉林开始生产丰田的普锐斯（Prius）混合动力车。中国石油生产商中海油（CNOOC）最近试图确保长期供应失败，其中略有绝望意味。为保持经济增长，中国这条巨龙在寻找越来越多的能源，而能源效率有助于抑制这一情况带来的社会和地缘政治后果。最近，中国政府着手让能源价格更加接近市场价值，这也会起到作用。

9.1.2　环　境　税

环境税（environmental taxation），也有人称之为生态税（ecological taxation）、绿色税（green tax），是20世纪末国际税收学界才兴起的概念，至今没有一个被广泛接受的统一定义。它是把环境污染和生态破坏的社会成本，内化到生产成本和市场价格中去，再通过市场机制来分配环境资源的一种经济手段。部分发达国家征收的环境税主要有二氧化硫税、水污染税、噪声税、固体废物税和垃圾税5种。

1. 环境税的产生

一般认为，英国现代经济学家、福利经济学的创始人庇古（1877—1959）在其1920年出版的著作《福利经济学》中，最早开始系统地研究环境与税收的理论问题。庇古提出了社会资源适度配置理论，认为如果每一种生产要素在生产中的边际私人纯产值与边际社会纯产值相等，那么该种生产要素在各生产用途中的边际社会纯产值都相等，而当产品的价格等于生产该产品所使用生产要素耗费的边际成本时，整个社会的资源利用达到了最适宜的程度。但是，在现实生活中，很难单纯依靠市场机制来达到资源利用的最优状态，因此政府就应该采取征税或补贴等措施加以调节。按照庇古的观点，导致市场配置资源失效的原因是经济主体的私人成本与社会成本不相一致，从而私人的最优导致社会的非最优。这两种成本之间存在的差异可能非常大，靠市场本身是无法解决的，只能由政府通过征税或者补贴来矫正经济当事人的私人成本。

这种纠正外部性的方法被后人称之为"庇古税"（pigovian taxes）方案。假定 Y 商品的生产对其他产品存在负的外部性，那么其私人成本低于社会成本。以 PMC 和 SMC 分别表示生产 Y 的私人成本和社会成本。假定该商品的市场需求所决定的边际效益为 MR，那么市场自发作用的结果是 PMC＝MR 所决定的 Qp，而社会实现资源有效配置所应该有的产量则是由 SMC＝MR 所决定的 Qs，两者间的差异可以通过政府征收税收（如消费税等）加以弥补，使资源配置达到帕累托最优（pareto optimality）。

2. 环境税的实施原则

1）公平原则

对庇古税方案的分析得到，可以通过以外部成本内部化的途径来维护社会经济中的公平原则问题。而公平原则也是设计和实施一国税制时首要的同时也是最重要的原则。它往往成为检验一国税制和税收政策优劣的标准。所谓税收的公平原则，又称公平税负原则，就是指政府征税要使纳税人所承受的负担与其经济状况相适应，并且在纳税人之间保持均衡。公平原则也是建立环境税的首要原则。因为市场经济体制下，由于市场经济主体为追求自身利益最大化而作出的决策选择和行为实施会产生外部性，高消耗、高污染、内部成本较低而外部成本较高的企业会在高额利润的刺激下发展，降低社会的总体福利水平和生态效率，而这些企业未付出相应的成本，也就是说其税收负担和自身的经济状况并不吻合，违背了税收的公平原则。因此，各国环境税大多以纠正市场失效、保护环境、实现可持续发展为政策目标。

2）效率原则

具体包括经济效率和行政效率两个方面，将围绕经济效率展开讨论。

一般而言，税收引起的价格变化的总负担，并非简单地等同于所征收税款的绝对额。在现实中，征税常常带来纳税主体经济决策和行为选择的扭曲，干扰资源的配置。当这种扭曲超过一定限度时，纳税人或者改变其经济行为，或者采取不正当手段以减轻或逃避其税收负担，这种状况被称之为税收的"额外负担"。当然，征税的过程也同样会带来纳税人的"额外收益"，对经济产生良性刺激。因此，检验税收经济效率的标准，应当是本着税收中性原则，达到税收额外负担最小化和额外收益最大化。

环境税的征税目的主要是为了降低污染对环境的破坏，这必然会影响污染企业的税收负担，改变其成本收益比，迫使其重新评估本企业的资源配置效率；同时环境税也对其他企业的经济决策和行为选择产生了影响。

9.1.3　生　态　补　偿

生态补偿（Eco-compensation）是以保护和可持续利用生态系统服务为目的，以经济手段为主调节相关者利益关系的制度安排。更详细地说，生态补偿机制是以保护生态环境，促进人与自然和谐发展为目的，根据生态系统服务价值、生态保护成本、发展机会成本，运用政府和市场手段，调节生态保护利益相关者之间利益关系的公共制度。

广义的生态补偿既包括对生态系统和自然资源保护所获得效益的奖励或破坏生态系统和自然资源所造成损失的赔偿，也包括对造成环境污染者的收费。狭义的生态补偿则主要是指前者。从目前我国的实际情况来看，由于在排污收费方面已经有了一套比较完善的法规，急需建立的是基于生态系统服务的生态补偿机制，所以在我们的研究中采用了狭义的概念。

1. 生态补偿的内容

生态补偿应包括以下四方面主要内容。一是对生态系统本身保护（恢复）或破坏的成本进行补偿；二是通过经济手段将经济效益的外部性内部化；三是对个人或区域保护生态系统和环境的投入或放弃发展机会的损失的经济补偿；四是对具有重大生态价值的区域或对象进行保护性投入。生态补偿机制的建立是以内化外部成本为原则，对保护行为的外部经济性的补偿依据是保护者为改善生态服务功能所付出的额外的保护与相关建设成本和为此而牺牲的发展机会成本；对破坏行为的外部不经济性的补偿依据是恢复生态服务功能的成本和因破坏行为造成的被补偿者发展机会成本的损失。

狭义的生态补偿的概念与目前国际上使用的生态服务付费（Payment for Ecosystem Services，PES）或生态效益付费（Payment for Ecological Benefit，PEB）有相似之处，在本书中可以把它们作为同义语对待。

2. 我国生态补偿实施措施

1）加快建立"环境财政"

把环境财政作为公共财政的重要组成部分，加大财政转移支付中生态补偿的力度。在中央和省级政府设立生态建设专项资金列入财政预算，地方财政也要加大对生态补偿和生态环境保护的支持力度。为扩大资金来源，还可发行生态补偿基金彩票。按照完善生态补偿机制的要求，进一步调整优化财政支出结构。资金的安排使用，应着重向欠发达地区、重要生态功能区、水系源头地区和自然保护区倾斜，优先支持生态环境保护作用明显的区域性、流域性重点环保项目，加大对区域性、流域性污染防治，以及污染防治新技术新工艺开发和应用的资金支持力度。重点支持矿山生态环境治理，推动矿山生态恢复与土地整理相结合，实现生态治理与土地资源开发的良性循环。采取"以能代赈"等措施，通过货币帮助或实物补贴，大力支持开发利用沼气、风能、太阳能等非植物可再生燃能源，来保证"休樵还植"，以解决农村特别是西部地区的农村燃能问题。

还应积极探索区域间生态补偿方式，从体制、政策上为欠发达地区的异地开发创造有利条件。加大生态脱贫的政策扶持力度，加强生态移民的转移就业培训工作，加快农民脱贫致富的进程。

进一步加大力度支持西部地区改善发展环境，加快经济社会发展。支持西部地区特别是重要生态功能区加快转变经济增长方式、调整优化经济结构、发展替代产业和特色产业、大力推行清洁生产、发展循环经济、发展生态环保型产业、积极构建与生态环境保护要求相适应的生产力布局，推动区域间产业梯度转移和要素合理流动，促进西部地区加快发展，这是西部生态好转的根本保证。

2）完善现行保护环境的税收政策、增收生态补偿税、开征新的环境税、调整和完善现行资源税

将资源税的征收对象扩大到矿藏资源和非矿藏资源，增加水资源税，开征森林资源税和草场资源税，将现行资源税按应税资源产品销售量计税改为按实际产量计税，对非再生性、稀缺性资源课以重税。通过税收杠杆把资源开采使用同促进生态环境保护结合起来，提高资源的开发利用率。同时，加强资源费征收使用和管理工作，增强其生态补偿功能。进一步完善水、土地、矿产、森林、环境等各种资源税费的征收使用管理办法，加大各项资源税费使用中用于生

态补偿的比重,并向欠发达地区、重要生态功能区、水系源头地区和自然保护区倾斜。

　　3)建立以政府投入为主、全社会支持生态环境建设的投资融资体制

　　建立健全生态补偿投融资体制,既要坚持政府主导,努力增加公共财政对生态补偿的投入,又要积极引导社会各方参与,探索多渠道多形式的生态补偿方式,拓宽生态补偿市场化、社会化运作的路子,形成多方并举,合力推进。逐步建立政府引导、市场推进、社会参与的生态补偿和生态建设投融资机制,积极引导国内外资金投向生态建设和环境保护。按照"谁投资、谁受益"的原则,支持鼓励社会资金参与生态建设、环境污染整治的投资。积极探索生态建设、环境污染整治与城乡土地开发相结合的有效途径,在土地开发中积累生态环境保护资金。积极利用国债资金、开发性贷款,以及国际组织和外国政府的贷款或赠款,努力形成多元化的资金格局。

　　4)积极探索市场化生态补偿模式

　　引导社会各方参与环境保护和生态建设。培育资源市场,开放生产要素市场,使资源资本化、生态资本化,使环境要素的价格真正反映它们的稀缺程度,可达到节约资源和减少污染的双重效应,积极探索资源使(取)用权、排污权交易等市场化的补偿模式。完善水资源合理配置和有偿使用制度,加快建立水资源取用权出让、转让和租赁的交易机制。探索建立区域内污染物排放指标有偿分配机制,逐步推行政府管制下的排污权交易,运用市场机制降低治污成本,提高治污效率。引导鼓励生态环境保护者和受益者之间通过自愿协商实现合理的生态补偿。

　　5)为完善生态补偿机制提供科技和理论支撑

　　建立和完善生态补偿机制是一项复杂的系统工程,尚有很多重大问题急需深入研究,为建立健全生态补偿机制提供科学依据。例如,需要探索加快建立资源环境价值评价体系、生态环境保护标准体系,建立自然资源和生态环境统计监测指标体系以及"绿色 GDP"核算体系,研究制定自然资源和生态环境价值的量化评价方法,研究提出资源耗减、环境损失的估价方法和单位产值的能源消耗、资源消耗、"三废"排放总量等统计指标,使生态补偿机制的经济性得到显现。还应努力提高生态恢复和建设的技术创新能力,大力开发利用生态建设、环境保护新技术和新能源技术等,为生态保护和建设提供技术支撑。

　　6)加强生态保护和生态补偿的立法工作

　　环境财政税收政策的稳定实施,生态项目建设的顺利进行,生态环境管理的有效开展,都必须以法律为保障。为此,必须加强生态补偿立法工作,从法律上明确生态补偿责任和各生态主体的义务,为生态补偿机制的规范化运作提供法律依据。应尽快制订《可持续发展法》、《西部地区环境保护法》等,对生态、经济和社会的协调发展做出全局性的战略部署,对西部的生态环境建设做出科学、系统的安排。同时修订《环境保护法》,使其更加关注农村生态环境建设;完善环境污染整治法律法规,把生态补偿逐步纳入法制化轨道。

9.1.4　排污权交易

　　排污权交易(pollution rights trading)是指在一定区域内,在污染物排放总量不超过允许排放量的前提下,内部各污染源之间通过货币交换的方式相互调剂排污量,从而达到减少排污量、保护环境的目的。它的主要思想就是建立合法的污染物排放权利,即排污权(这种权利通常以排污许可证的形式表现),并允许这种权利像商品那样被买入和卖出,以此来

进行污染物的排放控制。

1. 排污权交易的产生

排污权交易起源于美国。美国经济学家戴尔斯于 1968 年最先提出了排污权交易的理论，并首先被美国国家环保局（EPA）用于大气污染源及河流污染源管理。面对二氧化硫污染日益严重的现实，EPA 为解决通过新建企业发展经济与环保之间的矛盾，在实现《清洁空气法》所规定的空气质量目标时提出了排污权交易的设想，引入了"排放减少信用"这一概念，并围绕排放减少信用从 1977 年开始先后制定了一系列政策法规，允许不同工厂之间转让和交换排污削减量，这也为企业针对如何进行费用最小的污染削减提供了新的选择。而后德国、英国、澳大利亚等国家相继实行了排污权交易的实践。排污权交易是当前受到各国关注的环境经济政策之一。

2. 实施"排污权交易"的意义

排污权交易作为以市场为基础的经济制度安排，它对企业的经济激励在于排污权的卖出方由于超量减排而使排污权剩余，之后通过出售剩余排污权获得经济回报，这实质是市场对企业环保行为的补偿。买方由于新增排污权不得不付出代价，其支出的费用实质上是环境污染的代价。排污权交易制度的意义在于它可使企业为自身的利益提高治污的积极性，使污染总量控制目标真正得以实现。这样。治污就从政府的强制行为变为企业自觉的市场行为，其交易也从政府与企业行政交易变成市场的经济交易，可以说排污权交易制度不失为实行总量控制的有效手段。

3. 我国实施排污权交易的措施

（1）首先由政府部门确定出一定区域的环境质量目标，并据此评估该区域的环境容量。

（2）推算出污染物的最大允许排放量，并将最大允许排放量分割成若干规定的排放量，即若干排污权。

（3）政府可以选择不同的方式分配这些权利，并通过建立排污权交易市场使这种权利能合法地买卖。在排污权市场上，排污者从其利益出发，自主决定其污染治理程度，从而买入或卖出排污权。

9.2　环　境　管　理

从 20 世纪 70 年代开始，随着环境问题的严重化，许多国家把环境保护提高到国家职能的地位。而我国更是把保护环境作为现代化建设中的一项基本国策。保护环境基本国策的落实需要严格的环境管理和完善的环境管理体制。环境管理是指国家采用行政、经济、法律、科学技术、教育等多种手段、对各种影响环境的活动进行规划、调整和监督、目的在于协调经济发展与环境保护的关系，防治环境污染和破坏，维护生态平衡。

环境管理体制是指国家有关环境管理机构设置、行政隶属关系和管理权限划分等方面的组织体系和制度。它具体规定了中央、地方、部门、企业在环境保护方面的管理范围、权限职责、利益以及相互关系，核心部分是关于管理机构的设置、各管理机构的职权分配以及各机构之间的相互协调等问题。

9.2.1　行　政　管　理

环境行政管理是国家和地方各级人民政府和其环境行政主管部门，为达到既能发展经济满足人类的基本需要，又不超出环境的容许极限的目的，按照有关法律法规所辖区域的环境保护实施统一的行政监督管理，并运用经济法律技术、教育等手段，限制人类污染与破坏环境行为，保护环境，改善环境质量的行政活动。

环境行政管理是政府对社会各领域行政管理的一个重要方面，是各级政府行政管理的重要组成部分，是政府社会职能的体现，所以国家的环境行政管理体制的组成和作用就显得十分重要。我国的环境行政管理体制主要包括以下 3 个方面。

1. 中央级别的环境保护机构

我国的环境行政管理体制我国经过了四次调整，从 20 世纪 70 年代初以来，经历了从无到有、从弱到强的发展阶段。各级管理机构经历了几次重大调整，不断地得到充实和加强，在管理职能上也经历了从污染防治到监督管理的根本转变，政府的环境执法职能日益强化。

我国的环境管理体制实行的是统一管理与分级、分部门管理相结合的体制。统管部门是指国务院环境保护行政主管部门和县级以上地方人民政府环境保护行政主管部门。分管部门是指依法分管某一类污染源防治或者某一类自然资源保护管理工作的部门。我国现已建立起由全国人民代表大会立法监督，各级政府负责实施，环境保护行政管理部门统一监督管理，各有关部门依照法律规定实施监督管理的体制。全国人民代表大会设有环境与资源保护委员会，负责组织起草和审议环境保护方面的法律草案并提出报告，监督环境保护方面法律的执行，提出同环境保护问题有关的议案，开展与各国议会之间在环境保护领域的交往。

2. 地方级别的环境管理机构

省、市、县人民政府也相继设立了环境保护行政主管部门，对本辖区的环境保护工作实施统一监督管理。中国各级政府的综合部门、资源部门和工业部门也设立了环境保护机构，负责相应的环境保护工作。

3. 企业环境管理机构

中国多数大中型企业也设有环境保护机构，负责本企业的污染防治以及推行清洁生产。

9.2.2　环　境　法　规

我国目前建立了由法律、国务院行政法规、政府部门规章、地方性法规和地方政府规章、环境标准、环境保护国际条约组成完整的环境保护法律法规体系。

1. 环境保护法律法规体系

1）宪法

环境保护法律法规体系以《中华人民共和国宪法》（以下简称《宪法》）中对环境保护的规定为基础，《宪法》中规定：国家保障资源的合理利用，保护珍贵的动物和植物，禁止任何组织或者个人用任何手段侵占或者破坏自然资源；国家保护和改善生活环境和生态环境，防治污染和其他公害。《宪法》中这些规定是环境保护立法的依据和指导原则。

2）环境保护法律

环境保护法律包括环境保护综合法、环境保护单行法和环境保护相关法。

环境保护综合法是指 1989 年颁布的《中华人民共和国环境保护法》，该法共有六章，第一章"总则"规定了环境保护的任务、对象、适用领域、基本原则以及环境监督管理体制；第二章"环境监督管理"规定了环境标准制订的权限、程序和实验要求、环境监测的管理和状况公报的发布、环境保护规划的拟订及建设项目环境影响评价制度、现场检查制度及跨地区环境问题的解决原则；第三章"保护和改善环境"，对环境保护责任制、资源保护区、自然资源开发利用、农业环境保护、海洋环境保护作了规定；第四章"防治环境污染和其他公害"规定了排污单位防治污染的基本要求、"三同时"制度、排污申报制度、排污收费制度、限期治理制度以及禁止污染转嫁和环境应急的规定；第五章"法律责任"规定了违反本法有关规定的法律责任；第六章"附则"规定了国内法与国际法的关系。

环境保护单行法包括污染防治法（《中华人民共和国水污染防治法》、《中华人民共和国大气污染防治法》、《中华人民共和国固体废弃物污染环境防治法》、《中华人民共和国环境噪声污染防治法》、《中华人民共和国放射性污染防治法》等）、生态保护法（《中华人民共和国水土保持法》、《中华人民共和国野生动物保护法》、《中华人民共和国防沙治沙法》等）、《中华人民共和国海洋环境保护法》和《中华人民共和国环境影响评价法》。

环境保护相关法是指一些自然资源保护和其他有关部门法律，如《中华人民共和国森林法》、《中华人民共和国草原法》、《中华人民共和国渔业法》、《中华人民共和国矿产资源法》、《中华人民共和国水法》、《中华人民共和国清洁生产促进法》等都涉及环境保护的有关要求，也是环境保护法律法规体系的一部分。

（1）环境保护行政法规。环境保护行政法规是由国务院制定并公布或经国务院批准有关主管部门公布的环境保护规范性文件。一是根据法律受权制定的环境保护法的实施细则或条例，如《中华人民共和国水污染防治法实施细则》；二是针对环境保护的某个领域而制定的条例、规定和办法，如《建设项目环境保护管理条例》。

（2）政府部门规章。政府部门规章是指国务院环境保护行政主管部门单独发布或与国务院有关部门联合发布的环境保护规范性文件，以及政府其他有关行政主管部门依法制定的环境保护规范性文件。政府部门规章是以环境保护法律和行政法规为依据而制定的，或者是针对某些尚未有相应法律和行政法规调整的领域作出相应规定。

（3）环境保护地方性法规和地方性规章。环境保护地方性法规和地方性规章是享有立法权的地方权力机关和地方政府机关依据《宪法》和相关法律制定的环境保护规范性文件。这些规范性文件是依据本地实际情况和特定环境问题制定的，并在本地区实施，有较强的可操作性。环境保护地方性法规和地方性规章不能和法律、国务院行政规章相抵触。

（4）环境标准。环境标准是环境保护法律法规体系的一个组成部分，是环境执法和环境管理工作的技术依据。我国的环境标准分为国家环境标准和地方环境标准。

（5）环境保护国际公约。环境保护国际公约是指我国缔结和参加的环境保护国际公约、条约和议定书。国际公约与我国环境法有不同规定时，优先适用国际公约的规定，但我国声明保留的条款除外。

2. 环境保护法律法规体系中各层次间的关系

《宪法》是环境保护法律法规体系建立的依据和基础，法律层次不管是环境保护的综合法、单行法还是相关法，其中对环境保护的要求，法律效力是一样的。如果法律规定中有不一致的地方，应遵从后法大于先法。

国务院环境保护行政法规的法律地位仅次于法律。部门行政规章、地方环境法规和地方政府规章均不得违背法律和行政法规的规定。地方法规和地方政府规章只在制定法规、规章的辖区内有效。

我国的环境保护法律法规，如参加和签署的国际公约有不同规定时，应优先适用国际公约的规定，但我国声明保留的条款除外。

9.2.3　环境标准

1. 环境标准的概念

环境标准也称环境保护标准，是指为了防治环境污染，维护生态平衡，保护人体健康和社会物质财富，依据国家有关法律的规定，对环境保护工作中需要统一的各项技术规范和技术要求依法定程序所制定的各种标准的总称。

环境标准即是标准体系的一个分支，又属于环境保护法体系的重要组成部分，具有如下3个特点。

（1）规范性。其特点是不以法律条文形式规定人们的行为模式和法律后果，而是通过一些具体数字、指标、技术规范来表示行为规则的界限，以规范人们的行为。

（2）强制性。环境质量标准、污染物排放标准和法律、法规规定必须执行的其他环境标准属于强制性标准，必须执行。强制性环境标准以外的环境标准，属于推荐性环境标准，若被强制性环境标准引用，也具有强制性。

（3）环境标准同环境保护规章一样，要经授权由有关国家行政机关按照法定程序制定和发布。

2. 环境标准的分级

环境标准根据制定、批准、发布机关和适用范围的不同，分为国家环境标准、环境保护行业标准（也称国家环境保护总局标准）和地方环境标准三级。

（1）国家环境标准，是指由国务院环境保护行政主管部门制定，由国务院环境保护行政主管部门和国务院标准化行政主管部门共同发布的在全国范围内适用的标准。

（2）国家环境保护总局标准（也称环境保护行业标准），是指由国务院环境保护行政主管部门制定、发布的，在全国环境保护行业范围内适用的标准。需要在全国环境保护工作范围内统一的技术要求而又没有国家标准的，应制定国家环境保护总局标准。国家标准发布后，相应的国家环境保护总局标准自行废止。

（3）地方环境标准，是指由省级人民政府批准发布的，在该行政区域内适用的标准，如上海市人民政府批准发布的《工业"废气"、"废水"排放试行标准》，只适用于上海市管辖的行政区域。

3. 环境标准的分类

根据环境标准的性质、内容和功能，我国的环境标准分为环境质量标准、污染物排放标准（或控制标准）、环境监测方法标准、环境标准样品标准和环境基础标准5类。

（1）环境质量标准，是指在一定时间和空间范围内，对环境质量的要求所作的规定。即指在一定时间和空间范围内，对环境中有害物质或因素的容许浓度所作的规定。它是国家环境政策目标的具体体现，是制定污染物排放标准的依据，也是环境保护行政主管部门和有关部门对环境进行科学管理的重要手段。

（2）污染物排放标准，是为了实现环境质量标准目标，结合技术经济条件和环境特点，对排入环境的污染物或有害因素所做的控制规定。

（3）环境监测方法标准，是指为监测环境质量和污染物排放、规范采样、分析测试、数据处理等技术所制定的国家环境监测方法标准。

（4）环境样品标准，是指为保证环境监测数据的准确、可靠，对用于量值传递或质量控制的材料、实物样品所制定的国家环境标准样品。

（5）环境基础标准，是指对环境保护工作中，需要统一的技术术语、符号、代号（代码）、图形、指南、导则及信息编码等，制定的国家环境基础标准。

4. 环境标准的意义

环境标准在加强环境监督管理、控制环境污染和破坏、改善环境质量和维护生态平衡等方面具有重要的意义。主要体现在以下4方面。

（1）环境标准是制定环境保护规划和计划的重要依据，是一定时期内环境保护目标的具体体现。制定环境保护规划和计划，必须要有明确的目标，同时，还需要有一系列的环境指标，即以环境标准为依据，用环境标准来表示。

（2）环境标准是实施环境保护法律、法规的基本保证，是强化环境监督管理的核心。我国颁布的《环境保护法》、《大气污染防治法》、《水污染防治法》、《环境噪声污染防治法》等都规定了排放污染物必须符合国家规定的标准。特别是近年来修订后颁布施行的《海洋环境保护法》和《大气污染防治法》还进一步规定，超过国家和地方规定排放标准的行为属于违法，并将因此受到相应的法律制裁。

（3）环境标准是提高环境质量的重要手段，是对环境质量和污染物排放所作的硬性规定。通过环境标准的发布和实施，可以促使排污者开展资源、能源的综合利用，结合技术改造防治工业污染，减少污染物的产生量和排放量，从而达到提高环境质量的目的。

（4）环境标准是推动环境科学技术进步的动力。实施环境标准必然要淘汰落后的技术和设备，使环境标准在某种程度上成为判断污染防治技术、生产工艺与设备是否先进可行的依据，成为筛选、评价环境保护科学技术成果的一个重要尺度，以此推动环境保护科学技术的进步。

9.2.4　我国环境管理制度

为了实现环境与资源保护的目标，环境资源法律法规从我国的国情出发，吸收各国的经验，规定了各种保护环境和资源的制度，其中最为重要的是下述两个具有全局意义的基本制度。

1. 环境影响评价制度

我国环境影响评价法规定：环境影响评价是指对规划和建设项目实施后可能造成的环境影响进行分析、预测和评估，提出预防或者减轻不良环境影响的对策和措施，进行跟踪监测的方法与制度。这是一项为规划和建设提供决策依据，防止产生不良环境影响的预防性制度。

环境影响评价制度最初由《美国国家环境政策法》规定。我国1979年通过的《中华人民共和国环境保护法（试行）》引进了这项制度，后来的各项环境保护法律都规定了这项制度，2002年10月通过的《中华人民共和国环境影响评价法》进一步发展了这项制度。根据该法规定，我国的环境影响评价制度包括两个方面：一是对规划的环境影响评价，二是对建设项目的环境影响评价。

对法律规定的国家政府有关部门编制的土地利用规划，区域、流域、海域的建设、开发利用规划和关于工业、农业、畜牧业、水利、交通、城建、旅游、自然资源开发的专项规划，分别按照法定的要求和程序进行环境影响评价。对建设项目的环境影响评价实行分类管理：可能造成重大环境影响的建设项目，编制环境影响报告书；可能造成轻度影响的，编制环境影响报告表；对环境影响很小的，填报环境影响登记表，并按规定程序审批。

2. "三同时"制度

"三同时"制度是指建设项目的环境保护设施必须与主体工程同时设计、同时施工、同时投产使用的制度。这是我国独创的，与建设项目环境影响评价制度相衔接的，预防产生新的环境污染和破坏的重要制度。该制度适用于新建、扩建、改建项目，技术改造项目和一切可能对环境造成污染和破坏的建设项目。《建设项目环境保护管理条例》对这项制度的有关事项作了具体规定。另外，《中华人民共和国水土保持法》规定，建设项目中的水土保持设施，必须与主体工程同时设计、同时施工、同时投产使用；《中华人民共和国水法》规定，新建、扩建、改建建设项目的节水设施，应当与主体工程同时设计、同时施工、同时投产使用。此外，还有以下6个重要制度。

1) 排污收费制度

排污收费制度是指向环境排放污染物或超过规定的标准排放污染物的排污者，依照国家法律和有关规定按标准交纳费用的制度。征收排污费的目的，是为了促使排污者加强经营管理，节约和综合利用资源，治理污染，改善环境。排污收费制度是"污染者付费"原则的体现，可以使污染防治责任与排污者的经济利益直接挂钩，促进经济效益、社会效益和环境效益的统一。缴纳排污费的排污单位出于自身经济利益的考虑，必须加强经营管理，提高管理水平，以减少排污，并通过技术改造和资源能源综合利用以及开展节约活动，改变落后的生产工艺和技术，淘汰落后设备，大力开展综合利用和节约资源、能源，推动企业事业单位的技术进步，提高经济和环境效益。征收的排污费纳入预算内，作为环境保护补助资金，按专款资金管理，由环境保护部门会同财政部门统筹安排使用，实行专款专用，先收后用，量入为出，不能超支、挪用。环境保护补助资金，应当主要用于补助重点排污单位治理污染源以及环境污染的综合性治理措施。

2) 环境保护目标责任制

环境保护目标责任制是我国环境体制中的一项重大举措。它是通过签订责任书的形式，具体落实到地方各级人民政府和有污染的单位对环境质量负责的行政管理制度。责任制是一种具体落实地方各级政府和有关污染的单位对环境质量负责的行政管理制度。一个区域、一个部门乃至一个单位环境保护的主要责任者和责任范围，运用目标化、定量化、制度化的管理方法，把贯彻执行环境保护这一基本国策作为各级领导的行为规范，推动环境保护工作的全面、深入发展，是责、权、利、义的有机结合，从而使改善环境质量的任务能够得到层层分解落实，达到既定的环境目标。

3) 城市环境综合整治定量考核制度

所谓城市环境综合整治，就是把城市环境作为一个系统、一个整体，运用系统工程的理论和方法，采取多功能、多目标、多层次的综合战略、手段和措施，对城市环境进行综合规划、综合管理、综合控制，以最小的投入换取城市质量优化，做到经济建设、城乡建设、环境建设同步规划、同步实施、同步发展，从而使复杂的城市环境问题得以解决。这项制度要对环境综合整治的成效、城市环境质量，制定量化指标，进行考核，每年评定一次城市各项环境建设与环境管理的总体水平。

4）排污许可证制度

排污许可证制度是指凡是需要向环境排放各种污染物的单位或个人，都必须事先向环境保护部门办理申领排污许可证手续，经环境保护部门批准后获得排污许可证后方能向环境排放污染物的制度。

排污许可证制度是国家为加强环境管理而采用的一种卓有成效的管理制度。便于把影响环境的各种开发、建设、排污活动，纳入国家统一管理的轨道，把各种影响环境和排污活动严格限制在国家规定的范围内，使国家能够有效地进行环境管理；便于主管机关针对不同情况，采取灵活的管理办法，规定具体的限制条件和特殊要求，这样，就可以使各种法规、标准和措施的执行更加具体化、合理化，更加适用；便于主管机关及时掌握各方面的情况，及时制止不当规划开发及各种损害环境的活动，及时发现违法者，从而加强国家环境管理部门的监督检查职能的行使，促使法律、法规的有效实施；促进企业加强环境管理，进行技术改造和工艺改造，采取无污染、少污染工艺；便于群众参与环境管理，特别是对损害环境活动的监督。

5）污染集中控制制度

污染集中控制制度是要求在一个特定范围内，为保护环境建立的集中治理设施和采用的管理设施，是强化环境管理的一种重要手段。污染集中控制以改善流域、区域等控制单元的环境质量为目的，依据污染防治规划，按照废水、废气、固体废物等的性质、种类和所处的地理位置，以集中治理为主，用尽可能小的投入获取尽可能大的环境、经济、社会效益。

6）污染限期治理制度

污染限期治理制度是指对严重污染环境的企业事业单位和在特殊保护的区域内超标排污的生产、经营设施和活动，由各级人民政府或其授权的环境保护部门决定、环境保护部门监督实施，在一定期限内治理并消除污染的法律制度。

污染限期治理制度有严厉的法律强制性。由国家行政机关做出的限期治理决定必须履行，给予未按规定履行限期治理决定的排污单位的法律制裁是严厉的，并可采取强制措施。污染限期治理制度有明确的时间要求。这一制度的实行是以时间限期为界线作为承担法律责任的依据之一。时间要求既体现了对限期治理对象的压力，也体现了留有余地的政策。污染限期治理制度有具体的治理任务。体现治理任务和要求的主要衡量尺度，是看是否达到消除或减轻污染的效果和是否符合排放标准，是否完成治理任务是另一个承担法律责任的依据。

9.2.5　国外环境管理

1. 美国环境管理模式

在美国，美国环保局（EPA）在环境科学研究、环境教育和环境评估方面处于领导地位，负责制定健全环境的规章制度，确立环保项目，有效地执行计划和政策，保护人们的健康与自然环境。

美国环保局（EPA）的组织结构是：最高领导层是局长和副局长；第二层是3个局长助理，他们分别负责行政和资源管理、大气和辐射及确保政令的实施；第三层是财务总管、首席顾问监察长的3个办公室；第四层和第五层是6个局长助理，他们分别负责国际事务、环境信息和预防工作、农药和有毒物质工作、研究和开发工作、固体废物和紧急事件的处理以及水环境的保护；最后是美国 10 个地区的 EPA 办公室，包括波士顿办公室、纽约办公室、费城办公室、亚特兰大办公室、芝加哥办公室、达拉斯办公室、堪萨斯市办公室、丹佛市办公室、旧金山办公室和西雅图办公室。局长助理和办公室都可以直接与局长和副局长联系，同时相互之间也可以进行联系。每个地区办公室根据地区需要负责所在地区几个州的 EPA 项目的执行工作，并且执行联邦政府的环境保护法。

为了执行美国联邦政府的指令，提高为公众服务的质量，EPA 制定了该局的"顾客服务计划"，目前正在实施其计划。计划的标准符合公众、各级环保组织和其他合作伙伴的利益。EPA 成立了由 26 人组成的"顾客服务指导委员会"，他们代表美国所有的地区、环保办公室和有关组织。委员会为 EPA 的顾客服务计划制定政策。顾客服务计划的执行，使群众信函和电话的反馈量增加，增进了 EPA 和各级有关部门、社会团体和环保人士的伙伴合作关系。

2. 日本环境管理模式

日本从中央到地方各级政府都设有比较完整的环境保护机构。内阁中设立专职的环境厅，直属首相领导，厅长为内阁大臣，总管全国的环境保护事业。

设立环境审议会和公害对策会议。环境审议会为咨询机构，主要职责是处理环境基本计划和为内阁总理大臣提供咨询意见；调查审议环保基本事项。在地方，则设立都道府县和市町村环境审议会。环境厅与地方机构之间是相互独立的，无上下级的领导关系。但为保证环保法律的实施，环境厅可将部分权力交由都道府县、市町村及其长官行使。审议会有着十分重要的作用，一方面用科学的手段和数据，通过研究污染对健康的影响和传播研究成果，加强了公众的环境意识；另一方面，为企业和政府提供技术和决策服务，对政府的环境政策实施发挥着巨大的技术支持作用，其基本作用同于中央环境审议会，是中立的决策咨询机构。

公害对策会议主要职责为：处理公害防治计划；审议内阁总理大臣做出的有关决定；审议公害防治对策的有关计划；推进对策的实施；协调有关事项。其他部门也有一定的环保职责，厚生省的环境卫生局、通产省的土地公害局、海上保安厅的海上公害课、运输省的安全公害课、实施都市绿地保护的建设省、实施森林保护的农林水产省、实施国土整治的国土厅。

日本的环境管理体制除中央环境管理体制，还包括地方政府环境管理体制，企业环境管理体制，在企业设置环境管理员。对企业的环境进行管理和监测，形成职业化的监督体系，降低了污染产生量，在一定程度上保护了环境。

各国的环境管理体制都有其形成的历史背景和现实原因，但是在环境这个共同的因素下，对于发达国家的先进的环境管理经验是可以拿来借鉴和学习，也是完善我国环境管理体制的一个十分重要的方法，通过分析各国环境管理模式，可以明确我国环境管理改进方向：① 完善高权威且相对集中管理的专门性环境管理机构；② 实现机构设置与职责配置的法制化；③ 加强注重咨询与协调机构的建设；④ 加强环境行政管理体制的多元化建设；⑤ 建立行政诉讼的新机制。

9.3　国　际　合　作

近年来环境问题日趋严重，有些环境问题，如全球气候变化、臭氧层破坏、大面积越境酸雨和风沙、海洋污染、有害废物和垃圾越境转移和扩散、生物多样性锐减、自然遗迹和文化遗迹的破坏，以及全球森林减少、土地和湿地退化、水土流失和荒漠化、全球水资源危机等，这些环境问题的破坏超越了国界，要解决这些环境问题就要涉及国际合作。于是 20 世纪 70 年代初，各国开始通过国际合作寻求遏制环境恶化的方法和途径。

9.3.1　环境保护国际合作的意义

国际环境合作指国家及其他国际行为体在环境保护领域的合作，是他们为谋求人类共同利益，解决已经发生的对国际社会有共同影响的环境问题和对全球环境有损害或威胁的活动而采取的集体行动。其中，国家是国际环境合作中最后总要的行为体，他们的意志和行为决定着合作的成败。

采取国际合作的方式来解决全球性环境问题具有重要的意义。首先，全球性环境问题的广泛性、复杂性、挑战性和共同性决定了要解决全球性环境问题不是任何一个国家能单独胜任的而必须要采取国际合作的方式。其次从经济发展的水平看，各国经济发展的不平衡，要求各个国家通过国际合作的方式来解决环境问题。最后从技术发展水平来看，必须采取国际合作的方式进行技术交流才能使全球性环境问题得到根本解决，使环境治理技术得到长足发展。

9.3.2　国际环境问题合作的发展

随着全球环境问题的产生和环境保护运动的发展，国际环境合作应运而生。以 1972 年 6 月在瑞典首都斯德哥尔摩召开的联合国第一次人类环境会议为界，国际环境合作可以划分为两个大的阶段。

1. 联合国第一次人类环境会议之前阶段

在联合国第一次人类环境会议之前，由于当时世界各国的工业化程度普遍不高，没有对环境造成大规模的破坏，环境问题不突出，更谈不上全球环境问题，因而环境保护没有引起国际社会的足够重视。直到 19 世纪末，才出现了一些关于自然环境保护的国际条约与国际合作，但规模小，数量少，合作形式基本上局限于国家与国家之间签署环境保护的双边或多边协议。而环境保护国际组织则到 20 世纪初才开始出现，如 1893 年英国与法国在巴黎签订关于采挖英法沿海牡蛎和渔业的公约；1897 年俄国、美国、日本在华盛顿签订保护海狗协定；1910 年奥地利举行世界动物大会，会议上提出建立综合性的国际自然保护组织的议题等。据不完全统计，截至第二次世界大战前，全世界只有约 30 个有关环境保护的双边、多边条约被缔结。

第二次世界大战结束之后，各国忙于恢复战争创伤和发展经济，更是忽视环境保护。直到 20 世纪 60 年代，国际环境保护运动才日渐频繁，环境保护的国际条约逐渐增多，各种环境会议和环境保护组织纷纷召开和成立。尤其是联合国的成立以及联合国对环境保护事业的关注和介入，极大地推动了国际环境合作的进展。1947 年，联合国经济与社会理事会通过了《关于召开保护和利用资源的联合国大会的决议》，经过两年的筹备，1949 年该会议在纽约召开，来自全球 50 多个国家的 1000 多名代表就矿产、能源、燃料、水、森林、土地和渔业等问题进行了广泛的交流和探索。20 世纪五六十年代，在联合国的主导下，各国还达成了一系列核能利用以及核试验的协议，如《禁止在大气层、外空和水下进行核试验的条约》（1963 年）；在全球公域保护方面，通过了具有重要意义的《南极条约》（1959 年）和《关于各国探索和利用包括月球和其他天体在内外层空间活动的原则条约》（1967 年）；此外，在联合国的推动下，许多国际组织和机构应运而生，并积极参加到国际环境保护领域的工作中。这些公约的达成和签署，以及各种环境保护组织和机构的成立，是这一时期国际环境合作取得的成果，也是该阶段国际环境合作的具体体现。

2. 联合国第一次人类环境会议之后阶段

1972 年 6 月，在瑞典首都斯德哥尔摩召开了联合国第一次环境会议，会议共有 183 个国家、地区和一些国际组织的代表参加，会议呼吁各国都来重视地球生态环境的保护问题，并通过了《人类环境宣言》和《人类环境行动计划》等重要文件，标志着在环境保护领域的国际合作进入了一个新的阶段。此后，联合国又于 1982 年 5 月，1992 年 6 月和 2002 年 9 月，分别在肯尼亚的内罗毕、巴西的里约热内卢和南非的约翰内斯堡召开了三届有关环境与发展的会议，在世界上产生了巨大的影响。同联合国第一次人类环境会议之前阶段相比，该阶段的国际环境合作具有以下 4 个特点。

1）合作层次高

合作层次高有两层含义，一是指国际环境合作上升至全球层面，许多合作在联合国框架之中进行；二是指国际环境合作已成为国家政治的最高议题之一，出席国际环境合作会议的代表往往是国家的元首，如第一次人类环境会议共有 102 位国家元首亲自与会，除国家元首外，还有多名国际组织的领导人，环境领域的著名专家、学者、高级技术人员和国际知名社会活动家、环境保护运动领导人等。

2）合作成果多

联合国第一次人类环境会议取得了三项重要成果，即《人类环境宣言》、《环境行动计划》和《关于机构和资金安排的决议》。这些文件在同年的第 27 届联合国大会上获得通过，奠定了国际环境合作的基础。此后 10 年，国际上出台了一系列保护环境的公约和条约，范围涉及海洋保护、濒危野生动植物保护、湿地保护、文化和自然遗产保护、大气层保护等。1982 年 5 月内罗毕第二届人类环境特别会议通过了《内罗毕宣言》，对环境问题的认识进一步深化，同年 10 月，联合国大会通过了《世界自然宪章》，1983 年联合国成立世界环境与发展委员会，完成了《我们共同的未来》的重要报告，提出了可持续发展的概念。1992 年 6 月，联合国在巴西里约热内卢再次召开环境与发展大会，会议以可持续发展为指导方针制定并通过了《里约环境与发展宣言》和《21 世纪议程》，为全球可持续发展制定了一个共同行动的准则。2000 年，在联合国千年首脑会议上，环境问题成为会议主题，会议提出了具有国际指导意义的"千年发展目标"。2002 年 9 月，联合国可持续发展世界首脑峰会在南非的约翰内斯堡召开，会议通过了《可持续发展世界首脑会议执行计划》和《约翰内斯堡可持续发展宣言》。总之，签署条约之众，合作成果之多，是第一次人类环境会议之前阶段所不能想象的。

3）合作范围广

联合国第一次人类环境会议后至今，各国的对外环境合作与交流蓬勃开展，合作范围相当广泛。从合作领域看，既有环境科学技术、环境文化教育，也有经济贸易、城乡建设、工农业生产以及污染治理，几乎涵盖了社会生产和生活的所有领域；从合作对象来看，既有国家、国际政府间组织、国际非政府组织，也有国家之内的政府组织、非政府组织、企业和个人；从合作形式看，有全球性、多边性、区域性、双边性的合作，也有政府间、民间和政府民间混合式的合作；从合作方法、途径看，有联合履约、共同治污、合作研究，也有相互访问、开展信息交流等。此外，环境保护运动和环境外交也进入了环境合作领域。这是两个全新的领域，需要我们认真研究和对待。

　　4）合作中有摩擦、有斗争

　　目前，国际社会签署的有关环境保护比较重要的条约有《南极条约》、《保护臭氧层维也纳公约》、《生物多样性公约》、《联合国气候变化框架公约》等约 50 多项。其中《联合国气候变化框架公约》是参加国最多、影响最广、受国际社会关注程度最高的国际环境公约之一。该公约于 1992 年签署、1994 年正式生效。1997 年，160 个国家在日本东京参加《联合国气候变化框架公约》大会，通过了旨在减排温室气体的《京都议定书》。考虑到发达国家已经完成了工业革命，且排放着 50 % 以上的温室气体，因此《议定书》只给工业化国家制定了减排任务，没有对发展中国家提出要求。2001 年 3 月，美国总统布什突然宣布退出《京都议定书》，致使该协议的履行遭到重大挫折。目前，以拒绝执行《京都议定书》的美国为一方，其他支持该议定书的国家和国际组织为另一方，展开了一场前所未有的关于全球环境保护的斗争。

9.3.3　环境保护国际合作的法律依据

　　环境保护国际合作的法律依据本身也是国际合作的成就。

　　首先是《联合国宪章》，环境保护国际合作是在联合国的推动下进行的，所以《联合国宪章》是环境保护国际合作的纲领性文件。1970 年联合国大会通过的《关于各国依〈联合国宪章〉建立友好关系及合作之国际法原则的宣言》，将"各国依照《联合国宪章》彼此友好之合作义务"列为国际法的基本原则之一，指出各国应不问政治、经济及社会制度上有何差异均有义务在国际关系之各方面彼此合作，以维持国际和平与安全，并增进国际经济安定与进步、各国之一般福利及促进各国在经济、社会、文化方面之发展（董小林，2005）。

　　其次是 1972 年的《斯德哥尔摩人类环境宣言》。宣言的第 7 条规定："种类越来越多的环境问题，因为它们在范围上是地区性或全球性的，或者因为它们影响共同的国际领域，将要求国与国之间广泛合作和国际组织采取行动以谋求共同的利益。"此条款尤其强调为实现环境目的，需要共同的努力，即"为筹措资金以支援发展中国家完成它们这方面的责任所需要进行的国际合作"。同时《宣言》第 22 条规定："各国应进行合作以进一步发展有关它们管辖或控制之内的活动对它们管辖以外的环境造成的污染和其他环境损害的受害者承担责任和赔偿问题的国际法。"

　　1982 年，在人类环境会议 10 周年之后，召开的内罗毕人类环境特别会议发表的《内罗毕宣言》。共 10 条内容，其中心就是强调国际环境保护的合作精神，如第 10 条为国际社会重申的几大问题之一，即"重申要进一步加强和扩大在环境保护领域内的各国努力和国际合作"，就是明显的加强协商、合作原则的规定。

　　1992 年 6 月在巴西里约热内卢通过的《关于环境与发展的里约宣言》里，有 9 项原则规定了加强磋商、合作的内容。其中有的是重申《人类环境宣言》、《内罗毕宣言》的有关内容，是它的具体化，更多的则是一些新内容。最后一项原则明确规定："各国和人民应诚意地本着伙伴精神合作"。这是人类在从 1972 年开始全球合作保护环境后，对环境保护国际合作的更深刻认识。

其他有关环境保护的国际条约。迄今为止，国际社会已签署了《南极条约》、《保护臭氧层维也纳公约》、《生物多样性公约》、《联合国气候变化框架公约》、《可持续发展世界首脑会议执行计划》和《约翰内斯堡可持续发展宣言》等 35 种国际环境公约这些条约和宣言，为环境保护国际合作提供了法律基础和保障。

9.3.4　国际环境保护合作的途径

国际环境保护合作大致有两种途径。

第一，建立一个全球性的环境组织，将所有的多边环境条约置于该机构之下，来保障多边环境条约的实施，同时协调不同条约间的冲突，弥补各条约间留下的真空，构造起一个协调统一的国际合作机制，如有人建议将联合国环境规划署升级为世界环境组织，以使其能与世界贸易组织处于相同的地位。

第二，建立一个全球性的环境协调组织，保留根据各类专题环境公约而设立的组织机构或执行机构，协调国家、国际组织在环境与可持续发展领域内的合作。

国际环境争端解决机制的协调。争端解决机制的建立，对国际行政合作有着重要的意义，它不仅对国际行政合作的顺利开展有至关重要的保障意义，而且还可以通过争端解决确立新的法律规则来指导国际行政合作的运行。从目前各类决议、文件及国际条约来看，争端解决的方法主要有以下三类。

第一，外交解决方式。外交解决方式是指有关国家通过外交途径和平解决跨国环境纠纷的方法。任何外交方式都是当事国主动进行的，充分保障争端当事国的自主权利，无论是当事国自己或在第三介入的情况下作出的结论都只有政治作用，没有法律约束力，同时，在解决过程中，不影响当事国采用其他解决方式。外交解决方式主要有以下几种：谈判与协商、斡旋与调停、调查和调解。

第二，法律解决方式。通过法律解决的方式主要有两种：①国际仲裁，是指当事国基于自愿将争端交付仲裁的，就承诺服从仲裁协议，从而使仲裁裁决对当事国具有法律约束力。这是仲裁区别于斡旋、调停、和解等政治解决方法的一个最主要的特征。②国际诉讼，又称为国际环境争端的司法解决，是指通过国际性的法院或法庭，根据国际法的规则，以判决来解决国际环境争端的方法，其判决具有法律约束力。在国际环境保护领域，可受理国际环境诉讼的法院或法庭主要有联合国国际法院和国际海洋法法庭，此外，欧洲法院可受理欧盟成员国提起的环境诉讼。

第三，通过国际组织解决方式。国际组织指的是国家间或政府间组织，往往是在其职责范围内担任跨国环境纠纷的裁判者或调解者，作为前两种方式的一个补充。具有解决跨国环境纠纷功能的国际组织主要有：联合国及其安理会、环境规划署，它们在一定程度上扮演着和平解决跨国环境纠纷的角色；世贸组织下设的贸易争端机构也审理一些有关贸易和环境的国际争端；一些区域性国际组织，也在解决跨国环境纠纷中发挥着日益重要的作用，如1993 年，美国、加拿大和墨西哥三国订立了一项《环境合作协定》，根据该协定设立了一个环境附属委员会，其职责中就包含负责处理成员国之间的环境争端。

9.3.5 环境保护国际合作的内容

环境保护国际合作的内容有以下 7 方面。

（1）建立全球性环境保护系统，如监测系统和查询系统等。现在国际上建立了全球环境监测系统、国际环境资料查询系统和有毒化学物的国际登记中心。我国已经参加这三个系统。黄河、长江、珠江、太湖四个水系已参加全球水监测系统，北京、上海、沈阳、广州和西安等城市已参加世界城市大气污染监测。

（2）发展国际综合治理体制。近年来，地区性国际综合治理出现了较大发展。各种不同规模的地区治理环境组织到 1984 年就已超过 50 个，特别是根据地球自然条件，出现了综合治理体制。欧洲已开始从分片治理发展到制订全欧环境保护计划。

（3）建立国际协作制度。处理有关国际环境问题的一条重要原则，是要求有关国家之间经常进行协商和互通情报。很多国家条约都有此规定，并已逐渐形成国际惯例和制度。1974 年北欧四国的《环境保护公约》就规定，互相之间主动通气、征求意见，遵守共同规定的法律秩序，实行互相监督。

（4）援助发展中国家。发展中国家的环境问题是由于不发达状况造成的。要解决发展中国家的环境问题，发达国家应进行援助，包括削减或免除发展中国家的债务，以增加它们解决环境问题的能力。

（5）各国共同发展和促进各种应急计划。除上述内容外，国际合作原则还要求各国共同努力提高现有技术，发展无污染或低污染的新技术，并应用于现代社会。

（6）共享共管全球资源，如对国家管辖范围外的海洋、外层空间、世界的自然和文化遗产。

（7）禁止转移污染和其他环境损害。由于一些发达国家向发展中国家转移污染和生态破坏，世界各国加强了在控制包括向海洋倾倒垃圾的污染和危险废物转移。

9.3.6 环境保护国际合作组织

一些国际环境保护为国际环保合作的顺利进行提供了保障，这些环保组织主要分为两大类，国际环保合作官方组织和非政府组织。

国际环境保护合作的官方组织主要是联合国环境规划署（United Nations Environment Programme，UNEP）成立于 1973 年 1 月 1 日，总部设在肯尼亚的内罗毕。联合国环境规划署的活动领域大致分为六类：人类设施、人类健康、陆地生态系统、海洋、环境和发展、自然灾害。联合国规划署的主要工作就是制定规划。首先，收集环境问题及解决环境问题进行努力的信息，根据信息选出每年的特殊主题提交给下次行政理事会议的环境状况报告。其次，制定目标和实施具体行动的战略，将环境规划提交给有关的国际组织和政府。最后，再选出环境基金资助的活动。

国际环境保护合作中的非政府组织（NGO）分为三类，分别是专门性民间国际环保组织、国际法学团体和其他非政府组织。非政府组织对国际环境保护合作有重大的贡献。首先，非政府组织通过参加国际环境会议、参与国际谈判、参加环境条约的拟订、组织非政府组织论坛等各种方式，促进了国际环境法的编纂和逐渐发展；其次，非政府组织参与审议和监督环境条约的实施和执行；最后，非政府组织还可作为诉讼方或法律顾问参加国际诉讼程序。

9.3.7　环境保护国际合作的问题及展望

经过几十年的发展，环境保护国际合作取得了一系列的成绩，同时合作中存在的问题已经暴露出来。

首先许多国家不积极合作，只关心自己领域范围内的环境保护，而不关心其他区域或其他国家的环境整治。这就使得全球性环境问题解决缓慢，同时使得各个合作的国家和地区矛盾尖锐。其次，南北双方环境权益的斗争异常尖锐，在承担环境保护责任方面存在重大分歧。

发达国家在几百年的发展中排放了大量污染物，最终酿成了当今世界的重大环境问题，如臭氧层破坏、温室效应、酸雨等全球环境问题，都是长期积累形成的，发达国家利用地球资源的人均数量高出发展中国家几十倍。而广大发展中国家普遍面临着发展经济与保护环境的双重挑战，发达国家理应为发展中国家解决环境问题提供资金和技术。然而，多数发达国家非但没有积极履行自己的义务，反而回避和推卸责任，甚至利用环境保护限制发展中国家的发展。这就形成了南北之间在环境保护问题上的主要分歧。国际经济环境中的种种不利因素仍严重制约着广大发展中国家实现经济发展和环境保护的目标。发展中国家面临着来自债务、贫困、不平等贸易等方面的巨大压力，解决环境问题的能力十分有限。

对国际环境保护的展望：① 开展环境问题更高层次的合作。一方面使得更多的国家和地区加入到国际环境保护的活动中来，把环境保护问题上升到全球的层面，另一方面是使国际合作问题被各个国家和地区重视，使全球环境问题得到更好的解决。② 开展环境问题更广范围的合作。逐步扩大环境领域的国际合作，拓宽国际合作渠道及领域，特别是环境科学技术，环境文化教育方面的合作。合作对象方面，加强国家、国家政府间组织及国际非政府组织之间的合作。合作方式上，加强信息交流、合作研究等方面的合作。

参 考 文 献

董小林 . 2005. 环境经济学 . 北京：人民交通出版社

龚高健 . 2011. 中国生态补偿若干问题研究 . 北京：中国社会科学出版社

韩健，陈立虎 . 1992. 国际环境法 . 武汉：武汉大学出版社

何爱平，任保平 . 2010. 人口、资源与环境经济学 . 北京：科学出版社

金瑞林 . 2001. 环境与资源保护法学 . 北京：高等教育出版社

蓝文艺 . 2004. 环境行政管理学 . 北京：中国环境科学出版社

林灿铃 . 2004. 国际环境法 . 北京：人民出版社

欧洲环境局 . 2000. 环境税的实施和效果 . 刘亚明译 . 北京：中国环境科学出版社

彭江波 . 2011. 排污权交易作用机制与应用研究 . 北京：中国市场出版社

戚道孟 . 1994. 国际环境法概论 . 北京：中国环境科学出版社

沈满洪，钱水苗 . 2009. 排污权交易机制研究 . 北京：中国环境科学出版社

司言武 . 2009. 环境税经济效应研究 . 北京：光明日报出版社

汪海燕 . 2009. 国际环境保护行政合作机制研究 . 广西政法管理干部学院学报，24（1），37-42

汪劲译 . 1995. 日本环境基本法 . 外国法译评，4

王德发 . 2008. 绿色 GDP：环境与经济综合核算体系及其应用 . 上海：上海财经大学出版社

王曦 . 1992. 美国环境法概论 . 武汉：武汉大学出版社

王曦 . 1998. 国际环境法 . 北京：法律出版社

王小龙 . 2008. 排污权交易研究 . 北京：法律出版社

徐莹 . 2006. 加强国际环保合作及其途径 . 市场周刊·理论研究，(107-108)，145

阎世辉 . 2000. 当代国际环境关系的形成与发展 . 环境保护，(7)，14-17

杨兴，谢校初 . 2002. 美、日、英、法等国的环境管理体制概况 . 城市环境与城市生态，15（2），49-51

叶汝求，任勇 . 2011. 中国环境经济政策研究——环境税、绿色信贷与保险 . 北京：中国环境科学出版社

赵文会 . 2010. 排污权交易市场理论与实践 . 北京：中国电力出版社

中国 21 世纪议程管理中心，可持续发展战略研究组 . 2007. 生态补偿：国际经验与中国实践 . 北京：社会
　科学文献出版社

中国 21 世纪议程管理中心 . 2009. 生态补偿原理与应用 . 北京：社会科学文献出版社

周国梅，周军 . 2009. 绿色国民经济核算：国际经验 . 北京：中国环境科学出版社

朱海玲 . 2010. 绿色 GDP 导航 . 长沙：湖南大学出版社

左玉辉 . 2003. 环境经济学 . 北京：高等教育出版社

第10章 环境保护的低碳化战略

随着世界经济的发展、人口的剧增、人类生产生活方式缺乏节制，温室气体排放量呈现快速增长的趋势，地球面临极为严峻的环境问题——地球温暖化（十大环境问题之首），大气层上空的臭氧层也正遭受前所未有的危机，全球灾难性气候变化屡屡出现，已经严重危害到人类的生存环境和健康安全。

大气中温室气体浓度的升高被认为是引起全球气候变暖的因素之一，大气中的温室气体有水汽、CO_2、CH_4、N_2O、CFC、HFC、PFC 等，其中水汽在大气中浓度介于千分之一到百分之一，因其变化无常，且存在一个巨大的自然源——海洋，所以大气水汽的变化对人类活动的影响很不敏感。人们在讨论温室效应增强时通常把水汽排除在外。其余的几种温室气体又以 CO_2、CH_4、N_2O、CFC 的影响最为显著，CFC、HFC、PFC 等自 20 世纪末在全球已停止使用，所以 CO_2、CH_4、N_2O 成为人们关注的重要的温室气体，其对温室效应的贡献率近 80%。其中 CO_2 对增强温室效应的贡献率最大，约占 60%；其次是 CH_4，全球变暖潜能值（GWP）是 CO_2 的 21~23 倍，对温室效应的贡献率约占 15%；N_2O 增温效应是 CO_2 的 296~310 倍，对温室效应的贡献率约占 5%。自哥本哈根全球气候高峰会议之后，低碳理念逐渐渗透到人类生产、生活的各个方面，在此背景下，如何转向低碳化发展模式，走可持续发展之路，成为环境保护行业一个重要的战略选择。

10.1 水污染控制的低碳化

10.1.1 对传统水处理技术的反思

以往我们对污水处理的关注，更多的是污水处理效率，而忽略了污水处理过程中温室气体的排放。国内外学者提出的清洁生产、循环经济和可持续发展的理念涉及了这一问题。有学者曾在"对水处理技术发展的重新认识"一文中指出，自然界中的绿色植物能吸收 CO_2，放出 O_2，而水的生物处理是逆向反应，将越来越多的碳源变成了 CO_2，这就是不可再生能源的使用方式。经测算（聂梅生，2007），每处理 $1m^3$ 城市污水所产生的 CO_2 量为 0.29kg。但以往却很少有人关心水处理过程的低碳化技术，因此，作为水处理的从业人员有必要对传统水处理技术进行反思，发展绿色水处理技术是未来的一个趋势，要关注水处理过程的温室气体排放的控制，同时研发节能降耗的水处理技术也是需要大家长期努力的一个任务。

对于污水的生物处理工艺，好氧生物处理过程中将 COD 转化为 CO_2、厌氧过程及污泥处理过程中 CH_4 及 CO_2 的排放、硝化反硝化过程中 N_2O 的排放、净化后污水中残留脱氮菌的 N_2O 释放都是对温室气体的直接排放。另外，包括提升单元、曝气单元、物质流循环单元、污泥处理单元以及其他处理环节中机械设备的电能消耗，以及对应于各处理工艺单元中的药耗等造成了温室气体的间接排放。特别是对于传统的活性污泥法，脱氮大都通过硝化反硝化来实现，N_2O 既是硝化过程中的中间产物，也是反硝化过程的中间产物，其在硝化过程产生的途径如下：

$$NH_3 \longrightarrow H_2N\text{–}NH_2 \longrightarrow NH_2\text{–}OH \longrightarrow N_2 \longrightarrow N_2O\ (HNO) \longrightarrow NO \longrightarrow NO_2^- \longrightarrow NO_3^-$$

　　氨　　　　联氨　　　　羟胺　　　　氮气　氧化亚氮（硝酰基）氧化氮　亚销酸　硝酸

上述方程式的逆向即为反硝化过程。

据文献报道，全球污水处理过程中排放的 N_2O 总量为 0.3 万亿 ~3 万亿 kg/a，占全球 N_2O 排放总量的 2.5% ~25% 。此外在污水输送过程中，城市下水道的厌氧环境中产生的 CH_4 过饱和的溶解于污水中，通过放气阀、有压流转换为重力流或者进入污水处理厂后，释放到空气中。澳大利亚的研究表明，如果污水处理厂进水全部为压力管道输送，则污水输送系统产生的温室气体量是污水和污泥处理过程中产生的温室气体总和的 12% ~100% 。

对于污水的生态法处理工艺，我国于 20 世纪 50 年代开始了对稳定塘等污水处理技术的研究，20 世纪 80 年代末国家环保局主持了被列为国家"七五"和"八五"科技攻关项目的城市污水氧化塘技术的研究。随着研究和实践的逐步深入，在原有稳定塘技术的基础上，发展了很多新型塘和组合塘工艺，以及后来的人工湿地处理等技术。由于较高浓度的污水厌氧过程会产生大量的 CH_4 直接释放到大气当中，而 CH_4 分子的温室效应是 CO_2 的 20 倍左右。这些污水自然生态法处理工艺产生的温室气体问题不容小觑。

10.1.2　水污染控制低碳化的涵义

水污染控制的低碳化应该是在污水收集、输送、处理以及污泥处置的全过程尽量采用低碳技术，实现提高污染物削减能力的同时降低碳排放量和能耗，并注重资源能源的回收利用。具体包括污水管网的科学规划，污水处理过程的智能化、精准化控制，污水和剩余污泥中蕴藏的潜在能源的收集，处理水回用，更重要的是研发与应用绿色可持续的低碳化污水处理工艺，有针对性地开发城市污水高效低耗处理技术、工艺与设备，以及适合小城镇特点的污水处理技术与设备。

10.1.3　水污染控制的低碳化技术

国内外有学者（吕锡武和稻森悠平，2001）对传统工艺存在的弊端进行了总结，包括：①氧化和硝化耗能巨大，且在 COD 氧化中，无形中失去储存在 COD 内的大量化学能（每千克 COD 约含 1400 万 J 代谢热）；②反硝化与磷的生物聚集均需消耗 COD；③剩余污泥量大，耗能造成大量 CO_2 释放，并进入大气。那么水污染控制的低碳化技术就应该是朝着最小的 COD 氧化、最低的 CO_2 释放、最大生物质能的获取以及实现磷回收和处理水回用等方向努力。

1. 反硝化脱氮除磷

反硝化脱氮除磷是通过利用"兼性厌氧反硝化除磷细菌"（denitrifying phosphorus removing bacteria，DPB）在缺氧环境下，以硝酸盐或亚硝酸盐代替氧作为电子受体，使摄磷和反硝化这两个不同的生物过程在同一环境中一并完成的工艺。厌氧段，DPB 分解胞内多聚磷酸盐，释放正磷酸盐所获得的能量来合成反硝化聚磷菌的胞内物质聚羟基烷酸（PHA）。缺氧段，DPB 以硝酸盐氮或亚硝酸盐氮作为氧化胞内 PHB 的电子受体，利用降解厌氧段储存于体内的 PHB 产生的 ATP，大部分供给自身细胞的合成和维持生命活动，一部分则用于过量摄取水中的无机磷酸盐，并以 poly-P 的形式储存在细胞体内，同时硝酸盐或亚硝酸盐被还原为氮气，实现同步反硝化和除磷。

在这种除磷脱氮过程中，碳源（COD）和氧的消耗量均能得到相应节省。与传统的专性好氧磷细菌去除工艺相比，可节省 30% 左右的需氧量和 50% 左右的碳源，减少 50% 左右的污泥产量。在反硝化除磷过程中由于 COD 需要量的大为减少，过剩的 COD 可以被分离，获得生物质，并使之甲烷化，从而避免单一的氧化稳定（即有机物矿化至 CO_2）。得益于曝气能量的减少，以及过剩 COD 甲烷化后能量的产生，这种综合的能量节约最终可以使得释放到大气的 CO_2 量明显减少。目前，反硝化脱氮除磷的主要工艺包括 Dephanox 工艺、A2NSBR 工艺、生物膜反硝化脱氮除磷工艺、生物膜与活性污泥结合工艺等，这些优化的新工艺将常规生物脱氮除磷工艺中存在的相互影响和制约的因素分解，在保证高效稳定的处理效果的同时实现低碳化。

2. 同步硝化反硝化

由于 20 世纪 90 年代初期好氧反硝化菌及好氧反硝化理论的发现，即许多异养菌也能完成有机氮和无机氮（氨氮）的硝化过程，而且在很多的生态系统中，还比自养菌占有优势。异养硝化菌同时也是好氧反硝化菌，因而能在好氧条件下把氨氮直接转化成气态最终产物。另外，还发现一些其他细菌也能好氧反硝化，如生丝微菌属，使得硝化和反硝化就可以同时在一个具有好氧条件的反应器内完成，即所谓的同步硝化反硝化（simultaneous nitrification and denitrification，SND）（吕锡武等，2004）。

同顺序式硝化反硝化（sequencing nitrification and denitrification，SQND）相比，SND 具有以下两个优点。

（1）硝化过程中碱度被消耗，而同时的反硝化过程中产生了碱度，能有效地保持反应器中 pH 的稳定，而且无需添加外碳源，考虑到硝化菌最适 pH 范围很窄，仅为 7.5 ~ 8.6，该工艺的这一点是很重要的。

（2）在同一反应器，相同的操作条件下，硝化、反硝化应能同时进行，如果能够保证在好氧池中一定效率的反硝化与硝化反应同时进行，那么对于连续运行的 SND 工艺污水处理厂，可以省去缺氧池的费用，或至少减少其容积。对于仅由一个反应池组成的序批式反应器来讲，SND 能够缩短完成硝化、反硝化所需的时间。

笔者曾实验研究得出（吕锡武等，2004），在一个完整的工作周期中，SND 工艺保持 11h 的好氧状态，而 SQND 则为 2h 的缺氧然后 9h 的好氧，两者处理总时间均为 11h。SND 和 SQND 总氮去除率却相差不大，SQND 仅大于 SND 4.23%；但 SQND 产生的 N_2O 量却是 SND 的 1.5 倍。2008 年，全国废水排放总量 571.7 亿 t，其中城镇生活污水排放量 330.0 亿 t，假定污水平均含氮量为 45mg/L，污水中的氮 10% 以 N_2O 的形式排放入大气中，采用同步硝化反硝化技术可少排放 N_2O 17.7 亿 mol，体积约为 0.4 亿 m^3，相当于 120 亿 m^3 CO_2。

3. 短程硝化反硝化

硝化过程的两步反应是由两类菌分别独完成的，这两类菌在生理特征上也有明显的差别，是可以分开的。对于反硝化过程，无论是 NO_3^- 还是 NO_2^- 都可以做电子最终受体。长期以来，考虑到如果硝化不完全，形成的亚硝酸盐产物 HNO_2 是"三致"物质，对受纳水体和人是不安全的，所以尽量避免出现 HNO_2，另外 HNO_2 具有一定好氧性，对出水 COD 和接纳水体的 DO 等指标会产生不利影响。生物脱氮使 NH_4^+ 经历典型的硝化变成 NO_3^-，然后经反硝化过程被完全去除，这条途径称为完全硝化—反硝化脱氮。起初人们认为，出现亚硝酸盐积累是有害的。为了减少亚硝酸盐的积累，许多研究人员进行了控制其积累的工艺条件的研究工作。后来人们开始把注意力放在通过亚硝酸化—反硝化缩短脱氮过程的研究上，即所谓的短程硝化反硝化，通过创造亚硝酸菌优势生长条件，将氨氮氧化稳定控制在亚硝化阶段，使亚硝酸盐氮成为硝化的最终产物和反硝化的电子受体，即通过 $NH_4^+ \rightarrow NO_2^- \rightarrow N_2$ 这样的途径完成氮的脱除（Hellinga et al.，1998）。

传统硝化过程是由亚硝酸菌和硝酸菌协同完成的，由于这两类细菌在开放的生态系统中形成较为紧密的互生关系，将氨氧化为硝酸，因此完全的亚硝化是不可能的。短程硝化的标志是稳定且较高的 HNO_2 积累即亚硝化率较高（至少大于 50% 以上）。国内外学者对短程硝化的研究主要集中在 3 个方面：①游离氨抑制造成的 HNO_2 积累，由于 pH 变化对游离氨浓度的影响显著，所以需注意控制反应器内的 pH 保持在较高的水平；②通过巧妙控制反应器温度和泥龄，淘汰硝酸菌实现 HNO_2 积累（SHARON），该工艺使硝化系统中 NO_2^- 的积累可接近 100%，并且已经应用于荷兰鹿特丹和乌得勒支两座城市污水二级处理厂的硝化液单独生物脱氮系统，但这得益于利用硝化池上清液本身温度较高这种特性而获得试验的成功。③降低反应器内的溶解氧浓度实现 HNO_2 积累。

短程硝化反硝化与传统硝化反硝化工艺相比的显著优点就是节约硝化阶段约 25% 的需氧量，节省反硝化阶段约 40% 的碳源。这对于焦化、石化、化肥以及垃圾渗滤液等高氨氮、低碳源废水的生物处理而言其成本将极大地降低，但由于其控制条件苛刻，工程实践的应用还有待进一步研究。

若将短程硝化过程和反硝化聚磷过程结合在一起就构成短程硝化反硝化聚磷工艺（硝化进行到 NO_2^- 即行终止，接着以 NO_2^- 为电子受体进行反硝化同时吸磷），便可兼具短程硝化和反硝化聚磷两者的优点。既可大幅度节省需氧量又能减少有机碳源，还可以减少剩余污泥量和反应器的有效容积，成为有竞争优势的可持续的污水处理工艺。

4. 厌氧氨氧化

厌氧氨氧化（anaerobic ammonium oxidation，ANAMMOX）工艺是在 20 世纪 90 年代，由荷兰代尔夫特科技大学的 Kuyver 生物技术实验室开发的一种新工艺。该工艺是指在厌氧条件下，以亚硝酸盐为电子受体，由自养菌直接将氨转化为 N_2。国内有学者对分别以亚硝酸盐、硝酸盐和硫酸盐为电子受体来氧化氨的反应，在无机厌氧实验条件下都是可以发生的，但以硝酸盐为电子受体的反应不易进行，氧化氨的能力从大到小依次是：亚硝酸盐>硫酸盐>硝酸盐。因此，这种自养脱氮技术的核心是首先实现短程硝化。目前工程应用有中温亚硝化（SHARON）和生物膜内亚硝化（CANON）两种。

厌氧氨氧化作为新型转化氨氮技术，基于厌氧条件进行处理，因而不受供氧限制；无需有机碳源存在，碳酸盐、二氧化碳是微生物生长所需的无机碳源，实现了低碳污水处理中氨氮的科学转化。此外，ANAMMOX 由自养微生物所完成，所以，为固定 CO_2 并使之还原为有机碳需要有一个电子供体。理论上，两种基质，氨氮（氧化到亚硝酸氮）及亚硝酸氮（氧化到硝酸氮）均可担当此任，但在现实中显然仅亚硝酸氮被用于此目的。而前述的 SHARON 反应器的出水实际上是氨氮与亚硝酸氮的混合液。这恰好就是 ANAMMOX 反应器所需的最佳进水基质（图 10-1）。

通过试验计量式，

$$NH_4^+ + 1.32NO_2^- + 0.066HCO_3^- + 0.13H^+$$

$$\rightarrow 0.066CH_2O_{0.55}N_{0.15} + 1.02N_2 + 0.26NO_3^- + 2.03H_2O$$

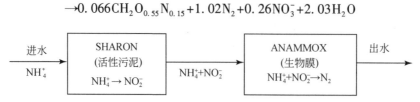

图 10-1　SHARON 与 ANAMMOX 相结合的自养脱氮工艺流程

在 SHARON 反应器中 57%（SHARON 与 ANAMMOX 相结合的自养脱氮实验值为 53%）的氨氮亚硝化反应是在 ANAMMOX 反应器中全部去除氨氮与亚硝酸氮的最佳转换率。鹿特丹 Dokhaven 污水处理场已将 SHARON 与 ANAMMOX 成功用于污泥消化液的脱氮处理，与传统硝化反硝化过程相比，SHARON 与 ANAMMOX 的组合工艺可使 CO_2 排放量减少 88%、运行费用减少 90%。继 SHARON 与 ANAMMOX 的组合自养脱氮工艺之后，2007 年起在荷兰已有两处 CANON 工程应用实例，分别用于土豆加工和制革废水的高氨氮处理。目前，由同一荷兰公司承建的 2 座 CANON 反应器（用于玉米淀粉等高氮废水的处理）正在或将在我国运行，其中一座氮处理能力为 11t/d，它是迄今为止全球氮处理能力最大的 CANON 装置。

5. 农村小型生活污水处理低碳化

农村生活污水具有水量小、有机物浓度偏高、日变化系数大等特点，且相对分散，宜采用小型装置处理。生态处理工艺特别是土地处理系统因运行费用低、管理方便、脱氮除磷效果较好而被广泛用于处理农村生活污水，但其占地多、处理效果受天气的影响大，不适宜单独用于农村污水处理，为此，笔者在总结多年的研究成果的基础上，提出了"厌氧—缺氧生物滤池/跌水充氧接触氧化装置/水生蔬菜人工湿地组合工艺"（图 10-2）。

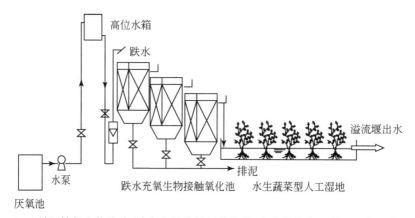

图 10-2　厌氧–缺氧生物滤池/跌水充氧接触氧化装置/水生蔬菜人工湿地组合工艺流程图

该工艺中污水首先进入厌氧反应器进行水解发酵，产生沼气，同时降低后续接触氧化池的负荷。调节池一方面缓冲水量水质负荷变化的冲击，另一方面来自厌氧单元的出水及好氧单元的部分硝化回流液在此混合，完成反硝化作用，污水中的有机物和氮得到进一步脱除。接触氧化池采用跌水方式自然充氧，利用池中填料上附着生长的微生物的作用降解污染物，并完成硝化作用。接触氧化池出水引入水生蔬菜型人工湿地，利用水生蔬菜吸收尾水中的N、P 营养物，并实现营养物的资源化利用，进一步改善水质。该工艺沼气回收可作为能源，无需污泥回流，大大降低了能耗，人工湿地系统建造成本低，运行成本低，能耗小，与生化处理污水相结合，达到节能减排和景观效应。体现了可持续污水处理技术的低能耗，优质化，资源化。

该工艺已有较多的实际应用工程，如江苏省宜兴市大浦镇漳北村污水处理（$10m^3/d$），2005 年开始运行。江苏省昆山市淀山湖镇香馨佳园小区生活污水处理（$30m^3/d$），2009 年 10 月开始运行，尾水作为杂用水回用于该小区 6 楼冲厕等以及小区的绿化。江苏省扬中市民主村污水处理工程（$20m^3/d$），2008 年 5 月开始运行。该技术主要处理小型生活污水，系统运行高效稳定，对污染物的去除效果明显，COD、N、P 可达到《城镇污水处理厂污染物综合排放标准》（GB18918—2002）一级 A 标准，以宜兴市漳北村污水处理实际运行时的监测数据为例（表 10-1）。

表 10-1　宜兴市漳北村污水处理运行监测数据

项目	pH	COD/(mg/L)	NH_4^+–N/(mg/L)	TN/(mg/L)	TP/(mg/L)
系统进水	7.67	106.61	19.57	24.68	0.96
系统出水	7.95	34.39	4.87	6.86	0.11

6. 泥水自循环 A^2/O

泥水自循环 A^2/O 是东南大学在 UNITANK 工艺的基础上，基于生物缺氧反硝化、好氧硝化、厌氧释磷、好氧摄磷的传统生物脱氮除磷机理，开发的一种新型的城市污水脱氮除磷工艺，它通过工艺上的控制来减弱硝酸盐对除磷的影响并协调除磷和脱氮对碳源的需求，每个反应池都出现厌氧或缺氧和好氧过程交替，在时间和空间转换过程中实现 A^2/O 状态交替。同时利用进水方向的周期性改变来达到混合液回流的目的，不需要混合液和污泥回流，具有明显的节能效果。泥水自循环阶式 A^2/O 工艺是由 5 个生化反应池（六箱一体化工艺中还包括一个专用的沉淀池）组成的一体化池型，工艺具体的运行方式如图 10-3 所示。

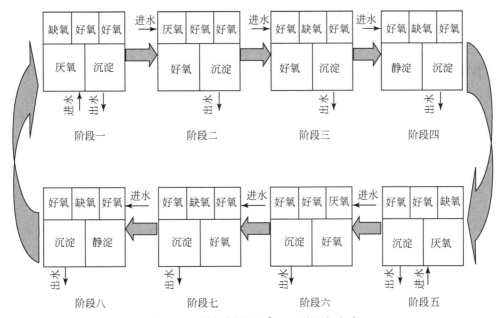

图 10-3　泥水自循环 A^2/O 工艺运行方式

泥水自循环 A^2/O 工艺是一个典型的同时实现了工艺和控制双向节能的技术，其主要优点包括以下 3 方面。

（1）该技术通过多点进水和两点出水交替切换，水流在系统内自动转向流动，实现污泥和混合液的自动回流，无需另外添加动力设备，从而大幅度降低电耗，节省运行费用，实现了工艺节能。

（2）分析实时控制参数与反应进程的关系，通过在线检测和信号反馈，实施过程智能控制，适时调整曝气量、改变进水点位置及进水量、调整运行阶段时间，可以有效降低运行过程能耗，实现控制节能。

（3）通过 PLC 控制全自动化运行，可以根据水质水量特性和环境条件变化，灵活地调整运行方式，通过研究各池反应过程与状态参数相关性，提出了实时控制策略，实现在线实时控制，可降低工程投资成本和运行费用。

多箱一体化活性污泥工艺特别适用于中小型生活污水和城市污水处理，在节省投资和运行成本的同时，便于专业化集中管理。东南大学水污染控制课题组完成了本项技术中试装置的成功运行，并经过不断地总结、完善，在南京市建成了一个处理量为 $500m^3/d$ 的示范工程。

另外，污水处理企业实践运行中，水质及具体进水量会伴随阶段的推移、季节的更替而不同。因此，各类污水处理用到的机械、设备并不是始终在运行的良好标准。所以，我们应科学应用处理措施预防浪费能量现象。可借助变频交流技术进行速度的合理调控，进而科学实现对回流量的有效控制，并令曝气量更加准确。可令设备始终在良好健康标准运行，实现优质工况。应用该技术阶段应全面了解水量、水质的综合特性，可引入在线监测实现信息的高效传输。同时还可令其融合至模拟技术模式之中，令污水处理工艺更加科学、优质，良好运行，并及时反映各类实时参数，形成对调速变频系统的科学调控管理。污水处理实践中，有效降低外加药剂、碳源总量可令间接能耗显著下降。因此，应由工艺处理阶段，科学基于内部单元现实特征，进而实现药剂加入量的有效控制，提升除磷氮污水处理综合能效。

总之，污水处理不应仅仅是满足单一的水质改善，同时也需要一并考虑污水及所含污染物的资源化和能源化问题，且所采用的技术必须以低能量消耗（避免出现污染转移现象）、少资源损耗为前提。从我国中长期发展战略来看，污染物减排被放到越来越重要的位置，而能耗高的处理工艺将失去竞争力。毫无疑问，节能降耗型的水处理技术将成为我国长期的发展方向。

10.2　大气污染控制的低碳化

10.2.1　对传统大气污染控制技术的反思

不论发达国家还是发展中国家，使用化石燃料电站均是 CO_2 排放的主要来源。化石能源占全球总能源的 85%，在今后的几十年里还会继续利用化石燃料。化石燃料燃烧烟气排放不但会引起严重的大气污染问题，也是温室气体排放的重要源头。对于一个典型的火电厂烟气处理过程，无论是脱硝、除尘、脱硫还是 CO_2 的捕捉和封存，都需要进行深刻的反思和积极地探索，研发一些实用的大气污染控制低碳化技术。

10.2.2　大气污染控制低碳化的含义

大气污染控制过程低碳化技术应该是大气污染控制过程中尽量保证设备优化、系统优化与控制、节能与低资源消耗的先进技术。大气污染控制低碳化需要在在全面深入的了解 SCR 烟气脱硝、石灰石—石膏法烟气脱硫、湿法烟气脱碳等主流工艺的基础上，力求在系统优化设计、关键部件优化设计、设备和系统节能、副产物资源化等方面取得突破。

10.2.3　大气污染控制的低碳化技术

1. 烟气脱硝低碳化技术

目前控制 NO_x 排放的措施大致分为两类：烟气净化技术与低 NO_x 燃烧技术，达到降低其排放的目的。选择性催化还原（SCR）是目前国外应用较广泛的烟气脱硝技术。SCR 法烟气脱硝所采用的催化剂是该工艺的核心，是获得较高脱硝效率的关键，普遍使用的商用催化剂体系为钒系催化剂（如 V_2O_5/TiO_2，$V_2O_5-WO_3/TiO_2$）。

选择性催化还原过程是在 $V_2O_5-WO_3/TiO_2$ 催化剂作用下，喷入的还原剂 NH_3 与烟气中的 NO_x 发生氧化还原反应，产生 N_2。SCR 脱硝装置在火电厂的布置位置通常在锅炉省煤器及空气预热器之间，该处的烟气温度能够满足催化剂对脱硝温度窗口的要求。SCR 系统主要包括氨储运系统、氨喷射系统、反应器系统、除灰系统及烟气旁路（包括省煤器旁路和SCR 旁路）等（图 10-4）。

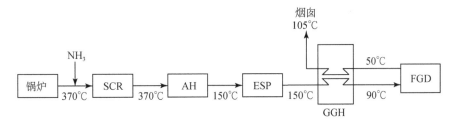

图 10-4　燃煤电厂 SCR 装置的布置方式

所谓低碳化，在 SCR 工程技术中更切合实际的体现就是节能措施和技术改进。针对火电厂烟气脱硝工程而言，可以考虑从以下方面进行低碳化（图 10-5）。

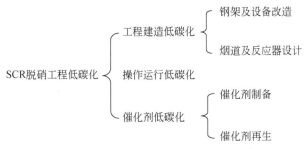

图 10-5　SCR 低碳化方向

1) 工程建造低碳化

工程建造的低碳化可以包括如下两个方面：钢架结构和设备改造及烟道、反应器设计。钢架改造的投资取决于原工程的改造条件，场地情况等，合理的设计不仅能够减少建设及改造的费用，还可降低运行费用。

（1）合理设计钢架及选择催化剂。SCR 反应器需要有钢架结构能够承受较大的负荷，通过对原锅炉及辅助设备钢架的改造可以将部分烟道负荷分担至原有的钢架结构上，或给予原有的钢架结构进行加固升级，一定程度上能够减少建设费用的投入。

催化剂的选择包括形式的选择、单元长度、催化剂节距尺寸选择等方面。

a. 催化剂形式的选择。往往根据烟气含尘状况进行，平板型能够更好地缓解堵灰状况，在一定程度上能够减少运行状态下的阻力损失及清灰频率，节省一定的运行费用，但往往要求有更多的催化剂体积。在含尘量在 $30 \sim 40g/m^3$ 可通过经济分析选择合理的催化剂形式，在一定程度上，也是一种低碳化。

b. 催化剂节距的选择。催化剂的节距若大，能够有效降低运行阻力；若催化剂节距过大又会造成脱硝反应受内扩散影响显著，降低脱硝效率，可以根据现场实验情况，选择合理的催化剂节距，最优的选择方案能够在运行阻力及脱硝效率间实现双赢。

c. 催化剂高度的选择。催化剂高度决定于脱硝催化剂的性能，若催化剂脱硝效率高，所需催化剂的体积便可有效减少，相同的截面风速条件下所需的催化剂高度就较低，较低的催化剂高度降低了反应器材料及支持装置的投入，能够节省投资。

在催化剂选择合理，流场条件均匀，同时操作运行条件良好的情况下，氨泄漏及硫酸氢铵黏附和腐蚀空气预热器的情况就可以得到有效缓解，在一定程度上可以减少对空气预热器的改造程度，从而能够节省一定的投资费用和改造工期，有利于低碳化的实现。

合理的气流组织设计可实现运行过程中的阻力最低，从而可以减少风机改造的成本。

（2）合理设计烟道结构、导流装置，选择合适的氨喷射与混合机构。

a. 设计流畅的烟道结构。烟道系统是连接 SCR 反应器及省煤器、空气预热器的关键部分，往往流畅的烟道结构能够将系统增加阻力降至最小。

烟道尺寸的选择主要由两方面决定：①烟气流速：烟气流速过小会造成飞灰在烟道内的积累，增加烟道截面尺寸，从而增加材料投入；而烟气流速过大会造成系统压降增高，同时对烟道壁（尤其是烟道尺寸突变或弯道处）及内部构件（混合器等）的磨损加大。因此选择合理的烟道流速能够在系统压降和材料投入中实现平衡；②对于改造工程，往往受场地限制，存在一些变径管道或气流偏转管道，在设计时，应尽量避免短距离内进行较大的气流变化。

b. 设计合理的导流装置。合理的导流装置能够降低系统压降，同时可以增加烟道中气流的均匀性，有利于还原剂与烟气中 NO_x 的配比。通过导流装置的优化设计，首层催化剂截面速度分布的均匀性也可得到较好的改善，从而尽可能地避免氨逃逸对下游空气预热器造成的堵塞及腐蚀。

c. 选择合理的氨喷射与混合装置。还原剂氨与烟气混合程度的好坏直接影响着脱硝效率的高低，同时也决定着氨逃逸情况的大小。优良的氨喷射与混合系统是保证 SCR 脱硝装置高效运行的关键。

通常现在的氨混合系统主要有三类，分别为格栅型 AIG、混合型 AIG 及涡流型 AIG。对于三类氨混合系统，各有优势。

格栅型 AIG 系统的喷嘴较多，为保证同一根集合管上喷嘴的喷口流量相同，加工制造结构较为复杂。但可以通过控制各喷氨管流量，在烟道均匀性稍有不佳的情况下实现均匀配比，保证 SCR 脱硝性能，降低氨逃逸情况。

混合型 AIG 系统的喷嘴较少，通常一台 SCR 反应器配备十几个喷嘴。通常喷嘴管径较大，不易堵塞，便于对局部区域进行流量调整。

涡流性 AIG 系统通常其喷嘴数目更少，喷嘴直径更大，每个喷嘴控制较大的混合区域，但系统压降较大，且不易对局部区域进行流量调节改善混合效果。

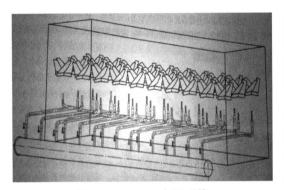
图 10-6　Envirgy 氨混系统

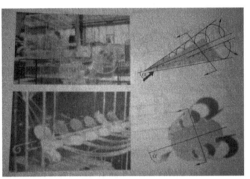
图 10-7　德国巴克·杜尔三角翼混合系统

整体来说，对于格栅型和混合型 AIG，系统运行的压降较小，可在气流均匀性不强的条件下对喷氨量进行局部调控，以满足均匀配比的要求。而混合型及涡流型 AIG 系统喷嘴数目较少，加工及制作较为方便，但涡流型 AIG 系统根据驻涡原理进行混合，产生的压降较高。故综合考虑，混合型 AIG 系统整体优越性更好，一定程度上降低投入及运行费用。混合型 AIG 系统的典型结构有 Envirgy 公司的氨/空气喷嘴混合系统及德国 BALCKE DURR 公司（巴克·杜尔）的 DELTA WING（三角翼）静态混合器系统。开发高效低阻的 SCR 氨混系统可以提高脱硝工程的低碳化程度（图 10-6，图 10-7）。

2）操作运行低碳化

运行操作的低碳化是指在脱硝装置正常运行的过程中，通过系统自动响应等措施使运行条件达到最优。在实际的运行过程中，主要包括以下几点。

（1）保证操作温度稳定：当锅炉负荷较低时，烟气温度较低，容易因反应不完全造成氨泄漏，故一般当温度低于一定程度时选择停止喷氨，以保护催化剂及防止氨泄漏造成空气预热器的堵塞和腐蚀；而当温度较高时，有可能造成催化剂烧结，从而引起催化剂永久性失活。因此，保证操作温度稳定在催化剂的活性窗口，能够在一定程度上延长催化剂寿命，实现运行上的低碳化。

（2）根据烟气中 NO_x 变化及时调整还原剂喷入量：烟气中的 NO_x 含量随煤种及负荷变化会有一定的波动，操作过程中根据烟气中 NO_x 的含量调整喷氨量，能够合理使用还原剂，保证需要的脱硝效率，有效抑制氨逃逸的发生。

（3）及时进行在线吹灰操作：SCR 装置运行一段时间后便会有积灰情况发生，催化剂入口位置的积灰会造成系统压力的增加，并引起脱硝效率的降低。故及时清灰有利于避免系统阻力过高，防止因积灰堵塞停工检修的情况发生。

3）催化剂低碳化

催化剂低碳化包括催化剂制备过程中的低碳化和催化剂再生重复利用时的低碳化。催化剂制备过程中的低碳化主要是对制备过程进行节能改进，步骤优化。在蜂窝状催化剂的制备过程中，捏合、混炼、干燥煅烧等过程都有较多的能耗，如能够在不影响催化剂脱硝活性、机械强度的前提下优化制备工艺，降低设备能耗，则可以实现在催化剂制备过程中的低碳化。

催化剂再生包括前面提到的几种再生方法。而对某固定的火电厂脱硝催化剂进行再生时应根据实际情况分析，合理选择再生方式。合理的催化剂再生步骤应该是：

（1）通过表征手段分析催化剂钝化原因（TEM、XRD、FTIR 等），确定催化剂失活原因从而可以根据具体情况进行再生操作；

（2）压缩空气进行物理吹扫或采用负压吸尘的方法，主要去除催化剂上黏附不牢的粉尘；

（3）去离子水进行预清洗，用于去除灰尘和可溶性有害盐类，特殊情况下可以添加渗透促进剂和表面活性剂，改善污垢的溶解特性；

（4）酸清洗，使用硝酸或硫酸的稀溶液，重点去除碱土金属，可通过罗茨风机鼓入空气引起稀酸液扰动，或采用超声波辅助的方式强化接触；

（5）去离子水清洗，去除酸清洗残留物，使催化剂表面呈现洁净状态；

（6）活化清洗，恢复和修补催化剂活性成分和微孔结构；

（7）低温状态下干燥后进行煅烧，使活性组分与载体牢固黏附。

另外，因为 Ti 具有较为独特的水解特性，因而认为 Ti 元素的回收也是较为重要的，TiO_2 作为载体，在蜂窝状催化剂中的成分在 50% 以上，故而如能够通过简单的单元操作实现 TiO_2 的回收也是较好的资源回收，重复利用，实现低碳化的途径。

针对 SCR 氨逃逸问题造成硫酸氢铵腐蚀、堵塞空气预热器的问题，上述讨论可以看到，优化流场设计，实时跟踪调控，提高催化剂脱硝性能等手段可以减少氨逃逸量。考虑还可以通过如下方式缓解这一情况：

①进行燃烧前脱硫，或在燃煤中添加石灰石炉内脱硫；

②降低催化剂对 SO_2 的氧化率。

关于 SCR 工程中低碳化的手段除上述过程外，还可以从改进催化剂性能的角度考虑实现低碳化。

（1）提高催化剂的性能：对于催化剂性能的改善表现在提高脱硝反应速率，降低 SO_2 的氧化率方面。

（2）低温催化剂的开发：低温催化剂能够使得脱硝反应在较低的温度下进行，这样固定床反应器可设计在电除尘后，避免了高灰条件下造成的积灰和堵塞问题，降低了系统阻力，同时有效减轻了催化剂失活中毒，延长了催化剂的使用寿命。固定床反应器后有湿法脱硫装置，能够有效捕集逃逸氨，同时增加脱硫效率。

（3）其他催化剂的开发：目前的催化剂采用氨作为还原剂，氨的产生途径主要有液氨蒸发、尿素水解、尿素蒸发三种。其运输及制氨成本都相当高，同时液氨还属于危险化学品，以液氨为氨源的项目审批越来越困难。因此有必要开发以甲烷或碳氢化合物为还原剂的脱硝催化剂，这样还原剂的运输和储存都能够得到有效简化，同时还原剂的来源也较氨广泛，脱硝系统的运行费用也自然降低了。不以氨为还原剂的脱硝催化剂 20 世纪 90 年代的研究较多，至今仍有部分学者在研究，但其距工业化应用还有很长的距离。

总之，火电厂烟气脱硝工程中，通过合理设计和系统集成优化能够有效降低工程投资，节省一定的运行费用。文中所提到的一些关于低碳化的想法，部分仅仅是基于个人理解的想法，距离真正的工程应用还具有较大的差距，需要进一步详细论证及研究。总之，对火电厂现有烟气脱硝装置进行低碳化探索和改造具有极大的研究价值和应用意义。

2. 石灰石—石膏法烟气脱硫低碳化技术

石灰石—石膏法脱硫是烟气脱硫技术中最主流的一种，其应用比例可达 85%，该方法的脱硫效果较好。其原理为：利用石灰石或石灰浆液吸收烟气中的 SO_2，生成亚硫酸钙，亚硫酸钙分离出来后可以抛弃或者氧化为硫酸钙（$CaSO_4$），以石膏的形式回收利用，其脱硫效率高达 90% 以上。但是，石灰石—石膏法脱硫的副产品脱硫石膏却没有得到较好地处理，堆积成患，形成了新的环境威胁。每处理 1t 的 SO_2 便可产生 2.7t 脱硫石膏。另外设备腐蚀严重，结垢严重，洗涤后烟气需要再加热，能耗比较高，且占地面积大，投资和运行费用也比较高，系统复杂、设备庞大、耗水量也大、一次性投资高。

调查表明，湿式石灰石—石膏法脱硫设备每处理 1t SO_2 要排放 0.7t 的 CO_2。我国 CO_2 年排放总量占世界排放总量的 13.2%。2009 年，我国国务院常务会议最终敲定：到 2020 年中国单位国内生产总值 CO_2 排放比 2005 年下降 40%~45%，作为约束性指标纳入国民经济和社会发展中长期规划。因此，为减少 CO_2 等温室气体的排放，我们要求石灰石/石膏法脱硫处理技术低碳化，则需要对脱硫工艺进行改进，设备进行完善，运行参数进行优化，研发新的脱硫效率高、无二次污染、符合循环经济要求的脱硫技术。

1）控制结垢

（1）运行控制溶液中石膏过饱和度最大不超过 130%。

（2）选择合理的 pH 运行，避免运行中 pH 的急剧变化。pH 为 6 时，SO_2 的吸收效果最佳，但亚硫酸钙的氧化和石灰石的溶解受到严重抑制，出现大量难以脱水的亚硫酸钙、石灰石颗粒，导致石灰石的利用率下降，运行成本大大提高，石膏综合利用还难以实现，易发生结垢。

（3）向吸收液中加入二水硫酸钙或亚硫酸钙晶种，以提供足够的沉积表面，使溶解盐优先沉积在表面，而减少向设备表面的沉积和增长。

（4）向吸收液中加入添加剂，如镁离子、乙二酸。乙二酸可以起到缓冲 pH 的作用，抑制 SO_2 溶解，加速液相传质，提高石灰石的利用率。镁离子的加入生成了溶解度大的 $MgCO_3$，增加了亚硫酸根离子的活度，降低了钙离子浓度，使系统在未饱和状态下运行，以防止结垢。

2）控制运行参数

液气比是脱硫塔设计的一个十分重要的参数。它决定了石灰石的耗量，石灰石—石膏法中 SO_2 的吸收过程是气膜控制过程，相应的液气比的增大，代表了气液接触的概率增加，脱硫率相应增大。但 SO_2 与吸收液有一个气液平衡，液气比超过一定值后，脱硫率将不再增加。循环液量的增大带来的系统设计功率及运行电耗的增加，运行成本提高较快，所以，在保证一定的脱硫率的前提下，可以尽量采用较小的液气比。

3）合理选择吸收塔

选择合理的吸收塔，提供烟气流速，有利于提高系统的传质速率，减少传质阻力，在优化脱硫效率的同时，可以降低投资成本，降低运行成本。

4）控制石灰石粒度

参与反应的石灰石颗粒越细，在一定的质量下，其表面积越大，反应越充分，吸收速率越快, 石灰石的利用率越高, 石灰石出料粒度越细, 研磨系统消耗的功率及电耗越大。所以在选择石灰石粒度时, 应找到反应效果与电耗的最佳结合点。

5) 能耗减少新技术

(1) 加装托盘。在空塔的基础上, 美国为了提高空塔的脱硫率, 在空塔上部加装了托盘, 其上开孔, 开孔率为 30% ~50%, 喷嘴喷出的浆液喷到托盘上, 而烟气由下向上从托盘孔中均匀地通过, 通过试验数据表明, 使用托盘可以使烟气分布均匀, 它可以增大气液接触面积, 进而降低了液气比, 节约了功率及电耗。500MW 容量, 其配套的 FGD 入口 SO_2 浓度 0.0018, 脱硫率 90%, 吸收剂为石灰石的条件下, 采用托盘与不采用托盘的系统做了一个比较。前者液气比降低了 27%, 总功率降低了 710kW。

(2) LS-2 系统。LS-2 系统是由 ABB 公司在传统的空塔技术上发展起来的, 核心技术即采用较高的烟气流速, 并采用独特的喷嘴布置 (即布置更为紧凑, 密度更大, 相互交叉重叠较多), 新型的除雾器, 超细的石灰石粒度来消除高烟气流速带来的问题。传统的烟气流速设计是 3.048m/s, 而 LS-2 系统设计则提高到了 4.572m/s, 最高还可在 5.489m/s 的流速下运行。提高烟气流速, 减少气膜阻力, 使气体与液体均匀分散, 气液两相接触面积增大, 总的传质速率提高, 脱硫率得到了保证, 同时, 大大地降低了液气比, 使得总的电耗得到了显著的降低。另外由于喷嘴布置更为紧凑, 液气比显著下降, 使得吸收塔的直径和高度减小, 从而使得投资成本降低, 运行电耗降低很多。而采用更细的石灰石粒度, 如果采用传统的球磨机需要消耗很多的电能, 但是采用 ABB 公司的昆仑磨粉机的全干式研磨系统, 未经处理的烟气被用来驱动磨粉机和烘干石灰石, 从磨制系统排出来的烟气返回到吸收塔进行处理, 这一石灰石磨制系统在美国国内与传统的湿式球磨机相比, 据说工程造价和运行费用大大降低, 节约电耗十分明显。液气比的减少使持液量减少, 循环液量减少, 循环泵等设备的节电效果显著。

总体上, LS-2 系统与目前其他最先进的相同容量的湿法脱硫工艺相比, 可节约大约 15% ~30% 的总投资, 降低 10% ~20% 的电耗, 工期也得到缩短。吸收塔尺寸的减少; 传质阻力的减少; 吸收液总量的减少; 石灰石的利用率提高; 取得更细的石灰石颗粒的同时, 却大大降低了系统总电耗。

(3) CT-121 系统。日本千代田公司开发了一种第二代烟气脱硫系统, 也称千代田工艺。它的核心技术是喷泡塔 (喷射式鼓泡反应塔, GBR)。其工作过程为: 烟气从引风机进入反应塔, 经过垂直的烟气分配器以一定的压力进入浆液, 形成一定高度的喷射气泡层, 在浆液上层进行气液传质, 吸收二氧化硫与粉尘。二氧化硫与碳酸钙生成亚硫酸钙, 同时, 按一定比例向塔内注入空气, 亚硫酸钙被氧化成硫酸钙, 洁净烟气经除雾器排入烟囱, 石灰石浆液直接用泵泵入反应塔, 当浆液浓度达 30% 时, 引入脱水机脱水得二水硫酸钙。由于吸收塔流程短, 不设石灰石浆液循环系统, 如果加上可以不设除尘器, CT-121 系统比相同容量的传统 FGD 系统投资低 20%, 占地少 35%, 由于不设浆液循环系统, 电耗将大幅度下降, 且不用加任何添加剂, 运行费用如果控制得当, 可望比传统 FGD 降低 50%。

(4) 优化双循环湿式洗涤工艺 (DLWS)。DLWS 采用的单塔两段法。传统的单塔对两者进行了折中, 但 DLWS 系统将吸收塔通过集液斗分为两部分: 上循环和下循环。上循环为二氧化硫的吸收段, 上循环最佳的 pH 为 6, 此时, 二氧化硫的吸收效果达到最佳。上循环中的浆液来自吸收塔外的浆液槽, 然后对烟气洗涤后经集液斗又回流到吸收塔外的浆液槽, 石灰石按比例加入到此浆液槽中进入系统。下循环为氧化冷却段, 下循环的浆液来自吸收塔外浆液槽的溢流液及石膏脱水系统的回用水，其运行的最佳 pH 为 4，此时，石灰石溶解和亚硫酸钙的氧化达到最佳，石灰石的利用率得到最大的提高，亚硫酸钙的氧化几乎达到 100%，石膏中的亚硫酸钙的含量减少到了最低。

由于系统能自动控制在最佳的 pH 范围内，不随气流及二氧化硫负荷变化的影响，所以控制系统比较简单；由于冷却循环 pH 较低，在一定去除水平下对石灰石的粒径要求可以放宽，大约可以节约 40% 左右的用于研磨石灰石的能量。另外，因上回路在高 pH 条件下运行，所需液气比小，浆液少，从而可以选小功率的泵，且塔高也相对比较低，循环泵所需要的压力也不高，这都使系统的电耗明显降低。系统对石灰石粒度的要求也降低了，从而使磨机功率大大降低，约 40% 左右，也节省了能耗。

6）减碳技术

减碳技术（易争明和李群生，2007）基于烟道气同时脱硫脱碳，即碳化砖工艺。碳化砖生产过程的重点考虑对象是生产原料和碳化气源。生产原料的有效成分是 $Ca(OH)_2$，碳化气源的有效成分是 CO_2。而锅炉烟道气中含有大量的 CO_2 和 SO_2，如果采用碱性物质电石渣作为生产原料不但可以吸收 CO_2 制取碳化砖，还可以吸收烟气中的 SO_2，减少锅炉烟气中 SO_2 的排放量。

电石渣是化工厂乙炔发生站消解电石以后排出的废渣，呈淤泥状，主要的化学成分是 $Ca(OH)_2$，因而是石灰最好的替代品。用电石渣替代生石灰生产碳化砖，有着十分重要的意义，不仅仅是单纯上的替代作用，而是实现了真正意义上的资源循环再生利用，对化害为利、消除污染和变废为宝等方面有着十分积极的作用。碳化生成的 $CaCO_3$ 经过结晶和胶结骨料，使制品产生了强度。不言而喻，碳化的过程就是把混合料中的 $Ca(OH)_2$ 还原成 $CaCO_3$ 的过程。因为是将锅炉烟道气作为碳化砖的碳化气源，用来脱除烟道气中 SO_2 的脱硫剂为碳化砖的生产原料电石渣。所以，工艺流程与生产碳化砖的工艺流程一致。电石渣、粉煤灰和炉渣分别用电子皮带秤计量，进入强制式搅拌机混合搅拌，搅拌后的混合料送入 3 个消解库中陈化 8 h 以上，让游离氧化钙充分消解之后采用压砖机压制成型，成型后的砖坯，再由传输设备将其转运至碳化室里进行碳化。烟气中的 CO_2、SO_2 等酸性气体与砖坯中的强碱物质活性氧化钙发生化学反应生成结晶，养护一定时间，从而制得具有一定强度的建材制品，即产品碳化粉煤灰砖，出窑堆放，经检验合格后得到成品（图 10-8）。

3. 烟气脱汞低碳化技术

汞作为一种剧毒、高挥发性、在生物体内易于沉积且迟滞性长的物质，其减排与控制技术在环保领域已得到越来越广泛的重视。而在我国每年汞的排放高达 302t。汞主要由以下三种形式排放：气态汞（Hg^0），气态二价汞（Hg^{2+}）以及固体颗粒吸附的汞 [$Hg(P)$]。其中，Hg^{2+} 易溶于水，Hg^0 不溶于水且挥发性强。目前，对汞的控制主要有燃烧前控制、燃烧过程中控制以及尾部的烟气控制。主要技术有：控制燃烧工况、除尘器除烟尘、原煤浮选、固体吸附剂捕获、光化学氧化、贵金属网和脉冲电晕等离子法烟气脱汞。

汞是一种有毒的重金属，并且能够在生物体中累积。联合国环境规划署最近发表的一份报告指出，燃煤电厂是目前最大的认为汞污染源，而亚洲的燃煤电厂汞的排放量又居于首位。我国是一个燃煤大国，煤的平均汞含量为 0.22mg/kg。将汞单独采用某种工艺来处理，其成本比较高，且能耗多。所以需要寻找新的工艺来解决烟气综合性问题。

1）燃煤锅炉的新式整体脱硫工艺

燃煤锅炉的新式整体脱硫工艺（novel integrated desulfurization，NID）（杨立国等，

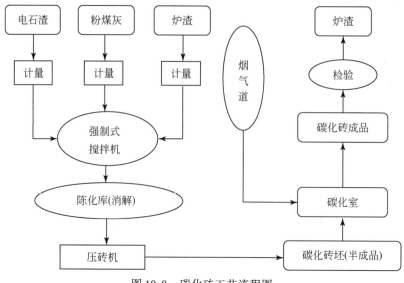

图 10-8　碳化砖工艺流程图

2008），其工作原理为：锅炉空预器出来的烟气，通过一级预除尘器，经 NID 反应器底部进入反应器，与均匀混合在增湿循环灰中的吸收剂发生反应。在降温和增湿条件下，烟气中的 SO_2 与吸收剂反应生成 $CaSO_3$ 和 $CaSO_4$。反应后烟气携带大量干燥固体颗粒进入脱硫后电除尘器或布袋除尘器，干燥的循环灰被电除尘器或布袋除尘器从烟气中分离出来，由输送设备输送给混合器，同时向混合器加入新鲜的消化石灰，经过增湿及混合搅拌再次进入反应器循环，循环倍率达 150 倍。少量脱硫灰渣输送至灰仓，最后通过输送设备外排。该技术的特点是：循环灰的循环倍率可达 30～150，使吸收剂的利用率提高到 95% 以上；生石灰消化及增湿一体化设计，无单独 CaO 消化、输送、存储系统，减少大量的能耗。而采用 OHM 方法采集分析燃煤烟气中不同形态的汞，得出烟气经过 NID 系统后，烟气中汞浓度急剧降低，烟气中的总汞浓度从 NID 入口处的 21.2～22.3 $\mu g/m^3$ 下降为 ESP 出口处的 1.9～3.7 $\mu g/m^3$。

　　因此，将脱硫和脱汞同时处理，采用 NID 技术，改进吸收剂，在取得高效脱硫脱汞的同时，节能降耗。有实验研究结果表明：NID 系统脱硫循环灰汞浓度明显比单一的静电除尘器或布袋除尘器底灰的汞含量要高，NID 系统脱硫循环灰中的汞浓度最高，NID 系统对燃煤烟气中气态汞的捕集能力明显优于除尘器（ESP 和 FF）系统。

　　2）活性炭吸附法

　　活性炭吸附法是目前研究中最为集中且最具应用潜力的一种方法。活性炭吸附法脱除烟气中的汞可以通过两种方式进行：一种是在颗粒脱除装置前喷入活性炭，吸附了汞的活性炭颗粒通过除尘器时被除去；另一种是使烟气通过活性炭吸附床。活性炭喷射方式比较有应用潜力。在静电除尘器（ESP）前喷射活性炭，可以吸收烟气中的汞，吸收了汞的活性炭颗粒被 ESP 捕获，实现燃煤烟气的汞排放量降低。

　　鉴于活性炭价格如此昂贵，研究开发新型、价格低廉且效果相当的其他吸附剂就顺理成章地成为下一步研究的重点。国外研究提出了"分流活性炭"的概念，其喷射吸附系统如图 10-9 所示，从锅炉中抽取部分未燃尽的煤（称为分流活性炭）作为吸附剂，经过换热器（空预器）降温后，再将其喷入烟道中与烟气均匀混合进行除汞。

　　这种分流活性炭颗粒的孔隙结构同一种商业活性炭相似，如果选择合适的物理参数、恰

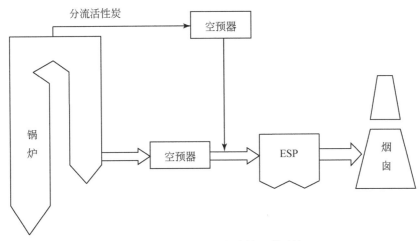

图 10-9　分流活性炭喷射吸附系统

当的抽取位置，分流活性炭则可获得同商业活性炭接近的吸附容量和脱汞率，而且它的生产和应用成本比商业活性炭低很多。

Malyuba 等研究了一种新型的螯合吸收剂，可以从烟气中直接去除气态的 $HgCl_2$。该吸收剂主要由附着在多孔硅胶培养基上的活性超细表层结构构成，通过固定的螯合团表面的熔融盐产生螯合作用。采用这种螯合剂，脱汞效率高的同时，也减少了能耗。

4. 碳捕捉和储存技术（CCS）

碳捕捉和储存是指 CO_2 从工业或相关能源的源分离出来，输送到一个封存地点，并且长期与大气隔绝的一个过程。化石燃料电厂是 CO_2 的集中排放源，其 CO_2 排放量约占 CO_2 总排放量的 30%。对于化石燃料发电技术，在烟气处理过程中尽可能节能降耗的基础上，CCS 是最终解决达到或接近 CO_2 零排放的根本方案。一般而言，有三种基本的二氧化碳捕捉路线，即燃烧前脱碳技术、燃烧过程中 CO_2 捕集技术和燃烧后 CO_2 捕集技术。燃烧前脱碳技术指在碳基燃料燃烧前，首先将其化学能从碳中转移出来，然后再将碳和携带能量的其他物质进行分离，这样就可以实现碳在燃料利用前进行捕集，主要包括燃煤预处理技术和 IGCC 技术两类。燃烧过程中 CO_2 的捕集技术主要包括：富氧燃烧技术及化学链燃烧（CLC）技术。燃烧后脱碳技术是指在燃烧后的烟气中捕获或者分离 CO_2。燃烧前和燃烧过程中的脱碳技术取决于电厂本身，而燃烧后脱碳属于大气污染控制上对 CO_2 捕集技术的研究范畴。目前的燃烧后 CO_2 捕集技术主要有吸附法、吸收法、膜分离法、低温蒸馏法和电化学法 5 类。

1）吸收法

吸收法是利用对 CO_2 气体具有特定吸收作用的吸收剂对混合气体进行洗涤从而分离 CO_2 的方法，是国内外回收 CO_2 的常用方法，能有效回收 CO_2，CO_2 浓度可达 99% 以上。一般按照吸收剂的不同，通常分为物理吸收和化学吸收。物理吸收法通过交替改变二氧化碳与吸收剂（有机溶剂）之间的操作压力和操作温度以实现二氧化碳的吸收和解吸，从而达到分离处理二氧化碳的目的。物理吸收法的优点在于耗能低，一般可在常温下操作且溶剂可以再生，但是物理吸收法选择性低，CO_2 回收效率比较低。该方法的关键在于确定优良的吸收剂。需要选用对二氧化碳的溶解度大、选择性好、沸点高、无腐蚀、无毒性、化学性能稳定的吸收剂。常见的吸收剂有水、丙烯酸酯、甲醇、乙醇、聚乙二醇及噻吩烷等。化学吸收法是使原料气和化学溶剂在吸收塔内发生化学反应，二氧化碳进入溶剂形成富液，富液进入脱吸塔加热分解出二氧化碳，吸收与脱吸交替进行，从而实现二氧化碳的分离回收，其适用于 CO_2 分压较低、净化度要求高的情况，但是此方法需耗热，且再生能耗大、选择性差且 CO_2 气体负荷容量大，需要很高的循环速度和大量的吸收塔，因此物耗、能耗和投资都很大。常用的吸附剂有乙醇胺（MEA）、二乙醇胺（DEA）、三乙醇胺（TEA）、二异丙醇胺（ADIP）、甲基二乙醇胺（MEDA）和二甘醇胺、氨水、热碱溶液等。

2）吸附法

吸附法按吸附原理可分为变压吸附法（PSA）、变温吸附法（TSA）和变温变压吸附法（PTSA）。PSA 法是基于固态吸附剂对原料气中 CO_2 有选择性吸附作用，在高压时吸附，低压解吸的方法，TSA 法是通过改变吸附剂的温度来进行吸附和解吸的，较低温度下吸收，较高温度下解吸。PSA 法的再生时间比 TSA 法短很多，且 TSA 法的能耗是 PSA 法的 2～3 倍，因此工业普遍采用的是 PSA 法，近年来对 PTSA 的研究比较活跃。日本东京电力建造了 2 套采用 PTSA 法处理烟气量 $1000m^3/h$ 的分离 CO_2 试验装置。与湿法 MEA 法相比 PSA 法属干法工艺，工艺过程简单克服了流体周期性升温降温的弊病并且省去了溶剂再生消耗的外供热。

3）膜技术法

膜技术是近 20 年发展起来的新兴技术，依据其原理分为膜分离技术和膜吸收技术。膜分离技术是利用混合气体与薄膜材料间产生的不同化学或物理反应，使某种组分可快速溶解并穿过薄膜，其具有装填密度高、结构简单、操作方便、投资少、能耗低和无环境污染等优点，适合处理污染物含量较高的气体；膜吸收技术将膜分离技术和化学吸收法相结合，在薄膜的另一侧有化学吸收液，并依靠吸收液来 CO_2 进行选择吸收，薄膜只起到隔离气体与吸收液的作用。目前使用的薄膜主要是聚亚胺树脂、乙酸纤维、醋酸纤维、聚酰胺 PI、聚砜、聚砜等高分子，也有多种新发展的分离膜，如碳膜、沸石膜、二氧化硅膜、促进传递膜、混合膜等。

4）低温蒸馏法

低温蒸馏法是一种物理分离方法，CO_2 的临界温度为 30.98 ℃，临界压力为 71.375MPa，所以易液化，低温蒸馏法就是利用 CO_2 此特性将烟气多次压缩和冷却，从而引起 CO_2 的相变，达到从烟气中分离 CO_2 的目的。该方法的优点在于能够产生高纯、液态的 CO_2，便于管道输送和存储，缺点在于其能耗较高，主要适用于 CO_2 浓度较高（60%）的场合。一般适用于油田开采现场，富氧燃烧或化学循环燃烧所排放的尾气也可以通过低温蒸馏法回收，化学吸收 CO_2 分离后的富集气体采用此方法回收处理。

5）其他方法

CO_2 的捕集除了上述主要方法外，还有微藻生物固定化方法和电解吸附法等等。微藻生物固定法是利用微藻生物的光合作用将 CO_2 转化为含碳有机物从而达到捕集 CO_2 的目的，此方法清洁环保且不需要消耗能量，但是捕集 CO_2 的速度太慢，在工业上应用不是很多；电解吸附法是利用自身具有导电性的吸附材料，对吸附材料电磁诱导提供热量或直接通电加热来使吸附材料再生，本质是一种新颖的变温吸附技术，此方法使吸附剂升温时间缩短，从而吸附/解吸循环周期缩短，产率提高。

10.3　固体废弃物处理与处置低碳化

10.3.1　对传统固体废弃物与处理处置技术的反思

政府间气候变化专门委员会（IPCC）2007 年最新发布的第四次评估报告中指出，过去的 100 年（1906~2005 年），地球表面平均温度升高了 0.74℃。国际科学界认为全球变暖 90% 以上可能来自温室气体排放（梁勇，2012）。抑制全球气温变暖则必须减少温室气体排放，这已经成为国际社会的共识。

随着社会经济的快速发展以及城市化水平的提高，城市固体废弃物的排放量也在逐渐增多，垃圾产量正以 7%~9% 的速度逐年增长。现有的城市固体废弃物处理与处置场地有限，城市固体废弃物处理与处置是温室气体排放的重要来源之一。根据目前生活垃圾的处理情况，可以估算我国每年生活垃圾处理过程将产生约 600 万 t 的甲烷，总碳排放约 1.5 亿 t（李欢等，2011）。因此，我们有必要对城市固体废弃物温室气体的排放进行评估并加以利用，发展固体废弃物低碳化，节能降耗，达到温室气体减排目标。

20 世纪 80 年代以前，我国城市生活垃圾（MSW）处理率较低，不足 2%。1990 年以后，随着我国经济的快速发展，垃圾量增多，垃圾处理行业快速发展。到 2008 年年底，我国有超过 500 座各类生活垃圾场，其中城市生活垃圾填埋场 407 座，处理能力 32.5 万 t/d，集中处理量约 1 亿 t，集中处理率达 66.8%。我国的城市固体废弃物处理技术主要是填埋、焚烧、堆肥，除此之外，还出现了垃圾热解、垃圾无害化筛选回收等，新技术还比较缺乏。其中填埋、堆肥和焚烧处理分别占总处理量的 81.7%、2.7% 和 15.6%（中国环境保护产业协会城市生活垃圾处理委员会，2009）。这些传统的固体废弃物处理与处置方法都会不同程度地造成一些温室气体的排放。

城市生活垃圾随着社会经济水平的提高，产生量增加，处理技术存在诸多问题。当下"低碳"出现在各行各业之中，同样，也涉及城市生活垃圾处理与处置。所以，需要新的低碳技术和方法来减少温室气体的排放，确保我国的减排任务。那么，我们需要对城市固体废弃物进行管理并对工艺进行改进。

废弃物填埋处理时，甲烷菌分解其中的有机物质使其发生厌氧分解，产生大量的填埋气体（LFC），即沼气，其主要成分是甲烷（CH_4）38%~65%，二氧化碳（CO_2）30%~48%，氧（O_2）1%~2%，且垃圾中的有机物越多，填埋气的产量也越多。填埋气属一类的温室气体，有研究资料表明，垃圾填埋产生的 CH_4 约为全球总 CH_4 的 6%~8%。截至 2008 年年底，我国建成并投入使用的填埋中有 LFC 收集的仅 30 座，约占总填埋场数的 8%，其中填埋气用于发电的仅 19 座。就目前填埋场状况，需要发展低碳节能的填埋处理技术。

堆肥可有效处理生物有机垃圾，但在有机物浓度较高的情况下，很容易形成厌氧条件，产生 CH_4。堆肥过程中产生的 CO_2 和水各占 40%，其余有 20% 是厌氧发酵产生的废气，该废气中有 40%~60% 的 CH_4，这些废气直接排放到大气中会加重温室效应；好氧堆肥可实现畜禽粪便处理及资源化，但畜禽粪便好氧堆肥过程是全球温室气体 N_2O 的潜在来源（吴伟祥，2012），该气体与全球的温室效应和大气臭氧空洞等问题关系密切。

焚烧处理生活垃圾，会带来很多负面效果，造成空气污染。处理过程中，会有二噁英、

CO_2 等气体产生。另外，因为环境或者焚烧设备的结构差异或者精密度问题，垃圾在焚烧过程中不完全燃烧，部分 C 转化成 CH_4，N 转为 N_2O 等温室气体，这些气体都是低碳社会必须考虑并对其加以控制和利用。

10.3.2　固体废弃物处理与处置低碳化含义

固体废弃物处理与处置低碳化是指在固体废弃物处理与处置整个过程中，包括从固体废弃物产生的源头分类、收集、运输、处理、最终处置等整个生命周期的每个过程采用低碳技术。低碳技术则是指处理过程中，在提高各个阶段处理效率的同时，还需控制并减少污染物、温室气体的排放，降低设备的能耗，并注重可回收资源的利用。主要包含固体废弃物的综合管理，结构与设备的优化，填埋场、堆肥产气及焚烧产气的利用及对影响产气因素的控制，可回收利用能源的有效收集，潜在能源新利用的研发，根据理论产甲烷和二氧化碳气量合理选择设备和控制的优化。最终目的达到温室气体的减排、能耗的节省，实现低碳化。

10.3.3　固体废弃物低碳化处理技术

1. 综合固体废物管理

首先从固体废弃物管理开始，即综合固体废物管理（Integrated SWM, ISWM）。该管理建立在生命周期评价（Life Cycle Assissment, LCA）之上，对固体废弃物的产生地到最终处置地，包括中间过程的废物减量、循环利用、回用、资源恢复等所有步骤的综合计划。LCA的研究内容包含量化能源、原材料与某种相关联产品的环境排放。

1）源头缩减

源头缩减颠覆了传统固体废物管理的废物产生后再处理处置的模式，审视废物管理的全部过程，从最基本层面防止了废物的产生，不仅可以减少在运输过程中汽车尾气（一氧化碳、碳氢化合物、氢氧化合物等）、臭气（甲醛等）的排放，还可减少固体废弃物处理过程中产生的温室气体量及其排放的基数。源头缩减对象可以是厨余垃圾、产品包装并进行绿色设计制造。城市生活垃圾的有机成分含量较高，尤其是厨余垃圾，而厨余垃圾对温室气体的贡献也相当大。减少厨余垃圾可以在食品的包装、灶具等做出改善；鼓励净菜进城，可减少运输、清运以及后续处理设施的压力；使用节能的灶具，提高燃料的燃烧效率与利用效率；产品包装是现实生活中无处不在的，给我们生活带来方便的同时也给环境带来了一定的危害。一般消费型的包装是以化石原料作为原材料，其化学稳定性高，从生命周期来看，豪华的包装物额外地增加了运输成本及其后续处理。因此，可以通过限制消费性包装的使用，增强市民的环保意识，鼓励循环使用环保袋。绿色设计是一个综合考虑环境影响和资源效率的现代制造模式，其目标是从产品的设计、制造、包装、运输、使用到报废处理的整个生命周期中，给环境带来最小的影响。

2）循环利用计划

循环利用计划包括废弃物的直接回用、物料回收和能源回收。直接回用在我国现阶段时期还比较少，但是这部分的比例却有所增加。分类收集相对传统的混合收集、混合运输而言，有重要的意义：可改善环境卫生，减少在固体废弃物堆放时产生的温室气体、难闻气体及渗滤液；方便物料的回收，从而减少废物处理处置设施的压力；还可降低处理的技术水平。因此可以采取相应的管理措施：优化收集车辆路线，车辆定时、定量的收集，提高收集车辆效率。另外，还要发挥市民的主观能动性，学习中国台湾和日本市民垃圾分类经验。分类收集的废弃物便可分类处理，送至各种处理设施进行处理：物料回收设施、混合可回收处理设施等。物料回收主要是对已经分类好的垃圾进行进一步的分选、清理、打包，并将其作为生产原料。混合可回收处理则是对没有分类好的或是无法在源头分类收集的可回收物进行分类分解后进行处理。

3）卫生填埋

在经过源头减量、循环利用之后，剩余的固体废物则进行填埋处理。目前我国多数填埋场比较简单，远没有达到卫生填埋的标准，造成水体污染、空气污染、爆炸等隐患。卫生填埋是具有良好的防渗系统、集排水系统、导气系统和覆盖系统的填埋方式，分为厌氧、半好氧、好氧三种类型。温室气体也会在这个过程中产生。现代化的卫生填埋可以有效控制填埋场产气的速率，便于进行收集，并且很好地解决二次污染问题。通过源头缩减、循环利用计划及卫生填埋的综合废弃物管理流程，实现固体废弃物的低碳化处理处置。

2. 填埋场低碳化技术

垃圾填埋具有投资少、处理费用低、运行费用低、处理量大的特点，因此，填埋处置法是现阶段我国城市生活垃圾处理的最主要方式。填埋气中的甲烷是主要的温室气体，最具回收和利用价值，了解它的排放量对温室气体减排有很大作用。填埋气是一种重要的可持续资源，经收集处理后可作为民用燃料、化工原料、汽车燃料和发电机组燃料等，其中作为发电机组燃料最为简便易行。填埋气发电利用技术的开展，主要受到填埋气产量的限制和发电机组的影响。

南京目前有三个市级垃圾集中堆放地：江宁水阁垃圾场、江宁轿子山垃圾场、浦口天井洼垃圾场，共计占地约 1415 亩。其中水阁和天井洼垃圾填埋场的填埋气用于发电，轿子山垃圾填埋场的填埋气用于制热。

水阁垃圾场利用沼气发电的项目，是国家环保示范工程，1997 年由国家环保总局、联合国环境基金（GEF）立项，获得 GEF 设备赠款 80 万美元。2001 年 8 月开工，2002 年 5 月并网发电，7 月通过了 GEF 项目办的竣工验收，并获得联合国开发计划署以及国家环保总局颁发的国家环保工程示范项目称号，这也是国内垃圾填埋场发电项目中唯一获得该称号的电厂。目前装机容量为 4050kW，2011 年发电量为 26 940MW·h，年发电能力可满足 1.5 万户家庭全年的用电，每年减少相当于 15 万 t CO_2 的排放，相当于植树 11 700hm²，相当于每年节约 2.1 万 t 标准煤。

天井洼发电项目，是国内首批获联合国认证注册的填埋场"碳减排"项目。2005 年，天井洼垃圾填埋场投产 1 台 1.1MW 机组，每天大约发电 25MW·h，年发电 8 500MW·h。甲烷处理成效 0.51m³/kW·h，CO_2 减量 8.11kg/kW·h。具有经济和环境效益：①可为 2000 户家庭供电；②可供热 3 000 户；③每年处理沼气 504 万 m³；④每年温室气体的减排量约 1.05 亿 m³。2006 年再投入 2 台，发电功率 4.4MW，每年可提供绿色电能 34000MW·h。沼气发电项目既能再生利用能源，又能达到减排的效果，实现了环境效益、社会效益和经济效益相协调。

1）填埋气发电技术

（1）填埋气的估测。目前，计算垃圾填埋气中甲烷产量的模型很多，主要是统计学模型、动力学模型和经验模型等。这里仅介绍 2006 年 IPCC 报告中推荐的方法（First Order

Decay Model，FOD）一阶衰减法（Egglestion et al.，2006）计算。计算公式为

$$Q = \sum KL_0 R_x e^{-k(T-x)} \tag{10-1}$$

式中，Q 为在 T 年时的甲烷累积产量（m^3）；L_0 为甲烷产生潜能 [m^3/t（$100 \sim 200 m^3/t$）]；R_x 为在第 x 年的填埋垃圾总量（t）；K 是甲烷产生速率常数（a^{-1}）；x 为开始填埋的年份（y）；T 为清单计算年份（y）。

FOD 模型引入了填埋时间参数，可以反映填埋垃圾每年产气量的变化规律。如果将填埋气用于发电（填埋气发电技术），则可减少温室气体的排放量。垃圾填埋气的热值一般为 $7450 \sim 22350 kJ/m^3$，除去杂质组分后，可提高到 $22360 \sim 26000 kJ/m^3$，对其进行回收利用，节省能源的同时减少了温室气体的排放。

（2）发电机组。目前我国在运行的大多数填埋气发电机组均采用进口设备。比较著名的有 GE 能源的颜巴赫，DEUTZ，CAT 等。填埋气进入发电机组之前先经过脱硫、除湿、过滤等预处理，好的进口机组发电效率可达 42% ~ 43%。因此，高效率设备选择对温室气体排放的控制十分重要。

采用填埋气发电技术可以减少温室气体的排放，但仍然有少部分的 CH_4 和 CO_2 会排放到大气中。估算填埋气发电的 CO_2 排放量，需要辨明基准线，填埋气除了含 CH_4 外，还有部分 CO_2，这部分最初来源为生物质，可不计入基准线排放。其基准线包括：不存在填埋气发电工程时，垃圾填埋直接排放的 CH_4；不存在填埋气发电工程时，当地发电厂 CO_2 的平均排放量。则采用填埋气发电时，温室气体减排量折合成 CO_2 的当量为

$$ER_y = MD_y \times GWP_{CH_4} + EG_y \times CEF_{electricity, y} \tag{10-2}$$

式中，ER_y 为该项目规定年份（y）中减排的 CO_2 量（t）；MD_y 为该项目在规定年份烧掉的 CH_4 量（t）；GWP_{CH_4} 为 CH_4 产生的温室效应与 CO_2 相比的倍数，取 21；EG_y 为该项目在规定年份扣除自用电后的净上网电量（$MW \cdot h$）；$CEF_{electricity, y}$ 为在规定年份，当地发电的 CO_2 平均排放系数（$t/MW \cdot h$）。

总而言之，采用填埋气发电技术能减少温室气体的排放，减轻温室效应带来的影响。需要改进的则是设备的先进性和节能，以及填埋气的收集。

2）填埋气制备汽车燃料

将填埋气进行气体分离，可以制备汽车燃料，有一定的经济效益，同时，将气体分离技术的副产品作为化工原料和食品添加剂，形成经济与环境同步的发展。将填埋气制备成汽车燃料可采用的技术方案有：安装填埋气发电机组，为填埋气制备汽车燃料提供动力和其他运行用电；优化和改进现有的相关单元技术（变压吸附等），可将填埋气转化为汽车燃料。

3）填埋气处理垃圾渗滤液

渗滤液蒸发工艺是一种新型的渗滤液处理手段，可利用填埋气火炬燃烧产生的热量蒸发渗滤液，这样将垃圾填埋场的填埋气和渗滤液同时处理，降低了成本，减少了温室气体的排放。中国科学院工程热物理研究所开发了一种基于鼓泡床技术的蒸发处理渗滤液工艺，即填埋气在燃烧器中燃烧后，掺入空气降低燃烧烟气的温度至 500℃，并将烟气通入到流化床蒸发器内，通过流化床床料将喷淋在内的渗滤液在 110 ~ 130℃ 的温度下蒸发。蒸发渗滤液产生的蒸汽和烟气一起排出。

3. 堆肥低碳化技术

1）好氧堆肥低碳化技术

国内的畜禽粪便处理方式主要是好氧堆肥，此方法的成本低、除臭杀菌效果好、产物可

肥料化等优点。但是，堆肥过程还有 N_2O 的产生，按每千克干物料产生 0.5g N_2O-N 计算，每年全球畜禽堆肥产生的 N_2O 已经达到 1.2 万亿 g（Czepiel et al. , 1996），而作为温室气体的一种，N_2O 单分子增温潜势是 CO_2 的 296 倍。

堆肥过程中，硝化和反硝化是 N_2O 产生的主要途径。在氧浓度较高的条件下，堆肥原料中的 NH_4^+-N 和有机氮转化形成的 NH_4^+-N，通过不完全硝化途径产生 N_2O；在供氧不足的条件下，堆肥原料中的 NO_x-N 和硝化作用生成的 NO_x-N，通过不完全反硝化途径产生 N_2O。而好氧堆肥的堆体中氧浓度的分布是不均匀的，所以 N_2O 可同时来源于堆体表面的硝化途径和内部的反硝化途径。

畜禽粪便好氧堆肥 N_2O 排放影响因素和微生物学的分析表明，堆肥过程的 N_2O 排放可通过调节堆肥物料、工艺条件，改变氮素转化途径进行控制，功能菌剂及调理剂添加等方式也可减少堆肥过程的 N_2O 排放。

（1）调整适宜的碳氮比。堆肥物料是氮素的来源，所以堆肥物料碳氮比直接影响到氮素的代谢和 N_2O 的排放。若要减少 N_2O 的排放，在满足堆肥微生物生长的前提下，尽量采用较低的碳氮比；适宜的含水率也可控制 N_2O 的排放。在微生物适宜的湿度条件下，较高的含水率能有效抑制堆肥过程中氮素的流失，降低堆肥过程中 N_2O 的排放。

（2）改进堆肥工艺。堆肥工艺是氮素转化途径的重要影响因素。通风方式直接调控堆肥过程 N_2O 的排放。在保证供氧的条件下，应适当减少翻堆频率，抑制氧化亚氮的产生和排放。可采用几种供氧方式配合的工艺减少翻堆频率。频繁翻堆不仅不能明显加快腐熟进程，反而造成大量 N_2O 的排放。因此在堆肥高温期后，可以考虑采用强制通风的方式适当补充供氧量。因此在堆肥高温期后，可以考虑采用强制通风的方式适当补充供氧量。因为在高温期后期，氨气产生量较小，强制通风不会直接导致大量的氮素流失。另外，在保证堆体保温效果的前提下，可适当减少堆体的体积，增大堆体内部的孔隙度。

（3）菌剂添加。功能菌剂和调理剂对堆肥过程的 N_2O 排放的影响也比较大。堆肥其本质上是微生物代谢的过程，添加菌剂可调节堆肥过程的碳氮代谢，抑制氮素向 N_2O 转化。如在堆肥降温期加入亚硝酸盐氧化菌，将 NO_2^--N 转化为 NO_3^--N，可减少堆肥后期 N_2O 的排放。另外，加入吸附剂，利用其多孔性吸附 N_2O，使其更多地被完全硝化或反硝化，减少 N_2O 的排放。

控制堆肥过程 N_2O 的排放需要我们综合考虑各种因素对堆肥过程的影响。畜禽粪便好氧堆肥 N_2O 产生和排放是一个非常复杂的过程，涉及多种微生物的代谢途径，并受各种堆肥参数的影响。综合考虑腐熟进程、氮素持留和温室气体减排等方面，确定各类堆肥物料和工艺的最优控制参数，才能有效地控制温室气体的排放。

2）厌氧消化低碳化技术

厌氧堆肥的特点是工艺简单，通过堆肥自然发酵分解有机物，产生沼气。大约每吨有机固体废物能产生 100～160m³沼气。若将沼气作为能源有效利用起来，则可减少化石燃料发电产生的 CO_2、CH_4 等温室气体的排放。同样，厌氧堆肥可以产生高质量的有机肥作为化肥使用，可以减少使用化肥时产生的 CO_2 排放量。若是采用垃圾厌氧消化沼气发电，则温室气体减排折合成的 CO_2 量为

$$ER_y = MD'_y + GNP_{CH_4} + EG_y \times CEF_{\text{fertilizer}, y} + FD_y \times CEF_{\text{fertilizer}, y} \qquad (10\text{-}3)$$

式中，MD'_y 为在规定年份，厌氧消化处理的有机垃圾如进行填埋所排放出的 CH_4 量（t）；FD_y 为在规定年份，厌氧消化所产肥料替代的化肥量（t）；$CEF_{\text{fertilizer}, y}$ 为在规定年份，化肥生

产的 CO_2 平均排放系数。

4. 焚烧低碳化技术

垃圾的发热值大于 3349kJ/kg 时可以直接燃烧，而我国城市垃圾的可燃物热值基本达到这个要求。采用焚烧方法处理固体废弃物，可将所有的碳都转化为 CO_2 而减少 CH_4 的排放，同时可回收能源，减少温室气体的排放。但是垃圾焚烧过程中，CO_2 的排放还是不容忽视的。另外，不完全燃烧还会有 CH_4 和 N_2O 产生。

CO_2 排放的计算模型

$$G_{CO_2} = MSW_P \times CCW \times EF \times 44/12 \tag{10-4}$$

式中，MSW_P 为垃圾年焚烧量（t）；CCW 为垃圾中的碳含量（%）；EF 为焚烧效率（%）；44/12 为 C 生成 CO_2 的转化因子。

N_2O 排放的计算模型为

$$G_{N_2O} = (MSW_P \times FGV \times EC) \times 10^{-9} \tag{10-5}$$

式中，EC 为尾部烟气中 N_2O 的排放浓度（%）；FGV 为尾部烟气排放量（mg/t）。根据垃圾年焚烧量便可计算出温室气体的排放量。

采用垃圾焚烧方法来供热或者供电，能够直接避免 CH_4 的排放，另外，燃烧回收的热量还可向电网输出电能，替代等量化的燃料产生的 CO_2 排放。垃圾焚烧供热项目减排基准线确定包括：不存在垃圾焚烧供热项目时，垃圾填埋排放的 CH_4 的量；不存在垃圾焚烧供热项目时，获得与垃圾焚烧相同热量的燃煤锅炉产生的 CO_2 的排放量。则垃圾焚烧供热项目对 CO_2 的减排量为

$$ER_y = MD''_y \times GWP_{CH_4} + ET_y \times CEF_{thermal, y} - PD_y \times CEF_{fuel1}$$
$$- FUD_y \times CEF_{fuel2} - EG'_y \times CEF_{electricity, y} \tag{10-6}$$

式中，MD''_y 为在规定年份，焚烧的垃圾如进行填埋所排放的 CH_4 量（t）；ET_y 为在规定年份，垃圾焚烧炉对外输出的热量（TJ）；$CEF_{thermal,y}$ 为在规定年份，工业锅炉生产单位热量的平均 CO_2 排放系数（t/TJ）；PD_y 为在规定年份，焚烧的垃圾中在填埋时不会降解的垃圾量（塑料等）（t）；CEF_{fuel1} 塑料等在填埋时不会降解的垃圾燃烧时的 CO_2 排放系数；FUD_y 为在规定年份，焚烧的垃圾时添加的辅助燃料量（t）；CEF_{fuel2} 为辅助燃料燃烧时的 CO_2 排放系数；EG'_y 为在规定年限内，垃圾焚烧炉比燃煤工业锅炉生产相同热量时多耗的电量（MW·h）。

尽管采用垃圾焚烧供热也会有 CO_2 的产生，但是其排放量比垃圾直接焚烧排放 CO_2 量大大减少，因此可以说采用垃圾焚烧供电有利于控制温室气体的排放。

另外也可以采用高效生活垃圾焚烧技术来减少温室气体的排放，例如采用高蒸汽参数、富氧燃烧等高效垃圾焚烧技术在提高能源利用率的同时，还可减少温室气体的排放。

1）高蒸汽参数发电技术

我国的垃圾焚烧余热锅炉的蒸汽参数较低，几乎采用的是中温中压（4.0MPa/400℃）发电，余热利用的形式较为单一。若采用高蒸汽参数，虽会因高温腐蚀问题慢慢转向为采用中参数，但随着近年来镍基合金（Alloy625）和其他抗腐蚀材料的出现，还有喷涂、堆焊等防腐蚀措施的运用，垃圾焚烧发电厂余热锅炉已经向高温参数发展了。据欧洲新建垃圾焚烧发电厂的状况了解到，通过提高蒸汽参数增加垃圾焚烧电厂热效率可进一步有效减少温室气体的排放。

2）垃圾富氧燃烧技术

垃圾富氧燃烧技术是由德国 Martin 公司研发推广，技术名称为 SYNCOM（Gohlke and

Busch，2001）。与传统空气焚烧相比，垃圾富氧焚烧技术不仅可以提高垃圾的燃烧温度，增加垃圾处理量，改变我国高水分、低热值的劣势，还可改善焚烧炉膛的温度，促进完全燃烧，提高能源利用率，减少二噁英、温室气体等的产生。

5. 垃圾综合处理

尽管堆肥、填埋和焚烧等技术在处理垃圾的同时，可在一定程度上减少温室气体的排放。但是，就目前我国垃圾处理情况看，几乎都是采用单一的填埋、焚烧或堆肥的方式。而生活垃圾的成分较为复杂，采用一种处理方式达到真正温室气体减排的效果不是特别好，如若能改变单一的垃圾处理方式，采用综合处理方式，则可达到较好的减排效果，因此有学者提出了垃圾综合处理的概念。垃圾综合处理，就是根据垃圾成分或特性，结合当地产业、经济、科技、地理和人文条件，优化组合多种垃圾处理方式，回收物质和能量，以废治废，实现垃圾处理集约化、资源化、专业化和无害化处理。主要方式有以下 5 种。

（1）收集和分类：将可回收物与热处理（焚烧）或填埋处理分开；

（2）材料回收：可以回收的物质就直接利用；

（3）生物处理：把有机垃圾、粪便等进行堆肥产沼气并收集，另外还有有机化肥的制作；

（4）热处理：通过废物的燃烧，减少容积，回收热能或发电；

（5）填埋处理：不能做以上利用的垃圾则进行最终的填埋，填埋气体（沼气）进行回收净化再利用。

垃圾综合处理可以采用综合处理基地方式集中处理，也可以通过构建信息交互系统采用虚拟生态工业园方式分散但各处理单元或单位紧密关联的处理。

参 考 文 献

关兴旺．2008．给水排水行业的现状、热点及反思．给水排水，(3)：43-45.
李欢，金宜英，李洋洋．2011．生活垃圾处理的碳排放和减排策略．中国环境科学，31（2）：259-264.
梁勇．2012．城市固体废弃物管理系统温室气体排放核算研究综述．中国环境管理，(1)：15-20.
吕锡武，李峰，稻森悠平等．2000．氨氮废水处理过程中的好氧反硝化研究．给水排水，26（4）：17-20.
吕锡武，稻森悠平，水落元之．2001．同步硝化反硝化脱氮及处理过程加 N_2O 的控制研究．东南大学学报：自然科学版，31（1）：95-99.
孟素丽，段钰锋，杨立国．2008．燃煤烟气中汞脱除技术的研究进展．锅炉技术，39（4）：77-80.
聂梅生．2007．对水处理技术发展的重新认识．给水排水，33（5）：1-1.
吴伟祥，李丽劼，吕豪豪等．2012．畜禽粪便好氧堆肥过程氧化亚氮排放机制．应用生态学报，23（6）：1704-1712.
杨立国，段钰锋，王运军等．2008．新式整体半干烟气脱硫技术的脱汞实验研究．中国电机工程学报，28（2）：67-71.
易争明，李群生．2007．烟道气脱硫新工艺．化工进展，26（10）：1505-1507.
中国环境保护产业协会城市生活垃圾处理委员会．2009．我国城市生活垃圾处理行业 2009 年发展综述．中国环保产业，2009（6）：17-23.
Czepiel P，Douglas E，Harriss R，et al. 1996. Measurements of N_2O from composted organic wastes. Environmental science & technology，30（8），2519-2525.
Egglestion H S，Buendi AL，Miwa K，et al. 2006. IPCC guidelines for national greenhouse gas inventories, prepared by the national greenhouse gas inventories Programme. Tokyo：Institute for Global Environmental Strategies

Gohlke O, Busch M. 2001. Reduction of combustion by-products in WTE plants: O_2 enrichment of underfire air in the Martin Syncom process. Chemosphere, 42 (5), 545-550.

Hellinga C, Schellen AAJC, Mulder JW, et al. 1998. The SHARON process: an innovative method for nitrogen removal from ammonium-rich waste water. Water science and technology, 37 (9): 135-142.

附录一 国际环境公约

国际环境公约是约束国际社会对环境的损害的约定。国际环境公约一般包括气候变化、臭氧层保护、生物多样性保护、危害废物的控制、海洋环境保护 5 个方面。

从国家环保局的官方网站上来看，主要的国际环境公约如下：

- 卡塔赫纳生物安全议定书（2002 年 7 月 1 日）
- 生物多样性公约（2003 年 10 月 17 日）
- 巴塞尔公约（1992 年 8 月 20 日）
- 核安全公约（2003 年 12 月 24 日）
- 京都议定书（2005 年 2 月 16 日）
- 防止荒漠化的公约（2004 年 7 月 9 日）
- 关于持久性有机污染物的斯德哥尔摩公约（2004 年 5 月 17 日）
- 《关于 1973 年国际防止船舶造成污染公约》的 1978 年议定书（2003 年 12 月 26 日）
- 防止倾倒废物及其他物质污染海洋公约（2003 年 12 月 26 日）
- 国际干预公海油污事故公约（2003 年 12 月 26 日）
- 干预公海非油类物质污染议定书（2003 年 12 月 26 日）
- 国际捕鲸管制公约（2003 年 12 月 25 日）
- 中白令海峡鳕资源养护与管理公约（2003 年 12 月 25 日）
- 南极条约（2003 年 12 月 24 日）
- 关于各国探索和利用包括月球和其他天体在内外层空间活动的原则条约（摘录）（2003 年 12 月 24 日）
- 保护世界文化和自然遗产公约（2003 年 12 月 24 日）
- 关于禁止和防止非法进出口文化财产和非法转让其所有权的方法的公约（2003 年 12 月 24 日）
- 1994 年国际热带木材协定（2003 年 12 月 15 日）
- 联合国海洋法公约（摘录）（2003 年 12 月 5 日）
- 濒危野生动植物物种国际贸易公约（2003 年 12 月 5 日）
- 《濒危野生动植物物种国际贸易公约》第二十一条的修正案（2003 年 12 月 5 日）
- 关于特别是作为水禽栖息地的国际重要湿地公约（2003 年 12 月 5 日）
- 化学制品在工作中的使用安全建议书（2003 年 12 月 5 日）
- 核材料实物保护公约（2003 年 12 月 5 日）
- 1983 年国际热带木材协定（2003 年 12 月 5 日）
- 控制危险废物越境转移及其处置巴塞尔公约（2003 年 12 月 5 日）
- 作业场所安全使用化学品公约（2003 年 12 月 5 日）
- 关于在国际贸易中对某些危险化学品和农药采用事先知情同意程序的鹿特丹公约（2003 年 12 月 5 日）

- 关于化学品国际贸易资料交换的伦敦准则（2003 年 12 月 5 日）
- 化学制品在工作中的使用安全公约（2003 年 12 月 5 日）
- 联合国防治荒漠化的公约（2003 年 12 月 5 日）
- 及早通报核事故公约（2003 年 11 月 19 日）
- 核事故或辐射紧急援助公约（2003 年 11 月 19 日）
- 亚洲–太平洋水产养殖中心网协议（2003 年 11 月 12 日）
- 保护臭氧层维也纳公约（2003 年 10 月 17 日）
- 中国已经缔约或签署的国际环境公约（目录）（2003 年 10 月 17 日）
- 《联合国气候变化框架公约》简介（2003 年 2 月 21 日）
- 巴塞尔公约责任和赔偿议定书（1992 年 8 月 20 日）

目前，中国已经缔约或签署的国际环境公约如下。

1. 危险废物的控制

（1）控制危险废物越境转移及其处置巴塞尔公约（1989 年 3 月 22 日）

（2）《控制危险废物越境转移及其处置巴塞尔公约》修正案（1995 年 9 月 22 日）

2. 危险化学品国际贸易的事先知情同意程序

（1）关于化学品国际贸易资料交换的伦敦准则（1987 年 6 月 17 日）

（2）关于在国际贸易中对某些危险化学品和农药采用事先知情同意程序的鹿特丹公约 26（1998 年 9 月 11 日）

3. 化学品的安全使用和环境管理

（1）作业场所安全使用化学品公约（1990 年 6 月 25 日）

（2）化学制品在工作中的使用安全公约（1990 年 6 月 25 日）

（3）化学制品在工作中的使用安全建议书（1990 年 6 月 25 日）

4. 臭氧层保护

（1）保护臭氧层维也纳公约（1985 年 3 月 22 日）

（2）经修正的《关于消耗臭氧层物质的蒙特利尔议定书》（1987 年 9 月 16 日）

5. 气候变化

（1）联合国气候变化框架公约（1992 年 6 月 11 日）

（2）《联合国气候变化框架公约》京都议定书（1997 年 12 月 10 日）

6. 生物多样性保护

（1）生物多样性公约（1992 年 6 月 5 日）

（2）国际植物新品种保护公约（1978 年 10 月 23 日）

（3）国际遗传工程和生物技术中心章程（1983 年 9 月 13 日）

7. 湿地保护、荒漠化防治

（1）关于特别是作为水禽栖息地的国际重要湿地公约（1971 年 2 月 2 日）

（2）联合国防治荒漠化公约（1994 年 6 月 7 日）

8. 物种国际贸易

（1）濒危野生动植物物种国际贸易公约（1973 年 3 月 3 日）

（2）《濒危野生动植物种国际贸易公约》第二十一条的修正案（1983 年 4 月 30 日）

（3）1983 年国际热带木材协定（1983 年 11 月 18 日）

（4）1994 年国际热带木材协定（1994 年 1 月 26 日）

9. 海洋环境保护

［海洋综合类］

（1）联合国海洋法公约摘录（摘录第 12 部分《海洋环境的保护和保全》）（1982 年 12 月 10 日）

［油污民事责任类］

（2）国际油污损害民事责任公约（1969 年 11 月 29 日）

（3）国际油污损害民事责任公约的议定书（1976 年 11 月 19 日）

［油污事故干预类］

（4）国际干预公海油污事故公约（1969 年 11 月 29 日）

（5）干预公海非油类物质污染议定书（1973 年 11 月 2 日）

［油污事故应急反应类］

（6）国际油污防备、反应和合作公约（1990 年 11 月 30 日）

［防止海洋倾废类］

（7）防止倾倒废物及其他物质污染海洋公约（1972 年 12 月 29 日）

（8）关于逐步停止工业废弃物的海上处置问题的决议（1993 年 11 月 12 日）

（9）关于海上焚烧问题的决议（1993 年 11 月 12 日）

（10）关于海上处置放射性废物的决议（1993 年 11 月 12 日）

（11）防止倾倒废物及其他物质污染海洋公约的 1996 年议定书（1996 年 11 月 7 日）

［防止船舶污染类］

（12）国际防止船舶造成污染公约（1973 年 11 月 2 日）

（13）关于 1973 年国际防止船舶造成污染公约的 1978 年议定书（1978 年 2 月 17 日）

10. 海洋渔业资源保护

（1）国际捕鲸管制公约（1946 年 12 月 2 日）

（2）养护大西洋金枪鱼国际公约（1966 年 5 月 14 日）

（3）中白令海峡鳕养护与管理公约（1994 年 2 月 11 日）

（4）跨界鱼类种群和高度洄游鱼类种群的养护与管理协定（1995 年 12 月 4 日）

（5）亚洲–太平洋水产养殖中心网协议（1988 年 1 月 8 日）

11. 核污染防治

（1）及早通报核事故公约（1986 年 9 月 26 日）

（2）核事故或辐射紧急援助公约（1986 年 9 月 26 日）

（3）核安全公约（1994 年 6 月 17 日）

（4）核材料实物保护公约（1980 年 3 月 3 日）

12. 南极保护

（1）南极条约（1959 年 12 月 1 日）

（2）关于环境保护的南极条约议定书（1991 年 6 月 23 日）

13. 自然和文化遗产保护

（1）保护世界文化和自然遗产公约（1972 年 11 月 23 日）

（2）关于禁止和防止非法进出口文化财产和非法转让其所有权的方法的公约（1970 年 11 月 17 日）

14. 环境权的国际法规定

（1）经济、社会和文化权利国际公约（1966 年 12 月 9 日）

（2）公民权利和政治权利国际公约（1966 年 12 月 9 日）

15. 其他国际条约中关于环境保护的规定

（1）关于各国探索和利用包括月球和其他天体在内外层空间活动的原则条约（1967 年 1 月 27 日）

（2）外空物体所造成损害之国际责任公约（1972 年 3 月 29 日）

附录二　国际环境会议

《联合国气候变化框架公约》（United Nations Framework Convention on Climate Change, UNFCCC）是联合国政府间谈判委员会就气候变化问题达成的公约，于 1992 年 6 月 4 日在巴西里约热内卢举行的地球首脑会议上通过。公约于 1994 年 3 月 21 日正式生效。目前，公约已拥有 189 个缔约国。《联合国气候变化框架公约》缔约方大会每年举行一次，由五大地区集团（亚太、非洲、西欧、东欧、拉丁美洲及加勒比）的国家轮流主办。公约第一次缔约方会议（Conferences of the Parties, COP）于 1995 年在德国柏林召开。

COP1 德国柏林　　1995 年

会议通过了《柏林授权书》等文件，同意立即开始谈判，就 2000 年后应该采取何种适当的行动来保护气候进行磋商，以期最迟于 1997 年签订一项议定书，议定书应明确规定在一定期限内发达国家所应限制和减少的温室气体排放量。

COP2 瑞士日内瓦　　1996 年

会议就"柏林授权"所涉及的"议定书"起草问题进行讨论，未获一致意见，决定由全体缔约方参加的"特设小组"继续讨论，并向 COP3 报告结果。通过的其他决定涉及发展中国家准备开始信息通报、技术转让、共同执行活动等。

COP3 日本京都　　1997 年

149 个国家和地区的代表在大会上通过了《京都议定书》，它规定从 2008 ~ 2012 年，主要工业发达国家的温室气体排放量要在 1990 年的基础上平均减少 5.2%，其中欧盟将 6 种温室气体的排放削减 8%，美国削减 7%，日本削减 6%。

COP4 布宜诺斯艾利斯　　1998 年

大会上，发展中国家集团分化为 3 个集团，一是易受气候变化影响，自身排放量很小的小岛国联盟（AOSIS），他们自愿承担减排目标；二是期待 CDM 的国家，期望以此获取外汇收入；三是中国和印度，坚持目前不承诺减排义务。

COP5 德国波恩　　1999 年

通过了《公约》附件——所列缔约方国家信息通报编制指南、温室气体清单技术审查指南、全球气候观测系统报告编写指南，并就技术开发与转让、发展中国家及经济转型期国家的能力建设问题进行了协商。

COP6 荷兰海牙　　2000 年

谈判形成欧盟-美国-发展中大国（中、印）的三足鼎立之势。美国等少数发达国家执意推销"抵消排放"等方案，并试图以此代替减排；欧盟则强调履行京都协议，试图通过减排取得优势；中国和印度坚持不承诺减排义务。

COP7 摩洛哥马拉喀什　　2001 年

在摩洛哥马拉喀什召开的 COP7 上，通过了有关京都议定书履约问题（尤其是 CDM）的一揽子高级别政治决定，形成马拉喀什协议文件。该协议为京都议定书附件一缔约方批准京都议定书并使其生效铺平了道路。

COP8 印度新德里　　　2002 年

会议通过的《德里宣言》强调减少温室气体的排放与可持续发展仍然是各缔约国今后履约的重要任务。"宣言"重申了《京都议定书》的要求，敦促工业化国家在 2012 年年底以前把温室气体的排放量在 1990 年的基础上减少 5.2%。

COP9 意大利米兰　　　2003 年

在美国退出《京都议定书》的情况下，俄罗斯不顾许多与会代表的劝说，仍然拒绝批准其议定书，致使该议定书不能生效。为了抑制气候变化，减少由此带来的经济损失，会议通过了约 20 条具有法律约束力的环保决议。

COP10 布宜诺斯艾利斯　　　2004 年

来自 150 多个国家的与会代表围绕《联合国气候变化框架公约》生效 10 周年来取得的成就和未来面临的挑战、气候变化带来的影响、温室气体减排政策以及在公约框架下的技术转让、资金机制、能力建设等重要问题进行了讨论。

COP11 加拿大蒙特利尔　　　2005 年

2005 年 2 月 16 日，《京都议定书》正式生效。同年 11 月，在加拿大蒙特利尔市举行的 COP11 达成了 40 多项重要决定。其中包括启动《京都议定书》第二阶段温室气体减排谈判。本次大会取得的重要成果被称为"蒙特利尔路线图"。

COP12 肯尼亚内罗毕　　　2006 年

大会取得了 2 项重要成果：一是达成包括"内罗毕工作计划"在内的几十项决定，以帮助发展中国家提高应对气候变化的能力；二是在管理"适应基金"的问题上取得一致，将其用于支持发展中国家具体的适应气候变化活动。

COP13 印度尼西亚巴厘岛　　　2007 年

会议着重讨论《京都议定书》一期承诺在 2012 年到期后如何进一步降低温室气体的排放。通过了"巴厘岛路线图"，致力于在 2009 年年底前完成"后京都"时期全球应对气候变化新安排的谈判并签署协议有关。

COP14 波兰波兹南　　　2008 年

八国集团领导人就温室气体长期减排目标达成一致，并声明寻求与《联合国气候变化框架公约》其他缔约国共同实现到 2050 年将全球温室气体排放量减少至少一半的长期目标，并在公约相关谈判中与这些国家讨论并通过这一目标。

COP15 丹麦哥本哈根　　　2009 年

2009 年 12 月 7 日起，192 个国家的谈判代表将在哥本哈根召开 COP15 会议，商讨《京都议定书》一期承诺到期后的后续方案。这是继《京都议定书》后又一具有划时代意义的全球气候协议书，被喻为"拯救人类的最后一次机会"。

COP16 墨西哥坎昆　　　2010 年

坎昆气候大会于 2010 年 11 月 29 日至 12 月 10 日在墨西哥海滨城市坎昆举行。大多数国家的领导人缺席本次气候大会，只有约 20 个国家的国家元首参加这次大会，多数来自拉丁美洲与加勒比海国家。

对于这次会议的规模降低的情况，气候变化问题专家王瑞彬认为，大多数国家的元首不会参加坎昆气候峰会，也是吸取了 2009 年 12 月哥本哈根气候大会的教训。当时，各国元首最后参与了最后的"讨价还价"，但取得的成效一般，由于各国元首介入所磋商的议题，往往涉及各国的根本利益，各国无法在根本利益上做出让步。

COP17 南非德班　　2011 年

此次会议是于 2011 年 11 月 28 日~12 月 9 日在南非德班举行。就本次会议的结果而言，一是坚持了公约、议定书和"巴厘路线图"授权，坚持了双轨谈判机制，坚持了"共同但有区别的责任"原则；二是就发展中国家最为关心的京都议定书第二承诺期问题做出了安排；三是在资金问题上取得了重要进展，启动了绿色气候基金；四是在坎昆协议基础上进一步明确和细化了适应、技术、能力建设和透明度的机制安排；五是深入讨论了 2020 年后进一步加强公约实施的安排，并明确了相关进程，向国际社会发出积极信号。

COP18 卡塔尔多哈　　2012 年

《联合国气候变化框架公约》第 18 次缔约方会议暨《京都议定书》第 8 次缔约方会议 26 日在卡塔尔多哈开幕。多哈会议经过艰苦谈判于 12 月 8 日晚闭幕。会议通过了《京都议定书》第二承诺期修正案，为相关发达国家和经济转轨国家设定了 2013 年 1 月 1 日~2020 年 12 月 31 日的温室气体量化减排指标。会议要求发达国家继续增加出资规模，帮助发展中国家提高应对气候变化的能力。会议还对德班平台谈判的工作安排进行了总体规划。多哈会议成果总体坚持了"共同但有区别的责任"原则，维护了《公约》及其《京都议定书》的基本法律制度框架，推进了联合国气候变化多边谈判进程，向国际社会发出了积极信号。

附录三 国际环境大事记

年份	事件
1943	美国洛杉矶发生世界第一次光化学烟雾事件
1948	世界自然保护联盟（IUCN）在法国枫丹白露成立
1949	联合国保护和利用资源科学大会在纽约举行，这是联合国第一个关于自然资源的会议
1951	世界气象组织（WMO）成为联合国专门机构
1952	伦敦大雾事件，英国历史上最严重的空气污染灾难，数千人死亡
1954	哈里森·布朗在美国出版《人类前途的挑战 The Challenge of Man's Future》，其中的观点后来发展成为"可持续发展"的理念
1956	日本科学家报告水俣镇汞中毒事件，上万人因食用汞污染的海产品而患病
1958	联合国第一次海洋法会议在日内瓦举行
1960	第二次海洋法会议在日内瓦举行
1961	世界野生动物基金会（WWF）在瑞士成立，后更名为世界自然基金会
1962	蕾切尔·卡逊在美国出版《寂静的春天》，引发关于DDT及其他化学物质污染的大争论
1966	美国月球一号轨道探测器首次从月球附近拍摄地球照片，向人类展示蓝色家园的脆弱与渺小
1967	利比亚油轮 Torrey Canyon 号在英吉利海峡触礁，漏油 11 万 t
1968	瑞士政府将"人类环境"项目提交联合国经济和社会理事会审议，促成了4年后斯德哥尔摩环境大会的召开 联合国教科文组织在巴黎召开"合理利用和保护生物圈资源国际会议"，环境问题开始受到国际组织的普遍关注
1969	美国开始限用DDT等农药，发布《国家环境政策法案》 国际科学联合会（ICSU）设立环境问题科学委员会（SCOPE）
1970	2000万美国人参与"地球日"和平示威，美国现代环境运动开始
1971	联合国教科文组织开始实施"人与生物圈"计划 在瑞士 Founex 举行的一次专家会议发表 Founex 报告，首次提出环境问题与发展中国家贫困问题的关系
1972	联合国人类环境会议在瑞典斯德哥尔摩举行，通过《人类环境宣言》，达成"只有一个地球"、人类与环境不可分割的共识 联合国环境规划署（UNEP）成立，"世界环境日"设立 罗马俱乐部发表《增长的极限》，反思工业社会发展模式 美国发射世界第一颗地球资源卫星 Landsat-1 联合国教科文组织通过《保护世界文化和自然遗产公约》
1973	濒危野生动植物种国际贸易公约（CITES）诞生 非洲萨赫勒地区大旱，数百万人死亡 中东战争导致第一次石油危机爆发
1974	第一次世界食品大会——罗马食品大会召开

续表

年份	事　　　件
1975	世界最大的海洋生态系统保护区——澳大利亚大堡礁国家海洋公园成立
1976	意大利塞维索二噁英泄漏事件，4 万人暴露于高浓度二噁英环境中 中国唐山大地震，死亡 24.2 万人 联合国第一次人居大会在加拿大温哥华召开
1977	美国拉夫运河固体废弃物污染事件露头，居民频发怪病 联合国荒漠化问题会议在肯尼亚内罗毕召开 联合国水会议在阿根廷马德普拉塔召开 肯尼亚女子 Wangari Maathai 发起鼓励全民植树的"绿带运动"
1978	中国开始改革开放，世界人口最多的国家即将进入经济飞速增长期
1979	美国宾夕法尼亚三里岛核电站发生泄漏事故，引起大恐慌 第一次世界气候大会在日内瓦召开 墨西哥湾一口油井爆炸，漏油 440 万桶 养护野生动物移栖物种公约（CMS）诞生 伊朗政局动荡使第二次石油危机开始，引发西方经济全面衰退
1980	美国发表《全球 2000 年》报告，分析目前发展趋势下环境恶化的前景 世界气候计划（WCP）开始实施 IUCN、UNEP 和 WWF 共同发起成立国际野生生物保护学会（WCS） 国际饮水供应和环境卫生十年开始
1982	联合国第三次海洋法会议召开 联合国大会通过《世界自然宪章》
1983	泰国季风致 1 万人死亡，是历史上最大的季风灾害
1984	干旱造成埃塞俄比亚大饥荒，100 万人饿死 印度博帕尔杀虫剂泄漏事件，一家美国公司的农药厂泄漏，估计前后有上万人死亡，10 万人致残
1985	国际保护臭氧层大会在奥地利维也纳召开 人类首次观测到臭氧空洞 讨论温室气体的国际会议在奥地利菲拉赫召开
1986	苏联切尔诺贝利核电站事故 国际捕鲸委员会决定全球暂停商业捕鲸 莱茵河污染事件，瑞士巴塞尔一家化学公司发生火灾，有毒化学品大量流入莱茵河
1987	保护臭氧层的《蒙特利尔议定书》签订 世界环境与发展委员会发表关于可持续发展的报告《我们共同的未来》 联合国环境规划署引入"生物多样性"的概念 世界人口达到 50 亿
1988	吉尔伯特飓风席卷美洲，人称"世纪飓风" 通过非暴力形式阻止焚林改牧的巴西人 Chico Mendes 被谋杀，引起国际社会对亚马孙热带雨林的关注
1989	柏林墙倒塌 阿拉斯加海域威廉王子海峡石油泄漏事件，油轮触礁导致数千万加仑原油泄漏，生态系统严重受损 联合国在瑞士通过关于处理有毒废料的《巴塞尔公约》 政府间气候变化小组（IPCC）成立

续表

年份	事　件
1990	"生态效率"开始成为工业界的目标 政府间气候变化小组发表第一份关于全球变暖的报告 第二次世界气候大会在日内瓦召开 全球气候观测系统（GCOS）成立
1991	海湾战争使大量原油倾泻入海或燃烧，成为历史上最严重的石油污染事件 全球环境基金（GEF）成立，为受援国的环境治理提供资金支持 IUCN、UNEP 和 WWF 发表《保护地球——可持续生存战略》
1992	联合国环境与发展大会——里约地球峰会在巴西里约热内卢召开，通过《21 世纪议程》 联合国通过生物多样性公约 联合国通过气候变化框架公约
1993	禁止化学武器公约在巴黎签订
1994	联合国防治荒漠化公约在巴黎签订 国际人口与发展大会在埃及开罗召开
1995	哥本哈根世界首脑会议通过《社会发展问题哥本哈根宣言》 政府间气候变化小组发表第二份关于全球变暖的报告 世界可持续发展商业委员会成立
1996	世界食品大会在罗马召开 以工业环保管理为核心的 ISO14000 标准发布 全面禁止核试验条约开放签署
1997	第三次世界气候大会在日本召开，通过关于减少温室气体排放的《京都议定书》 联合国大会第 19 次特别会议——里约峰会+5 大会召开，审议《21 世纪议程》
1998	一千年中最热的年份 美国和印度尼西亚发生森林大火 有害化学品及杀虫剂国际贸易事前同意许可公约在荷兰鹿特丹签订
1999	联合国提出全球契约计划，呼吁企业在劳工、人权、环境等方面的基本原则
2000	臭氧空洞面积创下新纪录 《卡塔赫纳生物安全议定书》通过，旨在协助各国管理生物技术风险 千年峰会在联合国总部举行 世界水论坛召开，发表关于 21 世纪水安全的《海牙宣言》 罗马尼亚金矿氰化物污染事件，大雨使氰化物废水溢出大坝冲向下游，污染多条河流
2001	政府间气候变化小组发表关于全球变暖的第三份报告 关于持久性有机污染物的斯德哥尔摩公约签署
2002	第二次地球峰会——世界可持续发展会议在南非约翰内斯堡举行
2003	6 月 5 日是第 31 个世界环境日，今年世界环境日的主题是"水——20 亿人生命之所系"
2004	印度尼西亚苏门答腊岛发生地震引发大规模海啸 第 12 届亚太环境会议在日本鸟取县召开
2005	《京都议定书》生效 2005 年发生的北大西洋热带风暴、飓风以及大规模地震是有史以来最严重的一年

续表

年份	事件
2006	世界环境日主题宣传活动在北京举办 国家环保总局颁布《环境信访办法》，于 2006 年 7 月 1 日起执行，原《环境信访办法》同时废止 第二届环境与发展中国（国际）论坛"建设环境友好型社会"主题峰会在北京召开
2007	来自八国集团成员国以及中国、巴西、印度、墨西哥和南非等国家的代表达成共识，同意发展中国家应该和发达国家一样接受废气排放的限制 由《世界环境》杂志社和《中国电力报》社联合主办的"节能减排：责任与竞争力"论坛在中日友好环境保护中心举行
2008	中国四川汶川大地震
2009	澳大利亚遭遇 25 年来最严重的山林大火，43℃的高温持续长达一周，创下 1908 年以来的历史记录 哥本哈根气候峰会召开
2010	坎昆气候峰会召开
2011	联合国气候变化谈判首轮会议在泰国曼谷召开 德班气候峰会召开
2011	日本海啸
2012	世界性气候异常现象

附录四 国际环保机构

国际环保机构	全称	简称
国际生物科学联合会	International Union of Biochemistry and Molecular Biology	IUBS
国际辐射防护委员会	International Commission on Radiation Protection	ICRP
联合国工业发展组织	United Nations Industrial Development Organization	UNIDO
全球环境基金	Global Environment Facility	GEF
湿地国际联盟组织	Wetland International Union Organization	WIUN
国际环境和发展研究所	International Institute for Environment and Development	IIED
世界环保组织	International Union for Conservation of Nature and Natural Resources	IUCN
国际鸟类保护理事会	International Council for Bird Preservation	ICBP
世界环境与发展委员会	The World Committee on Environment and Development	WCED
世界绿色和平组织	The World Greenpeace	WGP
联合国环境规划署	The United Nations Environment Programme	UNEP
国际自然与自然资源保护同盟	International Union for Conservation of Nature and Natural Resources	IUCN
联合国环境规划管理理事会	Governing Council of the United Nations Environment Programme	GCEP
全球环境研究所	Global Environmental Institute	GEI
国际水禽研究总局	International Waterfowl Research Bureau	IWRB
世界自然保护基金会	The World Wildlife Fund	WWF
国际古迹遗址理事会	International Council on Monuments and Sites	ICOMOS
国际科联环境问题科学委员会	Scientific Committee on Problems of the Environment	SCOPE
国际保护植物新品种同盟	International Union For The Protection of New Varieties of Plants	UPOV
世界动物保护联合会	World Society for the Protection of Animals	WSPA
国际节能环保协会	International Energy Conservation Environmental Protection Association	IEEPA
国际生物科学联合会	International Union of Biological Sciences	IUBS
国际鹤类基金会	International Crane Foundation	ICF

图 版

彩图 1-1　圣海伦斯火山（胡乔木、吴学周摄，1983）

彩图 1-2　河口、海湾的富营养化现象（胡乔木、吴学周摄，1983）

彩图 1-3　（荷兰）阿姆斯特丹 风车－荷兰的象征（马光摄，2004）

彩图 1-4　（荷兰）阿姆斯特丹郊区农场（马光摄，2004）

彩图 1-5　（德国）莱茵河流域生态环境（Koln-Ponn）（胡仁禄摄，2004）

彩图 1-6　（德国）莱茵河流域古城堡（Mamnhelm）（胡仁禄摄，2004）

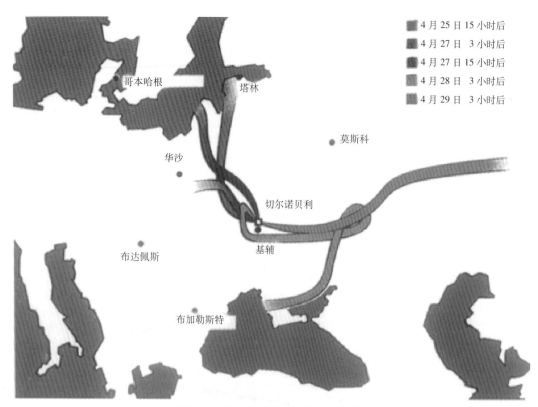

4 月 25 日 15 小时后
4 月 27 日 3 小时后
4 月 27 日 15 小时后
4 月 28 日 3 小时后
4 月 29 日 3 小时后

哥本哈根

塔林

莫斯科

华沙

切尔诺贝利

布达佩斯

基辅

布加勒斯特

彩图 1-7　切尔诺贝利核污染扩散示意图

彩图 1-8　杭州西溪湿地公园

彩图 1-9　杭州西溪湿地公园 (2012)

彩图 2-1　攀枝花苏铁雄花（朱广庆摄，1997）　　彩图 2-2　连年开花的苏铁雌株与雄株（朱广庆摄，1997）

彩图 2-3　（美国）玛丽波萨树林里的
巨杉（唐大为，1998，Larry Clrich 摄）

彩图 2-4　东非的野生动物（国家环境保护局，1989)

星头啄木鸟

黑枕黄鹂

太平鸟

白喉矶鸫

燕

彩图 2-5　中国盐城珍禽（中国盐城珍禽自然保护区，1998)

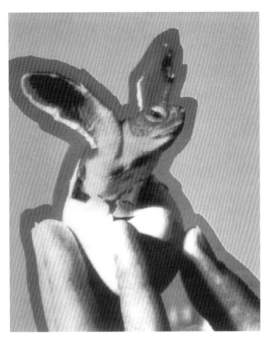

彩图 2-6 破壳而出的小海龟(国家环境保护局，1991)

彩图 2-7 珍稀有袋动物——考拉(米珊摄，1998，顾文供图)

彩图 2-8 珍稀动物——大鲵(娃娃鱼)(曹末元摄，1998)

彩图 2-9　濒危海洋哺乳动物——座头鲸（国家环境保护局，1998）

彩图 2-10　青海湖鸟岛（国家环境保护局，1998）

彩图 2-11　西藏高原生态（一）（朱世伟摄，2010）　　彩图 2-12　西藏高原生态（二）（朱世伟摄 2010）

彩图2-13 油菜花香湿地（兴化垛田千岛之乡）（朱世伟摄，2010)

彩图2-14 兴化湿地风光（朱世伟摄 2010)

彩图2-15 清澈透明的"海"——九寨沟（胡仁禄摄，2010)

彩图 2-16　美丽的山，多彩的"海"水——九寨沟
（胡仁禄摄，2010)

彩图 2-17　欢歌漫舞的人们——九寨沟（胡仁禄摄，
2010)

彩图 2-18　优美的自然生态环境——九寨沟（马光
摄 2010)

彩图 2-19　九寨沟风光（马光摄，2010)

彩图 3-1　风能

彩图 3-2　太阳能建筑（一）

彩图 3-3　太阳能建筑（二）

彩图 3-4　四川都江堰水利工程（胡明摄，1999)

彩图 3-5(a)　安徽滁州国家森林保护区（马光摄，
1998）

彩图 3-5(b)　安徽滁州国家森林保护区（马光摄，
1998）

彩图 3-6(a)　广西北流县原始格木林（徐洪涛摄，
1997）

彩图 3-6(b)　广西北流县生态农场——荔枝园
（徐洪涛摄，1997）

彩图 3-7　四川四姑娘自然保护区——双桥沟滩湿
地（胡明摄，1999）

彩图 3-8　四川四姑娘自然保护区——长
坪沟草地（胡明摄，1999）

彩图 3-9　四川四姑娘
自然保护区——长坪沟
中原始森林 (胡明摄,
1999)

彩图 3-10　四川四姑娘
自然保护区——长坪沟
河滩 (胡明摄, 1999)

彩图 4-1　二氧化硫污染指示植物——矮牵牛 (胡
　　　乔木、吴学周摄, 1983)
　　图示为污染造成叶片受害, 花完好

彩图 4-2　氨污染指示植物——木芙蓉 (胡乔木、
　　　吴学周摄, 1983)
　　图示为污染造成叶片受伤害的症状

彩图4-3 二氧化硫污染指示植物——芝麻(胡乔木、吴学周摄，1983)

图示为污染造成叶片受伤害的症状

彩图4-4 氟化氢污染指示植物——山荆子 (胡乔木、吴学周摄，1983)

图示为污染造成叶片受伤害的症状

彩图4-5 氟化氢污染指示植物——金荞麦 (胡乔木、吴学周摄，1983)

图示为污染造成叶片受伤害的症状

彩图4-6 乙烯污染指示植物——中国石竹 (胡乔木、吴学周摄，1983)

左为污染引起的闭花反应，右为正常

(a) 诺尔盖沼泽湿地

(b) 兰阳湖泊湿地

彩图 5-1 湿地

(c) 永定河湿地   (d) 南沙滨海湿地

彩图 5-1 （续）

彩图 5-2 红树林湿地生态系统

彩图 5-3 盐沼湿地生态系统   彩图 5-4 湖泊湿地生态系统

彩图 5-5　河流湿地生态系统　　　　　　　　彩图 5-6　泥炭地湿地生态系统

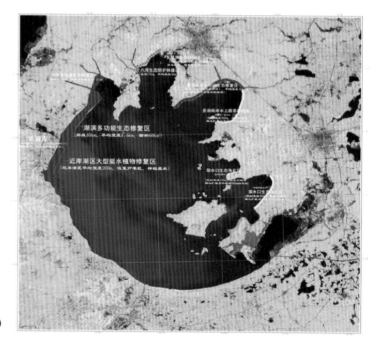

彩图 5-7　太湖湖滨带生态修
复工程规划（吕锡武摄，2004)

彩图 5-8　生态混凝土护坡表
面植物生长状况（吕锡武摄，
2004)

(a) 未使用拦沙设施前 (b) 使用多孔混凝土球组拦沙

(d) 良好的拦沙效果 (c) 拦沙一段时间后

彩图 5-9　生态透水坝拦沙中试效果（吕锡武摄，2004）

彩图 6-1　城市生态景观——中国科学院南京紫金山天文台全景（马光摄，1998）

彩图 6-2　自然人文景观——都江堰玉垒山公园古庙 (胡明摄，1999)

彩图 6-3　建筑与自然的融合——都江堰玉垒山公园
入口 (胡明摄，1999)

彩图 6-4　生态建筑：自然树皮房——四
川民居 (胡明摄，1999)

彩图 6-5　（奥地利）维也纳音乐公园（胡仁禄摄，2004）

(a)(美国) 芝加哥的 Oak lawn (park) 镇（胡
仁禄摄 ,2003)

(b)(美国) 芝加哥奥克朗 (Oak lawn) 镇居住小区（胡仁
禄摄 ,2003)

彩图 6-6　（美国)Oak lawn 小镇（胡仁禄摄 ,2003)

彩图 6-7 （美国）华盛顿地区 Rockville 民居环境（胡仁禄摄，2008)

彩图 6-8(a) 和谐的生态城市——新加坡（胡仁禄摄，2003)

彩图 6-8(b) 新加坡现代城市和谐环境（胡仁禄摄，2003)

彩图 6-9(a)　现代城市中心的生态环境（胡仁禄摄，2010)

彩图 6-9(b)　南京玄武湖风景区（胡仁禄摄，2010)

彩图 6-10(a)　现代城镇中保留的古民居 - 乌镇（胡仁禄摄，2010)

彩图 6-10(b)　古民居生态环境——乌镇（胡仁禄摄，2010)

彩图 6-11(a)　人与生物自然和谐的居住环境（胡仁禄摄，2003)

彩图 6-11(b)　（美国）South Bend 居住区内人与自然生态融合（胡仁禄摄，2003)

彩图 6-12(a) （美国）居住区的生物 Rockville（胡仁禄摄， 2011）

彩图 6-13(a) 杭州 - 现代城市低碳交通（马光摄， 2012）

彩图 6-12(b) （美国）人与自然生物和谐 Rockville（胡仁禄摄， 2011）

彩图 6-13(b) 杭州西湖边停车场（马光摄， 2012）